海洋信息技术丛书
Marine Information Technology

国家出版基金项目
NATIONAL PUBLICATION FOUNDATION

雷达目标检测
非线性理论及应用

Nonlinear Theory and Application of
Radar Target Detection

刘宁波 关键 黄勇 丁昊 著

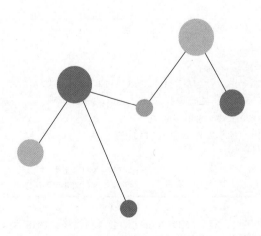

人民邮电出版社
北 京

图书在版编目（CIP）数据

雷达目标检测非线性理论及应用 / 刘宁波等著. --
北京：人民邮电出版社，2024.8
（海洋信息技术丛书）
ISBN 978-7-115-63424-5

Ⅰ.①雷… Ⅱ.①刘… Ⅲ.①雷达目标－目标检测
Ⅳ.①TN951

中国国家版本馆CIP数据核字(2024)第004275号

内 容 提 要

物质世界中，无论是宇观、宏观还是微观，都是由一定层次结构和功能的非线性系统构成的，即自然界和现实生活中几乎所有系统都是非线性的。事实上，正是由于非线性的存在和作用，才孕育出大自然的五彩缤纷、万千气象、风云变幻。雷达作为对客观环境的一种观测手段，其电磁散射回波也蕴含了观察对象的非线性变化特性。严格来讲，实际应用中绝大多数复杂问题都具有非线性本质或呈现出非线性现象，仅在一定的条件下，其才可被理想化或简化为线性问题。本书立足于非线性理论与方法研究进展，重点阐述非线性相关理论在雷达信号处理领域的发展和最新运用，其中包括对海雷达信号处理领域的研究成果进展。本书是一本既有深刻的理论背景，又有较强应用性的非线性理论与雷达信号处理学科相结合的专著。

本书可供从事雷达工程、信息工程、电子对抗等行业的科技人员阅读和参考，还可作为上述专业的研究生参考书，同时也可供从事激光、机器人、遥感、遥测等行业的工程技术人员参考。

◆ 著　　　　　刘宁波　关　键　黄　勇　丁　昊
　　责任编辑　赵　旭
　　责任印制　马振武
◆ 人民邮电出版社出版发行　　北京市丰台区成寿寺路 11 号
　　邮编　100164　　电子邮件　315@ptpress.com.cn
　　网址　https://www.ptpress.com.cn
　　三河市中晟雅豪印务有限公司印刷
◆ 开本：720×960　1/16
　　印张：40.5　　　　　　　　　　　2024 年 8 月第 1 版
　　字数：705 千字　　　　　　　　 2024 年 8 月河北第 1 次印刷

定价：359.80 元

读者服务热线：(010)53913866　印装质量热线：(010)81055316
反盗版热线：(010)81055315
广告经营许可证：京东市监广登字 20170147 号

海洋信息技术丛书

编 辑 委 员 会

前　言

　　雷达技术的发展进步和应用需求推动雷达信号处理技术不断向前发展，而非线性理论，以及优化理论、检测与估计、计算机科学等的飞速发展又极大推动了雷达目标检测技术从经典的能量检测向特征检测发展，使雷达系统向智能化发展。近年来，基于非线性理论的雷达目标检测技术无论是在处理算法还是在系统设计、硬件结构、实时处理等方面都有了长足的发展和进步，并且其在雷达、声呐、导航、遥感、电子对抗、海洋物理学中有着良好的应用前景，受到了广泛的重视。

　　本书是在作者于 2011 年编写的《雷达目标检测的分形理论及应用》的基础上修改和增订而成的。在力求具有较高科学性的前提下，本书从非线性理论基本概念和目标检测基本原理出发，全面系统地介绍了雷达目标检测非线性理论的发展情况和最新研究成果。在增强其逻辑性和可读性的基础上，作者对主要内容进行了调整和补充，调整了原有时域分形特性与目标检测部分的编排顺序，使其在逻辑上更具有条理性，大幅增加了非线性回归理论、深度学习方法在雷达信号处理中的内容，使其在前作基础上有了较大提升。

　　本书共 11 章。第 1 章介绍经典雷达目标检测方法，以及混沌理论、自相似（分形）理论、非线性回归理论和深度学习方法在雷达目标检测中的应用，使读者对雷达信号非线性处理技术有一个全面的了解。第 2 章介绍自相似（分形）理论、非线性回归理论和深度学习方法的基本概念与性质，为读者提供阅读本书以后各章需要的理论基础。第 3 章介绍雷达目标检测理论基础，包括固定门限检测、恒虚警率（CFAR）检测和特征检测的模型与流程，基本体现了目标检测从能量向特征发展的主线。第 4 章介绍时域海杂波均匀自相似（分形）特性与目标检测，增加了组合非线性特征和高阶非线性特征的目标检测方法的内容。第 5 章介绍时域海杂波非均匀自相似（分形）特性与目标检测。第 6 章介绍频域海杂波自相似（分形）特性与目标检测，包括基于频域均匀、频域扩展、频域多重、短时谱和 AR 谱的自相似特征的目标检测方法。第 7 章介绍分数阶域海杂波自相似（分形）特性与目标检测。第 8 章介绍 Hilbert-Huang 变换域海杂波自相似（分形）特性与目标检测。第 9 章介绍基于非线性回归理论的目标检测，包括 GARCH 海杂波模型下的恒虚警率检测方法和基于分形可变步长最小二乘（FB-VSLMS）算法的目标检测方法。第 10 章介绍基于深度学习的海杂波场景分类与目标检测，讨论了基于 CNN 的探测场景分类方法、基于 ResNet 的目标检测方法和基于 CNN 的运动状态分类方法。第 11 章介绍非线性理论在图像、语音、水声和机械检测与监测等信号处理领域中的应用。

海军航空大学刘宁波、关键、黄勇、丁昊、董云龙、陈小龙、王国庆、薛永华、于恒力、曹政、孙艳丽、张林等人参与了本书的撰写。西北工业大学范一飞老师与作者进行了一些有益讨论，提出了宝贵的修改意见；博士生姜星宇、博士生牟效乾，硕士生张兆祥、田凯祥等参加了本书部分内容的修改和校对工作，作者在此一并向他们表示感谢。本书引用了一些其他作者的论著及研究成果，作者在此向他们表示深深的感谢。

雷达目标检测技术是随着武器系统和装备等的发展而发展的，由于篇幅限制，本书不能对非线性理论在雷达目标检测中的发展做出全面的介绍，所列内容主要是给读者进一步的研究提供一些参考。同时，由于作者水平有限，书中难免存在一些错误，希望广大读者批评指正。

刘宁波　关键　黄勇　丁昊

2022 年 12 月

于烟台海军航空大学

目　　录

第1章

绪论

　　雷达目标检测技术历经半个多世纪的发展，在战场环境监视、远程战略预警、海上目标探测、重点目标打击等方面应用广泛。随着雷达目标探测面临的场景日益复杂，国内外众多研究人员对复杂背景中的目标检测问题进行了深入研究，发展了许多新理论、新方法，使复杂背景中的目标检测技术发展到了一个新的阶段。然而，随着雷达新体制的出现和分辨率的提高，人们对雷达功能的要求也在不断提升，如远距离、小目标、强干扰、目标欺骗等条件下的目标准确检测与识别，但传统的雷达目标检测技术和方法还存在很多不足之处。因此，引入新理论、发展新技术和探索新方法，成为雷达目标检测领域研究的重要工作之一[1-8]。

　　利用目标的电磁、声光散射等特性发现目标是进行目标检测的基本机理[1-2]。目标存在或隐蔽于周围环境之中，环境的散射对目标信号检测产生的干扰称为海杂波，而目标检测所面临的主要困难就是来自各种环境海杂波的干扰。对海杂波与目标特性的深入研究有助于目标检测方法的设计，从而保证乃至提高雷达的整体性能，这是实际目标检测应用中亟须解决的问题。几十年以来，经过诸多研究人员的共同努力，已经取得了许多有意义的成果[1-9]。近年来，混沌理论、分形理论、非线性回归理论以及其他非线性理论或模型在电子信息领域的长足发展，为环境海杂波分析、探测场景辨识、海杂波抑制和目标检测提供了新的解决思路。

1.1 经典雷达目标检测方法

经过国内外众多研究人员的长期努力，已经发展出了针对不同观测条件下不同类型目标的雷达检测技术。下面按照不同的分类方式，从不同的角度对海杂波中雷达目标检测技术进行综述。

1. 从检测机理的角度来分

根据检测机理的不同，可将雷达目标检测器分为能量检测器[10]和特征检测器[11-13]。

大多数雷达目标检测器利用的是数据的一阶（如幅度）或二阶（如功率、功率谱）统计特征，被称为能量检测器。该类检测器的主要构造方法是似然比检验，如自适应匹配滤波器（Adaptive Matched Filter, AMF）[14]，其原理框架如图 1.1 所示，最终与门限进行比较的是经过白化和相参积累处理后的回波功率。

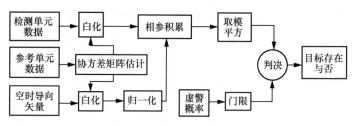

图 1.1 AMF 的原理框架

特征检测器是将目标检测问题转化为分类问题，即判断回波是否属于背景所在的类。该类检测器的关键在于提取稳健的具有可分性的特征空间，并形成判别区域。图 1.2 给出了特征检测器的概念框架。

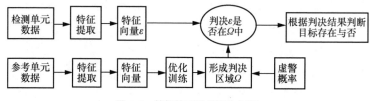

图 1.2 特征检测器的概念框架

图 1.3 和图 1.4 给出了两种特征检测方法的原理框架及处理结果演示。一种是基于分形特征的检测方法[15-18]。该方法通过提取分形特征（如分形维数、分形谱等）来反映海杂波与目标所具有的不同的自相似特性，从而判断回波是属于"纯海杂波"类还是属于"海杂波+目标"类。

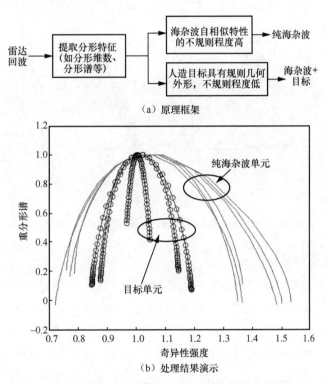

（a）原理框架

（b）处理结果演示

图 1.3　基于分形维数特征的检测方法的原理框架及处理结果演示

另一种是高分辨海杂波联合特征抑制和漂浮目标检测方法[12-13]。该方法中的三维特征空间是指从高分辨海杂波中提取出来的相对平均幅度（Relative Average Amplitude, RAA）、相对多普勒峰高（Relative Doppler Peak Height, RDPH）和相对向量熵（Relative Vector-Entropy, RVE）这 3 个特征形成的特征空间；凸包判决是指采用凸包优化算法计算出"纯海杂波"与"海杂波+目标"两类之间的判别空间；图 1.4（b）中的处理结果从左往右演示，随着处理时间的延长（也就是所利用的数据点越多），两类之间的区分度越大，检测效果越好。

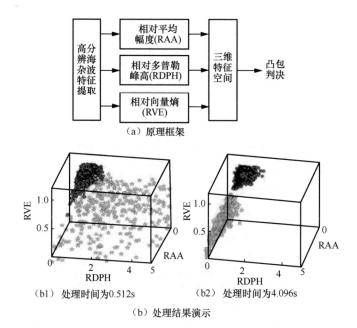

（a）原理框架

（b1）处理时间为0.512s　　（b2）处理时间为4.096s

（b）处理结果演示

图1.4　高分辨海杂波联合特征抑制和漂浮目标检测方法的原理框架及处理结果演示

2. 从建模的角度来分

从建模的角度，可分为统计学处理方法和非线性处理方法。统计学处理方法将雷达回波建模为随机过程，在此基础上研究海杂波与目标在幅度、谱和相关性等统计属性上的差异，建立相应的模型形成检测统计量。然而随着研究的深入，尤其是针对海杂波这类复杂背景，统计模型日益复杂，可操作性及物理含义下降。海面起伏是非线性的，非线性处理方法能很好地反映海杂波的非线性物理属性。典型的非线性处理方法是分形处理方法，该类方法具有参数估计简单便捷的特点。不过，该类方法难以形成闭式的检测统计量。将海杂波分形参数估计简单便捷的特点与成熟的统计学处理方法相结合，提取能反映海杂波非线性物理属性的特征，形成具有可实现性和实时性的检测统计量，是一个很有意义的发展方向。图 1.5 给出了一种统计学与非线性相结合的处理方法，即基于分形可变步长最小二乘（FB-VSLMS）算法的检测方法[19]的原理框架，该方法利用最小二乘拟合技术输出的误差作为检测统计量，而其中估计的参数是 Hurst 指数（一种分形参数）。

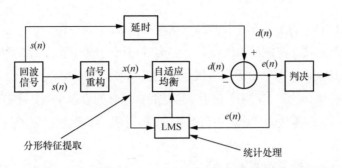

图 1.5　基于分形可变步长最小二乘算法的检测方法的原理框架

3. 从积累的角度来分

从积累的角度来分，包括相参积累与非相参积累、短时间积累与长时间积累条件下的雷达目标检测技术。目前的研究热点包括高速高机动目标在跨单元条件下的相参积累检测、低可观测目标的长时间非相参积累检测等，主要是解决目标运动跨分辨单元条件下目标能量的积累问题。

（1）目标跨距离单元走动条件下的基于拉东（Radon）-傅里叶变换的长时间相参积累检测方法[20]

根据目标运动参数提取距离−慢时间平面中的观测序列，然后通过离散傅里叶变换对该序列进行积分，实现目标能量的相参积累。通过联合搜索参数空间中的目标参数，解决了距离走动与相位调制的耦合问题。相比于常规运动目标检测（Moving Target Detection，MTD）方法，基于 Radon-傅里叶变换的长时间相参积累检测方法可将相参积累时间延伸至多个距离单元。

（2）目标跨距离单元和多普勒单元走动条件下的基于 Radon-分数阶傅里叶变换的长时间相参积累检测方法[21]

该方法融合了 Radon-傅里叶变换和分数阶傅里叶变换两者的优点，不仅能获得与 Radon-傅里叶变换方法同样长的相参积累时间，而且对非平稳信号具有良好的能量聚集性，同时能补偿因目标机动产生的距离单元和多普勒单元走动。

（3）基于检测前跟踪技术的长时间非相参积累检测方法[22-25]

该类方法的基本思想是，针对低信噪比条件下单帧数据不能可靠检测目标的情况，在单帧不设门限或设较低门限，然后根据目标运动在帧间的关联性，存储、处理和积累多帧数据，最后与门限相比，在得到目标航迹估计的同时，完成对目标的判决。

该类方法解决的是目标在长时间运动时跨距离–方位–多普勒单元条件下的非相参积累检测问题。在多目标条件下，文献[24]提出了基于逐目标消除的多目标检测前跟踪方法，该方法针对近似直线运动的低可观测目标群，通过动态设定霍夫（Hough）参数单元的第二门限，进而采取逐目标消除的思想，将多目标检测前跟踪问题中的多目标航迹搜索转化为单目标航迹的逐个搜索，有效避免了多目标航迹之间的相互干扰。

4. 从雷达分辨率的角度来分

随着雷达分辨率以及硬件处理能力的逐渐提高，雷达一维距离像以及合成孔径雷达（SAR）成像条件下的目标检测问题一直是雷达目标检测领域的研究热点。

（1）距离扩展目标的检测[26-28]

在高距离分辨率雷达中，目标各散射中心的回波在时域上是分离的，这为实现各散射点回波能量的积累、提高雷达对目标的检测能力提供了重要前提。图 1.6 给出了距离扩展目标的通用检测框架，主要包括自适应门限的形成和检测统计量的形成两部分。这两部分内容在高距离分辨率条件下面临如下几方面的难点：①如何精确估计增多的目标参数？②如何在非高斯环境下控制虚警？③如何适应扩展目标的复杂运动模式？④如何提高对实际环境的适应性和对失配情况的鲁棒性？⑤如何研究计算复杂度较低的高效算法？

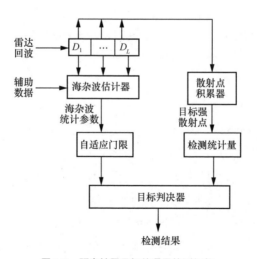

图 1.6　距离扩展目标的通用检测框架

（2）SAR 图像中的舰船目标检测[29-31]

SAR 图像舰船目标检测主要分为直接检测舰船本身和通过检测舰船尾迹来确定舰船两种途径，前者适用于舰船相对海面背景较为明显的情况，后者则要求舰船处于运动状态。多波段 SAR 图像融合是舰船目标检测技术的一个研究热点，其融合层次包括像元级、特征级和决策级，图 1.7 给出了多波段 SAR 图像 3 种融合层次的流程。图 1.8 利用同一区域目标的 C、L 和 P 波段 SAR 图像演示了多波段 SAR 图像决策级融合检测结果。

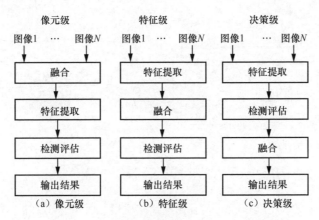

图 1.7　多波段 SAR 图像 3 种融合层次的流程

（a1）C波段SAR图像　　　（a2）L波段SAR图像　　　（a3）P波段SAR图像

（b1）C波段SAR图像检测结果　（b2）L波段SAR图像检测结果　（b3）P波段SAR图像检测结果

（c）C、L、P波段SAR图像融合检测结果

图 1.8　多波段 SAR 图像决策级融合检测结果

5. 从照射源的角度来分

从照射源的角度来分，包括合作照射源条件下的目标检测与非合作照射源条件下的目标检测两类。大多数雷达目标检测都是在合作照射源条件下完成的，即雷达发射信号是已知的；然而随着海上电磁环境的日益复杂以及雷达自身安全形势的日益严峻，非合作照射源条件下的海上目标检测逐渐成为研究热点[32-35]。图 1.9 给出了合作式与非合作式双（多）基地雷达示意。

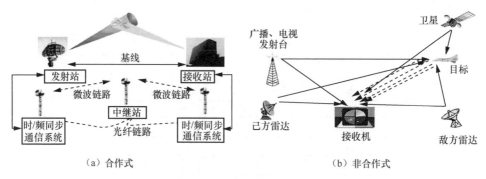

（a）合作式   （b）非合作式

图 1.9　合作式与非合作式双（多）基地雷达示意

挪威奥斯陆大学的 Stromoy[36]利用奥斯陆机场航管雷达作为非合作辐射源，设计了"搭车者"双基地雷达试验系统，如图 1.10 所示。通过对机场的民用飞机进行探测，并利用民用航空广播式自动相关监视（ADS-B）数据进行验证；然后对采集的实测数据采用脉冲压缩、非相参积累、相参积累等方法进行处理，检测到机场附近的多架民用飞机，检测结果和 ADS-B 数据一致，从而证实了该类系统的有效性。

图 1.10　"搭车者"双基地雷达试验系统

6. 从信息源的角度来分

对于海杂波背景中的目标检测问题来说，独立的信息来源越丰富，越有利于目标检测，其中信息既包括关于目标的信息，也包括关于背景的信息。因此，从信息源的角度来看，雷达目标检测技术包括基于单雷达的目标检测技术、基于多雷达（如空间分集 MIMO 雷达）信息融合的目标检测技术、基于多种类型传感器信息融合的目标检测技术、基于知识辅助（Knowledge-Aid, KA）的目标检测技术等。

（1）空间分集 MIMO 雷达目标检测技术[37-41]

空间分集 MIMO 雷达目标检测技术利用复杂目标雷达截面积（RCS）随视角剧烈变化的特点，通过融合多个视角的观测数据来获得较为稳定的平均 RCS 条件下的检测性能。

（2）基于知识辅助的空时自适应处理（Knowledge-Aid Space-Time Adaptive Processing, KA-STAP）技术[42-46]

基于知识辅助的空时自适应处理技术将专家系统的思想推广到多维滤波问题中，其典型结构如图 1.11 所示。传统 STAP 的核心是一种基于样本协方差矩阵的技术，而 KA-STAP 将潜在信息资源的利用充分扩展到全部自适应处理过程中，提高雷达对环境的感知能力。

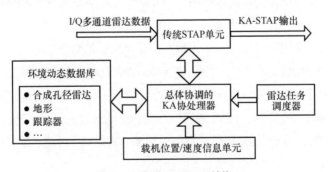

图 1.11　典型 KA-STAP 结构

多传感器相互印证的预警探测体系已成为发展趋势，而 KA 的思想正好符合这一发展趋势。然而，多种先验数据与雷达观测的同时配准及误差条件下的配准、先验知识的有效融合等都是目前基于 KA 的雷达目标检测技术需要解决的难题。文献[46]提出利用地理信息系统（GIS）提供的先验信息进行参考数据筛选，如图 1.12 所示，尽量提取与待检测单元相近的均匀数据，获得的检测效果优于常规恒虚警率（Constant False Alarm Ratio，CFAR）检测器[47]。

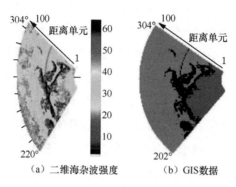

（a）二维海杂波强度　　　（b）GIS数据

图 1.12　基于 GIS 信息的参考数据筛选

7. 从处理域的角度来分

从处理域的角度来分，包括基于单域处理的目标检测技术与基于多域联合处理的目标检测技术，前者只利用一个域中的信息或单个特征完成目标检测，如传统的 CFAR 技术（时域）、MTD 技术（频域）、分数阶傅里叶域[48-51]等；而后者则是联合多个域或多个特征来进行目标检测，如多维联合相参积累技术、多维 CFAR 处理技术[52]、变换域分形检测技术等。

（1）空时频检测前聚焦[53]——一种多维联合相参积累技术

该技术将目标长时间相参积累问题转换为参数化模型匹配问题，在对应的参数空间中形成目标的"多维聚焦图像"，整合常规雷达信号处理的宽带波束形成、脉冲压缩和多普勒滤波等环节，完成对目标空间和运动参数的匹配估计，克服"三跨"（跨距离分辨单元、跨方位分辨单元和距多谱勒分辨单元）效应，提高能量积累、目标检测、参数测量和特征提取等方面的处理性能。

（2）多维联合 CFAR 海杂波抑制与目标检测方法

目前 CFAR 方法大都基于距离维数据，而实际上，雷达接收机接收到的数据包括距离维、脉冲维、方位维、扫描间（帧间）、多普勒等多维度数据。通过多维数据的选择来进行海杂波的抑制与目标检测，可降低虚警概率，提高检测概率。图 1.13 分析了可供海杂波中雷达目标技术利用的多维度信息，并给出了一型 X 波段非相参雷达综合利用空间、角度、帧间等多维度信息进行海杂波抑制与目标检测的处理结果。

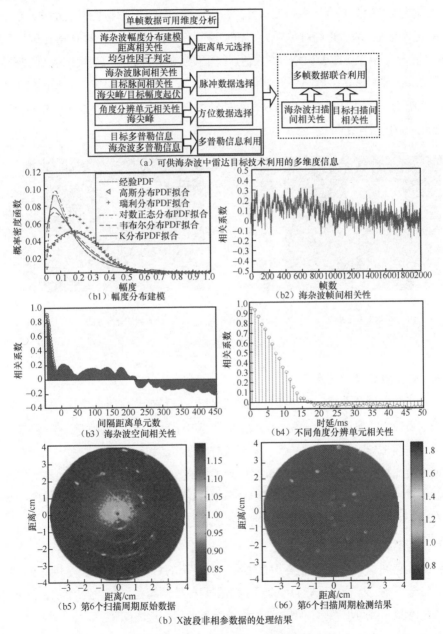

（a）可供海杂波中雷达目标技术利用的多维度信息

（b1）幅度分布建模

（b2）海杂波帧间相关性

（b3）海杂波空间相关性

（b4）不同角度分辨单元相关性

（b5）第6个扫描周期原始数据

（b6）第6个扫描周期检测结果

（b）X波段非相参数据的处理结果

图1.13 多维度信息及处理结果

（3）变换域分形检测技术[54]

变换域分形检测联合了海杂波与目标在变换域特性和分形特性上的差异，在证明海杂波具有变换域分形特征的前提下，充分利用变换域处理带来的信号杂波比（以下简称信杂比，SCR）改善和分形参数估计简单便捷的特点，提取变换域谱的分形特征（如 Hurst 指数等），以区分"纯海杂波"单元与"海杂波+目标"单元。图 1.14 对比了时域分形方法与频域分形方法的处理结果，显然，频域分形方法明显增强了小目标回波的分形特征。

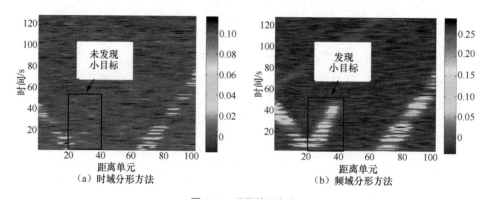

图 1.14　分形检测方法

8. 从目标特性的角度来分

从目标特性的角度来分，包括针对常规目标、低可观测目标（隐身目标）、高速高机动目标以及慢速/漂浮目标的检测技术。其中，针对低可观测目标的检测技术有基于长时间相参积累的检测技术、基于长时间非相参积累的检测技术、基于非线性处理的检测技术、基于多域特征联合处理的检测技术等；针对高速高机动目标的检测技术有"三跨"条件下的长时间相参积累检测技术；针对慢速/漂浮目标的检测技术有基于非线性处理的检测技术、基于多域特征联合处理的检测技术等。

9. 从背景类型的角度来分

按统计特性来分，包括白噪声/有色噪声背景下的目标检测问题、高斯/非高斯海杂波背景下的目标检测问题，以及干扰下的目标检测问题。按背景均匀性来分，包括均匀背景、多目标背景、海杂波边缘背景下的目标检测问题。

在雷达海上目标检测的工程实际应用过程中，背景类型不是一种单一的形式，而是一种复杂非均匀的情况，这使得基于某种或某些背景类型而设计的检测器在实际应用中面临性能下降的问题，因此必须研究能适应海上复杂非均匀环境的目标检测技术[55]。

1.2 混沌理论在雷达目标检测中的应用

1963 年，美国气象学家洛伦兹（Lornez）首次提出混沌的概念。混沌是介于确定论与概率论之间的过程，描述了某种不规则性，而这种不规则性是确定性系统内部非线性相互作用的结果，而且混沌系统都表现出对初始条件的敏感依赖性。简而言之，混沌是由确定性非线性系统产生的对初始值敏感的复杂过程。混沌运动是在系统非线性条件下发生的，确定一个系统是否存在混沌，可以从以下三方面进行：①观察信号随时间变化的相轨迹图或波形图是否局限于一个特定区域（混沌吸引域）；②分析并计算系统是否具有收敛的分数吸引子维数，若存在则意味着系统存在混沌；③计算利亚普诺夫（Lyapunov）指数，该指数刻画动力系统对初始值的敏感程度，正的 Lyapunov 指数则意味着系统存在混沌。

由混沌概念可知，即使是相当小的自由度也可导致极其不规则的"确定性混沌"，而且混沌时间序列及其相空间折叠与奇怪吸引子比随机模型更能深刻地描述自然界中的不规则行为，在海杂波或噪声中则表现为混沌模型可以比随机模型从实验数据中提取出更多有用信息。目前混沌理论在各个领域都得到了广泛的应用，如海面目标检测、水下目标检测、图像（红外图像、SAR 图像等）中的目标检测以及其他微弱周期信号或瞬态信号检测等。基于混沌理论的（目标）信号检测分为两大类：一类是混沌作为海杂波或者噪声出现，如在混沌海杂波背景中的微弱目标检测问题，这时信号处理的目的是抑制混沌信号；另一类是混沌信号作为人们期望得到的信号，如目标 RCS 序列产生的混沌等。

在雷达对海上目标检测方面，Leung 等[56]首次用混沌模型研究了海杂波的奇怪吸引子的存在性，认为存在一个低维的动力学吸引子控制着海杂波的行为，并采用 G-P（Grassberger-Procaccia）算法计算出海杂波相关维数值为 6～9。He 等[57]计算出海杂波的最大 Lyapunov 指数为一正值，从而进一步说明了海杂波的混沌特性。另外，Palmer 等[58]对 VV 极化海杂波数据和海面水平风速序列进行了分析与研究，发现其确实存在一个低维的混沌吸引子。Leung 等[59-60]进一步研究了海杂波的相关维数、Lyapunov 指数、Lyapunov 谱[61]，并构造了神经网络预测器尝试将混沌理论应用于雷达目标检测[62]。Haykin 等[63]继续研究了混沌信号的检测问题，认为海杂波具有有限的关联维数，其最大 Lyapunov 指数为正，并且认为海杂波是短时可预测的。这些结论在其学生 Li[64]的博士学位论文中进行了较为详细的阐述。Abarbanel[65]对混沌数据分析的理论与方法进行了全面且详尽的阐述。此后，海杂波混沌理论得到了不断的充实与发展。例如，Xie 等[66]对海杂波单一混沌模型进行了扩展，提出了一种多模型的海杂波模型及预测方案。董华春等[67]研究了高频雷达回波特性，发现其具有混沌特性。姜斌等[68-69]对 S 波段海杂波进行了分析，计算了其分形维数与 Lyapunov 指数，发现了 S 波段海杂波具有混沌分形特性。马晓岩等[70]提出了运用旋转超盒分类取代基于记忆库非线性预测中的奈曼–皮尔逊（Neyman-Pearson）CFAR 方法进行目标检测，并探讨了运用盒维数特征提取进行预处理以节省运算开销的问题。随着海杂波混沌模型研究的深入，王福友等[71]发现虽然混沌对海杂波建模提供了一个很好的理论支撑，但它并没有开发出包含在海面回波里的所有信息，原因是混沌是一个严格时间意义的理论，其假设空间结构是不动的，而对于海杂波而言，空间效应是不能忽略的，因为回波信号来自一个移动的海面，海面的电磁波散射是一个时空现象。因此引入了时空混沌[72-73]的理论，提出了将海杂波建模由原来的时域拓展到时空域，采用了径向基耦合映像格子算法来重构海杂波的时空混沌动态特性，进而对嵌入在海杂波的小目标进行检测。行鸿彦等[74]提出了一种改进的提取混沌背景中微弱信号的最小二乘支持向量机（LS-SVM）的方法，通过将信号以 db3 小波逐层分解，进行 LS-SVM 预测，再进行重构，同时通过增加对偶约束项、改进核函数的方法，建立了改进的混沌序列一步预测模型，从预测误差中检测淹没在混沌背景中的微弱目标信号（包括周期和瞬态信号）。随着低空、超低空突袭兵器技术的不断发展，引信信号面临着越来越强的地海杂波的干扰。薛永先等[75]以相空间重构理论为基础，提出了基于神经网络的混沌时间序列建模与预测方法，探讨了相空间重构技术在引信信号检测中的应用。另外，其他学者还研究了利用神经网络、支持向量机或自适应滤波器等的海杂波预测、抑制与目标检测技术[76-80]。

Haykin 等[81-82]通过对大量实测海杂波数据的研究，对之前得到的结论提出了质疑，即海杂波并非由确定性的混沌现象产生，但并不排除是随机混沌或多个确定性混沌及随机过程混合而成的非线性动力系统。Gao 等[83-84]采用一种更为严格的混沌判定准则对一个持续两分钟左右的海杂波数据进行检验，结果表明其并不是混沌的，而是多重分形的。Hu 等[85]分析了混沌海杂波中 0-1 检测的可靠性问题，又一次从侧面证实了海杂波混沌模型存在争议性。目前，仍有研究在运用混沌理论进行海杂波预测、微弱目标检测，但事实上许多人[86-89]都对海杂波是否为混沌动力系统提出了质疑，目前这一问题没有十分确切的答案，这一领域仍需要更深入的研究。

在水下目标检测方面，由水动力学和水声学原理可知，水声信号是一种复杂且不规则的信号，传统的方法认为采集到的声呐信号是随机信号，基于随机系统理论和统计检测理论的信号处理方法一直是这一领域重要的理论工具，但水声信号并非纯粹的随机信号，而且传统的方法也无法利用舰船辐射噪声的细微结构和精细特征。近年来的研究发现，水声信号具有混沌分形的特性[63-64,90-93]，利用混沌理论，在某些方面更能客观地反映水声信号的非线性本质。目前的应用中都是利用背景噪声的混沌特点，建立混沌检测的预测模型，从接收信号中减去预测的混沌信号，将淹没在混沌背景中的瞬态信号检测出来。混沌的前提是非线性，所以讨论一个回波序列是否具有非线性对进一步进行混沌特性分析很有意义。侯平魁等[94]运用替代数据法，分析了水下目标辐射噪声信号，得到了水下目标辐射噪声信号中存在非线性成分，且这种非线性不是由静态测量函数的非线性引起的，为采用非线性方法分析水下目标噪声信号提供了理论依据。在判定了水下目标辐射噪声为混沌的基础上，李亚安等[95-96]采用混沌模型进行局部短时预测或者采用 Lyapunov 指数上的差异来检测噪声背景中的小目标，取得了较好的效果。侯楚林等[97]尝试将互相关理论与混沌理论结合，构成了一个新的微弱正弦信号检测系统，通过混沌系统相轨迹变化来检测目标信号，实现了强噪声背景下弱信号的检测。利用混沌理论检测水下微弱信号在数字信号处理器上得以实现，这将混沌理论的应用向实际推进了一步。相空间重构是混沌分析过程中的重要环节，会直接影响重构空间上混沌分析的结果，也直接影响水下目标辐射信号分析的效果。为检验不同重构方法处理水下目标辐射声信号的效果，王佳等[98]通过分析比较认为采用相关&G-P（Grassberger-Procaccia）方法、奇异值方法可以得到较好的重构效果。周胜等[99]针对进出港口的舰船噪声低、难以检测的问题，采用了混沌振子检测理论，将其应用在舰船弱信号检测中，同时采用了参数抑制法，设计了微弱信号的混沌检测系统。

在图像中的目标检测方面，Wolf 等[100]首先提出了从时间序列估计 Lyapunov 指数的轨道跟踪法，该方法直接基于相轨线、相平面和相体积等的长期演化来估计 Lyapunov 指数。Rosenstein 等[101]基于轨道跟踪法思想，对 Wolf 方法进行了改进，提出了计算最大 Lyapunov 指数的小数据量法，该方法充分利用了所有能够利用的数据，获得了比较高的精度。小数据量法运算速度快，易于实现，对嵌入维、时延以及数据量的规模均表现出较强的鲁棒性。杨绍清等[102]对 Wolf 方法进行了改进，提出了一种简单易行的相空间重构方法，并针对轨道跟踪法计算量大、精度不高等问题提出了一种新的计算最大 Lyapunov 指数的方法，该方法的计算量小，所需存储空间小，收敛速度较快，能获得较高的精度。杨绍清等[103]又对几种相空间重构方法进行了分析对比，给出了两种实用的重构方法。依据改进的 Wolf 方法，何四华等[104]研究二维图像信号中海面等自然背景的混沌特征，利用图像区域最大灰度距离 Lyapunov 指数的变化检测淹没在混沌背景信号中的目标信号。张家树等[105]基于 Volterra 级数展开式和混沌序列高阶奇异谱特征，提出了一种高阶非线性傅里叶红外（HONFIR）滤波预测模型用于混沌时间序列的自适应预测，这种 HONFIR 自适应滤波器能够有效地预测一些超混沌序列且具有一定的抗噪能力，其自适应预测的性能与其输入维数的关系不受塔肯斯（Takens）嵌入定理的约束。赵翠芳等[106]在分析了云背景红外图像空间分布上存在混沌现象的基础上，将 Volterra 级数引入云背景红外图像的混沌预测中，取得了较好的云背景海杂波抑制效果。此外，张亚飞等[107]利用海杂波的混沌预测误差对海面 SAR 图像中的分布目标进行 CFAR 检测，然后用形态学变换来改善检测效果，此方法可对任意类型的海面分布目标进行检测。鉴于混合遗传算法在解决组合最优化问题所表现出的极佳求解性能，吴一全等[108]在此基础上引入混沌模型用于预测，解决了红外图像中的小目标检测问题，与仅采用遗传算法相比，混合遗传算法提高了检测概率，提升了性能。

在采用混沌理论分析目标 RCS 序列并进行检测方面，研究对象主要为空间目标。随着太空开发步伐的加快，人类航天活动越来越频繁，产生的空间碎片日益增多，导致空间环境逐步恶化，这对人类航天活动构成了严重的威胁，使卫星的发射和监测面临越来越严峻的挑战。为了确保航天活动的安全可靠，保卫本国太空安全，促进人类航天事业的发展，如何有效地对空间目标（卫星、碎片等）进行监视、识别和编目将具有重要意义。由于保密的原因，实测数据较难获得，基于 RCS 的空间目标研究文献较少，主要是国内的文献。曹占辉等[109-110]采用混沌理论对空间目标 RCS 序列特性进行了研究，采用重整标度分析法（R/S）和最大 Lyapunov 指数对 RCS 序列进行分析，结果均表明与旋转目标相比，三轴稳定目标 RCS 序列较复杂和不规则，同时研究中发现，Kolmogorov 熵可作为空间目标识别的有效特征[111]。

　　此外，混沌理论在微弱周期信号或瞬态信号检测中也有较为广泛的应用。对于一个非线性系统，当其敏感参数在一定范围内摄动时，将引起其周期性发生本质变化[112]。将混沌理论用于微弱信号检测主要是利用了其在一定条件下对微弱信号具有敏感性同时对噪声具有免疫力的特性。Birx 等[113]初次尝试了采用混沌振子检测微弱信号，但由于当时有关基础理论尚不完善，因而缺乏深入理论研究。近年来，基于杜芬（Duffing）振子的微弱周期信号检测方法得到了深入研究[114-119]。最初是利用对杜芬-霍洛曼（Duffing-Holmes）方程的强迫激励项进行微扰来实现检测，信噪比工作门限可以达到常规方法的下限，而对参数进行微扰等形式也是有效的途径，如修正 Duffing-Holmes 方程系统和双耦合 Duffing 振子系统，可以进一步降低信噪比工作下限。这些混沌系统检测方法的基本原理都是通过非自治混沌系统的参数共振微扰实现混沌抑制，所采用的模型也以 Duffing-Holmes 方程及其修正形式为主。这种系统在强噪声影响下的分叉特性非常复杂且临界参数无法直接计算[120]，容易出现类似混沌状态的假象，造成错误判决，因而只有噪声功率很低时才能获得较好的检测效果。以上这些问题是由 Duffing 系统的固有特性决定的，仅通过对方程进行修正难以完全解决。而以 Lorenz 系统为代表的自治混沌系统较好地解决了这些问题。Soong 等[121]和 Choe 等[122]分别对 Lorenz 系统进行了研究，为进一步开发利用 Lorenz 系统进行微弱信号检测提供了良好的理论基础。王德石等[123]利用 Lorenz 系统的参数非共振激励混沌抑制原理，实现强噪声背景下微弱周期脉冲信号的检测，检测方法简便易行，适于在目标探测领域推广应用。徐艳春等[124]采用高阶勒斯勒（Rossler）混沌振子及比例微分控制方法相结合，将含有待检信号的 Rossler 混沌振子从混沌态控制到周期态，然后利用谱分析的方法检测待检信号的频率。该方法突破了以往 Duffing 方程检测信号频率需要使用较多振子的局限，大幅提高了检测精度和检测稳定性。

综合以上几个方面的应用，混沌理论无论是对时间序列还是对图像进行处理，最主要的是运用混沌理论进行预测，并对预测误差进行后续处理或者与其他理论结合来进行目标检测。其次是运用混沌系统对某些参数的敏感性来检测淹没于噪声或海杂波中的微弱周期或瞬态信号。就目前的研究状况而言，混沌理论已经初步实现了与神经网络、支持向量机等的结合运用，混沌理论与统计理论、随机理论等的结合也崭露头角。但要很好地解决目标检测中的预测问题，仅靠混沌理论是非常艰难的，结合混沌理论与其他理论方法的优点并加以运用是一个比较可行的方法。因此，尽管目前不少研究成果距离在实际目标检测中运用还有一定差距，但它们在很大程度上表明了混沌理论在目标（信号）检测中具有良好的应用前景。

1.3　自相似（分形）理论在雷达目标检测中的应用

分形理论是在 20 世纪 70 年代，Mandelbrot[125]为了表征复杂图形和复杂过程引入的，是非线性科学研究中的一个十分活跃的分支。分形理论研究的对象是自然界中不光滑和不规则的几何体，它深刻揭示了实际系统与随机信号中广泛存在的自相似性和标度不变性。分形理论的提出拓宽了人们的视野，并且已经在自然科学的多个领域获得了广泛的应用，尤其是在物理学、地质学、生物学和信息科学等方面具有重要的应用价值和广阔的发展前景[126]。

对于复杂背景下的目标检测问题，基于随机与统计理论的目标检测方法已经取得了很多非常有意义的成果。随着国防科学技术、民用探测技术的日益发展，检测系统面临的目标及所处环境越来越复杂，传统检测技术仍具有局限性。基于分形理论的目标检测方法就是在这种情况下迅速发展起来的。该方法是针对复杂背景下人造目标进行自动检测较为适合和有效的方法之一，并拉开了分形理论在雷达目标检测、图像中纹理分割与目标检测、红外目标检测中应用的序幕。其常用的理论基础包括迭代函数系统（IFS）理论、分形布朗随机场、单一分形、扩展分形、多重分形、多重分形关联、多分辨分析等。在分形理论应用中，人造目标一般表现为相对规则的几何单元，而自然背景则由极不规则的复杂环境构成，研究中通常利用人造目标与自然背景在几何构成上的差别，通过提取分形几何变化特征进行目标检测。

在导航、警戒、环境监测等雷达的目标检测方面，由于分形理论在处理非线性、非平稳信号方面所具备的固有优势，同时又由于海面本身所具有的非线性动力学特征，分形作为一种"空间上的混沌"，在对海雷达海杂波的建模与目标检测方面得到了很好的运用与发展。

海洋表面是一个复杂的动态粗糙面，它在近似周期性的大尺度波浪上叠加着小尺度的波纹，变化极不规则，但同时又不是完全随机的，传统的方法不能很有效地描述海面，分形理论为海面建模提供了新的途径。分形维数散射的研究表明[127]：散射表面的分形维数特性会被携带到散射信号中。因此，海面散射信号的分形维数特性反映了海面的分形维数结构，且与电磁波入射角有一定关系。研究发现，海面重力波长在 $0.1\sim100\text{m}$ 的范围内是类似分形结构的，在此范围采用分形方法进行建模无疑有很大优势。分形函数构造简单，对其加入时间因子，可以反映出海面高度起伏的动态变化。

分形理论的引入提供了新的海杂波描述思路，海杂波波形在不同尺度下表现出一定的相似性，可以用分形参量进行描述。Lo 等[128]在分形理论的基础上提出了一种新的目标检测方法，即基于分形维数的目标检测方法。当海杂波中存在舰船等目标信号时，海面原本的分形程度降低了，分形特征的数值将发生明显变化，信杂比越高这种差别也越容易分辨，该方法利用人造目标和自然背景之间的分形维数差异来检测自然背景中的人造目标。由于分形模型能够很好地描述自然景物的形状和特点，以及该方法的实现过程很简单，因此它能够很好地弥补经典统计目标检测方法的不足，成为一种通用性较强且计算简便的目标检测方法[129]，而且 Salmasi 等[130]利用同一组数据不同数据段的分形维数服从高斯分布的特点，针对高分辨率雷达设计了一个分形检测器，解决了利用分形维数进行检测难以实现 CFAR 的问题。Kaplan 等[131]采用小波变换的方法计算信号的分形特征，提高了赫斯特（Hurst）指数的计算精度，并且这一数学处理方法在后续取得了较好的应用与发展[132-135]。紧接着，Kaplan 等[136]又研究了分数布朗运动的扩展自相似特性，对简单的单一分形特征进行了推广，并在之后几年对其在分类与检测方面的应用进行了相应的研究[137]。前面阶段对实测雷达回波信号进行分形分析时，绝大部分研究人员采用的是加拿大 IPIX 雷达实测数据[138]，其观察目标为一静止目标，因此，其所涉及的分形维数差异都是在海杂波与静止目标之间进行的。刘中等[139]分析了动目标多普勒信号回波的分形维数特性，发现不同动目标具有不同的分形维数。Zhou 等[140]采用自相似线性映射预测分形信号，并且将其应用于真实海杂波的预测中，对海杂波中的目标检测又提供了一种思路。之后，杜干等[141]、谢文录等[142]、苏菲等[143]分别研究了海杂波的其他分形特征，提出了基于分布函数方差和分形拟合误差的目标检测方法。之后，杜干等研究了海杂波的高阶分形特征[144]与多重分形特征[145]，给出了多组海杂波数据的缝隙值变化规律与多重分形谱图形，并提出了海杂波中目标的模糊检测方法[146]。Chang 等[147]给出了一种快速的离散分数布朗运动的 Hurst 参数估计方法，将分形理论向实际应用又推进了一步。Xu[148]基于去起伏分析提出了一种基于联合分形特性的海杂波中的微弱目标检测方法，进一步充实了单一分形特征在目标检测中的应用。随着分形理论应用的进展，Zheng 等[149]分析了海杂波的幅度分布、时空相关等特性，从理论上证明了实测海杂波数据是多重分形的，并给出了海杂波的乘性多重分形理论模型。Hu 等[15-16]引入基于多重分形理论结构函数的目标检测方法，并采用 392 组 X 波段 IPIX 雷达实测海杂波数据进行验证，发现本批海杂波数据在 0.01s 到几秒的范围内存在多重分形特性，并且所提目标检测方法具有良好的检测性能。另外，石志广等[150-151]也分析了海杂波的多重分形特性，研究了海杂波多重分形谱与极化的关系，并提取了多重分形谱的几个参数用于目标检测。Luo 等[152]分析了不同距离单元的多重分形谱函数，根据海杂波与目标多重分形谱函数的分布差异，构建多重分形谱的积分检验量为特征变量实现目标检测，并通过 S 波段实测海杂波数据，证明该方法具备微弱目标检测的能力。文献[153]研究了奇异性强度函数和海杂波的多重分形谱局部特征之间的映射关系。基于局部多重分形谱能量分布异同的特征差别，提取局部均方差之和作为 CFAR 检测器的特征输入变量，通过实测段数据分析，验证了该方法对微弱目标的检测有效性。但研究发现，多重分形计算过程中要求的采样数据量较大，不能满足实时性的要求，因此，文献[154]采用迭代更新的方法计算多重分形特征，在一定程度上提升了实时性，但离实际中实时运用还有较大差距。鉴于单一分形与多重分形特征在提取过程中无标度区间一直以来是靠人工观察得到的，文献[155]提出了一种无标度区间的自动判定方法，提升了数据利用率以及参数估计的准确度。但无论是靠人工观察还是自动判断，在估计无标度区间时都是采用某一段数据的计算结果来代替整体，而实际上自然界的许多现象并不是严格分形的，维数的计算依赖于所采用的无标度区间，因此分形维数实际上是依赖尺度的分形维数。基于这一思想，Kamijo 等[156]采用模糊分形理论进行了建模，并将其应用于描述海水温度的起伏状况。文献[157]将模糊分形理论引入海杂波的目标检测中，并分析了该检测方法的检测性能。随着分形理论研究的逐渐深入及其在信号处理中的广泛应用，研究人员发现单一分形、多重分形仍然没有完全反映出回波信号中所包含的全部信息，因此，多重分形关联理论[158]被提出，并以随机二项测度为例，分析了该测度的奇异性在支集上的关联以及两点关联中存在的标度区间的相变问题，得到了多重分形关联谱。由于多重分形关联谱从回波信号中得到的信息比单一分形特征和多重分形谱更多，因此，将多重分形关联谱用于目标检测可以得到更好的检测性能[159-160]。孙康等[161]采用 Q 阶混合矩结构分割函数（Q-MMSPF）法研究了不同单元间海杂波的多重分形互相关特性，通过对大量实测数据分析得出以下结论：不同海杂波单元间的互相关性较弱；目标单元间的互相关性较强。最后，以不同单元间的互相关性为特征统计量设计目标检测器，从而实现海杂波背景下的目标加强。

事实上，应用分形维数差别进行目标检测并非唯一的方法，研究人员做了大量的努力来提升原有分形参数的估计精度或者寻找新的分形特征，并取得了卓有成效的结果。汪国有等[162]根据尺度变化时自然场景中人造目标的分形特征变化剧烈的特点，提出了一种基于分形参数极值特征的自动目标检测方法。陈彦辉等[163]除了提出海杂波的多重分形检测方法外，还提出并分析了基于迭代函数系统的信号检测方法和基于小波白化的信号检测方法。杨斌利等[164]通过对自然背景和目标信号的相关性分析，提出了一种分形特征提取算法，增强了背景与目标间的分形特征差异程度，提高了检测准确度。张淑宁等[165]提出了一种分形随机噪声信号处理的小波谱相关方法，能有效抑制分形噪声，准确提取信号参数。Du 等[166]对二维海杂波数据进行分析，提取其关联维，发现其在低信杂比情况下仍能较好地检测到目标。Madanizadeh 等[167]在计算盒维数的过程中发现中间过程的一元线性回归相关系数能较好地区分目标与海杂波，尤其对运动目标也具有一定的检测能力，并提出了相应的目标检测方法。Zhao 等[168]基于分形理论提出了一种混沌时间序列灰度关联的局部预测方法，提高了预测的精确度。贺涛等[169]提出了一种基于分形自仿射的混沌序列预测方法，文献[170]将其应用于海杂波的预测中，并用预测误差进行目标检测，取得了良好的效果。Gupta 等[171-172]提出了基于分形参数估计的可变步长最小二乘算法，并进行了详细的理论分析。该算法结合了分形特征与统计方法的优点，对非平稳信号具有很好的建模效果，因此，其对海杂波中微弱目标信号具有优良的检测性能[19]。

在图像（如 SAR 图像、红外图像、光学图像等）中的目标检测方面，主要是将上述一维的序列处理方法拓展到二维图像中。分形与图像之间存在着一种自然的联系——分形维数与图像的粗糙度是相对应的，正是这种联系，奠定了分形理论在图像处理中应用的基础。从 20 世纪 80 年代以来，分形理论渗透图像图形等信息科学的各个分支，如图像模式识别、图像压缩编码、图像生成、图像去噪、图像分割、图像纹理分析、边缘检测等。分形图像处理技术在分形理论方面的技术主要集中在两方面：迭代函数系统和分形维数，前者主要用于图像压缩编码和图像生成，后者几乎涵盖了分形图像处理的其他方法。本节重点关注的是分形理论在图像目标检测中的应用。

文献[173-175]将分形理论引入图像处理中，通过对自然纹理图像的研究，证明多数自然景物的表面所映射成的灰度图像满足分形布朗随机场。文献[176-181]通过对海浪、云层、红外、声纳等图像的研究发现其具有分形特征，而舰船等人造目标不具有分形特征或具有弱分形特征，因此利用目标与背景之间分形特征的差异可检测目标。Stein[182]采用分形模型建模图像并进行目标检测，首次将分形理论应用于图像目标检测中。随着分形理论在图像目标检测中应用研究的日益深入，单一分形、扩展分形、多重分形等分形理论逐步得到了运用。基于图像单一分形特征进行目标检测的成功应用包括基于迭代函数系统理论和分形编码的图像分割[183]、基于图像分形布朗随机场进行边缘检测[174,184]和医学图像建模与分类[185]、基于小波的分形维数进行特征提取来进行目标检测[186]、多分辨率目标识别算法[187]等。实际应用中，单一分形理论中采用最多的特征是分形维数，图像中分形维数的算法有 Keller 等[188]提出的盒维数算法、Peli[189]提出的基于形态算子的毯子算法、Solka 等[190]提出的差分计盒算法。对于多纹理背景的目标检测问题,基于区域分割的思想,寻找一种或几种分形特征使其中的背景(包括不同纹理的背景)区域与目标区域的特征呈现出明显差异,并据此检测出目标的个数及目标的位置。由于计算图像的分形维数比较耗时,因此若能用尽量少的特征进行分割则具有重要意义。为此,李艳等[191]引入一种改进的盒维数算法,只使用一种特征,即采用高通滤波后图像的分形维数作为特征,对目标较小、背景纹理与目标很接近、背景纹理多的情况都能实现正确的检测。但由于自然背景和目标分形特征的相对差异随环境和背景条件以及目标类型的不同而有所差异,单纯依赖一种差异特征很难正确地将目标从任何变化多端的复杂背景中提取出来,必须进行一些附加处理,为此杨斌利等[164]通过对自然背景和人造目标图像不同的灰度进行相关性分析,提出了一种新的分形特征提取算法,从原始图像中提取了更多的信息,因而也可以得到更好的提取效果。一般情况下,通过单一分形特征仅能实现对静止目标的检测,而王立地等[192]通过引入有向分形维数,在分析单帧图像的基础上实现了具有明显纹理方向特性运动目标的自动检测。近几年,国内不少研究者通过对单一分形特征的改进或者将单一分形特征与其他理论结合运用[193-198],进一步拓展了单一分形特征的应用范围及应用深度。

分形方法较传统的图像处理算法有较好的抗噪性能,同时也可检测出图像中的人造目标,但仅采用单一分形特征(如分形维数)只能从总体上反映图像的粗糙程度,不能充分利用图像所包含的详细信息。针对这一问题,Kaplan[137,199-200]提出一种扩展分形方法,并将其应用于图像中的纹理分割与目标检测。扩展分形方法可以测量图像的局部结构粗糙程度,而且对目标物体的尺寸和对比度都比较敏感。胡笑斌等[201]提出了两种 SAR 图像中扩展分形检测的改进方案,将扩展分形特征与双参数恒虚警率检测相结合,取得了良好的检测结果。张弓等[202]比较了不同的能量增长间隔比值对扩展分形均值和方差的影响,确定了最优能量增长间隔比值,将扩展分形技术应用于实测 SAR 图像中特定尺寸的目标检测,实现了对图像中特定目标的良好检测。另外,汪洋等[203]将扩展分形用于极化雷达图像目标检测,根据极化雷达图像的特性以及极化不变量的概念,提出了两种目标检测算法。魏颖等[204]考虑到自然背景和斑点状人造目标在水平、垂直方向的特性,利用小波分析良好的方向选择性,通过多级小波分解得到互能量交叉函数,在两个方向上有效地增强目标、抑制背景干扰，从而提出一种基于小波分析的多尺度扩展分形特征。为了突破单一分形的局限性，多重分形的概念被研究人员提出[205-212]。文献[213-215]中均采用了多重分形分析方法对图像的纹理特征进行分析或者分段，为多重分形在图像处理中的应用奠定了基础。Du 等[213]给出了一种新的图像中的多重分形分析方法，并将其应用于遥感图像处理中。Mendivil[214]将小波分析与多重分形理论相结合用于图像中的特征提取与边缘检测，取得了较好的结果。Wendt 等[215]分析了数值量化对经验多重分形模型带来的影响，发现可以通过限制估计多重分形参数选取的尺度范围来使量化的影响达到最小，这一研究对采用多重分形研究数值化图像进行了很好的补充。

另外，多重分形理论在医学图像中得到了很广泛的应用[216-218]，其主要用于医学影像图像的分析，这里不再详细叙述。国内还有学者研究了分形理论在扩展图像目标检测[219]、光电目标检测[220-221]和谱峰检测[222]中的应用。利用分形特征进行目标检测，主要运用的是人造目标与自然背景的粗糙度不同，反映在分形特征上即分形维数、扩展 Hurst 指数、多重分形谱等出现差异。虽然利用分形特征进行目标检测是利用结构上的差异进行的，其不像能量检测器那样十分依赖信杂比，但在信杂比很低（海杂波严重淹没了目标信号）时，仅利用分形特征依然难以很准确地检测目标，如果将分形特征与其他较为成熟的检测方法结合运用，一方面能提升检测性能，另一方面能增强实时性，这将推动分形理论在实际运用的步伐。

1.4　非线性回归理论在雷达目标检测中的应用

恩格尔（Engle）2003 年诺贝尔经济学奖得主）于 1982 年开创性地提出了自回归条件异方差（AutoRegressive Conditional Heteroscedasticity，ARCH）模型，并运用 ARCH 模型研究了英国宏观经济指标的波动性，揭开了 ARCH 模型研究条件二阶矩的序幕[223]。

Bollerselev 于 1986 年扩展了 ARCH 模型，提出了广义自回归条件异方差（Generalized AutoRegressive Conditional Heteroscedasticity，GARCH）模型，因其影响深远，被誉为 ARCH 模型发展史上的一座里程碑[224]。

ARCH/GARCH 模型很快在自然科学、社会科学等领域取得了一系列的成功应用,并于 2011 年开始在雷达目标检测领域应用。饶彬等[225]利用 B 样条函数、GARCH模型和自回归移动平均(ARMA)模型构造了 RCS 序列的迭合滤波分解模型。Pascual等[226]建立了 GARCH 海杂波模型条件下的目标检测算法。文献[227]提出利用时间序列的方式(非平稳自回归过程)对海杂波的时变特性进行建模,但该模型对海杂波的厚拖尾特性或波动特性拟合较差。Wang 等[228]利用 GARCH 过程对海杂波进行建模,取得了较好的效果。但原始 GARCH 过程应用于海杂波建模时存在两个问题:实际相邻海杂波之间存在很强的相关性,包括时间相关性和空间相关性,而原始GARCH 过程不具备表现这种相关性的能力,因此在实际建模中,需要对海杂波回波进行一定间隔的抽取,消除相关性,这是对雷达资源的极大浪费;文献[229]指出,复杂海况下海杂波的条件方差表达式并不是过去信息的线性叠加,而是呈现一定的非线性。针对以上两个问题,文献[230-232]采用 GARCH 模型对海杂波进行建模,并形成相应的目标检测器。

1.5　深度学习方法在雷达目标检测中的应用

深度学习的概念是 Hinton 与他的学生[233]提出的,深度学习的发展使人工智能产生了革命性的突破。作为机器学习的一个重要研究领域,深度学习旨在研究如何从数据中自动提取多层特征表示[234],核心思想是从数据中学习经验并加以改进,采用一系列的非线性变换,从原始数据中提取由低层到高层、由具体到抽象的特征,其优势是能够采用无监督或半监督的特征学习和分层特征提取高效算法来替代手工获取特征[235]。深度学习的诞生给人类生活带来了巨大改变,迄今为止,深度学习技术已在数据挖掘、图像和语音识别、自然语言处理等领域应用[236],引发了突破性的变革。

深度学习的基础是人工神经网络,1986 年,Hinton 等[237]在 Rosenblatt[238]和Minsky[239]提出的感知器理论的基础上改进了神经网络,为了解决非线性分类问题,在各个固定的特征提取层中间增加了多个隐含层,在隐含层采用 sigmoid 激活函数[240],利用误差的反向传播(BP)算法来训练模型。然而,当时在训练神经网络过程中存在的数据获取、局部极值、梯度弥散和计算机运算能力不足等问题限制了神经网络的发展,并经历了一段时期的冰河期,同时,类似于随机森林、支持向量机(Support

Vector Machine, SVM)[241]等浅层学习方法则成为当时机器学习的主流算法。Hinton 等[242]在 *Science* 上发表了神经网络理论突破性的文章，深度学习概念正式被提出。该文介绍了深度置信网络（Deep Belief Network，DBN）[233]，并采用自编码器来降低数据的维度，利用预训练的方式来抑制梯度消失问题。DBN 是一种无监督的概率生成模型，由受限玻尔兹曼机（Restricted Boltzmann Machine, RBM）构成，在训练数据充分的前提下，一定程度上解决了多隐层、大规模参数的学习和训练问题。紧接着，数据提升和 DropOut 方法的提出也解决了长期困扰学者们的过拟合问题，种种改进和参数调优方法的出现使深度学习正式走上了历史舞台并在各大领域掀起了一股热潮。

深度学习最早尝试的应用在图像识别领域。Lecun 等[243]将 BP 算法用于网络结构，结合局部感受野、权重共享、空间/时间子采样这 3 种结构，提出了具有平移和变形上不变性的卷积神经网络，在手写体数字识别任务上取得了当时世界上最好的成绩，准确率达 99.4%，并于各大银行支票的手写数字识别任务中取得广泛应用。Hinton[244]带领其团队在 ImageNet 图像识别大赛中凭借 AlexNet 网络一举夺冠。AlexNet 采用 ReLU 激活函数替代 Sigmod 激活函数，从根本上解决了梯度消失问题，并通过 GPU 替代 CPU 进行训练，极大地提高了训练速度。同年，由斯坦福大学吴恩达教授和计算机专家 Jeff Dean 共同主导的深度神经网络（DNN）取得了不俗的成绩，成功把 ImageNet 数据集上的准确率从 74% 提高到 85%[245]。经过多年的发展[246]，2015 年基于深度学习技术的图像识别正确率已经超过了人类[247]，2016 年最新的 ImageNet 识别错误率已经降低至 2.991%[248]。自此，在通用图像分类、图像检测、光学字符识别（Optical Character Recognition，OCR）、人脸识别等领域，基于深度学习技术开发的识别系统大放光彩。

同时，深度学习技术也极大地推动了语音识别领域性能的提升。2009 年，深度学习首次被应用到语音识别[249]，相比于传统的高斯混合模型–隐马尔可夫模型（GMM-HMM）[250]，基于深度学习的语音识别系统的性能提升超过 20%。目前，国内外知名互联网企业（百度、科大讯飞等）的语音识别算法采用的都是 DNN 方法。由于 DNN 和 CNN 对输入信号的感受野相对固定，因此对于长时时序动态相关性的建模存在一定的缺陷。RNN[251]通过在隐含层添加一些反馈连接，使模型具有一定的动态记忆能力，这对长时时序动态相关性具有较好的建模能力。由于简单的 RNN 会存在梯度消失问题，因此基于长短期记忆网络（Long Short Term Memory, LSTM）[252] 的递归结构对其进行了改进。百度将深层 CNN 应用于语音识别研究，使用 VGGNet[246]以及包含残差映射的深层 CNN ResNet[248]等结构，并将 LSTM 和 CTC 的端到端语音识别技术相结合，使识别准确率提高 10%以上。科大讯飞提出前馈型 序列记忆网络（Feed-for-ward Sequential Memory Network，FSMN）语音识别系统，使用大量的卷积层直接对整句语音信号进行建模，更好地表达了语音的长时相关性，其效果比学术界和工业界最好的双向 RNN（Re-current Neural Network）语音识别系统识别率提升了 15%以上。

经过多年发展，深度学习除了在图像处理和语音识别领域表现了出色的性能外，在数据挖掘、机器翻译、人机对抗等其他领域都取得了卓越的成绩。目前，卷积神经网络、深度置信网络和递归神经网络已经成为深度学习技术中的主流网络，下面将对这 3 种经典网络进行介绍。

（1）卷积神经网络

卷积神经网络一般由全连接层（输入层和输出层）、卷积层、池化层（下采样层）组成，其训练过程可划分为前向传播（FP）过程和反向传播（BP）过程。近年来，AlexNet[244]、VGGNet[246]、GoogeLeNet[247]、ResNet[248]、RCNN[253]、NIN[254]等卷积神经网络出现了，它们不仅提高了识别率，而且降低了网络计算开销。从结构上讲，CNN 具有输入层、隐含层（卷积层和池化层）、输出层；从本质上讲，CNN 和其他 BP 网络相同，都是通过梯度下降算法来取得目标函数最小值；从过程上讲，CNN 包括前向传播和反向传播的过程。

以图像识别为例，卷积运算就是将一个小数字矩阵（滤波器，也称作卷积核）在图像上滑动，并根据卷积核的值，对图像矩阵的值进行转换的过程。卷积核是整个网络的核心，训练 CNN 的过程就是不断更新卷积核参数直到最优。将图像经过卷积操作后得到的输出称为特征映射（也称作特征图）。卷积运算具有 3 个重要的特征，稀疏交互、参数共享和等变表示，这样就可以使用只占几十或者上百个像素点的卷积核来检测一些小的有意义的特征，例如图像的轮廓和边缘，这使得网络需要存储的参数更少，统计效率更高，网络的运算量更少。

一般完整的卷积神经网络由输入层、卷积层、池化层、全连接层和 softmax 层组成。数据通过输入层输入，在卷积层并行地计算多个卷积产生一组线性激活响应，提取多个特征，每一个线性激活响应将会通过一个非线性的激活函数（如 sigmoid 函数），其主要为引入非线性结构。池化层使用池化函数来进一步调整上一层的输出，其使用某一位置相邻输出的总体统计特征来代替网络在该位置的输出，这一过程也被称为下采样，可进一步加快网络的计算速度。卷积神经网络通常由多个卷积层和池化层组成，在网络尾部连接一个全连接层，也就是经典神经网络，并结合 softmax 层，最终给出识别结果。

（2）深度置信网络

深度置信网络[255]可同时运用监督与非监督学习。DBN 通过建立一个观察数据和标签之间的联合分布，训练 DBN 神经元间的权重，让整个神经网络按照最大概率来生成训练数据。因此，DBN 不仅可以用来识别特征、分类数据，还可以用于生成数据。DBN 应用范围较广，且具有较强的扩展性，目前主要应用于手写字体识别、语音识别和图像处理等领域。

RBM 是 DBN 的组成元件，其输入层和隐含层的每一层节点之间没有连接，所有的节点都是随机二值变量节点（只能取 0 或者 1），同时假设全概率分布 $p(v,h)$ 满足玻尔兹曼分布。将隐含层的层数增加，可以得到深度玻尔兹曼机（Deep Boltzmann Machine，DBM），在靠近可视层的部分使用贝叶斯信念网络，而在远离可视层的部分使用受限玻尔兹曼机，便可以得到深度置信网络。

DBN 的训练过程可以简要概括为使用非监督贪婪逐层方法去预训练获得权值。首先，进行基于 RBM 的无监督预训练，确保特征向量在映射到不同特征空间时都尽可能多地保留特征信息。利用对比散度（Contrastive Divergence，CD）算法进行权值初始化。其次，进行有监督的调优训练，需要先利用前向传播算法从输入得到一定的输出值，然后再利用后向传播算法来更新网络的权重值和偏置值。后向传播算法采用最小均方误差准则的反向误差传播算法和梯度下降法，来更新网络的权重和偏置参数。选择合适的隐含层数、层神经单元数以及学习率，分别迭代一定的次数进行训练，就会得到映射模型。

（3）递归神经网络

递归神经网络有别于前面所提到的前馈类型的神经网络，其主要目的是对序列型数据进行建模，例如语音识别、语言翻译、自然语言理解、音乐合成等序列数据，希望在推断过程中保留序列上下文的信息，所以其隐含节点中存在反馈环，即当前时刻的隐含节点值不仅与当前节点的输入有关，也与前一时刻的隐含节点值有关[256]。

递归神经网络结构的输入为序列型数据，每一时刻的输入数据都为一个向量。每一时刻都有一个隐含状态，隐含状态中记录了该时刻之前的序列包含的信息。针对不同类型的问题，递归神经网络可以采用不同种类的输出。对于序列的分类问题[257]，可以将所有时刻的隐含状态收集到一起作为序列特征输入分类器中进行分类；而对于序列生成或语言模型问题，每一时刻都应有相应的输出，可以将每一时刻的隐含状态作为特征进行分类。递归神经网络能处理不同长度的输入序列，网络中的参数对输入序列的每个时刻都是相等的，这也使参数的梯度计算比前馈神经网络略复杂一些。

为了减轻 RNN 中的梯度消散现象，可以从单元结构与优化两方面着手改进。单元结构方面，长短期记忆网络模型[252]添加了额外的隐含状态来记忆序列的信息，使用 3 个门来控制当前时刻的输入对记忆的影响。递归神经网络只能用于处理输出数据定长的情况，对给定输入需要给出序列的输出。针对这一类问题，人们提出了 Seq2Seq 及 Encoder-Decoder 模型[256, 258]。两种模型都使用了两个递归神经网络，一个用于收集输入序列中的信息，将输入序列的信息用向量表示；另一个则用于生成序列。

海杂波的动力学本质上是非线性的，由于海面目标的运动速度较慢，目标和海杂波谱易混叠，传统的线性变换方法区分效果差，深度学习等非线性处理方法为雷达目标检测带来了新的契机。将深度学习运用在雷达信号处理领域的研究起步较晚，重点需要处理好雷达数据输入与深度学习网络结构的问题[259]。目前，卷积神经网络和深度置信网络等在 SAR 图像处理领域已经得到了广泛的应用，主要集中在 SAR 图像目标识别方面。经过研究发现，采用 CNN 对 SAR 图像进行目标识别相比于传统方法具有更高的识别率，但在此过程中，训练数据量的不足也成为一个重要问题，因此，有学者提出了多种数据增强方法，如对 SAR 图像目标进行位置平移、旋转、加入斑点噪声等以扩充数据集,同时证明了 SAR 图像目标识别的深度学习方法具有更好的鲁棒性。文献[260]采用多种 CNN 结构对雷达微多普勒谱图中表征的目标微动特征进行提取,从而实现类型识别,并取得了较好的识别效果。文献[261]提出对雷达线性调制连续波信号进行去斜处理,利用快速傅里叶变换获得距离–多普勒域的能量图谱,对每帧图谱进行卷积及全连接处理后,再对整个动作的不同时间点特征图进行 LSTM 连接,实现了 4 种手势分类,相比于传统方法识别率明显提升。在雷达目标检测领域应用的过程中,网络过拟合和可解译性也成为一个突出问题,目前解决的办法主要集中于通过扩大训练数据集改善网络结构及超参数设置,采用正则化减小过拟合,采用反卷积网络特征图可视化增强网络的可解译性。

参考文献

[1] 黄培康, 殷红成, 许小剑. 雷达目标特性[M]. 北京: 电子工业出版社, 2005.

[2] 保铮, 邢孟道, 王彤. 雷达成像技术[M]. 北京: 电子工业出版社, 2005.

[3] 张光义, 赵玉洁. 相控阵雷达技术[M]. 北京: 电子工业出版社, 2006.

[4] 吴顺君, 梅晓春. 雷达信号处理和数据处理技术[M]. 北京: 电子工业出版社, 2008.

[5] 吴曼青. 数字阵列雷达的发展与构想[J]. 雷达科学与技术, 2008, 6(6): 401-405.

[6] 陶然, 邓兵, 王越. 分数阶傅里叶变换及其应用[M]. 北京: 清华大学出版社, 2009.

[7] 何友, 修建娟, 张晶炜, 等. 雷达数据处理及应用[M]. 电子工业出版社, 2006.

[8] 何友, 王国宏, 陆大金, 等. 多传感器信息融合及应用[M]. 第 2 版. 北京: 电子工业出版社, 2007.

[9] HE Y, JIAN T, SU F, et al. Novel range-spread target detectors in non-Gaussian clutter[J]. IEEE Transactions on Aerospace and Electronic Systems, 2010, 46(3): 1312-1328.

[10] TUGNAIT J K. Two-channel tests for common non-Gaussian signal detection[J]. IEE Proceedings F Radar and Signal Processing, 1993, 140(6): 343-349.

[11] POURNEJATIAN N M, NAYEBI M M. Fractal-multiresolution based detection of targets within sea clutter[J]. Electronics Letters, 2012, 48(6): 345.

[12] 时艳玲, 水鹏朗. 海面漂浮小目标的特征联合检测算法[J]. 电子与信息学报, 2012, 34(4): 871-877.

[13] SHUI P L, LI D C, XU S W. Tri-feature-based detection of floating small targets in sea clutter[J]. IEEE Transactions on Aerospace and Electronic Systems, 2014, 50(2): 1416-1430.

[14] ROBEY F C, FUHRMANN D R, KELLY E J, et al. A CFAR adaptive matched filter detector[J]. IEEE Transactions on Aerospace and Electronic Systems, 1992, 28(1): 208-216.

[15] HU J, TUNG W W, GAO J B. Detection of low observable targets within sea clutter by structure function based multifractal analysis[J]. IEEE Transactions on Antennas and Propagation, 2006, 54(1): 136-143.

[16] HU J, GAO J B, YAO K, et al. Detection of low observable targets within sea clutter by structure function based multifractal analysis[C]//Proceedings of IEEE International Conference on Acoustics, Speech, and Signal Processing (ICASSP'05). Piscataway: IEEE Press, 2005: 966-973.

[17] HU J, GAO J B, POSNER F L, et al. Target detection within sea clutter: a comparative study by fractal scaling analyses[J]. Fractals, 2006, 14(3): 187-204.

[18] 刘宁波, 关键, 宋杰. 扫描模式海杂波中目标的多重分形检测[J]. 雷达科学与技术, 2009, 7(4): 277-283.

[19] 刘宁波, 关键, 张建. 基于分形可变步长 LMS 算法的海杂波中微弱目标检测[J]. 电子与信息学报, 2010, 32(2): 371-376.

[20] XU J, YU J, PENG Y N, et al. Radon-Fourier transform for radar target detection, I: generalized Doppler filter bank[J]. IEEE Transactions on Aerospace and Electronic Systems, 2011, 47(2): 1186-1202.

[21] CHEN X L, GUAN J, LIU N B, et al. Maneuvering target detection via Radon-fractional Fourier transform-based long-time coherent integration[J]. IEEE Transactions on Signal Processing, 2014, 62(4): 939-953.

[22] 曲长文, 黄勇, 苏峰, 等. 基于随机 Hough 变换的匀加速运动目标检测算法及性能分析[J]. 电子学报, 2005, 33(9): 1603-1606.

[23] 曲长文, 黄勇, 苏峰. 基于动态规划的多目标检测前跟踪算法[J]. 电子学报, 2006, 34(12): 2138-2141.

[24] 关键, 黄勇. MIMO 雷达多目标检测前跟踪算法研究[J]. 电子学报, 2010, 38(6): 1449-1453.

[25] 曲长文, 黄勇, 苏峰, 等. 基于坐标变换与随机 Hough 变换的抛物线运动目标检测算法[J]. 电子与信息学报, 2005, 27(10): 1573-1575.

[26] 简涛, 何友, 苏峰, 等. 非高斯杂波下修正的 SDD-GLRT 距离扩展目标检测器[J]. 电子学报, 2009, 37(12): 2662-2667.

[27] 简涛, 何友, 苏峰, 等. 高距离分辨率雷达目标检测研究现状与进展[J]. 宇航学报, 2010, 31(12): 2623-2628.

[28] 关键, 张晓利, 黄勇, 等. 一种距离扩展目标的稳健检测算法[J]. 信号处理, 2011, 27(12): 1878-1883.

[29] 张琦, 高贵, 匡纲要. SAR 图像目标的融合检测方法[J]. 电子与信息学报, 2006, 28(10): 1802-1805.

[30] 刘向君, 杨泽刚, 刘强. 基于多波段 SAR 图像目标检测决策级融合和图像分类的目标状态标注[J]. 信号处理, 2009, 25(8): 223-225.

[31] 刘向君, 常文革, 常玉林. 基于决策级融合的多波段 SAR 目标检测方法[J]. 现代雷达, 2007, 29(2): 22-25.

[32] 宋杰, 何友, 蔡复青, 等. 基于非合作雷达辐射源的无源雷达技术综述[J]. 系统工程与电子技术, 2009, 31(9): 2151-2156, 2180.

[33] 宋杰. 脉冲制非合作双基地雷达关键技术研究[D]. 烟台: 海军航空工程学院, 2008.

[34] 李国君. 脉冲制外辐射源雷达信号处理关键问题研究[D]. 烟台: 海军航空工程学院, 2010.

[35] 张财生. 基于非合作雷达辐射源的双基地探测系统研究[D]. 烟台: 海军航空工程学院, 2011.

[36] STROMOY S. Hitchhiking bistatic radar[D]. Norway: OSLO University, 2013.

[37] FISHLER E, HAIMOVICH A, BLUM R, et al. MIMO radar: an idea whose time has come[C]//Proceedings of the 2004 IEEE Radar Conference. Piscataway: IEEE Press, 2004: 71-78.

[38] LI J, STOICA P. MIMO radar signal processing[M]. Hoboken: Wiley, 2009.

[39] 汤俊, 伍勇, 彭应宁, 等. MIMO 雷达检测性能和系统配置研究[J]. 中国科学(F 辑: 信息科学), 2009, 39(7): 776-781.

[40] 汤俊, 伍勇, 彭应宁, 等. MIMO 雷达对空域 Rician 起伏目标检测性能研究[J]. 中国科学 (F 辑: 信息科学), 2009, 39(8): 866-874.

[41] GUAN J, HUANG Y. Detection performance analysis for MIMO radar with distributed apertures in Gaussian colored noise[J]. Science in China Series F: Information Sciences, 2009, 52(9): 1688-1696.

[42] 周宇, 张林让, 刘楠, 等. 利用先验知识的空时自适应检测方法[J]. 西安电子科技大学学报, 2010, 37(3): 454-458, 546.

[43] WICKS M C, RANGASWAMY M, ADVE R, et al. Space-time adaptive processing: a knowledge-based perspective for airborne radar[J]. IEEE Signal Processing Magazine, 2006, 23(1): 51-65.

[44] GUERCI J R, BARANOSKI E J. Knowledge-aided adaptive radar at DARPA: an overview[J]. IEEE Signal Processing Magazine, 2006, 23(1): 41-50.

[45] RABIDEAU D J, STEINHARDT A O. Improved adaptive clutter cancellation through data-adaptive training[J]. IEEE Transactions on Aerospace and Electronic Systems, 1999, 35(3): 879-891.

[46] 李青华, 姚云萍. 一种基于知识辅助的 CFAR 检测器[J]. 雷达科学与技术, 2012, 10(1): 88-93, 98.

[47] 何友, 关键, 孟祥伟, 等. 雷达目标检测与恒虚警处理[M]. 第 2 版. 北京: 清华大学出版社, 2011.

[48] GUAN J, CHEN X L, HUANG Y, et al. Adaptive fractional Fourier transform-based detection

algorithm for moving target in heavy sea clutter[J]. IET Radar Sonar & Navigation, 2012, 6(5): 389-401.

[49] 陈小龙, 关键, 黄勇, 等. 分数阶 Fourier 变换在动目标检测和识别中的应用: 回顾和展望[J]. 信号处理, 2013, 29(1): 85-97.

[50] 陈小龙, 关键, 刘宁波, 等. 基于 FRFT 的 LFM 信号自适应滤波算法及分析[J]. 现代雷达, 2010, 32(12): 48-53, 59.

[51] 陈小龙, 王国庆, 关键, 等. 基于 FRFT 的动目标检测模型与参数估计精度分析[J]. 现代雷达, 2011, 33(5): 39-45.

[52] KRONAUGE M, ROHLING H. Fast two-dimensional CFAR procedure[J]. IEEE Transactions on Aerospace and Electronic Systems, 2013, 49(3): 1817-1823.

[53] 许稼, 彭应宁, 夏香根, 等. 空时频检测前聚焦雷达信号处理方法[J]. 雷达学报, 2014, 3(2): 129-141.

[54] CHEN X L, GUAN J, HE Y, et al. Detection of low observable moving target in sea clutter via fractal characteristics in fractional Fourier transform domain[J]. IET Radar, Sonar & Navigation, 2013, 7(6): 635-651.

[55] 王明宇. 复杂环境下雷达 CFAR 检测与分布式雷达 CFAR 检测研究[D]. 西安: 西北工业大学, 2002.

[56] LEUNG H, HAYKIN S. Is there a radar clutter attractor?[J]. Applied Physics Letters, 1990, 56(6): 593-595.

[57] HE N, HAYKIN S. Chaotic modelling of sea clutter[J]. Electronics Letters, 1992, 28(22): 2076-2077.

[58] PALMER A J, KROPFLI R A, FAIRALL C W. Signatures of deterministic chaos in radar sea clutter and ocean surface winds[J]. Chaos, 1995, 5(3): 613-616.

[59] LEUNG H. Experimental modeling of electromagnetic wave scattering from an ocean surface based on chaotic theory[J]. Chaos, Solitons & Fractals, 1992, 2(1): 25-43.

[60] LEUNG H, LO T. Chaotic radar signal processing over the sea[J]. IEEE Journal of Oceanic Engineering, 1993, 18(3): 287-295.

[61] HAYKIN S, PUTHUSSERYPADY S. Chaotic dynamics of sea clutter[J]. Chaos, 1997, 7(4): 777-802.

[62] LEUNG H. Applying chaos to radar detection in an ocean environment: an experimental study[J]. IEEE Journal of Oceanic Engineering, 1995, 20(1): 56-64.

[63] HAYKIN S, LI X B. Detection of signals in chaos[J]. Proceedings of the IEEE, 1995, 83(1): 95-122.

[64] LI X B. Detection of signals in chaos[D]. Hamilton: McMaster University, 1996.

[65] ABARBANEL H D I. Analysis of observed chaotic data[M]. New York: Springer, 1996.

[66] XIE N, LEUNG H, CHAN H. A multiple-model prediction approach for sea clutter model-

ing[J]. IEEE Transactions on Geoscience and Remote Sensing, 2003, 41(6): 1491-1502.

[67] 董华春, 宗成阁, 权太范. 高频雷达海洋回波信号的混沌特性研究[J]. 电子学报, 2000, 28(3): 25-28.

[68] 姜斌, 王宏强, 付耀文, 等. 基于 LS-SVM 的海杂波混沌预测[J]. 自然科学进展, 2007, 17(3): 415-420.

[69] 姜斌, 王宏强, 黎湘, 等. S 波段雷达实测海杂波混沌分形特性分析[J]. 电子与信息学报, 2007, 29(8): 1809-1812.

[70] 马晓岩, 黄晓斌, 张贤达. 海杂波中基于混沌预测的目标检测方法改进[J]. 电子学报, 2003, 31(6): 907-910.

[71] 王福友, 卢志忠, 袁赣南, 等. 基于时空混沌的海杂波背景下小目标检测[J]. 仪器仪表学报, 2009, 30(6): 1180-1185.

[72] EGOLF D A, MELNIKOV I V, PESCH W, et al. Mechanisms of extensive spatiotemporal chaos in Rayleigh–Bénard convection[J]. Nature, 2000, 404(6779): 733-736.

[73] ALONSO S, SAGUÉS F, MIKHAILOV A S. Taming Winfree turbulence of scroll waves in excitable media[J]. Science, 2003, 299(5613): 1722-1725.

[74] 行鸿彦, 金天力. 基于对偶约束最小二乘支持向量机的混沌海杂波背景中的微弱信号检测[J]. 物理学报, 2010, 59(1): 140-146.

[75] 薛永先, 袁运生, 杨永赤, 等. 相空间重构在引信信号检测中的应用[J]. 探测与控制学报, 2009, 31(5): 29-32.

[76] PANAGOPOULOS S, SORAGHAN J J. Surface modelling using 2D FFENN[C]//Proceedings of RADAR. London: IET, 2003: 133-137.

[77] COWPER M R, MULGREW B, UNSWORTH C P. Investigation into the use of nonlinear predictor networks to improve the performance of maritime surveillance radar target detectors[J]. IEE Proceedings - Radar, Sonar and Navigation, 2001, 148(3): 103-111.

[78] 谢红梅, 俞卞章. 基于神经网络预测器的混沌海杂波弱信号检测[J]. 现代雷达, 2004, 26(9): 50-52, 55.

[79] 陈瑛, 罗鹏飞. 海杂波背景下基于 RBF 神经网络的目标检测[J]. 雷达科学与技术, 2005, 3(5): 271-275.

[80] 温晓君. 海杂波背景下基于神经网络的目标检测[J]. 系统仿真学报, 2007, 19(7): 1639-1641.

[81] HAYKIN S, BAKKER R, CURRIE B W. Uncovering nonlinear dynamics-the case study of sea clutter[J]. Proceedings of the IEEE, 2002, 90(5): 860-881.

[82] HAYKIN S S. Adaptive radar signal processing[M]. Hoboken: Wiley-Interscience, 2007.

[83] GAO J B, YAO K. Multifractal features of sea clutter[C]//Proceedings of the 2002 IEEE Radar Conference (IEEE Cat. No.02CH37322). Piscataway: IEEE Press, 2002: 500-505.

[84] GAO J B, HWANG S K, CHEN H F, et al. Can Sea clutter and indoor radio propagation be

modeled as strange attractors[J]. AIP Conference Proceedings, 2003, 676(1): 154-161.

[85] HU J, TUNG W W, GAO J B, et al. Reliability of the 0-1 test for chaos[J]. Physical Review E, 2005, 72(5): 056207.

[86] DAVIES M. Looking for non-linearities in sea clutter[J]. IEE Radar and Sonar Signal Processing. Peebles, Scotland, July 1998.

[87] COWPER M R, MULGREW B. Nonlinear processing of high resolution radar sea clutter[C]//Proceedings of IJCNN'99. International Joint Conference on Neural Networks. Proceedings (Cat. No.99CH36339). Piscataway: IEEE Press, 2002: 2633-2638.

[88] UNSWORTH C P, COWPER M R, MCLAUGHLIN S, et al. Re-examining the nature of radar sea clutter[J]. IEE Proceedings - Radar, Sonar and Navigation, 2002, 149(3): 105-114.

[89] MCDONALD M, DAMINI A. Limitations of nonlinear chaotic dynamics in predicting sea clutter returns[J]. IEE Proceedings - Radar, Sonar and Navigation, 2004, 151(2): 105.

[90] FRISON T W, ABARBANEL H D I, CEMBROLA J, et al. Nonlinear analysis of environmental distortions of continuous wave signals in the ocean[J]. The Journal of the Acoustical Society of America, 1996, 99(1): 139-146.

[91] FRISON T W. Chaos in the ocean ambient 'noise'[J]. Journal of The Acoustical Society of America, 1996, 99(3): 1527-1539.

[92] 章新华, 张晓明, 林良骥. 船舶辐射噪声的混沌现象研究[J]. 声学学报, 1998, 23(2): 134-140.

[93] 陈向东, 宋爱国, 高翔, 等. 基于相空间重构理论的舰船辐射噪声非线性特性研究[J]. 声学学报, 1999, 24(1): 12-18.

[94] 侯平魁, 龚云帆, 史习智, 等. 水下目标辐射噪声的非线性检验[J]. 声学学报, 2001, 26(2): 135-139.

[95] 李亚安, 张效民, 徐德民. 水下目标信号的混沌检测研究[J]. 探测与控制学报, 2000, 22(4): 36-40.

[96] 李亚安, 徐德民. 基于Lyapunov指数的水下目标信号混沌特征提取[J]. 西北工业大学学报, 2002, 20(4): 633-636.

[97] 侯楚林, 熊萍, 王德石. 基于互相关与混沌理论相结合的水下目标信号检测[J]. 鱼雷技术, 2006, 14(5): 17-19.

[98] 王佳, 张效民, 姚运启. 水下目标辐射声信号重构效果比较研究[J]. 计算机仿真, 2010, 27(2): 335-338, 372.

[99] 周胜, 林春生. 微弱舰船声信号的混沌处理方法[J]. 武汉理工大学学报(交通科学与工程版), 2009, 33(1): 161-164.

[100] WOLF A, SWIFT J B, SWINNEY H L, et al. Determining Lyapunov exponents from a time series[J]. Physica D: Nonlinear Phenomena, 1985, 16(3): 285-317.

[101] ROSENSTEIN M T, COLLINS J J, DE LUCA C J. A practical method for calculating largest

Lyapunov exponents from small data sets[J]. Physica D: Nonlinear Phenomena, 1993, 65(1/2): 117-134.

[102]杨绍清, 章新华, 赵长安. 一种最大李雅普诺夫指数估计的稳健算法[J]. 物理学报, 2000, 49(4): 636-640.

[103]杨绍清, 贾传荧. 两种实用的相空间重构方法[J]. 物理学报, 2002, 51(11): 2452-2458.

[104]何四华, 杨绍清, 石爱国, 等. 基于图像区域 Lyapunov 指数的海面舰船目标检测[J]. 物理学报, 2009, 58(2): 794-801.

[105]张家树, 肖先赐. 混沌时间序列的自适应高阶非线性滤波预测[J]. 物理学报, 2000, 49(7): 1221-1227.

[106]赵翠芳, 史彩成, 何佩琨, 等. 混沌预测用于红外目标检测算法[J]. 北京理工大学学报, 2010, 30(5): 567-572.

[107]张亚飞, 朱敏慧. 基于混沌理论和形态学变换的海面分布目标检测[J]. 数据采集与处理, 2008, 23(2): 123-128.

[108]吴一全, 吴文怡, 罗子娟. 基于最小一乘和混沌遗传算法检测红外小目标[J]. 光子学报, 2009, 38(3): 736-740.

[109]吴伏家, 曹占辉. 空间目标 RCS 序列的 R/S 分析[J]. 火力与指挥控制, 2008, 33(12): 157-159, 162.

[110]方建, 曹占辉, 李言俊. 基于最大 Lyapunov 指数的空间目标 RCS 序列分析[J]. 探测与控制学报, 2008, 30(5): 34-37.

[111]曹占辉, 李永华, 李言俊. 空间目标 RCS 序列的 Kolmogorov 熵分析[J]. 计算机工程与应用, 2008, 44(14): 225-227.

[112]陈予恕, 陆启韶. 一般力学中动力系统的非线性和混沌的最新进展与展望[J]. 非线性动力学学报, 1993(1): 97-109.

[113]BIRX D L, PIPENBERG S J. Chaotic oscillators and complex mapping feed forward networks (CMFFNs) for signal detection in noisy environments[C]//Proceedings of International Joint Conference on Neural Networks. Piscataway: IEEE Press, 2002: 881-888.

[114]王冠宇, 陶国良, 陈行, 等. 混沌振子在强噪声背景信号检测中的应用[J]. 仪器仪表学报, 1997, 18(2): 209-212.

[115]李月, 杨宝俊. 检测强噪声背景下周期信号的混沌系统[J]. 科学通报, 2003, 48(1): 19-20.

[116]LI Y, YANG B J, DU L Z, et al. The bifurcation threshold value of the chaos detection system for a weak signal[J]. Chinese Physics, 2003, 12(7): 714-720.

[117]李月, 杨宝俊, 石要武. 色噪声背景下微弱正弦信号的混沌检测[J]. 物理学报, 2003, 52(3): 526-530.

[118]李月, 路鹏, 杨宝俊, 等. 用一类特定的双耦合 Duffing 振子系统检测强色噪声背景中的周期信号[J]. 物理学报, 2006, 55(4): 1672-1677.

[119]谌龙, 王德石. 基于参数非共振激励混沌抑制原理的微弱方波信号检测[J]. 物理学报,

2007, 56(9): 5098-5102.

[120]杨晓丽, 徐伟, 孙中奎. 谐和激励与有界噪声作用下具有同宿和异宿轨道的 Duffing 振子的混沌运动[J]. 物理学报, 2006, 55(4): 1678-1686.

[121]SOONG C Y, HUANG W T, LIN F P, et al. Controlling chaos with weak periodic signals optimized by a genetic algorithm[J]. Phys Rev E Stat Nonlin Soft Matter Phys, 2004, 70(1): 016211.

[122]CHOE C U, HÖHNE K, BENNER H, et al. Chaos suppression in the parametrically driven Lorenz system[J]. Phys Rev E Stat Nonlin Soft Matter Phys, 2005, 72(3): 036206.

[123]王德石, 谌龙, 史跃东. 基于受控 Lorenz 系统的微弱脉冲信号检测[J]. 动力学与控制学报, 2010, 8(1): 48-52.

[124]徐艳春, 杨春玲. 高阶混沌振子的微弱信号频率检测新方法[J]. 哈尔滨工业大学学报, 2010, 42(3): 446-450.

[125]MANDELBROT B B. The fractal geometry of nature[M]. San Francisco: W.H. Freeman, 1982.

[126]谢和平, 薛秀谦. 分形应用中的数学基础与方法[M]. 北京: 科学出版社, 1997.

[127]SAVAIDIS S, FRANGOS P, JAGGARD D L, et al. Scattering from fractally corrugated surfaces: an exact approach[J]. Optics Letters, 1995, 20(23): 2357-2359.

[128]LO T, LEUNG H, LITVA J, et al. Fractal characterisation of sea-scattered signals and detection of sea-surface targets[J]. IEE Proceedings F Radar and Signal Processing, 1993, 140(4): 243-250.

[129]WANG Y, HAN Y Q, MAO E K. Fractal dimensions studying of random sequence[C]//Proceedings of Third International Conference on Signal Processing (ICSP'96). Piscataway: IEEE Press, 2002: 257-260.

[130]SALMASI M, MODARRES-HASHEMI M. Design and analysis of fractal detector for high resolution radars[J]. Chaos, Solitons & Fractals, 2009, 40(5): 2133-2145.

[131]KAPLAN L M, KUO C C J. Fractal estimation from noisy data via discrete fractional Gaussian noise (DFGN) and the Haar basis[J]. IEEE Transactions on Signal Processing, 1993, 41(12): 3554-3562.

[132]HIRCHOREN G A, D'ATTELLIS C E. Estimation of fractal signals using wavelets and filter banks[J]. IEEE Transactions on Signal Processing, 1998, 46(6): 1624-1630.

[133]BLU T, UNSER M. Wavelets, fractals, and radial basis functions[J]. IEEE Transactions on Signal Processing, 2002, 50(3): 543-553.

[134]WENDT H, ABRY P. Multifractality tests using bootstrapped wavelet leaders[J]. IEEE Transactions on Signal Processing, 2007, 55(10): 4811-4820.

[135]GRZESIK W, BROL S. Wavelet and fractal approach to surface roughness characterization after finish turning of different workpiece materials[J]. Journal of Materials Processing Tech-

nology, 2009, 209(5): 2522-2531.

[136]KAPLAN L M, KUO C C J. Extending self-similarity for fractional Brownian motion[J]. IEEE Transactions on Signal Processing, 1994, 42(12): 3526-3530.

[137]KAPLAN L M. Extended fractal analysis for texture classification and segmentation[J]. IEEE Transactions on Image Processing: a Publication of the IEEE Signal Processing Society, 1999, 8(11): 1572-1585.

[138]李秀友, 关键, 黄勇, 等. 海杂波中基于扩展分形的目标检测方法[J]. 火控雷达技术, 2008, 37(2): 10-13, 38.

[139]刘中, 顾红, 朱志文, 等. 动目标多卜勒信号的分维特征[J]. 信号处理, 1995, 11(1): 62-64, 61.

[140]ZHOU Y F, YIP P C, LEUNG H. On the efficient prediction of fractal signals[J]. IEEE Transactions on Signal Processing, 1997, 45(7): 1865-1868.

[141]杜干, 张守宏. 分形模型在海上雷达目标检测中的应用[J]. 电波科学学报, 1998, 13(4): 377-381.

[142]谢文录, 章倩苓, 陈彦辉, 等. 杂波中信号检测的分形方法研究[J]. 电子科学学刊, 1999, 21(5): 628-633.

[143]苏菲, 谢维信, 董进. 分形几何在雷达杂波分析中的应用[J]. 信号处理, 1998, 14(1): 82-85, 54.

[144]杜干, 张守宏. 高阶分形特征在雷达信号检测中的应用[J]. 电子学报, 2000, 28(3): 90-92.

[145]DU G, ZHANG S H. Detection of sea-surface radar targets based on multifractal analysis[J]. Electronics Letters, 2000, 36(13): 1144.

[146]杜干, 张守宏. 基于多重分形的雷达目标的模糊检测[J]. 自动化学报, 2001, 27(2): 174-179.

[147]CHANG Y C, CHANG S. A fast estimation algorithm on the Hurst parameter of discrete-time fractional Brownian motion[J]. IEEE Transactions on Signal Processing, 2002, 50(3): 554-559.

[148]XU X K. Low observable targets detection by joint fractal properties of sea clutter: an experimental study of IPIX OHGR datasets[J]. IEEE Transactions on Antennas and Propagation, 2010, 58(4): 1425-1429.

[149]ZHENG Y, GAO J B, YAO K. Multiplicative multifractal modeling of sea clutter[C]//Proceedings of IEEE International Radar Conference. Piscataway: IEEE Press, 2005: 962-966.

[150]石志广, 周剑雄, 付强. 基于多重分形模型的海杂波特性分析与仿真[J]. 系统仿真学报, 2006, 18(8): 2289-2292.

[151]石志广, 周剑雄, 赵宏钟, 等. 海杂波的多重分形特性分析[J]. 数据采集与处理, 2006, 21(2): 168-173.

[152]LUO F, ZHANG D T, ZHANG B. The fractal properties of sea clutter and their applications in maritime target detection[J]. IEEE Geoscience and Remote Sensing Letters, 2013, 10(6): 1295-1299.

[153]FAN Y F, LUO F, LI M, et al. Weak target detection in sea clutter background using local-multifractal spectrum with adaptive window length[J]. IET Radar, Sonar & Navigation, 2015, 9(7): 835-842.

[154]刘宁波, 关键, 宋杰. 扫描模式海杂波的局部多重分形特征与目标检测[J]. 雷达科学与技术. 2009, 7(4): 277-283.

[155]刘宁波, 关键. 海杂波的多重分形判定及广义维数谱自动提取[J]. 海军航空工程学院学报, 2008, 23(2): 126-131.

[156]KAMIJO K, YAMANOUCHI A. Signal processing using fuzzy fractal dimension and grade of fractality-application to fluctuations in seawater temperature[C]//Proceedings of 2007 IEEE Symposium on Computational Intelligence in Image and Signal Processing. Piscataway: IEEE Press, 2007: 133-138.

[157]关键, 刘宁波, 张建, 等. 基于 LGF 的海杂波中微弱目标检测方法[J]. 信号处理, 2010, 26(1): 69-73.

[158]周炜星, 王延杰, 于遵宏. 随机二项测度的多重分形分析和多重关形关联分析[J]. 非线性动力学学报, 2001(3): 199-207.

[159]GUAN J, LIU N B, ZHANG J, et al. Multifractal correlation characteristic for radar detecting low-observable target in sea clutter[J]. Signal Processing, 2010, 90(2): 523-535.

[160]关键, 刘宁波, 张建, 等. 海杂波的多重分形关联特性与微弱目标检测[J]. 电子与信息学报, 2010, 32(1): 54-61.

[161]孙康, 金钢, 朱晓华, 等. 基于 Q-MMSPF 的海杂波多重分形互相关分析和目标检测[J]. 国防科技大学学报, 2013, 35(3): 170-175.

[162]汪国有, 张天序, 魏洛刚, 等. 一种多尺度分形特征目标检测方法[J]. 自动化学报, 1997, 23(1): 121-124.

[163]陈彦辉, 谢维信. 天然粗糙面杂波中雷达目标的检测[J]. 电子学报, 2000, 28(7): 138-141.

[164]杨斌利, 向健勇, 韩建栋. 一种新的基于分形特征的人造目标快速检测算法[J]. 激光与红外, 2003, 33(5): 372-374.

[165]张淑宁, 熊刚, 赵惠昌, 等. 分形随机噪声信号处理的小波谱相关方法[J]. 电子学报, 2005, 33(7): 1213-1217.

[166]DU P F, WANG Y L, TANG Z Y. Radar target novel characteristic detection method[J]. IEEE Aerospace and Electronic Systems Magazine, 2006, 21(1): 29-32.

[167]MADANIZADEH S A, NAYEBI M M. Signal detection using the correlation coefficient in fractal geometry[C]//Proceedings of 2007 IEEE Radar Conference. Piscataway: IEEE Press, 2007: 481-486.

[168]ZHAO M, FAN Y H, LV J. Chaotic time series gray correlation local forecasting method based on fractal theory[C]//Proceedings of 2007 3rd International Workshop on Signal Design and Its Applications in Communications. Piscataway: IEEE Press, 2007: 39-43.

[169]贺涛, 周正欧. 基于分形自仿射的混沌时间序列预测[J]. 物理学报, 2007, 56(2): 693-700.

[170]刘宁波, 李晓俊, 李秀友, 等. 基于分形自仿射预测的海杂波中目标检测[J]. 现代雷达, 2009, 31(4): 43-46, 50.

[171]GUPTA A, JOSHI S. Variable step-size LMS algorithm for fractal signals[J]. IEEE Transactions on Signal Processing, 2008, 56(4): 1411-1420.

[172]GUPTA A, JOSHI S. Characterization of discrete-time fractional Brownian motion[C]//Proceedings of 2006 Annual IEEE India Conference. Piscataway: IEEE Press, 2007: 1-6.

[173]PELEG S, NAOR J, HARTLEY R, et al. Multiple resolution texture analysis and classification[J]. IEEE Transactions on Pattern Analysis and Machine Intelligence, 1984, 6(4): 518-523.

[174]PENTLAND A P. Fractal-based description of natural scenes[J]. IEEE Transactions on Pattern Analysis and Machine Intelligence, 1984, 6(6): 661-674.

[175]张直中. 先进合成孔径雷达/逆合成孔径雷达成像及其特征分析[J]. 雷达科学与技术, 2005, 3(2): 65-70.

[176]CHAUDHURI B B, SARKAR N. Texture segmentation using fractal dimension[J]. IEEE Transactions on Pattern Analysis and Machine Intelligence, 1995, 17(1): 72-77.

[177]卢迎春, 桑恩方. 基于主动声纳的水下目标特征提取技术综述[J]. 哈尔滨工程大学学报, 1997, 18(6): 43-54.

[178]卢福刚, 赵荣椿. 基于分形的红外图象目标自动检测[J]. 信号处理, 1999, 15(2): 116-120.

[179]FAN J, YAU D Y, ELMAGARMID A K, et al. Automatic image segmentation by integrating color-edge extraction and seeded region growing[J]. IEEE Transactions on Image Processing: a Publication of the IEEE Signal Processing Society, 2001, 10(10): 1454-1466.

[180]李晓琼, 史彩成, 毛二可. 基于高阶累积量的单帧复杂云背景下红外小目标检测[J]. 光学技术, 2008, 34(5): 696-698.

[181]曲秀凤, 种劲松, 吴秀清, 等. 基于 SAR 的海洋降雨信号研究[J]. 遥测遥控, 2009, 30(4): 50-55.

[182]STEIN M C. Fractal image models and object detection[C]//Proceedings of Visual Communications and Image Processing II. Bellingham: SPIE Press, 1987: 293-300.

[183]IDA T, SAMBONSUGI Y. Image segmentation and contour detection using fractal coding[J]. IEEE Transactions on Circuits and Systems for Video Technology, 1998, 8(8): 968-975.

[184]TOENNIES K D, SCHNABEL J A. Edge detection using the local fractal dimension[C]//Proceedings of IEEE Symposium on Computer-Based Medical Systems (CBMS).

Piscataway: IEEE Press, 2002: 34-39.

[185]MCGARRY G, DERICHE M. Modeling mammographic images using fractional brownian motion[C]//Proceedings of the IEEE Region 10th Conference on Digital Signal Processing Applications. Piscataway: IEEE Press, 1997: 299-302.

[186]ESPINAL F, HUNTSBERGER T L, JAWERTH B D, et al. Wavelet-based fractal signature analysis for automatic target recognition[J]. Optical Engineering, 1998, 37(1): 166-174.

[187]王晓晖, 朱光喜, 朱耀庭. 一种快速图象识别算法[J]. 数据采集与处理, 1996, 11(4): 246-248.

[188]KELLER J M, CHEN S, CROWNOVER R M. Texture description and segmentation through fractal geometry[J]. Computer Vision, Graphics, and Image Processing, 1989, 45(2): 150-166.

[189]PELI T. Multiscale fractal theory and object characterization[J]. Journal of the Optical Society of America A, 1990, 7(6): 1101-1112.

[190]SOLKA J L, MARCHETTE D J, WALLET B C, et al. Identification of man-made regions in unmanned aerial vehicle imagery and videos[J]. IEEE Transactions on Pattern Analysis and Machine Intelligence, 1998, 20(8): 852-857.

[191]李艳, 彭嘉雄. 基于分维特征的目标分割与检测[J]. 华中理工大学学报, 2000, 28(8): 1-2, 5.

[192]王立地, 黄莎白, 史泽林. 基于有向分维的海面运动目标自动检测方法[J]. 模式识别与人工智能, 2004, 17(4): 486-490.

[193]彭嘉雄, 周文琳. 红外背景抑制与小目标分割检测[J]. 电子学报, 1999, 27(12): 47-51, 8.

[194]黄斌, 彭真明, 张启衡. 基于增强分形特征的人造目标检测[J]. 光电工程, 2006, 33(10): 9-12.

[195]李昱彤, 周越. 一种基于分形和 ICA 的海杂波 SAR 图点目标检测新方法[J]. 宇航学报, 2007, 28(6): 1709-1714, 1723.

[196]田晓东, 刘忠. 基于多特征融合的声纳图像人造目标检测算法[J]. 自动化技术与应用, 2007, 26(5): 69-71, 48.

[197]张东晓, 何四华, 杨绍清. 一种多尺度分形的舰船目标检测方法[J]. 激光与红外, 2009, 39(3): 315-318.

[198]谢明, 李文博, 罗代升. SAR 图像目标的方向梯度能量分形特征研究[J]. 光电工程, 2008, 35(4): 84-90, 120.

[199]KAPLAN L M, KUO C C J. Texture roughness analysis and synthesis via extended self-similar (ESS) model[J]. IEEE Transactions on Pattern Analysis and Machine Intelligence, 1995, 17(11): 1043-1056.

[200]KAPLAN L M. Improved SAR target detection via extended fractal features[J]. IEEE Transactions on Aerospace and Electronic Systems, 2001, 37(2): 436-451.

[201]胡笑斌, 吴曼青, 张长耀. 扩展分形法结合 B-CFAR 在 SAR 图像目标检测中的应用[J]. 雷达科学与技术, 2004, 2(5): 279-283.

[202]张弓, 曹俊纺. 扩展分形在 SAR 图像特定尺寸目标检测中的应用[J]. 南京航空航天大学学报, 2004, 36(3): 378-382.

[203]汪洋, 鲁加国, 张长耀. 扩展分形在极化雷达目标检测中的应用[J]. 雷达科学与技术, 2004, 2(4): 201-205.

[204]魏颖, 王晓哲, 史泽林, 等. 基于小波多尺度扩展分形特征的目标检测方法[J]. 东北大学学报, 2006, 27(11): 1185-1188.

[205]LEVY VEHEL J, MIGNOT P, BERROIR J P. Multifractals, texture, and image analysis[C]//Proceedings of 1992 IEEE Computer Society Conference on Computer Vision and Pattern Recognition. Piscataway: IEEE Press, 2002: 661-664.

[206]BOURISSOU A, PHAM K, LEVY-VEHEL J. A multifractal approach for terrain characterization and classification on SAR images[C]//Proceedings of 1994 IEEE International Geoscience and Remote Sensing Symposium. Piscataway: IEEE Press, 2002: 1609-1611.

[207]FERENS K, KINSNER W. Multifractal texture classification of images[C]//Proceedings of IEEE WESCANEX 95. Communications, Power, and Computing. Conference Proceedings. Piscataway: IEEE Press, 2002: 438-444.

[208]FIORAVANTI S, GIUSTO D D. Texture representation through multifractal analysis of optical mass distributions[C]//Proceedings of 1995 International Conference on Acoustics, Speech, and Signal Processing. Piscataway: IEEE Press, 2002: 2463-2466.

[209]VÉHEL J L, MIGNOT P. Multifractal segmentation of images[J]. Fractals, 1994, 2(3): 371-377.

[210]SARKAR N, CHAUDHURI B B. Multifractal and generalized dimensions of gray-tone digital images[J]. Signal Processing, 1995, 42(2): 181-190.

[211]SAHOO P, WILKINS C, YEAGER J. Threshold selection using Renyi's entropy[J]. Pattern Recognition, 1997, 30(1): 71-84.

[212]LIU Y X, LI Y D. New approaches of multifractal image analysis[C]//Proceedings of ICICS, 1997 International Conference on Information, Communications and Signal Processing. Theme: Trends in Information Systems Engineering and Wireless Multimedia Communications (Cat. Piscataway: IEEE Press, 2002: 970-974.

[213]DU G, YEO T S. A novel multifractal estimation method and its application to remote image segmentation[J]. IEEE Transactions on Geoscience and Remote Sensing, 2002, 40(4): 980-982.

[214]MENDIVIL F. Image processing with wavelets and multifractal analysis[R]. 2005.

[215]WENDT H, ROUX S G, ABRY P. Impact of data quantization on empirical multifractal analysis[C]//Proceedings of 2007 IEEE International Conference on Acoustics, Speech and Signal Processing. Piscataway: IEEE Press, 2007: 1162-1164.

[216]LEANDRO J J G, CESAR J Jr, JELINEK H F. Blood vessels segmentation in retina: prelim-

inary assessment of the mathematical morphology and of the wavelet transform techniques[C]//Proceedings XIV Brazilian Symposium on Computer Graphics and Image Processing. Piscataway: IEEE Press, 2002: 84-90.

[217]QI D W, YU L, FENG X C. A detection method on wood defects of CT image using multifractal spectrum based on fractal Brownian motion[C]//Proceedings of 2008 IEEE International Conference on Automation and Logistics. Piscataway: IEEE Press, 2008: 1539-1544.

[218]YU L, QI D W. Analysis and processing of decayed log CT image based on multifractal theory[J]. Computers and Electronics in Agriculture, 2008, 63(2): 147-154.

[219]张坤华, 王敬儒, 张启衡. 复杂背景下扩展目标的分割算法研究[J]. 红外与毫米波学报, 2002, 21(3): 233-237.

[220]何四华, 杨绍清, 石爱国, 等. 基于分形维与拟合误差的光电目标检测方法[J]. 激光与红外, 2009, 39(1): 82-84.

[221]何四华, 杨绍清, 石爱国, 等. 分形维光电目标检测方法研究[J]. 光电技术应用, 2009, 24(4): 47-50.

[222]董雁适, 程翼宇, 钟建毅. 基于分形理论的谱峰检测方法研究[J]. 浙江大学学报(工学版), 2001, 35(3): 254-257.

[223]ENGLE R F. Autoregressive conditional heteroscedasticity with estimates of the variance of United Kingdom inflation[J]. Econometrica, 1982, 50(4): 987-1008.

[224]BOLLERSLEV T. Generalized autoregressive conditional heteroskedasticity[J]. Journal of Econometrics, 1986, 31(3): 307-327.

[225]饶彬, 屈龙海, 肖顺平, 等. 基于时间序列分析的弹道目标进动周期提取[J]. 电波科学学报, 2011, 26(2): 291-296.

[226]PASCUAL J P, VON ELLENRIEDER N, HURTADO M, et al. Radar detection algorithm for GARCH clutter model[J]. Digital Signal Processing, 2013, 23(4): 1255-1264.

[227]WICKRAMASINGHE U K, LI X D. Integrating user preferences with particle swarms for multi-objective optimization[C]//Proceedings of the 10th Annual Conference on Genetic and Evolutionary Computation. New York: ACM Press, 2008: 745-752.

[228]WANG P, LI H B, HIMED B. Moving target detection using distributed MIMO radar in clutter with nonhomogeneous power[J]. IEEE Transactions on Signal Processing, 2011, 59(10): 4809-4820.

[229]COELLO C A C, PULIDO G T, LECHUGA M S. Handling multiple objectives with particle swarm optimization[J]. IEEE Transactions on Evolutionary Computation, 2004, 8(3): 256-279.

[230]ZHANG Y J, ZHANG Y X, DENG Z M, et al. Sea surface target detection based on complex ARMA-GARCH processes[J]. Digital Signal Processing, 2017, 70: 1-13.

[231]ZHANG Y J, DENG Z M, SHI J H, et al. Sea clutter modeling using an autoregressive gener-

alized nonlinear-asymmetric GARCH model[J]. Digital Signal Processing, 2017, 62: 52-64.

[232]唐绩, 朱峰, 董扬, 等. 一种基于 ARMA 和 NGARCH 过程的海杂波建模方法[J]. 现代雷达, 2017, 39(6): 27-30.

[233]SARIKAYA R, HINTON G E, DEORAS A. Application of deep belief networks for natural language understanding[J]. IEEE/ACM Transactions on Audio, Speech, and Language Processing, 2014, 22(4): 778-784.

[234]ANDRYCHOWICZ M, DENIL M, GOMEZ S, et al. Learning to learn by gradient descent by gradient descent[J]. arXiv Preprint, arXiv: 1606.04474, 2016.

[235]HINTON G E. Training products of experts by minimizing contrastive divergence[J]. Neural Computation, 2002, 14(8): 1771-1800.

[236]GRAVES A, MOHAMED A R, HINTON G. Speech recognition with deep recurrent neural networks[C]//Proceedings of 2013 IEEE International Conference on Acoustics, Speech and Signal Processing. Piscataway: IEEE Press, 2013: 6645-6649.

[237]RUMELHART D E, HINTON G E, WILLIAMS R J. Learning representations by back-propagating errors[J]. Nature, 1986, 323(6088): 533-536.

[238]ROSENBLATT F. The perceptron: a probabilistic model for information storage and organization in the brain[J]. Psychological Review, 1958, 65(6): 386-408.

[239]MINSKY H P. Can "it" happen again? essays on instability and finance[J]. Journal of Economic Issues, 1984, 18(4): 1260-1262.

[240]HASSELL M P, LAWTON J H, BEDDINGTON J R. Sigmoid functional responses by invertebrate predators and parasitoids[J]. The Journal of Animal Ecology, 1977, 46(1): 249-262.

[241]SUYKENS J K, VANDEWALLE J. Least Squares support vector machine classifiers[J]. Neural Processing Letters, 1999, 9(3): 293-300.

[242]HINTON G E, SALAKHUTDINOV R R. Reducing the dimensionality of data with neural networks[J]. Science, 2006, 313(5786): 504-507.

[243]LECUN Y, BOTTOU L, BENGIO Y, et al. Gradient-based learning applied to document recognition[J]. Proceedings of the IEEE, 1998, 86(11): 2278-2324.

[244]KRIZHEVSKY A, SUTSKEVER I, HINTON G E. ImageNet classification with deep convolutional neural networks[J]. Communications of the ACM, 2017, 60(6): 84-90.

[245]FROME A, CORRADO G S, SHLENS J, et al. DeViSE: a deep visual-semantic embedding model[C]//Proceedings of the 26th International Conference on Neural Information Processing Systems. New York: ACM Press, 2013: 2121-2129.

[246]SIMONYAN K, ZISSERMAN A. Very deep convolutional networks for large-scale image recognition[J]. arXiv Preprint, arXiv: 1409.1556, 2014.

[247]SZEGEDY C, LIU W, JIA Y Q, et al. Going deeper with convolutions[C]//Proceedings of 2015 IEEE Conference on Computer Vision and Pattern Recognition (CVPR). Piscataway:

IEEE Press, 2015: 1-9.

[248]HE K M, ZHANG X Y, REN S Q, et al. Deep residual learning for image recognition[C]//Proceedings of 2016 IEEE Conference on Computer Vision and Pattern Recognition (CVPR). Piscataway: IEEE Press, 2016: 770-778.

[249]DAHL G E, YU D, DENG L, et al. Context-dependent pre-trained deep neural networks for large-vocabulary speech recognition[J]. IEEE Transactions on Audio, Speech, and Language Processing, 2012, 20(1): 30-42.

[250]COOKE M, GREEN P, JOSIFOVSKI L, et al. Robust automatic speech recognition with missing and unreliable acoustic data[J]. Speech Communication, 2001, 34(3): 267-285.

[251]MAO J H, XU W, YANG Y, et al. Deep captioning with multimodal recurrent neural networks (m-RNN)[J]. arXiv Preprint, arXiv: 1412.6632, 2014.

[252]GERS F A, SCHMIDHUBER J, CUMMINS F. Learning to forget: continual prediction with LSTM[J]. Neural Computation, 2000, 12(10): 2451-2471.

[253]SIMONYAN K, VEDALDI A, ZISSERMAN A. Learning local feature descriptors using convex optimisation[J]. IEEE Transactions on Pattern Analysis and Machine Intelligence, 2014, 36(8): 1573-1585.

[254]LIN M, CHEN Q, YAN S. Network in network[J]. arXiv Preprint, arXiv: 1312.4400, 2013.

[255]SCHÖLKOPF B, PLATT J, HOFMANN T. Greedy layer-wise training of deep networks[C]//Proceedings of the 19th International Conference on Neural Information Processing Systems. New York: ACM Press, 2012: 153-160.

[256]CHO K, VAN MERRIENBOER B, GULCEHRE C, et al. Learning phrase representations using RNN encoder–decoder for statistical machine translation[C]//Proceedings of the 2014 Conference on Empirical Methods in Natural Language Processing (EMNLP). Stroudsburg: Association for Computational Linguistics, 2014: 1-15.

[257]GERS F A, SCHRAUDOLPH N N. Learning precise timing with LSTM recurrent networks[M]. JMLR.org, 2003.

[258]SUTSKEVER I, VINYALS O, LE Q V. Sequence to sequence learning with neural networks[J]. arXiv Preprint, arXiv: 1409.3215, 2014.

[259]王俊, 郑彤, 雷鹏, 等. 深度学习在雷达中的研究综述[J]. 雷达学报, 2018, 7(4): 395-411.

[260]VICEN-BUENO R, CARRASCO-ÁLVAREZ R, ROSA-ZURERA M, et al. Sea clutter reduction and target enhancement by neural networks in a marine radar system[J]. Sensors, 2009, 9(3): 1913-1936.

[261]HENNESSEY G, LEUNG H, DROSOPOULOS A, et al. Sea-clutter modeling using a radial-basis-function neural network[J]. IEEE Journal of Oceanic Engineering, 2001, 26(3): 358-372.

第2章

非线性理论

本章主要叙述一些常用的数学定义与性质，供后面章节参考使用。2.1 节简明地介绍了自相似（分形）理论的基本概念与性质。2.2 节主要介绍了非线性回归理论中的 ARCH 模型和 GARCH 模型。2.3 节主要介绍了 3 种常见的深度神经网络，即卷积神经网络、残差神经网络和长短期记忆网络。

2.1　自相似（分形）理论

2.1.1 节简明地介绍了集合论、函数论、测度论以及概率论中的一些与本书相关的基础内容，对这些内容不熟悉的读者可以参考更详细的数学分析教材。2.1.2 节介绍了自相似与自仿射，它们分别适合于描述各向同性和各向异性的图形与过程。2.1.3 节～2.1.5 节主要涉及分形的标度不变性以及维数计算的基础，它们在分形几何理论中发挥了重要的作用。

2.1.1　数学基础

（1）集合与函数

为后文表述方便，首先给出一些数学符号表示的含义。一般地，用 $\mathbf{R}$ 表示实数集，$\mathbf{Z}$ 表示整数集，$\mathbf{Q}$ 表示有理数集，用 $\mathbf{R}^+$、$\mathbf{Z}^+$ 和 $\mathbf{Q}^+$ 表示对应的正子集，$\mathbf{R}^n$ 表示

n 维欧氏空间。

信号处理过程一般是在 $\mathbf{R}^n$ 中进行的，这里对 $\mathbf{R}^n$ 简单介绍如下。$\mathbf{R}^n$ 中的点（向量）一般表示为 x、y 等，x、y 的坐标形式分别为 $x=(x_1, \cdots, x_n)$、$y=(y_1, \cdots, y_n)$。$x+y$ 表示 x 和 y 的向量和，λx 表示实数 λ 与 x 的数乘。在 $\mathbf{R}^n$ 上定义度量（距离）ρ，于是点 $x, y \in \mathbf{R}^n$ 间的距离为 $\rho(x, y) = |x-y| = [\sum(x_i-y_i)^2]^{1/2}$。

一般用大写字母 A、E、X、Y 等表示 $\mathbf{R}^n$ 的子集。一个非空集合 X 的直径为 $d=|X|=\sup\{|x-y|, \ x, y \in X\}$，并约定空集的直径 $d=0$。非空集合 X 与 Y 间的距离记作 $\mathrm{dist}(X, Y)=\inf\{|x-y|, x \in X, y \in Y\}$。对 $r>0$，一个集合 X 的 r-邻域或 r-平行体为

$$X_r = \{x \mid \inf_{x_0 \in X} |x-x_0| \leqslant r\} \tag{2.1}$$

定义球心为 x_0（$x_0 \in \mathbf{R}^n$）、半径为 r（$r>0$）的开球和闭球分别为

$$B(x_0, r) = \{x \mid \rho(x, x_0) < r\} \tag{2.2}$$

$$\overline{B(x_0, r)} = \{x \mid \rho(x, x_0) \leqslant r\} \tag{2.3}$$

当然，$\mathbf{R}^1$ 中的球就是区间，$\mathbf{R}^2$ 中的球就是圆。如果一个集合 $X \subset \mathbf{R}^n$ 满足 $X \subset B(x, r)$，则称 X 是有界的，于是一个非空集合 X 是有界的必要条件是当且仅当 $d=|X| < \infty$。

开集和闭集定义如下，集合 $A \subset \mathbf{R}^n$，如果对任意的 $x \in A$，存在 $r>0$ 使 $B(x, r) \subset A$，则称集合 A 是开的。如果集合 A 是完备的，即若 x_k（$k=1, 2, \cdots$）是由 A 中的点构成的收敛于 x（$x \in \mathbf{R}^n$）的柯西（Cauchy）序列，那么必有 $x \in A$，则称集合 A 是闭的。集合 A 是开的必要条件是当且仅当它的余集 A^c 是闭的。

由开集或闭集的并或交构造集合的思想引出了波雷尔集的概念[1]，$\mathbf{R}^n$ 的波雷尔子集族形式上是满足下列条件的集合的最小族。

① 每一个开集是波雷尔集，每一个闭集也是波雷尔集。

② 如果 A_1，A_2，$\cdots$ 是任意可数个波雷尔集组成的集族，那么 $\overset{\infty}{\underset{i=1}{\cup}} A_i$、$\overset{\infty}{\underset{i=1}{\cap}} A_i$ 和 $A_1 \backslash A_2$ 也是波雷尔集。

任意起始时是由开集或闭集构造得到的集合，经过有限次并或交后仍是一个波雷尔集，实际上，本书涉及的 $\mathbf{R}^n$ 的所有子集都是波雷尔集。

$f: X \to Y$ 通常表示一个从 X 到 Y 的映射（函数），X 为定义域，Y 为值域。如

果对任意的 $x \in X$，存在唯一的 $y \in Y$，使 $y = f(x)$，则称 f 是一个单射或 1-1 的；如果 $f(X) = Y$，则称 f 是一个满射。如果 f 同时是单射和满射，则称 f 是双射或 1-1 对应的。对于 $f: X \to Y$ 和 $g: Z \to W$，这里 $Y \subset Z$，定义 f 与 g 的复合为 $g \circ f: X \to W$，$g \circ f(x) = g[f(x)]$。对于 $f: X \to X$，定义 f 的第 k 次迭代为 $f^k: X \to X$，满足 $f^0(x) = x$，$f^k(x) = f[f^{k-1}(x)]$，$k = 1$，$2, 3, \cdots$，那么 f^k 是它与自己的 k 次复合。对于双射 $f: X \to Y$，f 的逆是函数 $f^{-1}: Y \to X$，满足对所有的 $x \in X$ 有 $f^{-1}[f(x)] = x$ 和对所有的 $y \in Y$ 有 $f[f^{-1}(y)] = y$。

某些函数类需要特别注意。$C(X)$ 为由所有在定义域 X 上连续函数组成的集合，$C_0(X)$ 为具有有界支撑的连续函数的子空间（$f: X \to \mathbf{R}$ 的支撑，是指除 $f(x) = 0$ 以外的 X 的最小闭子集），对于一个合适的定义域 $X \subset \mathbf{R}^n$，记 $C^1(X)$ 为有一阶连续导数的函数 $f: X \to \mathbf{R}$ 空间，$C^2(X)$ 为具有二阶连续导数的函数空间。与分形有联系的一类特殊函数是李卜希兹函数。对于函数 $\varphi: X \to \mathbf{R}^m$，如果存在一个常数 c，满足对任意 $x, y \in X$ 存在

$$|\varphi(x) - \varphi(y)| \leqslant c|x - y| \qquad (2.4)$$

则称 φ 是一个李卜希兹函数。使不等式（2.4）成立的 c 的下确界称为 φ 的李卜希兹常数，记 $\mathrm{Lip}X$ 为从 X 到 $\mathbf{R}^m$ 的李卜希兹空间。

（2）测度与质量分布

测度是分形几何的核心部分，在分形数学中是一个主要工具。在实际的分形信号处理中，并不需要很深的测度理论基础，仅需要一些测度理论的基本概念，而且这些概念与物理学中经常遇见的质量负载或电荷分布相类似，较易理解。本书仅涉及 n 维欧氏空间 $\mathbf{R}^n$ 子集的勒贝格（Lebesgue）测度，不需关注那些在更一般拓扑背景下复杂的测度特征。

实际上，测度是把集合数值化的一种方法，集合 A 的测度可以看作以某种方式测量集合 A 所得的数值。其定义如下，设 $E \subset \mathbf{R}^n$，$\{I_n\}$ 是开区间序列，并且 $\bigcup\limits_{n=1}^{\infty} I_n \supset E$，则称

$$\inf\left\{ u \mid u = \sum_{n=1}^{\infty} |I_n| \right\}$$

为 E 的外测度，记为 $\mathrm{mes}(E)$。$\mathrm{mes}(E)$ 可以看作以某种方式测量 E 所得的数值。如果将集合分解为有限或可数个互斥的子集，则整个集合的测度就是这些子集的测度之

和，即测度具有有限可加性和可数可加性。

对于 $\mathbf{R}^n$ 中的每一个子集 E，$\mu=\text{mes}(E)$ 表示其测度，具有如下性质。

① （非负性）$\mu \geqslant 0$，$\mu(\phi)=0$。

② （单调性）若 $A \subset B$，则 $\mu(A) \leqslant \mu(B)$。

③ （次可数可加性）如果 $A_1, A_2, \cdots$ 为一可数（或有限）集序列，则

$$\mu\left(\bigcup_{i=1}^{\infty} A_i\right) \leqslant \sum_{i=1}^{\infty} \mu(A_i) \tag{2.5}$$

如果 A_i 为互不相交的波雷尔集，则式（2.5）取等号，即

$$\mu\left(\bigcup_{i=1}^{\infty} A_i\right) = \sum_{i=1}^{\infty} \mu(A_i) \tag{2.6}$$

性质①说明测度非负，空集具有零测度。性质②说明较"大"的集合一般具有较大的测度。性质③说明如果一个集合为可数个集合（可互相重叠）之并，则所有各部分测度之和至少等于整体的测度；如果集可以分解为可数个互不相交的波雷尔集的并，则所有各部分测度之和等于整体的测度。

如果 $A \supset B$，则 A 可以表示成不交并 $A=B \cup (A \setminus B)$，所以从式（2.6）可以得到，若 A 和 B 为波雷尔集，则

$$\mu(A \setminus B) = \mu(A) - \mu(B) \tag{2.7}$$

类似地，若 $A_1 \subset A_2 \subset \cdots$ 为一递增的波雷尔集序列，则

$$\lim_{i \to \infty} \mu(A_i) = \mu\left(\bigcup_{i=1}^{\infty} A_i\right) \tag{2.8}$$

更一般地，若 $\delta > 0$，A_δ 是随 δ 递减而增大的波雷尔集，即当 $0 < \delta < \delta'$时，有 $A_{\delta}' \subset A_\delta$，则

$$\lim_{\delta \to 0} \mu(A_\delta) = \mu\left(\bigcup_{\delta > 0} A_i\right) \tag{2.9}$$

测度的支撑是指满足 $\mu(\mathbf{R}^n \backslash X)=0$ 的最小闭集 X，记为 $\text{spt}\mu$，通俗讲是指测度所集中的集合。测度的支撑 $\text{spt}\mu$ 总是闭的，x 在支撑 $\text{spt}\mu$ 中的必要条件是当且仅当对于所有正有理数 r，都有 $\mu[B(x, r)] > 0$。如果 A 包含 μ 的支撑，则称 μ 为集 A 上的测度。

通常将在 $\mathbf{R}^n$ 的有界子集上满足 $0 < \mu(\mathbf{R}^n) < \infty$ 的测度称为质量分布，一般可认

为 $\mu(A)$ 为集 A 的质量。更直观地，将一质量（为有限值）按某种方式分配到整个集 X 上，可得到集 X 上的一个质量分布，此时测度的一些性质也同样适用。

本书涉及的重要测度是 $\mathbf{R}^n$ 子集上的 s 维豪斯多夫（Hausdorff）测度 H^s，其中 $0 \leqslant s \leqslant n$。这一测度将在 2.1.4 节中详细介绍。

下面介绍一种通常用来在 $\mathbf{R}^n$ 的一个子集上构造一个质量分布的方法[1]，如图 2.1 所示。在有界波雷尔集 E 的各部分之间重复地进行质量分配，设 ε_0 由单个集 E 组成，对于 $k=1, 2, \cdots$，设 ε_k 为 E 的互斥波雷尔子集序列，ε_k 中每一个集 U 包含在 ε_{k-1} 的某一个集中，而且包含有限个 ε_{k+1} 中的集。设 ε_k 中集的最大直径在 $k \to \infty$ 时趋于 0，通过重复分配，定义 E 上的一个质量分布。设 $\mu(E)$ 满足 $0 < \mu(E) < \infty$，通过 $\sum\limits_{i=1}^{m} \mu(U_i) = \mu(E)$ 定义 $\mu(U_i)$ 使质量在 ε_1 中的集 $U_1, \cdots, U_m$ 之间分配。类似地，继续将质量分配到 ε_2 中的集上，使得如果 $U_1, \cdots, U_m$ 是 ε_2 中包含于 ε_1 中的某个集 U 的所有集，则有 $\sum\limits_{i=1}^{m} \mu(U_i) = \mu(U)$。一般地，对于 ε_k 中的每个集 U，分配质量使其满足

$$\sum_i \mu(U_i) = \mu(U) \tag{2.10}$$

其中，(U_i) 是 ε_{k+1} 中包含 U 的互斥子集序列的全体，对于每一个 k，设 E_k 为 ε_k 中集的并集，若存在任一个集 A 满足 $A \cap E_k = \phi$，则 $\mu(A)=0$。

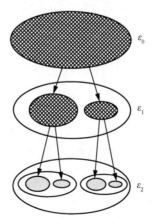

图 2.1　通过重复分配的方法构造质量分布 μ 的步骤

用 ε 表示由属于任一个 ε_k 的集以及所有具有 $\mathbf{R}^n \backslash E_k$ 形式的集组成的集类，则上面的方法对于 ε 中每一个集 A 定义了一个质量分布 $\mu(A)$。此时通过 ε 中的集类，便可决定 E 上任何（波雷尔）集 A 的质量分布 $\mu(A)$，所以质量分布 μ 是充分确定的，如下面命题所述。

设 μ 定义在上面的集类 ε 上，则 μ 的定义可以扩展到 $\mathbf{R}^n$ 的所有子集上，使得 μ 为一测度。若 A 为波雷尔集，则 $\mu(A)$ 的值唯一确定，且 μ 的支撑包含于 $\bigcap\limits_{k=1}^{\infty} \bar{E}_k$ 之中。

本命题的证明涉及较深的测度理论[2]，因此这里只给出结论，证明从略。

虽然在一般情况下，人们总是对测度自身的性质感兴趣，但有时需要计算函数对测度的积分。函数的可积性会涉及一些技巧上的困难，但采用下面的结果就可以克服这种困难[1]。定义 $\mathbf{R}^n$ 中波雷尔子集 D 上的函数 $f: D \rightarrow \mathbf{R}$，对于所有的实数 a，集合 $f^{-1}(-\infty, a) = \{x \mid x \in D, f(x) \leqslant a\}$ 为波雷尔集。相当大的函数类满足此条件，包括所有连续函数（$f^{-1}(-\infty, a)$ 是闭的，所以为波雷尔集）。本书认为所有可积函数都满足此条件，而在实际应用中这一假设也是成立的。

为定义积分，首先假设 $f: D \rightarrow \mathbf{R}$ 为一个简单函数，即 $f(x)$ 仅能取有限多个值 $a_1, \cdots,$ a_k。对于非负简单函数 $f(x)$，定义其对测度 μ 的积分为

$$\int f(x)\mathrm{d}\mu(x) = \sum_{i=1}^{k} a_i \mu\{x \mid f(x) = a_i\} \qquad (2.11)$$

更一般的函数积分通过简单函数的逼近来定义。若 $f: D \rightarrow \mathbf{R}$ 为非负函数，则定义其积分为

$$\int f(x)\mathrm{d}\mu(x) = \sup\{\int g(x)\mathrm{d}\mu(x) \mid g(x) \text{为简单函数}, 0 \leqslant g(x) \leqslant f(x)\} \quad (2.12)$$

实际应用中，$f(x)$ 也可取负值，此时令 $f^{+}(x) = \max\{\pm f(x), 0\}$，则 $f(x) = f^{+}(x) - f^{-}(x)$。如果 $\int f^{+}(x)\mathrm{d}x < \infty$ 与 $\int f^{-}(x)\mathrm{d}x < \infty$ 均成立，则定义

$$\int f(x)\mathrm{d}\mu(x) = \int f^{+}(x)\mathrm{d}\mu(x) - \int f^{-}(x)\mathrm{d}\mu(x) \qquad (2.13)$$

对于式（2.13）所示积分，普通积分的性质均成立，即

$$\int [f(x) + g(x)]\mathrm{d}\mu(x) = \int f(x)\mathrm{d}\mu(x) + \int g(x)\mathrm{d}\mu(x) \qquad (2.14)$$

$$\int \lambda f(x)\mathrm{d}\mu(x) = \lambda \int f(x)\mathrm{d}\mu(x) \tag{2.15}$$

其中，λ 为比例常数。积分也有单调收敛定理，即如果 f_k：$D{\rightarrow}\mathbf{R}$ 是一不降的非负函数序列且逐点收敛于 f，则

$$\lim_{k \to \infty} \int f_k(x)\mathrm{d}\mu(x) = \int f(x)\mathrm{d}\mu(x) \tag{2.16}$$

如果 A 是 D 的波雷尔子集，则在集 A 上定义积分

$$\int_A f(x)\mathrm{d}\mu(x) = \int f(x)\chi_A(x)\mathrm{d}\mu(x) \tag{2.17}$$

其中，χ_A：$\mathbf{R}^n{\rightarrow}\mathbf{R}$ 为示性函数，即如果 x 在 A 中，则 $\chi_A(x)=1$，否则 $\chi_A(x)=0$。注意到，若 $f(x){\geqslant}0$ 且 $\int f(x)\,\mathrm{d}\mu(x)=0$，则对于测度 μ，$f(x)=0$ 几乎处处成立。

2.1.2　自相似与自仿射

（1）自相似性

一个系统的自相似性是指某种结构或过程的特征从不同的空间尺度或时间尺度来看都是相似的，或者某系统或结构的局域性质或局域结构与整体类似[3-4]。另外，在整体与整体之间或部分与部分之间，也会存在自相似性。一般情况下自相似性有比较复杂的表现形式，而不是简单地局部放大一定倍数之后与整体完全重合。但是，表征自相似系统或结构的定量性质如分形维数，并不会因为放大或缩小等操作而变化（这一点称为伸缩对称性），所改变的只是其外部的表现形式。

在欧氏几何中，点、线、面以及立体几何（立方体、球、椎体等）等规则形体是对自然界中事物的高度抽象，也是欧氏几何学的研究范畴，这些人类创造出来的几何体可以是严格对称的。然而自然界中广泛存在的则是形形色色不规则的形体，如地表的山脉、河流、海岸线等，这些自然界产生的形体具有自相似的特性，它们不可能是严格对称的，也不存在两个完全相同的形体。

数学家们设想了许多不规则的几何图形，瑞典的数学家科赫（Koch）在 1904年首次提出的种赫（Koch）曲线就是其中一个例子。它的生成方法是把一条直线等分成三段，将中间一段用夹角为 60° 的两条等长的折线来代替，形成一个生成元，再把每条线段用生成元进行代换，经无穷次迭代后就呈现出一条有无穷多弯曲的Koch 曲线，可以用来模拟自然界中的海岸线。

Koch 曲线实际上就是一个分形,具有自相似的特性。由于它是按一定的数学法则生成的,因此具有严格的自相似特性,这类分形通常称为有规分形(或规则自相似分形)。自然界里的分形,其自相似性并不是严格的,而是在统计意义下的,海岸线就是其中一个例子。凡满足统计自相似的分形则称为无规分形(或随机自相似分形),所以海岸线是无规分形,云的形状也是无规分形,它们都不具有严格的自相似性,只具有统计意义下的自相似性。

应该注意的是,本节中强调的自相似性,并不是相同或简单的重复。另外,自相似性通常和非线性复杂系统的动力学特征有关。

在数学上可以给出自相似性的表示方法,实际上是把一个自相似集合看作在若干个压缩相似映射作用下的不变集合。

对于映射 $T: \mathbf{R}^n \rightarrow \mathbf{R}^n$,如果存在常数 c($0 \leqslant c < 1$),使得对任意的 $\boldsymbol{x}, \boldsymbol{y} \in \mathbf{R}^n$ 有

$$|T(\boldsymbol{x}) - T(\boldsymbol{y})| \leqslant c |\boldsymbol{x} - \boldsymbol{y}| \qquad (2.18)$$

其中,$|\cdot|$ 为 n 维欧氏空间中的范数,即 $\boldsymbol{x}$ 和 $\boldsymbol{y}$ 间的欧氏距离,则称映射 T 为压缩映射,且将

$$r = \inf \left\{ \frac{|T(\boldsymbol{x}) - T(\boldsymbol{y})|}{|\boldsymbol{x} - \boldsymbol{y}|} \Big| \boldsymbol{x} \neq \boldsymbol{y} \right\} \qquad (2.19)$$

称作压缩比。

设 $F = \{T_1, T_2, \cdots, T_m\}$ 是 $\mathbf{R}^n$ 中的 m 个压缩映射,则根据巴拿赫(Banach)压缩映像原理[5],一定存在一个唯一的闭集 A^*,使得

$$A^* = \bigcup_{i=1}^m T_i(A^*) \qquad (2.20)$$

令 $S(X) = \bigcup_{i=1}^m T_i(X)$($\forall X \in \mathbf{R}^n$),那么式(2.20)也可以写作 $A^* = S(A^*)$,即 A^* 是 S 的不变集。假定 A^* 是关于压缩映射集 $F = \{f_1, f_2, \cdots, f_m\}$ 的非空不变集,定义 A^* 的相似性维数为使式(2.21)成立的唯一实数 s,即

$$\sum_{j=1}^m r_j^s = 1 \qquad (2.21)$$

可以证明，s 只依赖于集合而不依赖于压缩映射的选取。若进一步假定上述的 A^* 中的压缩映射仅限于位移与相似变换的复合，且满足条件

$$H^s(f_i(A) \bigcap f_j(A)) = 0 \quad (i \neq j) \qquad (2.22)$$

则称 A^* 是自相似集。如果没有条件（2.22），那么 A 将在某个交集 $f_i(A) \bigcap f_j(A)$ 中失去自相似性。这里有一个重要结论[6]：若 A 是一个自相似集，则它的自相似维数等于 Hausdorff 维数（Hausdorff 维数将在 2.1.4 节中详细介绍）。

（2）自仿射性

下面根据前面介绍的规则自相似分形引入自仿射分形[3-4]，这里根据本书需要只做简单介绍，并不进行理论上的研究。

规则自相似分形图形进行局部放大后可以与整体等同。在一维、二维和三维图形中，这种放大在不同的坐标（或方向）上是相同的，如 Koch 曲线的 1/3 曲线放大 3 倍后和整体等同，谢尔平斯基（Sierpinski）正方毯的 1/9 的正方形在 x 和 y 方向上各放大 3 倍后和整体等同，谢尔平斯基–门格尔（Sierpinski-Menger）海绵的 1/27 的立方体在 x、y、z 方向上各放大 3 倍后和整体等同。三者可以用函数关系分别表示为

$$f(\lambda x) = \lambda f(x) \quad (\lambda = 3) \qquad (2.23)$$

$$f(\lambda x, \lambda y) = \lambda^2 f(x, y) \quad (\lambda = 3) \qquad (2.24)$$

$$f(\lambda x, \lambda y, \lambda z) = \lambda^3 f(x, y, z) \quad (\lambda = 3) \qquad (2.25)$$

自仿射与自相似不同，它需要在不同方向上放大不同倍数后才和整体等同，可以表示为[3-4]

$$f(\lambda_1 x_1, \lambda_2 x_2, \cdots, \lambda_n x_n) = \lambda_1 \lambda_2 \cdots \lambda_n f(x_1, x_2, \cdots, x_n) \qquad (2.26)$$

其中，$\lambda_1, \lambda_2, \cdots, \lambda_n$ 是各不相同的放大倍数。

在许多实际问题中，各坐标的物理意义往往不同，致使在各坐标上的变换倍数也不同，如二维情形下，坐标可以分别为空间坐标 x 和时间 t（一维布朗运动）；三维情形下，坐标可以分别为地貌图的高度 h 和位置（x, y），高度 h 和位置（x, y）虽然都是位置坐标，但两者的物理状态是不同的，如高度方向上有重力的影响，而 x 和 y 方向上却没有重力的影响。显然，自仿射具有重要的应用前景。

2.1.3　标度不变性

　　标度不变性是指在分形上任选一局部区域，对它进行放大，得到的放大图形又会显示出原图的形态特征。因此，对于分形，不论将其放大或缩小，它的形态、复杂程度、不规则性等各种特性均不会发生变化，所以标度不变性又称为伸缩对称性。通俗地说，如果用放大镜来观察一个分形，不管放大倍数如何变化，看到的情形都是一样的，从观察到的图像无法判断所用放大镜的倍数。Koch 曲线具有严格自相似性的有规分形，无论将其放大或缩小多少，它的基本集合特征都保持不变，很显然，其具有标度不变性。对于实际分形而言，标度不变性只在一定的范围内适用。通常把标度不变性适用的空间称为该分形体的无标度空间。

　　随着分形理论的产生和发展，逐步形成了分形几何学，这是近几十年发展起来的一个数学分支，又称为非欧氏几何学，其与欧氏几何学的差异是十分明显的，如表 2.1 所示。

表 2.1　欧氏几何学与分形几何学的差异

分形理论	描述的对象	特征长度	表达方式	维数
欧氏几何学	人类创造的简单标准物体	有	数学公式	0 及正整数
分形几何学	大自然创造的复杂真实物体	无	迭代语言	一般为分数（可为正整数）

　　下面对表 2.1 中特征长度这一名词进行简单说明。自然界中存在的所有物体的形状和人类迄今所考虑的一切图形，大致可以分为以下两种：具有特征长度的图像和不具有特征长度的图形。对特征长度并没有严格的定义，一般认为能代表物体的几何特征的长度，就是该物体的特征长度。即使对具有特征长度的物体的形状稍加简化，但只要其特征长度不变，其几何性质也不会有太大的变化。而对于不具有特征长度的物体，以天空中的积雨云为例，粗看时像球的形状，但若仔细观察可以发现，在认为是球的部分又存在着不可忽视的凹凸，必须取一些较小的球来进行近似；但更细致的观察又要以更小的球来近似，以至无穷。也就是说，若要把积雨云表现得更像一些，就必须准备无数个大小不同的球。如果用矩形或椭圆体去近似积雨云，情况也是如此。这说明，如果想用具有特征长度的图像去

近似的话，那么与真正的云的形状相比，任何时候都会产生不可忽视的很大差异，为减小这种差异，必须具备无数个大小不同的几何体。所以这类物体不具有特征长度，或者说具有标度不变性。

由 2.1.2 节和本节所述可以看到，自相似性与标度不变性是密切相关的，具有自相似的结构（或图形），一定会满足标度不变性。应该指出的是，自相似性和标度不变性是分形的两个重要特征。

2.1.4　Hausdorff 测度与维数

维数是分形几何的中心概念。粗略来看，维数表明一个集合占据多大的空间。在经常使用的多种多样的"分形维数"中，最古老的也可能是最重要的一种，是以卡拉泰奥多里（Caratheodory）构造为基础的 Hausdorff 维数。Hausdorff 维数具有对任何集都有定义的优点，由于它建立在相对比较容易处理的测度概念的基础上，因此在数学上也是较方便的[7-10]。它的主要缺点是在很多情形下，用计算的方法很难计算或估计它的值。然而，要理解分形的数学机理，熟悉 Hausdorff 测度与维数是必不可少的。

（1）Hausdorff 测度

如果 X 为 n 维欧几里得空间 $\mathbf{R}^n$ 中的非空子集，X 的直径定义为 $|X|=\sup\{|x-y|, x, y \in X\}$，即 X 内任意两点距离的上确界。如果 $\{X_i\}$ 是可数（或有限）个直径不超过 δ 的集构成的覆盖 F 的集类，即

$$F \subset \bigcup_{i=1}^{\infty} X_i \qquad (2.27)$$

且对任意的 i，都有 $0 \leqslant |X_i| \leqslant \delta$，则称 $\{X_i\}$ 为 F 的一个 δ 覆盖。

设 F 为 $\mathbf{R}^n$ 中的子集，s 为一非负数，对任意 $\delta > 0$，定义

$$H_\delta^s = \inf\left\{\sum_{i=1}^{\infty} |X_i|^s, \{X_i\} 是 F 的一个 \delta \ 覆盖\right\} \qquad (2.28)$$

即考察所有直径不超过 δ 的 F 覆盖，并试图使这些直径的 s 次幂的和最小。当 δ 减小时，式（2.28）中能覆盖 F 的集类减少，所以下确界 $H_\delta^s(F)$ 相应增加，且当 $\delta \to 0$

时趋于一极限，记为

$$H^s(F) = \lim_{\delta \to 0} H^s_\delta(F) \qquad (2.29)$$

对 $\mathbf{R}^n$ 中的任何子集 F，这一极限都存在，但极限值可以是（并且通常是）0 或 ∞，则称 $H^s(F)$ 为集 F 的 s 维 Hausdorff 测度。特别地，$H^s(\phi) \equiv 0$；如果 $E \subset F$，则 $H^s(E) \leqslant H^s(F)$；如果 $\{F_i\}$ 是可数个集序列，则

$$H^s\left(\bigcup_{i=1}^{\infty} F_i\right) \leqslant \sum_{i=1}^{\infty} H^s(F_i) \qquad (2.30)$$

这里需注明的是，当 $\{F_i\}$ 是互斥的波雷尔集序列时，要证明式（2.30）中的等号成立是相当困难的。

（2）Hausdorff 维数

由式（2.28）容易看出，对任意给定的集 $F \subset \mathbf{R}^n$ 且 $\delta < 1$，$H^s_\delta(F)$ 对 s 是不增的，因此由式（2.29）可知，$H^s(F)$ 也是不增的。事实上，有更进一步的结论：若 $t > s$，且 $\{U_i\}$ 为 F 的 δ 覆盖，则有

$$\sum_i |U_i|^t \leqslant \sum_i |U_i|^{t-s}|U_i|^s \leqslant \delta^{t-s}\sum_i |U_i|^s \qquad (2.31)$$

取下确界得 $H^t_\delta(F) \leqslant \delta^{t-s}H^s_\delta(F)$。令 $\delta \to 0$，对于 $t > s$，若 $H^s(F) < \infty$，则 $H^t(F)=0$。所以，$H^s(F)$ 关于 s 的图形（如图 2.2 所示）存在 s 的一个临界点使得 $H^s(F)$ 从 ∞ "跳跃"到 0。这个临界值被称为 F 的 Hausdorff 维数，记为 $\dim_H F$，也有研究者将 Hausdorff 维数称为豪斯多夫-贝西科维奇（Hausdorff-Besicovitch）维数。

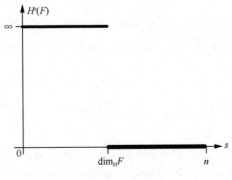

图 2.2　集 F 的 $H^s(F)$

Hausdorff 维数定义如下

$$\dim_H F = \inf\{s | s \geq 0, H^s(F) = 0\} = \sup\{s \mid H^s(F) = \infty\} \qquad (2.32)$$

则

$$H^s(F) = \begin{cases} \infty, & 0 \leq s < \dim_H F \\ 0, & s > \dim_H F \end{cases} \qquad (2.33)$$

如果 $s=\dim_H F$，则 $H^s(F)$ 可以是零或者无穷，也可以满足

$$0 < H^s(F) < \infty \qquad (2.34)$$

满足条件（2.34）的波雷尔集称为 s 集。在数学上，s 集是最适合研究的，而实际中遇到的集大都是 s 集。

举一个很简单的例子，设 F 为 $\mathbf{R}^3$ 中具有单位半径的平面圆。由已经熟悉的长度、面积、体积性质可以知道：$H^1(F)=\text{length}(F)=\infty$，$0 < H^2(F)=4/\pi\times\text{area}(F)=4 < \infty$，$H^3(F)=6/\pi\times\text{vol}(F)=0$。由于当 $s < 2$ 时，$H^s(F)=\infty$；当 $s > 2$ 时，$H^s(F)=0$，故 $\dim_H F=2$。

Hausdorff 维数具有如下性质[1,7-8]。

① 单调性：若 $E \subset F$，则 $\dim_H E \leq \dim_H F$。这从测度性质可以得到，即对于每个 s，$H^s(E) \leq H^s(F)$。

② 可数稳定性：如果 $F_1, F_2, \cdots$ 为一可数集序列，则 $\dim_H \bigcup_{i=1}^{\infty} F_i = \sup_{1 \leq i < \infty} \{\dim_H F_i\}$。由单调性，对于每个 j，显然有 $\dim_H \bigcup_{i=1}^{\infty} F_i \geq \dim_H F_j$。另一方面，若对所有的 i 都有 $s > \dim_H F_i$，则 $H^s(F_i)=0$，所以 $H^s\left(\bigcup_{i=1}^{\infty} F_i\right) = 0$，从而给出反向不等式。

③ 可数集：若 F 是可数的，则 $\dim_H F=0$；若 F_i 是一个单点，则 $H^0(F_i)=1$，即 $\dim_H F_i=0$，所以由可数稳定性，可得 $\dim_H \bigcup_{i=1}^{\infty} F_i = 0$。

④ 开集：若 $F \subset \mathbf{R}^n$ 为开集，则 $\dim_H F=n$，这是因为 F 包含一个具有正 n 维体积的球，所以 $\dim_H F \geq n$；又因为 F 包含于可数个球的并，利用可数稳定性和单调性，可得 $\dim_H F \leq n$。

⑤ 光滑集：若 F 为 $\mathbf{R}^n$ 中的光滑（即连续可微）m 维子流行（即 m 维曲面），则 $\dim_H F=m$。特别地，光滑曲线维数为 1，光滑曲面维数为 2。

2.1.5 盒维数

2.1.4 节中讨论的 Hausdorff 维数是在数学上维数的主要定义。然而，还有其他一些广泛应用的定义[4-9, 11]，这些定义及它们之间的相互联系是很有必要研究的。

很多分形维数的定义都基于"用尺度 r 进行量度"的思想[12-14]，利用下面的方法进行测量：忽略尺寸小于 r 时的不规则性，并观察当 $r \to 0$ 时测量值的状况。例如，当 F 是平面曲线时，测量值 $M_r(F)$ 可以通过两脚距离长度为 δ 的两脚规度量整个 F 所需的步数来确定。而 F 的维数则由 $M_r(F)$ 服从的幂律（如果有的话）决定，即当 $\delta \to 0$ 时，如果对常数 c 和 s，有

$$M_r(F) \propto cr^{-s} \tag{2.35}$$

则可以说 F 具有"分配维数" s，而 c 则可以看作集 F 的"s 维长度"。取自然对数得

$$\ln M_r(F) \propto \ln c - s \ln r \tag{2.36}$$

在式（2.36）两端的差随 $r \to 0$ 而趋于零的意义下，就有

$$s = \lim_{r \to 0} \frac{\ln M_r(F)}{-\ln r} \tag{2.37}$$

由于 s 可以通过在 r 值的一个适当范围内，作出双对数（ln-ln）坐标图的斜率来估计，因此式（2.37）对于计算和实验而言都是可行的。这里需指出的是，$M_r(F)$ 可能不服从精确的幂律，但是与之最接近的，可以得到式（2.37）中的上极限和下极限。

为了使式（2.35）给出的 s 值是一个维数，测量的方法就必须满足如下要求，即如果 F 的大小扩大一倍，同时尺度也扩大一倍，得到的测量值并不受影响，即对所有的 r，必须有 $M_r(rF) = M_1(F)$。如果修改一下这个例子，并重新定义 $M_r(F)$ 为所有步数的长度和，则 $M_r(F)$ 是一次齐次的，即对 $\delta > 0$，有 $M_r(rF) = r^1 M_1(F)$，同时必须把这个条件引入维数定义的考虑中。一般地，如果 $M_r(F)$ 是 d 次齐次的，即 $M_r(rF) = r^d M_1(F)$，则形式为 $M_r(F) \propto cr^{d-s}$ 的幂律对应的维数是 s。

实际中，并不存在严格的、简明的规则来确定某个量是否能合理地被当成一个

维数。有许多定义，甚至在简化的情形下也不适合上面所谈到的幂律，决定一个维数定义是否可接受的因素更多地由经验确定。为确定一个量能否作为维数，通常是去寻找它的某种类型的比例性质、在特殊意义下定义的自然性质，以及如 2.1.4 节讨论的维数的典型性质等。应当注意，一些表面上很相似的维数定义具有的性质可能差别很大，同时不应当假定不同的定义对同一个集合能给出完全相同的维数值，即使对很"规则"的集也是如此。

（1）盒维数

盒维数是应用最广泛的分形维数之一，它的普遍应用主要是由于这种维数的数学计算及经验估计相对容易一些。

设 F 是 $\mathbf{R}^n$ 上任意非空有界子集，$N_r(F)$ 表示直径最大为 r 时可以覆盖 F 的集的最少个数，则 F 的下盒维数和上盒维数分别定义为

$$\underline{\dim}_B F = \varliminf_{r \to 0} \frac{\ln N_r(F)}{-\ln r} \qquad (2.38)$$

$$\overline{\dim}_B F = \varlimsup_{r \to 0} \frac{\ln N_r(F)}{-\ln r} \qquad (2.39)$$

如果这两个值相等，则称其为 F 的盒维数，记为

$$\dim_B F = \lim_{r \to 0} \frac{\ln N_r(F)}{-\ln r} \qquad (2.40)$$

这里，假定 $r > 0$ 且充分小以保证 $-\ln r$ 以及类似的量都是严格正的。为避免"$\ln 0$"或"$\ln \infty$"这样的问题，一般只考虑非空有界集的盒维数。

另外，还有一些盒维数的等价定义。例如，考虑 $\mathbf{R}^n$ 中的 r 坐标网立方体

$$[m_1 r, (m_1 + 1)r] \times \cdots \times [m_n r, (m_n + 1)r] \qquad (2.41)$$

其中，$m_1, \cdots, m_n$ 都是整数。设 $N_r'(F)$ 是与 F 相交的 r 网立方体的个数，显然，这是 $N_r'(F)$ 个直径为 $r\sqrt{n}$ 的覆盖 F 的集类，因此有

$$N_{r\sqrt{n}}(F) \leqslant N_r'(F) \qquad (2.42)$$

如果 $r\sqrt{n} < 1$，则

$$\frac{\ln N_{r\sqrt{n}}(F)}{-\ln(r\sqrt{n})} \leqslant \frac{\ln N_r'(F)}{-\ln \sqrt{n} - \ln r} \qquad (2.43)$$

令 $r \to 0$，取下极限和上极限

$$\underline{\dim}_B F \leqslant \varliminf_{r \to 0} \frac{\ln N_r'(F)}{-\ln r} \qquad (2.44)$$

$$\overline{\dim}_B F \leqslant \varlimsup_{r \to 0} \frac{\ln N_r'(F)}{-\ln r} \qquad (2.45)$$

另一方面，任何直径最大为 r 的集合包含在 3^n 个边长为 r 的网立方体（由包含这个集的点的一个立方体以及此立方体相邻的全部立方体组成）内，因此

$$N_r'(F) \leqslant 3^n N_r(F) \qquad (2.46)$$

取对数并取当 $r \to 0$ 时的极限，可以得到与式（2.44）和式（2.45）反向的不等式。因此为求出由式（2.38）～式（2.40）定义的盒维数，可以等价地取 $N_r'(F)$ 为与 F 相交的边长为 r 的网立方体的个数。

盒维数此种形式的定义在实际中也有广泛的应用，例如，为计算一个平面中集 F 的盒维数，可以构造一些边长为 r 的正方形（也称为"盒子"），然后计算不同 r 值的盒子与 F 相交的个数 $N_r(F)$（盒维数由此得名）。这个维数是当 $r \to 0$ 时 $N_r(F)$ 增加的对数速率，或者可以由函数 $\ln N_r(F)$ 相对于 $-\ln r$ 图形的斜率值来估计。这个定义给出了盒维数的一种解释，与集 F 相交的边长为 r 的网立方体的个数表示了这个集是如何展开的，或者说是以尺度 r 度量时这个集的不规则程度。维数则反映了当 $r \to 0$ 时集合的不规则性是如何表现出来的。

盒维数的另一个经常应用的定义具有式（2.38）～式（2.40）的形式，不过是把 $N_r(F)$ 取为覆盖 F 所需要边长为 r 的任意立方体的最少个数。这个定义的等价性是基于网立方体的性质，注意到，任一边长为 r 的立方体的直径都为 $r\sqrt{n}$，并且任意的直径最大为 r 的集一定包含在一个边长为 r 的立方体内。类似地，如果在式（2.38）～式（2.40）中取 $N_r(F)$ 为覆盖 F 的半径为 r 的最小闭球数，所得的维数值与原值也完全相等。

综上所述，$\mathbf{R}^n$ 的子集 F 的下盒维数和上盒维数由式（2.38）和式（2.39）给出，F 的盒维数由式（2.40）定义（如果极限存在），其中，$N_r(F)$ 是下列 5 个数中的任一个[7-8]。

① 覆盖 F 的半径为 r 的最少闭球数。

② 覆盖 F 的边长为 r 的最少立方体数。

③ 与 F 相交的 r 网立方体数。

④ 覆盖 F 的直径最大为 r 的最少集数。

⑤ 球心在 F 上，半径为 r 的互不相交的最多球数。

$N_r(F)$ 的计算方法远非这几种，在实际应用中，可以采用一种对每个特殊问题最适合应用的定义。

理解盒维数与 Hausdorff 维数之间的关系非常重要[1]。如果 F 能被 $N_r(F)$ 个直径为 r 的集覆盖，则由定义式（2.28）得

$$H_r^s(F) \leqslant N_r(F) r^s \tag{2.47}$$

如果 $1 < H^s(F) = \lim\limits_{r \to 0} H_r^s(F)$，那么只要 r 充分小，就有 $\ln N_r(F) + s \ln r > 0$，于是 $s \leqslant \varliminf\limits_{r \to 0} \dfrac{\ln N_r(F)}{-\ln r}$，所以

$$\dim_{\mathrm{H}}(F) \leqslant \underline{\dim}_{\mathrm{B}} F \leqslant \overline{\dim}_{\mathrm{B}} F \tag{2.48}$$

对任意的 $F \subset \mathbf{R}^n$ 成立。这里一般取不等号，虽然对许多相当规则的集（如数学上的严格分形图形），Hausdorff 维数与盒维数是相等的，然而，也有大量使不等号严格成立的例子。

如果 $s = \dim_{\mathrm{B}}(F)$，从式（2.40）可以看出，当 r 充分小时，$N_r(F) \approx r^{-s}$。确切地，它说明当 $s < \dim_{\mathrm{B}}(F)$ 时，$N_r(F) r^s \to \infty$；$s > \dim_{\mathrm{B}}(F)$ 时，$N_r(F) r^s \to 0$。但是，$N_r(F) r^s = \inf \left\{ \sum\limits_i r^s, \{U_i\} \text{是} F \text{的(有限的)} r \text{覆盖} \right\}$ 应当与 $H_r^s = \inf \left\{ \sum\limits_{i=1}^{\infty} |U_i|^s, \{U_i\} \text{是} F \text{的一个} r \text{覆盖} \right\}$ 进行比较以得出结论，这是出现在 Hausdorff 测度和维数的定义中的，需要注意的是，这里的 r 与 Hausdorff 测度定义中的 δ 含义是一样的。在计算 Hausdorff 维数中，给每个覆盖集 U_i 以不同的分量 $|U_i|^s$，而在盒维数的计算中，则是给每个覆盖集以相同的分量 r^s。盒维数可以被认为是表示一个集合能被相同形状的小集合覆盖的效率，而 Hausdorff 维数涉及的可能是具有不同形状的小集合的覆盖。

由于盒维数是由相同形状集的覆盖确定的，因此在实际计算中比 Hausdorff 维数更易于应用。正如 Hausdorff 维数计算过程，盒维数的计算通常也分别涉及求维数的下界和上界，而每个界均取决于几何观察，并通过代数估计得到。

（2）盒维数的性质

与 Hausdorff 维数性质类似，盒维数也具有下列基本性质[1, 9]。

① 对 $\mathbf{R}^n$ 上光滑的 m 维子流形 F，$\dim_B F = m$。

② $\underline{\dim}_B$ 与 $\overline{\dim}_B$ 是单调的。

③ $\overline{\dim}_B$ 是有限稳定的，即 $\overline{\dim}_B(E \cup F) = \max\{\overline{\dim}_B E, \overline{\dim}_B F\}$；然而，对于 $\underline{\dim}_B$，相应的等式却不成立。

④ $\underline{\dim}_B$ 与 $\overline{\dim}_B$ 是双利普希茨不变的，这是因为，如果 $|f(x)-f(y)| \leqslant c|x-y|$，且 F 能被 $N_r(F)$ 个直径最大为 r 的集覆盖，则在映射 f 下，这 $N_r(F)$ 个集的像也组成 $f(F)$ 的一个直径最大为 cr 的覆盖，因此 $\dim_B f(F) \leqslant \dim_B F$。类似地，盒维数也有像 Hausdorff 维数在双利普希茨和 Hölder 变换下的性质。

然而，盒维数并非普遍适用的，其对一些较为特殊的集合就无法应用。盒维数还存在如下性质，即若用 $\overline{F}$ 表示 F 的闭包（即包含 F 的 $\mathbf{R}^n$ 的最小闭集），则

$$\underline{\dim}_B \overline{F} = \underline{\dim}_B F \ , \quad \overline{\dim}_B \overline{F} = \overline{\dim}_B F$$

这个性质的一个直接推论是，如果 F 是 $\mathbf{R}^n$ 上开集的稠子集，则 $\underline{\dim}_B F = \overline{\dim}_B F = n$。例如，设 F 是 $0 \sim 1$ 的有理数（可数集），则 $\overline{F} = [0, 1]$，因此 $\underline{\dim}_B F = \overline{\dim}_B F = 1$。于是可数集可以有非零的盒维数，然而作为单点集的每一个有理数的盒维数显然是零，但这些单点集的可数集的维数却是 1。于是，对于这种维数，$\dim_B \left(\bigcup_{i=1}^{\infty} F_i \right) = \sup \dim_B F_i$ 一般不成立。

上面引出的集，即可数点集，破坏了维数的概念，这严格限制了盒维数的应用。若只把注意力限制在闭集上，也许情况会好一些，但困难依旧存在。尽管如此，盒维数不仅在实际应用中很方便，而且在理论上也很有用。例如，可以证明一些集的盒维数与 Hausdorff 维数是相等的，利用这两种维数的相互关系，在应用中经常可以取得很好的效果。

2.2　非线性回归理论

非线性回归是表示回归函数关于未知回归系数具有非线性结构的回归。在实际数据分析过程中，严格的线性模型并不多见，都是带有某种程度的近似，在大部分情况下，非线性模型更加符合实际。

对变量间非线性相关问题的曲线拟合，处理的方法主要有如下几种。

① 首先确定非线性模型的函数类型，对于其中可线性化问题，通过变量变换将其线性化，归结为多元线性回归问题解决。

② 若实际问题的曲线类型不易确定，可用多项式回归来拟合曲线。

③ 若变量间非线性关系式已知（多数未知），且难以用变量变换法将其线性化，则进行数值迭代的非线性回归分析。

不能变换为线性的非线性回归用数值进行迭代，先选定回归系数的初值，按照给定的步长和搜索方向逐步迭代，直到残差平方和达到最小。

常见的非线性回归迭代方法有高斯–牛顿法、最速下降法（梯度法）、牛顿法、麦夸特法、正割法等，本节主要介绍海杂波建模与目标检测所涉及的 ARCH 与 GARCH 模型。

2.2.1　ARCH 模型及性质

Engle[15]提出的 ARCH 模型包括条件均值方程和条件方差方程两部分，即

$$y_t = E(y_t \mid \Omega_{t-1}) + \varepsilon_t \qquad (2.49)$$

$$h_t = \alpha_0 + \sum_{i=1}^{q} \alpha_i \varepsilon_{t-i}^2 \qquad (2.50)$$

其中，$\varepsilon_t = \sqrt{h_t v_t}$，$v_t$ 服从独立同分布，且有 $E(v_t) = 0$，$E(v_t^2) = 1$；$E(y_t \mid \Omega_{t-1})$ 为基于 $t-1$ 时刻信息集 Ω_{t-1} 的 y_t 条件均值；阶数 q 为非负整数，且有 $\alpha_0 > 0$，$\alpha_i \geqslant 0$，$i = 1, 2, \cdots, q$。经典 ARCH 模型要求 v_t 服从标准正态分布。

如果 $E(v_t^4) < \infty$，$(E(v_t^4))^{\frac{1}{2}} \sum_{i=1}^{q} \alpha_i < 1$，则式（2.50）的严平稳解为有限四阶矩 $(E(\varepsilon_t^4) < \infty)$。易见，当 v_t 服从标准正态分布时，有 $\sum_{i=1}^{q} \alpha_i < \dfrac{1}{3}$。需要指出的是，当 ARCH 阶数较高时，这种参数约束将成为不可忽略的负担。

ARCH 结构可以使 ε_t 的无条件峰度具有高峰度的特征。下面以 ARCH(1) 为例做一个示意性的说明（假定 v_t 服从标准正态分布）。

$$k = \frac{E\left(\varepsilon_t^4\right)}{\left[E\left(\varepsilon_t^2\right)\right]^2} = 3\frac{1-\alpha_1^2}{1-3\alpha_1^2} > 3 \qquad (2.51)$$

易见，即使 v_t 为正态分布，ε_t 仍然拥有较高的峰度，可以刻画某些时间序列固有的尖峰厚尾特征[16]，这一性质保证了 ARCH 模型具备刻画时间序列厚尾特征的能力。

ARCH 模型通过将条件方差和 ε_t^2 相联系，能反映出大波动之后紧跟大波动、小波动之后续之小波动的倾向。这种效应即所谓波动集聚效应，广泛存在于很多工程领域的时间序列中。

ARCH 模型的出现对于时间序列的研究具有里程碑式的意义，但随着研究的深入、应用范围的扩大，经典 ARCH 模型存在的不足逐渐显现，主要有以下几点[17]。

① 经典 ARCH 模型的参数限制很多，尤其在阶数较高时，约束会极其复杂。文献中也有使用参数附加递减的时滞结构方法来满足约束条件，但此方法也因随意性甚大而为人诟病。

② 经典 ARCH 模型条件分布采用正态分布，尽管 ARCH 模型本身可以使 ε_t 拥有厚尾，但有时仍不足以刻画现实时间序列中厚尾的厚度。

③ 经典 ARCH 模型中，h_t 是 ε_t 的偶函数，这意味着预先假设了正负冲激对未来波动的影响是相同的，但这一点在现实中较难满足，对波动不对称效应的报道屡屡见诸不同应用领域的文献。

④ 经典 ARCH 模型中，h_t 是 ε_t^2 的线性函数，有时非线性结构更能反映波动性变化的真实情况。

以上 4 点不足促进了一系列 ARCH 模型的衍生模型的诞生，如 GARCH 模型等。

2.2.2　ARCH 模型参数估计

（1）ARCH 模型估计方法

ARCH 模型估计方法有多种，这里介绍其中最有影响的 3 种，即矩估计（Moment Estimation，ME）、最大似然估计（Maximum Likelihood Estimate，MLE）和最小绝对偏差估计（Least Absolute Deviation Estimate，LADE）[18-19]。

① ME 通过计算矩条件估计 ARCH 模型参数，目前仍然是一种重要的 ARCH 模型参数估计方法。

② MLE 通过最大化似然函数获取 ARCH 模型参数。MLE 的具体步骤将在下文中进行详细介绍。

③ LADE 方法出现于 2000 年以后，文献[20]的工作及后续研究使 LADE 日益为人瞩目。一般认为，LADE 在 GARCH 模型服从厚尾分布时对于传统的 MLE 具有优势，稳健性较好。

早期文献中，ME 与 MLE 是最常用的两种方法，但 LADE 近年来发展迅速。当似然函数可求时，MLE 是使用最广泛的估计方法。因此，本节主要介绍 MLE 方法。

（2）最大似然估计

下面以 ARCH 模型为例介绍 MLE 的应用。考虑一个 ARCH 模型，形如

$$y_t = X_t' \beta + \varepsilon_t \tag{2.52}$$

$$\varepsilon_t = \sqrt{h_t} v_t, \quad v_t \text{ 服从独立同分布} \tag{2.53}$$

$$h_t = \alpha_0 + \sum_{i=1}^{q} \alpha_i \varepsilon_{t-i}^2 \tag{2.54}$$

记 θ 为条件方差方程的参数，$f(v_t : \eta)$ 为 $v_t(\theta, \beta) = \dfrac{\varepsilon_t(\theta, \beta)}{\sqrt{h_t(\theta, \beta)}}$ 的密度函数，$\eta \in h \subseteq \mathbf{R}^K$ 为冗余参数，按照 MLE 的经典实现步骤可获取 ARCH 模型的参数估计。

第 t 个观测值的对数似然函数为

$$l_t(\psi) = \ln(f(v_t : \eta)) - \frac{1}{2} \ln h_t \tag{2.55}$$

进而可得

$$L_T(\psi) = \sum_{t=1}^{T} L_t(\psi) = \sum_{t=1}^{T} \left(\ln(f(v_t : \eta)) - \frac{1}{2} \ln h_t \right) \tag{2.56}$$

如果 $v_t \overset{\text{i.i.d.}}{\sim} N(0,1)$，此时代入 v_t 的概率密度，获得的条件对数似然函数形如

$$L(\psi) = -\frac{T}{2} \ln(2\pi) - \frac{1}{2} \sum_{t=1}^{T} \ln h_t - \frac{1}{2} \sum_{t=1}^{T} \frac{\varepsilon_t^2}{h_t} \tag{2.57}$$

使用文献[21]提出的 BHHH（Berndt-Hall-Hall-Hansman）算法，可以使对数似然函数取得最大值，得到 $\psi \equiv (\beta', \theta', \eta')'$ 即参数的最大似然估计。

BHHH 算法常用于实现似然函数的最大化，具有很好的收敛性，其估计具有一致性和渐近正态性。

BHHH 的迭代公式为

$$\theta^{(i+1)} = \theta^{(i)} + \lambda_i \left(\sum_{i=1}^{T} \frac{\partial l_t}{\partial \theta} \frac{\partial l_t}{\partial \theta'} \right)^{-1} \sum_{i=1}^{T} \frac{\partial l_t}{\partial \theta} \qquad (2.58)$$

其中，$\theta^{(i)}$ 为第 i 次迭代的参数估计。

除 BHHH 算法之外，马夸特（Marquardt）算法也常用于最大化似然函数。其他算法，如文献[19]提出的禁忌 – 递阶遗传算法也常用于实现 MLE。应注意，这里考虑的是基于正态分布的 ARCH 模型，当 v_t 不服从正态分布时，式（2.57）不再成立，似然函数的表达式应有所修正。

此外，使用 MLE 估计 ARCH 模型还应注意初始值选取、收敛准则选择等问题。

2.2.3 GARCH 模型及性质

如果时间序列 $\{r_t : t \in \mathbf{Z}\}$ 满足

$$r_t = \sigma_t Z_t \qquad (2.59)$$

$$\sigma_t^2 = a_0 + \sum_{i=1}^{p} a_i r_{t-i}^2 + \sum_{j=1}^{q} b_j \sigma_{t-j}^2 \qquad (2.60)$$

则称该序列服从 GARCH(p, q) 模型。其中，Z_t 服从独立同分布，是均值为 0、方差为 1 的随机变量列，尺度参数 $\sigma_t > 0$。从式（2.60）中可以看出，条件方差是过去观测平方以及过去条件方差的加权平均，这里借鉴了 ARMA 模型的构造。事实上，GARCH 模型和 ARMA 模型之间有着很有趣的联系，考虑如下等式

$$\begin{aligned}
r_t^2 &= a_0 + \sum_{i=1}^{p} a_i r_{t-i}^2 + \sum_{j=1}^{q} b_j \sigma_{t-j}^2 + e_t \\
&= a_0 + \sum_{i=1}^{p \vee q} (a_i + b_i) r_{t-i}^2 + e_t - \sum_{j=1}^{q} b_j e_{t-j}^2
\end{aligned} \qquad (2.61)$$

其中，$a_{p+j} = b_{q+j} = 0, j \geqslant 1$，$p \vee q = \max\{p, q\}$，并且

$$e_t = r_t^2 - \sigma_t^2 = (Z_t^2 - 1)\left(c_0 + \sum_{i=1}^{p} a_i r_{t-i}^2 + \sum_{j=1}^{q} \sigma_{t-j}^2\right) \quad (2.62)$$

这样，在形式上 $\{r_t^2\}$ 可以看成是一个 ARMA$(p \vee q,q)$过程，对于一个可逆的 ARMA 过程，实际可以表示成一个 AR(∞)。这也是形式很简单的 GARCH 模型能对具有复杂相依结构的 $\{r_t^2\}$ 提供一个简洁表示的原因。

为了使 GARCH 模型有真正的实用意义并研究其参数估计的统计性质，首先要研究 GARCH 模型的平稳性。关于这个问题，Bougerol 等[22]给出了比较完整的理论结果。记 $\boldsymbol{\omega}_t = (a_1 Z_t^2 + b_1, b_2, \cdots, b_{q-1})$，$\boldsymbol{a}_{-1,-p} = (a_2, \cdots, a_{p-1})$，$\boldsymbol{\xi}_t = (Z_t^2, 0, \cdots, 0) \in \mathbf{R}^{q-1}$，定义

$$\boldsymbol{A}_t = \begin{pmatrix} \boldsymbol{\omega}_t & b_q & \boldsymbol{a}_{-1,-p} & a_p \\ \boldsymbol{I}_{q-1} & 0 & 0 & 0 \\ \boldsymbol{\xi}_t & 0 & 0 & 0 \\ 0 & 0 & \boldsymbol{I}_{p-2} & 0 \end{pmatrix}$$

其中，$\boldsymbol{I}_{q-1}$ 和 $\boldsymbol{I}_{p-2}$ 分别表示 $q-1$ 和 $p-2$ 的单位矩阵。在 $\mathrm{E}\|\boldsymbol{A}_0\| < \infty$ 的条件下，式（2.59）和式（2.60）具有唯一严平稳遍历解的充要条件是矩阵序列$\{\boldsymbol{A}_t\}$的 Lyapunov 系数小于零，即

$$\lambda = \lim_{n \to \infty} \frac{1}{n+1} \mathrm{E}(\log\|\boldsymbol{A}_0 \cdots \boldsymbol{A}_{-n+1}\|_{\mathrm{op}}) < 0 \quad (2.63)$$

其中，$\|\cdot\|_{\mathrm{op}}$ 表示矩阵的算子范数。不难看出，要计算这个 Lyapunov 系数是异常困难的。Bougerol 等[22]同时给出了不等式（2.63）成立的一个必要条件为 $\sum_{j=1}^{q} b_j < 1$。此外，在 $\mathrm{E}r_t^2 \leqslant \infty$ 的条件下，式（2.59）和式（2.60）有唯一平稳遍历解的充要条件是

$$\sum_{i=1}^{p} a_i + \sum_{j=1}^{q} b_j \leqslant 1 \quad (2.64)$$

2.2.4 GARCH 模型参数估计

目前，GARCH 模型参数估计的主要方法是基于高斯准最大似然估计（QMLE），

该方法利用高斯分布的似然函数作为目标函数来估计 GARCH 模型的参数[23]。具体来讲，基于观测 $\{r_1,\cdots,r_n\}$ 的负对数高斯准（条件）极大似然函数为

$$\sum_{t=1}^{n}\left(\log \sigma_t^2 + \frac{r_t^2}{\sigma_t^2}\right) \tag{2.65}$$

通过直接迭代计算，有

$$\sigma_t^2 = \frac{a_0}{1-\sum\limits_{j=1}^{q} b_j} + \sum_{i=1}^{p} a_i r_{t-i}^2 + \sum_{i=1}^{p} a_i \sum_{k=1}^{\infty} \sum_{j_1=1}^{q} \cdots \sum_{j_k-1}^{q} b_{j_1}\cdots b_{j_k-1} r_{t-i-j_1-\cdots-j_k}^2 \tag{2.66}$$

由于在实际中 $\{r_0, r_{-1},\cdots\}$ 无法观测，只能做适当的截断来近似等式（2.66），即

$$\tilde{\sigma}_t^2 = \frac{a_0}{1-\sum\limits_{j=1}^{q} b_j} + \sum_{i=1}^{p} a_i r_{t-i}^2 I_{\{t-i>0\}} + \sum_{i=1}^{p} a_i \sum_{k=1}^{\infty} \sum_{j_1=1}^{q} \cdots \sum_{j_k-1}^{q} b_{j_1}\cdots b_{j_k-1} r_{t-i-j_1-\cdots-j_k}^2 I_{\{t-i-j_1-\cdots-j_k>0\}} \tag{2.67}$$

令 $\boldsymbol{a} = (a_1,\cdots,a_p),\ \boldsymbol{b} = (b_1,\cdots,b_q)$，则参数 $\{a_0, \boldsymbol{a}, \boldsymbol{b}\}$ 的准（条件）最大似然估计是通过极小化得到的。

$$L(a_0, \boldsymbol{a}, \boldsymbol{b}) = \sum_{t=1}^{n}\left(\log \tilde{\sigma}_t^2 + \frac{r_t^2}{\tilde{\sigma}_t^2}\right) \tag{2.68}$$

关于 GARCH 模型 QMLE 的统计渐近性质，已经有很多文献做了较为深入的研究。Berkes 等[24]深入研究了 GARCH 模型的结构，并给出了 QMLE 的一般渐近性质。随后，Francq 等[25]给出了在较弱条件下 QMLE 渐近正态性的结果。Hall 等[26]研究了 GARCH 模型残差在厚尾分布下 QMLE 的渐近性质。Straumann 等[27]通过随机迭代方程的方法给出了更广泛 GARCH 模型 QMLE 的渐近性质。一般而言，QMLE 的渐近正态性要求残差的四阶矩有限。基于这样的出发点，Peng 等[20]提出了 3 种不同的最小绝对偏差估计（LADE），其中具有代表性的估计是通过极小化得到的。

$$L(a_0, \boldsymbol{a}, \boldsymbol{b}) = \sum_{t=1}^{n}\left|\log\left(r_t^2\right) - \log\left(\tilde{\sigma}_t^2\right)\right| \tag{2.69}$$

其中，$\tilde{\sigma}_t^2$ 是由式（2.67）定义的。Peng 等[20]指出 LADE 并不需要 GARCH 模型的残差具有四阶矩，并且在残差厚尾分布的情况下表现良好，具有较强的稳健性。

此外，Muler 等[28]讨论了两类 GARCH 模型的稳健估计，它们对异常点不敏感。

Mukherjee[29]也研究了一类 GARCH 模型的 M 估计，它们对残差的矩条件的要求也比较弱。

2.3 深度学习方法

2.3.1 卷积神经网络

卷积神经网络（CNN）是计算机视觉中常见的算法，尤其在二维数据处理领域有着广泛运用。CNN 主要包括多个卷积层、池化层和全连接层，最后用 softmax 分类作为输出层。一般情况下可选用 LeNet、AlexNet 和 GoogLeNet 网络进行训练和测试，LeNet 是最早的卷积神经网络之一，起初被用于进行手写数字识别；AlexNet 则是 LeNet 的一种更深、更宽的版本，其将 LeNet 思想扩展到了能学习到更复杂的对象与对象层次的神经网络上；GoogLeNet 是一种"网络中的网络"，其能在深度神经网络达到较高水平性能的同时减少其计算开销。这 3 种网络是 CNN 中常见且具有代表性的网络。

（1）LeNet

LeNet 网络共有 7 层，结构如图 2.3（a）所示，包括两个卷积层、两个池化层、两个全连接层和一个 softmax 输出层。卷积层的卷积核大小为 5×5。池化层选用最大池化函数降采样，即对领域内特征点取最大。全连接层计算输入向量和权重向量之间的点积，再加上一个偏置，结果通过 sigmoid 函数输出。

$$S(x) = \frac{1}{1 + e^{-x}} \tag{2.70}$$

输出层采用径向基函数（Radial Basis Function，RBF）网络连接方式，RBF 输出值越接近 0，则识别结果越接近第 i 类别。

$$y_i = \sum_j (x_j - w_{ij})^2 \tag{2.71}$$

（2）AlexNet

AlexNet 结构如图 2.3（b）所示，包括 5 个卷积层、3 个池化层和 3 个全连接层，

前两个卷积层由一个子层和一个响应归一化层组成。每个层后面都跟了一个 ReLU
操作

$$f(x) = \max(0, x) \qquad (2.72)$$

并且第一、第二、第五个卷积层后面都有一个池化层。与 LeNet 相比，AlexNet
通过使用局部响应归一化等多种方式避免过拟合。

（3）GoogLeNet

GoogLeNet 是一种通过加深网络模型深度和宽度构建的卷积神经网络模型，其
结构如图 2.3（c）所示。它由 22 个层组成，参数超过 100 个。它使用 RGB 三色通
道，感应像素的大小为 224×224。为了防止梯度消失，它设置两个不同深度的损失
函数以保证返回梯度。为了避免过拟合和加快收敛速度，每个卷积操作后都进行
ReLU（如式（2.72）所示）操作。此外，它还通过使用 inception 模块来增加网络的
宽度。

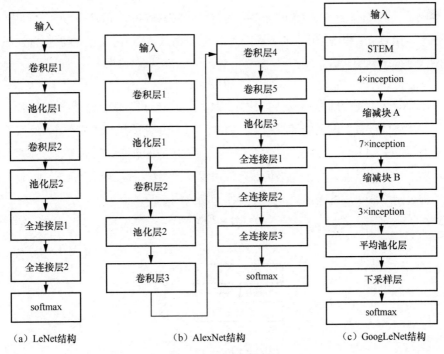

（a）LeNet结构　　　　　（b）AlexNet结构　　　　　（c）GoogLeNet结构

图 2.3　3 种 CNN 结构

2.3.2 残差神经网络

对于 CNN，当层数低于 20 层时，随着层数增加，分类准确率逐渐提高[30]；当层数高于 20 层后，再继续增加层数，会出现所谓的"退化问题"，即检测准确率达到饱和，甚至开始下降，这是由于映射函数拟合困难。基于残差学习和快捷恒等映射的残差神经网络（ResNet）解决了"退化问题"，并将网络层数突破到 151 层，这种网络结构决定了其对图像的轮廓和纹理特征具有充分提取和利用的能力。下面介绍 ResNet 的基本原理和网络结构。

（1）ResNet 基本原理

卷积神经网络特征的"级别"可以通过堆叠层的数量（深度）来丰富，开始时，准确率会随着网络层数的增加而增加，直到达到饱和后便迅速下降，产生了"退化问题"，即网络层数增加引入了更高的训练误差。ResNet 通过引入深度残差学习框架解决了"退化问题"。传统的深度学习恒等映射函数如式（2.73）所示，其中，x 是输入，$H(x)$ 是期望的输出，即期望让输出等于输入。而直接让一些层拟合恒等映射函数是很困难的。

$$H(x)=x \tag{2.73}$$

ResNet 对堆叠的非线性层（如式（2.74）所示 $F(x)$）即残差函数进行拟合，通过带有"快捷连接"的前向神经网络，将学习目标由期望等于输出变更为使残差接近于 0，如图 2.4 所示。快捷连接为跳过一层或更多层的连接，既不增加额外的参数也不增加计算复杂度，整个网络仍然可以由反向传播进行端到端的训练，打破了传统的神经网络 n–1 层的输出只能给 n 层作为输入的惯例。

$$H(x) = F(x)+x \tag{2.74}$$

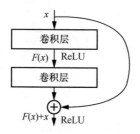

图 2.4 带有快捷连接的前向神经网络

（2）ResNet 网络架构

　　ResNet 特有的残差学习结合快捷恒等映射的检测机理，使其有效解决了梯度弥散问题，深度可以达到 100 层以上，但层数过深也会加大计算量，并且不会带来过高的收益。在 ImageNet 2012 分类数据集上，当层数由 18 层上升到 34 层时，ResNet 分类准确率上升 5% 左右达到 93%；而当层数由 34 层上升到 50 层时，ResNet 准确率仅上升不到 1%。与此同时网络的参数个数呈指数级增长[31]，由于硬件条件限制，层数加深会导致大量的训练时间成本和计算代价换来有限的准确率提升。因此，计算代价和分类准确率较均衡的 34 层 ResNet 结构（ResNet34）是首选，基本结构如图 2.5 所示。

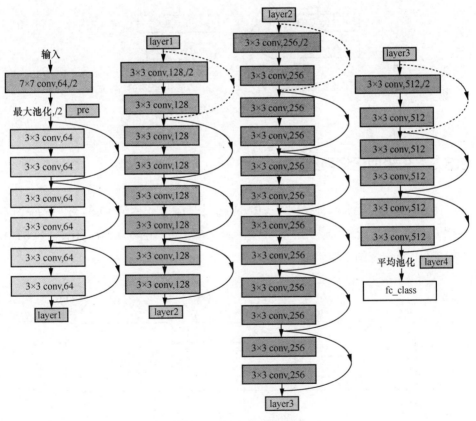

图 2.5　ResNet34 基本结构

ResNet34 主要组成为由残差映射连接的几个卷积层组成的构建块。当图 2.5 中输入输出维度匹配时，通过式（2.75）构建如图 2.6（a）所示实线连接的构建块，反之则通过式（2.76）构建如图 2.6（b）所示虚线连接的构建块。

$$\begin{cases} \boldsymbol{y} = \boldsymbol{F}(\boldsymbol{x}, W_i) + \boldsymbol{x} \\ \boldsymbol{F} = W_2 \sigma(W_1 \boldsymbol{x}) \end{cases} \tag{2.75}$$

$$\boldsymbol{y} = \boldsymbol{F}(\boldsymbol{x}, W_i) + W_s \boldsymbol{x} \tag{2.76}$$

其中，$\boldsymbol{x}, \boldsymbol{y}$ 是输入与输出向量，函数 $\boldsymbol{F}(\boldsymbol{x}, W_i)$ 表示要学习的残差映射，σ 表示 ReLU 激活函数。$\boldsymbol{x}$ 和 $\boldsymbol{F}$ 维度必须相等，如需改变维度（即前一层输出与该层输入维度不匹配），可以通过快捷连接执行线性投影 W_s 来匹配。

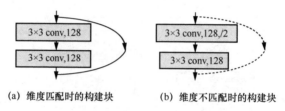

（a）维度匹配时的构建块　　　　（b）维度不匹配时的构建块

图 2.6　ResNet34 中的两种构建块

2.3.3　长短期记忆网络

作为一种特殊的递归神经网络（RNN），长短期记忆网络（LSTM）的每个序列索引位置 t 都有一个隐藏状态 $h(t)$，如果略去每层都有的 $o(t), L(t), y(t)$，则 LSTM 的模型可以简化成图 2.7 的形式。

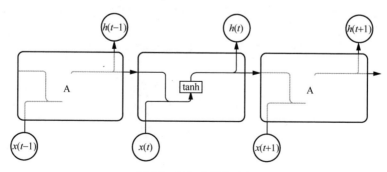

图 2.7　RNN 的结构示意

图 2.7 中隐藏状态 $h(t)$ 由 $x(t)$ 和 $h(t-1)$ 得到。得到的 $h(t)$ 用于计算当前层的模型损失和下一层的隐藏状态。在序列索引位置 t 时刻使用复杂的隐藏结构解决了 RNN 的梯度消失问题。

LSTM 有很多变种，常见的 LSTM 结构如图 2.8 所示。

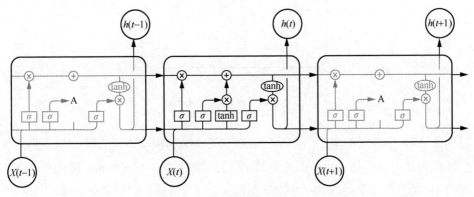

图 2.8　LSTM 的基本结构

在每个序列索引位置 t 时刻向前传播的除了隐藏状态 $h(t)$ 外，还多了另一个隐藏状态，如图 2.9 中的长横线，一般称为细胞状态，记为 $C(t)$。

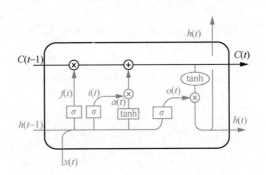

图 2.9　LSTM 的细胞状态

此外，LSTM 还有门控结构。LSTM 在每个序列索引位置 t 时刻的门一般包括遗忘门、输入门和输出门 3 种。下面进行详细介绍。

顾名思义，遗忘门是控制是否遗忘的，在 LSTM 中以一定的概率控制是否遗忘上一层的隐藏细胞状态。遗忘门子结构如图 2.10 所示。

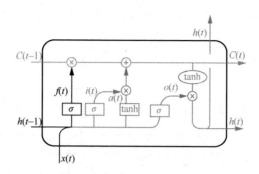

图 2.10　遗忘门子结构

图 2.10 中输入的有上一序列的隐藏状态 $h(t-1)$ 和本序列数据 $x(t)$，通过一个激活函数，一般是 sigmoid，得到遗忘门的输出 $f(t)$。由于 sigmoid 的输出 $f(t)$ 为 [0,1]，因此，这里的输出 $f(t)$ 代表了遗忘上一层隐藏细胞状态的概率。用数学表达式即

$$f(t) = \sigma(W_f h(t-1) + U_f x(t) + b_f) \tag{2.77}$$

其中，W_f，U_f 和 b_f 为线性关系的系数和偏置，与 RNN 中的类似；σ 为 sigmoid 激活函数。

输入门负责处理当前序列位置的输入，它的子结构如图 2.11 所示。

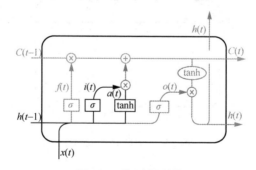

图 2.11　输入门子结构

从图 2.11 中可以看到，输入门由两部分组成，第一部分使用了 sigmoid 激活函数，输出为 $i(t)$；第二部分使用了 tanh 激活函数，输出为 $a(t)$。两者相乘后更新细胞

状态。用数学表达式即

$$i(t) = \sigma(W_i h(t-1) + U_i x(t) + b_i) \tag{2.78}$$

$$a(t) = \tanh(W_a h(t-1) + U_a x(t) + b_a) \tag{2.79}$$

其中，W_i，U_i，W_a，U_a 和 b_i，b_a 为线性关系的系数和偏置，与 RNN 中的类似；σ 为 sigmoid 激活函数。前面的遗忘门和输入门的结果都会作用于细胞状态 $C(t)$。从细胞状态 $C(t-1)$ 得到 $C(t)$ 的过程如图 2.12 所示。

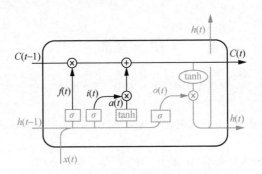

图 2.12　LSTM 的细胞状态更新

细胞状态 $C(t)$ 由两部分组成，第一部分是 $C(t-1)$ 和遗忘门输出 $f(t)$ 的乘积，第二部分是输入门的 $i(t)$ 和 $a(t)$ 的乘积，即

$$C(t) = C(t-1) \odot f(t) + i(t) \odot a(t) \tag{2.80}$$

其中，$\odot$ 为阿达马（Hadamard）积。得到新的隐藏细胞状态 $C(t)$，就可以更新输出门的输出了，其子结构如图 2.13 所示。

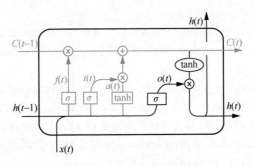

图 2.13　LSTM 的输出门结构

从图 2.13 中可以看出，隐藏状态 $h(t)$ 的更新由两部分组成，第一部分是 $o(t)$，它由上一序列的隐藏状态 $h(t-1)$ 和本序列数据 $x(t)$，以及激活函数 sigmoid 得到；第二部分由隐藏状态 $C(t)$ 和 tanh 激活函数组成，即

$$o(t) = \sigma(W_o h(t-1) + U_o x(t) + b_o) \qquad (2.81)$$

$$h(t) = o(t) \odot \tanh(C(t)) \qquad (2.82)$$

在更新完输出门的输出后，更新当前序列索引预测输出

$$y(t) = \sigma(V_h(t) + c) \qquad (2.83)$$

参考文献

[1] KENNETH F. 分形几何: 数学基础及其应用: 第 2 版[M]. 曾文曲, 译. 北京: 人民邮电出版社.

[2] 苏菲, 谢维信, 董进. 分形几何在雷达杂波分析中的应用[J]. 信号处理, 1998, 14(1): 82-85, 54.

[3] 沙震, 阮火军. 分形与拟合[M]. 杭州: 浙江大学出版社, 2005.

[4] KENNETH F. 分形几何中的技巧[M]. 曾文曲, 陆夷, 译. 沈阳: 东北大学出版社, 1999.

[5] 时宝, 王兴平, 盖明久. 泛函分析引论及其应用[M]. 北京: 国防工业出版社, 2006.

[6] 张济忠. 分形[M]. 北京: 清华大学出版社, 1995.

[7] 李水根. 分形[M]. 北京: 高等教育出版社, 2004.

[8] 曾文曲, 王向阳. 分形理论与分形的计算机模拟（修订版）[M]. 沈阳: 东北大学出版社, 2001.

[9] 孙霞, 吴自勤, 黄畇. 分形原理及其应用[M]. 合肥: 中国科学技术大学出版社, 2006.

[10] 李忠. 迭代 混沌 分形[M]. 北京: 科学出版社, 2007.

[11] 赵健, 雷蕾, 蒲小勤. 分形理论及其在信号处理中的应用[M]. 北京: 清华大学出版社, 2008.

[12] MARTORELLA M, BERIZZI F, MESE E D. On the fractal dimension of sea surface backscattered signal at low grazing angle[J]. IEEE Transactions on Antennas and Propagation, 2004, 52(5): 1193-1204.

[13] MARAGOS P, SUN F K. Measuring the fractal dimension of signals: morphological covers and iterative optimization[J]. IEEE Transactions on Signal Processing, 1993, 41(1): 108-121.

[14] CHANG S, LI S J, CHIANG M J, et al. Fractal dimension estimation via spectral distribution function and its application to physiological signals[J]. IEEE Transactions on Biomedical Engineering, 2007, 54(10): 1895-1898.

[15] ENGLE R F. Autoregressive conditional heteroscedasticity with estimates of the variance of United Kingdom inflation[J]. Econometrica, 1982, 50(4): 987-1008.

[16] 陈昊. 基于波动性模型的风电功率预测研究[D]. 南京: 东南大学, 2015.

[17] BOLLERSLEV T. Generalized autoregressive conditional heteroskedasticity[J]. Journal of Econometrics, 1986, 31(3): 307-327.

[18] TSAY R S. Analysis of financial time series[M]. New York: Wiley, 2002.

[19] FRANCQ C, ZAKOIAN J M. GARCH models: structure, statistical inference and financial applications[M]. 2nd ed. New York: Wiley, 2011.

[20] PENG L, YAO Q W. Least absolute deviations estimation for ARCH and GARCH models[J]. Biometrika, 2003, 90(4): 967-975.

[21] BERNDT E K, HALL H B, HALL R E, et al. Estimation and inference in onlinear structural models[J]. Annals of Economic and Social Measurement, 1974, 3(4): 653-665.

[22] BOUGEROL P, PICARD N. Stationarity of Garch processes and of some nonnegative time series[J]. Journal of Econometrics, 1992, 52(1/2): 115-127.

[23] 黄金山. 基于高频数据的 GARCH 模型的参数估计[D]. 合肥: 中国科学技术大学, 2013.

[24] BERKES I, HORVATH L, KOKOSZKA P. GARCH processes: structure and estimation[J]. Bernoulli, 2003, 9(2): 201-227.

[25] FRANCQ C, ZAKOIAN J M. Maximum likelihood estimation of pure GARGH and AR-MA-GARCH processes[J]. Bernoulli, 2004, 10(4): 605-637.

[26] HALL P, YAO Q. Inference in arch and garch models with heavy-tailed errors[J]. Econometrica, 2003, 71(1): 285-317.

[27] STRAUMANN D, MIKOSCH T. Quasi-maximum-likelihood estimation in conditionally heteroscedastic time series: a stochastic recurrence equations approach[J]. Annals of Statistics, 2006, 34(5): 2449-2459.

[28] MULER N, YOHAI V J. Robust estimates for GARCH models[J]. Journal of Statistical Planning and Inference, 2008, 138(10): 2918-2940.

[29] MUKHERJEE K. M-estimation in GARCH models[J]. Econometric Theory, 2008, 24(6): 1530-1553.

[30] HE K M, ZHANG X Y, REN S Q, et al. Deep residual learning for image recognition[C]// Proceedings of 2016 IEEE Conference on Computer Vision and Pattern Recognition (CVPR). Piscataway: IEEE Press, 2016: 770-778.

[31] RUSSAKOVSKY O, DENG J, SU H, et al. ImageNet large scale visual recognition challenge[J]. arXiv Preprint, arXiv: 1409.0575, 2014.

第3章

雷达目标检测理论基础

雷达的基本任务是发现目标并确定其位置。通常目标的回波信号总是混杂着具有随机特性的噪声和各种干扰，在这种条件下，发现目标的问题就属于信号检测的范畴，而确定其位置（坐标）则是参量估值的问题。信号检测是参量估值的前提，因为只有发现了目标才能确定其位置。因此，雷达最基本的任务是信号检测。

3.1 引言

雷达信号处理的各个阶段都可以应用检测决策，处理从原始回波到经过预处理的数据，如多普勒频谱、合成孔径雷达图像。对每一个距离单元（对应快时间采样）而言，如果某一距离单元存在目标，则可分别根据快时间采样和该脉冲的天线指向，独立检测出其距离和空间角度。因为距离单元采样数非常多，脉冲重复频率也从几赫兹到数百赫兹不等，所以雷达每秒可得到成千上万个检测决策。

传统上，统计信号模型被用于描述干扰项及复杂目标的回波，此时，确定测量值究竟是目标作用的结果还是仅由干扰造成的，便成为一个统计假设检验问题，此时的检测决策一般采用固定门限检测，这将在 3.2 节中详细介绍。需要说明的是，目标与干扰是一个相对的概念，如果要检测运动车辆，那么地面杂波、噪声及人为干扰等就是干扰项；如果要对地面某一区域成像，那么同样的地面杂波就成为期望的目标，仅噪声和人为干扰是干扰项。

在典型雷达信号中，信息量极其大，远远超过操作人员的处理能力。例如，带宽为 1 MHz 的雷达信号通过 I、Q 两路采样率为 1 MHz 的八位 A/D 变换后，具有 16 Mbit/s 的信息，而一个操作人员只能处理 10～20 bit/s 的信息。因此，雷达的信息容量和操作人员的信息处理能力之间存在很大的不匹配。这时如果采用全人工观测，一方面极易疲劳，另一方面掌握的目标批次有限，目标密集的场合往往容易丢失目标。目标自动检测就是雷达信号的检测功能完全由电子判断电路执行而不需要人工介入。采用自动检测的主要原因之一就是克服操作人员信息处理能力的限制。另外，自动检测还允许雷达输出能比较有效地通过通信电路进行传输，因为它只需传输被检测的目标信息，而不必传输全频带原始视频信号。雷达系统通常需要能够在比热噪声更复杂和不确定的背景环境中检测目标并保持给定的虚警概率，为此，必须采用自适应门限检测电路。当没有目标存在时，利用自动检测电路估测接收机的输出，以保持一个恒定虚警概率的系统，即 CFAR 系统。

3.2　固定门限检测

3.2.1　检测过程

在雷达检测过程中，首先应判断输入端是否有信号。输入检测（判决）系统的 $x(t)$ 有两种可能性：信号加噪声，即 $x(t)= s(t)+ n(t)$；只有噪声，即 $x(t)=n(t)$。检测系统的任务是对输入 $x(t)$ 进行必要的处理，然后根据检测系统的输出来判断输入端是否有感兴趣的信号，如图 3.1 所示。由于输入噪声（或干扰）的随机性，信号检测问题经常采用统计的方法解决。

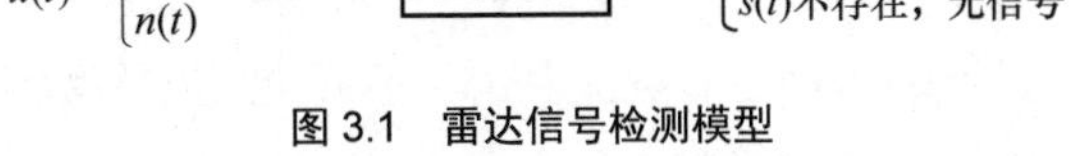

$$x(t) = \begin{cases} s(t) + n(t) \\ n(t) \end{cases} \rightarrow \boxed{\text{检测系统}} \rightarrow \begin{cases} s(t)\text{存在，有信号} \\ s(t)\text{不存在，无信号} \end{cases}$$

图 3.1　雷达信号检测模型

雷达目标检测过程可用门限检测来描述。几乎所有的雷达目标检测都是以接收机的输出与某个门限电平的比较为基础的。如果接收机输出的包络超过了某一预置门限，即认为出现目标。设置门限的目的是将输出划分为逻辑上的目标区和海杂波区。换言之，门限检测器允许在两个假设中选择一个。假设 H_0 表示接收机输入只有噪声，H_1 表示输入为信号加噪声。两个区域的分界线取决于虚警概率，而虚警概率直接和噪声电平及检测门限有关，如图 3.2 所示，其中，实线表示噪声包络，水平虚线表示门限电压和噪声电压均方根。注意，噪声电压有时会超过门限，这时就产生一次虚警。

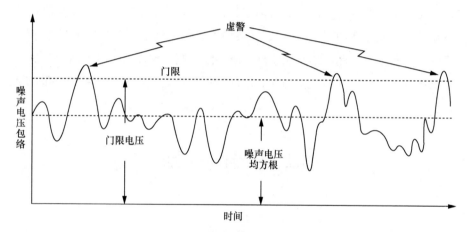

图 3.2 作为时间函数的噪声电压包络

在判决过程中，可能会出现两种误判。一种是在仅有噪声时，误把噪声当成了信号。这往往发生在噪声电平很高以至超过门限电平的时候。根据统计检测理论，这种误判称为虚警。另一种是误把信号当成了噪声，称为漏检。以上两种误判都是以一定的概率出现的，因此可以定义两种误判概率——虚警概率与漏检概率。

虚警概率 P_{fa}：目标不存在的情况下，判决有目标的概率。

漏检概率 P_m：目标确实存在的情况下，判决无目标的概率。

此外，还可以定义一种正确发现的概率——检测概率。

检测概率 P_d：目标确实存在的情况下，目标被检测出的概率。

实际上，还可以定义第四种概率，也就是当目标不存在，检验样本仅为干扰时，未检测出目标的概率，通常这一概率意义不大。注意到，$P_m = 1 - P_d$，因此，P_d 和 P_{fa} 即可充分代表所有感兴趣的概率。两种误判概率的定义中隐含着一个必须注意的重要细节，即检测问题是基于统计意义上的，那么做出错误决策的概率是有限的。

　　显然，门限值越高，噪声单独超出门限的平均时间间隔越长。这一时间很值得注意，因为如果它太短，那么系统产生的虚警就很频繁；如果它太长，系统将要求过高的辐射能量才能达到合适的目标检测概率。Skolnik[1]定义虚警时间为不发生虚警的概率为 P_0 的平均时间，记为 T_{fa}。作为标准，P_0 取 0.5（并非所有作者都采用这一定义），P_{fa} 为虚警概率，于是有

$$P_0 = (1 - P_{fa})^{n'} = 0.5 \tag{3.1}$$

其中，P_0 为虚警时间 T_{fa} 内无虚警的概率，n' 为虚警时间内独立的检测次数。

　　对脉冲雷达（一个多普勒信道）而言，则有

$$n' = \frac{n}{mN}$$

其中，n 为虚警时间 T_{fa} 内参与检测的脉冲（脉宽为 τ）数目，m 为相干积累的脉冲数（$m \geq 1$），N 为非相干积累脉冲数（$N \geq 1$）。当雷达进行全程检测时，$n = T_{fa}/\tau$，则有

$$n' = \frac{T_{fa}}{\tau mN} \tag{3.2}$$

　　无回波时的虚警概率由式（3.1）给出。当 $n' \gg 1$ 时，虚警概率可以采用式（3.3a）近似

$$P_{fa} \approx \frac{1}{n'} \ln \frac{1}{P_0} \tag{3.3a}$$

当 $P_0 = 0.5$ 时，虚警概率为

$$P_{fa} \approx \frac{0.69}{n'} \approx \frac{0.69\tau mN}{T_{fa}} \tag{3.3b}$$

　　式（3.3b）给出了虚警概率与虚警时间的关系，即当雷达的工作模式一定时，P_{fa} 与 T_{fa} 成反比。式（3.3b）还给出了 T_{fa} 与 n' 的关系，n' 表示在虚警时间 T_{fa} 内出现

虚警的概率为 0.5 时的独立检测次数（也称为虚警数）。在此，再次强调门限电平的确定实质上是两种误判概率之间的折中，较高的门限会降低虚警概率，但会出现更多的漏检。雷达应用的性质在很大程度上将影响这两种误判的相对重要性，从而也影响到门限的确定。

首先简化问题以方便切入问题，即研究在加性噪声背景下测量只能为 1 V 或 0 V 的直流电压。假定加性噪声 $n(t)$ 服从均值为 0、方差为 1 的标准正态分布。此时，无信号的假设 H_0 和有信号的假设 H_1 分别为

$$H_0 : x(t) = n(t)$$
$$H_1 : x(t) = 1 + n(t)$$

如果仅根据 $x(t)$ 的一次测量值 x 做出判决，那么输入空间是一维的，随着时间的推移，x 的取值也可能是无限多个的。此时，矩阵形式的条件概率密度表示为

$$\begin{array}{cc} s & x \\ H_1 & \left[\begin{array}{c} p(x \mid H_1) \\ p(x \mid H_0) \end{array} \right] \end{array}$$

假设 H_1 出现的先验概率为 $P(H_1)$，H_0 出现的先验概率为 $P(H_0)$。由于已知噪声统计特性为标准高斯分布，则上式中两种条件概率密度函数可容易地求出，如图 3.3 所示，即

$$p(x \mid H_0) = \frac{1}{\sqrt{2\pi}} \mathrm{e}^{-x^2/2}, \quad p(x \mid H_1) = \frac{1}{\sqrt{2\pi}} \mathrm{e}^{-(x-1)^2/2}$$

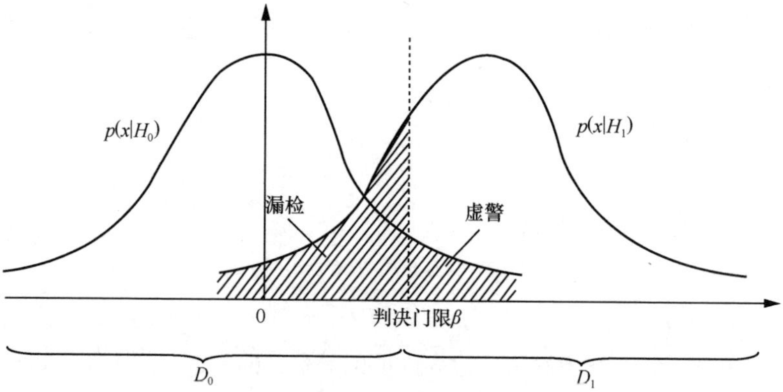

图 3.3 条件概率密度函数及虚警和漏检概率示意

根据图 3.3，极易计算虚警概率 P_{fa} 和漏检概率 P_m，有

$$P_{fa} = P(D_1 \mid H_0) = \int_{D_1} p(x \mid H_0) \mathrm{d}x \qquad (3.4a)$$

$$P_m = P(D_0 \mid H_1) = \int_{D_0} p(x \mid H_1) \mathrm{d}x \qquad (3.4b)$$

其中，D_1 是认定 H_1 为真的判决，D_0 是认定 H_0 为真的判决。

门限的确定与选择的最佳准则有关。在信号检测中常采用的最佳准则有贝叶斯准则、最小错误概率准则、最大后验概率准则、极大极小化准则，以及奈曼-皮尔逊准则等。下面介绍一种常用的最佳准则——奈曼-皮尔逊准则。

3.2.2 奈曼-皮尔逊准则

检测过程的下一步是选取合适的判决准则以便从两种假设中挑选出最优假设。这是一个很复杂的研究领域。贝叶斯最优化准则为真实状态（目标存在与否）及决策（选择 H_0 还是 H_1）的 4 种可能组合分别指定了一个代价或风险[1]。在雷达领域，通常使用贝叶斯准则的特殊情况，该准则被称为奈曼-皮尔逊准则[1-2]：将虚警概率 P_{fa} 约束在一指定常数范围内，使检测概率 P_d 达到最大。在这一准则下获得的 P_{fa} 和 P_d 通常受雷达系统质量及信号处理设计的影响。然而对一指定的雷达系统，提高检测概率意味着虚警概率也将增大。系统设计者通常要决定可承受的虚警概率值，因为虚警概率太高可能带来一些不良后果，如将雷达资源浪费在跟踪并不存在的目标上。考虑到雷达每秒需做出成百上千个甚至上百万个检测决策，P_{fa} 的值通常非常小，介于 10^{-8} 到 10^{-4} 之间，但仍可能在几秒或几分钟内出现虚警。利用后期数据处理实现更高水准的逻辑检测，通常用来减少虚警的数目或其带来的影响，这里不详细讨论。

任一实测数据 y 可被看成 N 维空间里的一个点。为获得完整的决策准则，必须对空间里的任一点（N 个实测数据的任一组合）进行判定，判断两种假设 H_0（目标不存在）和 H_1（目标存在）到底哪个成立。当雷达测量得到具体数据（观测值）y' 时，系统会根据 y' 事先被归为 H_0 还是 H_1 来判定目标不存在或存在。将所有符合假设 H_1 的观测值 y 组成的区域表示为 $\Re_1$，此时即可写出检测概率及虚警概率的表达式，它们是联合概率密度在 N 维空间内 $\Re_1$ 上的积分。

$$P_{d} = \int_{\Re_1} p(\boldsymbol{y} \mid H_1) \mathrm{d}\boldsymbol{y} \tag{3.5a}$$

$$P_{fa} = \int_{\Re_1} p(\boldsymbol{y} \mid H_0) \mathrm{d}\boldsymbol{y} \tag{3.5b}$$

因为概率密度函数非负，式（3.5a）与式（3.5b）验证了前文中的一个结论，即 P_{fa} 与 P_d 必然同时升高或降低。当区域 $\Re_1$ 扩展，包含更多观测值 $\boldsymbol{y}$ 时，以上两个积分项包含的 N 维空间更大，有更多的非负概率密度参与积分，P_{fa} 与 P_d 同时增大；当区域 $\Re_1$ 收缩时，P_{fa} 与 P_d 将同时降低。为了增大检测概率，必须允许虚警概率也增大，为在性能上达到平衡，可将对 P_d 贡献比 P_{fa} 大的那些点归到区域 $\Re_1$ 内。如果在设计系统时能够使 $p_y(\boldsymbol{y}|H_0)$ 和 $p_y(\boldsymbol{y}|H_1)$ 尽可能地不相交，那么问题就会更简单且有效。

奈曼-皮尔逊准则的目的在于，在保证虚警概率不超出可容忍范围的情况下，使检测性能达到最优。因此，该准则主要完成

$$\text{以 } P_{fa} \leqslant \alpha \text{ 为条件，选择合适的 } \Re_1 \text{ 使 } P_d \text{ 最大} \tag{3.6}$$

其中，α 是事先给定的可容忍的最大虚警概率。本节用拉格朗日乘子的方法解决这一优化问题[1]，建立如下方程

$$F \equiv P_d + \lambda(P_{fa} - \alpha) \tag{3.7}$$

为寻找最优解，可使 F 值最大，选择满足约束条件 $P_{fa}=\alpha$ 的 λ 值。将式（3.5a）和式（3.5b）代入式（3.7）中，可得

$$F = \int_{\Re_1} p_y(\boldsymbol{y} \mid H_1) \mathrm{d}\boldsymbol{y} + \lambda \left(\int_{\Re_1} p_y(\boldsymbol{y} \mid H_0) \mathrm{d}\boldsymbol{y} - \alpha \right)$$

$$= -\lambda\alpha + \int_{\Re_1} \{ p_y(\boldsymbol{y} \mid H_1) + \lambda p_y(\boldsymbol{y} \mid H_0) \} \mathrm{d}\boldsymbol{y} \tag{3.8}$$

注意，变量的积分区域为 $\Re_1$。式（3.8）中第二行的第一项与 $\Re_1$ 无关，所以为获得最大的 F 值，需要使 $\Re_1$ 内的积分值最大。因为 λ 值可正可负，所以积分值也可正可负，这取决于 λ 值及正值 $p_y(\boldsymbol{y}|H_0)$ 和 $p_y(\boldsymbol{y}|H_1)$。显然，当区域 $\Re_1$ 由在 N 维空间中满足 $p_y(\boldsymbol{y}|H_1) + \lambda p_y(\boldsymbol{y}|H_0) > 0$ 的所有点组成时，该积分值最大，此时，区域 $\Re_1$ 内所有点 $\boldsymbol{y}$ 均满足 $p_y(\boldsymbol{y}|H_1) > -\lambda p_y(\boldsymbol{y}|H_0)$，因此可直接推导出决策准则

$$\frac{p_y(\boldsymbol{y} \mid H_1)}{p_y(\boldsymbol{y} \mid H_0)} \underset{H_0}{\overset{H_1}{\gtrless}} -\lambda \tag{3.9}$$

式（3.9）即似然比检验（LRT）。尽管该推导过程是从确定哪些 $\boldsymbol{y}$ 值可被归到

$\Re_1$ 区域内的角度出发的，但事实上，应用中并不需确切知道区域 $\Re_1$ 即可得到一个最优的判决准则，在奈曼-皮尔逊准则下，目标存在与否仅仅取决于观测值 y 及检测门限 λ（仍需要计算）。式（3.9）表明，由特定观测值 y 计算得到的两个概率密度函数的比值（似然比）需要与检测门限进行比较。如果似然比超过门限，则选择假设 H_1，认为目标存在；反之，则选择假设 H_0，认为目标不存在。在奈曼-皮尔逊最优准则下，虚警概率不能超过预先设定的值 P_{fa}。最后，在计算 LRT 的时候，对观测值 y 的数据处理操作被具体化。

似然比检验在检测理论及统计假设检验中是普遍存在的，它作为解决问题的方法出现在各种不同决策准则下的假设检验问题中，如贝叶斯最小代价准则或正确检测概率最大化准则等。为表示方便，将 LRT 简写为如下形式

$$\Lambda(y) \underset{H_0}{\overset{H_1}{\gtrless}} \eta \tag{3.10}$$

由式（3.9）可得 $\Lambda(y)=p_y(y|H_1)/p_y(y|H_0)$，$\eta=-\lambda$。因为决策取决于 LRT 是否超出门限，所以在式（3.10）两边可进行任何单调递增操作，而不影响观测值 y。因为检测门限由观测值决定，所以门限也不受影响，从而不会影响检测性能（P_{fa} 和 P_{d}）。适当的变化有时可以大大降低实际的 LRT 计算量。通常在式（3.10）两边取自然对数，得到对数似然比

$$\ln\Lambda(y) \underset{H_0}{\overset{H_1}{\gtrless}} \eta \quad \ln\eta \tag{3.11}$$

为使该过程更清楚，采用如下例子进行简单说明，即在均值为 0、方差为 σ^2 的高斯噪声中检测是否存在一个常数。令 w 为独立同分布、零均值高斯随机变量构成的向量。当常数不存在（假设 H_0 成立）时，数据向量 $y=w$，服从 N 维正态分布，且其协方差矩阵与单位矩阵成比例；当常数存在（假设 H_1 成立）时，那么 $y = m+w = m\mathbf{I}_N + w$，则其分布函数平移至以均值为中心处

$$H_0: \quad y \sim N(\mathbf{0}_N, \sigma^2 \mathbf{I}_N) \tag{3.12a}$$

$$H_1: \quad y \sim N(m\mathbf{1}_N, \sigma^2 \mathbf{I}_N) \tag{3.12b}$$

其中，$m>0$，$\mathbf{0}_N$、$\mathbf{1}_N$ 和 $\mathbf{I}_N$ 分别代表全 0 的 N 维向量、全 1 的 N 维向量和 N 阶单位

矩阵。概率密度函数模型为

$$p(\boldsymbol{y}|H_0) = \prod_{n=0}^{N-1} \frac{1}{\sqrt{2\pi}\sigma} \exp\left\{-\frac{1}{2}\left(\frac{y_n}{\sigma}\right)^2\right\} \tag{3.13a}$$

$$p(\boldsymbol{y}|H_1) = \prod_{n=0}^{N-1} \frac{1}{\sqrt{2\pi}\sigma} \exp\left\{-\frac{1}{2}\left(\frac{y_n-m}{\sigma}\right)^2\right\} \tag{3.13b}$$

从式（3.13a）和式（3.13b）可直接得到似然比 $\Lambda(\boldsymbol{y})$ 及对数似然比，表示为

$$\Lambda(\boldsymbol{y}) = \frac{\displaystyle\prod_{n=0}^{N-1}\exp\left\{-\frac{1}{2}\left(\frac{y_n-m}{\sigma}\right)^2\right\}}{\displaystyle\prod_{n=0}^{N-1}\exp\left\{-\frac{1}{2}\left(\frac{y_n}{\sigma}\right)^2\right\}} \tag{3.14}$$

$$\ln\Lambda(\boldsymbol{y}) = \sum_{n=0}^{N-1}\left\{-\frac{1}{2}\left(\frac{y_n-m}{\sigma}\right)^2 + \frac{1}{2}\left(\frac{y_n}{\sigma}\right)^2\right\} = \frac{1}{\sigma^2}\sum_{n=0}^{N-1}my_n - \frac{1}{2\sigma^2}\sum_{n=0}^{N-1}m^2 \tag{3.15}$$

为简单起见，这里采用对数似然比。将式（3.15）代入式（3.11）中，整理可得决策准则为

$$\sum_{n=0}^{N-1} y_n \underset{H_0}{\overset{H_1}{\gtrless}} \frac{\sigma^2}{m}\ln(-\lambda) + \frac{Nm}{2} \tag{3.16}$$

其中，不等号右边仅包括两个常数（到目前为止还未知）。式（3.16）表明需将已知数据采样 y_n 进行积累，并将积累值与检测门限进行比较。可以看到，在式（3.16）中并不需要具体计算概率密度函数，仅需决定 N 维空间中哪些点组成 $\Re_1$，或观测值 $\boldsymbol{y}$ 是否在 $\Re_1$ 中。

3.2.3　雷达信号的门限检测

当雷达天线进行扫描指向目标时，接收机收到的都是一串回波。目标检测是在脉冲串的基础上进行的。根据脉冲串间的相位是否确定，可将脉冲串分为相参脉冲串与非相参脉冲串。需要指出的是，脉冲串间的相位是确定的并不意味着其任意相邻脉冲间的相位差都是相等的，其可以有变化，只要确知即可。

对于相参脉冲串，由于其为确知的，那么在平稳高斯白噪声背景下的最佳检测

器就是匹配滤波器。相参脉冲串的频谱是梳齿形的，故它的匹配滤波器可以由单个
脉冲的匹配滤波器再串接上积累器组成。积累器的频谱也是梳齿形的，以完成对脉
冲串的匹配滤波。这个积累器也称为相参积累器，它的积累作用是在检波前完成的。
对于相参脉冲串而言，能量是集中在一个脉冲上还是分散在多个相参脉冲上，并不
影响最佳检测系统的检测能力，因为匹配滤波器的输出峰值信噪比是不变的。相参
积累在检波前就将脉冲串能量集中起来，可以减少检波过程中小信号的损失。实际
应用中，全相参的实现一般较困难。相参脉冲串的最佳检测系统[1]如图 3.4 所示。
由于相参脉冲串脉冲之间的相位具有确定的关系，因而可以利用相位关系实现相参
积累，但由于脉冲串的初相往往是未知的，因此，相参积累是在检波前完成的，而
门限判决是在检波后进行的。

图 3.4 相参脉冲串的最佳检测系统

在实际工作中，比较常见的是脉冲间相位关系不确定的非相参脉冲串，表示为

$$s_i(t) = \sum_{n=0}^{N-1} A_n \text{rect}\left(\frac{t - nT_r}{\tau}\right) \cos[\omega_0 t + \theta(t) + \varphi_n] \qquad (3.17)$$

式（3.17）表示的是 N 个等间隔的高频脉冲串，其初相角 φ_n（n=0, 1, 2, $\cdots$, N-1）
为随机变量，因此脉冲串是非相参的。非相参脉冲最佳检测系统要将各个脉冲取包
络后再求和，然后进行判决，即积累在检波后进行，这种积累称为非相参积累。图 3.5
给出了非相参脉冲串的最佳检测系统[1]。

检波函数 $\ln I_0(x)$ 为

$$\ln I_0(x) = \begin{cases} \dfrac{x^2}{4}, & x \ll 1 \\ x, & x \gg 1 \end{cases}$$

即当信噪比很小时，$\ln I_0(x)$ 的运算可以采用平方律检波器来代替；当信噪比较大时，
$\ln I_0(x)$ 近似等于 x，用线性检波器即可完成任务。

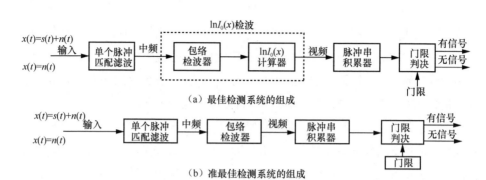

（a）最佳检测系统的组成

（b）准最佳检测系统的组成

图 3.5　非相参脉冲串的最佳检测系统

雷达工作时经常会碰到起伏的非相参脉冲串。复杂目标（如飞机）的反射面是由许多反射单元组成的，照射方向稍有变化就会引起回波振幅的强烈起伏。如果目标对雷达站有相对运动，诸如目标的倾斜、翻滚、偏航等，都将使有效反射面积发生变化，从而使雷达回波的振幅成为一串时间变化的随机量。根据目标运动的快慢和雷达工作的波长，可以将复杂目标振幅起伏的快慢划分为两大类：一类是慢变化，相当于在天线扫描周期内收到的脉冲可以认为是不变化的，但扫描间的脉冲振幅是变化的，而且近似地认为它们之间的变化是统计独立的；另一类是快变化，即脉冲串的脉冲间具有统计独立的振幅和相位变化。

当复杂目标由许多大体相等的反射元组成时，目标振幅分布的概率密度函数较接近瑞利分布

$$p(A) = \frac{A}{\sigma^2}\exp\left[-\frac{A^2}{2\sigma^2}\right], \quad A \geqslant 0 \tag{3.18}$$

有时目标由一个主要反射体再加上其他许多小反射体组成，则其振幅部分的概率密度函数为

$$p(A) = \frac{9A^3}{2\sigma^4}\exp\left[-\frac{3A^2}{2\sigma^2}\right], \quad A \geqslant 0 \tag{3.19}$$

根据目标反射面振幅部分的不同和反射起伏的快慢，组成了 4 种典型的目标起伏特性[3]，通常称为施威林（Swerling）模型，即 Swerling I ～IV型。

Swerling I 型：假设整个脉冲串的幅值是一个瑞利分布的独立随机变量。Swerling I 型假设的是一个扫描间按瑞利分布起伏的非相干脉冲串。

Swerling Ⅱ型：假设脉冲串中的每个脉冲的幅值是相互统计独立的瑞利随机变量。Swerling Ⅱ型假设的是一个脉冲间按瑞利分布起伏的非相干脉冲串。

Swerling Ⅲ型：假设整个脉冲串的幅值是一个主要反射体加瑞利分布的独立随机变量。Swerling Ⅲ型假设的是扫描间按一个主要反射体加瑞利分布起伏的非相干脉冲串，其仅是在分布形式上与 Swerling Ⅰ型不同。

Swerling Ⅳ型：假设脉冲串中的每个脉冲的幅值是相互统计独立的一个主要反射体加瑞利分布随机变量。Swerling Ⅳ型假设的是脉冲间按一个主要反射体加瑞利分布起伏的非相干脉冲串，其仅是在分布形式上与 Swerling Ⅱ型不同。

可以证明，不论是哪一种起伏参数的脉冲串，其最佳检测系统的组成和图 3.5 所示的非相参不起伏脉冲串最佳检测系统相同或基本相同[1]。

目标的检测能力受到噪声和海杂波抑制，两者都被建模为随机过程，采样与采样间的噪声不相关，采样与采样间的海杂波部分相关（也可能不相关）。目标既可建模为非起伏的（如常数），也可建模为采样与采样间完全相关、部分相关或不相关的随机过程（Swerling 模型）。通过对多个目标和干扰的采样积累，可改善信号干扰比和检测性能，这源于多个采样相加可消除干扰的思想。因此，通常检测都是基于目标加干扰的 N 个采样，且对代表相同距离和多普勒分辨单元的采样积累时必须小心。图 3.6 给出了一个关于检测问题的分类框架。

处理过程中，主要对以下 3 个阶段中的数据进行积累。

① 相干解调后对基带复数据（I 和 Q 或幅度和相位）求积累。将复数据采样相加，称为相干积累。

② 包络检测后对幅度（或幅度的平方、对数）求积累。将相位信息去除后对幅度采样求和，称为非相干积累。

③ 门限检测后对目标存在或目标不存在的决策求积累，称为二元积累。

一个系统可选择不采用、采用其中一类或采用几类技术的任意组合。一般检测系统都至少采用一种积累技术。相干或非相干与检测后采用二元积累的组合方式也比较常见。积累的主要"开销"是时间和能量，被用来获取同一距离、多普勒和（或）角度单元的多个采样（或对该单元做出的多个门限检测决策）。这段时间不能被用来搜索其他区域的目标、跟踪已知目标或用来对感兴趣的区域成像。积累也会增加信号处理的计算负担，因此需要根据是否要求操作简单的同时满足高效率执行。

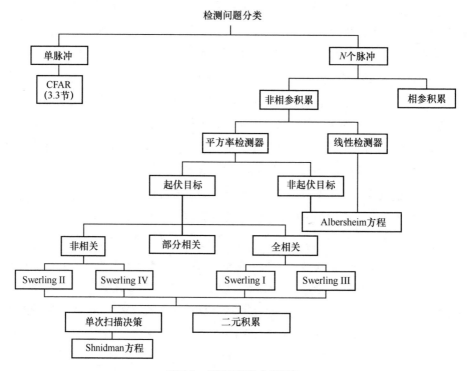

图 3.6　检测问题的分类框架

综上所述，对于相干积累，复数据（包含幅度和相位信息）采样 y_n 相加形成一个新的复变量 y

$$y = \sum_{n=0}^{N-1} y_n \tag{3.20}$$

若单一采样 y_n 的 SNR 为 χ_1，那么其积累后的数据 y 的 SNR 为单一采样 y_n 的 N 倍，即 $\chi_N = N\chi_1$。也就是说，相干积累可以将 SNR 提高 N 倍，获得 N 倍积累效果。如此，检测计算基于一个目标加噪声的单一采样，其 SNR 增强到 χ_N。因此，对相干积累情况的分析不需采用特别的结果，仅需对感兴趣的相干积累 SNR 为 χ_N 的目标和干扰模型使用单一采样检测结果即可。

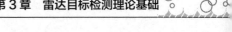

对于非相干积累，其已不包含相位信息，因此是对数据采样的幅度或幅度的平方进行积累，对平方律检测最经典的检测结果是对以下量测值进行检测，即

$$z = \sum_{n=0}^{N-1} |y_n|^2 \qquad (3.21)$$

二元积累是建立在有初始检测决策的基础上的。初始决策可能基于单一采样，也可能基于经过相干或非相干积累处理后的数据。不管门限检测前的处理是什么样的，门限检测后需做出选择，即假设 H_0（目标不存在）成立还是假设 H_1（目标存在）成立。由于每次门限检测后输出只有两种可能，因此是二元的。为进一步提高性能，可从 N 个决策逻辑中取出 M 个进行相加获得多元决策。

3.3　CFAR 检测

标准雷达门限检测假设干扰电平是已知常数，因而可以精确地设定一个对应于特定虚警概率值的门限。事实上，干扰电平通常是变化的，恒虚警率（CFAR）检测就是致力于在实际干扰环境下提供可预知的检测和虚警的一组技术，又称为"自适应门限检测"或"自动检测"[1-5]。

雷达信号的检测总是在一定的干扰背景下进行的，这些干扰包括接收机内部热噪声，地物、雨雪、海浪等海杂波，有时还有敌人施放的有源和无源干扰。海杂波和敌人施放干扰的强度往往比内部噪声电平高得多。用显示器观察时，在画面上呈现饱和的海杂波亮斑里，不可能发现其中的真实信号，如果画面上相当于虚警的亮点过多，则会妨碍真实目标的观察。在固定门限检测系统中，对应于一定的检测门限，如果干扰电平增大了几分贝，那么虚警将大量增加，致使后面的计算机过载，这时虽然有足够大的信噪比，但也不可能做出正确判决。因此，在强干扰中提取信号，不仅要求有一定的信噪比，而且必须有恒虚警率处理设备。恒虚警率处理的目的是保持信号检测时的虚警率恒定，这样才能使计算机不会因虚警太多而过载，有时是为了经过恒虚警率处理达到反饱和，以损失一点检测能力为代价换得在强干扰下仍能正常工作[6]。

3.3.1　基本模型

假设匹配滤波器的输出信号为 $x(t)$，其同相和正交分量分别为 $I(t)$ 和 $Q(t)$，D 是由 $x(t)$ 的同相和正交分量形成的检测统计量，则对于平方律检波器，有

$$D = I^2(t) + Q^2(t) \tag{3.22}$$

当检测单元中没有目标时，D 为海杂波包络。在许多检测问题中，可以认为海杂波包络服从瑞利分布，当在接收机噪声中进行线性和双门限检测时，噪声包络服从一个参数确知且恒定的瑞利分布。在一般的海杂波环境中，仍可以假设海杂波包络服从瑞利分布，但其参数在时间上一般是变化的，而在空间上恒定，即所谓的均匀海杂波背景。这一模型常用于描述金属箔条干扰、脉冲宽度大于 0.5 μs 和入射角度大于 5°的海杂波以及在未开发地带观测到的入射角大于 5°的地海杂波等海杂波背景。

在确知恒定的接收机噪声中对非起伏目标进行单脉冲和多脉冲检测的最重要的 3 种典型策略是单脉冲线性、多脉冲线性和双门限检测策略。这些检测策略也同样适用于在确知的瑞利包络海杂波环境中对非起伏和 Swerling 起伏目标的线性和双门限检测。对于在这种海杂波环境中的单脉冲检测和双门限检测的第一级检测，其检测阈值 S 可以由式（3.23）解得

$$P_{\text{fa}} = P_{\text{r}}[D \geqslant S \mid \text{不存在一个目标}] = \int_S^\infty f_D(x)\mathrm{d}x \tag{3.23}$$

对于多脉冲检测，检测阈值 S 可由式（3.24）解得

$$P_{\text{fa}} = P_{\text{r}}[D' \geqslant S \mid \text{不存在一个目标}] = \int_S^\infty f_{D'}(x)\mathrm{d}x \tag{3.24}$$

其中，D' 是由 $x(t)$ 得到的多脉冲线性检测的检测统计量。

对于在瑞利包络海杂波环境中的线性和双门限检测，由于 P_{fa} 取决于检测阈值，而检测阈值是瑞利参数 σ 的函数，因此 σ 的变化将引起 P_{fa} 的变化。对于在接收机噪声中的单脉冲线性检测，由于单边噪声功率谱密度 N_0 和 P_{fa} 之间存在指数关系，N_0（或瑞利参数 $\sigma = k\sqrt{N_0\varepsilon/2}$ ）的微小变化或不确定性将引起 P_{fa} 的较大变化或不确定性[3,7-8]，因此必须修正检测策略以保持相对恒定的虚警概率。在参数未知或时

变的瑞利包络海杂波中，CFAR 技术的基本特征是将瑞利分布参数变化考虑在内形成检测阈值 S，使判决具有相对恒定的 P_{fa}。

3.3.2 节将介绍在瑞利包络海杂波环境中广泛使用的单元平均（Cell Averaging，CA）技术。在均匀的瑞利包络海杂波背景条件下，CA 方法利用与检测单元左右相邻的一组独立同分布（Independent Identically Distributed，IID）的采样作为参考单元（如图 3.7 所示）估计海杂波功率水平，提供了对非起伏和 Swerling 起伏目标的最优或准最优检测。当海杂波包络服从瑞利分布时，海杂波可以由瑞利分布的均值和任意两个采样点间的协方差来统计表征。均值反映了瑞利分布的参数，协方差说明了海杂波环境中不同的两个采样点间的相关程度。一般地，瑞利参数是未知的，但只要参考单元采样是独立同分布的随机变量，那么瑞利参数便可由参考单元海杂波采样进行估计。

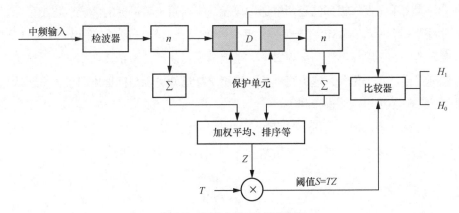

图 3.7　单脉冲 CFAR 检测框架

当海杂波包络采样间的空间距离很近，以至于具有相同的 RCS 密度时，采样间是不独立的，它们的协方差为非零值。即使保证了采样空间距离使采样独立，背景海杂波环境的非均匀性也常使海杂波采样的同分布条件遭到破坏，并且这种非均匀性随着采样空间距离的增加而加重。因此，在参考单元采样的独立性和平衡性之间需要有一个权衡。最优参考单元距离由有关区域中不同气象条件或干扰条件下 RCS 幅度和密度的变化确定，所要求的参考单元采样的独立同分布条件应贯穿于均匀海杂波背景环境中[3]。在瑞利包络海杂波环境中的另一种 CFAR 检测方法是采用对数检测器，它利用检测统计量 D 的对数值通过高通滤波器来提供 CFAR，但这是以相对于线性和双门限检测器严重的检测损失为代价的，由高通滤波器带来的损失甚至达到了 8 dB[3,8]。

均值（Mean Level，ML）类单脉冲 CFAR 检测器结构可用图 3.7 描述，分别用 x_i（i=1, 2, $\cdots$, n）和 y_i（i=1, 2, $\cdots$, n）表示两侧参考单元（参考窗），参考单元长度 $L=2n$，其中，n 为前后两侧参考滑窗长度。一般将 x_i（i=1, 2, $\cdots$, n）称为前导参考窗，y_i（i=1, 2, $\cdots$, n）称为滞后参考窗，此时自适应判决准则为

$$\frac{D}{Z} \underset{H_0}{\overset{H_1}{\gtrless}} T \tag{3.25}$$

其中，H_1 表示有目标的假设，H_0 表示没有目标的假设，Z 表示海杂波功率水平估计，即参考单元中的平均包络估计，T 表示标称化因子，D 表示检测单元中的检测统计量。与检测单元直接相邻的是两个保护单元，主要用于单目标的情况，防止目标能量泄漏到参考单元影响 ML 类检测器的两个局部估计值，但一般可不采用。由式（3.25）可以看到，之所以能够达到恒虚警率，是因为采用估计的海杂波功率水平对检测统计量进行了"归一化"，这样得到的新检测统计量就可以与标称化因子（可以认为是新的门限）比较从而进行判决。

在功率水平未知的高斯白噪声和均匀的瑞利包络海杂波背景及单脉冲平方律的假设下，每个参考单元采样服从指数分布[3,8-9]，其概率密度函数为

$$f(x) = \frac{1}{\eta} e^{\frac{-x}{\eta}} \tag{3.26}$$

在参考单元中不存在目标的 H_0 假设下，η 是背景海杂波加热噪声总的平均功率水平，用 σ^2 表示；在存在一个目标的 H_1 假设下，η 是 σ^2（$1+\chi$），其中，χ 是目标信号平均功率与海杂波噪声平均功率比。于是有

$$\eta = \begin{cases} \sigma^2, & H_0 \\ \sigma^2(1+\chi), & H_1 \end{cases} \tag{3.27}$$

在均匀海杂波背景中，参考单元采样 x_i（i=1, 2, $\cdots$, L, $L=2n$）是独立同分布的，并且它们的平均功率水平都是 σ^2，那么，式（3.23）和式（3.24）分别是对于单脉冲检测、双门限检测的第一级检测和多脉冲检测的虚警概率。由于 S 是一个随机变

量，因而可以用 S 的统计特征表示虚警概率，即

$$P_{fa} = E_S\left\{P_r[D(v) \geqslant S \mid 不存在一个目标]\right\} =$$

$$\int_0^\infty f_z(z)\int_{T_z}^\infty \frac{1}{\sigma^2}\exp\left\{-\frac{x}{\sigma^2}\right\}dxdz = M_z(u)\bigg|_{u=\frac{T}{\sigma^2}} \quad (3.28)$$

其中，$f_z(z)$ 是 z 的概率密度函数，$M_z(u)$ 是随机变量 z 的矩母函数（Moment Generating Function，MGF）[3]。当 $u = \dfrac{T}{\sigma^2(1+\chi)}$ 时，式（3.28）即在均匀海杂波背景中检测概率的表达式

$$P_d = \int_0^\infty f_z(z)\int_{T_z}^\infty \frac{1}{\sigma^2(1+\chi)}\exp\left\{-\frac{x}{\sigma^2(1+\chi)}\right\}dxdz \quad (3.29)$$

若在背景海杂波功率 σ^2 确知的假设下进行最优检测，则只需要一个固定阈值 S_0 来判定目标是否存在，这时虚警概率 P_{fa} 为

$$P_{fa} = P_r[D \geqslant S_0 \mid H_0] = e^{-\frac{S_0}{\sigma^2}} \quad (3.30)$$

其中，S_0 是固定的最优阈值。最优检测概率 $P_{d,opt}$ 为

$$P_{d,opt} = P_{fa}^{\frac{1}{1+\chi}} \quad (3.31)$$

3.3.2　CA-CFAR 检测器

为设定检测单元 D 的检测门限，同一个单元的海杂波（干扰）的功率需已知。由于海杂波功率是变化的，因此需要不断地根据数据进行实时的估计得到。CFAR 处理中所使用的方法主要基于以下两个假设。

① 邻近海杂波单元所含海杂波的统计特性与检测单元一致或很接近（称为均匀干扰）。

② 邻近距离单元不含有目标，其仅含有海杂波（干扰）。

基于上述假设，用邻近单元（参考单元）进行检测单元的海杂波功率水平估计具有一定的代表性，而 CA-CFAR 检测器是最能体现参考单元的均匀化处理方法的 CFAR 检测器。

CA-CFAR 检测器之所以称为"单元平均"，是因为其对参考单元 x_i 采用加权平均的方法估计检测单元的背景海杂波功率水平，即

$$Z = \sum_{i=1}^{L} z_i \tag{3.32}$$

其中，$z_i = \dfrac{1}{L} x_i$。Z 在参考单元采样服从指数分布的假设下是海杂波功率水平的一个充分统计量[3,10-12]。

假设干扰噪声是独立同分布的指数分布，且假设功率为 σ^2（I、Q 通道功率分别为 $\sigma^2/2$），估计检测单元的海杂波功率水平就是估计 σ^2 的值。每个参考单元 x_i 的概率密度函数为

$$f_{x_i}(x_i) = \frac{1}{\sigma^2} e^{-\frac{x_i}{\sigma^2}} , \quad i = 1, 2, \cdots, L \tag{3.33}$$

则由 L 个参考单元组成的矢量的联合概率密度函数为

$$f_x(x) = \prod_{i=1}^{L} g(x_i) = \frac{1}{\sigma^{2N}} \exp\left\{ -\frac{1}{\sigma^2} \sum_{i=1}^{N} x_i \right\} \tag{3.34}$$

实际上，式（3.34）为参考单元矢量的似然函数。观测值 x_i 为已知量，通过最大化式（3.34）可以得到 σ^2 的最大似然估计，恰好为式（3.32），即参考单元数据样本的均值，则要求的门限 S 可以由估计到的海杂波背景功率 Z 乘以一个系数 T（标称因子）得到，即

$$S = TZ = T \sum_{i=1}^{L} z_i \tag{3.35}$$

由概率论相关知识，易得 z_i 的概率密度函数（PDF）为

$$f_{z_i}(z_i) = \frac{L}{\sigma^2} e^{-\frac{L z_i}{\sigma^2}} , \quad i = 1, 2, \cdots, L \tag{3.36}$$

则 S 的概率密度函数[1]为埃尔朗（Erlang）概率密度函数（Γ 函数的一种特殊情况），即

$$f_S(s) = \begin{cases} \left(\dfrac{L}{T\sigma^2} \right)^L \dfrac{s^{N-1}}{(N-1)!} e^{-\frac{Ls}{T\sigma^2}}, & s \geqslant 0 \\ 0 , & s < 0 \end{cases} \tag{3.37}$$

注意，当 $N=1$ 时，该 PDF 退化为指数 PDF。在估计门限下，其所对应的虚警概率为 $\exp\left\{-\dfrac{s}{\sigma^2}\right\}$，通过计算其期望并进行相应的代数运算[1]，可得平均虚警概率为

$$P_{\text{fa}} = (1+T)^{-L} \tag{3.38}$$

进而可以解得

$$T = P_{\text{fa}}^{\frac{-1}{L}} - 1 \tag{3.39}$$

可以看到，平均虚警概率不依赖于实际背景海杂波功率的大小，而仅与参考滑窗长度 L 以及标称因子 T 有关，因此单元平均处理技术表现出恒虚警率的特点。

只要检测门限的选取规则一定，那么检测性能也就一定。对于 Swerling Ⅰ 型和 Swerling Ⅱ 型目标，CA-CFAR 检测器在给定门限下的一个检测单元的检测概率为

$$P_{\text{d}} = \left[1 + \frac{T}{1+\chi}\right]^{-L} \tag{3.40}$$

另外，ML 类 CFAR 中还有 GO（Greatest of）-CFAR[13]、SO（Smallest of）-CFAR[14]、WCA（Weighted Cell Averaging）-CFAR[15]、采用对数检波的 CA-CFAR[16]、单脉冲/多脉冲线性 CA-CFAR[17]、双参数 CA-CFAR[18-20]等，这些都是在 CA-CFAR 基础上演变而来的，并在某一方面弥补了 CA-CFAR 本身的缺陷，提升了检测性能，这里不再详细介绍，感兴趣的读者可参考文献[3]。

3.3.3　非参量 CFAR 检测器

均值类 CFAR 方法是一种参量 CFAR 方法。当参量 CFAR 方法中所假设的海杂波分布与分布规律未知的海杂波环境不一致时，它就失去恒虚警率能力，这种情况下就需要采用与海杂波分布类型无关的非参量 CFAR 方法[3]。非参量检测器的目的是在分布不确定或变化的背景噪声或海杂波包络统计量中提供 CFAR 操作。

文献[3]给出了 4 种非参量检测器及其检验统计量的数学表达式，即广义符号检测器、曼-惠特尼（Mann-Whitney）检测器、修正秩方检测器和修正 Savage 检测器，由非参量检测理论可知，这 4 种检测器都具有恒虚警率能力。将这 4 种非参量 CFAR 检测器进行比较，Mann-Whitney 检测器对雷达信号处理设备的要求最高，因为其实

现最复杂而且利用的检测单元的周围信息最多，所以在 4 种检测器当中也是性能最好的。与之相比，另外 3 种非参量检测器的实现较为简单，其中广义符号检测器的检测性能仅比 Mann-Whitney 检测器稍差而比另外两种检测器性能稍好，所以折中考虑，其是一种实用的非参量检测器，可以应用于现代雷达系统，实现对海上目标的探测。

非参量的数学方面的文献是非常浩瀚的，但雷达、水声、通信等方面的文献却不是这样。非参量检测有单样本和两样本非参量检测之分。两样本非参量检测是指在检测器输入端有两个样本集合可供利用，一个样本集合可能包含有目标信号，是需要统计判决的集合；另一个样本集合是作为参考样本的观测噪声样本。本节先讨论传统对非参量检测器进行衡量的准则——渐近相对效率（Asymptotic Relative Efficiency，ARE），然后重点介绍几种两样本非参量检测器。

1. 非参量检测器的渐近相对效率

在实际雷达系统中，选择一个非参量检测策略通常要考虑其在工作环境中的检测性能，以及与雷达系统中其他处理方法的兼容能力（例如，模拟与数字滤波器、相关波形处理能力、存储容量等）。但是，一个非参量检测器的性能究竟如何，是否可取？前面曾指出当参量 CFAR 方法中所假设的海杂波与分布规律未知的海杂波环境不一致时，它就失去了恒虚警率能力，这种情况下非参量 CFAR 方法就显出了优势。但若干扰的统计特性为已知，则参量检测器往往是最优的。在这种情况下，由于非参量检测器的针对性差，没有充分利用干扰的统计知识，非参量检测一般不如参量检测。这是一种定性的说明。实际上到底相差到什么程度才是人们所关心的，必须有一个参数能定量地比较两个检测器的性能。皮特曼（Pitman）首先提出了用 ARE 来衡量两个检测器的性能。他指出，渐近相对效率是在弱信号的假设下导出的，之所以需要这个假设是因为在这个假设下导出的表达式简单。若没有这个假设，许多计算从解析的观点将会变得不可能。即使在弱信号的假设下，渐近相对效率表达式的推导也是很繁杂的。

与前几章讨论的参量检测器一样，非参量检测器也是对二元假设检验对中的零假设（记为 H）和备择假设（记为 K）依据统计独立的观测样本 $w_1, w_2, \cdots, w_n$（其概率分布记为 P）做出选择的，为了与非参量文献中符号一致，这里没有采用通常研究参量检测器关于零假设和备择假设的符号 H_0 和 H_1。虽然可以定义出许多相对效率来比较一种检测器相对于另一种检测器的效率，但最常使用来自 Pitman 提出的相对效率。令 $N_1(\alpha, \beta, P)$ 表示检测器 D_1 在零假设 H 下虚警概率为 α 时为了在备择假设 K 下检测概率达到 β 时所需的最少观测样本数目，$N_2(\alpha, \beta, P)$ 表示检测器 D_2 在同样的条件下的最少观测样本数目。这样检测器 D_1 相对于检测器 D_2 的效率定义为

$$e_{1,2} = \frac{N_1(\alpha, \beta, P)}{N_2(\alpha, \beta, P)} \tag{3.41}$$

显然，相对效率是关于 α、β、P、N_1 和 N_2 的函数。但是对于任意的 α、β、P、N_1 和 N_2 来说，相对效率的计算是非常困难的。一种简单的方法是令 N_1 和 N_2 趋于无穷大，这时对于固定的备择假设 K 来说，检测器 D_1 和 D_2（假定检测器 D_1 和 D_2 为相合检验）的检测概率逼近于 1，但是令备择假设 K 逼近于零假设 H，仍然会让 N_1 和 N_2 趋于无穷大时检测概率 β（在统计学中也称为功效函数）保持不变。这样，就有了渐近相对效率 $\mathrm{ARE}(D_1, D_2)$ 的概念

$$\mathrm{ARE}(D_1, D_2) = \lim_{\substack{K \to H \\ N_1, N_2 \to \infty}} \frac{N_1(\alpha, \beta, K)}{N_2(\alpha, \beta, K)} \tag{3.42}$$

备择假设 $K \to H$，也就是信噪比逼近于零，这是一种弱信号情况下检测器检测性能的衡量。渐近相对效率将极限情况下一种检测器在满足虚警概率约束时为达到给定检测概率所需要的样本数目与另一种检测器所需要的数目联系起来。显然，检测器 D_2 相对于二元假设检验对（H, K）下的最优检测器 D_1 的渐近相对效率会小于 1，另一方面，检测器 D_2 相比于对背离统计假设不敏感的次优检测器 D_1 的渐近相对效率会大于 1。

这里考虑的二元假设检验仍然是一个门限检测问题，而门限需要预先从给定的虚警概率中确定出来。在许多的具体计算中，用来计算渐近相对效率 ARE 的检测统计量和门限的函数形式是非常烦琐的。统计学家诺特（Noether）给出了另外一种形式的渐近相对效率 ARE 的计算式[14]，他采用两种检测器效率的比值来计算渐近相对效率 ARE

$$\mathrm{ARE}(D_1, D_2) = \frac{\varepsilon_1}{\varepsilon_2} \tag{3.43}$$

其中，ε_i 为第 i 个检测器的效率。采用效率的优点在于对于复杂的检验问题，其计算易于进行，而效率定义为

$$\varepsilon = \lim_{N \to \infty} \frac{\left[\dfrac{\partial}{\partial \bar{s}} \mathrm{E}\left(\dfrac{T}{\bar{s}}\right)\right]^2 \bigg|_{\bar{s}=0}}{N \sigma_0^2(T)} \qquad (3.44)$$

其中，$\bar{s}$ 表示信号噪声平均功率比，N 表示观测次数或脉冲探测次数，$\sigma_0^2(T)$ 表示在零假设下只有噪声出现时检测统计量 T 的方差，$\mathrm{E}\left(\dfrac{T}{\bar{s}}\right)$ 表示信号噪声平均功率比为 $\bar{s}$ 时检测统计量 T 的数学期望。可以证明，式（3.44）和式（3.42）给出的渐近相对效率 ARE 是相同的。

2. 两样本非参量检测器

单样本的符号检测器要求检测样本统计分布的中位数为零或是已知的。这个条件通常把它们限制在背景噪声中而不是海杂波环境中。在数字系统中，可以利用两样本非参量检测器克服这种限制。两样本非参量检测器相对于单样本非参量检测器来说是指在检测器的输入端存在两个可供利用的观测样本集合，一个集合由 M 个样本组成，其中可能包含有目标信号；另一个集合由 MN 个参考噪声样本构成，它们可由雷达在连续 M 个重复周期的视频信号输出中得到。

在雷达中，在天线波束范围内（或电扫描雷达天线波束的某一指定方向上）发射了 M 个检测脉冲，则在 M 个重复周期内，接收机的视频输出如图 3.8 所示。图中假定 t_0 处的信号对应距离 R_0 处的目标且在所有的 M 个周期内信噪比是相同的。

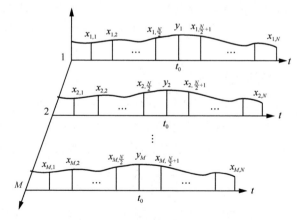

图 3.8 M 个重复周期内雷达的视频输出

在 M 个周期中，检测单元的采样（ t_0 时刻的采样）用 $y_j\ (j=1,2,\cdots,M)$ 表示，参考单元的采样用 $x_{ki}\ (k=1,2,\cdots,M,i=1,2,\cdots,N)$ 表示（有时考虑到目标回波延伸而不仅仅占据一个分辨单元，可以在检测单元两边空开一个或几个保护单元再取参考单元）。如果把所有这些采样的结果保存下来，可表示为 $M\times N$ 采样存储矩阵

$$
\begin{matrix}
x_{1,1} & x_{1,2} & \cdots & x_{1,\frac{N}{2}} & y_1 & x_{1,\frac{N}{2}+1} & \cdots & x_{1,N-1} & x_{1,N} \\
x_{2,1} & x_{2,2} & \cdots & x_{2,\frac{N}{2}} & y_2 & x_{2,\frac{N}{2}+1} & \cdots & x_{2,N-1} & x_{2,N} \\
\vdots & \vdots & \ddots & \vdots & \vdots & \vdots & \ddots & \vdots & \vdots \\
x_{M,1} & x_{M,2} & \cdots & x_{M,\frac{N}{2}} & y_M & x_{M,\frac{N}{2}+1} & \cdots & x_{M,N-1} & x_{M,N}
\end{matrix}
\tag{3.45}
$$

这些观测样本就成为构造两样本非参量检验统计量的基础。本节将对广义符号（Generalized Sign，GS）检测器、Savage（S）检测器、修正的 Savage（Modified Savage，MS）检测器、Mann-Whitney（MW）检测器、秩方（Rank Square，RS）检测器、修正的秩方（Modified Rank Square，MRS）检测器进行介绍，并对其检测性能进行比较和分析。

（1）GS 检测器

GS 检测器的检测统计量为

$$
T_{GS}=\sum_{i=1}^{M}r_j=\sum_{j=1}^{M}\sum_{i=1}^{N}u(y_j-x_{ji}) \tag{3.46}
$$

其中， r_j 和 $u(y_j-x_{ji})$ 分别为

$$
r_j=\sum_{i=1}^{N}u(y_j-x_{ji}) \tag{3.47}
$$

$$
u(y_j-x_{ji})=\begin{cases}1, & y_j>x_{ji}\\0, & y_j<x_{ji}\end{cases} \tag{3.48}
$$

这里把 y_j 量化成 0 和 1 两种值，但量化的比较标准为 x_{ji} ，而不是真正按 x_{ji} 的符号，故称为 GS 检测器。当 $y_j=x_{ji}$ 时， $u(y_j-x_{ji})$ 的取值可以为 0，也可以为 1。有时为了使结果更准确，于是规定当 $y_j=x_{ji}$ 时，有

$$
u(y_j-x_{ji})=\begin{cases}1, & i-j\text{为奇数}\\0, & i-j\text{为偶数}\end{cases} \tag{3.49}
$$

这样做是为了使 $u(t)$ 在 $t=0$ 时为 1 和 0 的机会均等。r_j 是检测单元的秩值，即对第 j 个单元进行检测，其采样值为 y_j，将 y_j 与参考单元的值 $x_{j1}, x_{j2}, \cdots, x_{jN}$ 相比较，比较的结果按 $u(y_j - x_{ji})$ 函数处理之后相加即得 r_j。这正是检测单元的 y_j 与诸参考单元的值 $x_{ji}(i=1,2,\cdots,N)$ 按从小到大的顺序排列时 y_j 所处的序号，所以称 r_j 为检测单元的秩值。也正是基于这一点，也把 T_{GS} 称为秩和非参量检测器。

将检测统计量与检测阈值进行比较，若大于检测阈值则判定信号存在，反之则认为仅有噪声存在。

（2）MW 检测器

MW 检测器的检测统计量为

$$T_{MW} = \sum_{i=1}^{M} r_j = \sum_{j=1}^{M} \sum_{k=1}^{M} \sum_{i=1}^{N} u(y_j - x_{ki}) \tag{3.50}$$

这种检测统计量与广义符号检验统计量的差别在于 T_{GS} 中 y_j 只与它所在检测周期的参考单元的采样 $x_{ji}(i=1,\cdots,N)$ 相比较，而 T_{MW} 是 y_j 与 M 个周期中的所有参考单元的采样 $x_{ki}(k=1,\cdots,M, i=1,\cdots,N)$ 相比较，即

$$r_j = \sum_{k=1}^{M} \sum_{i=1}^{N} u(y_j - x_{ki}) \tag{3.51}$$

这两种检验统计量相比，显然 T_{MW} 检验统计量的运算量大，相应设备量也大。因此可以预期 MW 检测器的检测性能比 GS 检测器要好一些。

（3）S 检测器与 MS 检测器

S 检测器的检测统计量为

$$T_S = \sum_{j=1}^{M} a_j(r_j) \tag{3.52}$$

其中，r_j 和 $a_j(r_j)$ 分别为

$$r_j = \sum_{k=1}^{M} \sum_{i=1}^{N} u(y_j - x_{ki}) \tag{3.53}$$

$$a_j(r_j) = \sum_{\ell_j = NM+1-r_j}^{NM+1} (\ell_j)^{-1}, \ 0 \leqslant r_j \leqslant NM \tag{3.54}$$

如果对于所有的 j 都有 $a_j(r_j) = r_j$，则 S 检测器退化为熟知的 MW 检测器，即

$$T_{\mathrm{MW}} = \sum_{j=1}^{M}\sum_{k=1}^{M}\sum_{i=1}^{N} u(y_j - x_{ki}) \qquad (3.55)$$

在 MS 检测器中，对应于 y_j 的检测统计量为

$$T_{\mathrm{MS}} = \sum_{j=1}^{M} a_j(r_j) \qquad (3.56)$$

与 S 检测器不同的是，MS 检测器的 r_j 和 $a_j(r_j)$ 分别为

$$r_j = \sum_{i=1}^{N} u(y_j - x_{ji}) \qquad (3.57)$$

$$a_j(r_j) = \sum_{\ell_j = N+1-r_j}^{N+1} (\ell_j)^{-1},\, 0 \leqslant r_j \leqslant N \qquad (3.58)$$

将 T_{S} 和 T_{MS} 分别与各自的检测阈值进行比较，如果大于检测阈值则判定目标存在，反之则仅有噪声存在。

（4）RS 检测器与 MRS 检测器

如果在 S 检测器的检验统计量中令 $a_j(r_j) = r_j^2$，则可得到 RS 检测器的检测统计量为

$$T_{\mathrm{RS}} = \sum_{j=1}^{M} r_j^{\,2} \qquad (3.59)$$

其中，r_j 的定义与式（3.53）相同，即

$$r_j = \sum_{j=1}^{M}\sum_{i=1}^{N} u(y_j - x_{ji})$$

MRS 检测器的检测统计量为

$$T_{\mathrm{MRS}} = \sum_{j=1}^{M} r_j^{\,2} \qquad (3.60)$$

与 RS 检测器不同的是，MRS 检测器的 r_j 的定义与式（3.47）相同，即

$$r_j = \sum_{i=1}^{N} u(y_j - x_{ji})$$

由此可见，MRS 检测器与 GS 检测器类似，不同的是 GS 检测器采用检测单元在参考单元中秩的和作为检测统计量，而 MRS 检测器采用检测单元在参考单元中

秩平方的和作为检测统计量。

（5）几种非参量检测器的渐近相对效率

在传统的非参量检测器的研究文献中，关于检测器检测性能的评估通常采用渐近相对效率来衡量，它是非参量恒虚警率检测器相对于固定门限最优检测器在极限情况下的性能比较。假定在雷达系统中采用平方率检波器，GS、MW、S、MS、RS、MRS 检测器在高斯背景中相对于最优线性检测器的渐近相对效率分别为

$$\text{ARE}_{\text{GS}} = \frac{0.75}{1 + \dfrac{2}{N}} \tag{3.61}$$

$$\text{ARE}_{\text{MW}} = \frac{0.75}{1 + \dfrac{1}{N}} \tag{3.62}$$

$$\text{ARE}_{\text{S}} = \frac{1}{1 + \dfrac{1}{N}} \tag{3.63}$$

$$\text{ARE}_{\text{MS}} = 1 - \frac{1}{N+1} \sum_{i=1}^{N+1} \frac{1}{i} \tag{3.64}$$

$$\text{ARE}_{\text{RS}} = \frac{0.868}{1 + \dfrac{1}{N}} \tag{3.65}$$

$$\text{ARE}_{\text{MRS}} = \frac{5N(10N-1)^2}{36(2N+1)(8N^2+13N-6)} \tag{3.66}$$

图 3.9 给出了上述几种检测器的渐近相对效率随参考单元数 N 的变化曲线。从图 3.9 可以看出，随着 N 的增大（大于 64），MS 检测器的渐近性能逼近于 S 检测器的渐近性能，且它们的 ARE 值趋向于 1；MRS 检测器的渐近性能逼近于 RS 检测器的渐近性能，ARE 接近于 0.868；GS 检测器的渐近性能逼近于 MW 检测器的渐近性能，ARE 接近于 0.75。对于所有的 N 值，MS、MRS 检测器的渐近性能处在 GS 和 S 检测器之间。当 $N > 8$ 时，MRS 和 MS 检测器的渐近性能均比 MW 检测器的渐近性能要好。S 检测器的渐近性能对于所有的 N 均比 MW 检测器的渐近性能要好。MS 和 MRS 检测器均比 S 和 MW 检测器容易实现，但是比 GS 检测器复杂。

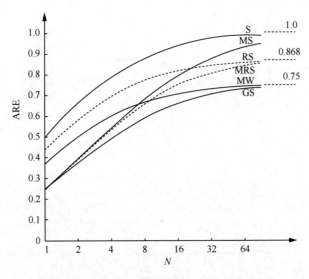

图 3.9　几种检测器的渐近相对效率随 N 的变化曲线

（6）非参量检测器采用有限样本时的检测性能

传统对非参量检测器性能的评估采用渐近相对效率来衡量，但是渐近相对效率比较的是极限情况下不同检测器在目标信噪比及脉冲积累个数的性能，采用这种分析方法对实际雷达目标的检测来说是不充分的，因为实际雷达总是采用有限的样本在一定的信噪比情况下对目标进行检测。下面给出 GS、MW、MS、MRS 在有限脉冲积累个数和有限参考噪声样本情况下的检测性能。假定雷达海杂波噪声服从高斯分布并采用平方率检波器，目标模型为 χ^2 分布，其参数为 K，$K=1$ 对应 Swerling Ⅱ 型目标，$K=2$ 对应 Swerling Ⅳ 型目标，$K=\infty$ 对应非起伏目标。

图 3.10 和图 3.11 分别给出了 GS、MW、MS、MRS 在脉冲积累个数 M=12 和 M=16 时的检测性能曲线，参考样本个数为 N=4，设定的虚警概率为 $P_{\text{fa}}=10^{-6}$。图 3.10 中，MS、MRS 检测器对于起伏目标和非起伏目标均有相同的检测性能；对于起伏目标来说，MS、MRS 检测器基本上比 GS 检测器的检测性能好。但在图 3.11 中，当脉冲积累个数变多，MS 检测器比 MRS 检测器的检测性能要好，但后者对于起伏目标和非起伏目标的检测性能均比 GS 检测器的检测性能好。并且从图 3.11 中可以看出，MW、MS、MRS 检测器的检测性能都比较接近。

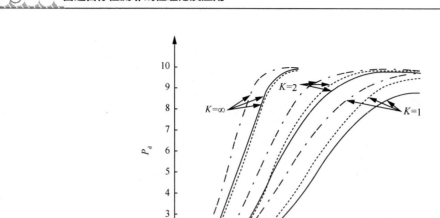

图 3.10　非参量检测器在 $M=12$ 时的检测性能曲线

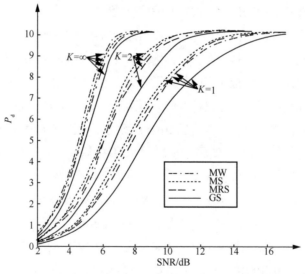

图 3.11　非参量检测器在 $M=16$ 时的检测性能曲线

图 3.12 和图 3.13 分别给出了 GS、MW、MS、MRS 检测器在参考样本个数 $N=12$ 和 $N=16$ 时的检测性能曲线，脉冲积累个数为 $M=8$ 、设定的虚警概率为 $P_{fa}=10^{-6}$ 。当参考样本个数变多时，对于 $K=1$ 的 Swerling Ⅱ型目标，MS、MRS 检测器比 GS

检测器的检测性能优势变得更明显。另外，可以注意到 MS 检测器比 MRS 检测器的检测性能要好。当 K 变大即目标起伏变小时，MS、MRS 检测器相比 MW、GS 检测器的检测性能差别变小。通过观察和比较图 3.10～图 3.13 可以看出，脉冲积累个数对检测器性能的影响比参考样本个数对检测器性能的影响要大，因为在检测中采用较多的脉冲个数会拥有更好的检测性能。

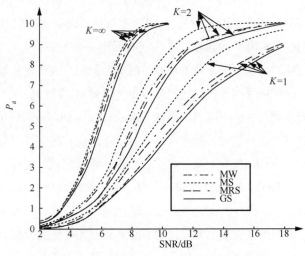

图 3.12　非参量检测器在 N=12 时的检测性能曲线

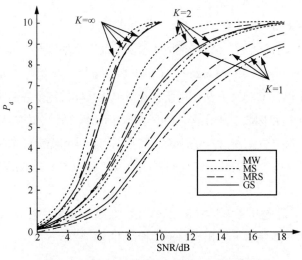

图 3.13　非参量检测器在 N=16 时的检测性能曲线

3.3.4　自适应 CFAR 检测器

雷达目标自动检测，一般是利用与检测单元邻近的距离或多普勒频率单元中的海杂波加噪声的平均功率估计来实现的。这种过程在许多噪声和海杂波条件下提供了接近最优的信号检测性能，同时也保持了一定的虚警率。然而，当参考滑窗中出现干扰目标时，CFAR 检测器就不能再保持最优检测性能。干扰目标的出现会导致检测阈值升高，使对主目标的检测性能严重下降。例如，CA[21]、GO[22]等 CFAR 检测器。

干扰目标的统计特性不同于背景海杂波的统计特性。为得到背景海杂波的平均功率水平估计，自然需要将干扰目标从参考单元序列中排除出去，然后基于处理后的参考单元采样序列计算检测阈值。例如，Rickard 和 Dillard 提出的 CMLD[23]、Rohling 提出的 OS[24]等方法是比较典型的。然而，这些方法有时需要关于干扰目标数的先验信息。经典 CFAR 检测器形成 Z 的方法所涉及的选择逻辑、算法和有关参数都是固定的，如 GO 逻辑、SO 逻辑、代表序值、删除点等。实际上，干扰目标的数目和分布是随机的，因此，就需要一类既能自适应于干扰目标数和分布情况的变化，又可自适应于海杂波边缘位置变化的 CFAR 检测器，这类检测器被称为自适应 CFAR 检测器。很多学者在自适应确定选择逻辑、算法和参数方面做了大量研究。本节将论述其中的一些典型例子。

1. CCA–CFAR 检测器

针对经典的 CA 方法在多目标环境中检测性能下降的问题，Barboy 于 1986 年提出了 CCA(Censored Cell Averaging)-CFAR 检测器[25]，即删除单元平均 CFAR 检测器。它摆脱了以往 CFAR 方法使用所有参考单元采样或完全依赖关于干扰目标的先验信息（如干扰目标数）来形成海杂波平均功率水平估计 Z 的格局，提出了一种多步删除方案，使干扰目标逐一被删除，剩下的海杂波和噪声样本就是与检测单元海杂波和噪声特性相近的样本，以此来形成检测门限。CCA-CFAR 检测器的原理框架如图 3.14 所示。

假设 $x_1, x_2, \cdots, x_R$ 是参考单元中 R 个采样值，T_0 是与 R 以及给定的 $P_{fa}(0)$ 对应的门限因子。对在某些参考单元中出现目标的检测方法介绍如下。

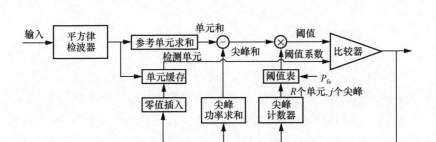

图 3.14　CCA-CFAR 检测器的原理框架

（1）求第一个和值，即

$$Z_{R_0} = \sum_{k_0=1}^{R_0} x_{k_0}, \quad R_0 = R \tag{3.67}$$

然后，将每个参考单元采样与如下门限进行比较

$$S_1 = T_0 Z_{R_0} \tag{3.68}$$

将超过这个门限的参考单元采样从和值中剔除，用其余的参考单元采样产生一个新的和

$$Z_{R_1} = \sum_{k_1=1}^{R_1} x_{k_1}, \quad R_1 = R_0 - j_1 \tag{3.69}$$

其中，j_1 是被剔除的参考单元采样总数，k_1 是剩余的参考单元采样的下标。

（2）同样引入门限因子 T_1，它对应于 R_1 和 $P_{\mathrm{fa}}(1)$。然后将剩余的参考单元采样与如下门限比较

$$S_2 = T_1 Z_{R_1} \tag{3.70}$$

剔除超过这个门限的参考单元采样值，利用其余的 $R_2 = R_0 - j_1 - j_2$ 个参考单元采样组成一个新的和

$$Z_{R_2} = \sum_{k_2=1}^{R_2} x_{k_2} \tag{3.71}$$

其中，j_2 是被剔除的参考单元采样总数。将上述过程继续下去，直到检测不到超过门限的尖峰信号。显然，这种算法总是收敛的。因此，在若干级计算之后不出现尖峰信号就是这种方法终止的准则。

$P_{\mathrm{fa}}(i)$ 是每个筛选层的虚警概率，总的平均虚警数为 $\sum_i P_{\mathrm{fa}}^{(i)} R_i$，因此总的虚警概率为

$$P_{\text{fa}} = \frac{\sum_i P_{\text{fa}}^{(i)} R_i}{\sum_i R_i} \qquad (3.72)$$

要保持虚警概率恒定的最简单方法就是使所有的 $P_{\text{fa}}(i)$ 等于预定的 P_{fa} 值。

图 3.14 给出了 CCA-CFAR 检测过程原理框架。每级的尖峰信号检测包括三步：① 尖峰功率的求和；② 尖峰信号计数；③ 零值插入（插入缓冲器中取代尖峰信号功率）。当缓存器中所有参考单元采样都通过了比较器，就完成了第一个周期。如果尖峰信号计数器的输出不为零，那么下一个周期一开始就从参考单元采样值总和中减去尖峰信号之和，然后重复第一个周期的方法，唯一不同的是该周期的门限因子由剔除尖峰之后剩余的参考单元数决定。若在当前周期中没有检测到尖峰信号，检测过程就结束了。

文献[25]通过仿真分析将 CCA 与 CMLD 和 OS 方法进行了比较。结果表明，在已知干扰目标数的条件下，CMLD 具有较好的性能。而在其他情况下，CCA 表现出更好的性能。CCA 具有较大的检测损失，这是由于它没有先验信息可以利用，且不能完全删掉强干扰目标。虽然对于强目标来说，OS 比 CCA 的性能更好，但是对于弱目标检测，CCA 更可取。在密集目标环境中，CCA 的优势就更明显了，并且 CCA 可以容纳的干扰目标数不像 OS 方法那样受指定 k 值的限制。

2. VI-CFAR 检测器

VI（Variability Index）-CFAR 检测器[26]，即变化指数恒虚警率检测器，是由 Smith 等于 2000 年提出的。它是基于 CA-CFAR、SO-CFAR、GO-CFAR 的一种综合检测方法，该方法通过计算参考单元的二阶统计量（即变化指数 V_{VI}）以及前后滑窗均值之比，动态地调整海杂波功率水平。VI-CFAR 检测器的原理框架如图 3.15 所示。

V_{VI} 是一个二阶统计量，与形状参数的估计非常相似。对于每一个滑窗（A 或 B），有

$$V_{\text{VI}} = 1 + \frac{\hat{\sigma}^2}{\hat{\mu}^2} = 1 + \frac{1}{n-1} \sum_{i=1}^{n} \frac{(x_i - \bar{x})^2}{(\bar{x})^2} \qquad (3.73)$$

其中，$\hat{\sigma}^2$ 是方差的估计值，$\hat{\mu}^2$ 是均值的估计值，$\bar{x}$ 是 n 个参考距离单元的算术平均值。通过将 V_{VI} 与门限 K_{VI} 比较，可以判别 V_{VI} 是来自均匀海杂波还是非均匀海杂波。

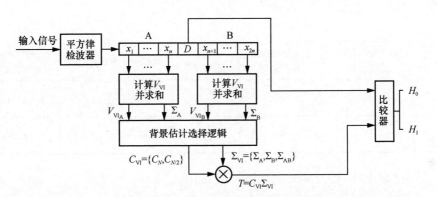

图 3.15　VI-CFAR 检测器的原理框架

$$V_{VI} \leqslant K_{VI} \Rightarrow 均匀海杂波$$
$$V_{VI} > K_{VI} \Rightarrow 非均匀海杂波$$
（3.74）

前滑窗 A 和后滑窗 B 的均值比 VMR 定义为

$$V_{MR} = \frac{\overline{x}_A}{\overline{x}_B} = \frac{\sum\limits_{i \in A} x_i}{\sum\limits_{i \in B} x_i}$$
（3.75）

其中，$\overline{x}_A$ 表示前滑窗的均值，$\overline{x}_B$ 表示后滑窗的均值。通过将 V_{MR} 与门限 K_{MR} 比较

$$K_{MR}^{-1} \leqslant V_{MR} \leqslant K_{MR} \qquad \Rightarrow 均值相同$$
$$V_{MR} < K_{MR}^{-1} \ 或 \ V_{MR} > K_{MR} \qquad \Rightarrow 均值不同$$
（3.76）

可以确定前后滑窗的均值是否相同。而 VI-CFAR 的检测门限是根据 VI 和 MR 假设检验的结果确定的，确定方法如表 3.1 所示。其中，背景乘积常数 CN 或 $CN/2$ 中的 N 表示参考单元数目 $2n$。当两个滑窗都用上时，采用 CN；当只利用前滑窗或后滑窗时，采用 $CN/2$。

表 3.1　自适应门限生成方法

序号	前滑窗海杂波是否均匀	后滑窗海杂波是否均匀	均值是否相同	VI-CFAR 自适应门限	等价的 CFAR 处理方法
1	否	否	否	$CN\sum_{AB}$	CA-CFAR
2	否	否	是	$\dfrac{CN}{2}\max(\sum_A, \sum_B)$	GO-CFAR
3	是	否	—	$\dfrac{CN}{2}\sum_B$	CA-CFAR

序号	前滑窗海杂波 是否均匀	后滑窗海杂波 是否均匀	均值 是否相同	VI-CFAR 自适应门限	等价的 CFAR 处理方法
4	否	是	—	$\dfrac{CN}{2}\sum_A$	CA-CFAR
5	是	是	—	$\dfrac{CN}{2}\min(\sum_A,\sum_B)$	SO-CFAR

（1）VI-CFAR 检测器在不同背景中的应用

① 均匀环境

假设 KVI 和 KMR 已经确定，海杂波为均匀海杂波，即前滑窗和后滑窗都是非易变的，并且具有相同的均值，这相当于表 3.1 中的第一种情况。此时，VI-CFAR 检测性能近似于 CA-CFAR，具有较少的 CFAR 损失。

② 多目标环境

当有一个或多个目标存在于前滑窗或后滑窗时，相应的 VI 表明它是一个非均匀的海杂波背景。当这种情况只出现在一个滑窗内时，则用另一个滑窗的数据作为 CA-CFAR 算法的背景估计。这相当于表 3.1 中的第三和第四种情况。当所选滑窗的海杂波是均匀时，则存在轻微的检测概率损失，这是因为只采用了 $N/2$ 个距离单元作为背景的估计，而没有用所有 N 个距离单元。

如果 VI 表明两个滑窗都是非均匀的，则选择较小的滑窗均值作为背景的估计，相当于 SO-CFAR 方法，这相当于表 3.1 中的第五种情况。

③ 海杂波边缘环境

海杂波边缘位置和被检测单元在弱或强海杂波区域无法先验已知。当海杂波最初进入滑窗 A 的参考单元时，有一个或多个单元包含较高功率水平的海杂波，这种情况与存在一个干扰目标的情况非常相似，从而可以采用滑窗 B 作为背景的估计。当海杂波占据整个滑窗 A 时，包含海杂波的滑窗和只有噪声的滑窗相似，也是均匀的，但是两个滑窗的均值不同。为了不产生过多的虚警，选择较大的均值作为背景的估计。这相当于表 3.1 中的第二种情况。当海杂波继续向前进入滑窗 B 时，滑窗 B 就变成非均匀背景，而滑窗 A 包含均匀的海杂波。对于这种情况，选择滑窗 A 估计背景海杂波，相当于表 3.1 中的第三和第四种情况。最后，当两个滑窗都充满海杂波时，每一个都似乎是均匀环境，这相当于表 3.1 中的第一种情况。

（2）VI-CFAR 检测器的性能分析

图 3.16～图 3.18 分别为均匀环境、一个干扰目标环境和海杂波边缘环境下不同检测器的性能比较曲线，其中，$N=36$，$P_{fa}=10^{-4}$，$K_{VI}=4.76$，$K_{MR}=1.806$，$M=10^6$。由图 3.16 可以看出，在均匀环境下，所有的 CFAR 检测器性能相似，但与最优（OPT）检测器相比存在一定的 CFAR 损失，VI-CFAR 与 CA-CFAR 和 GO-CFAR 相比要稍差一些，但要优于 OS-CFAR 和 SO-CFAR。由图 3.17 可以看出，当参考单元中存在一个干扰目标时，CA-CFAR 和 GO-CFAR 性能明显变差，而 VI-CFAR、OS-CFAR 和 SO-CFAR 几乎不受影响。由图 3.18 可以看出，在海杂波边缘环境中，VI-CFAR 具有较优的虚警概率控制能力。

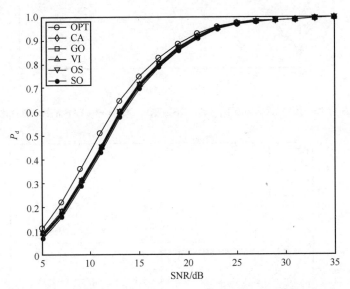

图 3.16　均匀环境下，CA、OS、GO、SO 和 VI-CFAR 的检测性能比较

总体来说，VI-CFAR 检测器综合了 CA-CFAR、GO-CFAR 以及 SO-CFAR 的优点，在均匀环境中具有较低的 CFAR 损失，对于存在干扰和海杂波边缘的非均匀背景具有一定的鲁棒性。另外，VI-CFAR 的复杂性要低于 OS-CFAR，并且在海杂波边缘中具有更优的虚警概率控制能力，其虚警概率特性也要优于其他自适应检测器，如 AOS(Adaptive Order Statistic)-CFAR 检测器[27] 和 ET(Estimation

Test)-CFAR 检测器[28]。但是当两个滑窗中都存在干扰时，VI-CFAR 的检测性能有明显下降，与 SO-CFAR 性能接近。下一步可以考虑通过对 VI-CFAR 进行改进，使其能选择 OS-CFAR 算法（或其他更有效的算法）来进行背景的估计。

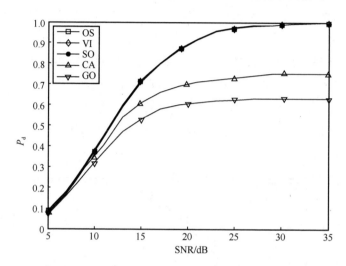

图 3.17　一个干扰目标环境下，CA、OS、GO、SO 和 VI-CFAR 的检测性能比较

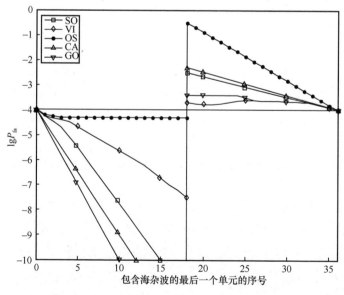

图 3.18　海杂波边缘环境下（CNR=10 dB），CA、OS、GO、SO 和 VI-CFAR 的检测性能比较

3.4　特征检测

在低信杂比（SCR）条件下，由于目标回波能量较弱，且频域与主瓣海杂波混叠严重，常规的 MTI、MTD、非相参 CFAR 检测方法或自适应 CFAR 检测方法均存在一定的局限性。例如，非相参 CFAR 对 SCR 的要求较高，而自适应检测有效工作的先决条件是频域目标能量与主瓣海杂波不重叠，同时相邻距离单元之间的协方差矩阵结构要有一致性。此时，仅通过提高距离分辨率来改善 SCR 的技术措施难以有效解决海面微弱目标的检测问题，需要进一步加长波束驻留时间以提高目标回波的累积增益并获取更多海杂波信息和目标信息。

针对该问题，建立在海杂波环境特性和目标特性认知基础上的特征检测方法得到广泛关注，该类方法的基本原理是依据与目标回波特征的可分性，对海杂波特征进行提取和筛选，形成海杂波特征集合，从而将海杂波映射到低维特征空间，然后根据一定的虚警概率对特征空间进行分割，形成判决空间，通过判断观测数据是否属于该判决空间，对目标存在与否做出判决。从本质上看，特征检测方法将检测问题等价描述为模式识别领域的分类问题，相比能量检测方法，其在分类时依赖的特征信息不受矩或统计模型的限制，因此具有更大的自由度。经大量实测数据研究证实，特征检测方法在微弱目标检测方面具有一定的潜力。

特征检测方法涉及若干项关键技术，如特征提取、判决区域形成、虚警概率控制等。为解决这些技术难题，文献[29]中提出了一种具有启发性的方案，在该方案中，所提取的差异特征包括相对平均幅度、相对多普勒峰高和相对多普勒谱熵，判决区域采用快速凸包学习方法得到，在生成凸包的同时考虑了虚警控制问题。该检测方法之所以采用三特征联合而不是单一特征，是因为多个特征之间对不同类型的目标具有互补作用，联合应用可有效改善检测方法的性能。也正是因为该原因，特征提取成为特征检测方法的核心之一，所提取的特征能否有效区分海杂波和目标，是检测器设计成功与否的关键。

在随后几年里，研究人员不断将新的差异特征应用到目标检测中。文献[30]为抑制海杂波非平稳性对特征稳定性影响，首先采用协方差矩阵对海杂波做预白化处理，然后提取分形差异特征以检测距离扩展目标。文献[31]将极化信息应用到特征提取中，分别选择了相对体散射体能量、相对二面角散射体能量和相对面散射体能量构造了三特征检测器。文献[32]提出的特征检测方法联合应用了时频域中的 3 个特征，分别为时频脊累积量（RI）、连通区域个数（NR）和最大连通区域尺寸（MS）。实测数据表明，将上述特征应用到海面漂浮小目标检测中，是提高检测性能的一种有效途径。文献[33]研究了差异特征空间降维问题，以解决不断提高的特征维数所引起的算法复杂度剧增问题。文献[34-35]分别研究了基于可控 K 近邻和多域多维特征融合的目标检测方法。此外，文献[36-38]还分别研究了基于正交投影、SVM、多特征提取与 PCA 降维结合的目标检测方法。随着人工智能技术的发展，深度学习方法在差异特征提取和海上目标检测方面也取得了一些进展[39-42]。

总体来看，经过近几年的发展，已有研究围绕特征提取问题做了大量工作，所提取的特征覆盖了时域、频域、时频域、极化域等多个表示域，如图 3.19 所示。不同表示域提取的特征总数已达 30 余种，利用多域特征构造的特征向量维数也从一维扩展到三维、七维甚至更高维，这些特征是构造多样化特征检测方法的基础。

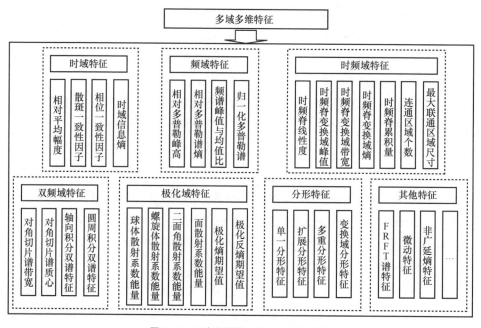

图 3.19　已有文献提取的多域多维特征

　　当海面存在微弱目标时，海面波浪与之发生复杂的耦合作用，并影响周边小尺度的毛细波结构，受影响的海面区域称为相互作用区域，如图 3.20 所示。在微波波段，高分辨率雷达对海面毛细波结构的变化较为敏感，因此会导致目标附近的海杂波与相互作用区域的海杂波之间出现特性差异，这样的海杂波即目标扰动作用下的海杂波。

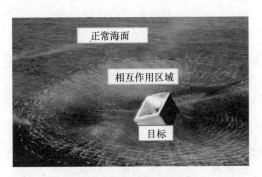

图 3.20　相互作用区域示意

　　由文献[43]的研究结果可知，在考虑目标扰动的情况下，加性观测模型通常无效，此时更加适合采用三分量叠加形式的非加性观测模型，对应的目标检测问题可描述为如下的二元假设检验

$$\begin{cases} H_0 : z = c \\ H_1 : z = s + c_s \alpha c \end{cases} \tag{3.77}$$

其中，z 表示观测数据，s 表示目标信号，c 和 c_s 分别表示正常海面和相互作用区域的海杂波，α 是一个与照射单元面积有关的系数。由于难以确定 c_s 和 α 的分布模型，且微弱目标的 SCR 较低，因此能量检测方法难以有效检测到该类目标。

　　在非加性观测模型约束下，从特征检测方法入手开展微弱目标检测方法研究。能量检测方法与特征检测方法同属于检测机理分类范畴内的两类理论方法，其中，前者将检验统计量是否超过门限作为判决依据，而后者则根据观测数据是否属于海杂波所在的类来进行判决，此时检测问题可等价描述为分类问题。从本质上看，能量检测方法也是在解决分类问题。以自适应检测器为例，其通过对观测数据进行白化、归一化和积累 3 种基本处理形成检验统计量，若其大于检测门限，则观测数据被划分为包含目标的类。能量检测方法的检验统计量利用了观测数据的一阶或二阶矩特征（即局部幅度、功率水平或协方差矩阵），且在形成检验统计量时对统计模型有较大的依赖性，相比之下，特征检测方法在分类时依赖的特征信息不受矩或统计模型的限制，因此具有更大的自由度。

差异特征提取和判决空间形成是特征检测方法需解决的两个基本问题。前者主要依据与目标回波特征的可分性，后者的理论依据为聂曼–皮尔逊准则。当目标样本与海杂波样本在特征空间中的概率分布 $p(\xi|H_1)$、$p(\xi|H_0)$ 均已知时，根据聂曼–皮尔逊准则，判决空间的形成可以描述为

$$
\max_{\Omega}\left\{P_{\mathrm{d}}=1-\iiint_{\Omega}p(\xi|H_1)\mathrm{d}\xi\right\}
$$
$$
\mathrm{s.t.}\iiint_{\Omega}p(\xi|H_0)\mathrm{d}\xi=1-P_{\mathrm{fa}}
$$
（3.78）

其中，P_{d} 代表检测概率。假设海杂波及目标样本的总分布空间为 Θ，且它们在各自的聚集区域内是均匀分布的，此时检测概率 P_{d} 等价为 $1-|\Omega|/|\Theta|$，则式（3.78）问题可以忽略不可知的因素 $p(\xi|H_1)$，简化为

$$
\min\{|\Omega|\}
$$
$$
\mathrm{s.t.}\iiint_{\Omega}p(\xi|H_0)\mathrm{d}\xi=1-P_{\mathrm{fa}}
$$
（3.79）

其中，$|\cdot|$ 代表空间体积。为了解决式（3.79）问题，文献[44]将判决空间 Ω 限制成一个有限的凸包空间，同时注意到实际检测时只有海杂波样本可用，当其数量 I 足够大时，式（3.79）中的限制条件可以用式（3.80）代替。

$$
1-P_{\mathrm{fa}}=\iiint_{\Omega}p(\xi|H_0)\mathrm{d}\xi\approx\frac{\#\{i,\xi_i\in\Omega\}}{I}
$$
（3.80）

其中，$\#\{i,\xi_i\in\Omega\}$ 代表落入判决空间 Ω 的海杂波样本数量。则式（3.79）问题又可进一步简化为

$$
\min_{\Omega\in C}\{|\Omega|\}
$$
$$
\mathrm{s.t.}\#\frac{\#\{i,\xi_i\in\Omega\}}{I}=1-P_{\mathrm{fa}}
$$
（3.81）

其中，C 为特征空间中所有凸包空间集合。

参考文献

[1] SKOLNIK M I. Introduction to radar systems[M]. 2d ed. New York: McGraw-Hill, 1980.

[2] RICHARDS M A. 雷达信号处理基础[M]. 邢孟道, 王彤, 李真芳, 等译. 北京: 电子工业出版社, 2008.

[3] 何友, 关键, 彭应宁, 等. 雷达自动检测与恒虚警处理（第 4 版）[M]. 北京: 清华大学出版社, 2023.

[4] GUAN J, PENG Y N, HE Y, et al. Three types of distributed CFAR detection based on local test statistic[J]. IEEE Transactions on Aerospace and Electronic Systems, 2002, 38(1): 278-288.

[5] 何友, 关键, 孟祥伟, 等. 雷达自动检测和 CFAR 处理方法综述[J]. 系统工程与电子技术, 2001, 23(1): 9-14, 85.

[6] 关键. 多传感器分布式恒虚警率(CFAR)检测算法研究[D]. 北京: 清华大学, 2000.

[7] 何友, ROHLING H. 有序统计恒虚警(OS-CFAR)检测器在韦尔扰背景中的性能[J]. 电子学报, 1995, 23(1): 79-84.

[8] HE Y. Performance of some generalized modified order statistics CFAR detectors with automatic censoring technique in multiple target situations[J]. IET Radar, Sonar & Navigation, 1994, 141(4): 205-212.

[9] WILSON S L. Two CFAR algorithms for interfering targets and nonhomogeneous clutter[J]. IEEE Transactions on Aerospace and Electronic Systems, 1993, 29(1): 57-72.

[10] MEDEIROS D S, GARCÍA F D A, MACHADO R, et al. CA-CFAR performance in K-distributed sea clutter with fully correlated texture[J]. IEEE Geoscience and Remote Sensing Letters, 2023, 20: 1-5.

[11] RAGHAVAN R S. Analysis of CA-CFAR processors for linear-law detection[J]. IEEE Transactions on Aerospace and Electronic Systems, 1992, 28(3): 661-665.

[12] ABDULLAH J, KAMAL M S. Multi-targets detection in a non-homogeneous radar environment using modified CA-CFAR[C]//Proceedings of the 2019 IEEE Asia-Pacific Conference on Applied Electromagnetics (APACE). Piscataway: IEEE Press, 2019: 1-5.

[13] HANSEN V G. Constant false alarm rate processing in search radats[C]// Proceedings of IEEE International Radar Conference. Piscataway: IEEE Press, 1973: 325-332.

[14] TRUNK G V. Range resolution of targets using automatic detectors[J]. IEEE Transactions on Aerospace and Electronic Systems, 1978, 14(5): 750-755.

[15] BARKAT M, VARSHNEY P K. A weighted cell averaging CFAR detector for multiple target situation[C]//Proceedings of the 21st Annual Conferenc on Information Sciences and Systems. Piscataway: IEEE Press, 1987: 118-123.

[16] HANSEN V G. Studies of logarithmic radar receiver using pulse-length discrimination[J]. IEEE Transactions on Aerospace and Electronic Systems, 1965, 1(3): 246-253.

[17] VITO A D, MORETTI G. Probability of false alarm in CA-CFAR device downstream from linear-law detector[J]. Electronics Letters, 1989, 25(25): 1692-1693.

[18] MAURIZIO G, MAURIZIO L, MARCO L. Biparametric CFAR procedures for lognormal clutter[J]. IEEE Transactions on Aerospace and Electronic Systems, 1993, 29(3): 798-809.

[19] 张南, 陶然, 王越. 基于变标处理和分数阶傅里叶变换的运动目标检测算法[J]. 电子学报, 2010, 38(3): 683-688.

[20] 武楠, 徐艳国, 李宗武. 海杂波背景下的双参数单元平均恒虚警检测器[J]. 现代雷达, 2010, 32(2): 52-56.

[21] FINN H M, JOHNSON R S. Adaptive detection mode with threshold control as a function of spatially sampled clutter-level estimates[J]. RCA Review, 1968, 29(3): 414-464.

[22] HANSEN V G. Constant false alarm rate processing in search radars[C]//Proceedings of IEEE International Conference on Radar. Piscataway: IEEE Press, 1973: 325-332.

[23] RICHARD J T, DILLARD G M. Adaptive detection algorithms for multiple target situations[J]. IEEE Transactions on Aerospace and Electronic Systems, 1977, 13(4): 338-343.

[24] ROHLING H. Radar CFAR thresholding in clutter and multiple target situations[J]. IEEE Transactions on Aerospace and Electronic Systems, 1983, 19(4): 608-621.

[25] BARBOY B, LOMES A, PERKALSKI E. Cell-averaging CFAR for multiple target situations[J]. IEE Proceedings F: Communications Radar and Signal Processing, 1986, 133(2): 176-186.

[26] SMITH M E, VARSHNEY P K. Intelligent CFAR processor based on data variability[J]. IEEE Transactions on Aerospace and Electronic Systems, 2000, 36(3): 837-847.

[27] GANDHI P P, KASSAM S A. Analysis of CFAR processors in nonhomogeneous background[J]. IEEE Transactions on Aerospace and Electronic Systems, 1998, 24(4): 427-445.

[28] VISWANATHAN R, EFTEKHARI A. A selection and estimation test for multiple target detection[J]. IEEE Transactions on Aerospace and Electronic Systems, 1992, 28(4): 505-519.

[29] SHUI P L, LI D C, XU S W. Tri-feature-based detection of floating small targets in sea clutter[J]. IEEE Transactions on Aerospace and Electronic Systems, 2014, 50(2): 1416-1430.

[30] SHI Y L, XIE X Y, LI D C. Range distributed floating target detection in sea clutter via feature-based detector[J]. IEEE Geoscience and Remote Sensing Letters, 2016, 13(12): 1847-1850.

[31] XU S W, ZHENG J B, PU J, et al. Sea-surface floating small target detection based on polarization features[J]. IEEE Geoscience and Remote Sensing Letters, 2018, 15(10): 1505-1509.

[32] SHI S N, SHUI P L. Sea-surface floating small target detection by one-class classifier in time-frequency feature space[J]. IEEE Transactions on Geoscience and Remote Sensing, 2018,

56(11): 6395-6411.

[33] GUO Z X, SHUI P L. Sea-surface floating small target detection based on feature compression[J]. The Journal of Engineering, 2019, 2019(21): 8160-8164.

[34] 郭子薰, 水鹏朗, 白晓惠, 等. 海杂波中基于可控虚警K近邻的海面小目标检测[J]. 雷达学报. 2020, 9(4): 654-663.

[35] 施赛楠, 杨静, 王杰. 基于多域多维特征融合的海面小目标检测[J]. 信号处理, 2020, 36(12): 2099-2106.

[36] YANG Y, XIAO S P, WANG X S. Radar detection of small target in sea clutter using orthogonal projection[J]. IEEE Geoscience and Remote Sensing Letters, 2019, 16(3): 382-386.

[37] LI Y Z, XIE P C, TANG Z S, et al. SVM-based sea-surface small target detection: a false-alarm-rate-controllable approach[J]. IEEE Geoscience and Remote Sensing Letters, 2019, 16(8): 1225-1229.

[38] GU T C. Detection of small floating targets on the sea surface based on multi-features and principal component analysis[J]. IEEE Geoscience and Remote Sensing Letters, 2020, 17(5): 809-813.

[39] LIU N B, XU Y N, DING H, et al. High-dimensional feature extraction of sea clutter and target signal for intelligent maritime monitoring network[J]. Computer Communications, 2019, 147: 76-84.

[40] 王俊, 郑彤, 雷鹏, 等. 深度学习在雷达中的研究综述[J]. 雷达学报, 2018, 7(4): 395-411.

[41] 苏宁远, 陈小龙, 关键, 等. 基于卷积神经网络的海上微动目标检测与分类方法[J]. 雷达学报, 2018, 7(5): 565-574.

[42] 苏宁远, 陈小龙, 陈宝欣, 等. 雷达海上目标双通道卷积神经网络特征融合智能检测方法[J]. 现代雷达, 2019, 41(10): 47-52.

[43] 时艳玲. 高距离分辨率海杂波背景下目标检测方法[D]. 西安: 西安电子科技大学, 2011.

[44] 时艳玲, 水鹏朗. 海面漂浮小目标的特征联合检测算法[J]. 电子与信息学报, 2012, 34(4): 871-877.

时域海杂波均匀自相似（分形）特性与目标检测

4.1 海杂波序列自相似特性及影响因素

4.1.1 分形海面的电磁散射信号特性

海面本身具有分形特征，那么认为海面散射信号仍然保持海面的一些分形性质是合理的。实际上，分形理论是分析海面回波信号的一个有力工具。这一方向的研究成果最先由 Lo 等[1]获得，他们通过计算得到一个给定海情的海杂波的分形维数大约为1.75。但这一结果是通过对实验数据分析得到的，没有任何理论上的证明与判断。

本节将从数学上进行严格的理论推导，证明从海面散射出的信号仍能保持海面主要的分形特征。首先建立一个一维分形海面模型，并以闭式解的形式给出海面散射信号的表达式。这一模型与流体动力学微分方程的解是一致的，并且是基于有限带宽的魏尔斯特拉斯–芒德布罗（Weierstrass-Mandelbrot，WM）函数的。这里通过使用基尔霍夫法估计散射系数（正比于输入信号），将散射系数表达式分解为一系列时变项的和，可以证明所有项都小于或等于海面的分形维数，通过引用分形理论中关于分形函数和的定理，可以得到海面散射信号的实部与虚部都拥有与海面相同的分形维数。

1. 一维分形海面模型

海浪的运动是由风引起的，当风吹到一个平静的海面，海面将会产生波纹，风吹得越久，产生的波纹就会越快、越大，最终形成真正的海浪。当风停止吹动时，海浪会继续传播数百千米形成涌浪。

海浪的产生和传播过程可以采用一个非线性微分方程来表示，即动量方程（对单位质量应用牛顿定律）和连续性方程（每单位体积的质量守恒定律）[2-3]。当海面受到一个波浪状的微小扰动压力时，可以得到方程的闭式解。如果考虑地球是平的，那么海洋水深将是一个常数，进一步忽略地球自转偏向力，水的密度为一常数，黏滞力也忽略，在这种情况下流体动力学微分方程可以线性化，并且通常把解（一般称为线性波）写成正弦分量和的形式

$$\xi(\boldsymbol{r},t) = \sum_n a_n \sin(\boldsymbol{K}_n \boldsymbol{r} - \Omega_n t + \Phi_n) \tag{4.1}$$

其中，a_n 为海浪幅度，$\boldsymbol{K}_n$ 为海浪矢量（包括每个成分的空间波长和传播方向），Ω_n 为角频率，Φ_n 为海浪的相位，$\boldsymbol{r}$ 为位于代表平静海面的 x–y 平面的一个空间矢量，如图 4.1 所示。海浪矢量 $\boldsymbol{K}_n$ 的模值 K（也称为波数）为 $\dfrac{2\pi}{\Lambda}$，其中 Λ 为海浪波长。角频率 Ω 与海浪矢量的模值 K 存在如下关系

$$\Omega = \sqrt{gK + K^3 \left(\frac{\tau_s}{\rho}\right)} \tag{4.2}$$

其中，τ_s 为水面张力，ρ 为海洋密度。如果 Λ 很大，则 $\Omega \approx \sqrt{gK}$，此时海浪为重力波；如果 Λ 很小，则 $\Omega = \sqrt{K^3 \left(\dfrac{\tau_s}{\rho}\right)}$，此时海浪为毛细波，从重力波向毛细波的过渡对应最小相位速度；当 Λ 在中间区域时，重力波与毛细波并存，计算时需采用完整的公式进行。

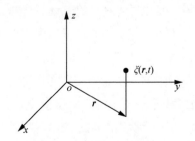

图 4.1　三维参考系及向量 r

根据式（4.1）可知，一个可靠的海面模型的定义必须考虑两个主要方面：一为海面几何，即海面的多尺度结构（海面由重力波到毛细波等一系列波浪组成）和海面的动态演变；二为海浪的移动导致的观察时间内海面形状的改变。考虑到这几点，并参考图 4.2，给出如下一维分形海面模型

$$f(x,t) = \sigma C \sum_{n=0}^{N_f-1} b^{(s-2)n} \sin\{K_0 b^n (x+Vt) - \Omega_n t + \Phi_n(t)\} \tag{4.3a}$$

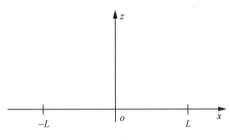

图 4.2　二维参考系

如果观察平台的移动速度 V 很大，那么海浪的速度基本可以忽略；如果观察时间很短（如 1 s 或更短），海浪可以近似看作随时间做正弦变化，那么相位 $\Phi_n(t)$ 可以认为与时间无关，此时可以得到一个简化的一维分形海面模型

$$f(x,t) = \sigma C \sum_{n=0}^{N_f-1} b^{(s-2)n} \sin\{K_0 b^n (x+Vt) + \Phi_n\} \tag{4.3b}$$

其中，$|x| \leqslant L$，$b > 1$，$1 \leqslant s < 2$，$K_0 = \dfrac{2\pi}{\Lambda_0}$ 为基波数目。

前文给出一维分形海面模型是为了研究分形理论在海面建模中是否有效。在实际中，一维分形海面模型并不足以描述真实的海面，但作为一种理论上的研究手段，这种建模方法是可行的，这样可以简化分析，同时也为理解更贴近实际的二维分形海面模型打下良好的基础（本书不讨论二维分形海面模型）。

在开始介绍模型各个参数之前，先进行一些初步讨论。

① 对一个固定时刻 t，海面 $f(x,t)$ 是 N_f 个正弦分量的和，正弦分量的幅度为 $a_n = \sigma C b^{(s-2)n}$，其随着 n 增大而减小；波数 $K_n = K_0 b^n$，其随着 n 增大而增大；波长 $\Lambda_n = \Lambda_0/b^n$，其随着 n 增大而减小。另外，海面 $f(x,t)$ 是一个具有分形维数 s 的有限带宽 WM

函数，这里需指出的是，WM 函数是自相似的，这可以从以 b 为横坐标、b^{2-s} 为纵坐标画出的曲线明显地看出。

② 对一个固定空间点 x，函数 $f(x, t)$ 不是一个 WM 函数。但若在观察时间 T_{obs} 内，相位 $\Phi_n(t)$ 可看作一个常数，则函数 $f(x, t)$ 是一个 WM 函数，并且是一个有限带宽的 WM 函数，其基本周期为 $T_0 = \dfrac{\Lambda_0}{V}$。

③ 式（4.3a）所示的模型与式（4.1）所示的方程解是一致的。当所有的波浪都沿着同一个方向（x 轴）传播时，唯一的差别就在相位 $\Omega_n(t)$ 上。这里 $\Omega_n(t)$ 是与时间相关的，以便考虑海浪之间的时间相关性。

从①中可以得到，如果选择合适的参数，这一模型可以包含从重力波到毛细波的一系列波浪。实际上，产生波长为几米、上百米的重力波或者波长为毫米、厘米量级的毛细波都是可能的。将①与②联合可以判断这一模型是分形的，而③则保证了模型与真实海情的近似性。

一维分形海面模型的参数主要分为两类：时间参数和几何参数。时间参数主要对应海面的时变行为，几何参数主要影响海面的空间形状。

时间参数介绍如下。

V：观察者平台速度。引入这一参数表明，观察者在观察时间内可以移动，以便在遥感中也可以运用此模型。

$\Phi_n(t)$：独立随机过程，在 $[-\pi, \pi]$ 内服从均匀分布，其自相关函数为

$$R_n(t) = \frac{\pi^3}{3} \exp\left(-\frac{|t|}{\tau_n} \right) \tag{4.4}$$

其中，相关时间 τ_n 随着 n 增大而减小。

Ω_n：角频率。这一参数对应分散效应，在这一效应下波速 $v_n = \dfrac{W_n}{K_n}$ 不是一个常数，它与波数 K（K_n 的模值）的关系如式（4.2）所示。

几何参数介绍如下。

Λ_0：基波空间波长。

b：尺度因子，它影响正弦分量及其相关幅度的谱分布。如果 b 是一个有理数，则 $f(x, t)$ 具有周期性；如果 b 是一个无理数，$f(x, t)$ 将不具有周期性。

s：分形维数，其主要表征海面的粗糙程度。

N_f：正弦波的数目。

σ：幅度标准差，它与主浪高度 h_s 有关，$h_s=4\sigma$ [4]。

C：归一化常数，用于调整海浪高度的标准差 σ，采用式（4.5）进行计算。

$$C = \sqrt{\frac{2(1-b^{2(s-2)})}{1-b^{2(s-2)N_f}}} \tag{4.5}$$

$2L$：雷达照射海面区域的大小。

模型使用大量的参数是为了保证其灵活性，通过改变不同的参数，可以控制海面的几何和统计特征，如海浪幅度、波长分布，周期或非周期的海面轮廓，粗糙程度，海浪的空间和时间相关性等。这些特征使模型可以产生从很平静到非常汹涌的任何一种海情的海面。在模型的实际应用中，还需要一个估计准则来估计各个模型参数，下面给出解决这一问题的准则，但本书不做更深入的研究。

文献[5]给出了一个二维分形海面模型，其全向海浪谱的闭式表达式仅依赖于模型参数。在最小均方误差下进行拟合，就可以估计得到与已知经验模型相关的或者由实测数据得到的全方向海面分形谱、尺度因子、分形维数、标准差和基波数目。组成模型的正弦波的数目可以通过令海浪的上频率等于发射频率[6]得到。海浪的方向和角速度可以通过由四叶立体交叉式航标[7]收集到的海面数据和局部风区的量测值得到。这种估计方法仅是解决参数估计问题的一种方案，过程比较复杂，需要更为深入的研究。

2. 散射系数估计

本节主要分析分形海面的散射问题，并估计海面散射系数。散射系数与复杂的接收信号成正比，所以由分析散射系数得到的理论结果可以直接用于描述接收信号。下面主要介绍散射系数的表达式以及在何种条件下进行基尔霍夫（Kirchhoff）近似。

首先考虑图 4.3 所示的散射几何关系，其中，θ_i 和 θ_s 分别为入射角和散射角，$2L$ 为雷达照射海面区域的大小。散射系数 γ 定义为实际散射电场和从一个具有无限传导性的光滑表面散射的电场之间的比例，可以采用 Kirchhoff 近似计算。在无限传导性和 VV 极化的假设下，散射系数表达式为

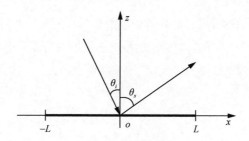

图 4.3　散射几何关系

$$\gamma(t) = \sum_{\boldsymbol{m}} G(\boldsymbol{m}) \mathrm{e}^{j\boldsymbol{m}^{\mathrm{T}} \hat{\boldsymbol{\Phi}}(t)} \tag{4.6}$$

其中，$\boldsymbol{m} = (m_1, m_2, m_3, \cdots, m_{N_f-1})^{\mathrm{T}}$，$G(\boldsymbol{m})$ 为

$$G(\boldsymbol{m}) = g(\theta_i, \theta_s) \mathrm{sinc}\left[\left(v_x + K_0 \sum_{n=0}^{N_f-1} m_n b^n\right) L\right] G_1(\boldsymbol{m}) \tag{4.7}$$

其中，$g(\theta_i, \theta_s)$、v_x 和 $G_1(\boldsymbol{m})$ 分别为

$$g(\theta_i, \theta_s) = \frac{1}{\cos(\theta_i)} \cdot \frac{1 + \cos(\theta_i + \theta_s)}{\cos(\theta_i) + \cos(\theta_s)} \tag{4.8}$$

$$v_x = \frac{2\pi}{\lambda}(\sin\theta_i - \sin\theta_s) \tag{4.9}$$

$$G_1(\boldsymbol{m}) = \prod_{n=0}^{N_f-1} J_{m_n}\left[Cv_z \sigma b^{(s-2)n}\right] \tag{4.10}$$

$$v_z = -\frac{2\pi}{\lambda}(\cos\theta_i + \cos\theta_s) \tag{4.11}$$

式（4.6）中的符号具有如下意义

$$\sum_{\boldsymbol{m}} = \sum_{m_0 = -\infty}^{\infty} \sum_{m_1 = -\infty}^{\infty} \cdots \sum_{m_{N_f-1} = -\infty}^{\infty}$$

$$\hat{\boldsymbol{\Phi}}(t) = [\hat{\Phi}_0(t), \hat{\Phi}_1(t), \cdots, \hat{\Phi}_{N_f-1}(t)]^{\mathrm{T}}$$

$$\hat{\Phi}_k(t) = \Phi_{k+K_0} V b^k t, \quad K_0 = \frac{2\pi}{\Lambda_0}$$

式（4.7）中，sinc 函数定义为 $\mathrm{sinc}(x) = \sin\dfrac{(x)}{x}$；式（4.9）和式（4.11）中，$\lambda$ 为波长。当时刻 t 固定时，式（4.6）可看作函数 $G(\boldsymbol{m})$ 的 N_f 维离散傅里叶变换。

为研究在何种条件下可以采用 Kirchhoff 近似，引用 Soto-Crespo 和

Nieto-Vesperinas[8]给出的准则：如果散射波的总功率通量与入射波的总功率通量比率小于2%，那么以高入射角入射到很粗糙的随机表面可以采用 Kirchhoff 近似。对于所给出的随机粗糙表面，这一准则可以归纳为[9]

$$\frac{\Gamma}{\lambda} > 6 \qquad (4.12)$$

$$\frac{\sigma}{\Gamma \cos(\theta_i)} \leqslant 0.2 \qquad (4.13)$$

3. 理论分析

本节的主要目的是证明海面散射信号（与散射系数成正比）能保持物理海面的分形特征，并从理论层面解决这一问题。结果表明，散射系数的实部与虚部（分别对应接收信号的同相和正交分量）的曲线是分形曲线，并且拥有与海面相同的分形维数。证明过程采用如下步骤进行。

① 将散射系数 $\gamma(t)$ 表达式重写为有限项的和。

② 证明 $\gamma(t)$ 表达式的每一项都是一个分形函数，且其分形维数小于或等于海面的分形维数 s。

③ 通过分形理论的定理，即具有分形维数小于或等于 s 的分形函数的和为一分形函数，且维数为 s，可以得到结论 $\gamma(t)$ 的实部和虚部是分形的，维数为 s。

根据①，首先将向量 m 分成 N_f 类，有如下结论成立。

第 1 类 m^1：包含 α_1 个值为 $\pm a_1$（a_1 为正整数）的元素和（$N_f - \alpha_1$）个零值的向量。

第 2 类 m^2：包含 α_1 个值为 $\pm a_1$（a_1 为正整数）的元素、α_2 个值为 $\pm a_2$（a_2 为正整数，且 $a_1 \neq a_2$）的元素和（$N_f - \alpha_1 - \alpha_2$）个零值的向量。

⋮

第 K 类（$1 \leqslant K \leqslant N_f$）$m^K$：包含 α_1 个值为 $\pm a_1$（a_1 为正整数）的元素、α_2 个值为 $\pm a_2$（a_2 为正整数，且 $a_1 \neq a_2$）的元素、α_3 个值为 $\pm a_3$（a_3 为正整数，且 $a_1 \neq a_2 \neq a_3$）的元素、…、α_K 个值为 $\pm a_K$（a_K 为正整数，且 $\forall i \neq j$，$a_i \neq a_j$）的元素和（$N_f - \alpha_1 - \alpha_2 - \alpha_3 - \cdots - \alpha_K$）个零值的向量。

定义如下向量：$a_K \equiv [a_i]_{i=1}^K$，$\alpha_K \equiv [\alpha_i]_{i=1}^K$（$K=1, 2, \cdots, N_f$）；符号 $\gamma^{(K)}(t)$（$K=1, 2, \cdots, N_f$）表示由 a_K 和 α_K 确定的第 K 类 m 向量 m^K 对应的式（4.6）中的项求和后的信号。这里需说明的是，一旦选定了 a_K 和 α_K，这 K 类 m 向量的阶数和符号就都

是不相同的。此时，散射系数可以重新表示为

$$\gamma(t) = G[\mathbf{0}] + \sum_{K=1}^{N_f} \sum_{a_K} \sum_{\alpha_K} \gamma^{(K)}(t) \tag{4.14}$$

其中，$\displaystyle\sum_{a_K} = \sum_{a_1=1}^{\infty} \sum_{a_2=1}^{\infty} \cdots \sum_{a_K=1}^{\infty}$，$\displaystyle\sum_{\alpha_K} = \sum_{\alpha_1=1}^{N_f-K+1} \sum_{\alpha_2=1}^{N_f-\alpha_1-K+2} \cdots \sum_{\alpha_K=1}^{N_f-\sum_{j=1}^{K}\alpha_j}$，$\mathbf{0}$ 是长度为 N_f 的零向量。

为确定 $\gamma(t)$ 的分形特征就必须分析式（4.14）的每一项，即分析 $\gamma^{(K)}(t)$（$K=1, 2, \cdots,$ N_f）以确定其是否具有小于或等于 s 的分形维数。由于理论上操作起来十分复杂，这里首先考虑 $K=1$ 和 $K=2$ 的情况，然后将结论推广到 $1 \leqslant K \leqslant N_f$。

（1）$\gamma^{(1)}(t)$ 项分形分析

$\gamma^{(1)}(t)$ 是由 a_1 和 α_1 确定的第 1 类 $\mathbf{m}$ 向量 $\mathbf{m}^1$ 对应的式（4.6）中的项求和得到的结果，然而，仅已知 a_1 和 α_1 并不能确定一个 $\mathbf{m}^1$ 类向量，还需要知道向量阶数和 $\mathbf{m}$ 非零项的符号。因此，定义如下向量

$$\mathbf{p}^1 = \left\{ p^1_{q_1} \right\}_{q_1=1}^{\alpha_1}, 1 \leqslant p^1_{q_1} \leqslant N_f - 1, p^1_{q_1-1} \leqslant p^1_{q_1}, 1 \leqslant \alpha \leqslant N_f \tag{4.15}$$

其中，$\mathbf{p}^1$ 是一个指针向量，元素 $p^1_{q_1}$ 给出了第 q_1 个元素 $\pm a_1$ 在向量 $\mathbf{m}$ 中的位置。例如，$p^1_5 = 7$ 表示第 5 个元素 $\pm a_1$ 在向量 $\mathbf{m}$ 中的第 7 位置处。

$$\mathbf{k}^1 = \left\{ k^1_{v_1} \right\}_{v_1=1}^{\alpha_1^+}, 1 \leqslant k^1_{v_1} \leqslant \alpha_1, k^1_{v_1-1} < k^1_{v_1}, 1 \leqslant \alpha_1^+ \leqslant \alpha_1 \tag{4.16}$$

其中，α_1^+ 为正元素 $+a_1$ 的个数；向量 $\mathbf{k}^1$ 是指向向量 $\mathbf{p}^1$ 的指针，它表明了向量 $\mathbf{m}$ 中正元素的位置；$k^1_{v_1}$ 的值给出了包含第 v_1 个正元素 $+a_1$ 在向量 $\mathbf{m}$ 中的位置的向量 $\mathbf{p}^1$ 的元素。例如，$k^1_3 = 5$ 表示第 3 个正元素 $+a_1$ 的位置由 p^1_5 的值给出。如果 $p^1_5 = 8$，则该元素在向量 $\mathbf{m}$ 中的第 8 位置处。很明显，当 $\alpha_1^+ = 0$ 时，向量 $\mathbf{m}$ 的非零元素全为负，而向量 $\mathbf{k}^1$ 就不存在了。

为更好地理解向量标记法，可以看如图 4.4 所示例子。向量 $\mathbf{m}$ 由如下参数确定：$N_f=9$，$\alpha_1=3$，$\alpha_1^+=2$，$\mathbf{p}^1=[2, 4, 6]$，$\mathbf{k}^1=[1, 3]$。

	0	1	2	3	4	5	6	7	$N_f-1=8$
m^1	0	0	$+a_1$	0	$-a_1$	0	$+a_1$	0	0
			p^1_1		p^1_2		p^1_3		

图 4.4 一个 m^1 类向量

选择合适的 p^1 和 k^1，并将第 1 类向量记为 $m^1(p^1,k^1)$，相应的 $\gamma^{(1)}(t)$ 记为 $\gamma^{(1)}(t,p^1,k^1)$，则信号 $\gamma^{(1)}(t)$ 可以重写为

$$\gamma^{(1)}(t) = \sum_{\alpha_1^+=1}^{\alpha_1} \sum_{k^1} \sum_{p^1} \gamma^{(1)}(t,p^1,k^1) \tag{4.17}$$

其中，$\sum_{p^1}=\sum_{p_1^1}\sum_{p_2^1}\cdots\sum_{p_{\alpha_1}^1}$，$\sum_{k^1}=\sum_{k_1^1}\sum_{k_2^1}\cdots\sum_{k_{\alpha_1^+}^1}$。当 $\alpha_1^+=0$ 时，向量 m 的非零元素全为负，向量 k^1 不存在，此时式（4.17）的第二层求和必须忽略。

接着，确定 $\gamma^{(1)}(t,p^1,k^1)$ 的闭式表达式。首先重写式（4.10）给出的 $G_1[m^1(p^1,k^1)]$，即

$$G_1[m^1(p^1,k^1)] = (\pm)\left\{\prod_{q_1=1}^{\alpha_1} J_{a_1}\left[Cv_z\sigma\cdot b^{(s-2)p_{q_1}^1}\right]\right\}\cdot\left\{\prod_{z=0}^{N_f-\alpha_1} J_0\left[Cv_z\sigma\cdot b^{(s-2)p_z^1(p^1)}\right]\right\} \tag{4.18}$$

其中，$p^0(p^1)=\{p_z^0(p^1)\}_{z=1}^{N_f-\alpha}$ 为一个指针向量，给出了向量 m 中 0 的位置。假设 $p_0^0(p^1)=\infty$，则当 $\alpha_1=N_f$ 时，式（4.18）的乘积项（包括贝塞尔函数 $J_0(\cdot)$）为 1（注：$s-2<0$）。由图 4.4 可以得到，$p^0(p^1)=[0,1,3,5,7,8]$。当元素 $\pm a_1$ 的位置不同时（如向量 p^1 发生变化了），向量 $p^0(p^1)$ 也随之发生改变。同时，考虑到 $J_{-a_1}(x)=(-1)^{a_1}\cdot J_{a_1}(x)$，可以得到式（4.18）中的负号仅当 a_1 和 $\alpha_1^-=\alpha_1-\alpha_1^+$ 都为偶数时才会出现。可见，除符号外，函数 $G_1[m^1(p^1,k^1)]$ 仅依赖于元素 $\pm a_1$ 的位置，即依赖于向量 p^1。为简化标记法，定义 x_{q_1} 为

$$x_{q_1} = Cv_z\sigma b^{(s-2)p_{q_1}^1} \tag{4.19}$$

在式（4.18）中，贝塞尔函数 $J_{a_1}(x_{q_1})$ 可以扩展成递增序列形式

$$J_{a_1}(x_{q_1}) = \left(\frac{x_{q_1}}{2}\right)^{a_1}\rho_{a_1}(q_1) \tag{4.20}$$

其中，$\rho_{a_1}(q_1)$ 为

$$\rho_{a_1}(q_1) = \left\{\sum_{r=0}^{\infty}\frac{(-1)^r\left(\frac{x_{q_1}}{2}\right)}{r!(a_1+r)!}\right\} \tag{4.21}$$

将式（4.20）代入式（4.18）可得

$$G_1[\boldsymbol{m}^1(\boldsymbol{p}^1,\boldsymbol{k}^1)] = \mu(a_1,\alpha_1)\mu_0(\boldsymbol{p}^1)\left\{\prod_{q_1=1}^{\alpha_1} b^{a_1(s-2)p^1_{q_1}}\right\} \tag{4.22}$$

其中，$\mu(a_1,\alpha_1)$ 和 $\mu_0(\boldsymbol{p}^1)$ 分别为

$$\mu(a_1,\alpha_1) = (\pm)\left(\frac{Cv_z\sigma}{2}\right)^{a_1\alpha_1} \tag{4.23}$$

$$\mu_0(\boldsymbol{p}^1) = \left\{\prod_{z=0}^{N_f-\alpha_1} J_0\left[Cv_z\sigma b^{(s-2)p^0_z(\boldsymbol{p}^1)}\right]\right\}\left\{\prod_{q_1=1}^{\alpha_1}\rho_{a_1}(q_1)\right\} \tag{4.24}$$

将式（4.22）代入式（4.7）并结合式（4.6）可以得到 $\gamma^{(1)}(t,\boldsymbol{p}^1,\boldsymbol{k}^1)$ 的表达式为

$$\gamma^{(1)}(t,\boldsymbol{p}^1,\boldsymbol{k}^1) = \mu(a_1,\alpha_1)A(\boldsymbol{p}^1,\boldsymbol{k}^1)\left\{\prod_{q_1=1}^{\alpha_1} b^{a_1(s-2)p^1_{q_1}}\right\}\cdot$$
$$\exp\left\{j\left[a_1\sum_{q_1=1}^{\alpha_1}\text{sgn}(m^1_{p^1_{q_1}})\left(K_0Vb^{p^1_{q_1}}t+\varPhi_{p^1_{q_1}}\right)\right]\right\} \tag{4.25}$$

其中，$m^1_{p^1_{q_1}}$ 是向量 $\boldsymbol{m}^1(\boldsymbol{p}^1,\boldsymbol{k}^1)$ 的 $p^1_{q_1}$ 个元素，$A(\boldsymbol{p}^1,\boldsymbol{k}^1)$ 为

$$A(\boldsymbol{p}^1,\boldsymbol{k}^1) = g(\theta_i,\theta_s)\mu_0(\boldsymbol{p}^1)\sin c\left[\left(v_x+K_0a_1\sum_{q_1=1}^{\alpha_1}\text{sgn}(m^1_{p^1_{q_1}})\right)L\right] \tag{4.26}$$

首先考虑 $\alpha_1=1$ 的情况，并观察式（4.25）的实部 $\gamma^{(1)}_R(t,\boldsymbol{p}^1,\boldsymbol{k}^1)$

$$\gamma^{(1)}_R(t,\boldsymbol{p}^1,\boldsymbol{k}^1) = \mu(a_1,1)A(\boldsymbol{p}^1,\boldsymbol{k}^1)b^{a_1(s-2)p^1_1}\cos\{a_1\text{sgn}(m^1_{p^1_{q_1}})(K_0Vb^{p^1_1}t+\varPhi_{p^1_1})\} \tag{4.27}$$

这里必须考虑从 0 到 N_f-1 对应的元素 $\pm a_1$ 的位置 p^1_1，因此，式（4.17）是 $2N_f$ 项的和，结果为

$$\gamma^{(1)}_R(t) = 2\mu(a_1,1)\sum_{p^1_1=0}^{N_f-1} A_1(p^1_1)b^{a_1(s-2)p^1_1}\cos[a_1(K_0Vb^{p^1_1}t+\varPhi_{p^1_1})] \tag{4.28}$$

其中，

$$A_1(p^1_1) = g(\theta_i,\theta_s)\mu_0(p^1_1)\{\sin c[(v_x+K_0a_1b^{p^1_1})L]+\sin c[(v_x-K_0a_1b^{p^1_1})L]\} \tag{4.29}$$

为一有界序列。

由以上分析，并参考附录 A，可以证明以下几个结论。

① 式（4.28）所示的信号在 $a_1=1$ 时是分形的，且维数为 s。

② 式（4.28）所示的信号在 $a_1 > 1$ 时是分形的，且维数小于 s。

③ 对虚部进行分析可以得到同样的结论。

接下来考虑 $a_1 > 1$ 时的情况，首先重写式（4.17）为

$$\gamma^{(1)}(t) = \sum_{\alpha_1^+=0}^{\alpha_1} \sum_{\underline{k}^1} \gamma^{(1)}(t, \boldsymbol{k}^1) \qquad (4.30)$$

其中，$\gamma^{(1)}(t, \boldsymbol{k}^1)$ 为

$$\gamma^{(1)}(t, \boldsymbol{k}^1) = \sum_{\underline{p}^1} \gamma^{(1)}(t, \boldsymbol{p}^1, \boldsymbol{k}^1) \qquad (4.31)$$

根据式（4.25）可以得到 $\gamma^{(1)}(t)$ 的实部 $\gamma_R^{(1)}(t, \boldsymbol{k}^1)$ 为

$$\gamma_R^{(1)}(t, \boldsymbol{k}^1) = \sum_{\underline{p}^1} \mu(a_1, \alpha_1) A(\boldsymbol{p}^1, \boldsymbol{k}^1) \left\{ \prod_{q_1=1}^{\alpha_1} b^{a_1(s-2)p_{q_1}^1} \right\} \cdot \cos \left\{ a_1 \sum_{q_1=1}^{\alpha_1} a_1 \operatorname{sgn}(m_{p_{q_1}^1}^1)(K_0 V b^{p_1^1} t + \Phi_{p_1^1}) \right\}$$

$$(4.32)$$

参考附录 B 可以得到如下结论。

④ $\gamma_R^{(1)}(t, \boldsymbol{k}^1)$ 是分形的，且维数上界为 s。

⑤ 对虚部进行分析可以得到同样的结论。

式（4.30）表示 $\gamma^{(1)}(t)$ 是各个 $\gamma^{(1)}(t, \boldsymbol{k}^1)$ 的和，因此，应用分形理论关于分形函数求和的定理，并结合④和⑤可得⑥。

⑥ $a_1 > 1$ 时，$\gamma^{(1)}(t)$ 项的实部与虚部是分形的，且分形维数的上界为 s。

综上所述，可以得到如下两点主要结论。

结论 1：当 $a_1 = 1$、$\alpha_1 = 1$ 时，$\gamma^{(1)}(t)$ 的实部与虚部都是分形的，且分形维数等于 s；

结论 2：当 $a_1 > 1$、$\alpha_1 > 1$ 时，$\gamma^{(1)}(t)$ 的实部与虚部都是分形的，且分形维数上界为 s。

（2）$\gamma^{(2)}(t)$ 项分形分析

$\gamma^{(2)}(t)$ 是由 $\boldsymbol{a}_2 = (a_1, a_2)$ 和 $\boldsymbol{\alpha}_2 = (\alpha_1, \alpha_2)$ 确定的第 2 类 $\boldsymbol{m}$ 向量 $\boldsymbol{m}^2$ 对应的式（4.6）中的项求和得到的结果，为确定一个第 2 类向量，需确定向量的阶数和非零项元素的符号。因此，定义如下向量

$$\boldsymbol{p}^1 = \left\{ p_{q_1}^1 \right\}_{q_1=1}^{\alpha_1}, 1 \leqslant p_{q_1}^1 \leqslant N_f - 1, p_{q_1-1}^1 \leqslant p_{q_1}^1 \qquad (4.33)$$

其中，$\boldsymbol{p}^1$ 是一个指针向量，元素 $p_{q_1}^1$ 给出了第 q_1 个元素 $\pm a_1$ 在向量 $\boldsymbol{m}$ 中的位置。

$$\boldsymbol{k}^1 = \left\{ k_{\nu_1}^1 \right\}_{\nu_1=1}^{\alpha_1^+}, 1 \leqslant k_{\nu_1}^1 \leqslant \alpha_1, k_{\nu_1-1}^1 < k_{\nu_1}^1, 1 \leqslant \alpha_1^+ \leqslant \alpha_1 \qquad (4.34)$$

其中，α_1^+ 为正元素+a_1 的个数；向量 $\boldsymbol{k}^1$ 是指向向量 $\boldsymbol{p}^1$ 的指针，它表明了向量 $\boldsymbol{m}$ 中正元素的位置；$k_{\nu_1}^1$ 的值给出了包含第 ν_1 个正元素+a_1 在向量中的位置的向量 $\boldsymbol{p}^1$ 的元素。当 α_1^+=0 时，向量 $\boldsymbol{m}$ 的非零元素全为负，而向量 $\boldsymbol{k}^1$ 就不存在了。

$$\boldsymbol{p}^2 = \left\{ p_{q_1}^1 \right\}_{q_2=1}^{\alpha_2}, 1 \leqslant p_{q_2}^2 \leqslant N_f - 1, p_{q_2-1}^2 \leqslant p_{q_2}^2, 1 \leqslant \alpha_1 + \alpha_2 \leqslant N_f \quad （4.35）$$

其中，$\boldsymbol{p}^2$ 是一个指针向量，元素 $p_{q_2}^2$ 给出了第 q_2 个元素±a_2 在向量 $\boldsymbol{m}$ 中的位置。

$$\boldsymbol{k}^2 = \left\{ k_{\nu_2}^2 \right\}_{\nu_2=1}^{\alpha_2^+}, 1 \leqslant k_{\nu_2}^2 \leqslant \alpha_2^+, k_{\nu_2-1}^2 < k_{\nu_2}^2, 1 \leqslant \alpha_2^+ \leqslant \alpha_2 \quad （4.36）$$

其中，α_2^+ 为正元素+a_2 的个数；向量 $\boldsymbol{k}^2$ 是指向向量 $\boldsymbol{p}^2$ 的指针，它表明了向量 $\boldsymbol{m}$ 中正元素+a_2 的位置；$k_{\nu_2}^2$ 的值给出了包含第 ν_2 个正元素+a_2 在向量中的位置的向量 $\boldsymbol{p}^2$ 的元素。当 α_2^+=0 时，向量 $\boldsymbol{m}$ 的非零元素全为负，而向量 $\boldsymbol{k}^2$ 就不存在了。

为弄清向量的标记符号，这里给出如图 4.5 所示的例子。向量 $\boldsymbol{m}$ 由如下参数确定：N_f=9，α_1=3，α_2=2，α_1^+=2，α_2^+=1，$\boldsymbol{p}^1$=[2, 4, 6]，$\boldsymbol{p}^2$=[0, 8]，$\boldsymbol{k}^1$=[1, 3]，$\boldsymbol{k}^2$=[1]。

	0	1	2	3	4	5	6	7	N_f-1=8
m^2	+a_2	0	+a_1	0	−a_1	0	+a_1	0	−a_2
	p_1^2		p_1^1		p_2^1		p_3^1		p_2^2

图 4.5　一个 m^2 类向量

固定 $\boldsymbol{a}$ 和 α 选择合适的 $\boldsymbol{p}^1, \boldsymbol{p}^2, \boldsymbol{k}^1, \boldsymbol{k}^2$，并将第 2 类向量记为 $\boldsymbol{m}^2 (\boldsymbol{p}^1, \boldsymbol{p}^2, \boldsymbol{k}^1, \boldsymbol{k}^2)$，相应的 $\gamma^{(2)}(t)$ 记为 $\gamma^{(2)} (t, \boldsymbol{p}^1, \boldsymbol{p}^2, \boldsymbol{k}^1, \boldsymbol{k}^2)$，则 $\gamma^{(2)}(t)$ 可重写为

$$\gamma^{(2)}(t) = \sum_{\alpha_1^+=0}^{\alpha_1} \sum_{\alpha_2^+=0}^{\alpha_2} \sum_{\boldsymbol{k}^1} \sum_{\boldsymbol{k}^2} \sum_{\boldsymbol{p}^1} \sum_{\boldsymbol{p}^2} \gamma^{(2)}(t, \boldsymbol{p}^1, \boldsymbol{p}^2, \boldsymbol{k}^1, \boldsymbol{k}^2) \quad （4.37）$$

其中，$\displaystyle\sum_{\boldsymbol{p}^1} = \sum_{p_1^1} \sum_{p_2^1} \cdots \sum_{p_{\alpha_2}^1}$，$\displaystyle\sum_{\boldsymbol{k}^2} = \sum_{k_1^2} \sum_{k_2^2} \cdots \sum_{k_{\alpha_2^+}^2}$。当 α_1^+=0 时，式（4.37）的关于 $\boldsymbol{k}^1$ 的求和符号需移除；当 α_2^+=0 时，式（4.37）中关于 $\boldsymbol{k}^2$ 的求和符号需移除。

根据向量 $\boldsymbol{m}^2(\boldsymbol{p}^1, \boldsymbol{p}^2, \boldsymbol{k}^1, \boldsymbol{k}^2)$，重写 $G_1[\boldsymbol{m}^2(\boldsymbol{p}^1, \boldsymbol{p}^2, \boldsymbol{k}^1, \boldsymbol{k}^2)]$ 为

$$G_1[\boldsymbol{m}^2 (\boldsymbol{p}^1, \boldsymbol{p}^2, \boldsymbol{k}^1, \boldsymbol{k}^2)] =$$
$$(\pm) \left\{ \prod_{q_1=1}^{\alpha_1} J_{\alpha_1} [C v_z \sigma b^{(s-2)p_{q_1}^1}] \right\} \left\{ \prod_{q_2=1}^{\alpha_2} J_{\alpha_2} [C v_z \sigma b^{(s-2)p_{q_2}^2}] \right\} \left\{ \prod_{z=0}^{N_f - \alpha_1 - \alpha_2} J_0 [C v_z \sigma b^{(s-2)p_z^0(\boldsymbol{p}^1, \boldsymbol{p}^2)}] \right\}$$
$$（4.38）$$

其中，$\boldsymbol{p}^0 (\boldsymbol{p}^1, \boldsymbol{p}^2) = \{ p_z^0 (\boldsymbol{p}^1, \boldsymbol{p}^2) \}_{z=1}^{N_f - \alpha_1 - \alpha_2}$ 为一个指针向量，给出了向量 $\boldsymbol{m}$ 中 0 的位

置。假设 $p^0(p^1,p^2)=\infty$，则当 $\alpha_1+\alpha_2=N_f$ 时，式（4.38）的乘积项（包括贝塞尔函数 $J_0(\cdot)$）为1。考虑到贝塞尔函数性质 $J_{-n}(x)=(-1)J_n(x)$，可得式（4.38）中的负号仅当 a_1 和 $\alpha_1^-=\alpha_1-\alpha_1^+$ 都为偶数或者 a_2 和 $\alpha_2^-=\alpha_2-\alpha_2^+$ 都为偶数时才会出现。可见，除符号外，函数 $G_1[m^2(p^1,p^2,k^1,k^2)]$ 仅依赖于非零元素的位置。

将递增序列式（4.20）代入式（4.38）的贝塞尔函数可得

$$G_1[m^2(p^1,p^2,k^1,k^2)]=\mu(a,\alpha)\mu_0(p^1,p^2)\left\{\prod_{q_1=1}^{\alpha_1}b^{(s-2)p_{q_1}^1}\right\}\cdot\left\{\prod_{q_2=1}^{\alpha_2}b^{(s-2)p_{q_2}^2}\right\} \quad（4.39）$$

其中，$\mu(a,\alpha)$ 和 $\mu_0(p^1,p^2)$ 分别为

$$\mu(a,\alpha)=(\pm)\left(\frac{Cv_z\sigma}{2}\right)^{(a_1\alpha_1+a_2\alpha_2)} \quad（4.40）$$

$$\mu_0(p^1,p^2)=\left\{\prod_{z=0}^{N_f-\alpha_1-\alpha_2}J_0[Cv_z\sigma b^{(s-2)p_z^0(p^1,p^2)}]\right\}\left\{\prod_{q_1=1}^{\alpha_1}\rho_{\alpha_1}(q_1)\right\}\left\{\prod_{q_2=1}^{\alpha_2}\rho_{\alpha_2}(q_2)\right\} \quad（4.41）$$

其中，$\rho_{a_i}(q_i)$（$i=1,2$）由式（4.21）给出，将 x_{q_1} 替换为 $x_{q_i}=Cv\sigma b^{(s-2)p_{q_i}^i}$（$i=1,2$）即可得到。

将式（4.39）代入式（4.18），并结合式（4.17），可以得到 $\gamma^{(2)}(t,p^1,p^2,k^1,k^2)$ 的表达式为

$$\gamma^{(2)}(t,p^1,p^2,k^1,k^2)=\mu(a,\alpha)A(p^1,p^2,k^1,k^2)\left\{\prod_{q_1=1}^{\alpha_1}b^{a_1(s-2)p_{q_1}^1}\right\}\left\{\prod_{q_2=1}^{\alpha_2}b^{a_2(s-2)p_{q_2}^2}\right\}\cdot$$

$$\exp\left[j\left\{\sum_{q_1=1}^{\alpha_1}\sum_{q_2=1}^{\alpha_2}[\text{sgn}(m_{p_{q_1}^1}^2)a_1(K_0Vb^{p_{q_1}^1}t+\Phi_{p_{q_1}^1})+\right.\right.$$

$$\left.\left.\text{sgn}(m_{p_{q_2}^2}^2)a_2(K_0Vb^{p_{q_2}^2}t+\Phi_{p_{q_2}^2})]\right\}\right] \quad（4.42）$$

其中，

$$A(p^1,p^2,k^1,k^2)=g(\theta_i,\theta_s)\mu_0(p^1,p^2)\cdot$$

$$\text{sin}c\left[\left(v_x+K_0\sum_{q_1=0}^{\alpha_1}\sum_{q_2=0}^{\alpha_2}(\text{sgn}(m_{p_{q_1}^1}^2)a_1b^{p_{q_1}^1}+\text{sgn}(m_{p_{q_2}^2}^2)a_2b^{p_{q_2}^2})\right)L\right] \quad（4.43）$$

是一个有界函数。现将式（4.37）重写为

$$\gamma^{(2)}(t) = \sum_{\alpha_1^+ = 0}^{\alpha_1} \sum_{\alpha_2^+ = 0}^{\alpha_2} \sum_{\boldsymbol{k}^1} \sum_{\boldsymbol{k}^2} \gamma^{(2)}(t, \boldsymbol{k}^1, \boldsymbol{k}^2) \qquad (4.44)$$

其中，$\gamma^{(2)}(t, \boldsymbol{k}^1, \boldsymbol{k}^2)$ 为

$$\gamma^{(2)}(t, \boldsymbol{k}^1, \boldsymbol{k}^2) = \sum_{\boldsymbol{p}^1} \sum_{\boldsymbol{p}^2} \gamma^{(2)}(t, \boldsymbol{p}^1, \boldsymbol{p}^2, \boldsymbol{k}^1, \boldsymbol{k}^2) \qquad (4.45)$$

由式（4.42）可以得到 $\gamma^{(2)}(t, \boldsymbol{k}^1, \boldsymbol{k}^2)$ 的实部 $\gamma_{\mathrm{R}}^{(2)}(t, \boldsymbol{k}^1, \boldsymbol{k}^2)$ 为

$$\gamma_{\mathrm{R}}^{(2)}(t, \boldsymbol{k}^1, \boldsymbol{k}^2) = \mu(\boldsymbol{a}, \boldsymbol{\alpha}) A(\boldsymbol{p}^1, \boldsymbol{p}^2, \boldsymbol{k}^1, \boldsymbol{k}^2) \Big\{ \prod_{q_1 = 1}^{\alpha_1} b^{(s-2)p_{q_1}^1} \Big\} \Big\{ \prod_{q_2 = 1}^{\alpha_2} b^{(s-2)p_{q_2}^2} \Big\} \cdot$$

$$\cos \Bigg[\sum_{q_1 = 1}^{\alpha_1} \sum_{q_2 = 1}^{\alpha_2} \Big[\mathrm{sgn}(m_{p_{q_1}^1}^2) a_1 (K_0 V b^{p_{q_1}^1} t + \varPhi_{p_{q_1}^1}) + $$

$$\mathrm{sgn}(m_{p_{q_2}^2}^2) a_2 (K_0 V b^{p_{q_2}^2} t + \varPhi_{p_{q_2}^2}) \Big] \Bigg] \qquad (4.46)$$

参考附录 C，可以得到如下结论。

① 实部 $\gamma_{\mathrm{R}}^{(2)}(t, \boldsymbol{k}^1, \boldsymbol{k}^2)$ 是分形的，且分形维数上界为 s。

② 对虚部进行分析可以得到相同的结论。

这里仍然可以运用分形理论中关于分形函数求和的定理，并参考对 $\gamma^{(1)}(t)$ 分形分析得到的结论，可以得到如下结论。

结论 3：$\gamma^{(2)}(t)$ 项是分形的，且分形维数上界为 s。

（3）$\gamma^{(K)}(t)$ 项分形分析

本节将 $K=1, 2$ 扩展到 $K \in (1, N_f)$ 进行分析。固定 $\boldsymbol{a} = (a_1, a_2, \cdots, a_K)$ 和 $\boldsymbol{\alpha} = (\alpha_1, \alpha_2, \cdots, \alpha_K)$ 可得第 K 类向量 $\boldsymbol{m}^K$，并给出如下 K 个向量

$$\boldsymbol{p}^n = \Big\{ p_{q_n}^n \Big\}_{q_n = 1}^{\alpha_n}, 1 \leqslant p_{q_n}^n \leqslant N_f - 1, p_{q_n - 1}^n \leqslant p_{q_n}^n, 1 \leqslant \alpha_n \leqslant N_f, 1 \leqslant n \leqslant K, \sum_{n=1}^{K} \alpha_n \leqslant N_f$$

$$(4.47)$$

其中，$\boldsymbol{p}^n$ 是一个指针向量，元素 $p_{q_n}^n$ 给出了第 q_n 个元素 $\pm a_n$ 在向量 $\boldsymbol{m}$ 中的位置。

$$\boldsymbol{k}^n = \Big\{ k_{\nu_n}^n \Big\}_{\nu_n = 1}^{\alpha_n^+}, 1 \leqslant k_{\nu_n}^n \leqslant \alpha_n, k_{\nu_n - 1}^n < k_{\nu_n}^n, 1 \leqslant \alpha_n^+ \leqslant \alpha_n, 1 \leqslant n \leqslant K \qquad (4.48)$$

其中，α_n^+ 为正元素 $+a_n$ 的个数。

为简化运算，采用如下标记：$p^1\cdots p^K=(p^1,p^2,\cdots,p^K)$；$k^1\cdots k^K=(k^1,k^2,\cdots,k^K)$。固定 a 与 α 并选择合适的 $p^1\cdots p^K$ 和 $k^1\cdots k^K$，可得到第 K 类向量 m^K，记为 m^K（$p^1\cdots p^K,k^1\cdots k^K$），对应的 $\gamma^{(K)}(t)$ 记为 $\gamma^{(K)}(t,p^1\cdots p^K,k^1\cdots k^K)$。则 $\gamma^{(K)}(t)$ 可以重写为

$$\gamma^K(t)=\sum_{a^+}\sum_{k^1\cdots k^K}\sum_{p^1\cdots p^K}\gamma^{(K)}(t,p^1\cdots p^K,k^1\cdots k^K)\qquad(4.49)$$

其中，$\displaystyle\sum_{a^+}=\sum_{\alpha_1^+=0}^{\alpha_1}\sum_{\alpha_2^+=0}^{\alpha_2}\cdots\sum_{\alpha_K^+=0}^{\alpha_K}$，$\displaystyle\sum_{p^1\cdots p^K}=\sum_{p^1}\sum_{p^2}\cdots\sum_{p^K}$，$\displaystyle\sum_{k^1\cdots k^K}=\sum_{k^1}\sum_{k^2}\cdots\sum_{k^K}$。当 $\alpha_n^+=0$ 时，式（4.49）中关于 k^n 的求和符号需移除。扩展由式（4.38）～式（4.42）得到的结果，$\gamma^{(K)}(t,p^1\cdots p^K,k^1\cdots k^K)$ 的表达式为

$$\gamma^{(K)}(t,p^1\cdots p^K,k^1\cdots k^K)=$$
$$\mu(a,\alpha)A(p^1\cdots p^K,k^1\cdots k^K)\prod_{n=1}^{K}\left\{\prod_{q_n=1}^{\alpha_n}b^{a_n(s-2)p_{q_n}^1}\right\}\cdot$$
$$\exp\left[j\left\{\sum_{q_1=1}^{\alpha_1}\sum_{q_2=1}^{\alpha_2}\cdots\sum_{q_K=1}^{\alpha_K}\left[\sum_{n=1}^{K}\mathrm{sgn}(m_{p_{q_n}^n}^n)\cdot a_n(K_0Vb^{p_{q_n}^n}t+\Phi_{p_{q_n}^n})\right]\right\}\right]\qquad(4.50)$$

其中，$A(p^1\cdots p^K,k^1\cdots k^K)$、$H(a,\alpha)$ 和 $\mu_0(p^1\cdots p^K)$ 分别为

$$A(p^1\cdots p^K,k^1\cdots k^K)=g(\theta_i,\theta_s)\mu_0(p^1\cdots p^K)\cdot$$
$$\mathrm{sinc}\left[\left(v_x+K_0\sum_{q_1=1}^{\alpha_1}\sum_{q_2=1}^{\alpha_2}\cdots\sum_{q_K=1}^{\alpha_K}\left[\sum_{n=1}^{K}\mathrm{sgn}(m_{p_{q_n}^n}^n)a_nb^{p_{q_n}^n}\right]\right)L\right]\qquad(4.51)$$

$$\mu(a,\alpha)=(\pm)\left(\frac{Cv_z\sigma}{2}\right)^{\sum_{n=1}^{K}a_n\alpha_n}\qquad(4.52)$$

$$\mu_0(p^1\cdots p^K)=\left\{\prod_{z=0}^{N_f-\sum_{n=1}^{K}\alpha_n}J_0[Cv_z\sigma b^{(s-2)p_z^0(p^1\cdots p^K)}]\right\}\prod_{n=1}^{K}\left\{\prod_{q_n=1}^{\alpha_n}\rho_{\alpha_n}(q_n)\right\}\qquad(4.53)$$

其中，$\rho_{\alpha_n}(q_n)$（$n=1,2,\cdots,K$）由式（4.21）给出，将 x_{q_1} 替换为 $x_{q_n}=Cv\sigma b^{(s-2)p_{q_n}^n}$（$n=1,2,\cdots,K$）即可得到。将式（4.49）重写为

$$\gamma^{K}(t) = \sum_{\alpha^{+}} \sum_{k^{1}\cdots k^{K}} \gamma^{(K)}(t, k^{1}\cdots k^{K}) \qquad (4.54)$$

其中，$\gamma^{(K)}(t, k^{1}\cdots k^{K})$ 为

$$\gamma^{(K)}(t, k^{1}\cdots k^{K}) = \sum_{p^{1}\cdots p^{K}} \gamma^{(K)}(t, p^{1}\cdots p^{K}, k^{1}\cdots k^{K}) \qquad (4.55)$$

通过式（4.50）可得 $\gamma^{(K)}(t, k^{1}\cdots k^{K})$ 实部 $\gamma_{R}^{(K)}(t, k^{1}\cdots k^{K})$ 表达式为

$$\gamma_{R}^{(K)}(t, k^{1}\cdots k^{K}) = \sum_{p^{1}\cdots p^{K}} \mu(a,\alpha) A(p^{1}\cdots p^{K}, k^{1}\cdots k^{K}) \prod_{n=1}^{K} \left\{ \prod_{q_{n}=1}^{\alpha_{n}} b^{a_{n}(s-2)p_{q_{n}}^{1}} \right\} \cdot$$
$$\cos \left\{ \sum_{q_{1}=1}^{\alpha_{1}} \sum_{q_{2}=1}^{\alpha_{2}} \cdots \sum_{q_{K}=1}^{\alpha_{K}} \left[\sum_{n=1}^{K} \mathrm{sgn}(m_{p_{qn}}^{n}) a_{n}(K_{0}Vb^{p_{q_{n}}^{n}}t + \Phi_{p_{q_{n}}^{n}}) \right] \right\} \qquad (4.56)$$

参考附录 D，可以得到如下结论。

① 实部 $\gamma_{R}^{(K)}(t, k^{1}\cdots k^{K})$ 是分形的，且分形维数上界为 s。

② 对虚部进行分析可以得到相同的结论。

运用分形理论关于分形函数求和的定理，可以得到如下结论。

结论 4：$\gamma^{(K)}(t)$ 项是分形的，且分形维数上界为 s。

综合结论 1～结论 4，并再次运用分形理论关于分形函数求和的定理，可得如下结论。

散射系数的实部和虚部（分别对应接收信号的同相和正交分量）的曲线是分形曲线，并且拥有与海面相同的分形维数 s。

4. 仿真分析

为验证上述得到的最终结论，本节编制计算机程序计算一维分形海面 $f(x, t)$ 的散射系数 $\gamma(t)$。散射系数 $\gamma(t)$ 的分形维数估计方法采用 Maragos 提出的覆盖法[10-11]。这一方法采用对双对数曲线进行线性拟合计算盒维数，并选择最合适的尺度区间进行计算，主要步骤如下。

① 在尺度区间 $[\varepsilon_{m}^{(1)} = 1, \ \varepsilon_{M}^{(1)} = 10]$ 进行覆盖，得到分形维数 s 的一个粗略估计值 s_{1}。

② 计算新的最小尺度 $\varepsilon_{m} = as_{1} + \beta$ 和新的最大尺度

$$\varepsilon_{M} = \min \left\{ \max \left[\frac{(s_{1}-1.2)N}{1.5}, (\varepsilon_{m} + \varepsilon_{M}^{(1)}) \right], \ \frac{N}{2} \right\}$$

其中，N 为信号采样点的个数。

③ 在尺度区间$[\varepsilon_m, \varepsilon_M]$计算分形维数的精确估计值$\hat{s}$。

为降低计算难度及可能的误差，这里仅计算主要项$\gamma^{(1)}(t)$和$\gamma^{(2)}(t)$。为保证$\gamma^{(1)}(t)$和$\gamma^{(2)}(t)$在所有项中占主导地位，需满足式（4.10）中的$G_1(m)$和式（4.7）中的$G(m)$的最大值都属于第1类和第2类。为达到这一条件，需要选择合适的模型和几何参数，保证式（4.10）中的$x = Cv_z b^{(s-2)n}$在区间I内，这样贝塞尔函数也比较容易控制。实际上，$I=[0, 1.5]$，即

$$|Cv_z\sigma| \leqslant 1.5 \qquad (4.57)$$

随着x从0逐步增加到1.5，贝塞尔函数$J_0(x)$逐渐减小而$|J_q(x)|$（$q=0, \pm 1, \pm 2, \cdots, \pm \infty$）逐渐增大。进一步，如果$k=q+\mathrm{sgn}(q)$，那么对任意的$m$，有$|J_q(x)| > |J_k(x)|$（$q=0, \pm 1, \pm 2, \cdots, \pm \infty$）。在这种情况下，$G_1(m)$和$G(m)$在$m=0$时取得最大绝对值，并假设当向量$m$为第1类或第2类向量时得到的值可以与最大值相比拟。换言之，式（4.14）所示的$\gamma(t)$的各项可以合理地认为主要由$\gamma^{(1)}(t)$和$\gamma^{(2)}(t)$组成。为便于读者理解，这里只给出了一个定性的说明，而略去了数学上的严格证明[12]。

在式（4.57）的假设下，可以通过几个实例来预测所希望得到的结论。既然散射系数$\gamma(t)$的主要项为$\gamma^{(1)}(t)$（$a_1=1$, $\alpha_1=1$）（见式（4.28）），那么散射系数的实部与虚部的曲线应该类似于WM函数的曲线，并且其分形维数应该等于海面的分形维数。

下面给出一个实例，假设雷达架设平台为飞机，载机速度为$V=540\,\mathrm{m/s}$，雷达照射海面入射角为$\theta_i=-\theta_s=80°$。雷达发射脉冲宽度为$2\,\mu s$，载频为5 GHz，重复频率为1 kHz，对海面的观察时间为1s，每个距离单元采样一个点，则在观察时间内获得的采样点数为$N=1000$，这样的采样点数在理论上完全满足覆盖法维数计算方法所需的数据量。为便于运算，并考虑已给出的条件，这里采用式（4.3b）给出的简化一维分形海面模型。为满足式（4.57）以及式（4.12）、式（4.13）给出的条件，式（4.3b）给出的模型中取$\Lambda_0=60\,\mathrm{m}$，$N_f=8$，$b=\mathrm{e}/2$，主浪高度$h_s=15\,\mathrm{cm}$，标准差σ由h_s获得，$h_s=4\sigma$。

图4.6和图4.7给出了在$t=0$时刻分形维数分别为$s=1.3$和$s=1.7$的海面模型曲线。图4.8和图4.9分别给出了与图4.6和图4.7相对应的散射系数实部的曲线。正如理论上分析的那样，图4.8和图4.9中的曲线看起来接近于WM函数曲线，并且与图4.6和图4.7给出的海面轮廓曲线也很接近。

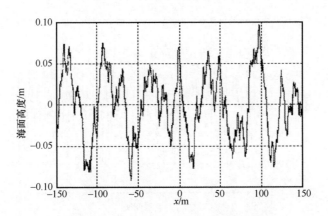

图 4.6 在 t=0 时刻 s=1.3 时的海面模型曲线

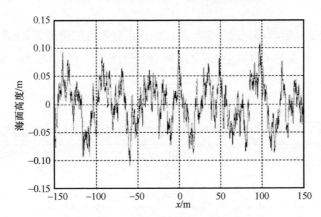

图 4.7 在 t=0 时刻 s=1.7 时的海面模型曲线

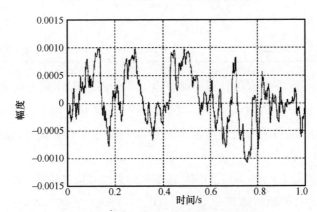

图 4.8 与图 4.6 对应的散射系数实部的曲线

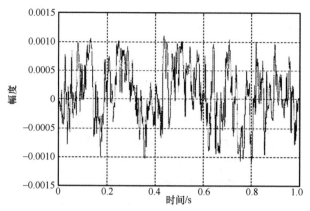

图 4.9　与图 4.7 对应的散射系数实部的曲线

　　为验证理论分析所得到的最终结论，可采用覆盖法估计海面分形维数 s 分别为 1.3、1.5 和 1.7 时散射系数 $\gamma(t)$ 实部与虚部的分形维数，并计算分形维数的估计误差 $\varepsilon_{\hat{s}}=\dfrac{|\hat{s}-s|}{s}$，如表 4.1 所示。

表 4.1　s=1.3、1.5、1.7 时散射系数的分形维数估计值（简化模型）

s	实部	虚部
1.3	$\hat{s}$ =1.299 $\varepsilon_{\hat{s}}$ =0.07%	$\hat{s}$ =1.263 $\varepsilon_{\hat{s}}$ =2.84%
1.5	$\hat{s}$ =1.558 $\varepsilon_{\hat{s}}$ =3.86%	$\hat{s}$ =1.509 $\varepsilon_{\hat{s}}$ =0.60%
1.7	$\hat{s}$ =1.741 $\varepsilon_{\hat{s}}$ =2.41%	$\hat{s}$ =1.713 $\varepsilon_{\hat{s}}$ =0.76%

　　从表 4.1 可以看到，估计误差小于 4%，这是对 WM 函数应用覆盖法进行分形维数估计的一个典型误差，可以认为这一误差主要是由估计方法引起的，因此，抛开这一误差的影响，可以认为接收信号的分形维数与海面的分形维数是相同的。

　　为抛开使用式（4.3b）所示的简化模型所带来的各种可能的限制，对式（4.3a）所示的通用一维分形海面模型也进行了分析，在考虑"遮蔽"效应和海面有限传导性的情况下计算散射系数。角频率 Ω_n 遵循色散关系[3]，"遮蔽"效应是通过遮蔽函数 $m(x,t)$ 纳入考虑的，即 $f(x,t)=f(x,t)m(x,t)$。

本实例中采用了与前一实例相同的参数值，另外，本实例中还需要用到如下参数。

① $n_0=10$。这一参数值用以保证毛细波的波长小于 30 cm 的假设成立。

② 假设 $\Phi_n(t)$，$n \geqslant n_0$ 为同分布的白色随机过程，其在区间 $[-\pi, \pi]$ 上服从均匀分布。

③ 假设海面张力 τ_s 与水的密度 ρ 的比率为标准情况下取值，即 $\tau_s/\rho = 74.45$ cm^3/s^2。

④ 水的传导性为 $\sigma_s=4$ moh/m[3]。

⑤ 相对介电常数为 80[2]。

同样，当 s 分别为 1.3、1.5 和 1.7 时，计算散射系数 $\gamma(t)$ 实部与虚部的分形维数，如表 4.2 所示。

表 4.2　$s=1.3$、1.5、1.7 时散射系数的分形维数估计值（通用模型）

s	实部	虚部
1.3	$\hat{s}=1.367$ $\varepsilon_{\hat{s}}=5.15\%$	$\hat{s}=1.326$ $\varepsilon_{\hat{s}}=2\%$
1.5	$\hat{s}=1.521$ $\varepsilon_{\hat{s}}=1.40\%$	$\hat{s}=1.477$ $\varepsilon_{\hat{s}}=1.53\%$
1.7	$\hat{s}=1.750$ $\varepsilon_{\hat{s}}=2.94\%$	$\hat{s}=1.759$ $\varepsilon_{\hat{s}}=3.47\%$

对比表 4.2 与表 4.1 可以看到，在海面散射中引入物理或者几何影响因素并不太影响最终估计结果。理论上得到的结论仍然是有效的。在实际中，通过对雷达接收信号进行分形分析的方法来测量海面的分形维数是很有用的。分形维数表征了海面的粗糙程度，海面的几何特征通常由海面风、油斑、目标的存在等物理摄动改变，因此，分形分析是海面监测中一个十分有用的工具。

4.1.2　自相似判定与无标度区间

分形理论所研究的系统是建立在自相似基础之上的，其认为在任何标度下，系统的局部与整体的不规则性具有相似性，这里的标度即广义上的尺度。然而对于实际的系统，这种相似性不可能在任何区间内都存在，只可能在一定的区间内成立，即无标度区间，超出这个区间自相似性就不存在了，分形也就失去了意义。从 2.2 节和 2.3 节中给出的分形所具有的属性可知，欲判断海杂波是不是分形的，只需判断海杂波是否存在无标度区间即可。

图 4.10 给出了 X 波段雷达实测海杂波数据的归一化幅度时域波形。图中所示海杂波数据均来自"Osborn Head database"，是加拿大麦克马斯特（McMaster）大学采用 IPIX 雷达测量采集得到的，IPIX 雷达位于 OHGR，置在面向大西洋的悬崖边上，纬度和经度分别为 44°36.72'N 和 63°25.41'W，距平均海平面 100 英尺（1 英尺=0.3048 m），面向大海视野是 130°。IPIX 雷达峰值功率为 8 kW，天线直径为 2.4 m，笔形波束宽度为 0.9°，天线增益为 44 dB，旁瓣低于−30 dB，瞬时动态范围大于 50 dB，雷达带宽为 5 MHz，对应的分辨率是 30 m，脉冲重复频率（PRF）为 1 kHz。采集数据时雷达工作在驻留模式，每组数据包含 4 种极化方式：水平发射−水平接收（HH）、水平发射−垂直接收（HV）、垂直发射−水平接收（VH）和垂直发射−垂直接收（VV），每一种极化方式下的采样时间都大约为 131 s，对应 131072 个采样点，数据文件命名格式为 19931108_213827（年_月_日_小时分钟秒），更为详细的数据信息请参见文献[13-14]。图 4.10 中的是编号 17#海杂波数据（文件名为 19931107_135603_starea.cdf）的海杂波单元。该组海杂波数据为低信杂比数据，包含 4 种极化方式，本节主要研究 HH 极化与 VV 极化的情况。

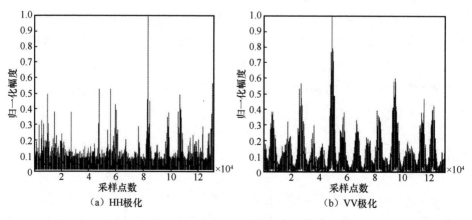

图 4.10　IPIX 实测海杂波数据的归一化幅度时域波形

针对上面给出的实测海杂波数据，下面采用"随机游走"模型[15]中的方法进行判断，验证其具有分形特性。设序列 $X=\{X_i, i=1, 2, \cdots, N\}$ 表示一个平稳随机过程，均值为 μ，方差为 σ^2。首先从序列中减去均值得到序列 $x=\{x_i, i=1, 2, \cdots, N\}$，其中，$x_i=X_i-\mu$。则通常情况下所谓的"随机游走"过程 $y(n)$ 即可定义为

$$y(n) = \sum_{i=1}^{n} x_i \tag{4.58}$$

实际上，x 即 $y(n)$ 的增量过程。若存在如下幂律关系

$$F(m) = \left\langle \left| y(n+m) - y(n) \right|^2 \right\rangle^{1/2} \sim m^H \tag{4.59}$$

则认为 $y(n)$ 为一个分形过程，式（4.59）所描述的分析过程称为起伏分析，其表征的是数据集的相关结构。其中，m 为抽取的时间间隔，即尺度；H 为 Hurst 指数。这里需要说明的是，这种幂律关系可以是严格的，也可以是统计意义下的。实际上，增量过程 x 的自相关函数 $\gamma(k)$ 与尺度 k 也存在同样的幂律关系，即随着 $k\to\infty$，有

$$\gamma(k) \sim k^{2H-2} \tag{4.60}$$

当 $H=1/2$ 时，这一随机过程被称为无记忆的或短程相关的，最有名的例子就是布朗运动了。在自然界和各种人造系统中，一个过程的 Hurst 指数一般是不等于 1/2 的，这种过程的典型描述模型就是分数布朗运动（FBM）过程。当 $0\leqslant H<1/2$ 时，这一过程被称为"不持续"相关的[15]；当 $1/2<H\leqslant 1$ 时，这一过程被称为"持续"相关的或具有长记忆特性的，后者可以通过观察 $\sum\gamma(k)$（$k\to\infty$）是否为无穷大进行判断。在实际中，相当多的幂律关系都是在有限的尺度区间 $[k_{min}, k_{max}]$ 内成立的，其中，k_{min} 和 k_{max} 都有着实际的物理意义。

根据维纳-欣钦（Wiener-Khinchine）定理可知，如果增量过程 x 是分形的，则其功率谱密度（PSD）为 $E_x(f)\sim 1/f^{2H-1}$，随机游走过程 $y(n)$ 的 PSD 为 $E_y(f)\sim 1/f^{2H+1}$。一般称这样的随机过程为 $1/f^\alpha$ 噪声，这种类型的噪声是普遍存在的。在数学上，当 $1<\alpha<3$ 时，$1/f^\alpha$ 过程是非平稳的，如布朗运动（$\alpha=2$）是非平稳的，而高斯噪声则是平稳的，海杂波则在 0.01s 到几秒的时间尺度内呈现出弱非平稳性。由随机游走过程 $y(n)$ 及其增量过程 x 的 PSD 可以看出，其也可以作为一种估计 Hurst 指数的方法，但其与式（4.59）所示的估计方法存在同样的问题，即尺度区间不容易准确确定。

图 4.11 给出了各种海杂波数据的 $F(m)$ 函数与尺度 m 的双对数坐标（lb$F(m)$-lb$m$）曲

线。从图 4.11 中可以看出,无论是 HH 极化还是 VV 极化,其在尺度 $2^4 \sim 2^{12}$(对应时间尺度大约为 $0.01 \sim 2$ s)的范围内近似呈线性,即在这个时间段内海杂波具有标度不变性,也就是说海杂波在这一无标度区间内具有自相似特性。根据上文中给出的判定方法以及分形集的典型性质,可以认为本组海杂波数据是分形的。采用同样的方法对其他各组海杂波数据进行分析判定,也可以得到相同的结论。

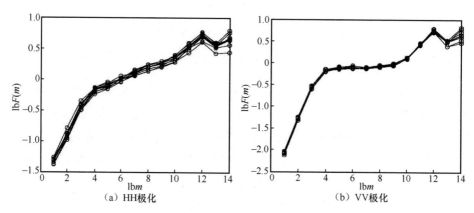

图 4.11 各种海杂波数据的 $F(m)$ 函数与尺度 m 的双对数坐标曲线

这里需要指出的是,针对本组海杂波数据而言,在无标度区间内 HH 极化的线性程度要优于 VV 极化的线性程度,对其他组数据这一结论不一定成立。事实上,这个无标度区间是对多组海杂波数据统计得来的,各组数据之间由于误差存在,无标度区间会有所波动,但从总体来看其满足所有数据。当尺度小于 2^4 时,雷达接收机内部噪声影响可能较大以及在这样短的时间内采样点数过少,几个采样点无法判断其是否统计自相似,从而失去了统计的意义;当尺度大于 2^{12} 时,这种自相似性并没有完全消失,而是在统计上变得很弱,这与海杂波在大采样间隔情况下已经基本不相关(或独立)有关,此时也失去了统计的意义。

4.1.3 分形参数估计与分析

(1)海杂波的 Hurst 指数

进一步对式(4.59)两边取对数得

$$\mathrm{lb}F(m) \equiv \mathrm{lb}\left(\left\langle \left| y(n+m) - y(n) \right|^2 \right\rangle^{1/2}\right) = H \cdot \mathrm{lb}m + \mathrm{const}（常量）\qquad（4.61）$$

从式（4.61）可以看到，在实测海杂波数据的无标度区间内，将计算得到的 $\mathrm{lb}F(m)$-$\mathrm{lb}m$ 曲线进行拟合即可得到 Hurst 指数 H。图 4.12 给出了低信杂比数据（17#）和高信杂比数据（26#）的各距离单元的 Hurst 指数。

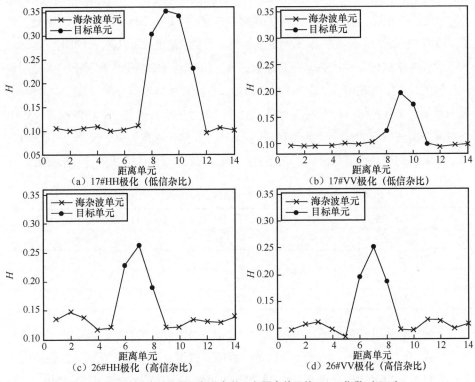

图 4.12　不同信杂比和不同极化条件下各距离单元的 Hurst 指数（IPIX）

从图 4.12 可以看到，Hurst 指数对信杂比并不敏感，在同种极化条件下，海杂波单元的 Hurst 指数都明显低于目标单元的 Hurst 指数。低信杂比时两种极化方式下 Hurst 指数的差异较大，高信杂比时差异相对较小，出现这种差异是由雷达发射接收电磁波的方式不同引起的。在低信杂比情况下，海情较高，海浪对目标的遮蔽作用在 VV 极化时更为明显，从而目标对海杂波不规则性的影响程度上 VV 极化要小于 HH 极化。在高信杂比情况下，海情较低，这种遮蔽作用在两种极化条件下表现得较弱，因此，海杂波单元与目标单元 Hurst 指数的差异在两种极化条件下较为接近。

（2）海杂波的分形维数

分形维数是海杂波分形特征的重要参数之一。分形维数的估计方法有很多种，常用的方法在第 2 章中已有所介绍，如盒计数法、FBM 增量均值法、功率谱法、风险价值（VAR）法等，这里不再赘述。需要指出的是，每一种估计方法都是在一定的误差范围内对海杂波分形维数的近似，因此不同的估计方法得到的分形维数值不尽相同，但只要自始至终都采用同一种方法对不同的时间序列进行计算，得到的结果就可以进行分析比较。

表 4.3 中列出了几种典型分形维数计算方法对同一组数据中有目标与无目标单元计算的分形维数均值。从表 4.3 可以看到，各种方法得到的分形维数值均不相同，但相差不大，并且每一种方法在有目标时分形维数值都有所降低。相对而言，VAR法对海杂波与目标的区分效果较好（差值较大），但计算量较大。综合考虑运算量、误差、实现的难易程度等因素，在下文的分析中均采用盒计数法估计分形维数。

表 4.3　不同计算方法对同一组数据所得的分形维数均值

计算方法	分形维数值（无目标）	分形维数值（有目标）
盒计数法	1.6315	1.4789
FBM 增量均值法	1.8777	1.7032
功率谱法	1.7425	1.6741
VAR 法	1.8446	1.5549

分形维数表征序列的不规则程度，而海杂波序列反映的是物理海面的"粗糙"程度。换言之，分形维数值表征海面的"粗糙"程度，分形维数在 1～2 范围内越大，说明对应的海杂波时间序列越"粗糙"（海情高），反之，海面越"平坦"（海情低）。海情高意味着海面变化比较剧烈，浪高一般较大且海浪起伏频率较快；海情低意味着海面比较平静，涌浪占主要地位，浪高较小且起伏缓慢。因此，对同一片海域的海杂波而言，若分形维数值变大，则一般对应着海杂波序列的大幅度分量占较大比重，且高频率成分比重也相应变大；若分形维数值变小，则一般对应着海杂波序列的低幅度分量占较大比重，且低频率成分比重也相应变大。当然，在海情不太高的情况下，同一片海域的分形维数具有一定的平稳性，分形维数值起伏的范围一般较小，目标与海杂波的分形维数值一般不会重叠；在强海杂波背景下，目标

的存在对海面粗糙程度的影响十分微弱，目标与海杂波的分形维数值往往会重叠，导致难以从海杂波中区分出目标。图 4.13 给出了两种不同海情下的海杂波数据的粗糙程度对比，其中，图 4.13（a）、图 4.13（c）、图 4.13（e）所用数据为 IPIX 26#（海情相对较低）数据，图 4.13（b）、图 4.13（d）、图 4.13（f）所用数据来自 S 波段雷达，采集时海面变化较为剧烈（海情相对较高）。

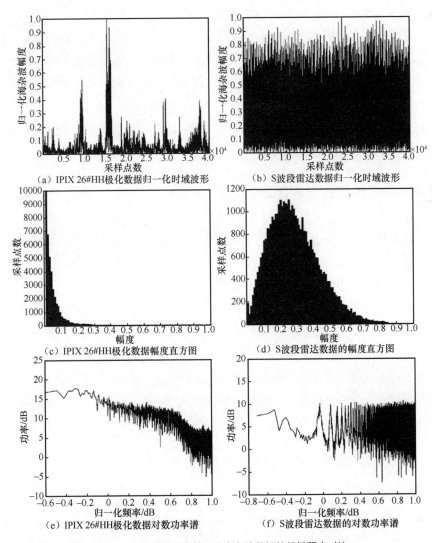

图 4.13　两种不同海情下的海杂波数据的粗糙程度对比

根据前文中给出的盒计数法,计算得到来自 IPIX 雷达和 S 波段雷达的两组海杂波数据的分形维数分别为 1.5589 和 1.7787。从图 4.13（a）与图 4.13（b）可以看到,分形维数大的 S 波段雷达海杂波序列显得更"粗糙"。图 4.13（c）与图 4.13（d）对海杂波的幅度进行了直方图统计,图 4.13（d）中的高幅度分量的比重明显超过图 4.13（c）中所示的情况,说明海杂波越"粗糙",一般对应海杂波的幅度越大,海面上的浪越高。图 4.13（e）与图 4.13（f）分别给出了两组海杂波数据的对数功率谱,由于两部雷达的脉冲发射周期不同,采样频率不同,为便于比较,将频率进行归一化处理,可以观察到 IPIX 雷达数据低频分量能量相对较高,高频分量能量相对较低,而 S 波段雷达数据正好相反,高频分量的能量占较大比重,这正说明较高的海情下海面变化比较剧烈,致使反射的电磁波（海杂波）频率较高。

综上所述,较大的分形维数一般对应较高的海情,同时海杂波一般具有较高的幅度和较高的频率分量,反之亦然。

4.1.4 分形参数的影响因素

雷达信号分析主要用于海面参数的估计,例如,风的强度可以通过回波信号的幅度来估计[16];主浪的长波分量波长可以由海杂波的循环平稳性[17]估计;目标检测可以通过选择合适的 CFAR 检测器[18]处理来实现。为研究从海面参数中提取合适参数的方法以及为下一步目标检测与识别做好铺垫,一个合适的海杂波的频谱与幅度模型是必须建立的,当然这一模型主要是从统计的角度来建立的。自分形分析方法提出后,分形维数就成为一种分析海面特征的重要辅助特征。这里需要说明的是,分形分析并不能完全取代传统的海杂波统计分析方法,目前仅仅是一种辅助的、独立的分析工具。分形维数反映了海面的分形特征,从实际上来说,海面的分形维数与海面的粗糙程度有关。为精确分析海面粗糙程度,首先引入一个分形海面模型[19]

$$\xi(x,y,t) = \sigma C \sum_{n=0}^{N_f-1} b^{(s_{sea}-2)n} \sin\{K_0 b^n[(x+V_x t)\cos\beta_n + (y+V_y t)\sin\beta_n] - \Omega_n t + \alpha_n\} \quad (4.62)$$

其中, ξ 为海面高度; x, y 为空间坐标; t 为时间; σ 为标准差; C 为归一化常数; K_0 为主浪波长; Ω_n 为角速度; N_f 为正弦分量的数目; V_x, V_y 为雷达平台速度分量; b 为标量因子; α_n 为相位; β_n 为传播方向; s 为粗糙因子。由式（4.62）可见,当

$N_f \gg 1$ 时，对于给定时刻 $t=t^*$，海面高度 $\xi(x, y, t^*)$ 描述的是一个 Weierstrass 曲面，也就是一个二维的分形函数[12]。根据 Weierstrass 曲面的表达式，$\xi(x, y, t^*)$ 曲面的分形维数为常数，即 $D_{sea}=s_{sea}+1$。粗糙因子 s_{sea} 越大，海面就越粗糙。

由于海面可以用一个分形集来描述，海面的回波信号就能保留物理海面的分形属性[12]。在不考虑"遮蔽"效应和多次散射的情况下，采用 Kirchhoff 近似方法，可知海杂波的同相（I）和正交（Q）分量的曲线是分形曲线，且具有相同的维数 $s_b=D_{sea}-1$。由于 D_{sea} 与时间、空间、海浪传播的方向、主浪高、极化、入射角无关，因此 s_b 也就与这些因素无关。这里需注明的是，分形维数与入射角无关仅仅是在 Kirchhoff 近似（即入射角在一个有限的范围内变化）条件下得到的。在实际分析中，多次散射大大增加了回波信号的不规则性，而"遮蔽"效应也引起海尖峰，这都使海杂波的分形维数增加了，即 $s_b=D_{sea}-1 > s_{sea}$，此时得不到 s_b 的闭式解，也就不能断定 s_b 与时间、空间、海浪传播的方向、主浪高、极化、入射角等因素无关了。接下来本节主要研究这些因素对海杂波分形维数的影响程度，首先给出所采用实测数据的详细说明，如表 4.4 和表 4.5 所示。

表 4.4　纯海杂波数据说明

文件名	主浪高 h_s/m	风速/(m·s⁻¹)	风向	距离单元	极化方式	PRF/kHz	采样点数
Starea2_6nov	3.5	42	−11°	11	HH/VV	1	131072
Starea3_6nov	3.6	43	10°	11	HH/VV	1	131072
Starea4_6nov	3.6	45	80°	11	HH/VV	1	131072
Starea5_6nov	3.7	39	60°	11	HH/VV	1	131072
Starea2_8nov	1.0	24	50°	14	HH/VV	1	131072
Starea4_9nov	0.9	20	89°	14	HH/VV	1	131072
Starea7_9nov	0.9	12	125°	14	HH/VV	1	131072
Starea10_12nov	1.7	26	10°	14	HH/VV	1	131072
Starea11_12nov	1.7	26	10°	14	HH/VV	1	131072
Starea12_12nov	1.7	26	10°	14	HH/VV	1	131072
Starea13_12nov	1.7	27	10°	14	HH/VV	1	131072
Starea14_12nov	1.8	28	10°	14	HH/VV	1	131072

表 4.5　含目标海杂波数据说明

文件名	主浪高 h_s/m	风速/(m·s^{-1})	风向	距离单元	极化方式	PRF/kHz	采样点数
Starea1_6nov	3.2	41	−30°	11	HH/VV	1	131072
Starea0_8nov	1.0	17	86°	14	HH/VV	1	131072

为便于后续分析，首先给出几个要用到的参数的定义[20]。

① 分形维数时间距离标记（Fractal Dimension Time Range Signature，FDTRS）$D(m,n)$，其中 $D(m,n)$ 是第 m 个数据段、第 n 个距离单元（每个数据段的长度为 4000 点，相邻两段重叠 3000 点）的分形维数值，该参数是离散时间 m 和距离单元 n 的函数，可以表示每个距离单元各个时间段的分形维数，适于研究海杂波分形维数对时间和空间的依赖性。

② 平均分形维数（Mean Fractal Dimension，MFD）$\overline{D}$，可以由 $D(m,n)$ 得来，即

$$\overline{D} = \frac{1}{MN}\sum_{m=0}^{M-1}\sum_{n=0}^{N-1}D(m,n) \tag{4.63}$$

MFD 描述的是分形维数的平均值，它可以与一些其他物理参数的平均值联系起来，如主浪高度、平均风向等。

③ 平均归一化时间标准差（Mean Normalized Time Standard Deviation，MNTSD）$\overline{r}_t$，计算式为

$$\overline{r}_t = \frac{1}{N}\sum_{n=0}^{N-1}\frac{\left\{\sum_{m=0}^{M-1}\frac{1}{M}[D(m,n)-\overline{D}_t(n)]^2\right\}^{1/2}}{\overline{D}_t(n)} \tag{4.64}$$

其中，$\overline{D}_t(n)$ 为

$$\overline{D}_t(n) = \frac{1}{M}\sum_{m=1}^{M}D(m,n) \tag{4.65}$$

MNTSD 主要用于研究分形维数与时间的关系。

④ 平均归一化距离标准差（Mean Normalized Range Standard Deviation，MNRSD）$\overline{r}_r$，计算式为

$$\overline{r}_r = \frac{1}{M}\sum_{m=0}^{M-1}\frac{\left\{\sum_{n=0}^{N-1}\frac{1}{N}[D(m,n)-\overline{D}_r(m)]^2\right\}^{1/2}}{\overline{D}_r(m)} \tag{4.66}$$

其中，$\overline{D}_r(m)$ 为

$$\overline{D}_r(m) = \frac{1}{N}\sum_{n=1}^{N}D(m,n) \tag{4.67}$$

MNRSD 主要用于研究分形维数与空间的关系。

⑤ I、Q 相关系数（I-Q Correlation Coefficient，IQCC）ρ_{IQ}，定义为

$$\rho_{IQ} = \frac{\dfrac{1}{MN}\left\{\displaystyle\sum_{n=0}^{N-1}\sum_{m=0}^{M-1}\left[(D_I(m,n)-\overline{D}_I)(D_Q(m,n)-\overline{D}_Q)\right]\right\}}{\sigma_{D_I}\sigma_{D_Q}} \tag{4.68}$$

其中，σ_{D_I} 和 σ_{D_Q} 分别为同相和正交分量的 FDTS 的标准差，定义为

$$\sigma_{D_k} = \frac{1}{MN}\left\{\sum_{n=0}^{N-1}\sum_{m=0}^{M-1}\left[D_k(m,n)-\overline{D}_k\right]^2\right\}^{1/2} \quad (k=I,Q) \tag{4.69}$$

其中，$\overline{D}_I$ 和 $\overline{D}_Q$ 分别是同相和正交分量的 MFD。IQCC 主要用于研究接收信号的同相和正交分量的分形维数之间的关系。

首先，分析海杂波复信号的同相（I）分量和正交（Q）分量的分形维数值，观察它们是否具有相同的分形维数，衡量这一关系的参数为 IQCC，如式（4.68）所示。这里采用表 4.4 中的 12 个海杂波数据文件计算 HH 极化和 VV 极化下的 IQCC，得到平均相关系数，分别为 $\overline{\rho}_{HH}=0.974$，$\overline{\rho}_{VV}=0.943$。图 4.14 是两种极化方式下同相分量和正交分量的分形维数值，可以直观看出同相分量和正交分量的分形维数值非常接近。

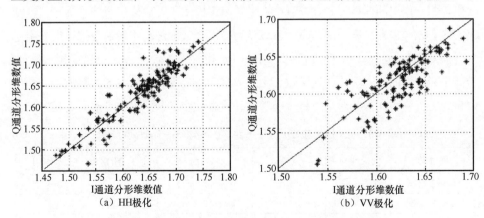

图 4.14　两种极化方式下同相分量和正交分量的分形维数值

令 e_{IQ} 表示 I、Q 分量的 MFD 的差值，即 I、Q 失配误差

$$e_{IQ} = \overline{D}_I - \overline{D}_Q \tag{4.70}$$

采用同样的数据进行计算，可得 HH 极化和 VV 极化条件下适配误差的平均值分别为 $\overline{e}_{\mathrm{IQ}}^{\mathrm{HH}} = 5.355 \times 10^{-4}$ 和 $\overline{e}_{\mathrm{IQ}}^{\mathrm{VV}} = -2.524 \times 10^{-4}$，I、Q 失配误差的标准差分别为 $\overline{\sigma}_{e_{\mathrm{IQ}}}^{\mathrm{HH}} = 10^{-2}$ 和 $\overline{\sigma}_{e_{\mathrm{IQ}}}^{\mathrm{VV}} = 9 \times 10^{-3}$。可以看到，I、Q 相关系数非常接近于 1，且平均误差接近于 0，因此，可以认为同相分量和正交分量具有相同的分形维数，而两个成分不完全匹配主要是由以下两个因素引起的：海杂波中存在噪声，导致分形维数微小的变化（往往增加信号的分形维数）；分形维数估计方法引入误差。

综上所述，分析结果表明，低入射角海杂波回波的同相分量和正交分量具有相同的分形维数，这与基于电磁散射理论[12]的结论一致。

鉴于 I、Q 两通道数据的分形维数值在计算时是相互独立和互不影响的，以及数据幅度值放大缩小一定的比例并不影响分形维数值这两点原因，I、Q 两通道数据之间的不均衡性并不影响分形维数值，由这一结论可知，在计算分形维数值时可以不进行通道间的数据平衡校正（一般复信号处理中需校正过程），实际上，在进行分形分析前，是不需要预处理的。

接下来分析分形维数与时间的关系，由于海杂波的观察时间大约为 131 s，这样的一个时间间隔实际上是很短的，在海情不是很高的情况下足以忽略天气条件的变化，雷达参数也可以近似认为是常数。为验证分形维数不依赖于时间，这里使用参数平均归一化时间标准差 $\overline{r}_t$，表 4.6 给出了 HH 极化和 VV 极化条件下的 $\overline{r}_t$ 值。结果表明，MNTSD 小于 5%，因此，可以认为分形维数的波动主要是由估计误差引起的，而不是由外部物理原因引起的。图 4.15 给出了表 4.4 所示的一组数据中第一个距离单元的不同时间段的分形维数。由图 4.15 可知，若容忍 5% 的误差波动，则可以认为在持续时间内分形维数是一个常数，这就证明了分形维数与时间是无关的。

表 4.6　HH 极化和 VV 极化条件下的平均归一化时间标准差

文件名	$\overline{r}_t$ (HH)	$\overline{r}_t$ (VV)	文件名	$\overline{r}_t$ (HH)	$\overline{r}_t$ (VV)
Starea2_6nov	2.51×10^{-2}	1.49×10^{-2}	Starea7_9nov	3.21×10^{-2}	2.36×10^{-2}
Starea3_6nov	3.29×10^{-2}	5.95×10^{-2}	Starea10_12nov	1.94×10^{-2}	1.55×10^{-2}
Starea4_6nov	2.73×10^{-2}	1.42×10^{-2}	Starea11_12nov	2.63×10^{-2}	2.43×10^{-2}
Starea5_6nov	2.55×10^{-2}	1.23×10^{-2}	Starea12_12nov	2.40×10^{-2}	1.46×10^{-2}
Starea2_8nov	2.14×10^{-2}	1.83×10^{-2}	Starea13_12nov	2.61×10^{-2}	1.72×10^{-2}
Starea4_9nov	2.57×10^{-2}	0.90×10^{-2}	Starea14_12nov	4.50×10^{-2}	4.44×10^{-2}

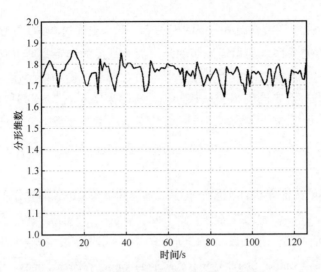

图 4.15　给定距离单元的不同时间段的分形维数

在研究分形维数与空间的关系中，有类似于上文研究分形维数与时间的关系的假设，本节所选用的数据对应的雷达照射面积均小于 $1km^2$，因此可以近似认为是一种空间均匀的海浪结构。这里采用平均归一化距离标准差 $\overline{r_r}$ 来分析，图 4.16 给出了同一时刻的不同距离单元的分形维数，这可以由 FDTRS 矩阵 $D(m, n)$ 的一行得到。由图 4.16 可以得到，在允许 5% 的误差条件下，分形维数可以认为是一个常数，与空间无关。

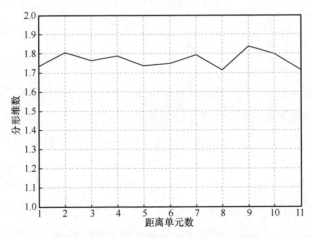

图 4.16　给定时刻的不同距离单元的分形维数

在说明了分形维数与时间、空间无关后，下一步通过 MFD 继续分析分形维数与主浪高度的关系。这里需说明的是，海浪高度的测量是通过观察漂浮在雷达照射海面的浮漂得到的。为衡量分形维数对海浪高度的依赖性，分别计算两种极化条件下两者之间的相关系数 $\rho_{h,D}$，HH 极化下 $\rho_{h,D}^{\text{HH}}$ =-0.31，VV 极化下 $\rho_{h,D}^{\text{VV}}$ =-0.22。尽管这一结果是通过对为数不多的海杂波数据分析计算得来的，但相关系数较小足以说明分形维数与海浪高度有弱关联性，但不存在严格的对应关系。

由于海浪的传播方向的数据没有得到，因而间接地考虑风向对分形维数的影响。为正确使用风向信息来代替海浪的传播方向，需要有一个前提假设，即假设风已经吹了足够长的时间使海浪与风具有相同的方向，这里选用表 4.7 中满足这一假设的数据，如 Starea2_6nov、Starea3_6nov、Starea4_6nov、Starea5_6nov、Starea2_8nov、Starea4_9nov、Starea7_9nov。根据数据的详细介绍[13]，可以这样认为，在观察时间（131s）内风向基本是一个常数，这样两者之间的比较才有意义。这里仍然采用 MFD 来研究分形维数与风向之间的关系。图 4.17 给出了 HH 极化与 VV 极化条件下分形维数与风向的关系。由图 4.17 可知，在低入射角的条件下，海杂波的分形维数与风向存在一定的依赖关系，这主要是由"遮蔽"效应引起的，在低入射角条件下，"遮蔽"效应是后向散射中的一个主要影响因素。当海浪的传播方向与雷达视线方向交叉（极限情况为垂直）时，"遮蔽"效应影响相对较小；当海浪沿雷达视线方向传播时，"遮蔽"效应相对较大，"遮蔽"效应增加了海杂波的不规则性，分形维数也就相应变大了。因此，海浪的传播方向越接近于雷达视线方向，海杂波的分形维数就越大。

在低入射角的情况下，不同的极化方式会严重影响信号的特征，就分形维数而言，难以预料极化方式的改变将会对分形维数带来何种变化，这里采用 HH 极化与 VV 极化数据进行比较。需要说明的是，数据文件中也包含 HV 极化和 VH 极化的数据，但由于其载噪比（CNR）太低（大约为 3 dB），而 HH 极化与 VV 极化数据的载噪比可以达到 30 dB，因此，在 HH 极化和 VV 极化条件下对数据进行分析，这里仍然采用 MFD 进行分析比较。针对表 4.4 中的数据，可以获得两个分形维数向量 $\boldsymbol{D}_H$ 和 $\boldsymbol{D}_V$，分别对应 HH 极化与 VV 极化，向量中的每一个元素都代表一个数据文件的平均分形维数。这两个分形维数之间的相关系数为 $\rho_{HV}=0.75$。所有数据在 HH 极化和 VV 极化条件下的平均分形维数分别为 $\overline{D}_H =\mathrm{mean}[\boldsymbol{D}_H]=1.78$ 和 $\overline{D}_V =\mathrm{mean}[\boldsymbol{D}_V]=1.8$。由于相关系数的值不是很接近于 1，因此不能得到分形维数与极化方式相互独立的结论，然而，这一结果足以说明分形维数与极化方式有一定关联，但不存在严格的对应关系。

表 4.7　HH 极化和 VV 极化条件下的平均归一化距离标准差

文件名	$\overline{r}_r$ (HH)	$\overline{r}_r$ (VV)	文件名	$\overline{r}_r$ (HH)	$\overline{r}_r$ (VV)
Starea2_6nov	2.48×10^{-2}	1.49×10^{-2}	Starea7_9nov	3.16×10^{-2}	2.13×10^{-2}
Starea3_6nov	3.14×10^{-2}	5.98×10^{-2}	Starea10_12nov	1.78×10^{-2}	1.39×10^{-2}
Starea4_6nov	2.64×10^{-2}	1.40×10^{-2}	Starea11_12nov	1.80×10^{-2}	1.46×10^{-2}
Starea5_6nov	2.48×10^{-2}	1.17×10^{-2}	Starea12_12nov	2.30×10^{-2}	1.37×10^{-2}
Starea2_8nov	2.00×10^{-2}	1.65×10^{-2}	Starea13_12nov	2.45×10^{-2}	1.52×10^{-2}
Starea4_9nov	2.47×10^{-2}	0.87×10^{-2}	Starea14_12nov	1.41×10^{-2}	1.06×10^{-2}

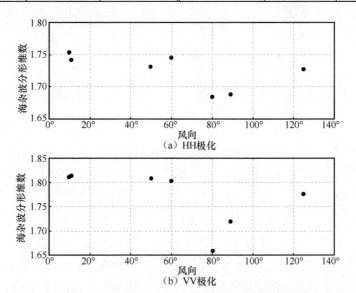

（a）HH极化

（b）VV极化

图 4.17　HH 极化与 VV 极化条件下分形维数与风向的关系

在前文分析中，假设海面是同质的，换言之，就是没有目标或其他物体出现在雷达照射的海域中。为研究目标的存在对海杂波分形维数的影响，这里选取了两组包含目标的海杂波数据，如表 4.5 所示，并采用 $D(m,n)$ 进行分析比较。本节分别计算两种极化条件下数据的 FDTRS，如图 4.18 和图 4.19 所示。显而易见，目标的存在使分形维数降低了，这是由于目标的存在使海杂波相对而言更"规则"了，这种"规则"性表现在目标回波分量使接收到的回波信号具有更大的相关性，而回波的相关性越大，对应的分形维数就越小。为了验证结果的正确性，将 FDTRS 与海杂波的幅度进行比对，画出两种极化条件下的时间–距离–幅度灰度图，如图 4.20 和图 4.21 所示。通过对比可以发现，目标存在时分形维数的变化比幅度的变化更明显，即使是在 Starea0_8nov 的低信杂比（SCR）条件下分形维数依然有较明显的区别。

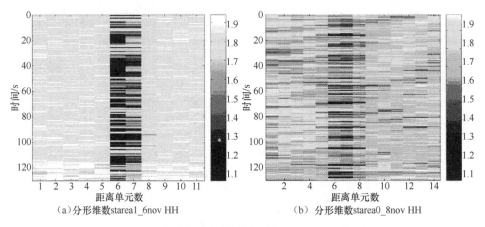

（a）分形维数starea1_6nov HH　　　　　（b）分形维数starea0_8nov HH

图 4.18　目标存在时后向散射信号的 FDTRS（HH 极化）

对 Starea1_6nov 数据而言，目标位于第 6 距离单元，靠近第 7 距离单元的边界，系统脉冲响应的旁瓣引起了目标回波能量在第 7 距离单元泄露（如图 4.20（a）与图 4.21（a）所示）。这可由计算第 6 和第 7 距离单元的回波信号幅度的相关系数得到证明，HH 极化下 $\rho_{H6,7}$=0.80，VV 极化下 $\rho_{V6,7}$=0.84，而同一组数据的其他相邻距离单元的幅度最大相关系数分别为 ρ_{Hmax}=0.28 和 ρ_{Vmax}=0.26，通过分别比较两种极化条件下的相关系数，可以得到结论：第 7 距离单元存在旁瓣效应，由这一分析也可知第 6 距离单元存在一个目标。在 FDTRS 灰度图中，显见目标的存在使第 6 距离单元的分形维数降低了（如图 4.18（a）和图 4.19（a）所示），旁瓣效应也影响着第 7 距离单元的分形维数，同时这里也计算第 6 和第 7 距离单元的分形维数相关系数并与其他相邻距离单元的分形维数的相关系数的最大值进行比较，HH 极化下 $\rho_{fdH6,7}$=0.73，VV 极化下 $\rho_{fdV6,7}$=0.79，同一组数据其他相邻距离单元的分形维数的相关系数的最大值分别为 ρ_{fdHmax}=0.03 和 ρ_{fdVmax}=0.01，经对比可发现旁瓣效应更明显了。

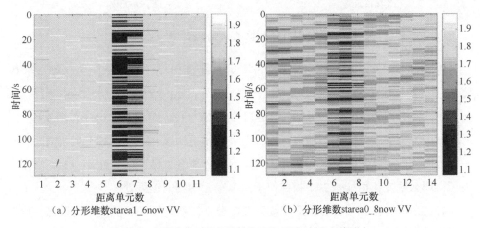

（a）分形维数 starea1_6now VV　　　　　（b）分形维数 starea0_8now VV

图 4.19　目标存在时后向散射信号的 FDTRS（VV 极化）

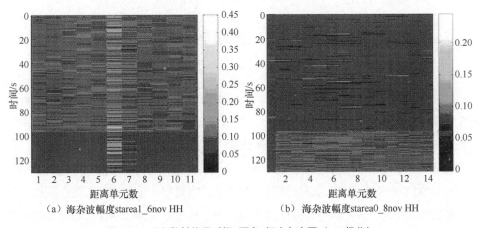

（a）海杂波幅度 starea1_6nov HH　　　　　（b）海杂波幅度 starea0_8nov HH

图 4.20　后向散射信号时间-距离-幅度灰度图（HH 极化）

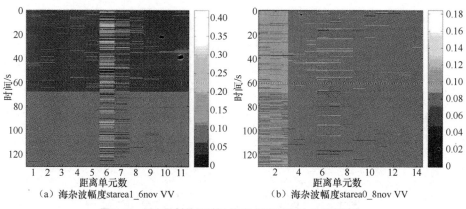

（a）海杂波幅度starea1_6nov VV   （b）海杂波幅度starea0_8nov VV

图 4.21　后向散射信号时间-距离-幅度灰度图（VV 极化）

对 Starea0_8nov 数据而言，目标位于第 7 距离单元，其在 HH 极化和 VV 极化条件下接收信号的灰度图分别如图 4.20（b）和图 4.21（b）所示，由于目标不断变化，目标的存在十分不明显。而在 FDTRS 灰度图（如图 4.18（b）和图 4.19（b）所示）中，分形维数的下降使目标的存在表现得更明显，同样，对本组数据而言，旁瓣效应依然存在，在第 6 和第 8 距离单元均有表现，但不如 Starea1_6nov 数据中表现得那么明显，可能是由于目标位于距离单元中间的位置处。

总之，海面存在目标时将影响海杂波的分形维数，即使在低信杂比条件下依然可以使分形维数有所降低，因此使用分形维数可以检测海面是否存在目标。

4.2　利用单一 Hurst 指数的目标检测方法

目前，分形理论在信号处理的许多领域中都得到了应用。研究发现，很多海杂波，如海杂波、地海杂波等都具有分形特性，许多分形特征可以较好地区分噪声、海杂波与目标。分形维数是一个十分重要的分形参数，在海杂波不是很强的情况下，其对海杂波与目标具有良好的区分效果。Lo 等[1]第一次将分形维数用于海杂波中的目标检测中，分别计算有/无目标情况下海杂波的容量维（按照计算方法分别被称为盒维数和谱维数），发现目标存在时海杂波的分形维数和目标不存在时海杂波的分形维数显著不同。因此，可以通过计算海杂波的分形维数来判断目标存在与否。

为观察计算分形维数方法的有效性，首先对规则分数布朗运动曲线进行计算。图 4.22 为规则分数布朗运动曲线，其分形维数为 1.5。图 4.23 分别给出了盒维数与谱维数的曲线，其中，直线表示拟合估计，直线的斜率即分形维数估计值。

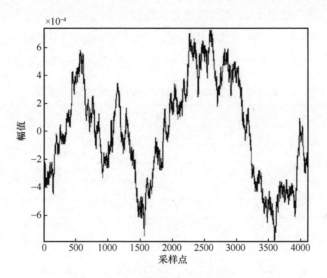

图 4.22　规则分数布朗运动曲线

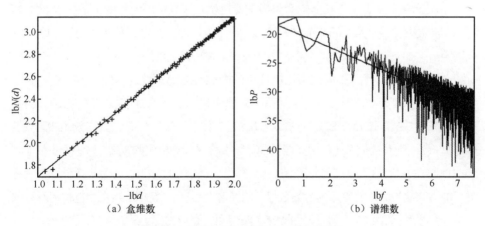

（a）盒维数　　　　　　　　　　　（b）谱维数

图 4.23　规则分数布朗运动曲线的分形维数

表 4.8 给出了具有不同维数的分数布朗运动曲线的分形维数估计值，其中，谱维数估计过程中采用了 512 个频点的快速傅里叶变换（FFT），谱维数-1 利用了全

部 512 个频点计算获得，谱维数-2 则去掉了全部 512 个频点的首尾各 1/32（即 16 个 ）频点进行计算；盒维数-1 和盒维数-2 采用的"盒子"的边长分别为 3:50 和 10:100。从表 4.8 中可以看出，谱维数估计值和真实值始终吻合得较好，相对而言，盒维数估计值与真实维数的差异幅度变化较大，原因是盒维数实际上是拟合点集（$-\mathrm{lb}r$, $\mathrm{lb}N_r$）的直线的斜率。假如直线是过原点的，即斜距为零，则估计值将贴近真实值。但是拟合直线始终存在斜距，所以，估计值与真实值之间有着较大的偏差。

表 4.8 分数布朗运动曲线的分形维数估计值

真实维数	谱维数-1	谱维数-2	盒维数-1	盒维数-2
1.1	1.0216	1.1183	1.1778	1.1285
1.2	1.1645	1.1557	1.3280	1.2161
1.3	1.3076	1.3063	1.2965	1.2636
1.4	1.4088	1.4115	1.3846	1.2611
1.5	1.5020	1.5059	1.5461	1.4906
1.6	1.6125	1.6168	1.6175	1.5445
1.7	1.6910	1.6929	1.6113	1.5999
1.8	1.8156	1.8272	1.7490	1.6887
1.9	1.9294	1.9385	1.8341	1.7425

下面计算实测海杂波数据的盒维数与谱维数，本节采用两种情况下的 X 波段实测海杂波数据文件 17#（低信杂比）与 283#（高信杂比）[13-14] 进行仿真分析。图 4.24 分别给出了 17# 与 283# 海杂波数据在 HH 极化与 VV 极化条件下不同单元的盒维数。

从图 4.24 可以看到，低信杂比情况下的盒维数对海杂波与目标具有一定的区分能力，主目标单元与海杂波区别较为明显，而次目标单元的盒维数与海杂波有混叠，难以区分；从另一个角度来看，这也说明当信杂比进一步降低时，盒维数无法区分目标与海杂波，而且低信杂比时 HH 极化的效果要优于 VV 极化的效果，这进一步证明了 VV 极化下的"遮蔽"效应[20] 要比 HH 极化显著。高信杂比情况下主目标单元和次目标单元的盒维数与海杂波单元的盒维数都有明显区别，采用固定门限检测目标也可达到较高的检测概率。图 4.25 给出了与图 4.24 相同条件下的谱维数。从图 4.25 可以看到，谱维数也可以将海杂波与目标很好地区分开来，且无论是采用全部频点还是采用部分频点进行计算，海杂波与目标的谱维数差异都是比较明显的，可以得到与图 4.24 类似的结论，因此这里不再重复。在实际应用中，只要从始至终都采用同一种计算方法就有应用

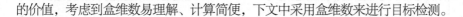

的价值，考虑到盒维数易理解、计算简便，下文中采用盒维数来进行目标检测。

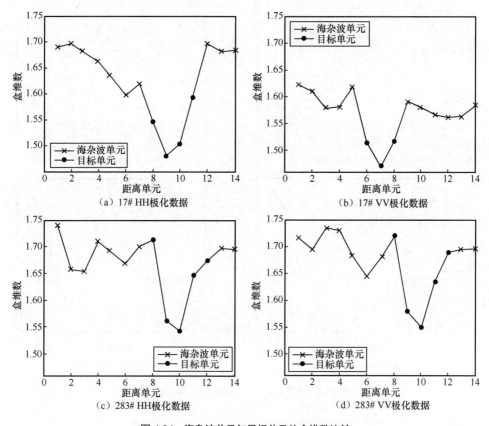

图 4.24　海杂波单元与目标单元的盒维数比较

　　为进一步研究分形维数差异对目标检测性能的影响，本节对更多的数据进行分析。计算中分别采用低信杂比的 100 段海杂波单元数据与 100 段目标单元数据，每段数据长度为 4000 采样点，目标检测采用固定门限，若分形维数低于门限则认为是目标，高于门限则认为是海杂波[21]。图 4.26 分别给出了主目标单元数据检测概率和虚警概率与门限的关系曲线。从图 4.26 中可以看出，若门限值设定为 1.53，检测概率可以达到 0.7 左右，虚警概率小于 0.1。若信杂比进一步降低，则会出现图 4.27 所示的情况，若要得到较高的检测概率，必须容忍较高的虚警概率。而虚警概率过高是无法接受的，因此，在信杂比极低的情况下，基于分形维数差异的检测方法就失效了。

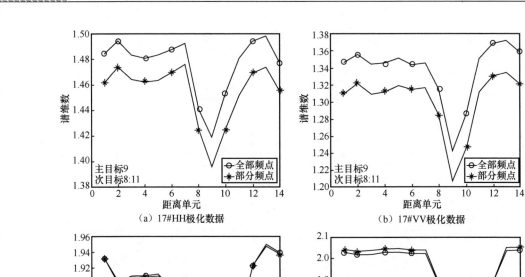

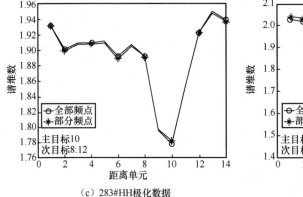

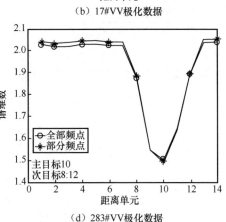

（a）17#HH极化数据　　　　　　　　（b）17#VV极化数据

（c）283#HH极化数据　　　　　　　　（d）283#VV极化数据

图 4.25　海杂波单元与目标单元的谱维数比较

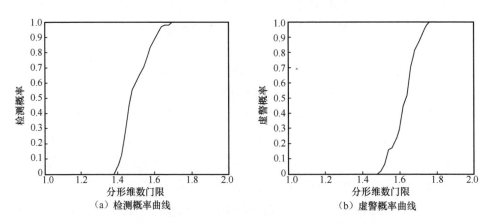

（a）检测概率曲线　　　　　　　　　　（b）虚警概率曲线

图 4.26　主目标单元数据检测概率和虚警概率与门限的关系

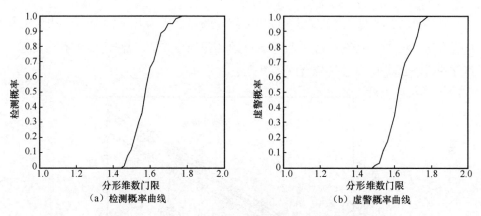

图 4.27　次目标单元数据检测概率和虚警概率与门限的关系

4.3　基于分形相关系数的目标检测方法

实际上，采用盒计数法计算分形维数过程中的相关系数也可用于研究海杂波中的目标检测[22]。由式（2.35）可以看到，盒子数 $N(r)$ 与尺度 r 满足幂律。随着尺度增大，盒子数 N 呈指数增长，图 4.28 给出了五组实测海杂波数据的 $N(r)$–r 关系曲线，可以看到所有海杂波数据的盒子数均随着尺度的增长而呈指数级增长。

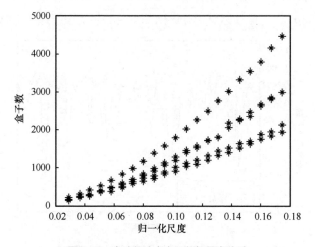

图 4.28　盒计数法中盒子数与尺度关系

对盒子数和尺度分别取对数，画出 lb$N(r)$-lb$r$ 曲线，如图 4.29 所示。从图 4.29 可以看到，对纯海杂波而言，lb$N(r)$与 lb$r$ 基本呈线性关系，若海杂波中存在目标，直线的斜率会减小，同时也会有一些失真。

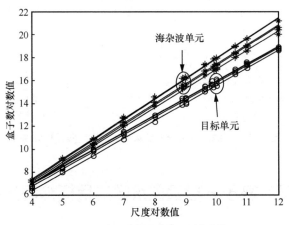

图 4.29 盒子数与尺度的双对数曲线

为精确地表示 lb$N(r)$与 lb$r$ 的线性相关程度，这里定义分形相关系数 R^f [22]，即横坐标 lb$r$ 与纵坐标 lb$N(r)$的线性相关系数。当距离单元中没有目标时，相关系数 R^f 非常接近于 1；当存在目标时，相关系数 R^f 会降低，并且波动幅度也会变大，如图 4.30 所示。目标单元的分形相关系数的方差为 8.1374×10^{-8}，海杂波单元的分形相关系数的方差为 2.7953×10^{-9}，可见目标单元分形相关系数的起伏程度远大于海杂波单元。

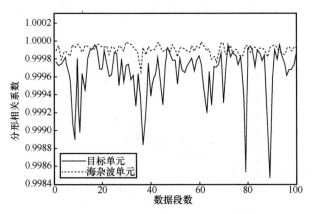

图 4.30 海杂波单元与目标单元的分形相关系数的比较

在此基础上，最简单的目标检测方法是将分形相关系数直接与固定门限进行比较，低于门限则认为有目标，高于门限则认为只有海杂波。本节取 IPIX 雷达的 17#低信杂比数据文件，纯海杂波单元与主目标单元分别各取 100 段数据，每段数据长度为 4000，相邻数据段之间重叠 50%，然后根据给定的尺度区间范围分别计算每一段海杂波数据的分形相关系数。由于该检测方法虚警概率与门限之间的关系没有解析式，因此门限值只能通过对实测数据进行仿真计算得到。图 4.31 给出了利用分形相关系数检测方法对 17#HH 极化数据的检测性能曲线。从图 4.31（a）可以看到，在低信杂比条件下，该检测器具有一定的发现目标能力，当门限为 0.9998 时，可以达到 0.7 左右的检测概率。从图 4.31（b）中可以看到，要达到较高的检测概率需要容忍较高的虚警概率，当虚警概率控制在 0.1 以内时，检测概率最高只有 0.6 左右。究其原因，可能是海杂波之外的其他随机因素的影响，如雷达本身的噪声、大气海杂波、采样误差等，这在一定程度上影响了海杂波的分形特性，使计算得到的分形相关系数起伏有所增大，从而导致虚警概率上升。

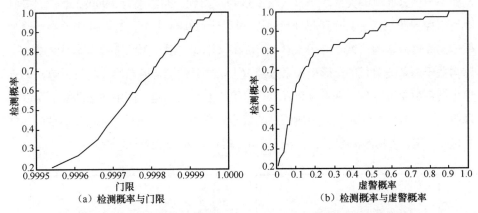

（a）检测概率与门限　　　　　　（b）检测概率与虚警概率

图 4.31　利用分形相关系数检测方法对 17#HH 极化数据的检测性能曲线

为降低海杂波之外的其他随机因素的影响，降低虚警概率，以达到更佳的检测效果，可以取多个不同的尺度范围（本节仿真中采用了 3 个尺度区间）分别计算海杂波单元与目标单元的分形相关系数，然后取均值与门限进行比较[22]。采用平均方法得到的分形相关系数一方面降低了随机因素的影响，另一方面更具有稳定性，如图 4.32 所示。此时，海杂波单元的分形相关系数的方差为 1.2348×10^{-9}，仅为不采用平均方法得到的分形相关系数的方差的一半左右，有效地降低了起伏程度。

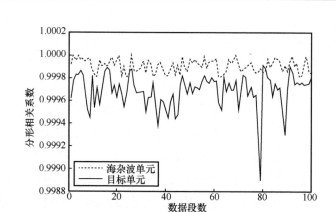

图 4.32　多尺度区间取均值后海杂波单元与目标单元的分形相关系数的比较

在图 4.32 所示的情况下，采用固定门限进行目标检测就可以具有较好的检测性能。图 4.33 和图 4.34 分别给出了检测概率、虚警概率与门限的关系曲线和检测概率与虚警概率的关系曲线。从图 4.33 可以看到，当门限为 0.99982 时，虚警概率可以控制在 5%以内，而同时检测概率可以达到 0.83 左右。图 4.34 中给出了检测概率与虚警概率的关系，与图 4.31 所示的检测性能相比，检测概率有较大的提高，这得益于海杂波单元的分形相关系数经过平均之后波动幅度减小，与目标单元的分形相关系数重叠较少，基本分离开了。这里需要指出的是，图中各条曲线之所以呈现折线而非光滑曲线，是因为所采用的数据只有 100 段。这受实际所得海杂波数据数量的限制，若海杂波数据足够多，则可以得到光滑的检测性能曲线。

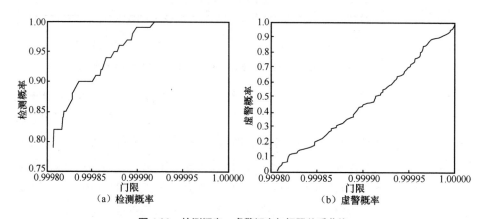

图 4.33　检测概率、虚警概率与门限关系曲线

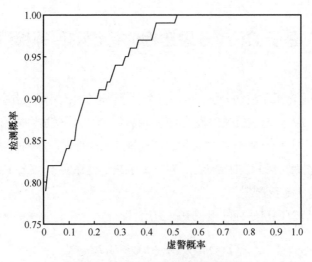

图 4.34 检测概率与虚警概率关系曲线

为验证分形相关系数检测方法与传统方法相比在检测性能上的优越性，图 4.35 给出了采用分形相关系数检测方法与记忆库预测[23]检测方法对同一批海杂波的检测性能曲线。从图 4.35 可以看到，前者在低虚警概率条件下的检测概率远高于后者，具有优良的检测性能。同时，记忆库预测检测方法由于要计算多点之间的距离，比较耗时，而分形相关系数检测方法计算简便，耗时较少，具有一定的实时性。

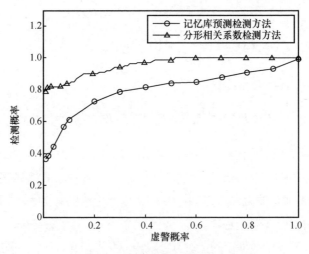

图 4.35 两种检测方法检测性能比较

4.4 基于 DFA 分段自相似特征的目标检测方法

分形特征通常采用波动分析（FA）方法进行研究[24]，然而，当序列具有非平稳性时，FA 方法往往无法反映出真实的标度特性，此时比较适合采用去趋势波动分析（DFA）方法。DFA 是研究非平稳、长程幂律相关性时间序列的重要工具[25-27]。DFA 建立在随机游走理论的基础上，对于海杂波幅度序列 $X = \{X_i, i = 1, 2, \cdots, N\}$，DFA 主要包含 4 个步骤[25]。

第 1 步，计算幅度序列的累积离差 $Y(j)$，即

$$Y(j) = \sum_{i=1}^{j} (X_i - u), j = 1, 2, \cdots, N \tag{4.71}$$

其中，μ 表示均值。

第 2 步，将 $Y(j)$ 分割成 N_m 个互不交叠的等长区间，区间长度（即尺度）为 m。由于序列总长度并不总是区间长度的整数倍，因此序列末端的一小段数据无法有效参与运算。为了充分利用有效数据，对序列的逆序列进行同样的分组操作。

第 3 步，当尺度为 m 时，对于每个数据区间 $v(v = 1, 2, \ldots, 2N_m)$，分别采用最小二乘拟合算法计算局部趋势项 w_v^l，并从累积离差中减去 w_v^l 得到残差，然后计算残差数据的方差 $F(v, m)$，其中，对于区间 $v = 1, 2, \ldots, N_m$，有

$$F(v, m) = \frac{1}{m} \sum_{j=1}^{m} \{Y[(v-1)m + j] - w_v^l(j)\}^2 \tag{4.72}$$

对于区间 $v = N_m + 1, \ldots, 2N_m$，有

$$F(v, m) = \frac{1}{m} \sum_{j=1}^{m} \{Y[(N - v - N_s)m + j] - w_v^l(j)\}^2 \tag{4.73}$$

根据局部趋势项拟合阶数的不同，可以将 DFA 细分为 DFA_1、DFA_2、DFA_3 以及 DFA_l，对应的拟合多项式分别为线性、二阶、三阶以及 l 阶多项式。不同阶数的 DFA 对趋势项的滤除能力不同，其中，DFA_l 可以滤除累积离差序列中的 l 阶趋势项，或者原始序列中的 $l-1$ 阶趋势项。

第 4 步，在所有的数据区间上对方差取均值并进行开方运算，得到 DFA 波动函

数 $F(m)$，即

$$F(m) = \left[\frac{1}{2N_m} \sum_{v=1}^{2N_m} F(v,m) \right]^{\frac{1}{2}} \tag{4.74}$$

改变尺度 m，并重复第 2 步至第 4 步的运算。如果序列具有长程幂律相关性，那么波动函数与尺度 m 之间满足幂律关系

$$F(m) \sim m^\alpha \tag{4.75}$$

其中，α 为标度指数，类似于波动分析中 Hurst 指数的概念，是度量时间序列相关性的重要指标。当 $0.5 < \alpha < 1$ 时，α 与相关指数 γ 之间存在如下关系

$$\alpha = 1 - \frac{\gamma}{2} \tag{4.76}$$

当 $\alpha = 0.5$ 时，序列不相关或者仅具有短期相关性；当 $\alpha > 0.5$ 时，序列具有持续性的长程相关性，即未来变化趋势很可能与当前变化趋势一致，且 α 值越接近于 1，趋势增强的程度也越大；当 $\alpha < 0.5$ 时，序列具有反持续性的长程相关性，即未来变化趋势很可能与当前变化趋势相反，反持续性的程度随 α 的减小而增强。

4.4.1　检验统计量的选取

标度指数是表征海杂波标度特性的重要参数之一，它与海杂波的相关性有关。对于理想的分形模型，自相似性在所有的尺度上都满足，因此标度指数为常数；而海杂波与理想的分形模型并不完全匹配，因此标度指数对尺度具有敏感性，即在相邻尺度范围内，通过对起伏函数分段线性拟合得到的直线斜率在标度指数附近波动[25]。由此可知，标度指数仅仅是海杂波标度特性的平均化近似描述，一方面无法反映出交叉标度的存在，另一方面也不能表示海杂波标度特性随尺度的变化关系，采用这种单一参数刻画海杂波的标度特性具有一定的局限性。

针对这一问题，本节采用近似处理的思想，提出一种分段标度指数表征方法。该方法的基本原理为在相邻的尺度范围内，近似认为海杂波与理想的分形模型相吻合，即海杂波在该尺度范围内具有自相似性，然后利用相邻尺度间的波动函数值进行直线拟合，并将估计出的直线斜率作为分段标度指数（SCE），显然，该参数随尺度而变化。将分段标度指数取值较为集中的尺度范围定义为无标度尺度区间，对

该区间内的分段标度指数求均值，就可以得到海杂波的标度指数。与单一的标度指数相比，分段标度指数可以充分反映出海杂波标度特性随尺度的变化情况，同时标度指数也包含其中，因此它能够提供更多海杂波标度特性的细节信息。实际上，从海杂波机理的角度看，这种近似处理的思想是合理可行的。在小尺度范围内，从海表面的分形结构出发推导出的海杂波的分形模型具有稳定性，海杂波的标度特性近似保持固定。当时间尺度增加时，海表面状态的时变性引起的海杂波非平稳性不可忽略，尽管采用了消除波动趋势处理，非平稳性仍然存在，因此海杂波的标度特性必然随尺度变化。从本质上讲，分段标度指数即小尺度范围内局部标度特性的参数化表征。

在相邻的尺度范围 Δi 内，分段标度指数可以直接采用两点法进行估值，即

$$\mathrm{SCE}_{\Delta i} = \frac{\mathrm{lb}F(m_i) - \mathrm{lb}F(m_{i-1})}{\mathrm{lb}m_i - \mathrm{lb}m_{i-1}} = \frac{y_i - y_{i-1}}{x_i - x_{i-1}} \tag{4.77}$$

显然，如果分段标度指数在所有尺度上都近似相等，那么海杂波就接近于理想分形模型。由于海杂波 $\mathrm{lb}F(m)$-$\mathrm{lb}m$ 曲线中出现一个交叉标度，因此在不同的尺度范围内分段标度指数会在两个不同的值附近波动，其中交叉标度出现的尺度对应了取值变化的过渡过程。图 4.36 中给出了 HH 极化方式下不同距离单元分段标度指数与尺度的关系。从图 4.36 可以看出，在某些尺度上，海杂波单元与目标单元存在显著差异，具体分析结果如下。

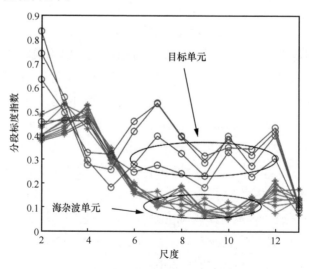

图 4.36　分段标度指数与尺度的关系

① 对于海杂波单元，交叉标度两侧的分段标度指数表现出很强烈的"边缘效应"。在小尺度范围（$2^2 \sim 2^5$）内，分段标度指数取值较大，但基本上都小于 0.5，表明在这个尺度区间内海杂波具有反持续性的长程相关性；在大尺度范围（$2^6 \sim 2^{12}$）内，分段标度指数的取值在 0.1 附近，表明在这个尺度区间内海杂波仍然具有反持续性的长程相关性，但是反持续性的程度要比小尺度范围时更强。介于小尺度和大尺度之间的尺度属于交叉标度所在的位置，是分段标度指数的过渡边缘。当尺度进一步增加时，海杂波与目标单元的分段标度指数基本重合，这表明当尺度范围比较大时，目标的出现对海杂波标度特性的影响可以忽略。

② 对于目标单元，分段标度指数在不同的尺度上表现出剧烈的波动，这表明目标单元与理想的分形模型之间存在的不匹配现象较为严重。虽然可以将海表面建模为分形过程，但是人造目标的出现影响了海表面的相关结构，因此目标单元的分形特性与理想的分形模型偏离较大。

4.4.2　检测方法原理

分段标度指数可以反映出目标引起的海杂波标度特性在不同尺度上的差异，在小尺度范围内，海杂波与目标单元的分段标度指数存在严重混叠，两者的差异不明显，对目标几乎没有区分能力；在大尺度范围内，目标的出现使分段标度指数变大，且与海杂波具有明显的间隔。根据这一特性，将特定尺度区间范围内的分段标度指数均值作为检验统计量，通过设定合适的门限和尺度范围，就可以从海杂波背景中检测出目标。检测方法的原理框架如图 4.37 所示。

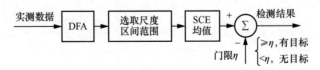

图 4.37　检测方法的原理框架

在检测过程中，首先利用 DFA 结果计算分段标度指数均值，然后与邻近距离单元或者邻近时刻回波数据的均值进行比较，如果均值发生了明显变化并且高于预设的门限，则认为目标存在，否则，该单元无目标。具体的检测方法为

$$T = |\overline{\text{SCE}}_s - \overline{\text{SCE}}_c| \underset{H_0}{\overset{H_1}{\underset{>}{<}}} \eta \qquad (4.78)$$

其中，$\overline{\text{SCE}}_s$ 和 $\overline{\text{SCE}}_c$ 分别为目标和海杂波的平均分段标度指数，η 为检测门限，可以通过对大量海杂波数据进行统计获得。

选择合适的尺度区间范围是保证方法有效的重要因素，区间选取过大，混叠部分的分段标度指数参与运算，影响统计量之间的可分程度，从而导致检测性能下降；区间选取过小，分段标度指数均值的统计特性不稳定，同样对检测性能造成不利影响。结合检测方法的原理，本节尺度区间的选取方法为首先判断交叉标度所在的尺度，并以该尺度作为尺度区间的起点，逐渐增加尺度，如果分段标度指数出现明显的增大或减小，那么就以前一尺度作为尺度区间的终点。

4.4.3 检测性能分析

本节分别采用 HH 极化和 VV 极化数据计算不同距离单元的分段标度指数均值，计算结果如图 4.38 所示。

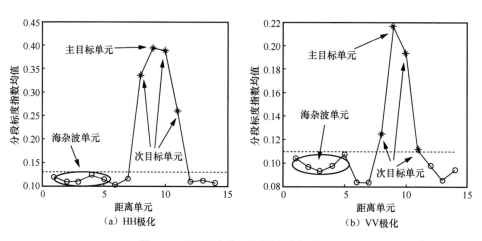

图 4.38 不同距离单元的分段标度指数均值

从图 4.38（a）可以看出，HH 极化时，海杂波单元的分段标度指数均值都低于 0.13，且在各距离单元间的变化较小，没有出现明显起伏。这主要是因为在同一片海域内，当数据采集的持续时间较短时，海杂波特性较为稳定，标度特性变化不大。当目标出现时，均值明显增大，表明目标对海表面相关程度的影响是显著的，由于目标相关性较强，因此总的相关程度有所增加。从图 4.38（b）可以看出，VV 极化时，由于信杂比更低，遮挡效应显著，目标对海表面的影响不如 HH 极化时明显，但是通过分段标度指数均值仍然能够有效区分出目标。在次目标单元，由于目标能量有所泄露，信杂比下降，海杂波与目标的分段标度指数均值相差较小，容易造成一定的虚警。

为了进一步研究检测方法在实测数据中的性能，分别从海杂波单元与主目标单元取 1 000 段数据，每段数据包含 10 000 个采样点，数据段之间存在一定的交叠。对每个数据段进行 DFA，并计算不同数据段的分段标度指数均值，结果如图 4.39 所示。可见，除了 VV 极化时个别数据段存在混叠外，其余数据段中海杂波与目标基本上都可以区分开，这表明基于分段标度指数均值差异进行目标检测是一种有效的方法。

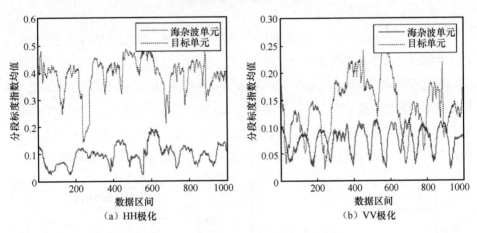

（a）HH极化　　　　　　　　　（b）VV极化

图 4.39　不同数据段的分段标度指数均值

根据图 4.37 给出的检测方法的原理框架，分析不同极化条件下检测概率和虚警概率与门限的关系，分析结果如图 4.40 所示。从图 4.40（a）可以看出，对于 HH 极化数据，当检测门限介于 0.138 和 0.167 之间时，检测概率可以达到 0.98 以上，同时虚警概率可以控制在 0.1 之内，因此 HH 极化时具有优异的检测性能。从图 4.40（b）可以看到，对于 VV 极化数据，由于信杂比更低，检测性能有所下降，当检测门限设定为 0.104 时，仍然可以将虚警概率控制在 0.1 以内，但是此时的检测概率只有

0.77 左右，与 HH 极化数据相比减少了 0.21 左右。

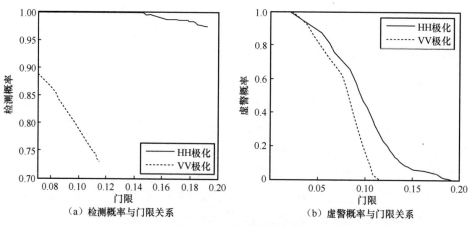

（a）检测概率与门限关系　　　　　　　（b）虚警概率与门限关系

图 4.40　检测性能分析结果

图 4.41 分别给出了不同检测方法[28]在两种极化模式的接受者操作特征（ROC）曲线，即检测概率与虚警概率之间的制约关系曲线。从图 4.41 可以看出，无论是 HH 极化还是 VV 极化，分段标度指数检测方法的检测性能均优于后者，尤其是 VV 极化数据，当虚警概率为 10^{-3} 时，检测概率较后者提高了 48.6%。这也充分体现了采用单一标度指数进行标度特性描述时的局限性，而分段标度指数的应用可以反映出海杂波与目标的分形特性在小尺度上的差异，因此更加有利于目标检测。

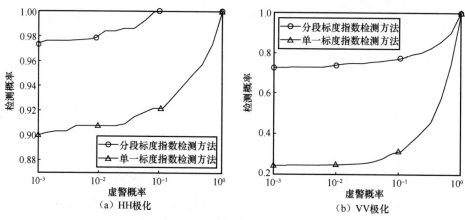

（a）HH 极化　　　　　　　　　　　（b）VV 极化

图 4.41　不同检测方法的 ROC 曲线比较

在工程应用上，目标检测方法的实时性非常重要，由检测原理可知，影响方法实时性的主要环节是 DFA 的数据分组及其后续的数据拟合操作，尤其是在小尺度范围内，由于分组过多，进行趋势项拟合时消耗的总时间较长。在分组时，为了充分利用采集数据，对数据的逆序列也进行了分组。实际上，在数据量较大的情况下，原始数据分组以后直接舍弃序列末端剩余的少量数据并不会对 DFA 结果造成太大的影响。根据这种思想对检测方法中的 DFA 计算流程进行简化，不再对逆序列数据进行处理，此时，不同极化数据的 ROC 曲线如图 4.42 所示。从图 4.42 可以看出，由于舍弃了部分有效数据，简化 DFA 方法检测性能有所下降。当虚警概率为 10^{-3} 时，HH、VV 极化时的检测概率分别下降了 5.7% 和 17.5%，随着虚警概率的提高，检测概率与简化前的差异逐渐减小。简化后 DFA 方法的时间复杂度比简化前降低了将近一半，因此对于工程上的实时处理具有重要意义，尤其是对于 HH 极化数据，尽管出现了 5.7% 的检测性能损失，但是在虚警概率较低时检测概率仍然能够达到0.917 以上，同时还节省了一半的运算量，因此采用简化 DFA 方法完全可行。而对于 VV 极化数据，由于性能下降比较严重，采用简化 DFA 方法提高实时性是不可取的。

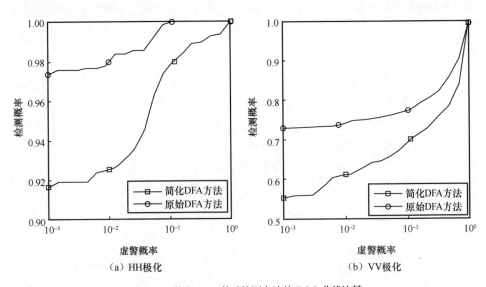

图 4.42　简化 DFA 前后检测方法的 ROC 曲线比较

4.5　海杂波的模糊自相似特性与目标检测

4.5.1　海杂波的模糊自相似分析

自 20 世纪 80 年代以来，Mandelbrot[29]已对分形和分形维数做了广泛的研究，其后续的研究在各个领域得到了较为普遍的应用。一般情况下，自然界的很多现象并不能保证是完全分形的或者说是严格意义上分形的，此时维数的计算就依赖于观察到的无标度区间，分形维数也可以称为依赖于尺度的分形维。而实际上离散时间序列的分形或自相似的模糊概念可以认为是一种模糊属性，也就是一种模糊集。因此，在将模糊理论与分形理论相结合的基础上，文献[30]提出模糊分形理论，其主要研究隐藏在动态系统自相似结构形式中的模糊分形结构，包括两个重要概念：局部模糊分形维数（Local Fuzzy Fractal Dimension，LFFD）与局部分形度（Local Grade of Fractality，LGF）。局部模糊分形维数对分形维数进行了扩展，认为维数是观察到的尺度的函数[30]，那么局部模糊分形维数就可以应用到自然界中并不严格是分形的时间序列中去，也就是说从模糊系统的角度看，自然界中各种各样的时间序列可以认为是一种"模糊分形"现象。

（1）局部模糊分形维数

给定一个离散时间序列 $X=\{x_i, i=1, 2, \cdots, N\}$，取 L 为每一个处理单元的长度，则每一个处理单元的目标向量 $\boldsymbol{x}_k$ 为

$$\boldsymbol{x}_k = \{x_k, x_{k+1}, x_{k+2}, \cdots, x_{k+L-1}\} \quad (k=1,2,\cdots,N-L+1) \tag{4.79}$$

定义局部累积变化量 $N(r,k,L)$ [31]为

$$N(r,k,L) = \frac{1}{r}\sum_{i=1}^{r}\sum_{j=0}^{[L/r]-2} \left| x_{k+jr+r+i-1} - x_{k+jr+i-1} \right| \tag{4.80}$$

其中，r 为采样间隔（尺度），$[\cdot]$ 表示取整。局部累积变化量 $N(r,k,L)$ 也可以定义为

$$N(r,k,L) = Cr^{-D_k} \tag{4.81}$$

其中，D_k 为第 k 个处理单元的局部模糊分形维数，C 为比例常数。将式（4.81）两边同时取对数可得

$$\mathrm{lb}N(r,k,L) = -D_k\mathrm{lb}r + \mathrm{lb}C \tag{4.82}$$

因此，对曲线 $\mathrm{lb}N(r,k,L)$ – $\mathrm{lb}r$ 进行一元线性回归运算，由斜率可得 D_k，记为 LFFD_k。

局部模糊分形维数具有一系列的性质：若离散时间序列的每一个离散值都加上一个常数或者放大 N 倍，则局部模糊分形维数保持不变；如果处理单元长度 L 足够大，可以使整个序列的属性在一个处理单元内基本被保持下来，那么局部模糊分形维数基本可以认为是一个常数。

（2）局部分形度

局部模糊分形维数定性地描述了长离散时间序列上的一个处理单元内的时间序列的复杂程度。这里需要采用一种新的衡量方法来定量地描述时间序列分形的表现程度，也就是说在多大程度上是分形的。局部分形度（LGF）由修正自由度后的贡献率构成，表示线性回归的直线拟合程度，即表征序列在多大程度上满足自相似。数学上定义的严格意义上的分形，其 LGF 为 1，而当一个序列基本没有分形特性时，LGF 接近于 0。这等价于模糊逻辑上"度"的概念，它用（0，1）范围内的值定量地描述了一个序列的分形程度。

局部分形度采用误差均方值来定义[32]，类似于 LFFD_k，第 k 个处理单元的 LGF 记为 LGF_k

$$\mathrm{LGF}_k = 1 - \frac{V_e}{V_T} \tag{4.83}$$

其中，$\mathrm{LGF}_k \in [0, 1]$，$V_e$ 为误差方差均方值，V_T 为总平方和均方值。单因子实验方差分析如表 4.9 所示。

表 4.9　单因子实验方差分析

方差来源	平方和 S	自由度 f	均方 V	F 值
回归 R	S_R	1	$V_R = \dfrac{S_R}{1}$	
误差 e	S_e	$n-2$	$V_e = \dfrac{S_e}{n-2}$	$F = \dfrac{V_R}{V_e}$
总和 T	$S_T = S_R + S_e$	$n-1$	$V_T = \dfrac{S_T}{n-2}$	

表 4.9 中，$S_R = \sum\limits_{i=1}^{N}(\hat{y}_i - \overline{y})^2$，$S_e = \sum\limits_{i=1}^{N} y_i^2 - \dfrac{1}{N}\left(\sum\limits_{i=1}^{N} y_i\right)^2$，$\hat{y}_i$ 是经验回归直线 $\hat{y} = \hat{a} + \hat{b}x$ 上横坐标为 x_i 的点的纵坐标，y_i 是与 $\hat{y}_i$ 相对应的实际量测值。

由于这种情况下回归分析采用"六点估计法"[30]，而这种估计方法容易受测量误差的影响，因此，为避免过高估计基于回归的贡献率，计算贡献率之前必须先从回归平方和中减掉误差方差均方值（自由度为1），所得结果即局部分形度，即

$$\text{LGF}_k = \frac{S_R - V_e}{S_T} = \frac{S_T - S_e - V_e}{S_T} = \frac{S_T - (f_e V_e + V_e)}{S_T} = 1 - \frac{V_e(1+f_e)}{S_T} = 1 - \frac{V_e}{\frac{S_T}{1+f_e}} = 1 - \frac{V_e}{V_T} \quad (4.84)$$

其中，f_e 为误差的自由度。

综上所述，无论是局部模糊分形维数还是局部分形度，都是对一个处理单元内的短时间序列进行处理的，要实现对长时间序列的处理可以不断"滑动"处理单元，重复上述计算过程。

4.5.2 基于 LGF 的海杂波中微弱目标检测

对于长离散时间序列 $X = \{x_0, x_1, x_2, \cdots, x_k, x_{k+1}, x_{k+2}, \cdots, x_{k+L-1}, \cdots\}$，假设嵌入其中的处理单元的长度为 L，那么经过对数变换之后进行回归分析并求取回归系数，即求局部模糊分形维数的过程可以表示为[33]

$$\text{LFFD}_k = f\{[r, N(r,k,L)] \mid r = 1,2,\cdots,6\} = F(x_k) \quad (4.85)$$

其中，$N(r, k, L)$ 见式（4.80）。式（4.85）在计算过程中采用"六点估计法"。从极限的角度来看，若 r 每取一个点都认为是无限小的一个尺度区间，则每一个 r 点都可以得到一个极限局部模糊分形维数，那么 LFFD_k 可以认为是在第 k 个处理单元内计算所得的 6 个极限局部模糊分形维数的平均。因此，局部模糊分形维数 LFFD 从总体上反映了分形体的变化方式。

类似于 LFFD_k，LGF 的计算过程也可以由抽象函数 g 来表示[30]，即

$$\text{LGF}_k = g\{[r, N(r,k,L)] \mid r = 1,2,\cdots,6\} = \mu_{\text{fractal}}(x_k) \quad (4.86)$$

从 4.5.1 节中可知，$0 \leqslant \text{LGF}_k \leqslant 1$，那么从模糊分形概念来看，$\mu_{\text{fractal}}$ 即一种特殊的隶属函数，具有模糊理论中"度"的概念。

雷达驻留模式下所得的长海杂波序列可以采用"滑动处理"的办法[31]，即处理单元从初始位置开始，每完成一次完整计算过程，处理单元就按照一定的时间间隔 Δt 向右滑动，然后对处理单元内新得到的长度为 L 的时间序列重复一次完整的计算过程，如图 4.43 所示。随着处理单元不断向右滑动，可以得到 LFFD 与 LGF 两个

序列，它们与原始时间序列一起可以共同刻画观察对象的一些特征。

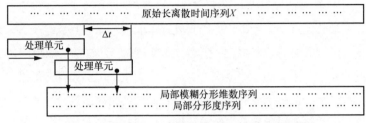

图 4.43　采用 LFFD 与 LGF 滑动处理长离散时间序列示意

　　下面仿真中采用来自 IPIX 雷达的实测海杂波数据，处理单元长度 $L=1200$ 点，相邻数据段之间不交叠。图 4.44 给出了一个处理单元中海杂波数据的累积变化量 N 与采样间隔 r 的关系曲线。从图 4.44 可以看到，采用"六点估计法"得到的海杂波曲线呈现幂律，对数曲线呈现较好的线性。对于纯海杂波，由于其具有分形属性，拟合效果较好，而当存在目标时，实测数据偏离拟合直线较大，拟合效果下降，且波动幅度也比较大。

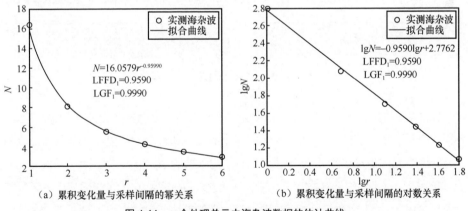

（a）累积变化量与采样间隔的幂关系　　　　（b）累积变化量与采样间隔的对数关系

图 4.44　一个处理单元中海杂波数据的估计曲线

　　图 4.45 给出了海杂波单元与目标单元的局部模糊分形维数与局部分形度。从图 4.45 可以发现，海杂波与目标的局部模糊分形维数混杂在一起，无法区分；局部分形度则可以较好地区分目标与海杂波，存在目标时的局部分形度较低，反之则较高；这是因为目标的存在降低了海杂波的不规则性，同时这一变化在局部分形度中得到了充分的反映。图 4.45（b）所示的存在与不存在目标时的曲线方差分别为 1.0×10^{-3}

和 5.9625×10⁻⁵，两者之比为 16.7715，可见目标的存在还导致局部分形度起伏程度
加剧。4.4 节中分析得出海杂波与目标的分形维数不同，相比之下，海杂波与目标的
局部模糊分形维数混叠十分严重，原因是处理单元内的采样点数过少，采用如此少
的点数计算分形维数必然起伏很大，同时，计算模糊分形维数所取尺度为 1～6，而
通常海杂波的无标度区间的大致范围为 2⁴～2¹²，因此，局部模糊分形维数并没有像
分形维数那样严格表征海杂波的分形特性，它处理的是海杂波分形研究中被忽略的
一部分标度区间，是一般意义下海杂波分形特性的补充与扩展。

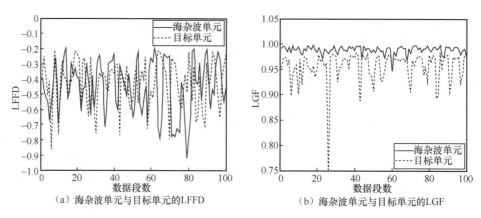

（a）海杂波单元与目标单元的LFFD　　（b）海杂波单元与目标单元的LGF

图 4.45　海杂波单元与目标单元的 LFFD 与 LGF

　　图 4.44 和图 4.45 所示的仿真结果是在相邻数据段之间不交叠的基础上得到的。
总体上来讲，不同数据段之间，局部模糊分形维数和局部分形度都起伏较大，实际
上，处理单元的滑动过程中会有相邻处理单元重叠的情况。图 4.46 给出了相邻数据
段重叠比例不同时海杂波的 LFFD 与 LGF 曲线。从图 4.46 中可以看出，随着重叠
比例越来越大，两者的起伏频率越来越低。当处理单元每次以 10 个采样点（对应
Δt=0.01s）的间隔滑动时，海杂波的 LFFD 与 LGF 变化十分平缓，具有较好的稳定
性，如图 4.46（d）所示。实际上，相邻数据段之间重叠越多，则前一数据段的数据在
本数据段所占比重越大，在计算本数据段的 LFFD 与 LGF 时，就容易受前一数据段的
影响，延续其"惯性"，LFFD 与 LGF 变化比较缓慢。反之，当相邻数据段之间没有
交叠时，若 L=1200，则对应延迟时间为 1.2 s，此时海杂波数据间的相关性很弱，因此
这种情况下的 LFFD 与 LGF 起伏较大。虽然相邻数据重叠部分很大时，每次计算结果

可以保持较好的稳定性与精度，但若用于目标检测，则由于"惯性"太大而对目标信号不敏感，因此，在目标检测应用中，折中考虑各影响因素，一般取交叠量为 50%。

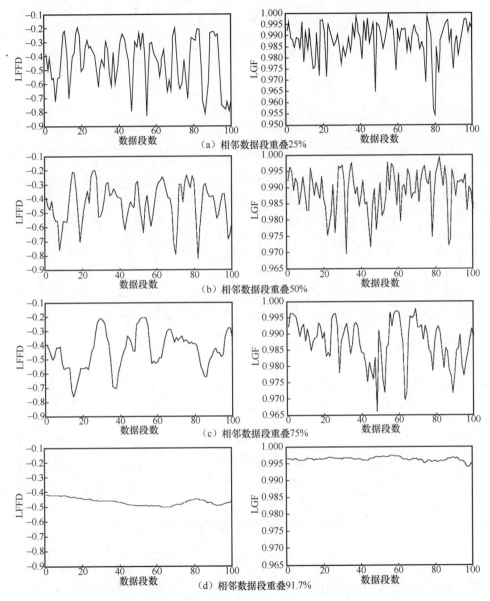

图 4.46　相邻数据段重叠比例不同时海杂波的 LFFD 与 LGF 曲线

实际上，不仅重叠程度影响仿真结果，处理单元的长度对仿真结果也有很大的影响，图 4.47 给出了不同处理单元长度情况下海杂波的 LFFD 与 LGF 曲线。

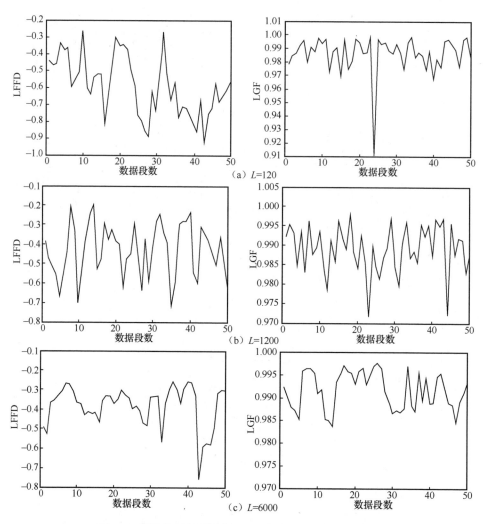

图 4.47　不同处理单元长度情况下海杂波的 LFFD 与 LGF 曲线

由图 4.47 可知，随着处理单元长度 L 的增大，海杂波的 LFFD 与 LGF 的波动幅度有变小的趋势。表 4.10 给出了不同 L 下海杂波的 LFFD 与 LGF 方差。从表 4.10 可以看到，当 L 较小时，LFFD 与 LGF 方差随着 L 的增大迅速减小，当 $L > 4800$

时，LGF 的方差随着数据长度的增加收敛速度明显减慢，而后逐渐趋于平稳。这表明随着 L 增大，一个处理单元内的数据越来越能反映长时间序列所包含的信息，当处理单元内的数据基本能完整反映长时间序列的信息时，再继续增大 L 对运算结果影响程度下降，从而方差下降速度减缓并趋于平稳。因此，将 LGF 用于海杂波中目标检测时，L 的取值并非越大越好，综合考虑运算量、允许误差等因素，一般取 $L=6000$。

表 4.10　不同 L 下海杂波的 LFFD 与 LGF 方差

L	LFFD	LGF
120	0.0292	1.8742×10^{-4}
1200	0.0184	3.6243×10^{-5}
4800	0.0126	1.7978×10^{-5}
6000	0.0109	1.6514×10^{-5}
9600	0.0054	1.3008×10^{-5}

LGF 具有良好的模糊理论中定义的"度"的性质，可以应用于目标检测中[32]。在仿真分析中，所用数据为 IPIX 的 26#数据文件，检测方法的参数根据本节分析所得结论进行相应设置，即相邻处理单元数据交叠量为 50%，L 为 6000，然后分别计算海杂波单元与目标单元的 LGF，如图 4.48 所示。可见，除个别海杂波单元与目标单元的 LGF 混叠外，其他海杂波单元与目标单元的 LGF 基本分离开。因此，这里采用基于 LGF 的目标检测方法，通过由海杂波计算得到的 LGF 序列确定检测门限，然后将处理单元的 LGF 与门限进行比较，若 LGF 低于门限，则认为海杂波中存在目标，反之，则认为海杂波中不存在目标。

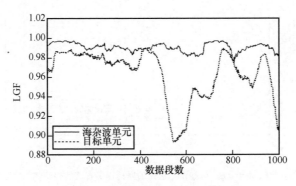

图 4.48　海杂波单元与目标单元的 LGF

图 4.49 给出了基于 LGF 的目标检测方法的虚警概率和检测概率与门限的关系。当门限取在 0.980～0.985 时，检测概率可以达到 0.65～0.85，同时虚警概率基本可以控制在 0.1 以下。图 4.50 给出了基于 LGF 与基于记忆库预测的目标检测方法的检测性能比较。从图 4.50 可以看出，在低虚警概率的条件下，基于 LGF 的目标检测方法的检测概率明显高于基于记忆库预测的目标检测方法的检测概率。

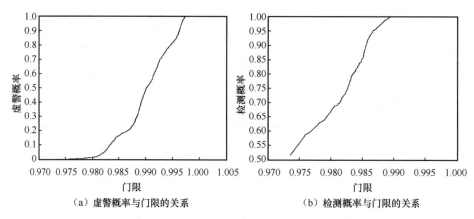

（a）虚警概率与门限的关系　　　　　　（b）检测概率与门限的关系

图 4.49　基于 LGF 的检测方法的虚警概率和检测概率与门限的关系

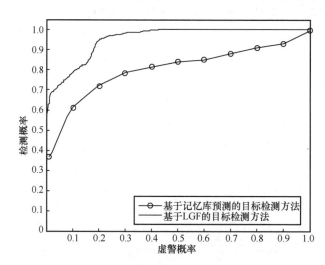

图 4.50　基于 LGF 与基于记忆库的目标检测方法的检测性能比较

4.6　基于扩展自相似特征的目标检测方法

海杂波背景下的目标检测特别是微弱目标检测是一项十分困难的工作，目前已成为现代雷达中一个引人注目的研究方向。Lo 等[1]利用舰船目标回波的分形维数值低于海杂波的分形维数值这一特性来检测海杂波背景下的微弱目标，但是在强海杂波背景下，仅利用分形维数值无法有效地检测微弱目标。本节将扩展分形理论与模式识别中的分类方法相结合，提出一种用于海杂波中微弱目标的检测方法，即首先提取海杂波和目标的多尺度 Hurst 参数构成特征矢量，并引入模式识别中的可分性判据用于特征矢量的选取，然后采用贝叶斯（Bayes）分类方法检测目标。

4.6.1　扩展自相似特征

分数布朗运动（FBM）模型[34]虽然可以很好地模拟自然界中许多的粗糙面，但也有其自身的局限性。FBM 的长程与短程相关性都受同一个参数，即 Hurst 指数 H 控制，因此，FBM 模型在所有的尺度下都有相同的粗糙度。对于实测海杂波数据，虽然其不同尺度的粗糙度在一定范围内是相似的，但并不完全相同，所以采用 FBM 模型不足以反映海杂波的所有特性。文献[35]首先提出扩展自相似过程，它能够表示海杂波在不同尺度下的粗糙度，并成功应用于信号建模和图像分析中。文献[36-38]将扩展分形理论用于图像纹理分类和 SAR 图像分割，并得到了较高的分类准确率。

扩展分形理论将传统的 FBM 中的自相似性条件进行改进，用更一般的函数 $f(\cdot)$ 代替双曲函数，得到如下的扩展自相似性（ESS）条件[39]

$$\mathrm{Var}[B(t+s)-B(t)] = \sigma^2 f(s) \tag{4.87}$$

其中，$B(t)$ 是一个零均值高斯过程，函数 $f(s)$ 是结构函数，且 $f(1)=1$。

在实际应用中，数据都是离散的，为了得到其在不同尺度 m 下的粗糙度，一般用因子 2^m（$m=0,1,\cdots$）对原始数据进行采样，文献[36]在这个条件下定义了与尺度有关的多尺度 Hurst 参数

$$\tilde{H}(m) = \frac{1}{2}\mathrm{lb}\frac{f(2^{m+1})}{f(2^m)} \tag{4.88}$$

对于 FBM，结构函数[39]为

$$f(s) = |s|^{2H} \qquad (4.89)$$

将式（4.88）代入式（4.89），可得多尺度 Hurst 参数为

$$\tilde{H}(m) = H \qquad (4.90)$$

式（4.90）表明 FBM 的多尺度 Hurst 参数与尺度无关，而是等于其 Hurst 指数，这说明 Hurst 指数是多尺度 Hurst 参数的特例。

显然，多尺度 Hurst 参数 $\tilde{H}(m)$ 可以描述海杂波和目标信号在不同尺度下的粗糙度，提供了比 Hurst 指数 H 更多的信息。因此，利用多尺度 Hurst 参数 $\tilde{H}(m)$ 可比单个分形维数值得到更高的检测性能。

4.6.2 基于 Bayes 分类的目标检测方法

雷达目标检测问题等价于模式识别领域的二元分类问题[40]，因此可使用模糊和神经网络理论来解决目标分类，在非平稳海杂波背景和低信杂比条件下获得了良好的检测性能。本节将多尺度 Hurst 参数 $\tilde{H}(m)$ 作为海杂波和目标的特征矢量，通过分类的方法来检测海杂波背景中的微弱目标。

基于以上考虑，下文首先阐述实测海杂波数据的特征矢量提取和训练方法，然后结合模式识别的特征选择方法给出特征选择策略，最后利用 Bayes 分类方法检测目标。流程如图 4.51 所示。

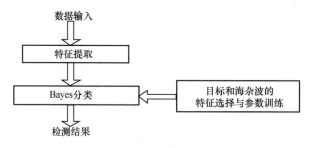

图 4.51　基于 Bayes 分类的目标检测流程

（1）特征提取

给定两类数据集，第一类是无目标距离单元的海杂波数据，记为 Ω_0；第二类是

含有目标距离单元的海杂波数据，记为 Ω_1。同时将每类数据又分为两部分，前一部分用于参数训练，分别记为 $\Omega_0^{(1)}$ 和 $\Omega_1^{(1)}$；后一部分用于测试，分别记为 $\Omega_0^{(2)}$ 和 $\Omega_1^{(2)}$。利用 $\Omega_0^{(1)}$、$\Omega_1^{(1)}$，通过式（4.88）计算海杂波和目标的多尺度 Hurst 参数 $\tilde{H}(m)$。

（2）特征选择与参数训练

特征选择的基本任务是如何从众多特征中选出对分类识别最有效的特征，利用模式识别理论[40]中基于几何距离的可分性判据，通过选择特征矢量，使类间距最大。

设类 $\omega_0 = \left\{ \boldsymbol{v}_i^{(0)}, i = 1, 2, \cdots, N_0 \right\}$ 和类 $\omega_1 = \left\{ \boldsymbol{v}_j^{(1)}, j = 1, 2, \cdots, N_1 \right\}$，由两类样本集定义的 ω_0 与 ω_1 之间的欧氏距离为[40]

$$\bar{d}^2(\omega_0, \omega_1) = \frac{1}{N_1 N_0} \sum_{j=1}^{N_1} \sum_{i=1}^{N_0} (\boldsymbol{v}_i^{(0)} - \boldsymbol{v}_j^{(1)})^{\mathrm{T}} (\boldsymbol{v}_i^{(0)} - \boldsymbol{v}_j^{(1)}) \tag{4.91}$$

在特征空间中，不同类间距离越大，可分性越好。每一类的位置由每个特征的质心或平均决定，每一类的展宽程度由每个特征的标准差决定。本节利用训练样本 $\Omega_0^{(1)}$、$\Omega_1^{(1)}$ 分别计算第一类和第二类的第 i 个特征的均值 $\mu_{i,l}$ 和标准差 $\sigma_{i,l}$。

（3）Bayes 分类

为了对输入数据进行分类，首先提取待测试数据 $\Omega_0^{(2)}$ 和 $\Omega_1^{(2)}$ 的特征矢量 $\boldsymbol{v}_i$，其次选择与其特征空间最邻近的类别。本节采用简化的 Bayes 距离作为度量来确定邻近度。当特征满足相互独立和服从高斯分布的条件时，Bayes 距离给出了最大似然（ML）分类。在这些条件下，特征矢量 $\boldsymbol{v}$ 在有目标（H_1）和无目标（H_0）假设下的似然函数为

$$f(\boldsymbol{v} \mid H_k) = \prod_{i=1}^{N} \frac{1}{\sqrt{2\pi}\sigma_{i,k}} \mathrm{e}^{-\left[\frac{(v_i - \mu_{i,k})^2}{2\sigma_{i,k}^2}\right]}, \quad k = 0, 1 \tag{4.92}$$

其中，v_i 表示特征矢量的元素，N 表示总的特征数。最大似然分类通过选取使式（4.93）的简化 Bayes 距离函数最小的类别来实现。

$$d_k = \sum_{i=1}^{N} \left[2\ln \sigma_{i,k} + \left(\frac{v_i - \mu_{i,k}}{\sigma_{i,k}} \right)^2 \right] \tag{4.93}$$

当所有类别的先验概率相等时，最大似然分类方法使期望的分类误差最小。

在实际中，特征不一定满足独立高斯假设，但简化 Bayes 距离通过考虑每个特征的展宽能够降低分类误差。

4.6.3 实验结果分析

在基于扩展分形理论的检测（Detection Based on Extending Fractal Theory，DBEFT）方法的基础上，本节给出基于 IPIX 雷达实测数据的实验结果。每组 IPIX 雷达实测数据包含海杂波和目标两类数据，同时将每个距离单元的回波数据按 2048 个采样点为一段来划分，2^{17} 个采样点可以划分成互不交叠的 64 段。海杂波和目标单元的前 20 段用于训练，分别记为 $\Omega_0^{(1)}$、$\Omega_1^{(1)}$；后 44 段用于测试，分别记为 $\Omega_0^{(2)}$、$\Omega_1^{(2)}$。

（1）海杂波和目标扩展分形分析

图 4.52 给出了两组不同海情、不同极化方式下海杂波数据的训练结果。其中，竖线表示训练样本的标准差。由图 4.52 可知，目标和海杂波的多尺度 Hurst 参数能够明显地分开，且随着信杂比的提高而分离得越明显。特征的标准差反映了各个特征的时变快慢，目标数据的多尺度 Hurst 参数随时间变化比较剧烈，这可能与目标起伏及出现遮挡现象有关，而海杂波的多尺度 Hurst 参数相对稳定，这有利于在检测过程中降低虚警率。

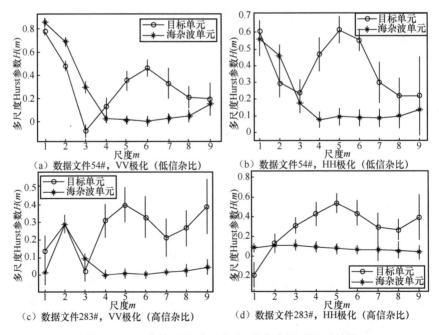

（a）数据文件54#，VV极化（低信杂比）

（b）数据文件54#，HH极化（低信杂比）

（c）数据文件283#，VV极化（高信杂比）

（d）数据文件283#，HH极化（高信杂比）

图 4.52　不同海情、不同极化方式下海杂波数据的训练结果

通过比较同一组数据在不同极化方式下的多尺度 Hurst 参数可以发现，HH 极化方式下各个特征矢量的方差比 VV 极化方式下各个特征矢量的方差大。这是由 HH 极化方式下的海尖峰引起的，并将导致分类准确率降低。

通过式（4.93）计算得出，当尺度选为 $4 \leqslant m \leqslant 9$ 时，目标和海杂波两类的欧氏距离最大，在该特征矢量空间海杂波和目标可以有效地区分。这与通过图 4.52 直观分析得出的结论相同。因此，选取多尺度 Hurst 参数 $\tilde{H}(m)$，$4 \leqslant m \leqslant 9$ 构成特征矢量 v，用于分类。

（2）不同目标检测方法的比较分析

下面采用多组实测海杂波数据验证 DBEFT 方法。图 4.53 给出了低信杂比 IPIX 海杂波数据 54#不同距离单元的分形维数值，目标位于第 8 距离单元，第 7、9、10 距离单元均为次目标距离单元。当虚警概率为 1.5%时，对应的分形维数门限值为 1.6，检测概率较低，仅为 43.33%。图 4.54 是海杂波单元和目标单元分形维数值的直方图，可以看出存在较严重的交叠现象。利用 DBEFT 方法在不同尺度下目标单元和杂海单元的 $\tilde{H}(m)$ 如图 4.55 所示，在尺度 $4 \leqslant m \leqslant 9$ 区域，海杂波和目标的多尺度 Hurst 参数虽有部分交叠，但采用基于 Bayes 的检测方法可以有效地将海杂波和目标区分开。当虚警概率为 1.5%时，检测概率可以达到 82.9%，检测性能明显提高。

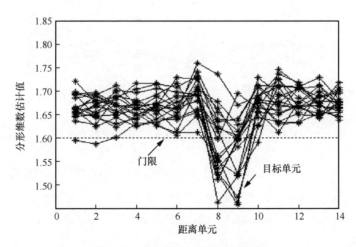

图 4.53 不同距离单元的分形维数值

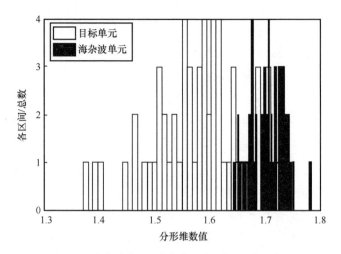

图 4.54　海杂波单元和目标单元分形维数值的直方图

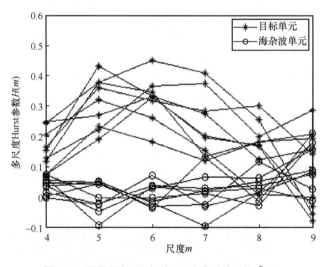

图 4.55　不同尺度下目标单元和海杂波单元的 $\tilde{H}(m)$

　　通过进一步分析不同海情、不同气候条件下多组 IPIX 实测海杂波数据，可得到如表 4.11 所示的实验结果。将 DBEFT 方法与基于分形维数值的检测方法进行比较可以看到，在相同虚警概率条件下，DBEFT 方法比基于分形维数值的检测方法的性能显著提高。

表 4.11　不同检测方法的性能比较

IPIX 数据文件编号	虚警概率	DBEFT 方法的检测概率	基于分形维数值的检测方法的检测概率
54#	0.068	1.000	0.700
283#	0.015	0.829	0.433
280#	0.080	0.756	0.250
310#	0.110	0.536	0.050

　　鉴于扩展分形参数能提供比单一分形维数值更多的信息，利用扩展分形的多尺度 Hurst 参数来区分目标和海杂波，并通过模式分类的方法检测目标可以较大地提升检测性能。通过 IPIX 雷达实测数据验证可得，在低信杂比条件下，DBEFT 方法可以很好地检测海杂波中的微弱目标，具有一定的应用价值。

4.7　基于组合非线性特征的模糊目标检测方法

4.7.1　分形模型拟合误差与分形维数尺度变化量

　　在一定的信杂比条件下，含有目标单元的盒维数明显少于海杂波的盒维数。由多个海杂波单元计算得到盒维数的均值 $\bar{d}_b$ 和方差 σ_b，可以认为盒维数的变化服从高斯分布。由统计知识可知，高斯分布三倍方差外的分布概率值趋近于 0，设定 $\eta = \bar{d}_b - 3\sigma_b$ 为检测门限，当检测单元的盒维数 $d_b < \eta$ 时则认为有目标存在，否则无法准确判断是否有目标存在，此时可综合利用其他分形参量来进一步判断。为此，下面给出两个新的分形参量。

　　（1）分形模型拟合误差

　　实际信号分形谱维数与盒维数的计算都是取在双对数坐标系中对测量微元的大小与测度结果的直线拟合斜率，直线拟合误差越小，其分形性就越明显，即模型的匹配度越好，反之匹配度越差。大量的实验研究表明，分形模型可以较好地与海表面以及海面回波的结构相吻合，而人造物体的表面和结构与分形模型所表达的规律性之间存在固有差异。因此，海杂波对分形模型有较强的适应性，拟合误差较小。而舰船是人造物体，自相似性较弱，因此由目标中的强反射点的反射信号构成的回波一般不具有自相似性，用分形模型拟合时会产生较大的拟合误差，可以利用这一差异对舰船目标进行检测。由于关心的是两者对分形模型的适配程度，分形维数值在一定范围内变化，不影响判别结果。设点集为 $\{x_i, y_i, 1 \leqslant i \leqslant N\}$，若拟合直线为 $y=ax+b$，拟合误差定义为各点到直线的距离平均，即

$$E = \frac{\sqrt{\sum_{i=1}^{N} \frac{(ax_i + b - y_i)^2}{1 + a^2}}}{N} \tag{4.94}$$

（2）分形维数尺度变化量

理想的分形体在所有尺度上均满足自相似性，分形维数与尺度无关。但对于实际情况，自相似性只体现在很小的尺度范围内，相应的分形维数在较小的尺度范围内才稳定。所以，分形维数是随着尺度的改变而变化的。下面计算海杂波和目标回波在不同尺度下的分形维数值，研究其随尺度的变化规律。对测量微元和测度结果 $\{M(r_{i-1}), r_{i-1}\}$，$\{M(r_i), r_i\}$，$\{M(r_{i+1}), r_{i+1}\}$ 进行最小二乘拟合，得到尺度 r_i 下的分形维数 $D(r_i)$。存在如下结论，海杂波的分形维数值随尺度的增大而减小，而目标却呈现相反的趋势[41]，这是由两者的自身结构状况、散射点分布不同导致的，海表面可以看作在较大起伏的表面上叠加了一些瑞利分布的快变化的小起伏。因此海面的纹理较丰富，散射回波细节较多。当尺度较小时，分辨率高，散射回波的细微变化也能显露出来，形成较强的不规则性，所以维数较高；当尺度增大时，分辨率降低，内部的细节随尺度的增大而有所减少，故维数变小。舰船等人造目标表面光滑，可看作由众多几何形体组成。当尺度较小时，分形特征由相距较近的散射点间的关系来体现，此时小区域的平滑起到主要作用，散射点回波的变化缓慢，分形维数值较小；当尺度增大时，分形特征由相距较远的散射点间的关系决定，小区域的平滑性逐渐消失，取而代之为区域间的不规则性，故分形维数值增大。表 4.12 给出了不同尺度下各种对象的分形维数值。由表 4.12 可以看到，被海杂波背景淹没的目标数据的分形维数值随尺度递增而减小，且与信杂比有关。

表 4.12　不同尺度下各种对象的分形维数值

尺度	海杂波	目标回波	海杂波+目标（SCR=1.4 dB）	海杂波+目标（SCR=−0.8 dB）
2	1.501	1.212	1.339	1.449
3	1.493	1.224	1.328	1.437
4	1.418	1.240	1.295	1.401
5	1.413	1.251	1.286	1.362
6	1.349	1.265	1.270	1.342

下面定义分形维数尺度变化符号量和绝对值量来具体描述分形维数尺度变化量，其中，符号量表示分形维数值随尺度增大是增大还是减少的趋势，绝对值量表示变化总量的大小。符号量为

$$\text{sig}(G) = \text{sig}\left(\sum_{i=3}^{N} \big(D(2) - D(i) \big) \right) \tag{4.95}$$

其中，sig 为符号函数，且

$$\text{sig}(x) = \begin{cases} 1, & x > 0 \\ 0, & x = 0 \\ -1, & x < 0 \end{cases}$$

绝对值量为

$$\text{Val}(G) = \sum_{i=3}^{N} \big| D(2) - D(i) \big| \tag{4.96}$$

4.7.2　组合分形参量下的模糊检测与性能分析

为了验证这两个参量的检测性能，本节进行了相应的实验。由于缺乏不同信杂比下的真实目标数据，实验中采用了"实测的海杂波数据+仿真的目标数据"的办法，分别产生了信杂比分别为 2 dB、1 dB、0.8 dB、0.6 dB、0 dB、−0.2 dB、−0.4 dB、−1 dB、−2 dB 的 9 种数据。给出纯海杂波与几组仿真数据的分形维数值、模型拟合误差和分形维数尺度变化量的计算结果，如表 4.13 所示。

表 4.13　海杂波数据几种分形参数计算结果

海杂波数据	分形维数值均值	分形维数值85%置信区间	模型拟合误差均值	模型拟合误差85%置信区间	分形维数尺度变化量均值	分形维数尺度变化量85%置信区间
纯海杂波	1.6142	±0.089	0.079	±0.047	0.445	±0.049
信杂比为 2 dB 的海杂波	1.5832	±0.067	0.643	±0.286	0.733	±0.064
信杂比为 0 dB 的海杂波	1.6083	±0.057	0.421	±0.165	0.692	±0.032
信杂比为–2 dB 的海杂波	1.6109	±0.078	0.195	±0.032	0.566	±0.057

　　从表 4.13 中可以看出，当信杂比减小时，纯海杂波与包含目标的回波在分形维数上的差别越来越小，这种差别对于检测而言是不可靠的；但是在模型拟合误差和分形维数尺度变化量上仍然有一定的差异，将这几种差值进行综合就可以大大提高分辨能力。基于多种分形参量的检测方法如图 4.56 所示。

　　这种检测方法将检测划分为两个阶段：粗检测与精检测。根据前面的分析，求得纯海杂波谱维数的均值 $\overline{d}_b$ 和方差 σ_b，令 $\eta = \overline{d}_b - 3\sigma_b$ 作为门限，计算得到检测单元的谱维数值 d_{test}，有

$$\begin{cases} d_{\text{test}} < \eta, & \text{判断有目标} \\ \eta < d_{\text{test}} < d_b, & \text{暂接受} H_1 \\ d_b < d_{\text{test}}, & \text{判断无目标} \end{cases} \quad (4.97)$$

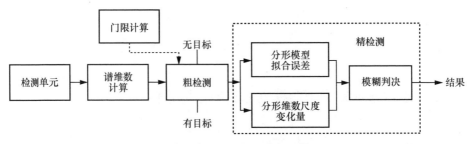

图 4.56　基于多种分形参量的检测方法

　　精检测中采用了一种模糊判决的方法，即将检测结果分为有目标（假设 H_1）和无目标（假设 H_0）两类，每个类有 3 个特征：分形模型拟合误差量、分形尺度变化符号量和绝对值量，以它们作为判别模型库的特征元，用于分类隶属度计算的基准量。

当识别一个信号时，如果该信号属于目标 A，那么此信号的每个特征值均应落在特征库中目标 A 类特征均值的三倍方差以内，而对于非目标 A 类，它的有些特征值可能落在三倍方差以外的地方。

设分形模型拟合误差的均值与方差为 $[m_1(n), v_1(n)]$，分形尺度变化绝对值的均值与方差为 $[m_2(n), v_2(n)]$。这两个矢量对是随时间起伏的，在构建标准模型库时应采用大量的样本来取得相对稳定的均值与方差，建立分形模型拟合误差（$j=1$）与分形尺度变化绝对值（$j=2$）的属于 H_i（$i=0,1$）的隶属度为

$$d_{ij} = \begin{cases} \exp\left\{-\dfrac{(f(n)-m_j)^2}{3v_j^2}\right\}, & m_j - 3v_j \leqslant f(n) \leqslant m_j + 3v_j \\ 0, & \text{其他} \end{cases} \quad (4.98)$$

则总判决属于 H_0 或 H_1 的隶属度为

$$D_i = ad_{i1} + bd_{i2} + c\,\mathrm{sig}(G), \quad i = 0,1 \quad (4.99)$$

其中，a, b, c 是两个隶属度和分形尺度变化符号量的加权系数，采用系数的原因是不同的分形参量在目标检测中的准确度是不一样的，需要对准确度高的赋予较大的权重，准确度低的赋予较小的权重；另外，分形尺度变化符号量也是比较重要的，因而将其也作为总隶属度的一个元。确定 a, b, c 的具体值需要对包含不同强度目标信号的多种情况进行分析，在此省略该过程，这里取 $a=0.4$，$b=0.1$，$c=0.3$，则总判决为

$$\begin{cases} D_1 > D_0, & \text{判断有目标} \\ D_1 < D_0, & \text{判断无目标} \end{cases} \quad (4.100)$$

该检测方法的主要思想是将检测分为两个步骤，当目标的分形特征十分明显时，粗检测可以做出准确的判断；而精检测采用 3 个不同的隶属度定义，以不同加权求和的方式得到有无目标时的总隶属度，将两者相比，取大值的隶属度作为最终的判决结果，这提高了小目标检测的准确度。

采用 100 组仿真数据进行了检测实验，结果如表 4.14 所示。从表 4.14 可以看出，当信杂比减小时，两种检测方法的检测概率随之下降。但是基于多种分形参量的检测方法在信杂比为 0 时，仍然能够保持较高值，直到-2dB 时也能做出有效判断，因而性能比前者明显提高。

表 4.14　两种检测方法的检测概率

方法	信杂比/dB								
	2	1	0.8	0.6	0	−0.2	−0.4	−1	−2
纯分形差别检测方法	98%	93%	85%	70%	60%	30%	—	—	—
基于多种分形参量的检测方法	98%	93%	95%	92%	90%	85%	83%	80%	76%

4.8　基于高阶非线性特征的目标检测方法

分形维数是从宏观的角度总体说明分形体几何复杂程度的数学量，在研究分形特征的时候，常常会发现几个结构完全不同的分形集有着相同或相似的分形维数，这时仅用分形维数已无法对其进行准确说明，因而有必要引入其他的分形参量。缝隙，作为一个高阶分形特征，近年来常用于图像分析中，尤其是在遥感、红外和医疗图像的分析中已取得不错的效果。本节将其引入雷达信号处理领域中，进行分形海杂波中目标检测的研究[42-43]。

4.8.1　缝隙的概念与计算方法

在研究分形特征的时候，常常会发现几个表面或结构完全不同的分形集有着相同或相似的分形维数，这时仅用分形维数已无法对其进行区分。Mandelbrot[29]注意到分形维数的非普适性或非唯一性，建议将缝隙作为研究分形维数的一个补充。

考虑分形维数的一个计算表达式

$$M(r) = Kr^{d-D} \qquad (4.101)$$

式（4.101）中包含了两个参量，前项系数 K 和指数项 $d-D$，r 为尺度。其中，指数项代表分形维数，在双对数坐标系中，指数项反映的是直线的斜率，而前项系数的对数为直线的截距。分形维数指出了物体表面的不规则程度，却没有描述表面起伏的快慢，而这由缝隙值概念进行了补充，其定义式为

$$\varLambda = \mathrm{E}\left[\left(\frac{M}{\mathrm{E}(M)} - 1\right)^2\right] \qquad (4.102)$$

其中，M 是分形集的质量，$\mathrm{E}(M)$ 是 M 的期望。式（4.102）反映的是分形集质量 M 的理论值与实际值的偏差。该定义式表明缝隙参数是分形的一个二阶统计量，与分形维数及多重分形谱概念有差别，也可以称为高阶分形特征。当用于描述图像时，它反映的是纹理的疏密程度，当纹理较密时，缝隙值小；当纹理较疏时，缝隙值大。在海杂波时序波形中，波形变化快时，缝隙值大；反之，波形变化较缓时，缝隙值小。

Voss 提出用概率分布 $P(m,L)$ 来计算缝隙值，$P(m,L)$ 是 m 个点在边长为 L 的盒子中的概率（盒子的中心可以是分形集的任意点）。对任意 L，有

$$\sum_{m=1}^{N} P(m,L) = 1 \tag{4.103}$$

其中，N 是盒子中可能的最多点数，所以，$P(m,L)$ 包含了分形集合的质量分布信息，令

$$M(L) = \sum_{m=1}^{N} mP(m,L) \tag{4.104}$$

$$M^2(L) = \sum_{m=1}^{N} m^2 P(m,L) \tag{4.105}$$

则缝隙量为

$$\varLambda(L) = \frac{M^2(L) - [M(L)]^2}{[M(L)]^2} \tag{4.106}$$

可见，质量分布越均匀，$\varLambda(L)$ 越小，反之则 $\varLambda(L)$ 越大。随着 L 的增大（即盒子尺寸变大），分形集将均匀地分布于各个盒子中，因此 $\varLambda(L)$ 会减小并趋于 0。由 $\varLambda(L)$ 随 L 的变化快慢可以看出物体纹理基元的大小。因为纹理基元较小时，盒子中的质量能较快地变得均匀。

文献[44]证明了当 X_1 和 X_2 为两个相互独立的分形信号时，在尺度 L 下，其缝隙值分别为 $\varLambda_1(L)$ 和 $\varLambda_2(L)$，若 $Y=X_1+X_2$，则有 $\varLambda_Y(L) < \max\{\varLambda_1(L), \varLambda_2(L)\}$。这使得在"目标+海杂波"情况下也能够得到合适的缝隙值，即目标信号在叠加噪声或海杂波情况下的缝隙值小于噪声（海杂波）和目标信号的缝隙值中的较大值。

4.8.2　海杂波与目标信号的缝隙特征

根据直观认识，由于具有不同的反射性质，舰船目标的回波与纯海杂波在分形

缝隙值上应该有不同的变化规律，对此将具体分析。考察海杂波与目标信号的缝隙特征，给出几个仿真实验结果，如图 4.57 所示，目标的信杂比分别为 2 dB、0.8 dB 和 -1 dB，尺度 L 从 1 到 30，实验点数为 1000 点。

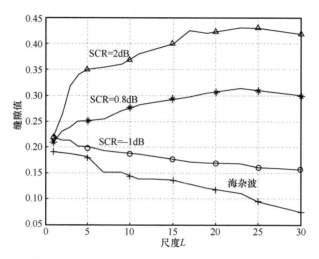

图 4.57　海杂波与目标信号的缝隙特征曲线

从图 4.57 可以看到，海杂波的缝隙值在多个尺度下均小于含有目标信号的海杂波的缝隙值，且信杂比越大，缝隙值越大。考察两类信号的缝隙特征曲线，海杂波的缝隙值随尺度的增大而迅速减小，而包含目标的回波的缝隙特征曲线随着 L 的增大而增大，信杂比越大趋势越明显，信杂比较小时变化趋势与海杂波相似，这个结论在多次实验中都成立。

通常，海面纹理较丰富，其回波有较强的自相似性与复杂性。因此，其缝隙特征随 L 变化的趋势与典型的分形集相似：随着 L 的增大，分形集逐渐均匀地分布在各个盒子中，因此，$\Lambda(L)$ 会减小并趋于 0。而当海面出现舰船目标时，其雷达回波的自相似性会受到一定程度的影响，缝隙特征曲线随着信杂比的变化，会不同程度地偏离标准分形集。舰船等目标表面光滑，可看作由众多几何形体组成。当尺度小时，分形特征由相距较近的散射点间的关系来体现，此时小区域的平滑性起主要作用，散射点回波的变化相对缓慢，回波强度分布较均匀，故缝隙值较小。当尺度增大时，分形特征由相距较远的散射点间的关系决定，区域间的不规则性占主导地位，回波强度分布较不均匀，故缝隙值增大。

4.8.3　基于累积缝隙值尺度变化率的目标检测方法

基于累积缝隙值尺度变化率的目标检测方法采用如图 4.58 所示的结构，即计算出标准海杂波的缝隙值，并以此作为一个基准，将检测单元的缝隙值与基准值进行比较，当偏离程度大于一个门限值时，则认为检测单元中包含目标信号，否则认为无目标信号存在。

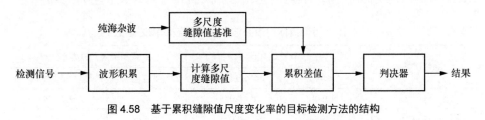

图 4.58　基于累积缝隙值尺度变化率的目标检测方法的结构

有必要指出的是，在计算不同尺度 L 下的回波信号缝隙值时，为了得到可用的结果，往往需要大量的样本。尤其是对于包含目标的回波信号，由于信号持续时间有限，当样本数量较小时，大 L 值的度量盒有可能仅包含有限的数据，且可能所有的样本点都落入个别几个盒子区间，从而无法准确完成计算。因此，将多次回波的数据进行积累，积累的次数是为了保证样本数量，实验中采用了 3 次积累，使样本总数达到 1000 以上。

为了有效地提取出海杂波与目标回波在缝隙值上的差别，这里采用将两者之间的差值进行累加的办法，定义累积缝隙尺度差值来表征这一物理量，即

$$E_{\mathrm{C}} = \frac{1}{N}\sum_{l=1}^{N}\left|X(l) - \varLambda(l)\right|　\qquad(4.107)$$

其中，N 是度量尺度 L 的数目。式（4.107）表示的是不同尺度下回波散射值 $X(l)$ 与一个基准值的累积值。可以说，在一个尺度下低信杂比的目标回波与纯海杂波的缝隙差值不大，而把多个尺度下的小差异累加起来，结果将是可观的，这就为有效区分纯海杂波和目标回波创造了条件。

首先确定式（4.107）所述的基准值，即求得纯海杂波在 N 个尺度下缝隙值的均

值$\mu_{sea}(l)$，并求得累积缝隙尺度差值的方差 σ_C；在 $X(l)=\mu_{sea}(l)$ 条件下，计算检测单元的回波在各个尺度下的缝隙值 $\Lambda(l)$，进而得到 E_C，采用如下的判决准则

$$\begin{cases} E_C > 3\sigma_C, & \text{判断有目标} \\ E_C < 3\sigma_C, & \text{判断无目标} \end{cases} \tag{4.108}$$

为了说明分形维数值和累积缝隙尺度差值这两个指标对海杂波和目标回波的描述能力，各用 100 组海杂波和包含不同强度目标的回波进行实验，得到如表 4.15 所示结果。从表 4.15 中可以看出，累积缝隙尺度差值随着信杂比的增大而增大，且其综合了各尺度上的高阶分形特征与差异，比分形维数值具有更好的分辨能力。

表 4.15　两个指标对海杂波和目标回波的描述能力

海杂波数据	分形维数值		累积缝隙尺度差值	
	平均值	85%置信区间	平均值	85%置信区间
海杂波	1.6142	±0.089	—	±0.0084
目标回波 SCR=−1 dB	1.6099	±0.075	0.0418	±0.0096
目标回波 SCR=0.8 dB	1.6087	±0.054	0.12613	±0.01016
目标回波 SCR=2 dB	1.5832	±0.067	0.21984	±0.0087

实验证实了累积缝隙尺度差值在低信杂比下的目标检测能力，为了进一步对比该检测方法与前两节提出的分形检测方法的性能差异，进行 9 种情况下的 100 组实验，结果如表 4.16 所示。

表 4.16　3 种检测方法在不同信杂比下的检测概率

检测方法	2 dB	1 dB	0.8 dB	0.6 dB	0 dB	−0.2 dB	−0.4 dB	−1 dB	−2 dB
组合分形检测方法	98%	93%	95%	92%	90%	85%	83%	80%	76%
多重分形检测方法	100%	100%	98%	96%	95%	90%	88%	87%	82%
累积缝隙尺度差值检测方法	100%	100%	98%	96%	94%	90%	87%	85%	79%

从总体上看，累积缝隙尺度差值检测方法检测概率要高于组合分形检测方法，十分接近多重分形检测方法，在信杂比较低时稍逊于多重分形检测方法；缝隙特征与分形维数一样，具有幅度不变性，且不受目标姿态、类别的影响，可以说它是一种实用可靠的检测策略。

组合分形检测方法和累积缝隙尺度差值检测方法在复杂程度、计算步骤、计算量和结构性能方面都有所差异，检测准确度并非唯一的衡量标准，在此对两者在其他方面进行定性的对比，简要说明如表 4.17 所示。

表 4.17　两种检测方法定性对比

检测方法	结构	计算步骤	计算量	检测准确度
组合分形检测方法	分段式检测	复杂	大	准确
累积缝隙尺度差值检测方法	单变量检测	非常复杂	较大	较准确

组合分形检测方法的优点是当目标强度较大时可以直接检测出来，粗检测可以简化检测过程，精检测采用两种补充分形量以达到不错的检测效果；累积缝隙尺度差值检测方法在计算缝隙值时比较复杂，建立纯海杂波的标准模板需要较高的准确度，但它也能够比较准确地检测出小信杂比下的目标。

参考文献

[1] LO T, LEUNG H, LITVA J, et al. Fractal characterisation of sea-scattered signals and detection of sea-surface targets[J]. IEE Proceedings F Radar and Signal Processing, 1993, 140(4): 243-250.

[2] SAVAIDIS S, FRANGOS P, JAGGARD D L, et al. Scattering from fractally corrugated surfaces: an exact approach[J]. Optics Letters, 1995, 20(23): 2357-2359.

[3] APEL J R. Principles of ocean physics[M]. London: Academic Press, 1988.

[4] VESECKY J F, STEWART R H. The observation of ocean surface phenomena using imagery from the SEASAT synthetic aperture radar: an assessment[J]. Journal of Geophysical Research, 1982, 87(5): 3397-3430.

[5] BERIZZI F, MESE E D, PINELLI G. A two-dimensional fractal model of the sea surface and sea spectrum evaluation[C]//Proceedings of Radar 97. Piscataway: IEEE Press, 1997: 189-193.

[6] FRANCESCHETTI G, MIGLIACCIO M, RICCIO D. An electromagnetic fractal-based model for the study of fading[J]. Radio Science, 1996, 31(6): 1749-1759.

[7] MITSUYASU H, TASAI F, SUHARA T, et al. Observations of the directional spectrum of Ocean WavesUsing a cloverleaf buoy[J]. Journal of Physical Oceanography, 1975, 5(4): 750-760.

[8] SOTO-CRESPO J M, NIETO-VESPERINAS M. Electromagnetic scattering from very rough

random surfaces and deep reflection gratings[J]. Journal of the Optical Society of America A, 1989, 6(3): 367-384.

[9] BERIZZI F, MESE E D, PINELLI G. One-dimensional fractal model of the sea surface[J]. IEE Proceedings-Radar, Sonar and Navigation, 1999, 146(1): 55-66.

[10] MARAGOS P, SUN F K. Measuring the fractal dimension of signals: morphological covers and iterative optimization[J]. IEEE Transactions on Signal Processing, 1993, 41(1): 108-121.

[11] ANGILÈ F, BERIZZI F. Algorithms for fractal estimation of curves[R]. 1996.

[12] BERIZZI F, DALLE-MESE E. Fractal analysis of the signal scattered from the sea surface[J]. IEEE Transactions on Antennas and Propagation, 1999, 47(2): 324-338.

[13] DROSOPOULOS A. Description of the OHGR database[R]. 1994.

[14] IPIX Radar. The McMaster IPIX radar sea clutter database[R]. 2001.

[15] HU J, TUNG W W, GAO J B. Detection of low observable targets within sea clutter by structure function based multifractal analysis[J]. IEEE Transactions on Antennas and Propagation, 2006, 54(1): 136-143.

[16] ULABY F T, MOORE R K, FUNG A K. Microwave remote sensing: active and passive[M]. Norwood: Artech House, 1986.

[17] GINI F, GRECO M. Texture modelling, estimation and validation using measured sea clutter data[J]. IEE Proceedings - Radar, Sonar and Navigation, 2002, 149(3): 115-124.

[18] GINI F, GRECO M V, DIANI M, et al. Performance analysis of two adaptive radar detectors against non-Gaussian real sea clutter data[J]. IEEE Transactions on Aerospace and Electronic Systems, 2000, 36(4): 1429-1439.

[19] BERIZZI F, DALLE MESE E. Sea-wave fractal spectrum for SAR remote sensing[J]. IEE Proceedings - Radar, Sonar and Navigation, 2001, 148(2): 56-66.

[20] MARTORELLA M, BERIZZI F, MESE E D. On the fractal dimension of sea surface backscattered signal at low grazing angle[J]. IEEE Transactions on Antennas and Propagation, 2004, 52(5): 1193-1204.

[21] 张延冬. 海面电磁与光散射特性研究[D]. 西安: 西安电子科技大学, 2004: 50-71.

[22] MADANIZADEH S A, NAYEBI M M. Signal detection using the correlation coefficient in fractal geometry[C]//Proceedings of 2007 IEEE Radar Conference. Piscataway: IEEE Press, 2007: 481-486.

[23] LEUNG H. Nonlinear clutter cancellation and detection using a memory-based predictor[J]. IEEE Transactions on Aerospace and Electronic Systems, 1996, 32(4): 1249-1256.

[24] HU J, GAO J B, POSNER F L, et al. Target detection within sea clutter: a comparative study by fractal scaling analyses[J]. Fractals, 2006, 14(3): 187-204.

[25] PENG C K, BULDYREV S V, GOLDBERGER A L, et al. Statistical properties of DNA sequences[J]. Physica A: Statistical Mechanics and Its Applications, 1995, 221(1/2/3): 180-192.

[26] KANTELHARDT J W, KOSCIELNY-BUNDE E, REGO H H A, et al. Detecting long-range correlations with detrended fluctuation analysis[J]. Physica A: Statistical Mechanics and Its Applications, 2001, 295(3/4): 441-454.

[27] BASHAN A, BARTSCH R, KANTELHARDT J W, et al. Comparison of detrending methods for fluctuation analysis[J]. Physica A: Statistical Mechanics and Its Applications, 2008, 387(21): 5080-5090.

[28] XU X K. Low observable targets detection by joint fractal properties of sea clutter: an experimental study of IPIX OHGR datasets[J]. IEEE Transactions on Antennas and Propagation, 2010, 58(4): 1425-1429.

[29] MANDELBROT B B. The fractal geometry of nature[M]. San Francisco: W.H. Freeman, 1982.

[30] KAMIJO K, YAMANOUCHI A. Signal processing using fuzzy fractal dimension and grade of fractality-application to fluctuations in seawater temperature[C]//Proceedings of 2007 IEEE Symposium on Computational Intelligence in Image and Signal Processing. Piscataway: IEEE Press, 2007: 133-138.

[31] LIU N B, GUAN J, ZHANG J. Fuzzy fractal algorithm for low-observable target detection within sea clutter[C]//Proceedings of IET Conference Publications. London: IET, 2009: 166.

[32] 关键, 刘宁波, 张建, 等. 基于 LGF 的海杂波中微弱目标检测方法[J]. 信号处理, 2010, 26(1): 69-73.

[33] KENICHI K, AKIKO Y, CHIHIRO K. Time series analysis for altitude structure using local fractal dimension: an example of seawater temperature fluctuation around izu peninsula[R]. 2004.

[34] FALCONER K J. Fractal geometry: mathematical foundations and applications[M]. New York: Wiley, 1990.

[35] KAPLAN L M, KUO C C J. Extending self-similarity for fractional Brownian motion[J]. IEEE Transactions on Signal Processing, 1994, 42(12): 3526-3530.

[36] KAPLAN L M, KUO C C J. Texture roughness analysis and synthesis via extended self-similar (ESS) model[J]. IEEE Transactions on Pattern Analysis and Machine Intelligence, 1995, 17(11): 1043-1056.

[37] KAPLAN L M. Fractal signal modeling: theory, algorithms and applications[D]. Los Angeles: University of Southern California, 1994.

[38] 胡笑斌, 吴曼青, 张长耀. 扩展分形法结合 B-CFAR 在 SAR 图像目标检测中的应用[J]. 雷达科学与技术, 2004, 2(5): 279-283.

[39] KAPLAN L M. Extended fractal analysis for texture classification and segmentation[J]. IEEE Transactions on Image Processing, 1999, 8(11): 1572-1585.

[40] 孙即祥. 现代模式识别[M]. 长沙: 国防科技大学出版社, 2002.

[41] 李军伟, 朱振福, 贾京成, 等. 基于分形技术的目标检测算法研究[J]. 红外与激光工程, 2003, 32(5): 468-471.

[42] HAYKIN S, BHATTACHARYA T K. Modular learning strategy for signal detection in a non-stationary environment[J]. IEEE Transactions on Signal Processing, 1997, 45(6): 1619-1637.

[43] 杜干, 张守宏. 分形模型在海上雷达目标检测中的应用[J]. 电波科学学报, 1998, 13(4): 377-381.

[44] 杜干. 目标检测的分形方法及应用[D]. 西安: 西安电子科技大学, 2000.

第5章

时域海杂波非均匀自相似（分形）特性与目标检测

　　分形概念揭示了自然界中一大类无规则形体的内在规律——标度不变性。这些形体包括物理系统的混沌和由非线性动力学控制的海岸线、闪电、云等自然景观。人们通过对各类分形结构的深入研究，已经分别定义了各种分形维数。事实上，分形维数除了标志着分形体自相似的构造规律外，并不能完全揭示出产生相应结构的动力学过程。

　　随着对分形研究的深入，人们发现并不存在一个普适的分形维数，仅用一个维数来描述经过复杂的非线性动力学演化过程而形成的结构显然是不够的。而且，在各个复杂形体形成过程中，其局部条件是十分重要的，不同的局部条件是造成各个复杂形体千差万别的主要原因之一。

　　为了进一步了解在分形体形成过程中局部条件的作用，多重分形[1-3]被提出，它所描述的主要是某个参量的概率分布。多重分形也称为"分形测度""多标度分形""复分形"等，它被用来表示仅用一个取决于整体的特征标度指数（即分形维数）所不能完全描述的奇异概率分布的形式，换言之，是用一个谱函数来描述分形体不同层次的生长特征，从系统的局部出发来研究其最终的整体特征。

5.1 多重自相似的基本理论

5.1.1 多重自相似的基本概念

类似于分形，多重分形也没有精确的定义，它描述的是一个具有如下丰富结构的测度。测度μ可能会以某种方式分布在一个区域上，使测度的集中程度非常不规则。事实上，确实存在这样的点集，其上的局部测度分布服从一种指数为α的幂律，而对于不同的α值，可以确定不同的分形。于是，由单个测度可以生成各种各样的分形，据此就可以研究这些分形的结构以及它们的内在联系。

多重分形分析的目的在于量化测度的奇异结构，以及当尺度发生变化时，为伴随有不同范围的幂律的现象提供模型[2]。通常研究多重分形的方法有两种[3]：一种方法称为精细理论，这种方法用于从数学上研究分形本身的结构和维数，关系到豪斯多夫维数；另一种方法称为粗线条理论，这种方法采用极限的思想，考虑具有正半径r的小球的测度分布的不规则性，然后，令r→0取极限，这种方法更容易操作，且关系到盒维数。对许多测度应用这两种方法可以得到相同的分析结果。这里需要指出，本书所提及的多重分形都是指自相似测度下的多重分形，即分析对象是具有自相似性的测度。

5.1.2 多重自相似的描述参数

本节主要介绍描述多重分形的两个主要参数，即多重分形奇异谱与扩展分形维数，两者之间可以通过勒让德（Legendre）变换相互转化。

（1）多重分形奇异谱

多重分形描述的是分形几何体在测度分布中的不同层次和特征。把所研究的对象分成 N 个小区域，假设第 i 个小区域的线度大小为 ε_i，分形体在该小区域内测度的分布概率为 P_i，图 5.1 以康托尔（Cantor）二分集为例，给出了测度的分布情况。

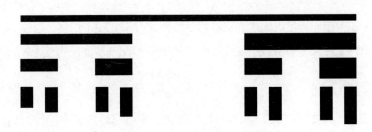

图 5.1　Cantor 集测度分布

各小区域的测度分布概率是不同的，可以用不同的 α_i 来表征，即

$$P_i = \varepsilon_i^{\alpha_i}, i = 1, 2, 3, \cdots, N \tag{5.1}$$

若线度 ε_i 趋于 0，则

$$\alpha_i = \lim_{\mu_i \to 0} \frac{\ln P_i}{\ln \varepsilon_i} \tag{5.2}$$

其中，α_i 表示的是分形体第 i 个小区域的分形维数，称为局部分形维数，其值的大小反映了第 i 个小区域测度分布概率的大小。

多重分形用 α 表示分形体小区域的分形维数，当 $\varepsilon_i \to 0$ 时，小区域的数目变得非常多，于是得到一个由许多不同 α 组成的序列所构成的谱，用 $f(\alpha)$ 表示，$f(\alpha)$ 称为多重分形奇异谱或多重分形谱，表示具有相同测度分布概率的小区域的分形维数。实际上，从极限的角度看，α 表示的是每一点的测度分布情况，可能在一些点上测度（质量）分布概率很大，另一些点上则分布概率很小，此时，传统物理中具有良好定义的密度的概念失效了，而局部分形维数 α 则较好地表征了测度分布的不均匀程度或者说是奇异性程度，因此，α 又称为奇异指数。

（2）扩展分形维数

单一分形维数并不足以描述所有复杂形状和现象，为了获得只用分形维数不能描述的信息，就需要扩展分形维数，这是多重分形重要参数之一，下面主要介绍两种分形维数的扩展方法。

基本的分形维数定义由观测尺度 r 和观测到的网格数 $N(r)$ 定义如下

$$D = -\frac{\text{lb}N(r)}{\text{lb}r} \tag{5.3}$$

一般来说，在函数 $N(r)$ 不是幂函数的情况下，式（5.3）右边不为常数，因而不能定义通常在一定无标度区间内成立的分形维数。将式（5.3）扩展，以便 $N(r)$ 在非幂型的情况下也能定义分形维数。定义分形维数为点（ $\lg r$, $\lg N(r)$ ）上的斜率，即

$$D(r) = -\frac{d\lg N(r)}{d\lg r} \tag{5.4}$$

就可以实现分形维数的扩展。若 $N(r)$ 是幂函数，则各点处的斜率相等，即普通的分形维数。这样，只要 $N(r)$ 是平滑的函数，分形维数就是确定的，不必再考虑无标度区间的上下限问题。本节没有采用上述介绍的分形维数扩展方法，而是采用下述较为常用的分形维数扩展方法。

另一种扩展分形维数的方法是引进高次的分形维数，以弥补只用基本的分形维数表现不了的信息。这种定义参照简单分形中信息量维数的定义方法，在 d 维空间中，把空间分割成边长为 r 的 d 维立方体，假设分析对象进入各立方体内的点呈概率分布，其中进入第 i 个立方体中点的概率为 p_i。对任意的正数 q（ $q \neq 1$ ），定义 q 次信息量 $I_q(r)$ 为[1]

$$I_q(r) = \frac{1}{1-q} \ln \sum_i p_i^q \tag{5.5}$$

令 $r \to 0$，定义 q 次信息量维数 D_q 为

$$D_q = \lim_{\varepsilon \to 0} \frac{I_q(r)}{\ln \varepsilon} \tag{5.6}$$

实际上，D_q 为广义的信息量维数，当 $q \to 1$ 时，可得

$$\lim_{q \to 1} \frac{1}{1-q} \ln \sum_i p_i^q = \lim_{\delta \to 0} \left\{ -\frac{1}{\delta} \ln(\sum_i p_i e^{\delta \ln p_i}) \right\} =$$
$$\lim_{\delta \to 0} \left\{ -\frac{1}{\delta} \ln(\sum_i p_i (1 + \delta \ln p_i + o(\delta))) \right\} = \lim_{\delta \to 0} \left\{ -\frac{1}{\delta} \ln(1 + \delta \sum_i p_i \ln p_i) \right\} = -\sum_i p_i \ln p_i \tag{5.7}$$

由此可见，$I_1(r)$ 与普通的信息量一致。当 $q=0$ 时，D_0 为容量维数。类似地，D_1 为信息量维数。当 q 为不小于 2 的整数时，D_q 具有如下物理意义：考虑从 M 个点中取相互之间距离小于 r 的 q 个点组合，如果这样的点的组合数目为 $N_q(r)$，那么可以定义 q 次关联积分[4]

$$C_q(r) = \lim_{M \to \infty} M^{-q} N_q(r) \tag{5.8}$$

若满足幂律

$$C_q(r) \propto \varepsilon^{\tau(q)} \qquad (5.9)$$

其中，$\tau(q)$ 为 q 次相关指数。则 $\tau(q)$ 与 D_q 存在如下关系

$$\tau(q) = (q-1)D_q \qquad (5.10)$$

根据上面定义 q 次信息量的方法，针对具有一定概率分布的测度，把式（5.1）两边各取 q 次方并求和，即配分函数 $\chi(q)$，有

$$\chi(q) \equiv \sum_{i=1}^{N} P_i^q = \sum_{i=1}^{N} (r_i)^{\alpha_i q} \qquad (5.11)$$

当 $q \gg 1$ 时，$\chi(q)$ 中大概率子集将起主要作用；当 $q \ll -1$ 时，小概率子集将起主要作用，所以通过加权处理，可以体现分形体内测度的分布状况。此时，测度的 q 次信息维 D_q 的定义为[5]

$$D_q = \lim_{r \to 0} \frac{1}{q-1} \frac{\ln \chi(q)}{\ln r} \equiv D(q) \qquad (5.12)$$

这就是通常所说的广义分形维数，又称为扩展分形维数。

（3）多重分形谱与扩展分形维数的关系

广义分形维数与多重分形奇异谱之间是 Legendre 变换关系，即

$$D_q = \frac{1}{q-1}[q\alpha - f(\alpha)] \qquad (5.13)$$

将式（5.13）代入式（5.10），可得

$$\tau(q) = q\alpha - f(\alpha) \qquad (5.14)$$

在测度分析中，q 次相关指数一般称为质量指数。由式（5.13）可知，若已知 α 与其谱 $f(\alpha)$，便可求出 D_q；反之，若根据实验测得的 P_i 先求得 D_q，则 α 可由式（5.15）求得

$$\alpha = \frac{\mathrm{d}\tau(q)}{\mathrm{d}q} = \frac{\mathrm{d}[(q-1)D_q]}{\mathrm{d}q} \qquad (5.15)$$

再根据式（5.13）即可求出 $f(\alpha)$。

5.2　无标度区间的自动确定

分形理论所研究的系统是建立在自相似的基础之上的，认为在任何标度下，系统的局部与整体的不规则性具有相似性[6]，这里的标度即广义上的尺度。然而对于实际的系统，不可能在任何区间内都存在这种相似性，只可能在一定的区间内成立，即无标度区间，超出这个区间，自相似性就不存在了，分形也就失去了意义。文献[7]提出一种求取单一分形无标度区间的自动识别方法，具有一定的客观性，但是其计算得到的区间过于保守，无标度区间过短可能会导致广义维数估计误差增大，而且稳定性也变差。本节在推广多重分形维数理论的基础上，对无标度区间自动选择的方法进行了一些改进，使其更接近真实无标度区间，降低了其估计的保守程度，同时实现了多重分形特征——广义分形维数的自动提取[8]。该方法的第一步是由观测序列生成 m 维向量集合，这个过程被称为相空间重构，m 称为嵌入维数。

5.2.1　相空间重构

根据嵌入定理[9-10]，如果嵌入维数 $m \geq 2D+1$（D 是系统的分形维数），则系统结构在重构空间 $\mathbf{R}^m$ 中与在原空间中是同构的。相空间重构过程如下：假设存在一原始观测序列 $\{x_i, i=1, 2, \cdots, N\}$，选择合适的时延 τ 和嵌入维数 m（注意嵌入维数一定要满足嵌入定理）进行相空间重构，重构后得到空间中的一个点集 J_m，其元素记为

$$\boldsymbol{X}_i = [x_i, x_{i+k}, x_{i+2k}, \cdots, x_{i+(m-1)k}], \quad i=1, 2, \cdots, N_m \qquad (5.16)$$

其中，$N_m = N-(m-1)\tau$ 为点集 J_m 中向量的个数；k 是时延数，若 Δt 为采样间隔，则 $\tau = k\Delta t$，对离散时间序列而言，k 也就是尺度 r。

5.2.2　无标度区间自动选取

从点集 J_m 中任选一个元素 $\boldsymbol{X}_i$，计算其余的 N_m-1 个元素到 $\boldsymbol{X}_i$ 的欧氏距离，即

$$r_{ij} = d(\boldsymbol{X}_i, \boldsymbol{X}_j) = \sqrt{\sum_{l=0}^{m-1} (x_{i+lk} - x_{j+lk})^2} \ , \ j=1,\ 2,\cdots,N_m, j \neq i \qquad (5.17)$$

对所有的 $\boldsymbol{X}_i$ 重复这一过程，其中，当 $j=i$ 时，$r_{ij}=0$。然后在相空间中计算 q 次关联积分，由于式（5.8）无法直接用于计算，因此重新定义 q 次关联积分如下[10]

$$C_q(r) = \left\{ \frac{1}{N_m^q} \sum_{j=1}^{N_m} \left[\sum_{i=1}^{N_m} H(r - r_{ij}) \right]^{q-1} \right\}^{\frac{1}{q-1}}, \quad q \neq 1 \qquad (5.18)$$

其中，$H(\cdot)$ 是赫维赛特（Heaviside）函数（又称单位阶跃函数），即

$$H(x) = \begin{cases} 1, & x>0 \\ 0, & x<0 \end{cases} \qquad (5.19)$$

当嵌入维数 m 足够大时，广义分形维数 D_q 可以由 q 次关联积分得到

$$D_q = \lim_{r \to 0} \frac{\ln C_q(r)}{\ln r} \qquad (5.20)$$

在各种尺度 r 下，按式（5.18）计算 $C_q(r)$，在对数坐标中做一元线性回归分析，拟合 $\ln C_q(r)$-$\ln r$，所得直线的斜率即广义分形维数 D_q。这种计算时间序列多重分形广义维数的方法是固定质量法和固定半径法的统一，因此，其也具有固定半径法的缺陷，即不适用于 $q=1$ 的情况[3]。

为确定无标度区间的客观范围，首先应确定其可能的最大范围。在实际计算中，标度 r 满足的最大范围应该在两点间距的最小值与最大值之间，即

$$\min\left\{ \left\| \boldsymbol{X}_i - \boldsymbol{X}_j \right\| \right\} \leqslant r \leqslant \max\left\{ \left\| \boldsymbol{X}_i - \boldsymbol{X}_j \right\| \right\}, i, j \in N_m \qquad (5.21)$$

对于 IPIX 雷达实测海杂波 26#数据文件，图 5.2 给出了以式（5.21）所示区间为标度 r 范围的 $\ln C_q(r)$-$\ln r$ 曲线，可以发现当 r 很小时，关联积分 $C_q(r)$ 很接近于零，与后面的关联积分值线性相关程度也很低，这样的标度 r 值应该舍去；同理，对于 r 很大的值，关联积分达到饱和，也会超出无标度区间的范围，这样的标度 r 值也应该舍掉，无标度区间的选择实际上就是找到 $\ln C_q(r)$-$\ln r$ 曲线中接近线性的一段，抛弃偏离较大的点。其中，应充分考虑拟合点数对区间选择的影响。点数太少，反映的相空间的结构太粗略；点数太多，会使计算时间变长。因此，充分利用采样值，兼顾拟合点数的影响，本节提出一种无标度区间的自动选择改进算法，流程框架如图 5.3 所示。其中，$U_n = P_i \ln P_i$ 为 $q=1$ 时计算广义维数的中间量。

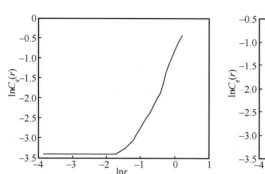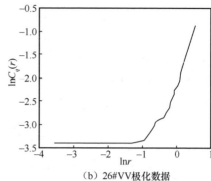

（a）26#HH极化数据　　　　　　　　　（b）26#VV极化数据

图 5.2　最大可能无标度区间内 $\ln C_q(r)$-$\ln r$ 关系曲线

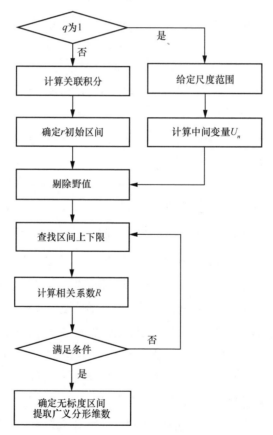

图 5.3　无标度区间自动选择改进算法流程框架

使关联积分饱和或者很接近 0 的值称为野值，就是舍掉该值使式（5.22）小于 2 的所有 r 值。

$$N_{\text{UM}} = \sum_{i=1}^{N_m} H(r - r_{ij}) \qquad (5.22)$$

对其他多组数据进行实验表明，$N_{\text{UM}}<2$ 基本都可以满足剔除野值的需求。图 5.3 所示的流程框架在计算 $q=1$ 与 $q \neq 1$ 时采用了两种计算方法，从而弥补了关联积分法所具有的固定半径法的缺陷，即不能计算 $q=1$ 时的广义分形维数。在改进算法实现过程中，为了提高查找无标度区间端点值的速度，采用了查找速度较快的斐波那契（Fibonacci）数列查找法。

5.2.3 实测数据验证与分析

依据图 5.3 所示流程框架编制相应的计算机仿真程序，分别对采自 IPIX 雷达的 26#HH 极化和 VV 极化数据自动识别无标度区间并自动提取广义维数。仿真实验中以 $q=2$ 时的关联维数 D_2 为例进行验证，q 取其他值时做法类似。图 5.4（a）与图 5.5（a）分别给出了 HH 极化和 VV 极化下采用文献[7]算法得到的无标度区间，图 5.4（b）和图 5.5（b）分别给出了 HH 极化和 VV 极化下采用本节中的改进算法得到的无标度区间。显然，后者得到的无标度区间范围更大，同时还基本保持了对数曲线的近似线性。

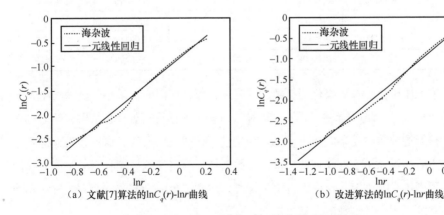

（a）文献[7]算法的$\ln C_q(r)$-$\ln r$曲线　　　　（b）改进算法的$\ln C_q(r)$-$\ln r$曲线

图 5.4　26#HH 极化数据无标度区间自动识别比较

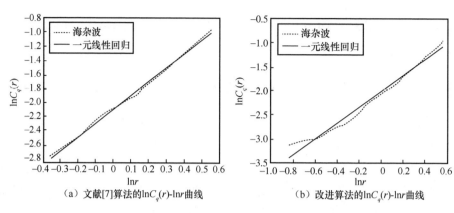

（a）文献[7]算法的$\ln C_q(r)$-$\ln r$曲线　　　　（b）改进算法的$\ln C_q(r)$-$\ln r$曲线

图5.5　26#VV 极化数据无标度区间自动识别比较

表 5.1 给出了两种算法所得到的无标度区间以及线性相关系数的比较，其中，嵌入维数 m 都取为 5，时延都取为 $10\Delta t$。由表 5.1 可知，采用改进算法所得的无标度区间范围有所拓展，但是线性程度基本不变，在显著性水平 $\alpha=0.001$ 条件下进行检验，统计量数值都远远大于拒绝域临界点，回归效果极其显著，这表明改进算法是有效的。

表 5.1　无标度区间自动识别的改进算法与文献[7]算法的比较

算法		无标度区间		广义分形维数 D_q	相关系数 R	回归显著性检验 $\alpha=0.001$
		上限	下限			
HH 极化	文献[7]算法	0.51934	1.4096	1.3060	0.99846	极其显著
	改进算法	0.19784	1.4838	1.2417	0.99582	极其显著
VV 极化	文献[7]算法	0.77843	2.0876	2.2446	0.99518	极其显著
	改进算法	0.45998	2.1230	1.8487	0.98298	极其显著

观察 HH 极化和 VV 极化两组数据的分形维数，可以看到采用改进算法得到的维数值都略低于文献[7]算法。采用改进算法对多段数据进行处理，结果表明改进算法估计得到的维数波动幅度较小，更具平稳性，如图 5.6 所示。这是因为无标度区间拓展之后，可以用于计算维数的采样点数增加，提高了数据的利用率，从而降低了随机因素的影响程度。这也符合实际情况，对同一批海杂波数据而言，排除其他随机因素的影响，其维数应该基本相同。

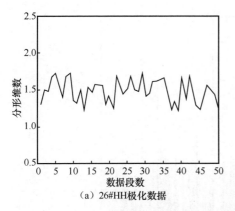
（a）26#HH极化数据

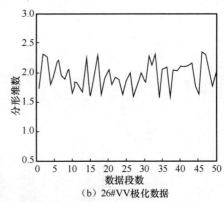
（b）26#VV极化数据

图 5.6　改进算法计算的不同数据段海杂波的分形维数

5.3　海杂波的多重自相似性判定

　　本节进一步研究海杂波数据的多重分形特性，判定海杂波数据是不是多重分形的[11]。在数学上，多重分形的特征有许多或无限多的幂律关系。一些几何对象的吸引子通常是多重分形的，原因是整个吸引子可以被分成许多（也可能是无穷多）的子集，每一个子集具有单独的分形维数[12]。图 5.1 中所示的 Cantor 二分集是一种最简单的规则多重分形，也可以称为一种随机乘法过程[13]。实际上，海杂波的多重分形判定过程就是采用随机乘法模型研究测度的分布概率。

5.3.1　海杂波的幅度分布与时间相关特性

　　本节仍采用 IPIX 雷达实测数据，数据编号为 26#（19931108_220902_starea），其时域波形如图 5.7 所示。

　　对海杂波幅度进行直方图统计，在每一个幅度值处可以得到一个归一化的概率值，进而可以得到海杂波幅度的分布函数。图 5.8 给出了实测海杂波的幅度分布曲线以及采用正态分布与瑞利分布进行拟合的曲线。从图 5.8 中可以看出，实测海杂波幅度分布函数与相同均值方差条件下的正态分布相距甚远，与瑞利分布比较接近。若定量化，可以求其偏度系数 C_s 与峰度系数 C_k[4]为

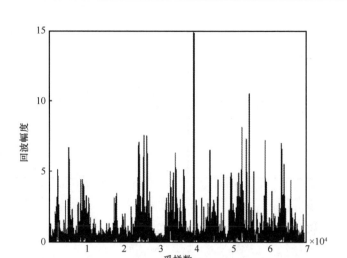

图 5.7　海杂波的时域波形

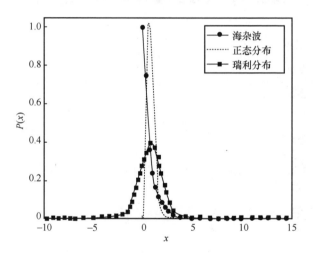

图 5.8　海杂波幅度分布函数拟合

$$C_s = \frac{\mu_3}{\mu_2^{3/2}} \qquad (5.23)$$

$$C_k = \frac{\mu_4}{\mu_2^2} \qquad (5.24)$$

其中，$\mu_k = E[X-E(X)]^k$，$k=2,3,4$。C_s 表征的是概率分布函数的对称性，C_k 描述的是

一种分布的起伏剧烈程度。$C_s>0$ 表明该数据的概率分布函数偏向均值左侧，有较长的拖尾；峰度系数 C_k 较大说明数据分布起伏较大。本节所采用的海杂波数据的偏度系数 C_s 为 4.0462，峰度系数 C_k 为 31.684，这与正态分布的 $C_s=0$、$C_k=3$ 相差很大，呈非高斯性。实际上，对其他多组海杂波数据进行分析也有类似结果，海杂波的幅度分布明显偏离正态分布，具有较长的拖尾，呈非高斯性。

多重分形的重要标志有两个：其一是非高斯性，其二是长时相关性。下面分析海杂波的时间相关性，采用对数方差时间图法[14]，若所得曲线斜率大于−1，则具有长时间相关性。图 5.9 中给出了对数方差−时间曲线，很容易看出实测海杂波数据的对数方差−时间曲线斜率大于−1，因此其具有长时相关性。

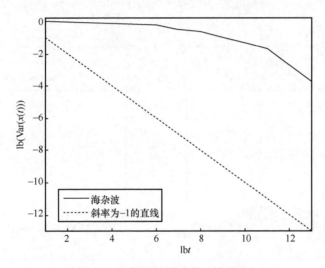

图 5.9　海杂波的对数方差−时间曲线

实际上，海杂波的时间相关性也可以由时间自相关函数（Autocorrelation Function，ACF）表征，其定义为[15]

$$\mathrm{ACF}_k=\frac{\displaystyle\sum_{n=0}^{N-1}x_n x_{n+k}^*}{\displaystyle\sum_{n=0}^{N-1}x_n x_n^*} \tag{5.25}$$

其中，ACF_k 是间距为 k 个采样点的时间自相关函数值，x_n 是接收信号的复数形式，

x_n^*是其共轭。图 5.10 给出了海杂波的时间自相关函数，可以看到海杂波的强相关时间大约为 10 ms，如图 5.10（a）～图 5.10（c）所示，而之后的弱相关时间可以达到秒级，如图 5.10（d）所示，同时，这也证实了由图 5.9 所得的结论是正确的，海杂波确有长时间相关性。

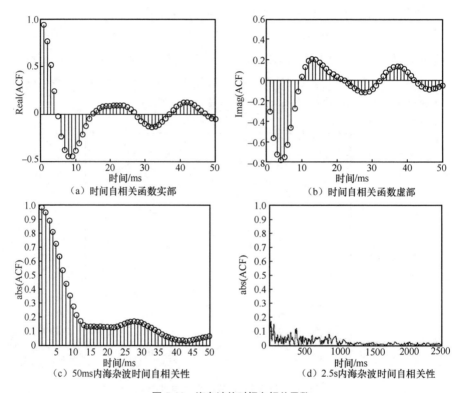

（a）时间自相关函数实部　　　　　　　（b）时间自相关函数虚部

（c）50ms内海杂波时间自相关性　　　　（d）2.5s内海杂波时间自相关性

图 5.10　海杂波的时间自相关函数

5.3.2　海杂波的随机乘法模型

为了更好地理解多重分形的形式，以及将多重分形随机乘法模型与 5.1 节中的信息量推导过程统一，这里对多重分形的随机乘法模型介绍如下。

考虑一个具有单位测度（质量）μ的单位区间，将区间划分成左、右两部分，长度分别为 r 与 $1-r$，相应的测度（质量）也分成左、右两部分。r 是一个随机变量，称为倍乘因子，其取决于概率分布函数 $P(r)$，$0 \leqslant r \leqslant 1$。由于区间的测度（质量）也为单位测度（质量），因此，其测度（质量）的分布函数即实际测度（质量）大小的分布情况，如图 5.11 所示。

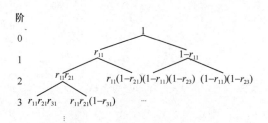

图 5.11　测度（质量）分布

在图 5.11 中，r 被重写为 r_{ij}，其中 i 表示阶（层）数，j 表示第 i 阶奇数项测度的分布概率，则偶数项测度的分布概率为 $1-r_{ij}$。若假设 $P(r)$ 关于 $r=1/2$ 对称，则 r_{ij} 与 $1-r_{ij}$ 都具有边缘概率密度 $P(r)$，则第 N 层每一项的测度 $\{\mu_n, n=1, 2^1, \cdots, 2^N\}$ 可以表示为 $\mu_n = u_1 u_2 \cdots u_N$，其中，$u_l$（$l=1, 2, \cdots, N$）可取 r_{ij} 或 $1-r_{ij}$，因此，$\{u_l, l=1, 2, \cdots, N\}$ 为独立同分布的随机变量。对于一系列独立同分布随机变量的乘积 μ_n，若取 q 次方并求和，则可以得到与式（5.11）同样的结论。将式（5.11）重写为

$$\chi_q(r) \propto \varepsilon^{\tau(q)} \tag{5.26}$$

若式（5.26）成立，并且 $\tau(q)$ 不是 q 的线性函数，即认为测度是多重分形的[13]。这里需要指出的是，大的正 q 值会突显大概率子集，大的负 q 值会突显小概率子集，且 $\tau(q)$ 不是 q 的线性函数意味着测度 μ_n 不是常数，各个区间分布不同。

根据随机乘法模型的分析过程，比较容易从理论上理解海杂波的多重分形特性。假设海杂波序列为 $\{X_i, i=1, 2^1, \cdots, 2^N\}$，可以认为这是第 N 阶的测度分布序列，则第 $N-1$ 阶的测度分布序列为 $\{X_i^{(2^1)}, i=1, 2^1, \cdots, 2^{N-1}\}$，其可以由第 N 阶的测度分布序列中相邻的两个元素相加得到（每个元素只参与一次加法运算），$X_i^{(2^1)} = X_{2i-1} + X_{2i}, i=1, 2^1, \cdots, 2^{N-1}$。其中，$X_i^{(2^1)}$ 的上标 2^1 表示本阶的一个元素对应第 N 阶序列中元素的个数，而同时可以得到其对应的尺度为 $2^{-(N-1)}$。不断重复这一过程，若第 $j+1$ 阶序列为 $\{X_i^{(2^{N-j-1})}, i=1, 2^1, \cdots, 2^{j+1}\}$，则第 j 阶得到的序列 $\{X_i^{(2^{N-j})}, i=1, 2^1, \cdots, 2^j\}$ 可通过如下公式得到

$$X_i^{(2^{N-j})} = X_{2i-1}^{(2^{N-j-1})} + X_{2i}^{(2^{N-j-1})}, i = 1, 2^1, \cdots, 2^j \qquad （5.27）$$

此时的尺度为 $r=2^{-j}$。最后这一过程在第 0 阶停止，得到一个单位测度，对应尺度为 $r=2^0$。整个迭代过程如图 5.12 所示。

阶									尺度
⋮	⋯		⋯				⋯		⋮
$N{-}3$	$X_1{+}X_2{+}X_3{+}X_4{+}X_5{+}X_6{+}X_7{+}X_8$							⋯	$2^{-(N-3)}$
$N{-}2$	$X_1{+}X_2{+}X_3{+}X_4$		$X_5{+}X_6{+}X_7{+}X_8$					⋯	$2^{-(N-2)}$
$N{-}1$	$X_1{+}X_2$	$X_3{+}X_4$		$X_5{+}X_6$		$X_7{+}X_8$		⋯	$2^{-(N-1)}$
N	X_1	X_2	X_3	X_4	X_5	X_6	X_7	X_8 ⋯	2^{-N}

图 5.12　海杂波的幅度逐阶迭代过程

5.3.3　多重自相似判定

根据上文分析可以看出，要验证海杂波是不是多重分形的，首先应对海杂波进行归一化

$$x_k = \frac{X_k}{\sum_{i=1}^{N} X_k} \qquad （5.28）$$

其中，数据长度 $N=2^n$。根据随机乘法模型的处理过程，可以得到配分函数为

$$\chi_q(\varepsilon) = \sum_{k=1}^{\frac{N}{\varepsilon}} \left[\sum_{l=1}^{r} x_{r(k-1)+l} \right]^q, \varepsilon = 1, 2^1, 2^2, \cdots, 2^n \qquad （5.29）$$

然后，检查式（5.26）的幂律关系是否成立。在线性区间内，利用最小二乘法求解式（5.30）即可得到 $\tau(q)$

$$1b\chi_q(r) \approx \tau(q)1br + \text{const} （常量），\quad q \in \mathbb{R} \qquad （5.30）$$

对 $\tau(q) \sim q$ 进行 Legendre 变换即可得到多重分形谱 $f(\alpha) \sim \alpha$。利用上述方法对图 5.7 所示的海杂波进行分析，结果如图 5.13 所示。

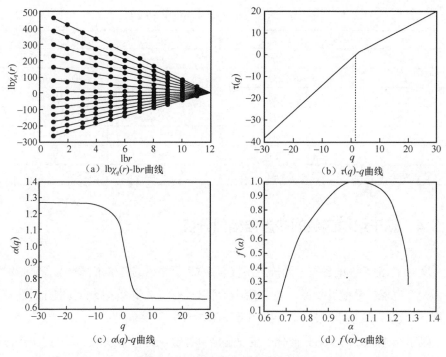

（a）lb$\chi_q(r)$-lb$r$曲线　　（b）$\tau(q)$-q曲线

（c）$\alpha(q)$-q曲线　　（d）$f(\alpha)$-α曲线

图 5.13　海杂波的多重分形特性判定

图 5.13（a）给出了不同 q 值条件下的 lb$\chi_q(r)$-lb$r$ 曲线，图中黑色圆点代表根据实测海杂波数据计算得来的结果，直线是一元线性回归得到的，可以看到海杂波数据点偏离拟合直线很小，效果很好，式（5.30）在较大的范围内均成立。表 5.2 给出了不同 q 值条件下的相关系数 R，R 越大且越接近 1，线性相关性越大，线性程度越好。可以看到，对于本组海杂波数据，R 均非常接近 1，采用 F 检验法对回归效果进行回归显著性检验，$F_{0.95}(1, 12)=4.75$，$F_{0.99}(1, 12)=9.33$，而对应于其中相关系数 R 值最小的 $q=30$，也有 $F=(14-2)R^2/(1-R^2)\approx115.8$，远大于 $F_{0.99}(1, 12)$，因此回归效果非常显著。图 5.13（b）所示的 $\tau(q)$ 不是 q 的线性函数，曲线有一个明显的折点。图 5.13（c）给出了奇异指数 $\alpha(q)$随 q 的变化情况，可以看到在 0 附近有一次突变（骤降）。由海杂波的多重分形判定准则可知，该组海杂波数据是多重分形的，多重分形谱如图 5.13（d）所示。这里需要指出的是，对 IPIX 雷达的多组海杂波数据的分析表明，这种多重分形特性在海杂波中是普遍存在的。

表5.2 不同 q 值条件下的相关系数 R

q	R	q	R
−30	−0.99928	5	0.99785
−25	−0.99930	10	0.99627
−20	−0.99934	15	0.99586
−15	−0.99941	20	0.99575
−10	−0.99954	25	0.99572
−5	−0.99981	30	0.99571
0	−1.00000		

5.3.4 基于结构函数的多重自相似分析

实际上，海杂波的多重分形模型不仅有 5.3.2 节介绍的随机乘法模型，还包括"随机游走"过程、增量过程等，这些模型都可以较好地说明海杂波的多重分形性质，同时，从这些模型也可较好地看出多重分形与单一分形的联系。

基于结构函数的多重分形分析主要是检验各阶矩的幂律关系。定义如下：假设 $X=\{X_i, i=1, 2, \cdots, N\}$ 表示一宽平稳随机过程，均值为 μ，方差为 σ^2。首先，将整个时间序列减去均值，此时序列表示为 $\{x_i, i=1, 2, \cdots, N\}$

$$x_i = X_i - \mu \tag{5.31}$$

然后，计算序列 $\{x_i\}$ 的前 n 项和，形成一个新序列 $y=\{y(n), n=1, 2, \cdots, N\}$

$$y(n) = \sum_{i=1}^{n} x_i \tag{5.32}$$

$y(n)$ 即 x 的一个"随机游走"过程，而 x 本身即 y 的一个增量过程。接下来就可以检验下列幂律关系是否成立

$$F^{(q)}(m) = \left\langle \left| y(n+m) - y(n) \right|^q \right\rangle^{\frac{1}{q}} \sim m^{H(q)} \tag{5.33}$$

其中，q 为实数，$H(q)$ 为 q 的函数。负的 q 值突显小的绝对增量，正的 q 值突显大的绝对增量。若式（5.33）所描述的幂律关系成立，则表明随机过程 x 为一分形过程，并且如果 $H(q)$ 为常数，则说明此过程为单一分形过程；如果 $H(q)$ 不是常数，则说明此过程为一多重分形过程。

当 $q=2$ 时，式（5.33）所表示的分析过程通常称为"起伏分析（Fluctuation Analysis，

FA）"，它刻画了数据集的相关结构。实际上，当 $q=2$ 时，增量过程 x 的自相关函数 r 按照如下幂律关系衰减

$$r(k) \sim k^{2H(2)-2}, k \to \infty \quad (5.34)$$

其中，$H(2)$ 即通常所说的 Hurst 指数，一般记为 H。当 $H=1/2$ 时，这一过程称为无记忆的或者短程相关的[16]，比较典型的是布朗运动过程。在大自然和人造系统中，H 一般不为 1/2，典型模型即分数布朗运动，当 $0 \leqslant H < 1/2$ 时，这一过程是不持续相关的；当 $1/2 < H \leqslant 1$ 时，这一过程是持续相关的或称为是具有长记忆特性的[17]，这可以通过判断

$$\sum_{k=1}^{\infty} r(k) = \infty \quad (5.35)$$

是否成立来确定。

通过 Wiener-Khinchine 定理，人们发现如果增量过程 x 是分形的，它的功率谱密度函数 $S_x(f)$ 具有如下形式

$$S_x(f) \sim \frac{1}{f^{2H-1}} \quad (5.36)$$

随机游走过程 y 的功率谱密度 $S_y(f)$ 为

$$S_y(f) \sim \frac{1}{f^{2H+1}} \quad (5.37)$$

因此，所研究的这种随机过程通常称为 $1/f^\alpha$ 噪声，并且式（5.36）和式（5.37）又提供了一种估计 Hurst 指数的方法。数学上，一般认为一个 $1/f^\alpha$ 过程在 $1 < \alpha < 3$ 时是非平稳的[16,18]。例如，高斯过程是平稳的；布朗运动（$\alpha=2$）则为非平稳的；而海杂波在 0.01 s 到几秒的时间尺度范围内是弱非平稳的。

在实际运用中，由于无法获得先验信息确定海杂波是一个"随机游走"过程还是一个增量过程，因此，在接下来的分析中两者都被用来分析实测数据。

1. 采用"随机游走"过程建模海杂波

此时，可直接用海杂波的幅度信息替换式（5.33）中的 $y(n)$，首先计算 $q=2$ 时的情况，图 5.14（a）给出了 IPIX 雷达一组实测数据 14 个距离单元的 $\mathrm{lb}F^{(2)}(m)$-$\mathrm{lb}m$ 的关系曲线，其中标记星号的曲线对应海杂波单元，标记圆圈的曲线对应目标单元。由图 5.14(a)可以看到，大约在尺度 $m=2^4$ 到 $m=2^{12}$ 的范围内（采样频率为 1000 Hz，

则可得对应的时间在 0.01～4 s），曲线接近于直线。对 lb$F^{(2)}(m)$-lb$m$ 曲线进行直线拟合，则可得到 Hurst 指数 H，如图 5.14（b）所示。

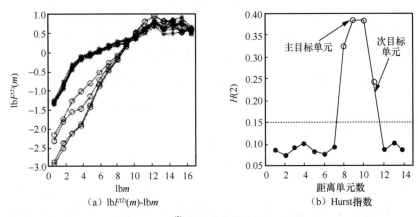

（a）lb$F^{(2)}(m)$-lb$m$ （b）Hurst 指数

图 5.14 lb$F^{(2)}(m)$-lb$m$ 曲线及 Hurst 指数

接下来，判定数据是不是多重分形的，图 5.15 给出了海杂波单元与目标单元数据在不同 q 值条件下的 lb$F^{(q)}(m)$-lb$m$ 曲线。图 5.16 给出了一组实测海杂波数据在不同 q 值条件下的 $H(q)$-q 曲线。从图 5.16 可以看到，海杂波是多重分形的，尤其在目标单元中表现得更明显。在 q=2 条件下，$H(2)$ 可以较好地区分海杂波与目标，实际上在 q 为其他值时，$H(q)$ 对海杂波与目标仍然具有良好的区分能力。图 5.17 给出了一组实测数据 14 个距离单元在 3 种不同 q 值下各距离单元的 $H(q)$ 值。从图 5.17 可以看到，在目标存在的情况下 $H(q)$ 值远大于无目标时的 $H(q)$ 值。

观察 $H(2)$，看能否以 $H(2)$ 为基础构造一个检测海杂波中微弱目标的检测器，这里对得到的不同天气、不同海情下 IPIX 雷达的 392 个海面回波序列进行运算并统计。需要说明的是，这里只选取了主目标单元，没有选取次目标单元，因为很难确定此目标单元是否真的是目标回波。图 5.18 给出了 HH 极化和 VV 极化条件下海杂波单元与目标单元的 $H(2)$ 值统计情况。由图 5.18 可以看到，HH 极化条件下海杂波单元与目标单元的 $H(2)$ 值能完全分离开，VV 极化条件下除了有两个目标单元的 $H(2)$ 值与海杂波单元的 $H(2)$ 值重叠外，其他的依然能够较好地分开。这里值得指出的是，VV 极化下 $H(2)$ 值重叠的这两个目标序列对应的 HH 极化条件下的 $H(2)$ 值在同条件下的所有序列中依然是最小的。

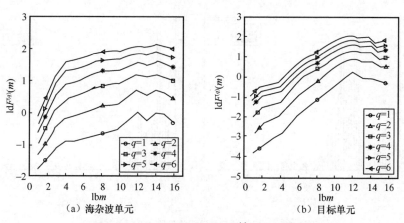

（a）海杂波单元　　　　　　　　（b）目标单元

图 5.15　不同 q 值条件下的 lb$F^{(q)}(m)$-lb$m$ 曲线

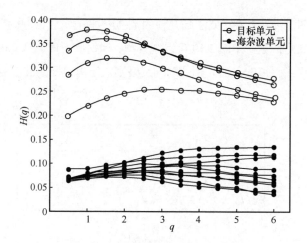

图 5.16　14 个距离单元的 $H(q)$-q 曲线

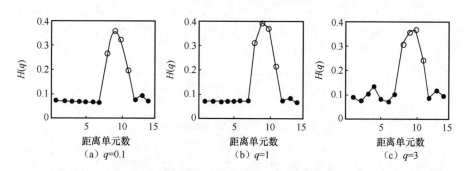

（a）q=0.1　　　　　　　（b）q=1　　　　　　　（c）q=3

图 5.17　3 种不同 q 值下各距离单元的 $H(q)$ 值

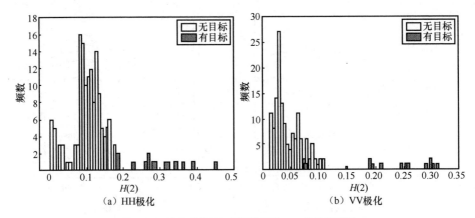

图 5.18　海杂波单元与目标单元的 $H(2)$ 值统计情况

　　前文中说明了海杂波在 0.01s 到几秒的范围内是分形的，这里提到的 0.01 s 和几秒的物理意义是什么？由图 5.19 可以观察到，当时间尺度达到 0.01 s 时，海杂波的幅度波形是相当平滑的，而几秒的时间尺度则对应海表面的波浪变化有多快的程度。这两个时间尺度会随着海面和风的变化发生轻微的变化。

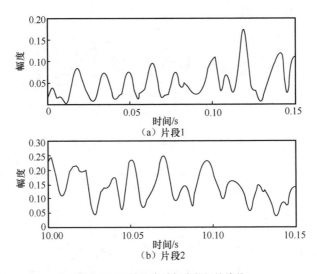

图 5.19　两个海杂波幅度数据的片段

　　分析表明，在大约 0.01s 到几秒的时间尺度范围内，海杂波是一种 $1/f^{\alpha}$ 噪声，

其中 $\alpha=2H+1$。下面计算海杂波的功率谱密度，观察其是否按照一定的幂律规律衰减，并观察由此估计得到的 Hurst 指数是否与前文的分形尺度分析得到的 Hurst 指数值一致。在系统地计算所有海杂波数据的功率谱密度的基础上，图 5.20 给出了两个较典型的功率谱密度曲线，图中虚线对应的频率范围是 $1\sim100$ Hz（与先前的时间尺度 0.01s 到几秒的时间尺度相对应），其是在此频率范围内对功率谱密度曲线采用最小二乘法得到的。拟合直线的斜率分别为 1.14 和 1.72，对应的 H 值分别为 0.07 和 0.36，同样的数据采用分形尺度分析法得到的 Hurst 指数分别为 0.07 和 0.37，可以看到两种方法得到的值基本相同。根据前面介绍，α 值在 $1\sim3$ 的范围内，$1/f^{\alpha}$ 噪声是非平稳的，因此可以得到海杂波在 0.01s 到几秒的时间尺度内具有弱非平稳性。

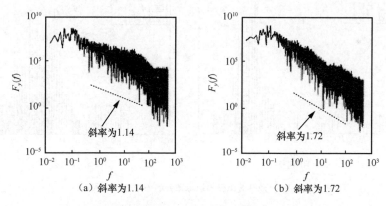

（a）斜率为 1.14　　　　　　（b）斜率为 1.72

图 5.20　两个较典型的海杂波数据的功率谱密度及拟合直线

2. 采用增量模型建模海杂波

现在将实测海杂波序列作为一个"增量"过程。在应用式（5.33）之前，必须先将序列去掉均值，并形成部分和，如式（5.31）和式（5.32）所示。图 5.21（a）给出了典型的 $\mathrm{lb}F^{(2)}(m)$-$\mathrm{lb}m$ 结果，相应的 $H(2)$ 值如图 5.21（b）所示。可以观察到在此种情况下尺度关系变得更好了，并且目标单元与海杂波单元的 $H(2)$ 值依然可以在一定程度上区分开，但是 $H(2)$ 值很接近 1，正因为如此，采用分形尺度区分海杂波数据与目标数据的效果大大降低了，如图 5.22 所示，可以看到海杂波单元与目标单元的 $H(2)$ 值重叠较严重。

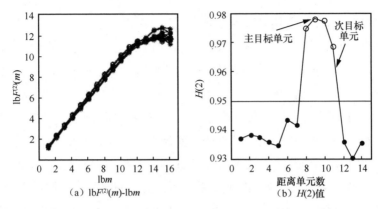

（a）lb$F^{(2)}(m)$-lb$m$　　　　　　（b）$H(2)$值

图 5.21　14 个距离单元的 lb$F^{(2)}(m)$-lb$m$ 和 $H(2)$值

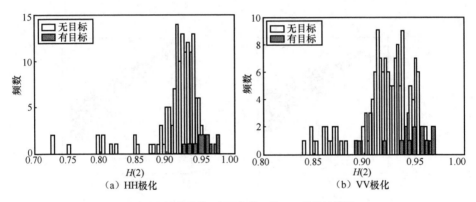

（a）HH极化　　　　　　　　（b）VV极化

图 5.22　海杂波单元与目标单元的 $H(2)$值统计情况

下面解释为何对海杂波进行起伏分析以进行目标检测是无效的，主要原因是起伏分析得到的最大 Hurst 指数为 1，具体分析如下。

假设 $y(n) \sim n^\beta$，$\beta > 1$，则

$$\left\langle \left| y(n+m) - y(n) \right|^2 \right\rangle = \left\langle \left[(n+m)^\beta - n^\beta \right]^2 \right\rangle$$

主要受 n 值较大的项的控制。在这种情况下，有

$$(n+m)^\beta = \left[n\left(1+\frac{m}{n} \right) \right]^\beta \approx n^\beta \left[1+\frac{\beta m}{n} \right]$$

所以，$\left\langle \left| y(n+m) - y(n) \right|^2 \right\rangle \sim m^2$，即 $H(2)$=1。在起伏分析中，这称为"饱和"现

象。这一讨论的一个重要应用是，当一个 Hurst 指数接近 1 时，就应该考虑把海杂波序列作为一个"随机游走"过程而不是一个"增量"过程来分析。

3. 海杂波的统计分布分析

至今为止，不少研究者提出了一些较好的统计模型来建模海杂波，包括韦布尔（Weibull）分布[17]、对数正态分布[19-21]、K 分布[22-26]和复合高斯分布[27-28]等。但这些分布在海杂波目标检测应用中的有效性却没有进行系统的分析，为了更好地观察这些分布模型的有效性，并与上面介绍的分形分析及目标检测方法进行对比，这里进行如下分析。需指出的是，估计这些统计模型的参数的方法有很多种，这里所选择的方法对特定的海杂波数据而言并不一定是最好的。

首先，简单描述一下这 4 种统计分布模型。

（1）Weibull 分布

这里给出一种具有两参数的概率密度函数（PDF）形式，如式（5.38）所示

$$f(x) = abx^{b-1}\mathrm{e}^{-ax^b}, \quad x \geqslant 0, a > 0, b > 0 \tag{5.38}$$

一种具有鲁棒性的估计参数的方法是，在双对数坐标下，采用式（5.39）所示的直线拟合每一个采样数据集

$$\ln[-\ln(1-F(x))] = b\ln x + \ln a \tag{5.39}$$

其中，$F(x)$ 为累积分布函数（CDF），b 为直线的斜率，$\ln a$ 为直线与 y 轴的交点。

（2）对数正态分布

概率密度函数为

$$f(x) = \frac{1}{\sqrt{2\pi}\sigma x}\mathrm{e}^{-\frac{(\ln x - \mu)^2}{2\sigma^2}}, \quad x > 0 \tag{5.40}$$

其中，μ 和 σ 分别为随机变量 x 取对数后的均值和标准差。对于对数正态分布，依然可以在双对数坐标下采用直线进行拟合，有

$$\mathrm{erf}^{-1}[2F(x)-1] = \frac{\ln x - \mu}{\sqrt{2}\sigma} \tag{5.41}$$

其中，erf 为误差函数。

（3）K 分布

概率密度函数为

$$f(x) = \frac{\sqrt{2v}}{\sqrt{\mu}\,\Gamma(v)2^{v-1}} \left(\sqrt{\frac{2v}{\mu}}\, x \right)^{v} K_{v-1}\left(\sqrt{\frac{2v}{\mu}}\, x \right), \quad x \geqslant 0 \tag{5.42}$$

K 分布的各阶矩的计算式为

$$\mathrm{E}[x^{n}] = \frac{(2\mu)^{\frac{n}{2}}\,\Gamma\!\left(v + \frac{n}{2}\right)\Gamma\!\left(\frac{n}{2}+1\right)}{v^{\frac{n}{2}}\,\Gamma(v)}, n = 1,\ 2,\cdots \tag{5.43}$$

理论上 K 分布的特征参数可以采用各阶矩进行估计，有

$$\frac{\mathrm{E}[x^{2}]}{\mathrm{E}^{2}[x]} = \frac{4v\Gamma^{2}(v)}{\pi\Gamma^{2}(v+0.5)}, \quad \mathrm{E}\{x^{2}\} = 2\mu \tag{5.44}$$

（4）复合高斯分布

这一分布将随机变量 x 分解为两个其他随机变量的乘积 $x = \sqrt{\tau}z$。对海杂波而言，z 是一个局部瑞利分布分量，对应散斑分量；τ 是伽马分布分量，根据海面的涌浪情况调节功率水平，对应海面纹理分量。伽马分布的 PDF 为

$$p_{\tau}(\tau) = \frac{1}{\Gamma(v)}\left(\frac{v}{\mu}\right)^{v} \tau^{v-1}\exp\left(-\frac{v}{\mu}\tau\right), \quad \tau \geqslant 0 \tag{5.45}$$

两个分量 z 和 τ 具有两个不同的去相关时间，海杂波的瑞利分量典型的去相关时间大约为 0.01 s，而纹理分量典型的去相关时间大约为几秒，这两个时间与分形尺度分析所得到的时间端点一致。

给定一个理论分布，其参数针对某一特定数据集恰当地估计，可以采用拟合度检验来确定数据是否真的服从这一分布。这里采用科尔莫戈罗夫-斯米尔诺夫（Kolmogorov-Smirnov，KS）单样本检验，这一检验方法基于经验 CDF 与理论 CDF 的最大差值。

$$D_{e} = \max_{1 \leqslant i \leqslant N} \left| F(x_{i}) - F_{t}(x_{i}) \right| \tag{5.46}$$

其中，$F(x_i)$ 是经验 CDF，它的值等于 i/N，其中 i 为不大于 x_i 的采样点的个数，N 为采样点的总数目；$F_t(x_i)$ 是理论 CDF，可根据特定的数据集估计 4 种候选分布的参数。接着，将 D_e 与关键值 D_{crit} 比较，其中 D_{crit} 与显著水平（$p<0.05$）和数据长度 N 有关。如果 D_e 大于 D_{crit}，则认为该海杂波数据与这种统计模型不相符。

仔细检验这 4 种分布的参数以及相应的 D_e 值可否用于区分海杂波与目标。实际上，在某些实际测量值中，其中一些分布的参数确实可以用来进行目标检测，然而，对于这 4 种分布中的任何一种，这种方法都至少针对一组实际测量值是失效的，如

第 5 章 时域海杂波非均匀自相似（分形）特性与目标检测

图 5.23 所示的 K 分布。

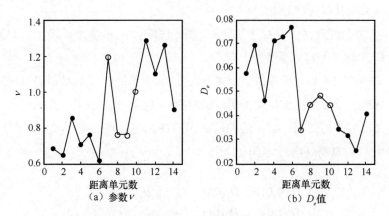

图 5.23　以 K 分布建模时 14 个距离单元的参数 ν 和 D_e 值

由图 5.23（a）和图 5.23（b）可以看到，参数 ν 和 D_e 值都不能确定哪一个距离单元是目标单元，哪一个单元是海杂波单元。其他 3 种分布也都存在相似的结果。既然统计分布分析不能在单组实际测量值内有效地检测目标，那么可以得到结论，分形尺度分析可以更有效地进行海杂波中的目标检测。

5.4　海杂波的多重自相似特征与分析

5.4.1　广义分形维数

1. 广义维数谱特征参数的定义

由于广义维数谱 D_q 与多重分形谱 $f(\alpha)$ 存在一定的变换关系，这里为了便于比较，用广义维数谱分析海杂波的多重分形特性。为了定量描述海杂波多重分形特性，定义如下参数。

（1）广义维数谱时间距离标志（Generalized Dimension Spectrum Time Range Signature，GDSTRS）

令 $\boldsymbol{D}_q(m,n)$ 为 GDSTRS，表示第 m 个子区间、第 n 个距离单元的广义维数谱矢量。$\boldsymbol{D}_q(m,n)$ 的计算过程如下。

① 将海杂波数据分成 M 个子区间，每个区间包含 4096 个采样点，其中相邻两个区间有 2048 个采样点重叠。

② 根据式（5.10）计算每个距离单元各个子区间的广义维数谱 $\boldsymbol{D}_q\left(m,n\right)$。

GDSTRS 表示海杂波广义维数谱的时间-空间特征，这种表示方法适于研究海杂波广义维数谱与时间、空间的关系。GDSTRS 的二维矩阵形式如图 5.24 所示，其中每个元素 $\boldsymbol{D}_q(m,n)$ 是一个矢量。

$$\begin{bmatrix} \boldsymbol{D}_q(0,0) & \boldsymbol{D}_q(0,1) & \cdots & \boldsymbol{D}_q(0,n) & \cdots \\ \boldsymbol{D}_q(1,0) & \boldsymbol{D}_q(1,1) & \cdots & \boldsymbol{D}_q(1,n) & \cdots \\ \vdots & \vdots & \ddots & \vdots & \ddots \\ \boldsymbol{D}_q(m,0) & \boldsymbol{D}_q(m,1) & \cdots & \boldsymbol{D}_q(m,n) & \cdots \\ \vdots & \vdots & \ddots & \vdots & \ddots \end{bmatrix}$$

图 5.24　GDSTRS 的二维矩阵形式

（2）平均广义维数谱（Mean Generalized Dimension Spectrum，MGDS）

令 $\bar{D}_q$ 为 MGDS，表示广义维数谱的平均值，计算式为

$$\bar{D}_q = \frac{1}{MN} \sum_{m=0}^{M-1} \sum_{n=0}^{N-1} \boldsymbol{D}_q(m,n) \tag{5.47}$$

（3）平均归一化时间标准差（Mean Normalized Time Standard Deviation，MNTSD）

令 $r_{q,t}$ 为 MNTSD，计算式为

$$r_{q,t} = \frac{1}{N} \sum_{n=1}^{N} \frac{\left\{ \dfrac{1}{M} \displaystyle\sum_{m=0}^{M-1} \left[\boldsymbol{D}_q(m,n) - \bar{\boldsymbol{D}}_{q,t}(n) \right]^2 \right\}^{\frac{1}{2}}}{\bar{\boldsymbol{D}}_{q,t}(n)} \tag{5.48}$$

其中，$\bar{\boldsymbol{D}}_{q,t}(n)$ 为

$$\bar{D}_{q,t}(n) = \frac{1}{M}\sum_{m=1}^{M} D_q(m,n) \qquad (5.49)$$

（4）平均归一化距离标准差（Mean Normalized Range Standard Deviation，MNRSD）

令 $r_{q,r}$ 为 MNRSD，计算式为

$$r_{q,r} = \frac{1}{M}\sum_{m=1}^{M} \frac{\left\{ \frac{1}{N}\sum_{n=0}^{N-1}\left[D_q(m,n) - \bar{D}_{q,r}(m)\right]^2 \right\}^{\frac{1}{2}}}{\bar{D}_{q,r}(n)} \qquad (5.50)$$

其中，$\bar{D}_{q,r}(m)$ 为

$$\bar{D}_{q,r}(m) = \frac{1}{N}\sum_{n=1}^{N} D_q(m,n) \qquad (5.51)$$

2．海杂波广义维数谱与时间的关系

每组 IPIX 雷达数据文件的采集时间为 131 s，在如此短的时间内气候条件的变化可以忽略，雷达系统的参数保持恒定。这里用式（5.48）定义的参数 $r_{q,t}$ 度量海杂波广义维数谱的时变特性，实验结果如图 5.25～图 5.28 所示。

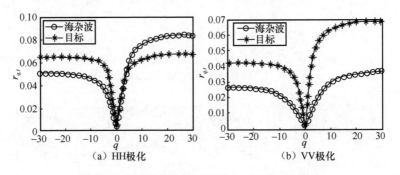

（a）HH极化　　　　　　　　　（b）VV极化

图 5.25　311#数据的 MNTSD 值 $r_{q,t}$(M=60，N=10)

如果不同 q 值求得的标准差在 5%的容许量内，则认为海杂波广义维数谱与时间无关。因此，通过分析图 5.25～图 5.28 可以得出如下结论。

① MNTSD 值 $r_{q,t}$ 随着|q|值的增加而增大，当 q=0 时，对应的 $r_{q,t}$=0；当 q 较小

时，对应的 $r_{q,t} \leqslant 0.05$，可以认为广义维数谱 D_q 是时不变的。

② 通过比较以上 4 组海杂波数据在两种极化方式下的 $r_{q,t}$ 值可以发现，海杂波 HH 极化数据的 $r_{q,t}$ 大于 VV 极化的 $r_{q,t}$，表明 HH 极化条件下海杂波的奇异性强度变化较快。

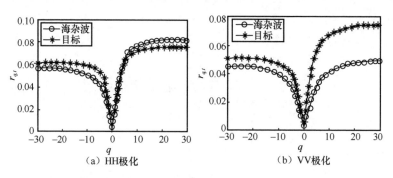

（a）HH极化　　　　　　　　（b）VV极化

图 5.26　320#数据的 MNTSD 值 $r_{q,t}(M=60，N=10)$

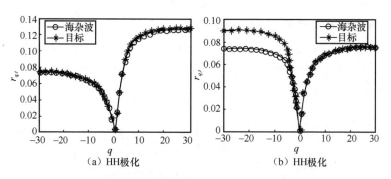

（a）HH极化　　　　　　　　（b）HH极化

图 5.27　17#数据的 MNTSD 值 $r_{q,t}(M=60，N=10)$

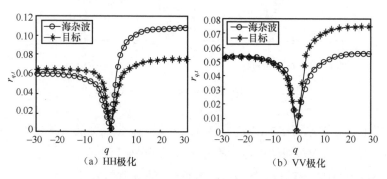

（a）HH极化　　　　　　　　（b）VV极化

图 5.28　54#数据的 MNTSD 值 $r_{q,t}(M=60，N=10)$

3．海杂波广义维数谱与空间的关系

由于数据文件中包含的距离单元较少，可以假设空间是各向同性的。这里用式（5.50）定义的参数 $r_{q,r}$ 度量海杂波广义维数谱的空间改变特性，4 组数据的 $r_{q,r}$ 仿真结果如图 5.29～图 5.32 所示，通过分析比较这 4 幅图可以得出如下结论。

① VV 极化海杂波不同 q 值求得的标准差在 5% 的容许量内，可以认为 VV 极化海杂波广义维数谱与空间无关。

② HH 极化数据的 $r_{q,r}$ 大于 VV 极化的 $r_{q,r}$，表明 HH 极化条件下海杂波的奇异性强度随距离变化较快。

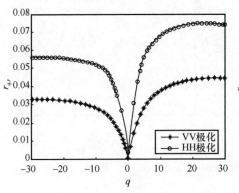

图 5.29　311#数据的 MNRSD 值 $r_{q,r}$

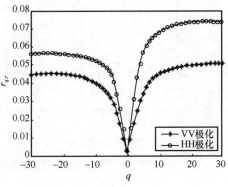

图 5.30　320#数据的 MNRSD 值 $r_{q,r}$

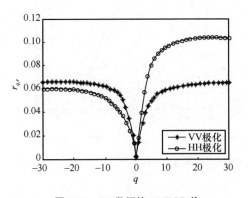

图 5.31　17#数据的 MNRSD 值 $r_{q,r}$

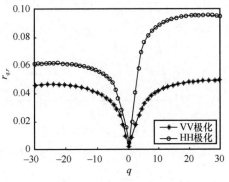

图 5.32　54#数据的 MNRSD 值 $r_{q,r}$

5.4.2 多重分形谱

为了清楚地观察纯海杂波和包含目标的海杂波在多重分形谱上的差别，下面分析几组海杂波数据集的多重分形谱，给出两个距离单元海杂波在 HH 极化和 VV 极化下，以及信杂比 SCR=2 dB、SCR=0 dB 时目标回波以 $f(\alpha)$-α 方式表述的 Legendre 多重分形谱，如图 5.33～图 5.35 所示。

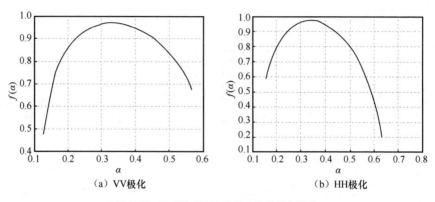

（a）VV极化 　　　　　　　　（b）HH极化

图 5.33　海杂波的距离单元 1 的多重分形谱

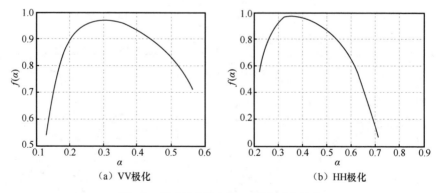

（a）VV极化 　　　　　　　　（b）HH极化

图 5.34　海杂波的距离单元 2 的多重分形谱

在图 5.33 和图 5.34 中，纯海杂波在 VV 极化下的 α 为[0.1, 0.6]，最大值位于 0.3 左右，其右边 α 值的下降速度小于左边 α 值的增大速度，稍显对称；HH 极化

下海杂波的 α 在[0.2, 0.7]，最大值为 0.35 左右，与 VV 极化下海杂波多重分形谱性质有很大不同。包含目标的海杂波回波 $f(\alpha)$ 与纯海杂波有明显的差异，α 范围为[0.2, 0.9]，最大值为 0.35；$\alpha<0.35$ 占有的比例较小，且有较长的尾部，这说明分形维数小的信号占有较大的比重，舰船等目标的回波信号比较规则，因而其分形维数较小，且变化小，奇异性变化不大。这种差异对于从海杂波中检测出目标信号很有价值。

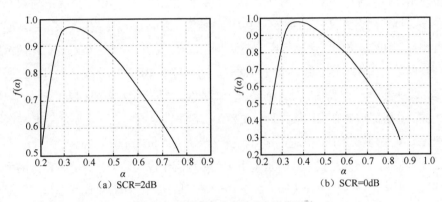

图 5.35　包含目标海杂波的多重分形谱

5.5　基于多重分形谱和 BP 神经网络的检测方法

由于纯海杂波的多重分形谱与不同信杂比下回波的多重分形谱都不是一成不变的，不存在一个标准的模板作为判断分类的准则，因而将它们有效地区分开并非易事；然而，人工神经网络在复杂系统辨识、模式识别和非线性函数逼近上取得的成果提供了一种有力的工具，故在此提出了一种基于目标和海杂波信号多重分形谱差异并结合神经网络方法进行目标检测的新方案，其结构如图 5.36 所示，该方案相对于直接阈值分类方式而言有更好的可靠性和智能度。

该方案设计时主要的问题有两个：多重分形谱的计算和神经网络的使用。由于 $f(\alpha)$-α 与 D_q-q 在 Legendre 变换下是等价的，$f(\alpha)$-α 的计算方法十分类似于盒维数，因此选用它作为分析对象，无碍大局。

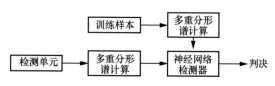

图 5.36　基于多重分形谱的目标检测器的结构

BP 网络结构简单、可塑性强，在函数逼近、模式识别、信息分类等领域都有很好的应用，因此选用它作为分辨纯海杂波与目标回波的工具。BP 网络是一种反向传播的多层神经网络，具有三层或三层以上的结构，包括输入层、中间层（隐含层）和输出层。BP 网络的传递函数要求必须是可微的，常用的有 S 型对数、正切函数和线性函数。由于传递函数是处处可微的，因此对于 BP 网络来说，一方面，所划分的区域不再是一个线性划分，而是由一个非线性超平面组成的区域，它是比较平滑的曲面，因而它的分类比线性划分更精确，容错性也更好；另一方面，BP 神经网络可以严格采用梯度下降法进行学习，权值修正的解析式十分明确。

本节检测方案的工程背景就是采用 BP 神经网络设计一个分类器，将检测单元的多重分形谱离散采样值作为输入，输出一个二值结果，即有目标状态和无目标状态，分别记为 1 状态和 0 状态。根据图 5.33～图 5.35 可知，纯海杂波和包含目标的回波信号的多重分形谱中赫尔德（Hölder）指数 $\alpha \in [0.05, 0.90]$，$f(\alpha) \in [0, 1]$，两个范围对于设计 BP 网络是十分有利的。根据系统辨识理论，当可辨识的特征越多越明显时，辨识效果越准确，因此将 α 值进行离散，取 α=0.05, 0.10, 0.15, …, 0.90 时的共 18 个点上的多重分形变量 $f(\alpha)$作为输入向量，即 BP 网络的输入向量 P=[f(0.05), …, f(0.90)]。输出向量 T=[1, 0]时表示无目标，T=[0, 1]时表示有目标。

接下来需要确定网络结构，根据 Kolmogorov 定理，采用一个 $N \times (2N+1) \times M$ 的 3 层 BP 网络作为状态分类器。其中，N 表示输入特征向量的分量数，M 表示输出状态类别总数。对于本节检测方案，BP 网络结构如表 5.3 所示。

表 5.3　BP 网络结构

参数	取值	参数	取值
BP 网络层数	3 层	输出层节点数	2
输入层节点数	18	输入向量	P=[f（0.05），…,f（0.90）]
中间层节点数	37	输出向量	T=[1, 0]或 T=[0, 1]

由于网络的输入向量范围为[0, 1]，隐含层神经元的传递函数采用 S 型正切函数 tansig，输出层神经元传递函数采用 S 型对数函数 logsig，这是由于该函数输出模式为 0～1，正好满足网络的输出要求。

　　基于 BP 神经网络的检测分类识别过程分为两步。首先，基于一定数量的训练样本集，通常称为"表象–结果"数据集，对神经网络进行训练，得到期望的检测判断网络；其次，根据当前样本输入值进行分类判断，该过程即利用神经网络进行前向计算的过程。训练过程是 BP 网络建立输入特征向量空间 sp（P）到结果向量空间 sp（T）的映射关系的过程，当样本数量较小时，这种学习过程是不充分的，将包含很大的误差和不稳定因素。在海杂波下进行目标检测过程中，实际的海杂波是变化多样的，另外，信杂比不同时计算得到的多重分形谱也是有很大出入的。为提高训练的准确度，采用包含目标和纯海杂波的各 200 组数据完成 BP 神经网络的训练，在每一次训练中都需要有一定的训练步长，图 5.37 给出了一个训练误差收敛过程实例。

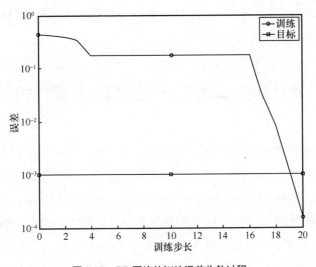

图 5.37　BP 网络的训练误差收敛过程

　　BP 网络的训练函数取为 trainlm，该函数的运行速度比较快，对于大中型网络比较合适。从图 5.37 中可以看出，BP 网络在 37 个中间节点的结构下，只用 19 步左右的训练（误差为 0.001 465 3）就达到了目标误差（0.001）的要求，这无疑是一个快速的收敛网络。

为了验证该方法的性能，这里采用了 5.4 节实验的仿真数据，进行了 500 组数据的实验，并且与组合分形检测法的检测准确度进行了对比，结果如表 5.4 所示。

表 5.4　海杂波数据目标检测准确度

方法	信杂比/dB								
	2	1	0.8	0.6	0	−0.2	−0.4	−1	−2
组合分形检测法	98%	93%	95%	92%	90%	85%	83%	80%	76%
多重分形检测法	100%	100%	98%	96%	95%	90%	88%	87%	82%

由表 5.4 可见，多重分形检测法在高效的神经网络分类识别作用下，其检测准确度要比组合分形检测法好。究其原因，多重分形谱采用了 18 个特征向量，海杂波与目标在分形性质上固有的差异在多重分形谱的形式上充分暴露出来。多重分形谱在信息包含度和准确度上明显强于仅采用几个特征参量的组合分形特征，并且在计算过程中鲁棒性和稳定性也占有一定的优势，因而是一种有实用价值的方法，但计算量大、过程复杂是其比较明显的缺点。

5.6　雷达扫描模式下分形维数及多重自相似特征

雷达扫描模式海杂波是指雷达工作在扫描模式下，每一个扫描周期在同一方位得到的海面反射回波在时间上的串接。处理海杂波的传统手段是研究其统计特性，建立统计模型。但是传统手段大部分只利用了海杂波的一、二阶统计特性。基于海杂波的非平稳特性[29]，分形理论在海杂波研究中的应用日益广泛，但实验结果表明，要精确估计信号分形维数值，至少需要 2000 个采样点，无法用于雷达扫描模式下的海杂波目标检测中，并且强海杂波背景下海杂波和目标的分形维数往往存在混叠而难以区分。

本节将多重分形理论引入雷达扫描模式海杂波序列分析[30]中，首先给出扫描模式下海杂波序列维数的计算方法，然后推广扫描模式下序列的单一分形分析方法，给出多重分形分析方法，并运用模糊分类的方法进行目标检测[31-35]。

5.6.1　扫描模式海杂波的分形维数

设 F 是 $\boldsymbol{R}^n$ 上任意非空的有界子集，μ 是 F 上的 Hausdorff 测度，将集合 F 分解为互不相交的波雷尔集 $\{F_i, i=1, 2, 3, \cdots\}$，满足

$$F = \bigcup_{i=1}^{N} F_i \tag{5.52}$$

则根据测度的性质[36]可得

$$\mu\left(\bigcup_{i=1}^{\infty} F_i\right) = \sum_{i=1}^{\infty} \mu(F_i) \tag{5.53}$$

Hausdorff 维数是使 Hausdorff 测度从 ∞ "跳跃" 到 0 的临界值[37-38]，具有可数稳定性，即对于上述的波雷尔集而言，满足如下关系

$$\dim_{\mathrm{H}} \bigcup_{i=1}^{\infty} F_i = \sup_{1 \leqslant i < \infty} \{\dim_{\mathrm{H}} F_i\} \tag{5.54}$$

其中，$\dim_{\mathrm{H}}$ 表示 Hausdorff 维数。对于两个长度为 m 的时间序列 X^k 和 $\tilde{X}^k$，假设满足

$$\dim_{\mathrm{H}} X^k = \dim_{\mathrm{H}} \tilde{X}^k \tag{5.55}$$

则由式（5.54）和式（5.55）可以得到集合 $X = \bigcup_{k=1}^{N} X^k$ 和 $\tilde{X} = \bigcup_{k=1}^{N} \tilde{X}^k$ 的分形维数值满足

$$\dim_{\mathrm{H}} X = \dim_{\mathrm{H}} \bigcup_{k=1}^{N} X^k = \sup_{1 \leqslant k \leqslant N} \{\dim_{\mathrm{H}} X^k\} = $$
$$\sup_{1 \leqslant k \leqslant N} \{\dim_{\mathrm{H}} \tilde{X}^k\} = \dim_{\mathrm{H}} \bigcup_{k=1}^{N} \tilde{X}^k = \dim_{\mathrm{H}} \tilde{X} \tag{5.56}$$

由式（5.56）可得，具有相同维数值的子集 X^k 和 $\tilde{X}^k$ 构成的集合 X 和 $\tilde{X}$ 具有相同的维数值。令 X^k 为工作在扫描模式下的雷达第 k 个扫描周期采样得到的相干脉冲串，脉冲串的长度为 M，如图 5.38 所示，而 $\tilde{X}^k$ 为工作在驻留模式下长脉冲串中与扫描模式在时间上相对应的第 k 个子区间。由式（5.56）可知，只要 X^k 和 $\tilde{X}^k$ 具有相同的维数值，则由 N 个扫描周期构成的长时间序列 X 与驻留模式下得到的时间序列 $\tilde{X}$ 具有相同的维数值[32-33]。

相干脉冲串X^1 　　相干脉冲串X^k 　　相干脉冲串X^N

扫描次数N

图 5.38　扫描模式海杂波序列示意

在计算 Hausdorff 维数中，每个覆盖集 F_i 都给定不同的份分量$|F_i|^s$（s 值不同则分量不同），则计算较困难；而计算盒维数中，每个覆盖集都给定相同的分量，计算较容易。但理论上要求覆盖集的直径 $\delta \to 0$ 时，盒维数才能与 Hausdorff 维数相同，不过在实际计算中只要 δ 足够小，就可以在一定的误差允许范围内用盒维数近似 Hausdorff 维数。

5.6.2　扫描模式海杂波的局部广义分形维数与局部多重分形谱

5.1.2 节已给出了多重分形谱的计算方法。首先定义一个配分函数，如式（5.11）所示，即对质量（测度）分布概率 $P(\varepsilon)$ 的 q 次方求和，若存在式（5.9）所示的幂律关系，则可通过式（5.10）得到质量指数 $\tau(q)$。这里需要指出的是，多重分形分析的基础是存在无标度区间内对数曲线的线性关系，即存在自相似性，一旦失去了这一基础，就不具有多重分形特性。

对扫描模式海杂波序列 X^k 和驻留模式海杂波 $\tilde{X}^k$ 而言，$\tilde{X}^k$ 在整个时间上基本满足自相似性，而从图 5.38 可知，虽然 X^k 的每个脉冲串内部仍然满足类似于序列 $\tilde{X}^k$ 的自相似性，但是脉冲串与脉冲串之间不一定满足自相似性，因此，当尺度大于相干脉冲串长度 M 时，不能较准确地估计分形维数。此时，式（5.11）与式（5.12）已不准确，而应该有所约束，因此，本节定义局部配分函数 $\chi_q^M(r)$ 和局部质量指数 $\tau_M(q)$，并结合盒维数的计算方法，将公式重写为

$$\chi_q^M(r) \equiv \sum P_{i,M}^q(r) = \sum N[P_{i,M}(r)]P_{i,M}^q(r) \approx r^{\tau_M(q)} \tag{5.57}$$

$$\tau_M(q) \approx \frac{\ln \chi_q^M(r)}{\ln r}, r \to 0 \tag{5.58}$$

其中，r 表示受限的尺度，必须满足条件 $r^{-1} \leqslant M$；$P_{i,M}(r)$ 表示在最大尺度不超过 M 的尺度 r 下质量（测度）的分布概率，$N(P_{i,M})$ 表示概率为 $P_{i,M}(r)$ 的盒子数目。由于尺度受限，自相似性已经不能在全区间范围内成立，但是由于舍弃的是比较大的

尺度，对应选取的用于计算的海杂波序列点数较少，同时，限制条件可以使运算量降低和工程上易实现，因此，这种限制条件带来的误差是可以接受的。

下面定义由局部质量指数 $\tau_M(q)$ 得到的局部广义分形维数，即扫描模式下海杂波的广义分形维数为

$$D_q^M = \begin{cases} \dfrac{\tau_M(q)}{q-1} \approx \dfrac{\ln \chi_q^M(r)}{(q-1)\ln r}, & q \neq 1 \\[3mm] \dfrac{\sum P_{i,M}(r)\ln P_{i,M}(r)}{\ln r}, & q = 1 \end{cases} \tag{5.59}$$

局部广义分形维数 $D_q{}^M$ 与通常意义下的广义分形维数类似，其随着不同的 q 值而有不同意义。当 $q=0$ 时，不论质量的分布概率在（0, 1）内如何变化，$P_{i,M}^0(r) \equiv 1$，所以，$D_0{}^M$ 与 $P_{i,M}(r)$ 和 M 均无关，就是普通的 Hausdorff 维数 D_0；当 $q=1$ 时，$\chi_1{}^M(r) = \sum P_{i,M}(r) \equiv 1$，这时的广义分形维数 $D_1{}^M$ 称为局部信息维，其在数值上应等于信息维数 D_q 和 $\tau_M(q)$ 进行 Legendre 变换的扫描模式海杂波局部多重分形谱 $f_M(\alpha)$，即

$$\tau_M(q) = \alpha_M q - f_M(\alpha) \tag{5.60}$$

$$\alpha_M = \frac{d\tau_M(q)}{dq} \tag{5.61}$$

其中，α_M 为在受限尺度条件下的局部奇异性强度。

局部多重分形谱 $f_M(\alpha)$ 的计算流程如下。

① 由 $P_{i,M}(r)$ 求局部配分函数 $\chi_q^M(r)$，令 $r=n/M$，为便于计算，不失一般性，M 的取值为 2 的幂，n 可取 2^i，$i=1, 2, \cdots, 2^{\mathrm{lb}M}$。

② 选取适当的 q 值范围（本节取 q 为-30～30），得到相应的 $\mathrm{lb}\chi_q^M(r)$-$\mathrm{lb}r$ 曲线斜率 $\tau_M(q)$。

③ 由式（5.59）求出扫描模式下海杂波的局部广义分形维数。

④ 通过 Legendre 变换计算序列的局部多重分形谱。

这里需要指出的是，从计算流程①和②可见，$f_M(\alpha)$ 的运算思想本质上还是运用计算盒维数的思想，因此，其仍服从式（5.56）推导出来的结论。

由于保证计算维数的精度，所需要的海杂波采样点数较多，从而带来较大的运算量。为了减少运算量，这里采用维数值的迭代更新估计方法[31]。设 N_{l,n_i-1} 是上一个扫描周期（包含）之前若干个扫描周期组成的时间序列在尺度为 l 时的总盒子数

估计值，N'_{l,n_T-1} 为本次扫描所得时间序列在尺度为 l 时计算得到的盒子数，构造一个迭代公式计算在尺度为 l 时的总盒子数为

$$N_{l,n_T} = w_1(l,n_T)N_{l,n_T-1} + w_2(l,n_T)N'_{l,n_T} \qquad (5.62)$$

其中，w_1 和 w_2 都与尺度 l 和扫描周期 n_T 有关，且 $w_1+w_2=1$。通过式（5.62），可以在估计得到第一个维数值之后，每次扫描不需要估计整段时间序列的维数值，只需要计算本次扫描得到的时间序列尺度为 l 时的盒子数，便可采用迭代的方法计算出当前尺度为 l 的总盒子数，从而计算得到维数值。该方法需要保存各个尺度下的盒子数，用于下一次迭代运算，虽然增加了一定的存储量，但运算量大幅度降低。

5.6.3 雷达扫描模式下目标的模糊检测方法和性能分析

（1）模糊检测方法

对于具有含糊边界的信号特征，采用传统的处理方法往往因为存在混叠而难以区分。本节采用模糊集理论[34-35]提取其模糊特征——隶属度。

将待检测信号分为两类，即纯海杂波信号与目标加海杂波信号，将多重分形谱作为特征矢量，每个特征矢量由 J 个特征组成。由于目标类型不同，从而特征也不尽相同，用其建立模板不具有稳定性；而海杂波在一定区域、一定时间段内特征相对稳定，因此这里采用 N_d 组海杂波训练样本来建立模型库，分别用每类信号的特征均值与特征方差来表示，即

$$E_S = [m_1, m_2, \cdots, m_J] \qquad (5.63)$$

$$V_S = [v_1, v_2, \cdots, v_J] \qquad (5.64)$$

在决策过程中，认为特征值的波动主要是由随机噪声等因素引起的，因此可以把特征值的波动采用高斯分布来建模。根据高斯分布的性质，特征值距离均值 3 倍标准差以外的概率接近于零。所以，若待检测信号中只有海杂波，则其特征值应落在模板的 3 倍标准差以内；若含有目标，则特征值应落在 3 倍标准差以外。

在计算隶属度时，设待检测信号的特征矢量 $x = [x_1, x_2, \cdots, x_J]$，则它的第 i 个特征值对海杂波模板的隶属度为

$$d_i = \begin{cases} \exp\left\{-\dfrac{(x_i - m_i)^2}{2v_i^2}\right\}, & m_i - 3v_i < x_i < m_i + 3v_i \\ 0, & \text{其他} \end{cases} \quad (5.65)$$

其中，x_i 表示二维空间（$\alpha, f_M(\alpha)$）中的一个点；$(x_i - m_i)^2 = (\alpha - m_\alpha)^2 + (f_M - m_{f_M})^2$ 表示二维空间中的欧氏距离；$d_i \in [0, 1]$ 表示隶属度。定义待检测信号对海杂波模板的隶属度为

$$D = \frac{1}{J}\sum_{i=1}^{J} d_i \quad (5.66)$$

当待检测信号为纯海杂波信号时，对应的 D 值较大；当待检测信号中含有目标时，对应的 D 值将变小。因此，可以根据 D 值的大小判定海杂波中是否存在目标。

（2）性能分析

下面采用两组实测海杂波数据进行验证，一组来源于 IPIX 雷达（X 波段），选用编号为 280# 的低信杂比数据；另一组数据来源于 S 波段雷达对海照射采集的回波（VV 极化），目标为一艘渔船。

由于数据采集时雷达均工作在驻留模式，因此数据不能直接运用，需要根据雷达的天线扫描周期以及波束停留时间内得到的相干脉冲数目对数据进行分段，每间隔一定的时间取一小段采样点拼接成一个新的海杂波序列，相当于雷达在某一固定方向上经过若干周期扫描而得到的海杂波序列。由于两批数据采集持续时间均在 100 s 以上，因此大约可以得到 20～25 个扫描周期的数据，得到的扫描模式海杂波序列时域波形如图 5.39 和图 5.40 所示。

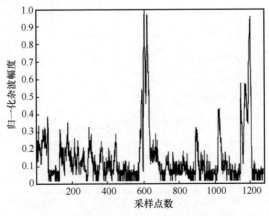

图 5.39　X 波段扫描模式海杂波归一化波形

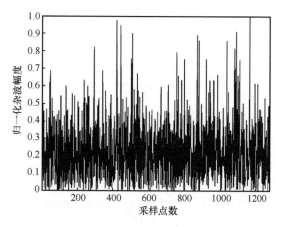

图 5.40　S 波段扫描模式海杂波归一化波形

下面用 5.6.2 节中讨论的多重分形分析方法对图 5.39 和图 5.40 所示的扫描模式海杂波序列进行多重分形分析，实验步骤如下。

① 利用多重分形分析方法截取序列，得到原始扫描模式海杂波序列。

② 由式（5.59）～式（5.61）计算局部广义分形维数及局部多重分形谱。

③ 把雷达每个周期扫描得到的新一批采样点附加在原数据末尾，同时抛弃原数据第一批采样点，形成新海杂波序列，利用迭代更新方法进行维数估计值更新。

根据上述仿真流程编制计算机程序对两组实测海杂波数据进行分析，所得结果如图 5.41～图 5.46 所示。

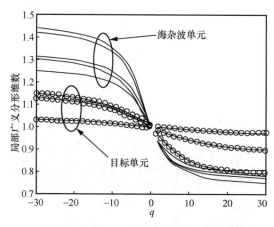

图 5.41　280#HH 极化海杂波局部广义分形维数

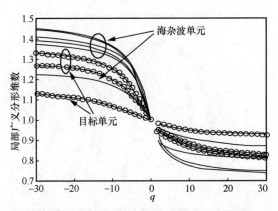

图 5.42　280#VV 极化海杂波局部广义分形维数

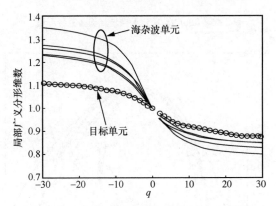

图 5.43　S 波段 VV 极化海杂波局部广义分形维数

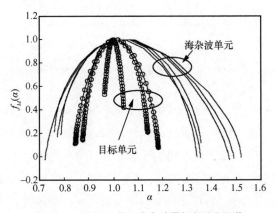

图 5.44　280#HH 极化海杂波局部多重分形谱

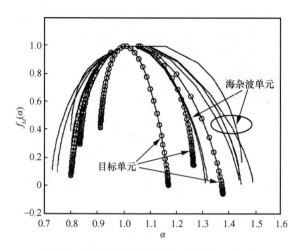

图 5.45　280#VV 极化海杂波局部多重分形谱

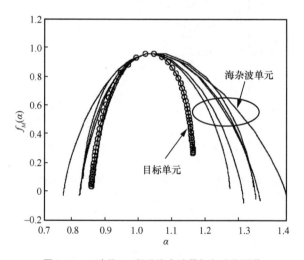

图 5.46　S 波段 VV 极化海杂波局部多重分形谱

图 5.41～图 5.43 分别给出了两个波段雷达数据在不同极化条件下的局部广义分形维数。从图 5.41～图 5.43 可以看到，X 波段和 S 波段的海杂波数据在存在目标时，局部广义分形维数有所降低，这是因为目标一般具有较为规则的几何外形，目标的存在使海杂波的不规则程度有所降低。由图 5.42 和图 5.43 同一极化方式下不同波段海杂波数据对比可以看到，目标和海杂波的局部广义分形维数在 0 点左侧差别比较

明显，同时，图 5.41 和图 5.42 所示同一波段不同极化方式下海杂波数据的局部广义分形维数在 0 点左侧差别也比较明显，这说明局部广义分形维数在存在与不存在目标时差异是稳定存在的，只是程度上有所不同。图 5.44～图 5.46 给出了扫描模式海杂波的局部多重分形谱。从图 5.44～图 5.46 可以看到，局部多重分形谱也存在与局部广义分形维数类似的结论，图 5.44 和图 5.45 中的局部多重分形谱略呈向左的钩状，说明最大概率子集中的单元数目超过最小概率子集中的单元数目，对应时域中大幅度（质量）分量占较大比重，图 5.46 中局部多重分形谱略呈向右的钩状，说明时域中小幅度（质量）分量占较大比重，这也可以从图 5.39 和图 5.40 中对应直观地观察出来。图 5.44～图 5.46 中的局部多重分形谱在最大值左侧目标与海杂波有一定的混叠，而在最大值右侧目标与海杂波混叠较少，差异也比较稳定。这就为目标与海杂波的分类提供了一个较好的依据。

由于海杂波与目标的多重分形谱在最大值左侧有混叠，并不是完全分开的，因此，这里采用本节中引入的模糊分类方法，采用隶属度函数区分目标与海杂波，具体步骤如下。

① 将得到的若干组扫描模式海杂波数据分为两类数据集，第一类是无目标距离单元的海杂波数据，记为 Ω_0；第二类是主目标距离单元的数据，记为 Ω_1，分别对其进行预处理。

② 将两类数据各分为两部分，分别记为 $\Omega_0^{(1)}$、$\Omega_0^{(2)}$ 和 $\Omega_1^{(1)}$、$\Omega_1^{(2)}$，又将 $\Omega_0^{(1)}$ 分成 K_M 组，每组数据长度为 2560 个采样点，计算局部多重分形谱，并将其当作训练样本计算海杂波局部多重分形谱特征矢量的均值和方差，建立海杂波模板。

③ 将 $\Omega_0^{(2)}$ 和 $\Omega_1^{(2)}$ 分别划分成长度为 2560 的数据段，求得其局部多重分形谱，代入式（5.65）和式（5.66）中计算其隶属度。

根据上述步骤得到的仿真结果如图 5.47～图 5.49 所示，分别给出了不同波段、不同极化条件下海杂波与目标的隶属度。其中，图 5.47 中海杂波与目标隶属度重叠较少，而图 5.48 和图 5.49 中海杂波与目标隶属度重叠较严重。

表 5.5 给出了不同条件下模糊检测的性能。通过对比可以发现，同在 X 波段情况下，HH 极化条件下的检测性能优于 VV 极化条件下的检测性能，产生这种情况的原因可能是 HH 极化条件下海杂波的多重分形特征更明显，从而海杂波的隶属

度与目标的隶属度差别相对较明显，可分性较强。同在 VV 极化的情况下，X 波段条件下检测器的性能与 S 波段条件下检测器的性能相当，可见，就 X 波段与 S 波段而言，在同一极化条件下雷达波段的变化对海杂波的影响低于同一波段条件下不同极化方式所带来的影响，简言之，极化对海杂波的影响要大于频段变化的影响。

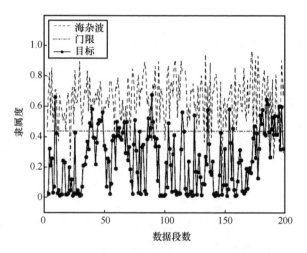

图 5.47　280#HH 极化海杂波和目标单元的隶属度

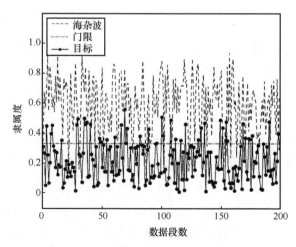

图 5.48　280#VV 极化海杂波和目标的隶属度

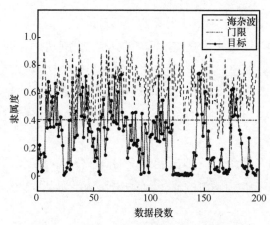

图 5.49 S 波段 VV 极化海杂波和目标的隶属度

表 5.5 不同条件下模糊检测的性能

不同条件	门限	虚警概率 P_{fa}	检测概率 P_d
X 波段 HH 极化	0.439	0.1	82%
X 波段 VV 极化	0.322	0.1	69%
S 波段 VV 极化	0.412	0.1	71%

综上所述，在基于局部多重分形特征的扫描模式海杂波中，目标检测方法对海杂波与目标具有良好的区分能力，且在低信杂比条件下具有一定的目标检测能力，同时，又由于海杂波的多重分形奇异谱具有较好的稳定性，因此，该检测方法具有一定的鲁棒性。该检测方法使基于多重分形特征的目标检测方法在雷达扫描模式下得以运用，解决了扫描模式下海杂波多重分形参数估计采样点数无法满足的问题，将多重分形理论向实际运用推进了一步。

5.7 多重自相似关联特性分析与目标检测方法

5.7.1 多重自相似关联理论基础与参数估计

多重自相似（分形）关联是在多重自相似（分形）基础上推广而来的，因此，首先从统计物理学[39]的角度简单介绍多重分形理论。

如果分形体的各个组成部分具有不同的几何或物理性质，即其测度（质量）μ 不再是均匀分布而是概率分布，这使 μ 的集中程度非常不规则，其局部测度（质量）μ 分布服从一种指数为 α 的幂律，这样对于不同的 α 值就可以确定不同的分形。于是，由单个测度可以生成各种各样的分形，把一个具有如此丰富结构的测度称为多重分形。

令 $P_i(\varepsilon)$ 为测度（质量）μ 在某一区域上的概率分布，把全部概率分布 $P_i(\varepsilon)$ 组成的集划分为一系列子集，即按 $P_i(\varepsilon)$ 的大小划分为满足如下幂律的子集

$$P_i(\varepsilon) \propto \varepsilon^{\alpha} \tag{5.67}$$

其中，ε 为尺度，α 为奇异指数，它是反映分形上各个小线段奇异程度的一个量，其值与所在的子集有关。若分形上的测度是均匀的，则 α 只有一个值。令 $N_\varepsilon(\alpha)$ 为由测度得到的图形奇异度为 α 的测量单元数，则 $N_\varepsilon(\alpha)$ 与尺度 ε 的关系定义为[40-41]

$$N_\varepsilon(\alpha) \propto \varepsilon^{-f(\alpha)}, \varepsilon \to 0 \tag{5.68}$$

从测度角度定义的图形分形维数 D_0 为

$$D_0 = -\frac{\ln N_\varepsilon}{\ln \varepsilon}, \varepsilon \to 0 \tag{5.69}$$

变换式（5.69）得

$$N_\varepsilon = \varepsilon^{-D_0}, \varepsilon \to 0 \tag{5.70}$$

对比式（5.68）与式（5.70）可以容易看出，多重分形奇异谱 $f(\alpha)$ 的物理意义是具有相同 α 值子集的分形维数。并且可以得到观测到任一特定 α 的概率为

$$P_\varepsilon(\alpha) = \frac{N_\varepsilon(\alpha)}{N_\varepsilon} \propto \varepsilon^{D_0 - f(\alpha)} \tag{5.71}$$

其中，N_ε 为总测量单元数。

令 $\mu_\varepsilon(x)$ 表示在尺度为 ε 的条件下以空间中一点 x 为中心的测量单元里的测度，则测度的矩为[3]

$$M_\varepsilon(q) = \left\langle \mu_\varepsilon(x)^q \right\rangle \tag{5.72}$$

$M_\varepsilon(q)$ 与质量指数 $\tau(q)$ 的关系为

$$M_\varepsilon(q) \propto \varepsilon^{\tau(q) + D_0}, \varepsilon \to 0 \tag{5.73}$$

因此，质量指数 $\tau(q)$ 又称为矩指数。此时，由式（5.11）定义的配分函数 $\chi_q(\varepsilon)$ 为

$$\chi_q(\varepsilon) \equiv \sum_i [P_i(\varepsilon)]^q = \sum N_\varepsilon(P)P^q \qquad (5.74)$$

即按照概率 P 大小进行分档后求和，$N_\varepsilon(P)$ 是概率为 P 的测量单元数目。将式（5.67）和式（5.68）代入式（5.74）得

$$\chi_q(\varepsilon) = \sum \varepsilon^{-f(\alpha)}\varepsilon^{\alpha q} = \sum \varepsilon^{\alpha q - f(\alpha)} = \varepsilon^{\tau(q)} \qquad (5.75)$$

最后的等号在集为多重分形时成立，即

$$\sum \varepsilon^{\alpha q - f(\alpha) - \tau(q)} = 1 \qquad (5.76)$$

当 $\varepsilon \to 0$ 时，$\sum$ 符号中 $\alpha q - f(\alpha) - \tau(q) > 0$ 的项趋于 0，$\alpha q - f(\alpha) - \tau(q) < 0$ 的项不应出现，否则式（5.76）将无穷大，这样只有 $\alpha q - f(\alpha) - \tau(q) = 0$ 的项保留下来，即

$$\tau(q) = \alpha q - f(\alpha) \qquad (5.77)$$

式（5.77）两边同时对 q 取微分可得

$$\alpha = \frac{\mathrm{d}\tau(q)}{\mathrm{d}q} \qquad (5.78)$$

式（5.77）和式（5.78）即由 $\tau(q)$ 和 q 求取多重分形谱 $f(\alpha)$ 的 Legendre 变换。

多重分形考虑的是一点奇异性强度的分布概率，多重分形关联将其推广，研究在相距 d 的不同位置观测到的两个给定的奇异性强度 α' 和 α'' 的概率 $P_\varepsilon(\alpha', \alpha'', d)$。其中，$\alpha'$ 和 α'' 定义在相同的尺度 ε 下，并且有 $\varepsilon < d < 1$（若 d 小于尺度，则相距为 d 的两个点被识别为一个点）。类似于式（5.71），定义 α' 和 α'' 的概率 $P_\varepsilon(\alpha', \alpha'', d)$ 为

$$P_\varepsilon(\alpha', \alpha'', d) \propto \varepsilon^{D_0 - \tilde{f}(\alpha', \alpha'', \omega)} \qquad (5.79)$$

其中，$\omega = \dfrac{\ln d}{\ln \varepsilon}$。

在由随机乘法过程产生的间断测度的基础上，确定 $\tilde{f}(\alpha', \alpha'', \omega)$ 与 $f(\alpha)$ 之间的关系。推广多重分形"单点"统计中式（5.72）的矩函数，定义多重分形"两点"统计的测度空间自相关函数[42-43]为

$$C_\varepsilon(q', q'', r) \equiv \langle \mu_\varepsilon(x)^{q'} \mu_\varepsilon(x+r)^{q''} \rangle \qquad (5.80)$$

式（5.80）比式（5.72）的单点矩包含了更多的空间信息。在这种测度下，式（5.80）右端平均值可以分解得到如下结论[42]

$$\langle \mu_\varepsilon(x)^{q'} \mu_\varepsilon(x+r)^{q''} \rangle \propto \varepsilon^{\tau(q') + \tau(q'') + 2D_0 + \omega\Phi(q', q'')} \qquad (5.81)$$

其中，中间函数

$$\phi(q',q'') = \min\{\phi(q',q''),\ 1\} = \min\{\tau(q',q'') - \tau(q') - \tau(q'') - D_0, 1\} \quad (5.82)$$

类似于式（5.73），测度空间的自相关函数可以使用不同的关联矩指数 $\tilde{\tau}(q',q'',\omega)$ 来标度[44-46]，即

$$C_\varepsilon(q',q'',r) \propto \varepsilon^{\tilde{\tau}(q',q'',\omega)+D_0} \quad (5.83)$$

对比式（5.81）与式（5.83），很容易发现

$$\tilde{\tau}(q',q'',\omega) = \tau(q') + \tau(q'') + D_0 + \omega\,\phi(q',q'') \quad (5.84)$$

当 $\phi(q',q'')=1$ 时，与 r 相关的 $C_\varepsilon(q',q'',r)$ 的标度指数 $\tilde{\tau}(q',q'',\omega)$ 的导数有一个急剧的跳变，两个标度区域 $\phi(q',q'')<1$ 和 $\phi(q',q'')>1$ 之间不连续过渡，这就是多重分形理论中的一级相变。所谓相变是指系统发展到一定程度之后，多重分形谱 $f(\alpha)$ 不再连续[1]。$\phi(q',q'')=1$ 为临界值。

当中间函数 $\phi(q',q'')<1$（区域Ⅰ）时，有

$$\alpha' = \omega\alpha(q'+q'') + (1-\omega)\alpha(q') \quad (5.85)$$

$$\alpha'' = \omega\alpha(q'+q'') + (1-\omega)\alpha(q'') \quad (5.86)$$

当中间函数 $\phi(q',q'')>1$（区域Ⅱ）时，有

$$\alpha' = \alpha(q') \quad (5.87)$$

$$\alpha'' = \alpha(q'') \quad (5.88)$$

在任意一个标度区域，对于给定的 α'、α''、ω，不一定存在（q', q''）满足所有的等式及约束条件，实际上对 q' 与 q'' 关系有一定的要求。如果这样的点（q', q''）存在，将其设为（Q', Q''），则多重分形关联谱 $\tilde{f}(\alpha',\alpha'',\omega)$ 为

$$\tilde{f}(\alpha',\alpha'',\omega) = Q'\alpha' + Q''\alpha'' - \tilde{\tau}(Q',Q'',\omega) \quad (5.89)$$

当（Q', Q''）在区域Ⅰ内时，把式（5.84）～式（5.86）代入式（5.89），并结合式（5.77）可得多重分形关联谱为

$$\tilde{f}(\alpha',\alpha'',\omega) = \omega f[\alpha(Q'+Q'')] + (1-\omega)\{f[\alpha(Q')] + f[\alpha(Q'')] - D_0\} \quad (5.90)$$

当（Q', Q''）在区域Ⅱ时，把式（5.84）、式（5.87）和式（5.88）代入式（5.89），并结合式（5.77）可得多重分形关联谱为

$$\tilde{f}(\alpha',\alpha'',\omega) = f[\alpha(Q')] + f[\alpha(Q'')] - D_0 - \omega \qquad （5.91）$$

由式（5.90）和式（5.91），并结合式（5.79）可以确定 $P_\varepsilon(q',q'',r)$ 的表达式。

5.7.2　多重自相似关联特性分析

（1）多重分形关联谱估计

本节将多重分形关联理论引入实测海杂波分析中，分别采用不同波段、不同极化方式和不同分辨率的两组实测海杂波数据进行分析对比。数据 1 为 IPIX 雷达的编号为 17# 的低信杂比数据，数据 2 为某高分辨率雷达的海杂波数据，其中有一个固定目标，信杂比接近 0 dB。图 5.50（a）和图 5.50（b）分别给出了数据 1 与数据 2 的归一化海杂波时域波形。

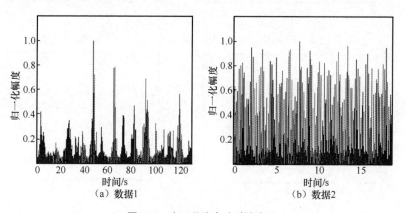

（a）数据 1　　　　　　　　（b）数据 2

图 5.50　归一化海杂波时域波形

由于多重分形关联是在多重分形的基础上进一步考虑两点奇异性强度的空间关联情况，因此进行多重分形关联分析的前提和基础是数据本身应满足多重分形。因此，首先对数据进行简单的多重分形分析，判断其是否具有多重分形特性。图 5.51 和图 5.52 分别给出了两组实测海杂波数据的配分函数、奇异性强度、质量指数及多重分形谱曲线。根据 5.3 节中给出的多重分形判定准则，可以看到配分函数与尺度的对数曲线在较大的区间范围内均为线性，且质量（矩）指数 $\tau(q)$ 不是 q 的线性函数，在 $q=0$ 处有一个明显的转折。因此，可以判定这两组海杂波数据都是多重分形的。由图 5.51（d）与图 5.52（d）可以看出，多重分形谱都呈向右的钩状，这表明大概率子集占主导地位，从图 5.50 也可以直观地看出低幅度分量占较大比重。另外，图 5.52（d）中多重分形谱有负值，即出现了负维数，表明了各种可能样本之间多重分形特性的样本脉动。

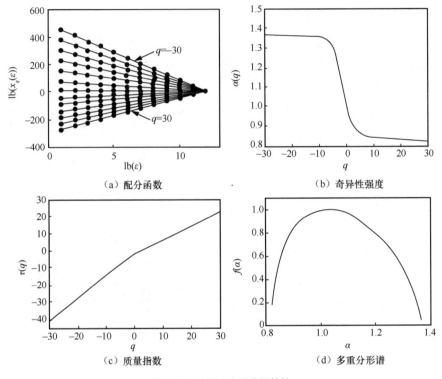

图 5.51　数据 1 多重分形特性

下面分析海杂波的多重分形关联特性。图 5.53 和图 5.54 分别给出了数据 1 和数据 2 的中间函数 $\phi(q', q'')$ 的三维图及其等高线图，可以看到整个（q', q''）平面被分成两个区域，即区域 I 与区域 II，其中区域 II 对应的高度为 1，在三维图形中对应一个"平台"。（q', q''）平面内的原点（0，0），从三维图中可以看出其为一个鞍点。三维图关于 $q'=q''$ 平面对称，相应的等高线图关于直线 $q'=q''$ 对称。

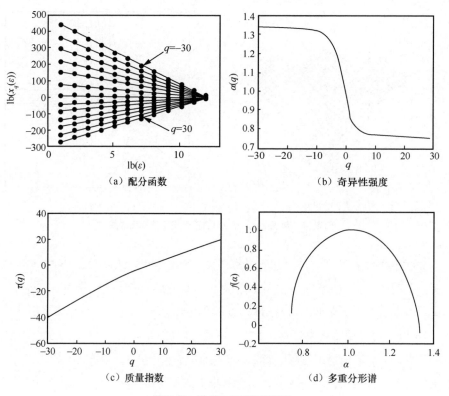

图 5.52　数据 2 多重分形特性

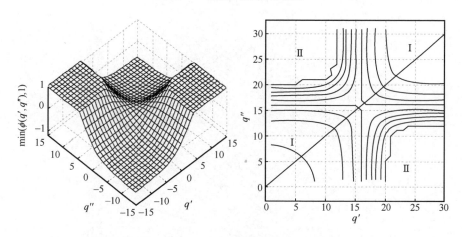

图 5.53　数据 1 的 ∅(q′, q″) 的三维图及其等高线图

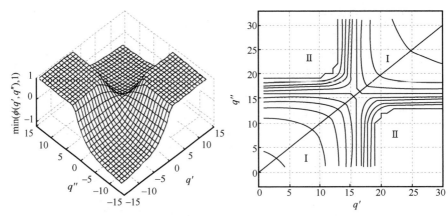

图 5.54　数据 2 的 $\phi(q', q'')$ 的三维图及其等高线图

关联矩指数采用式（5.84）进行计算。这里给出 $\omega=0.5$ 情况，如图 5.55 和图 5.56 所示。此时的关联矩指数 $\tilde{\tau}(q', q'', \omega)$ 相对于多重分形分析中的矩指数 $\tau(q)$ 而言，已经由二维曲线变为三维曲面，并由式（5.82）可知，$\phi(q', q'')=1$ 将标度区域分成两部分，q' 和 q'' 符号相反且绝对值较大的近似矩形区域对应图 5.55 和图 5.56 所示区域 II，其他 q' 和 q'' 取值情况对应区域 I。对于给定的 (q', q'')，关联矩指数 $\tilde{\tau}(q', q'', \omega)$ 的值是由一个特定的点集决定的，这个点集中的点满足如下条件：点集中的奇异性强度为 α' 的点，与其相距为 r 处必有奇异性强度为 α'' 的点。

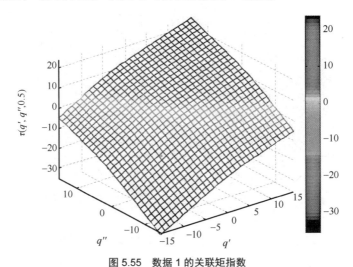

图 5.55　数据 1 的关联矩指数

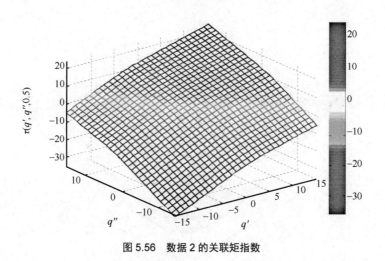

图 5.56　数据 2 的关联矩指数

根据多重分形分析中得到的多重谱以及由式（5.85）～式（5.91）给出的海杂波的多重分形关联谱与多重分形谱的关系，针对区域 Ⅰ 和区域 Ⅱ 中的点（q'，q''）分别可以得到部分多重分形关联谱，将两者拼接起来即可得到海杂波的完整多重分形关联谱。图 5.57～图 5.59 分别给出了两种波段下回波数据的海杂波单元和目标单元的多重分形关联谱，其中，X 波段的 IPIX 雷达数据分成 HH 极化和 VV 极化两种情况分别进行分析讨论。在计算过程中，用于计算海杂波多重分形关联谱的采样点数为 2048，并预先进行归一化处理，使其满足归一化后的幅度之和为 1。

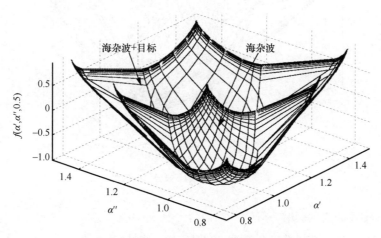

图 5.57　数据 1（HH 极化）的多重分形关联谱

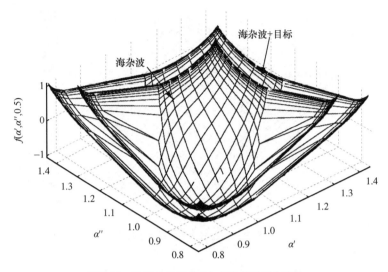

图 5.58 数据 1（VV 极化）的多重分形关联谱

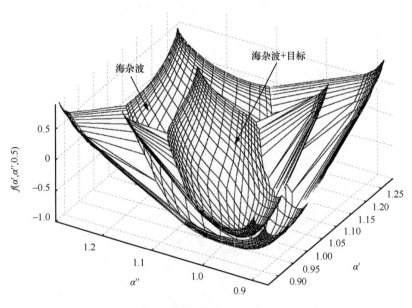

图 5.59 数据 2 的多重分形关联谱

（2）多重分形关联谱分析

下面对不同数据的多重分形关联谱进行进一步分析。从图 5.57～图 5.59 可以看出，多重分形关联谱从中心部分到两侧的"翼"部分有一个"剧变"，这是与前面提到的标度区域的一级相变相对应的。同时，距离单元中目标的存在会引起多重分形关联谱的变化，而且这种变化是比较稳定的，但对不同组的数据而言，目标与海杂波的区别还不尽相同。图 5.57 与图 5.58 所示的是同一波段不同极化条件下数据的多重分形关联谱，目标的存在使海杂波多重分形关联谱有所"展宽"，这种变化在 HH 极化条件下的区别更明显。对比图 5.57～图 5.59，三者是在不同波段、不同分辨率条件下得到的多重分形关联谱，相对于图 5.57 和图 5.58，在图 5.59 中，目标的存在使海杂波多重分形关联谱有所"收缩"。不论哪种情况，多重分形关联谱的差异都比较明显。引起差异的原因可能有以下两点：一是目标物理特性的不同导致回波特性上也存在差异；二是雷达极化方式不同所引起的差异。显然，两点原因对多重分形关联谱的影响程度肯定不同，为下一步多重分形关联谱在目标检测中得以应用，需确定目标的物理特性是否对多重分形关联谱的影响程度较大。在下面的分析中，将对两点原因的影响程度进行定量比较。图 5.60 和图 5.61 分别给出了 3 种情况下纯海杂波多重分形关联谱之间的比较以及存在目标情况下海杂波多重分形关联谱的比较。

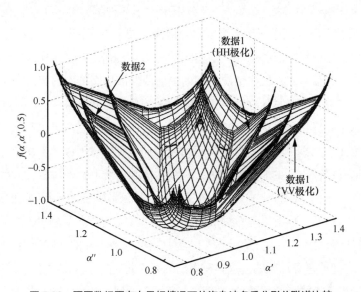

图 5.60　不同数据不存在目标情况下的海杂波多重分形关联谱比较

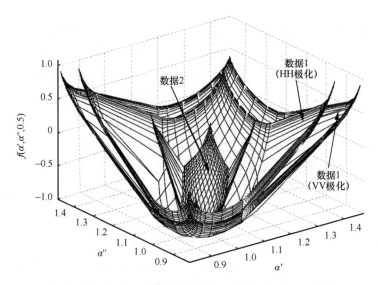

图 5.61   不同数据存在目标情况下海杂波多重分形关联谱比较

这里采用欧氏距离来度量纯海杂波的多重分形关联谱与目标加海杂波的多重分形关联谱之间的差异[47]。距离大表明对应的因素对结果影响大，距离小表明对应的因素对结果影响较小。表 5.6 和表 5.7 分别给出了 3 种不同情况下数据的多重分形关联谱之间的距离。表中所示距离值是每组海杂波（不存在与存在目标两种情况）各取 100 段数据进行计算并取平均值得到的。从表 5.6 和表 5.7 中可以看到，数据 1 的 HH 极化情况与 VV 极化情况之间的多重分形谱之间的距离相对较小，分别为 9.7975 和 6.6768，而数据 1 在两种极化条件下的目标为同一目标，其他条件基本相同，因此这个差异主要是由雷达极化方式不同引起的，可见由极化引起的差异相对较小；数据 1 与数据 2 在多重分形关联谱之间的差异相对于数据 1 在两种极化条件下多重分形关联谱之间的差异都较大，存在目标的情况下，差异更大一些。

数据 1 与数据 2 的极化方式、分辨率以及目标回波特性均不相同，但对比表 5.6 与表 5.7 可以发现，数据 1 与数据 2 之间的极化方式、分辨率之间的差异均未发生变化，只有目标发生了变化，因此可以认为是目标回波特性的不同使表 5.7 中数据 1 与数据 2 之间的差异加大的。这里需指出的是，此处的分析将问题简单化，并没有考虑其他随机因素的影响。同时，从表 5.6 还可以看到，纯海杂波的多重分形关联谱在不同分辨率和不同极化方式下也是比较稳定的。

表 5.6　不存在目标情况下海杂波多重分形关联谱之间的距离

数据	数据 1（HH 极化）	数据 1（VV 极化）	数据 2
数据 1（HH 极化）	—	9.7975	10.3623
数据 1（VV 极化）	9.7975	—	13.1368
数据 2	10.3623	13.1368	—

表 5.7　存在目标情况下海杂波多重分形关联谱之间的距离

数据	数据 1（HH 极化）	数据 1（VV 极化）	数据 2
数据 1（HH 极化）	—	6.6768	23.7863
数据 1（VV 极化）	6.6768	—	21.8998
数据 2	23.7863	21.8998	—

5.7.3　海杂波中微弱目标的多重自相似关联检测方法

（1）隶属度分析

由于噪声和海杂波的存在以及其他因素的影响，雷达工作面临的目标环境变得十分复杂，很难用经典统计数学的方法对其进行确切的描述，因此，就有一定的理由把复杂的目标环境作为一种模糊环境来看待。在各种不确定性的影响下，难以获得目标回波和海杂波特性的完整和准确的描述，特别是在强海杂波背景情况下，两类目标回波特征的相似和重叠现象比较严重，即两者之间存在着含糊的边界。这里采用的模糊分析方法与 5.6.3 节中所介绍的思路基本相同，只是此时的特征矢量空间从二维变成三维了。

若将多重分形关联谱作为特征矢量，则每个特征矢量由 $M \times M$ 个特征组成，对应于多重分形关联谱曲面上 $M \times M$ 个点。由于海杂波的多重分形关联谱较为稳定，因此可以采用海杂波的多重分形关联谱建立模板，并且采用 N 组海杂波训练样本来建立模型库，分别以训练样本多重分形关联谱的均值与方差来表示，即特征均值与特征方差分别为

$$E_S = [m_1, m_2, \cdots, m_{M \times M}] \tag{5.92}$$

$$V_S = [v_1, v_2, \cdots, v_{M \times M}] \tag{5.93}$$

在计算隶属度时，设待检测信号的特征矢量为 $\boldsymbol{x}=[x_1,x_2,\cdots,x_{M\times M}]$，则它的第 i 个特征值对海杂波模板的隶属度与式（5.65）相同，即

$$d_i=\begin{cases}\exp\left\{-\dfrac{(x_i-m_i)^2}{2v_i^2}\right\}, & m_i-3v_i<x_i<m_i+3v_i\\[2mm]0, & \text{其他}\end{cases}\tag{5.94}$$

不同的是特征值的维数发生了变化，x_i 代表三维空间 $(\alpha',\alpha'',\tilde{f})$ 中的一个点。三维空间中的欧氏距离为

$$(x_i-m_i)^2=(\alpha'-m_{\alpha'})^2+(\alpha''-m_{\alpha''})^2+(\tilde{f}-m_{\tilde{f}})^2\tag{5.95}$$

隶属度 $d_i\in[0,1]$，则待检测信号对海杂波模板的隶属度为

$$D=\frac{1}{M^2}\sum_{i=1}^{M^2}d_i\tag{5.96}$$

当待检测信号为纯海杂波信号时，对应的 D 值较大；当待检测信号中存在目标时，对应的 D 值将变小。因此，可以根据 D 值的大小判定海杂波中是否存在目标。

（2）支持向量机二元分类

对于模糊分类得到的隶属度函数，由于海杂波的随机性以及强海杂波的影响，若采用固定的门限区分目标与海杂波易造成误判，导致虚警概率上升，对于某些情况甚至可能是无法区分的，同时要做到恒虚警率也十分困难。实际上，针对海杂波中二元信号的检测问题，可以将其等价为信号的分类问题来进行处理。目前，在 Vapnik 提出的统计学习理论[48-49]基础上发展而来的支持向量机（Support Vector Machine，SVM），不仅具有严格的理论基础，而且能较好地解决小样本、非线性、高维数和局部极小点等实际问题，具有很强的泛化（预测）能力[50-54]。鉴于 SVM 的优点，其逐步应用于通信、模式识别、图像处理、地震预测等领域。

对于训练样本集 (x_1,y_1)，(x_2,y_2)，$\cdots$，(x_l,y_l)，其中 $x\in R^n$，y 为类别编号，$y\in\{-1,+1\}$（n 为输入维数，l 为样本数）。如果训练数据可以无误差地被划分，并且每一类数据距超平面距离最近的向量与超平面之间的距离最大，则称这个超平面为最优超平面[48,51]。设最优超平面方程为

$$(w\cdot\boldsymbol{x})+b=0\tag{5.97}$$

其中，$\cdot$ 是向量点积符号，w 是权值。则分类判别函数为

$$y_i[w \cdot \boldsymbol{x} + b] \geqslant 1 \qquad (5.98)$$

式（5.98）中使等号成立的向量 $\boldsymbol{x}$ 称为支持向量。

在两类样本线性可分情况下，求解基于最优超平面的决策函数，可以看成解二次型规划问题，即对于给定训练样本，寻找权值 w 和偏移 b 的最优值，使权值代价函数 $\psi(w)$ 最小[52]，即

$$\min \psi(w) = 0.5 \|w\|^2 \qquad (5.99)$$

并满足约束条件式（5.98）。求解上述问题得到的最优分类函数为[52,54]

$$g(x) = \mathrm{sgn}\{(w \cdot \boldsymbol{x}) + b\} = \mathrm{sgn}\left\{\sum_{i=1}^{l} a_i^* y_i(\boldsymbol{x}_i \cdot \boldsymbol{x}) + b^*\right\} \qquad (5.100)$$

其中，$\mathrm{sgn}\{\cdot\}$ 为符号函数，a_i^* 为最优超平面系数，b^* 为分类阈值，可用任意一个支持向量或两个支持向量取中值求得。

在线性不可分条件下，SVM 可以通过事先选择好的非线性映射 $\varphi : \mathbf{R}^n \to H$，将输入向量映射到一个高维特征空间，即希尔伯特（Hilbert）空间，在这个空间中其线性可分，然后构造最优分类超平面。这时，点积运算变为核函数[54]，有

$$k(\boldsymbol{x}, \boldsymbol{y}) = \varphi(\boldsymbol{x}) \cdot \varphi(\boldsymbol{y}) \qquad (5.101)$$

从上面对线性可分情况的分析可以看出，向量之间只进行点积运算。因此，如果采用核函数，就可以避免在高维特征空间中进行复杂的运算，而且通常不需要显式地知道 φ 和 H，只需选择核函数就可以确定一个支持向量机。此时最优分类函数[54]变为

$$g(x) = \mathrm{sgn}\left\{\sum_{i=1}^{l} a_i^* y_i(\varphi(\boldsymbol{x}_i) \cdot \varphi(\boldsymbol{x})) + b^*\right\} = \mathrm{sgn}\left\{\sum_{i=1}^{l} a_i^* y_i k(\boldsymbol{x}_i, \boldsymbol{x}) + b^*\right\} \qquad (5.102)$$

不为零的 a_i^* 对应的向量为支持向量，在得到分类器后即可以用它对待测样本进行分类。常见的核函数有 $k(\boldsymbol{x}, \boldsymbol{x}_i) = \boldsymbol{x}_i^{\mathrm{T}} \boldsymbol{x}$（线性核）、$k(\boldsymbol{x}, \boldsymbol{x}_i) = \tan(i \, \boldsymbol{x}_i^{\mathrm{T}} \boldsymbol{x} + \theta)$（两层感知神经网络核）、$k(\boldsymbol{x}, \boldsymbol{x}_i) = (\boldsymbol{x}_i^{\mathrm{T}} \boldsymbol{x} + 1)^d$（$d$ 阶多项式核）、$k(\boldsymbol{x}, \boldsymbol{x}_i) = \exp\{-\|\boldsymbol{x} - \boldsymbol{x}_i\|^2 / 2\sigma^2\}$（径向基核），其中，$\theta$、$d$、$\sigma$ 都是可调参数，目前较为常用的是径向基核函数。

文献[54]中指出 SVM 的错误率均值有上界，即

$$\mathrm{E}(P_{\mathrm{err}}) \leqslant \frac{\mathrm{E}(N_a)}{N_x - 1} \qquad (5.103)$$

其中，P_{err} 是测试样本的错误率，N_a 是支持向量的个数，N_x 是训练矢量的个数。由

此可知，减少支持向量的个数，增大训练矢量的个数，可以提高 SVM 的分类能力。所以采用改进的径向基核函数[54]

$$k(x, x_i) = \lambda \exp\{-\|x - x_i\|^2 / 2\sigma^2\} \qquad (5.104)$$

即增加一个大于 1 的系数 λ，减小 a 值和支持向量的个数，从而提高 SVM 分类能力。

5.7.4　海杂波中微弱目标的多重自相似关联检测性能分析

从 5.7.2 节中的分析可知，海杂波中存在目标时将会引起海杂波多重分形关联谱发生变化，但由于存在与不存在目标时多重分形关联谱之间会有部分重叠，因此，采用模糊理论中的隶属度函数来处理。

本节采用的实测海杂波数据与 5.7.2 节中的相同。在给出的 3 种情况下的数据中，每组数据选择 200 段纯海杂波数据用于训练模板，每段数据长度为 4096 采样点，段与段之间重叠 50%。然后，输入测试数据，分别计算其对海杂波模板的隶属度，若其中不含目标，则根据海杂波多重分形关联谱的稳定性，隶属度应该接近 1；若含有目标，则隶属度应该较小，接近 0。图 5.62～图 5.64 分别给出了利用多重分形关联谱进行隶属度分析的结果。

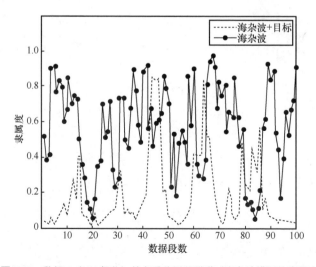

图 5.62　数据 1（HH 极化）的多重分形关联谱对海杂波模板的隶属度

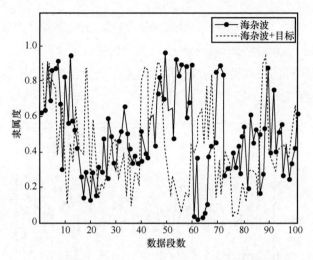

图 5.63　数据 1（VV 极化）的多重分形关联谱对模板的隶属度

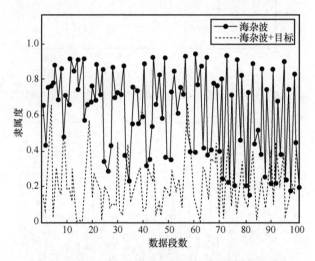

图 5.64　数据 2 的多重分形关联谱对海杂波模板的隶属度

从图 5.62～图 5.64 可以观察到，数据 1 的 HH 极化条件下，海杂波与目标对海杂波模板的隶属度重叠较少，可分性较强，数据 2 也有类似的结果；数据 1 的 VV 极化条件下，海杂波与目标的重叠比较严重，可分性较弱。为便于对比，图 5.65～图 5.67 给出了利用相同的数据以多重分形谱作为特征矢量进行隶属度分析的结果。

可以很直观地看到，利用多重分形关联谱进行隶属度分析的可分性总体上要优于利用多重分形谱进行隶属度分析的可分性。主要原因是多重分形关联谱考虑了海杂波序列多重分形统计的空间相关特性，即"两点"统计，得到了比多重分形谱"单点"统计更多的信息。

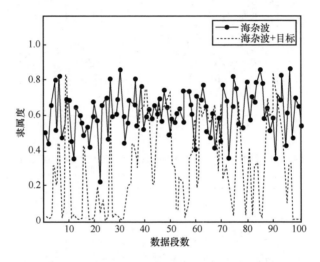

图 5.65　数据 1（HH 极化）的多重分形谱对海杂波模板的隶属度

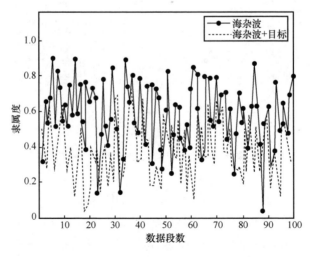

图 5.66　数据 1（VV 极化）的多重分形谱对海杂波模板的隶属度

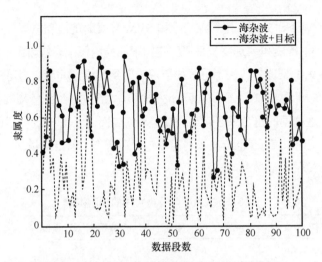

图 5.67　数据 2 的多重分形谱对海杂波模板的隶属度

　　隶属度分析的结果可以直接用于目标检测，首先对大量的数据进行统计计算，得到经验门限值，然后把待测信号的隶属度与经验门限进行比较，低于门限即认为海杂波中存在目标，反之则认为不存在目标。这样的门限是固定门限，而且要得到门限需要事先进行大量的统计，也就需要大量确知样本的支持，这无疑降低了检测的效率与检测方法的实用性。

　　实际上，海杂波中的目标检测问题可以等效为一个二元分类问题，即存在目标和不存在目标。因此，可以采用 5.7.3 节中给出的 SVM 来区分目标与海杂波。SVM是针对线性可分情况的，而对于线性不可分的情况，通过使用非线性映射算法将低维输入空间线性不可分的样本转化到高维特征空间使其线性可分，从而使在高维特征空间采用线性算法对样本的非线性特征进行线性分析成为可能，而且它对小样本同样可用，较好地解决了无法得到大样本的问题。另外，在所采用的目标检测方法中，模板的选取以及 SVM 的训练可以直接利用同一批海杂波。这样是符合实际情况的，原因如下：首先，岸基雷达所面对的海面区域基本是一定的，海面情况在短时间内变化不会太大（与海情有关）；其次，雷达照射时间一般比较短，这么短的时间内海情变化不大。

　　采用改进的径向基核函数[54-55]，参数为 $\sigma=1.2$，$\lambda=19$，$C=100$。表 5.8 给出了虚

警概率在 0.05 以下时分别采用固定门限和 SVM 分类时的检测概率，可以发现采用
SVM 进行分类的检测概率远高于采用固定门限的检测概率。这是因为采用改进径向
基核函数的 SVM 把原本线性不可分的情况映射到高维空间后变得可分了，而采用
固定门限时，对于图 5.62 和图 5.64 可分性较好的情况，要达到较高的检测概率，门
限必须较高，这样同时也带来了较高的虚警概率，而对于图 5.63 所示的情况，基本
上无法区分。同时，表 5.8 也给出了利用多重分形谱作为特征矢量然后采用 SVM 分
类进行目标检测的检测概率。

表 5.8　采用不同分类方法的检测概率

分类方法	数据 1（HH 极化）	数据 1（VV 极化）	数据 2
多重分形谱＋SVM	69%	52%	71%
多重分形关联谱＋固定门限	57%	43%	56%
多重分形关联谱＋SVM	90%	67%	88%

最后，分析多重分形关联中的参数 ω 对检测结果的影响。在区域 I 中，当 $\omega\to0$
时，$r\to1$，此时式（5.85）和式（5.86）转化为与式（5.87）和式（5.88）相同的形
式，这时相变消失；当 $\omega\to1$ 时，$r\to\varepsilon$，此时由式（5.85）和式（5.86）可以得到，$\tilde{\tau}(q',$
$q'',\omega)$ 是由奇异性强度为 α 的特定点集 (q',q'') 支配，换言之，在奇异性强度为 α' 的小
区域内找到的点奇异性强度 α'' 即 α'（即 $\alpha''=\alpha'$）。在区域 II 中，α' 与 α'' 彼此独立地
支配 $\tilde{\tau}(q',q'',\omega)$，与 ω 无关，图 5.68 和图 5.69 分别给出了 $\omega=0.05$ 和 $\omega=0.99$ 时同
样条件下海杂波的多重分形关联谱，可以观察到，ω 很小的时候多重分形关联谱
上区域 I 与区域 II 的界限就消失了，连成一个整体，相变消失；ω 逐渐增大接近
1 时，"跳跃"越来越剧烈，多重分形关联谱主要分布在两侧的"翼"部分，即
主要分布在区域 II 中，区域 I 中的多重分形关联谱越来越接近 $\alpha''=\alpha'$ 平面上的一
条曲线。

为量化 ω 对最终检测结果的影响，选取 100 段测试数据，每段数据长度为 4096
个采样点，其中 50 段含有目标，另外 50 段不含目标，混杂在一起，分别计算其隶
属度，然后采用 SVM 进行分类。表 5.9 给出了不同 ω 值下通过 SVM 分类后含目标
数据段正确判决的数目。

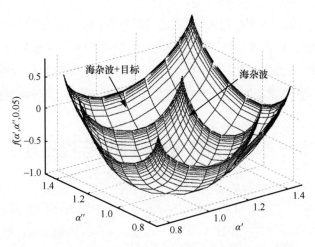

图 5.68　$\omega = 0.05$ 时海杂波单元与目标单元的多重分形关联谱

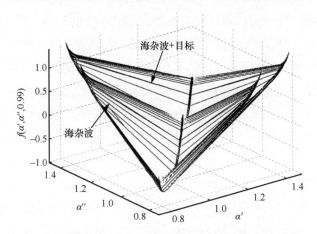

图 5.69　$\omega = 0.99$ 时海杂波单元与目标单元的多重分形关联谱

表 5.9　不同 ω 值下通过 SVM 分类后含目标数据段正确判决的数目

ω	正确数目	ω	正确数目
0	45	0.8	43
0.2	45	0.95	44
0.4	44	1	45
0.6	45		

通过表 5.9 可以发现，ω 值对最终检测结果的影响不大，正确发现的概率都在 88%

左右。可见，由于标度区域的相变而引起的多重分形关联谱的边缘"剧变"，并没有影响 SVM 的分类结果，主要原因是存在目标引起的多重分形关联谱的这种差异同时体现在两个标度区域，而 ω 的变化只是使两个标度区域的范围重新划分，这种差异还是稳定存在的，从而使进行隶属度分析的结果基本不受影响，最终基本不影响分类结果。

5.8　基于自仿射预测的目标检测方法

迭代函数系统（Iterated Function System，IFS）[56]是分形理论应用于图像中最富有生命力的领域，它主要包含以下几个方面的内容：压缩映射、度量空间、不变紧缩集的存在性以及测度理论等。算法规则主要有两方面的内容：IFS 码获取过程中的拼接规则和由 IFS 显示几何对象的计算机算法。IFS 在自然界景物的建模上有很大优势，它是一种构造大范围分形图像的方法，可用来产生各种形态的自然景物，IFS 可以把一幅很复杂的图像通过仿射变换简化为只需要很少的特征量即可表征的图像，这样就可以通过 IFS 对一个物体建模。IFS 理论是对自仿射分形性质进行研究的有力工具[57-58]。文献[59-61]研究了用迭代函数系统建模自相似分形模型和分段自相似分形模型问题，并研究了迭代函数系统的仿真问题。文献[62-63]采用分形自仿射的方法对混沌时间序列进行预测，提高了预测精度。文献[64]利用迭代函数系统预测自仿射分形信号，并给出了实测海杂波数据的预测结果。

本节利用分形自仿射预测海杂波数据，研究了海杂波数据预测误差的统计模型，并发现当存在目标时会显著降低预测误差的方差，由此建立了一种检测海杂波中微弱目标的新方法[65]，即将分形插值函数（Fractal Interpolation Function，FIF）方法从预测提升到目标检测。

5.8.1　分形自仿射理论基础与表示

（1）分形自仿射理论基础

IFS 理论是对自仿射分形性质进行研究的有效数学工具，建立在压缩映射基础上。下面给出有关压缩映射的定义[66]。

定义 1　设 (X, d) 为一个度量空间，变换 ω 为 $X \rightarrow X$ 的一个映射，如果存在一个正的常数 $c<1$，使 $d(\omega(x), \omega(y)) \leqslant c \cdot d(x, y), \forall x, y \in X$，则 ω 被称为压缩映射，c 为压缩因子。

定义 2　一个双曲 IFS 是由一个完备度量空间 (X, d) 及其上的一组压缩映射 ω_i: $X \rightarrow X$ 组成的，ω_i 的压缩因子为 c_i，并且 $0 \leqslant c_i<1$，$i=1, 2, \cdots, N$。系统可以表示成 $\{X; \omega_i, i=1, 2, \cdots, N\}$，且系统的压缩因子为 $c=\max\{c_i, i=1, 2, \cdots, N\}$。

当已知某一时间序列时，可以通过构造一个 IFS，使其吸引子逼近指定序列来对序列进行建模和预测。对吸引子的研究通常在 Hausdorff 度量空间展开。序列分别通过 IFS 的各个自仿射变换映射到对应的局部，将这些局部片段拼贴在一起，所得的结果与原序列的误差描述了 IFS 产生的吸引子与原序列的相似程度，误差越小，两者相似程度越高。下面的拼贴定理给出了吸引子与原序列误差的度量。

拼贴定理[9-10]　设 (X, d) 为一完备度量空间，空间 $H(X)$ 的元素由 X 上非空集组成。给定 $L \in H(X)$ 和 $\varepsilon \geqslant 0$，选取一个压缩因子为 c（$0 \leqslant c \leqslant 1$）的 IFS$\{X; \omega_i, i=1, 2, \cdots, N\}$，使得

$$h\left(L, \bigcup_{i=1}^{N} \omega_i(L)\right) \leqslant \varepsilon \tag{5.105}$$

则有 $h(L, A) \leqslant \dfrac{\varepsilon}{1-c}$，其中 A 为该 IFS 的吸引子，$h(\cdot)$ 为 Hausdorff 距离。

（2）分形自仿射的表示

上面阐述了分形自仿射时间序列预测的理论依据，这里主要研究分形自仿射的实现[59-61]。考虑 *t-x* 平面上点 (t, x) 的线性仿射映射，定义为

$$\omega\begin{pmatrix} t \\ x \end{pmatrix} = \begin{pmatrix} a & 0 \\ c & d \end{pmatrix}\begin{pmatrix} t \\ x \end{pmatrix} + \begin{pmatrix} e \\ f \end{pmatrix} \tag{5.106}$$

其中，a、c、d、e 和 f 是映射参数，t 表示时间，x 表示信号的幅度。式（5.106）中的映射常被称为切变变换，这是因为水平和垂直方向上具有不同的缩放比例。参数 d 称为映射的收缩因子，且 $d \in (-1, +1)$。如果定义在区间 $[t_0, t_f]$ 上的信号 $x(t)$ 是自仿射的且对应端点值为 x_0 和 x_f，那么对于子区间 $[t_p, t_q]$，则存在线性映射 ω_i，将区间 $[t_0, t_f]$ 的信号映射到子区间 $[t_p, t_q]$。特别地，将信号端点 x_0 和 x_f 分别映射为 $x_p=x(t_p)$ 和 $x_q=x(t_q)$，因此有

$$\begin{pmatrix} t_p \\ x_p \end{pmatrix} = \omega_i \begin{pmatrix} t_0 \\ x_0 \end{pmatrix}, \quad \begin{pmatrix} t_q \\ x_q \end{pmatrix} = \omega_i \begin{pmatrix} t_f \\ x_f \end{pmatrix} \tag{5.107}$$

根据式（5.107），仿射映射的参数 a、c、e 和 f 可以根据收缩因子 d 和对应的边界值表示为

$$a = \frac{t_p - t_q}{t_f - t_0} \tag{5.108}$$

$$e = \frac{t_f t_p - t_0 t_q}{t_f - t_0} \tag{5.109}$$

$$c = \frac{x_q - x_p}{t_f - t_0} - d\frac{x_f - x_0}{t_f - t_0} \tag{5.110}$$

$$f = \frac{t_f x_p - t_0 x_q}{t_f - t_0} - d\frac{t_f x_0 - t_0 x_f}{t_f - t_0} \tag{5.111}$$

假设 $t_0 \leqslant t_p \leqslant t_q \leqslant t_f$，收缩因子 d 可以通过文献[59]的分析方法得到。显然，仿射映射 ω_i 完全由子区间的边界值和唯一的收缩因子 d 决定。

实际中，信号是离散时间序列，当仿射映射 ω_i 将整个序列依比例收缩到序列的子集时，导致采样点数不一致。假设离散序列为 $\{x_n\}$（$n=1, 2, \cdots, F$），并假设 $[p, q]$ 是 $[1, F]$ 的子区间。所以 $1 \leqslant p \leqslant q \leqslant F$，其中 p、q 和 F 都是正整数。那么 ω_i 是近似仿射映射，有

$$\omega_i \begin{pmatrix} n \\ x_n \end{pmatrix} = \begin{pmatrix} m \\ w_i(m) \end{pmatrix}, \quad n = 1, 2, \cdots, F \tag{5.112}$$

和 $p \leqslant m \leqslant q$。这里用符号 $w_i(m)$ 表示子区间中 m 位置 x_n 的像。注意，m 不一定是整数。该映射最佳的收缩因子 d 可使子区间中的映射值和测量值的均方误差最小，其误差函数为[64]

$$E_d = \sum_{k=p}^{q} [\tilde{\omega}(k) - x_k]^2 \tag{5.113}$$

显然，子区间中有 F 个映射点，但只有 $q-p-1$ 个测量点。在式（5.113）中，用 $\tilde{\omega}_i(k)$ 来表示所有 $\omega(k)$ 的平均，其中 $\mathrm{int}(m)=k$，$\mathrm{int}(\cdot)$ 表示取最靠近的整数，用这种修正方法来克服子区间中点数的不一致问题。收缩因子 d 的最小方差估计为[59]

$$d = \left(\sum_{n=1}^{F} B_n A_n\right) / \left(\sum_{n=1}^{F} A^2_n\right) \tag{5.114}$$

其中，A_n 和 B_n 分别为

$$\begin{cases} A_n = x_n - [\xi_n x_1 + (1-\xi_n)x_F] \\ B_n = x_{\text{int}[a \cdot n + e]} - [\xi_n x_p + (1-\xi_n)x_q] \end{cases} \tag{5.115}$$

$$\xi_n = \frac{F-n}{F-1} \tag{5.116}$$

5.8.2　分形自仿射信号的预测

考虑一个离散序列 $\{x_n\}$（$n=1, 2, \cdots, F$），将其分为 P 个交叠的子区间，尺寸为 δ 和 φ，其中 δ 表示子区间的点数，φ 表示交叠部分的点数。基于自相似特性，每个子区间都是整个序列相应于收缩因子按比例收缩和旋转的复制。数据按照这种方法进行分割，可以得到 P 个收缩因子 d_i，$i=1, 2, \cdots, P$。收缩因子的变化，可以用自回归（AR）过程建模。为了估计 x_n（$n>F$），只需要考虑与给定数据序列的最后 φ 个点重叠的第（$P+1$）个子区间。要将整个信号映射到第（$P+1$）个子区间，需要估计第（$P+1$）个收缩因子 d_{p+1} 和相应的边界点。子区间中非重叠的点形成了序列 $\{x_n\}$ 的预测点。对应的一步预测误差为

$$\varepsilon(n) = \hat{x}_{F+1} - x_{F+1} \tag{5.117}$$

（1）收缩因子的 AR 过程

将该模型的收缩因子的演变过程建模为一个 K 阶 AR 过程[64,67-68]，因此有

$$d_j = \sum_{i=1}^{K} \alpha_i d_{j-i} + \varepsilon_j \tag{5.118}$$

其中，ε_j 是噪声项，α_i 是 AR 模型系数。阶数 K 可以通过赤池信息量准则（Akaike Information Criterion，AIC）选择[69-70]。基于这一准则，选择 $K=6$ 为最优的 AR 阶数。则第 $P+1$ 个收缩因子的估计值为

$$\hat{d}_{P+1} = \sum_{i=1}^{K} \alpha_i d_{P+1-i} \tag{5.119}$$

（2）子区间边界值的最小均方估计

映射完全由两个边界值和收缩因子决定。由式（5.119）可以求得收缩因子的估计值 $\hat{d}_{P+1}$。由于数据重叠，右边界数值可以通过第 $P+1$ 个子区间重叠部分的估计值

和实际值的最小均方误差估计得到。此时，误差函数定义为

$$E_x = \sum_{k=F-\phi+1}^{F} [\tilde{\omega}_{P+1}(k) - x_k]^2 \qquad (5.120)$$

因此，右边界值的估计值为

$$\hat{x}_{F+\delta-\phi} = \arg \min E_x \qquad (5.121)$$

在以上这种估计下，$\hat{\omega}_{P+1}(m)$ 完全确定，第（$P+1$）个子区间上的最后（$\delta-\varphi$）个值形成了 $\{x_n\}, n>F$ 的预测值。

5.8.3 基于分形自仿射的预测结果

图 5.70 给出了对实测海杂波数据采用两种不同预测方法的一步预测误差结果，其中基于分形自仿射的预测误差由式（5.117）可得。从图 5.70 可以看出，基于分形自仿射的预测方法精度是高于局部线性预测方法的。实验结果表明，模型参数 δ、φ 的选取对预测误差有较大影响，图 5.71 和图 5.72 给出了两组数据不同极化方式下海杂波分形自仿射均方预测误差与子区间采样点数之间的关系，其中 $\varphi = \delta/2$, $P=30$, $K=6$。通过分析图 5.71 和图 5.72 可以得出如下结论：当子区间个数 P 确定时，海杂波的均方预测误差随着子区间采样点数 δ 的增大而增大，而目标距离单元的预测误差随着 δ 的增大变化较为缓慢且趋向于恒定。随着 δ 的增加，海杂波和目标预测误差之间的差别更加明显，这有助于提高目标检测性能。综合考虑检测性能和运算量等因素，本节分析中选取子区间采样点数 $\delta=32$。

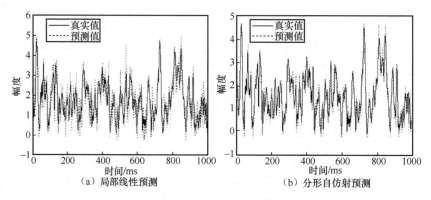

图 5.70 对实测海杂波数据采用两种不同预测方法的一步预测误差结果

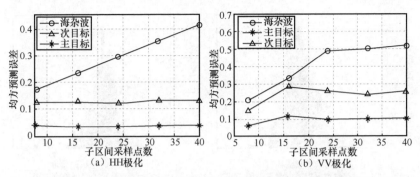

图 5.71　均方预测误差与子区间采样点数 δ 的关系曲线（283#数据）

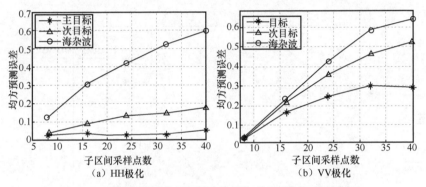

图 5.72　均方预测误差与子区间采样点数 δ 的关系曲线（17#数据）

5.8.4　基于预测误差的目标检测方法与性能分析

分析图 5.71 和图 5.72 可以发现，当参数 δ 确定时，目标的存在使预测误差的方差明显减小，因此根据分形自仿射预测误差方差的大小，构建一种基于分形自仿射预测误差的目标检测器（Fractal Self-Affine Prediction Error Detector，FSPED）。图 5.73 给出了海杂波和目标信号的预测误差直方图，可以看到预测误差近似服从正态分布。

下面分析了两组 IPIX 雷达实测数据 320#和 17#各个距离单元的均方预测误差，分别如图 5.74 和图 5.75 所示。通过分析大量海杂波数据可以看出，海杂波基于分形自仿射预测的一步预测误差对目标的存在具有较强的敏感性，存在目标的距离单元的均方预测误差明显低于海杂波距离单元的预测误差。所以基于统计的传统方法无法处理的微弱目标，可以利用下面描述的 FSPED 方法进行检测。

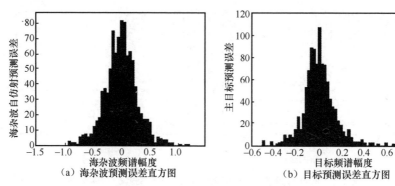

（a）海杂波预测误差直方图　　　　（b）目标预测误差直方图

图 5.73　海杂波和目标的预测误差直方图

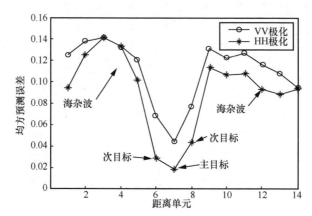

图 5.74　分形自仿射的均方预测误差（320#数据）

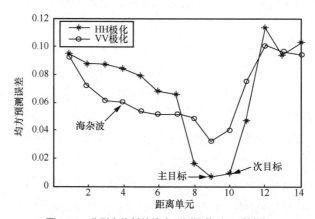

图 5.75　分形自仿射的均方预测误差（17#数据）

FSPED 的结构框架如图 5.76 所示。首先计算各个距离单元 N 个单步预测误差 $\varepsilon(n)$ 的平方和，并取平均值，即

$$E_\varepsilon = \frac{1}{N} \sum_{n=1}^{N} \varepsilon^2(n) \tag{5.122}$$

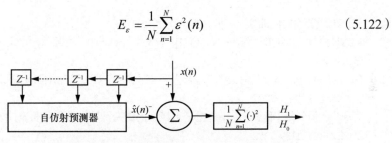

图 5.76　基于分形自仿射预测误差的目标检测器的结构框架

将 E_ε 与一个给定虚警概率所对应的门限值 η 进行比较，如果大于给定的门限值 η，则认为是纯海杂波，否则就认为海杂波中存在目标，其中门限值可以通过大量的实测数据反复进行实验确定。

显然，当得到新的第 $P+1$ 段测量值时，丢弃原来 P 段序列的第一段，构成新的 P 段时间序列再进行下一个点的预测。每次计算 1000 个预测值的误差平方和，作为一个检验统计量。由于 IPIX 雷达数据每个距离单元的数据长度是 2^{17}，因此按照这种方式可以得到约 130 个点，统计得到的 ROC 曲线如图 5.77 所示，图中将 FSPED 与基于记忆库的预测方法[71]的检测性能进行了对比。

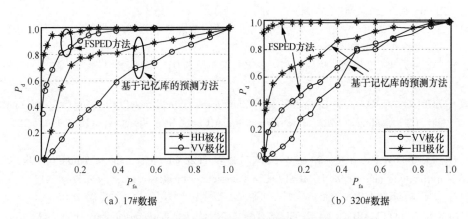

（a）17#数据　　　　　　　　（b）320#数据

图 5.77　FSPED 方法与基于记忆库的预测方法的检测性能比较

参考文献

[1] 张济忠. 分形[M]. 北京: 清华大学出版社, 1995.

[2] KENNETH F. 分形几何中的技巧[M]. 曾文曲, 王向阳, 陆夷, 译. 沈阳: 东北大学出版社, 2002.

[3] KENNETH F. 分形几何: 数学基础及其应用[M]. 曾文曲, 刘世耀, 戴连贵, 译. 北京: 人民邮电出版社, 2007.

[4] 石志广, 周剑雄, 付强. 基于多重分形模型的海杂波特性分析与仿真[J]. 系统仿真学报, 2006, 18(8): 2289-2292.

[5] 石志广, 周剑雄, 赵宏钟, 等. 海杂波的多重分形特性分析[J]. 数据采集与处理, 2006, 21(2): 168-173.

[6] LO T, LEUNG H, LITVA J, et al. Fractal characterisation of sea-scattered signals and detection of sea-surface targets[J]. IEE Proceedings F Radar and Signal Processing, 1993, 140(4): 243-250.

[7] 秦海勤, 徐可君, 江龙平. 分形理论应用中无标度区自动识别方法[J]. 机械工程学报, 2006, 42(12): 106-109.

[8] 关键, 刘宁波, 李秀友. 实测海杂波无标度区间自动提取的一种改进方法[J]. 中国雷达, 2008(2): 32-34.

[9] PACKARD N H, CRUTCHFIELD J P, FARMER J D, et al. Geometry from a time series[J]. Physical Review Letters, 1980, 45(9): 712-716.

[10] TAKENS F. Detecting strange attractors in turbulence[C]//Lecture Notes in Mathematics. Berlin: Springer, 1981: 366-381.

[11] 刘宁波, 关键. 海杂波的多重分形判定及广义维数谱自动提取[J]. 海军航空工程学院学报, 2008, 23(2): 126-131.

[12] 苏菲, 谢维信, 董进. 时间序列中的多重分形分析[J]. 数据采集与处理, 1997, 12(3): 178-181.

[13] ZHENG Y, GAO J B, YAO K. Multiplicative multifractal modeling of sea clutter[C]//Proceedings of IEEE International Radar Conference. Piscataway: IEEE Press, 2005: 962-966.

[14] LELAND W E, TAQQU M S, WILLINGER W, et al. On the self-similar nature of Ethernet traffic (extended version)[J]. IEEE/ACM Transactions on Networking, 1994, 2(1): 1-15.

[15] 欧阳文. 海杂波模型与目标检测方法研究[D]. 烟台: 海军航空工程学院, 2005.

[16] TREVILO G, HARDIN J, DOUGLAS B, et al. Current trends in nonstationary analysis[M]. Singapore: World Scientific, 1996.

[17] FAY F A, CLARKE J, PETERS R S. Weibull distribution applied to sea-clutter[C]//Proceedings of

Instrumental Eectric Engineer Conference. Piscataway: IEEE Press, 1977: 101-103.

[18] DAVIS A, MARSHAK A, WISCOMBE W, et al. Multifractal characterizations of nonstation-arity and intermittency in geophysical fields: observed, retrieved, or simulated[J]. Journal of Geophysical Research, 1994, 99(4): 8055.

[19] NATHANSON F E. Radar design principles[M]. New York: McGraw Hill, 1969.

[20] TRUNK G V, GEORGE S F. Detection of targets in non-Gaussian sea clutter[J]. IEEE Trans-actions on Aerospace and Electronic Systems, 1970, 6(5): 620-628.

[21] CHAN H C. Radar sea-clutter at low grazing angles[J]. IEE Proceedings F Radar and Signal Processing, 1990, 137(2): 102-112.

[22] JAKEMAN E, PUSEY P. A model for non-Rayleigh sea echo[J]. IEEE Transactions on An-tennas and Propagation, 1976, 24(6): 806-814.

[23] WARD K D, BAKER C J, WATTS S. Maritime surveillance radar. Part 1: radar scattering from the ocean surface[J]. IEE Proceedings F Radar and Signal Processing, 1990, 137(2): 51-62.

[24] NOHARA T J, HAYKIN S. Canadian East coast radar trials and the K-distribution[J]. IEE Proceedings F Radar and Signal Processing, 1991, 138(2): 80-88.

[25] GINI F, MONTANARI M, VERRAZZANI L. Maximum likelihood, ESPRIT, and periodo-gram frequency estimation of radar signals in K-distributed clutter[J]. Signal Processing, 2000, 80(6): 1115-1126.

[26] SAYAMA S, SEKINE M. Log-normal, log-Weibull and K-distributed sea clutter[J]. IEICE Transactions on Communication, 2002(85): 1375-1381.

[27] GINI F. Performance analysis of two structured covariance matrix estimators in com-pound-Gaussian clutter[J]. Signal Processing, 2000, 80(2): 365-371.

[28] GINI F, FARINA A, MONTANARI M. Vector subspace detection in compound-Gaussian clutter. Part II: performance analysis[J]. IEEE Transactions on Aerospace and Electronic Sys-tems, 2002, 38(4): 1312-1323.

[29] HAYKIN S, BAKKER R, CURRIE B W. Uncovering nonlinear dynamics-the case study of sea clutter[J]. Proceedings of the IEEE, 2002, 90(5): 860-881.

[30] 刘宁波, 关键, 宋杰. 扫描模式海杂波中目标的多重分形检测[J]. 雷达科学与技术, 2009, 7(4): 277-283.

[31] 李秀友. 海杂波背景下雷达目标检测算法研究[D]. 烟台: 海军航空工程学院, 2008.

[32] 刘宁波, 王捷, 关键, 等. 扫描模式下海杂波多重分形特性分析[C]//第十届全国雷达学术年会, 2008: 1011-1014.

[33] 关键, 李秀友, 黄勇, 等. 基于海杂波分形特性的目标检测新方法[J]. 电光与控制, 2008, 15(12): 5-9, 17.

[34] 孙即祥. 现代模式识别[M]. 长沙: 国防科技大学出版社, 2002.

[35] 杜干, 张守宏. 基于多重分形的雷达目标的模糊检测[J]. 自动化学报, 2001, 27(2): 174-179.

[36] GRASSBERGER P. Generalized dimensions of strange attractors[J]. Physics Letters A, 1983, 97(6): 227-230.

[37] HENTSCHEL H G E, PROCACCIA I. The infinite number of generalized dimensions of fractals and strange attractors[J]. Physica D: Nonlinear Phenomena, 1983, 8(3): 435-444.

[38] HALSEY T C, JENSEN M H, KADANOFF L P, et al. Fractal measures and their singularities: the characterization of strange sets[J]. Physical Review A, 1986, 33(2): 1141-1151.

[39] 杨展如. 分形物理学[M]. 上海: 上海科技教育出版社, 1996.

[40] 孙霞, 吴自勤, 黄昀. 分形原理及其应用[M]. 合肥: 中国科学技术大学出版社, 2006.

[41] 陈双平, 郑浩然, 马猛, 等. 用统计物理的方法计算信源熵率[J]. 电子与信息学报, 2007, 29(1): 129-132.

[42] O'NEIL J, MENEVEAU C. Spatial correlations in turbulence: predictions from the multifractal formalism and comparison with experiments[J]. Physics of Fluids A: Fluid Dynamics, 1993, 5(1): 158-172.

[43] MUÑOZ-DIOSDADO A. A non linear analysis of human gait time series based on multifractal analysis and cross correlations[J]. Journal of Physics: Conference Series, 2005, 23: 87-95.

[44] 周炜星, 王延杰, 于遵宏. 随机二项测度的多重分形分析和多重分形关联分析[J]. 非线性动力学学报, 2001, 8(3): 199-207.

[45] ZHOU W X. Multifractal detrended cross-correlation analysis for two nonstationary signals[J]. Physical Review E, 2008, 77(6): 1-4.

[46] SHADKHOO S, JAFARI G R. Multifractal detrended cross-correlation analysis of temporal and spatial seismic data[J]. The European Physical Journal B, 2009, 72(4): 679-683.

[47] 关键, 刘宁波, 张建, 等. 海杂波的多重分形关联特性与微弱目标检测[J]. 电子与信息学报, 2010, 32(1): 54-61.

[48] VAPNIK V N. The nature of statistical learning theory[M]. New York: Springer, 1995.

[49] BURGES C J C. A tutorial on support vector machines for pattern recognition[J]. Data Mining and Knowledge Discovery, 1998, 2(2): 121-167.

[50] BRERETON R G, LLOYD G R. Support vector machines for classification and regression[J]. The Analyst, 2010, 135(2): 230-267.

[51] SEBALD D J, BUCKLEW J A. Support vector machine techniques for nonlinear equalization[J]. IEEE Transactions on Signal Processing, 2000, 48(11): 3217-3226.

[52] JI A B, PANG J H, LI S H, et al. Support vector machine for classification based on fuzzy training data[C]//Proceedings of 2006 International Conference on Machine Learning and Cybernetics. Piscataway: IEEE Press, 2009: 1609-1614.

[53] 任韧, 徐进, 朱世华. 最小二乘支持向量域的混沌时间序列预测[J]. 物理学报, 2006,

55(2): 555-563.

[54] 李京华, 许家栋, 李红娟. 支持向量机的战场直升机目标分类识别[J]. 火力与指挥控制, 2008, 33(1): 31-34.

[55] 姜斌, 王宏强, 黎湘, 等. 海杂波背景下的目标检测新方法[J]. 物理学报, 2006, 55(8): 3985-3991.

[56] 谢和平, 薛秀谦. 分形应用中的数学基础与方法[M]. 北京: 科学出版社, 1997.

[57] BARNSLEY M F, DEMKO S. Iterated function systems and the global construction of fractals[J]. Proceedings of the Royal Society A, 1985, 399(1817): 243-275.

[58] ALI M, CLARKSON T G. Using linear fractal interpolation functions to compress video images[J]. Fractals, 1994, 2(3): 417-421.

[59] MAZEL D S, HAYES M H. Using iterated function systems to model discrete sequences[J]. IEEE Transactions on Signal Processing, 1992, 40(7): 1724-1734.

[60] WANG H Y, LIANG Y, XU Z B. Solving the inverse problem of IFS by using a novel CEGA[J]. Applied Mathematics: A Journal of Chinese Universities, 2001, 16(4): 391-400.

[61] WANG H H, YANG S Z, LI X J. Error analysis for bivariate fractal interpolation functions generated by 3-D perturbed iterated function systems[J]. Computers & Mathematics with Applications, 2008, 56(7): 1684-1692.

[62] 贺涛, 周正欧. 基于分形自仿射的混沌时间序列预测[J]. 物理学报, 2007, 56(2): 693-700.

[63] 熊刚, 赵惠昌, 梁彦. 基于分形自仿射特性的混沌预测方法研究[J]. 现代雷达, 2004, 26(4): 38-42.

[64] ZHOU Y F, YIP P C, LEUNG H. On the efficient prediction of fractal signals[J]. IEEE Transactions on Signal Processing, 1997, 45(7): 1865-1868.

[65] 刘宁波, 李晓俊, 李秀友, 等. 基于分形自仿射预测的海杂波中目标检测[J]. 现代雷达, 2009, 31(4): 38-42.

[66] 时宝, 王兴平, 盖明久. 泛函分析引论及其应用[M]. 北京: 国防工业出版社, 2006.

[67] 朱灿焰, 何佩琨, 高梅国, 等. 相关杂波的 AR 谱模型及其研究[J]. 现代雷达, 1998, 20(5): 37-43.

[68] NOHARA T J, HAYKIN S. AR-based growler detection in sea clutter[J]. IEEE Transactions on Signal Processing, 1993, 41(3): 1259-1271.

[69] 张长隆. 杂波建模与仿真技术及其在雷达信号模拟器中的应用研究[D]. 长沙: 国防科学技术大学, 2004.

[70] 朱灿焰, 何佩琨, 高梅国, 等. 一种基于现代谱估计的相关雷达杂波模拟方法[J]. 北京理工大学学报, 1999, 19(1): 73-77.

[71] LEUNG H. Nonlinear clutter cancellation and detection using a memory-based predictor[J]. IEEE Transactions on Aerospace and Electronic Systems, 1996, 32(4): 1249-1256.

第6章

频域海杂波自相似（分形）特性与目标检测

　　分形理论的研究对象是自然界中不光滑和不规则的几何体，它深刻揭示了实际系统与随机信号中广泛存在的自相似性和标度不变性。分形理论的提出拓宽了人们的视野，并已在自然科学的多个领域获得广泛应用，尤其是在雷达信号处理[1-2]、图像处理[3]、语音信号处理[4]等领域具有重要的应用价值和广阔的发展前景。自 1993 年 Lo 等首次将单一分形维数应用于海杂波中进行目标检测以来[1]，分形理论在雷达目标检测方向的应用取得了较好的发展，并获得了一系列有意义的成果。由分形理论在目标检测中的应用现状可以发现，分形理论在雷达目标检测中的应用经历了由浅入深、由简单到复杂的发展历程。雷达目标的分形检测方法主要关心的是时间序列结构的变化，而不是完全依赖于信号幅度的强弱，从而在一定程度上可以摆脱信杂比（SCR）的束缚，但在 SCR 很低时分形检测方法同样是无效的，而且随着分形理论应用的复杂化，所得到的检测算法越来越复杂，难以具有实时性。另外，由于分形参数估计对数据量的要求高，在时域中直接采用分形特征检测海面运动目标难以实现。考虑到相参雷达中的动目标显示（MTI）处理方法，若可以在频域中引入分形分析方法，则一方面时域回波变换到频域后运动目标回波的能量得到了有效积累，提升了 SCR，另一方面可以降低分形特征参数估计过程中对数据量的需求。目前可以找到的与此研究方向较为接近的是文献[5-6]，其正文中提到，如果一个信号是分形的，那么它的功率谱密度与频率呈幂律关系，这种过程称为 $1/f^{\alpha}$ 噪声，但并未作进一步研究。也有相关文献研究 FBM 的谱特性，但其主要目的是通过功率谱估计谱指数从而得到时域序列的单一 Hurst 指数[4,7]，而不是将分形分析方法引入频域中。

　　本章首先以 FBM 为例，系统地阐述 FBM 在时域具有自相似（分形）特性的前提下，FBM 的频谱也具有自相似（分形）特性，即 Fourier 变换具有保持原序列自相似性的特性，然后将分形分析方法引入对雷达实测海杂波数据频谱的分析中，根据 2.1.2 节所述的测度自相似性以及各种描述参数，分别分析频谱的单一分形特性、扩展分形特性、多重分形特性以及相应分形特性的影响因素，同时进一步研究目标回波对海杂波频谱分形特性的影响，为设计海杂波中的目标检测方法奠定基础。

6.1　分数布朗运动在频域中的自相似性

　　FBM 是由经典的布朗运动推广而来的，因此这里首先给出布朗运动的定义[8]。布朗运动 $B(t)$ 是满足下列条件的随机过程。

　　① $B(0)=0$（即过程从原点开始），且 $B(t)$ 为 t 的连续函数。

　　② 对任意的 $t \geq 0$ 和 $h>0$，增量 $B(t+h)-B(t)$ 服从均值为 0、方差为 h 的正态分布。

　　③ 若 $0 \leq t_1 \leq t_2 \leq \cdots \leq t_n$，则增量 $B(t_2)-B(t_1)$，$B(t_3)-B(t_2)$，$\cdots$，$B(t_n)-B(t_{n-1})$ 相互独立。

　　由①和②可得，对于每个 t，$B(t)$ 自身也服从均值为 0、方差为 t 的正态分布，且 $B(t)$ 的增量是平稳的，因此，$B(t)$ 的概率密度函数可表示为

$$P_{B(t)}(x) = \frac{1}{\sqrt{2\pi t}} \exp\left\{-\frac{x^2}{2t}\right\} \tag{6.1}$$

将式（6.1）进行如下尺度变换

$$t \to \kappa t, \quad x \to \kappa^{1/2} x \tag{6.2}$$

则有如下标度规律

$$P_{B(\kappa t)}(\kappa^{1/2} x) = \frac{1}{\sqrt{2\pi \kappa t}} \exp\left\{-\frac{(\kappa^{1/2} x)^2}{2\kappa t}\right\} = \frac{1}{\sqrt{\kappa}} \frac{1}{\sqrt{2\pi t}} \exp\left\{-\frac{x^2}{2t}\right\} = \kappa^{-1/2} P_{B(t)}(x) \tag{6.3}$$

且在式（6.2）所示的标度变换下，总概率分布保持不变，即

$$\int_{-\infty}^{\infty} P_{B(t)}(x)\mathrm{d}x = \int_{-\infty}^{\infty} P_{B(\kappa t)}(\kappa^{1/2}x)\mathrm{d}(\kappa^{1/2}x) = 1 \tag{6.4}$$

式（6.4）表明，$B(t)$ 与 $\kappa^{-1/2}B(\kappa t)$ 具有相同的概率分布，即在统计意义下两者是自相似的，可采用如下形式表达

$$B(t) \overset{\text{s.t.a}}{=} \kappa^{-1/2}B(\kappa t) \tag{6.5}$$

其中，$\overset{\text{s.t.a}}{=}$ 表示在统计意义下相等。

分数布朗运动 $B_H(t)$ 首先由 Mandelbrot 从布朗运动推广而来[1]，所使用的公式为

$$B_H(t) - B_H(0) = \frac{1}{\Gamma(H+1/2)} \int_{-\infty}^{t} \varphi(t-s)\mathrm{d}B(s) \tag{6.6}$$

其中，$\Gamma(\bullet)$ 为伽马函数，由第二类欧拉积分确定，即 $\Gamma(z) = \int_{0}^{\infty} \mathrm{e}^{-t}t^{z-1}\mathrm{d}t$（ $z > 0$ ）；$B(t)$ 为一维布朗运动曲线，H 为单一 Hurst 指数，$\varphi(t-s)$ 为

$$\varphi(t-s) = \begin{cases} (t-s)^{H-1/2}, & 0 \leqslant s \leqslant t \\ (t-s)^{H-1/2} - (-s)^{H-1/2}, & -\infty \leqslant s < 0 \end{cases} \tag{6.7}$$

FBM 的定义[8]与布朗运动定义的前两个条件相似。

① $B_H(0) = 0$，且 $B_H(t)$ 为 t 的连续函数。

② 对任意的 $t \geqslant 0$ 和 $h > 0$，增量 $B_H(t+h) - B_H(t)$ 服从均值为 0、方差为 h^{2H} 的正态分布。

FBM 的定义也蕴含增量 $B_H(t+h) - B_H(t)$ 是平稳的，但与布朗运动不同的是，FBM（$H \neq 1/2$ 时）不具有独立的增量。当 $H = 1/2$ 时，式（6.6）所示的 FBM 即简化为布朗运动，此时有

$$\varphi(t-s) = \begin{cases} 1, & 0 \leqslant s \leqslant t \\ 0, & -\infty \leqslant s < 0 \end{cases} \tag{6.8}$$

$$B_H(t) - B_H(0) = \frac{1}{\Gamma(1)}\left(\int_{-\infty}^{0} 0\mathrm{d}B(s) + \int_{0}^{t} 1\mathrm{d}B(s)\right) = \int_{0}^{t} \mathrm{d}B(s) \tag{6.9}$$

可见，布朗运动实际上是 FBM 的一个特殊形式。对于 FBM 曲线，若时间尺度从 t 变到 κt，则在布朗运动是统计自相似的前提下，式（6.6）变为

$$B_H(\kappa t) - B_H(0) = \frac{1}{\Gamma(H+1/2)} \int_{-\infty}^{\kappa t} \varphi(\kappa t - \kappa s) \mathrm{d}B(\kappa s)$$

$$\overset{\text{s.t.a}}{=} \frac{1}{\Gamma(H+1/2)} \int_{-\infty}^{t} \kappa^{H-1/2} \varphi(t-s) \kappa^{1/2} \mathrm{d}B(s) \tag{6.10}$$

$$= \kappa^H \frac{1}{\Gamma(H+1/2)} \int_{-\infty}^{t} \varphi(t-s) \mathrm{d}B(s)$$

$$= \kappa^H [B_H(t) - B_H(0)]$$

不失一般性，可假设 $B_H(0)=0$，则 $B_H(t) \overset{\text{s.t.a}}{=} \kappa^{-H} B_H(\kappa t)$，即 FBM 也是统计自相似的。当 $H=1/2$ 时，有 $B_H(t) \overset{\text{s.t.a}}{=} \kappa^{-1/2} B_H(\kappa t)$，与布朗运动相符。

为进一步研究 FBM 在频域的自相似性，首先需对 FBM 的位移曲线进行 Fourier 变换，把原来时域内以时间 t 为变量的函数 $B_H(t)$ 变换为频域内以频率 f 为变量的函数 $F_B(f)$，即

$$F_B(f) = \int_0^T B_H(t) \mathrm{e}^{-\mathrm{j}2\pi ft} \mathrm{d}t \tag{6.11}$$

其中，$B_H(t)$ 定义在区间（0，T）内。由于频谱振幅的平方正比于功率，单位时间内的功率谱密度 $S_B(f)$ 可定义为[8]

$$S_B(f) = \frac{|F_B(f)|^2}{T} \tag{6.12}$$

在此基础上，可以研究尺度变换条件下频谱与功率谱的自相似特性，采用尺度变换 $t'=\kappa t$，则由式（6.10）可得 $B_H(t') \overset{\text{s.t.a}}{=} \kappa^H B_H(t)$，代入式（6.11）中可得

$$F_B(f) \overset{\text{s.t.a}}{=} \int_0^{\kappa T} \frac{B_H(t')}{\kappa^H} \mathrm{e}^{-\mathrm{j}2\pi ft'/\kappa} \mathrm{d}\left(\frac{t'}{\kappa}\right) =$$

$$\frac{1}{\kappa^{H+1}} \int_0^{\kappa T} B_H(t') \mathrm{e}^{-\mathrm{j}2\pi \frac{f}{\kappa} t'} \mathrm{d}t' = \frac{1}{\kappa^{H+1}} F_B\left(\frac{f}{\kappa}\right) \tag{6.13}$$

将式（6.13）代入式（6.12）中，整理可得

$$S_B(f) \overset{\text{s.t.a}}{=} \frac{1}{\kappa^{2H+1}} \frac{\left|F_B\left(\frac{f}{\kappa}\right)\right|^2}{\kappa T} = \frac{1}{\kappa^{2H+1}} S_B\left(\frac{f}{\kappa}\right) \tag{6.14}$$

由式（6.13）和式（6.14）可知，当频率标度变为原来的 $1/\kappa$ 后，频谱变为原来

的 κ^{H+1} 倍，而功率谱密度变为原来的 κ^{2H+1} 倍[9]。这说明 FBM 的频谱、功率谱密度都是频率的幂函数，均具有自相似性。为与时域中的无标度区间区分，将在频域中自相似性成立的区间称为频率无标度区间。

综上所述，FBM 的频谱或功率谱密度函数是分形的，这为在频域中应用分形理论奠定了基础。以往的研究中通过功率谱进行分形分析在很大程度上是为时域中的分形参数估计服务的，而下文中的分析将立足于频域，采用分形理论直接对海杂波的频谱（或功率谱）序列进行分析与参数估计。

6.2 基于频域均匀自相似特征的目标检测方法

后续将采用 X 波段与 S 波段实测海杂波数据进行分析与验证，其中 X 波段海杂波数据来自"Osborn Head Database"的 26#数据（X-26#），主要使用在 HH 与 VV 极化两种情况下的数据，其 SCR 约为 0～6 dB，更具体的情况可参考文献[10]；另一组海杂波数据（S-1#）是 S 波段雷达对海照射采集得到的，数据采集时天线工作在驻留模式且处于 VV 极化模式下，观察目标为一艘远离雷达缓慢运动的小渔船（渔船运动方向与雷达天线指向有约 30°夹角，由于雷达天线不动，因此渔船在雷达视野内出现一段时间后消失），SCR 约为 0～3 dB。图 6.1 给出了 3 组海杂波数据的时域归一化幅度波形。

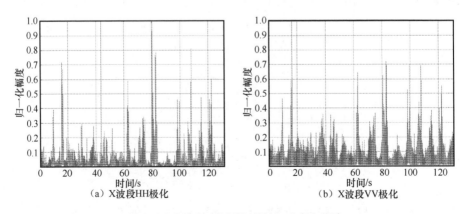

（a）X波段HH极化　　　　　　　　　　（b）X波段VV极化

图 6.1　3 组海杂波数据的时域归一化幅度波形

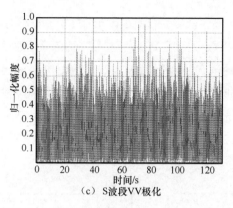

图 6.1 3 组海杂波数据的时域归一化幅度波形（续）

6.2.1 海杂波频谱的单一自相似特性

根据时域海杂波幅度统计特性分析的结论，再结合 FBM 的定义可知，采用 FBM 建模海杂波具有一定的合理性，且针对这一合理性已有不少文献进行了研究[11-12]，这里不再详细研究，而是在前人研究的基础上分析 X 波段与 S 波段海杂波频谱的分形特性。图 6.2 给出了 3 组实测雷达数据海杂波单元与目标单元的频谱。由图 6.2 可以看到，X 波段与 S 波段海杂波的多普勒谱均有一定的偏移，大约在−100～100 Hz 的范围内，这主要是因为海面是一个永不停息的散射体，当海浪（Bragg 波）靠近雷达运动时，海杂波多普勒谱的中心频率偏向正值方向；当海浪（Bragg 波）远离雷达运动时，海杂波多普勒谱的中心频率则偏向负值方向。此外，由图 6.2 还可以看到，海杂波的多普勒谱在中心频率附近有一定的展宽，这主要是由大尺度波浪的振动效应造成的。由图 6.2（a）和图 6.2（b）所示的目标单元频谱可以发现，目标能量得到了较好的积累，且目标的多普勒频率靠近零频，但不绝对为零，这主要是因为目标随海面运动而具有微弱的速度；由图 6.2（c）所示的目标单元频谱可以发现，S 波段雷达观测目标的多普勒中心频率为负值，这与小渔船远离雷达的运动状态相符，但能量积累效果不如 X 波段条件下明显，原因如下：频谱计算是针对由某一距离单元所得到的回波时间序列进行的，图 6.2 中计算频谱时所采用的时间序列较长，若目标静止（如 X

波段数据），则在某一距离单元目标回波一直存在，时间序列越长积累效果越好；若目标运动（如 S 波段数据），则对某一距离单元而言，由其得到的长时间序列可能只在一段时间包含目标回波，在其他时刻目标已不在此距离单元，从而回波只包含海杂波（此处不考虑热噪声等），此种条件下，将回波序列变换到频域就可能使目标能量积累效果不明显。另外，由于 S 波段雷达所观察的目标较小，SCR 较低，这就进一步使目标的多普勒频率混叠于海杂波频谱中，难以区分。

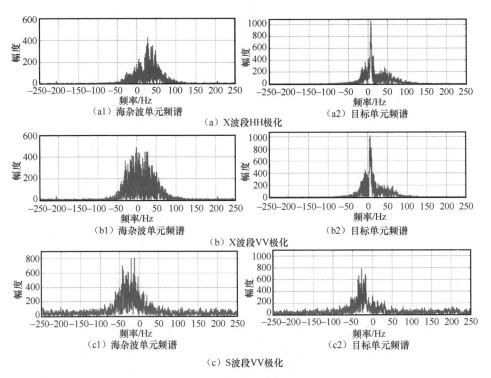

图 6.2　实测雷达数据的频谱

下文采用"随机游走"模型建模海杂波频谱，则在双对数坐标下由频谱得到的配分函数 $F(m)$ 与频率尺度 m 在某一区间内应呈现较好的线性关系。这里需指出的是，自然界中客观存在的物体并不是严格分形的，分形体所特有的自相似性只在一定的标度区间内成立。图 6.3 给出了 3 组实测雷达数据海杂波单元与目标单元频谱的自相似性分析结果（这里采用的时间序列长度为 2^{16} 点，FFT 点数为 2^{16}）。从图 6.3 可以发现，海杂波单元的频谱在一定的尺度范围内近似线性均成立（即存在无标度区间，X 波段雷达数据无标度区间范围大约为 $2^5 \sim 2^{10}$，S 波段雷达数据无标度区间范围大约为 $2^7 \sim 2^{10}$），另外还可观察到海杂波单元与目标单元曲线在无标度区间内具有一定的差异。下面对这一差异进行量化分析，表 6.1 列出了 3 组实测雷达数据的海杂波单元与目标单元曲线的一元线性回归分析结果，其中回归显著性检验的显著水平 α 设定为 0.001，r 检验过程中拒绝域临界点分别为 $r_{n,a}=r_{96,0.001}=0.3270$（X 波段雷达数据），$r_{n,a}=r_{84,0.001}=0.3482$（S 波段雷达数据）。由表 6.1 可以看到，一元线性回归均具有极高的显著性水平，且相关系数 R 均非常接近 1，这说明在无标度区间内采用直线对实测数据进行拟合具有很好的效果。另外，比较表 6.1 中所列出的几个参数，可以发现频域单一 Hurst 指数与残差平方和 Q 在出现目标时均会增大，且这一变化在 3 组数据中都比较稳定（但有无目标时参数的变化量有所差异），这为后续在频域中进行目标分形检测算法研究奠定了基础。之所以会出现上述变化，是因为目标的出现使海杂波序列不规则程度有所降低，从而导致其在一定程度上偏离 FBM 模型，而 FBM 模型的刻画参数——单一 Hurst 指数反映了所研究分形体的不规则程度，单一 Hurst 指数越小表明不规则程度越大，所以，目标出现时单一 Hurst 指数变大，同时残差平方和 Q 也有所增大。

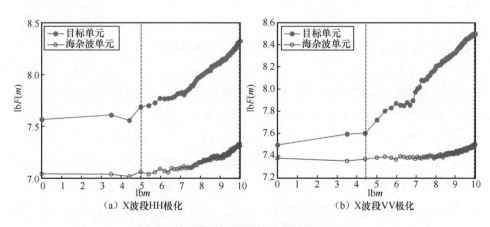

（a）X 波段 HH 极化　　　　　　　（b）X 波段 VV 极化

图 6.3　实测雷达数据频谱的自相似性分析结果

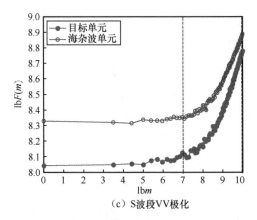

（c）S波段VV极化

图 6.3　实测雷达数据频谱的自相似性分析结果（续）

表 6.1　实测雷达数据频谱一元线性回归分析

实测雷达数据		频域单一 Hurst 指数（拟合直线斜率）	拟合直线截距 b	残差平方和 Q	相关系数 R	回归显著性 r 检验（α=0.001）
X 波段（HH 极化）	海杂波单元	0.0617	6.6679	0.0480	0.9541	极其显著
	目标单元	0.1423	6.8672	0.0486	0.9907	极其显著
X 波段（VV 极化）	海杂波单元	0.0274	7.1928	0.0306	0.9836	极其显著
	目标单元	0.1449	7.0041	0.0503	0.9908	极其显著
S 波段（VV 极化）	海杂波单元	0.1905	6.7934	0.0238	0.9956	极其显著
	目标单元	0.3452	5.9486	0.0276	0.9848	极其显著

6.2.2　海杂波频谱单一自相似参数的影响因素

　　由于在进行频谱单一分形特性分析之前需对时域海杂波数据进行 FFT，而 FFT 所采用的时间序列长度 L_t 以及 FFT 点数 L_f 都将直接影响单一分形特性分析的结果，因此，后续将分析序列长度 L_t 以及 FFT 点数 L_f 对频谱单一分形特性的影响。图 6.4～图 6.6 给出了 3 组海杂波数据在序列长度分别为 1024 点和 8192 点时采用不同的 FFT 点数进行单一分形特性分析的曲线。由图 6.4～图 6.6 可以看出，无论是 X 波段还是 S 波段数据，对于同一组数据取同一序列长度计算得到的结果，均存在尺度区间使近似线性成立同时目标单元的斜率大于海杂波单元的斜率，并且随着 FFT 点数的增加，这一尺度区间逐步向大尺度移动，基本在 FFT 点数为 2^{16} 时取得最佳效果。对比图 6.4 与图 6.5 可以发现，图 6.5 所示的 X 波段 VV 极化的海杂波与目标的区分效果要优于 X 波段 HH 极化，可见，在频域中目标对 VV 极化海杂波频谱的影响要大于 HH 极化。这里需说明的是，比较区分效果首先应比较无标度区间的范围，若无标度区间范围较大，则再比较直线拟合得到的斜率或线性程度等特征；若无标度区间较小导致只有较少的点参与拟合运算，这样得到的结果没有意义，从而认为区分效果较差。

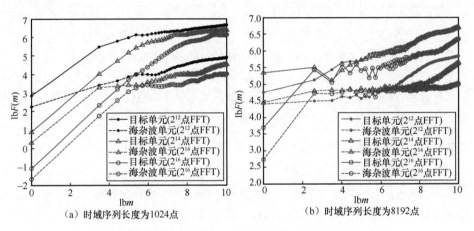

（a）时域序列长度为1024点　　　（b）时域序列长度为8192点

图 6.4　不同 FFT 点数对频谱单一分形特性的影响（X 波段 HH 极化）

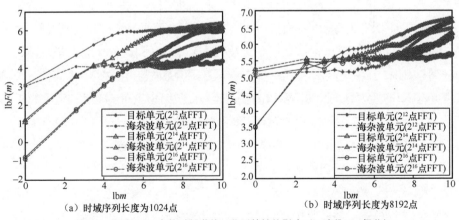

（a）时域序列长度为1024点　　　（b）时域序列长度为8192点

图 6.5　不同 FFT 点数对频谱单一分形特性的影响（X 波段 VV 极化）

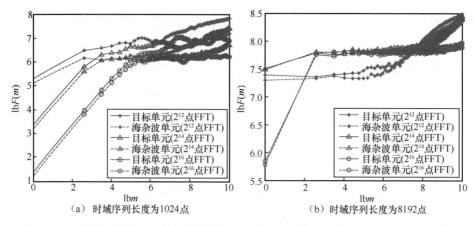

（a）时域序列长度为1024点　　　　　（b）时域序列长度为8192点

图6.6　不同 FFT 点数对频谱单一分形特性的影响（S 波段 VV 极化）

再分别对比图 6.4（a）～图 6.6（a）与图 6.4（b）～图 6.6（b）可以发现，在 X 波段数据下后者海杂波与目标的区分效果要优于前者，而在 S 波段数据下前者的区分效果却优于后者，这是因为 X 波段雷达探测目标为一个固定目标，FFT 所采用的时间序列越长，目标能量积累效果越好，在频谱中则表现为对原海杂波频谱的影响程度越大，因此，时间序列越长，区分效果越好；而 S 波段雷达探测目标为一个运动目标，若在截取的时间序列内目标没有移出当前距离单元，则序列越长目标能量积累效果越好，反之，若目标移出当前距离单元，则截取的时间序列越长，目标能量越无法持续积累，而海杂波能量却相对上升，此时截取的时间序列越长，区分效果反而越差。因此，对运动目标而言，需要考虑积累时间选取问题，单纯地增加时间序列长度，效果可能适得其反。另外，比较 X 波段数据（图 6.4 和图 6.5）与 S 波段数据（图 6.6）可以发现，在相同参数设置条件下 X 波段数据海杂波与目标的区分程度比 S 波段数据更明显，这主要是由 SCR 不同引起的，X 波段数据 SCR 相对较高，经过 FFT 积累后 SCR 进一步升高，从而 X 波段数据目标与海杂波频谱的单一分形特征差异较大。对于图 6.4～图 6.6 还需要指出的一点是，当尺度 m 较小时，海杂波单元与目标单元的频谱均表现出较好的线性且斜率基本相同，这与 Fourier 变换本身所具有的尺度不变特性以及"随机游走"模型的计算方式有关。"随机游走"模型是每次间隔 m 个采样点对频谱序列进行重采样，然后平方并取均值，这样当尺度较小时，抽取得到的海杂波与噪声能量相对较高，目标能量相对较低，从而在此段区间海杂波与目标单元的单一 Hurst

指数主要由海杂波与噪声决定，而且采用的 FFT 点数越大，此类标度区间范围越大。

　　图 6.7 给出了在同样 FFT 点数下不同时间序列长度对频谱单一分形特性的影响，参考上述分析中得到的结论，这里均采用 2^{16} 点的 FFT，而时间序列长度分别为 2^{10}、2^{13} 和 2^{16} 点。由图 6.7 可以看到，X 波段雷达采用的时间序列长度越长，海杂波单元频谱的配分函数整体上越接近线性（即单一分形特性越明显），同时海杂波单元与目标单元的区分效果越好；S 波段雷达采用的时间序列越长，海杂波单元与目标单元的区分效果反而越差，这仍然是因为 X 波段雷达探测的目标是静止的，而 S 波段雷达探测的目标是运动的，当截取的时间序列较长时运动目标已经移出所处理的距离单元。

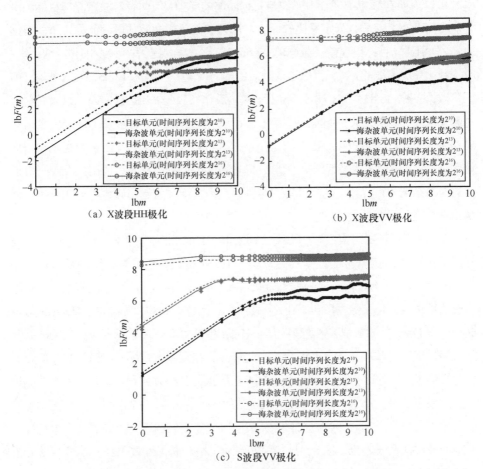

（a）X波段HH极化　　　　　　　　　　　　（b）X波段VV极化

（c）S波段VV极化

图 6.7　不同时间序列长度对频谱单一分形特性的影响（采用 2^{16} 点 FFT）

综合图 6.6 与图 6.7 所示结果可得到如下结论：对于静止目标，截取的时间序列长度越长，海杂波与目标区分效果越好，但考虑到运算量以及实时性，一般取 $2^{10}\sim2^{13}$ 点即可；对于运动目标，截取时间序列时需考虑目标不能移出一个距离单元，并非越长越好。另外，在选取 FFT 点数时以 $2^{14}\sim2^{16}$ 点为宜。

6.2.3　目标检测与性能分析

由 6.2.1 节的单一分形特性分析所得结论可知，频域单一 Hurst 指数 H_f 与残差平方和 Q 具有在频域中区分海杂波与目标回波的能力，但两者对海杂波与目标的区分能力高低有所差异，为定量比较两者对海杂波与目标回波的区分能力，下面根据表 6.1 分别计算目标出现前后频域单一 Hurst 指数 H_f 与残差平方和 Q 的相对变化率：对于频域单一 Hurst 指数，目标出现前后的相对变化率分别为 130.63%（X 波段 HH 极化数据）、428.83%（X 波段 VV 极化数据）和 81.21%（S 波段 VV 极化数据）；对于残差平方和，目标出现前后的相对变化率分别为 1.25%（X 波段 HH 极化数据）、64.38%（X 波段 VV 极化数据）和 15.97%（S 波段 VV 极化数据）。显然，相对变化率越大，海杂波与目标回波的频域分形参数间的差异越稳定，同时频域单一分形参数对海杂波与目标回波的区分能力越强，因此，下文将选用频域单一 Hurst 指数 H_f 设计相应的目标检测方法。

图 6.8 给出了 3 组实测雷达数据的频域单一 Hurst 指数，作为比较，图 6.8 中还同时给出了 3 组实测雷达数据的时域单一 Hurst 指数。这里需注明的是，在计算图 6.8 中时域和频域单一 Hurst 指数过程中，每个距离单元的数据均被划分成互不交叠的数据段，每个数据段包含 1024 采样点。比较图 6.8 中频域单一 Hurst 指数与时域单一 Hurst 指数，可以发现频域单一 Hurst 指数对海杂波单元与目标单元的区分效果明显优于时域单一 Hurst 指数，由此可知，在频域中目标回波对海杂波的影响能力提高了，这是因为目标回波经过 FFT 后能量得到很好的积累，同时海杂波能量积累效果不明显。此外，图 6.9 还给出了残差平方和 Q 对海杂波单元与目标单元的区分效果，可见，其对海杂波与目标回波的区分能力较弱，且很多情况下海杂波与目标回波混叠在一起难以区分，这与前文中利用相对变化率对残差平方和 Q 的分析结论相一致。

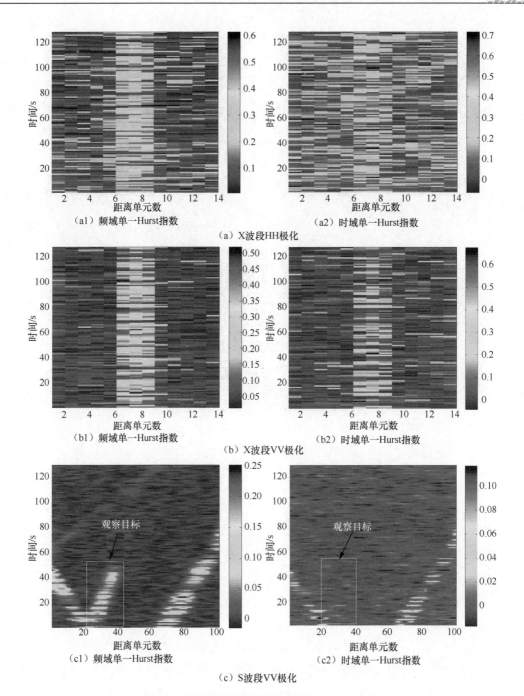

图 6.8　实测雷达数据的频域与时域单一 Hurst 指数

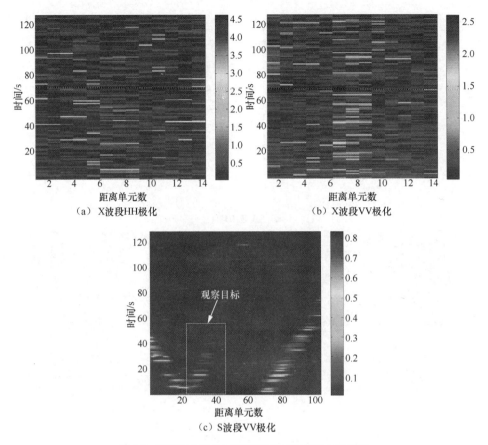

图 6.9　残差平方和 Q 对海杂波与目标回波的区分效果

　　图 6.10 给出了利用频域单一分形特征——频域单一 Hurst 指数的目标检测方法流程，其中，门限 T 采用 CFAR 的方法产生。常用的 CFAR 检测器可以分为两类，即参量 CFAR 检测器和非参量 CFAR 检测器。参量 CFAR 检测器对背景海杂波的概率分布类型通常具有特定的要求，由于频域单一 Hurst 指数的概率分布类型未知，这限制了参量 CFAR 检测器的应用，并可能由于分布类型不匹配而带来严重的性能损失；非参量 CFAR 检测器没有这一束缚[13]，其仅要求检测单元和参考单元具有相同的分布类型以及由脉冲串各个脉冲得到的秩之间是相互独立的，考虑到具体的应用背景，图 6.10 中采用的是广义符号检测器[13]。

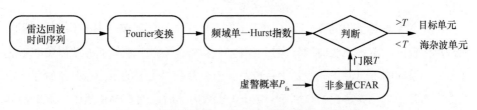

图 6.10　利用频域单一分形特征的目标检测方法流程

表 6.2 给出了图 6.10 中所示目标检测方法的检测概率，其中，虚警概率 P_{fa} 设为 10^{-4}。作为对比，表 6.2 中还给出了一种经典的频域 CFAR 检测方法——频域单元平均（CA）-CFAR 检测方法[13]和一种利用时域单一 Hurst 指数的 CFAR 检测方法[2]。由表 6.2 可以明显看到，图 6.10 所示目标检测方法的检测性能明显优于另外两种检测器，尤其在 S 波段 VV 极化数据条件下，这一优越性更明显。比较图 6.10 所示目标检测方法和频域 CA-CFAR 检测方法与时域分形 CFAR 检测方法可知，由于图 6.10 所示目标检测方法和频域 CA-CFAR 检测方法均进行了 Fourier 变换，两者的检测概率均高于时域分形 CFAR 检测方法的检测概率，可见，通过相参积累——Fourier 变换提升 SCR 可以有效提升目标检测方法的检测性能；此外，比较图 6.10 所示目标检测方法与频域 CA-CFAR 检测方法可发现，两者第一步均进行了 Fourier 变换，但图 6.10 所示目标检测方法具有更高的检测概率，这是因为频谱幅度的统计分布类型与 CA-CFAR 检测方法所要求的瑞利背景分布类型不同，从而检测性能下降，实际上该检测器也在一定程度上失去了 CFAR 能力[13]。

表 6.2　所提检测方法在 3 组实测雷达数据条件下的检测概率（$P_{\mathrm{fa}}=10^{-4}$）

方法	X 波段 HH 极化	X 波段 VV 极化	S 波段 VV 极化
图 6.10 所示目标检测方法	83.47%	95.31%	76.19%
频域 CA-CFAR 检测方法	67.63%	78.44%	51.26%
时域分形 CFAR 检测方法	54.17%	62.83%	<10%

另外，由于在进行 FFT 之前可以进行补零，这使估计频域单一 Hurst 指数最少仅需要 1000 个采样点即可，而若要得到较稳定的时域单一 Hurst 指数则至少需要 2000 个采样点，可见，在频域进行分形处理可以在一定程度上降低对数据量的需求，这对于检测方法在实际中的运用是十分有意义的。下面以区域搜索警戒雷达为例说明

图 6.10 所示目标检测方法在实际中如何工作。由于估计频域单一 Hurst 指数需要的采样点数较多，雷达不能通过一次扫描就完全获得，因此，该检测方法需要在雷达开机一小段时间（一般在几秒到十几秒范围内）并获得足够的采样点数量后才开始工作，计算各个距离单元的频域单一 Hurst 指数用于后续的 CFAR 检测。随着雷达的不断扫描，每个距离单元均不断获得新的回波数据（为后文叙述方便，这里假设每次扫描每个距离单元可以获得的新回波采样点数为 n），此时，每个距离单元原有的长回波序列采用如下方式进行更新，即抛弃原序列前 n 个采样点，将新获得的 n 个采样点追加于原序列末尾，这样就形成一个新的长回波序列，然后便可估计新的频域单一 Hurst 指数用于 CFAR 检测，雷达每扫描一次这个过程便循环一次。毫无疑问，估计分形参数所需要的数据量越小，则序列采样点的更新速度越快，所提检测方法对目标出现也越敏感。测试平台的软硬件情况为：CPU 为英特尔 Core I5 2.8G，RAM 为 4G DDR Ⅲ 1333，操作系统为 Windows XP SP3，程序执行软件为 Matlab 2011b。在实际雷达系统中，由于需处理的数据量非常大，就目前耗时情况而言仍难以实时运用，因此，此方面仍需要更深入的研究。

6.3　基于频域扩展自相似特征的目标检测方法

虽然利用时域单一分形参数的目标检测方法可以在一定程度上摆脱 SCR 的束缚，但在强海杂波（SCR 一般很低）背景下仍难以很好地区分海杂波与目标。随着分形理论应用的不断深入，研究人员发现时域单一分形参数（如单一分形维数、单一 Hurst 指数等）只能从总体上描述分形对象的粗糙度，难以刻画分形对象的局部粗糙度，因此，Kaplan 等[14]将 Hurst 指数与尺度相关联，提出了由多尺度 Hurst 指数决定的扩展自相似过程，并在图像处理领域取得了较广泛的应用[3,15]。文献[16]认为海杂波是一个扩展自相似过程，将扩展分形特征作为特征矢量用于区分海杂波与目标，取得了比时域单一分形参数更好的检测性能，但该文献仅对海杂波时域序列进行了分析，并未利用相参雷达中相参积累所能带来的 SCR 优势。针对这一不足，本书利用 Fourier 变换可以有效提升 SCR 的优点，同时考虑到实际序列一般难以表现出数学上的完美分形结构且在各个尺度下粗糙度一般不相同的因素，将扩展自相似过程引入频谱幅度序列分析中，即采用扩展分形分析方法分析频谱幅度序列的局部粗糙度。

对频谱幅度序列进行扩展分形分析的理论基础是 Fourier 变换具有保持时域序列自相似性的特性，海杂波频谱幅度序列可被建模为具有单一自相似特性的分形序列，这是因为相应的时域海杂波序列采用 FBM 模型进行建模，该模型是具有单一自相似性的分形模型。若时域海杂波序列采用扩展自相似过程建模[16]，即认为各尺度下海杂波的自相似性不同，则海杂波频谱幅度序列在各尺度下的自相似性必然是不同的，此时便需采用扩展自相似过程建模海杂波频谱。在此基础上，把扩展自相似过程及其决定参数——多尺度 Hurst 指数引入实测海杂波频谱幅度序列分析中，研究各个尺度下海杂波单元与目标单元频谱的扩展自相似特性，寻找合理的差异特征设计 CFAR 目标检测方法并分析其目标检测性能。

6.3.1　海杂波频谱的扩展自相似特性

本节采用 X 波段与 S 波段实测海杂波数据进行扩展自相似特性分析。X 波段雷达数据（X-30#）来自"Osborn Head Database"，是由加拿大 McMaster 大学利用 X 波段的 IPIX 雷达开展对海探测实验采集得到的，数据采集时雷达天线工作在驻留模式，对某一方位海面长时间照射，观察目标为一漂浮于海面上包裹着金属网的塑料球体，更详细的情况请见文献[10]，数据包含 HH、VV 同极化和 HV、VH 交叉极化 4 种情况，由于交叉极化数据的 CNR 较低，因此仅采用 CNR 相对较高的 HH、VV 同极化数据进行分析，其 SCR 约为 0～6 dB，距离向采样率为 10 MHz，数据采集时雷达 PRF 为 1000 Hz。S 波段海杂波数据（S-46#）是由 S 波段雷达对海照射采集得到的，采集数据时天线工作在驻留模式，极化方式为 VV 极化，观察目标为一艘慢速远离雷达的小渔船，此组数据 SCR 约为 0～3 dB，距离向采样率为 20 MHz，数据采集时雷达 PRF 为 650 Hz。这里需说明的是，S-46#数据与 S-1#数据实际上观察的是同一目标，只是采集顺序上有前后（S-1#数据在前，S-46#数据在后），由于观察目标是运动的，两组数据分别采集时目标出现在两个不同的天线方位，因此，S-46#与 S-1#两组数据有所差异。图 6.11 给出了 3 组雷达实测数据的距离−时间−归一化幅度图形及单个海杂波单元和目标单元的归一化时域波形，每个距离单元的回波序列时间均大约为 131 s，并且在距离−时间−归一化幅度图形上标出了每组数据的目标单元（或运动轨迹）。由于雷达照射海域、海况、雷达自身参数等均不相同，因此，图 6.11 所示的两种波段海杂波数据在功率水平、起伏程度上均明显不同，且海杂波单元与目标单元难以直接区分。

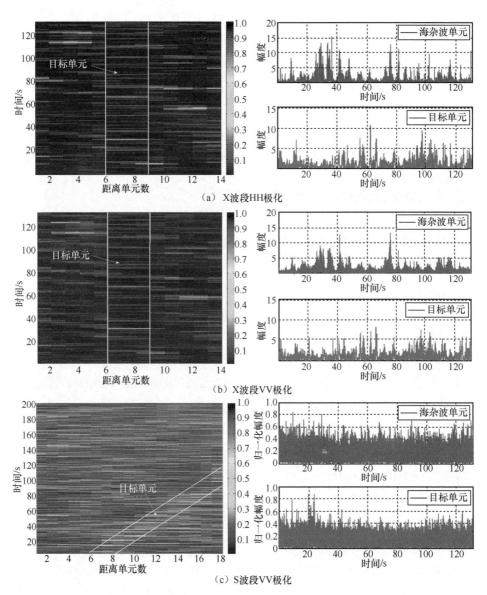

（a）X波段HH极化

（b）X波段VV极化

（c）S波段VV极化

图 6.11　3组雷达实测数据的距离-时间-归一化幅度图形及单个海杂波单元和目标单元的归一化时域波形

图 6.12 给出了 3 组雷达实测数据海杂波单元与目标单元的频谱图。对于 X 波段雷达数据而言，布拉格（Bragg）海浪谱的多普勒中心频率在 0～100 Hz 范围内，这说明 Bragg 浪整体上是向着雷达运动的，且海杂波单元与目标单元的多普勒谱呈现出明显差异。由于 X 波段雷达观察的目标为一个漂浮于海面上的目标，其随海浪涌动会有轻微移动，因此目标回波的多普勒中心频率应在零频附近，但由于观察目标并非点目标且不具有恒定的速度，因此目标可能会对整个海杂波多普勒谱产生影响，从而呈现出如图 6.12（a）与图 6.12（b）所示的目标单元频谱图。对于 S 波段雷达数据而言，Bragg 浪的多普勒中心频率在 -100～0 Hz 范围内，这说明 Bragg 浪整体上是远离雷达运动的，此组数据中海杂波单元与目标单元多普勒谱的差异主要体现在 -50～0 Hz 范围内，如图 6.12（c）所示，这主要是因为 S 波段雷达观察的目标为一艘慢速远离雷达的小渔船，具有负的多普勒频率。另外，由于小渔船雷达回波较弱（SCR 较低），因此，在 -50～0 Hz 范围内海杂波单元与目标单元多普勒谱的差异并不十分明显。

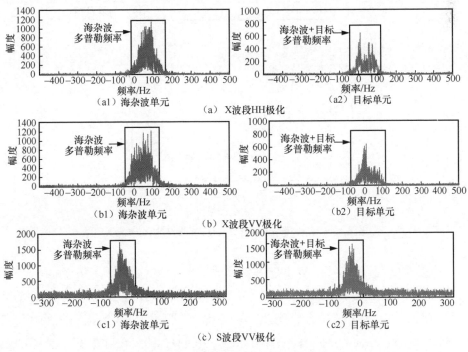

图 6.12　雷达实测数据海杂波单元与目标单元的频谱图

基于 Fourier 可以保持原序列自相似性，下文将分析上述所示 3 组雷达实测数据频谱的扩展自相似性。扩展自相似过程由多尺度 Hurst 指数决定，因此，下面根据式（4.88）分别计算各组实测数据的海杂波单元与目标单元频谱的多尺度 Hurst 指数，如图 6.13 所示，其中，计算频谱时所采用的时间序列长度 $L_t=2^{10}$ 和 FFT 点数 $L_f=2^{13}$。

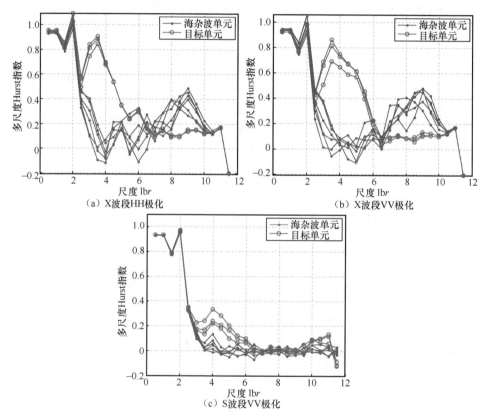

（a）X 波段 HH 极化　　　　（b）X 波段 VV 极化

（c）S 波段 VV 极化

图 6.13　海杂波单元与目标单元频谱的多尺度 Hurst 指数

由图 6.13 可以观察到，无论是 X 波段还是 S 波段雷达数据，海杂波单元与目标单元频谱的多尺度 Hurst 指数均在尺度区间$[2^3, 2^5]$内呈现明显差异，且目标单元频谱的多尺度 Hurst 指数均大于海杂波单元频谱的多尺度 Hurst 指数，这说明在尺度区间$[2^3, 2^5]$内海杂波对目标的存在比较敏感，并且目标的出现会使海杂波频谱的粗糙度降低。由图 6.13 还可发现，在尺度区间（$2^0, 2^3$）内海杂波单元与目标单元频谱的多尺度 Hurst 指数混叠在一起，难以区分，这是因为此尺度区间主要反映的是噪声频谱的扩展自相似性，而海杂波单元与目标单元的噪声频谱是十分相近的。X 波段 HH 极化和 VV 极化数据在尺度 $r=2^2$ 时部分距离单元频谱的多尺度 Hurst 指数大于 1，与扩展自相似过程理论推导得到的多尺度 Hurst 指数均不大于 1 的结论相悖，这可能是由数据采集、量化引入的误差以及样本本身脉动引起的，这一现象并不能在每一组数据中都观察到，不具普遍性。对于 X 波段 HH 极化与 VV 极化数据而言，除了在尺度区间[2^3, 2^5]内海杂波单元与目标单元频谱的多尺度 Hurst 指数有明显差异外，两者在尺度区间[2^8, 2^{10}]内也有差异，且目标单元频谱的多尺度 Hurst 指数小于海杂波单元频谱的多尺度 Hurst 指数。这一差异在其他多组 X 波段数据中均可观察到，而在 S 波段雷达数据中这一差异只是偶尔出现，究其原因可能是雷达波段、分辨率以及目标特性不同作用综合的结果。此外，从整体上观察图 6.13（a）与图 6.13（b），可发现两者比较相近，这说明频域多尺度 Hurst 指数对极化方式并不敏感。

　　为进一步说明上述结论，表 6.3 给出了多组 X 波段与 S 波段数据的海杂波单元与目标单元频谱的多尺度 Hurst 指数有明显差异的尺度区间。由表 6.3 可以明显看出，对于 X 波段雷达数据，海杂波单元与目标单元频谱的多尺度 Hurst 指数主要在尺度 2^4 和 2^8 左右表现出明显差异；而对于 S 波段雷达数据，海杂波单元与目标单元频谱的多尺度 Hurst 指数主要在尺度 2^4 左右表现出明显差异，且这种差异比较稳定，这为后续采用多尺度 Hurst 指数区分海杂波与目标提供了实验基础。

表 6.3　海杂波单元与目标单元频谱的多尺度 Hurst 指数有明显差异的尺度区间（$L_I=2^{10}$，$L_F=2^{13}$）

实测数据			尺度区间 I	尺度区间 II
X 波段	17#	HH 极化	$[2^{5.0}, 2^{7.0}]$	$[2^{8.0}, 2^{9.0}]$
		VV 极化	—	$[2^{7.5}, 2^{8.5}]$
	26#	HH 极化	$[2^{3.0}, 2^{5.0}]$	$[2^{8.0}, 2^{9.5}]$
		VV 极化	$[2^{3.0}, 2^{5.5}]$	$[2^{7.0}, 2^{9.5}]$
	30#	HH 极化	$[2^{2.5}, 2^{5.0}]$	$[2^{8.5}, 2^{9.5}]$
		VV 极化	$[2^{3.0}, 2^{5.0}]$	$[2^{7.5}, 2^{9.5}]$
	31#	HH 极化	$[2^{3.5}, 2^{4.0}]$	$[2^{8.0}, 2^{8.5}]$
		VV 极化	$[2^{3.5}, 2^{4.0}]$	$[2^{8.5}, 2^{9.0}]$

续表

实测数据			尺度区间 I	尺度区间 II
X 波段	40#	HH 极化	$[2^{3.0}, 2^{5.0}]$	$[2^{7.5}, 2^{9.5}]$
		VV 极化	$[2^{3.0}, 2^{5.0}]$	$[2^{8.0}, 2^{9.5}]$
	54#	HH 极化	$[2^{3.5}, 2^{5.5}]$	$[2^{9.0}, 2^{9.5}]$
		VV 极化	$[2^{4.0}, 2^{6.0}]$	$[2^{8.0}, 2^{8.5}]$
	280#	HH 极化	$[2^{4.0}, 2^{5.5}]$	$[2^{8.5}, 2^{9.5}]$
		VV 极化	$[2^{4.5}, 2^{6.5}]$	$[2^{8.0}, 2^{9.5}]$
	310#	HH 极化	$[2^{3.5}, 2^{6.5}]$	$[2^{8.5}, 2^{10}]$
		VV 极化	$[2^{4.5}, 2^{5.5}]$	—
	311#	HH 极化	$[2^{3.5}, 2^{6.0}]$	$[2^{8.5}, 2^{10}]$
		VV 极化	$[2^{3.5}, 2^{6.0}]$	$[2^{8.5}, 2^{9.5}]$
	320#	HH 极化	$[2^{4.0}, 2^{7.0}]$	$[2^{8.5}, 2^{10}]$
		VV 极化	$[2^{5.5}, 2^{7.0}]$	$[2^{8.0}, 2^{9.0}]$
S 波段	1#	VV 极化	$[2^{3.5}, 2^{5.0}]$	—
	2#	VV 极化	$[2^{3.5}, 2^{5.0}]$	$[2^{8.0}, 2^{9.5}]$
	3#	VV 极化	$[2^{4.5}, 2^{5.0}]$	—

注：—表示尺度区间不存在。

当参数 $L_f=2^{10}$、$L_f=2^{13}$ 时，在选取频域尺度 $r=2^4$ 条件下，图 6.14 给出了 3 组海杂波数据各个距离单元频谱的多尺度 Hurst 指数，并且为便于对比，图 6.14 中还给出了各个距离单元在时域采用传统的单一分形分析方法和扩展分形分析方法计算得到的 Hurst 指数。这里需说明的是，由于在序列长度为 2^{10} 时难以获得相对较稳定的时域单一 Hurst 指数和多尺度 Hurst 指数，因此在计算过程中采用了长度为 2^{14} 的时间序列。由图 6.14 可知，频域多尺度 Hurst 指数对海杂波与目标的区分效果明显优于时域单一 Hurst 指数和时域多尺度 Hurst 指数，在 SCR 相对较低的 S 波段雷达数据中表现得尤其明显，这是因为时域回波信号经过 Fourier 变换到频域后 SCR 得到有效提升，并且选取的尺度是海杂波单元与目标单元频谱的粗糙度差异较明显、较稳定的尺度（将具有这种特性的尺度称为"最优频域尺度"）。时域单一 Hurst 指数对海杂波与目标区分效果最差，一方面是因为其没有进行相参积累，SCR 没有得到提升；另一方面是因为单一 Hurst 指数是在多个尺度下拟合得到的，相当于对多个尺度下的多尺度 Hurst 指数进行了加权平均，对海杂波与目标的区分效果被进一步削弱。时域多尺度 Hurst 指数对海杂波和目标的区分效果处于频域多尺度 Hurst 指数和时域单一 Hurst 指数之间，其相对于频域多尺度 Hurst 指数少了 Fourier 变换的环节，从而没有 SCR 的提升，因此其区分效果劣于频域多尺度 Hurst 指数；而其相对于单一 Hurst 指数多了选取最优频域尺度环节，从而区分效果优于时域单一 Hurst 指数。

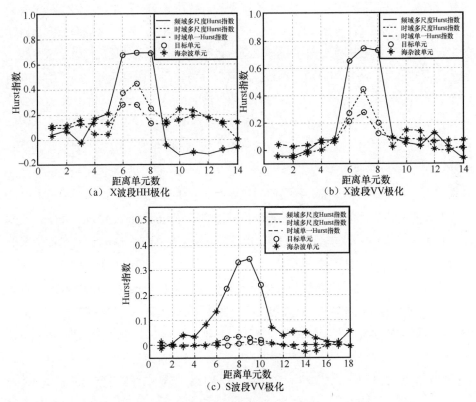

图 6.14　各个距离单元的 Hurst 指数

6.3.2　海杂波频谱扩展自相似参数的影响因素

由于扩展自相似分析是针对频谱进行的, 进行 Fourier 变换时所采用的时间序列的长度 L_t 以及 FFT 点数 L_f 必然会对频谱产生影响, 从而可能对多尺度 Hurst 指数产生影响，因此下面将详细分析多尺度 Hurst 指数在不同时间序列长度 L_t 和 FFT 点数 L_f 条件下的变化情况。

图 6.15 给出了时间序列长度 L_t 分别为 2^9 和 2^{12} 时海杂波单元与目标单元频谱的多尺度 Hurst 指数（$L_f=2^{13}$）。比较图 6.15 与图 6.13 可以发现，在 FFT 点数 L_f 保持不变的条件下，无论用于 Fourier 变换的时间序列长度 L_t 是增加还是减少，海杂波单元与目标单元频谱的多尺度 Hurst 指数差异比较明显的尺度（即最优频域尺度）范围仍主要在 2^4 左右；此外，当 $L_t=2^{12}$ 时，频域尺度区间（2^0, 2^3）内海杂波与目标的多尺度 Hurst 指数虽仍混叠在一起，但混叠程度弱于 L_t 为 2^9 和 2^{10} 时，这主要是因为当 $L_t=2^{12}$ 时，SCR 相对前两种情况而言提升得较高，即目标多普勒谱的幅度值已足够大，影响到了尺度 $2^0 \sim 2^3$ 下的海杂波频谱的扩展自相似性。对于 X 波段数据而言，当尺度为 2^4 左右时，在各个 L_t 下海杂波与目标的区分程度差异不大，L_t 增加带来的 Fourier 变换后 SCR 的提升在频域多尺度 Hurst 指数上体现不明显，这是因为此组 X 波段数据 SCR 相对较高，当 $L_t=2^9$ 时 Fourier 变换后 SCR 已经足够高，而频谱的扩展分形分析主要关心的是序列粗糙度的变化，从而 L_t 增加带来的 SCR 进一步升高并不能扩大海杂波与目标频谱粗糙度的差异，但随着 L_t 增加，在各个尺度下所有海杂波单元频谱的多尺度 Hurst 指数相对更"聚拢"，这说明 L_t 增加带来的 SCR 进一步升高使估计到的多尺度 Hurst 指数更稳定；对于 S 波段数据而言，当尺度为 2^4 左右、$L_t=2^9$ 时，海杂波与目标单元频谱的多尺度 Hurst 指数混叠在一起，随着 L_t 增加两者的区别才得以显现，这是因为此组 S 波段数据 SCR 相对较低，比 X 波段雷达数据需要更长时间的相参积累才能有效提升 SCR，达到 X 波段数据在 $L_t=2^9$ 时的 SCR 水平。此外，当尺度为 2^8 左右时，对于 X 波段数据而言，海杂波单元频谱的多尺度 Hurst 指数仍有明显差异，且海杂波频谱的多尺度 Hurst 指数要大于目标频谱的多尺度 Hurst 指数，与图 6.13 所示结果相一致；而对于 S 波段数据而言，在图 6.13 和图 6.15 中给出的 3 种 L_t 条件下，海杂波与目标单元频谱的多尺度 Hurst 指数混叠在一起难以区分。

图 6.16 给出了 FFT 点数 L_f 分别为 2^{11} 和 2^{15} 时海杂波单元与目标单元频谱的多尺度 Hurst 指数（$L_t=2^{10}$）。由图 6.16 可以观察到，当时间序列长度不变时，仅增加 FFT 的点数并不能增大海杂波单元与目标单元频谱的多尺度 Hurst 指数差异，但当

FFT 点数变化时，最优频域尺度也随之发生变化，不再保持在 2^4 左右，当 FFT 点数减少时，最优频域尺度区间在尺度坐标轴上会相应地向左"滑动"，从而最优频域尺度值变小；当 FFT 点数增多时，最优频域尺度区间在尺度坐标轴上会相应地向右"滑动"，从而最优频域尺度值变大。最优频域尺度的这种变化方式与多尺度 Hurst 指数计算方法有关，即计算过程中需对频谱序列以 2^m（m=0, 1, 2, …）因子进行重采样。假设 L_t 保持不变且不考虑频谱幅度值的相对大小，则 L_f=2^{13} 时频谱可近似认为是对 L_f=2^{15} 时的频谱以因子 2^2 进行重采样得到的（由于噪声和外界其他干扰因素等的影响，两者之间的重采样关系并不严格），而 L_f=2^{13} 时的最优频域尺度为 2^4 意味着此条件下频谱的最佳重采样因子是 2^4，因此，当 L_f=2^{15} 时，需以因子 2^6 对频谱进行重采样才能抽取到与 L_f=2^{13} 时的频谱以因子 2^4 进行重采样所得到的频率成分，即 L_f=2^{15} 时的最佳重采样因子（最优频域尺度）是 2^6，以此类推，当 L_f=2^{11} 时，最优频域尺度应该是 2^2 左右。由于噪声、外界其他干扰因素以及样本自身脉动的影响，最优频域尺度随 L_f 的变化左右移动的数量达不到 2^2，大约在 $2^{1.5}$ 左右。

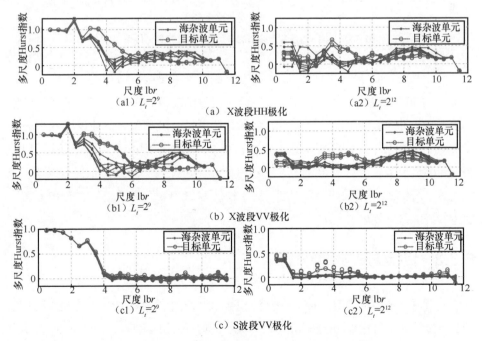

（a1）L_t=2^9 　　（a2）L_t=2^{12}
（a）X波段HH极化

（b1）L_t=2^9 　　（b2）L_t=2^{12}
（b）X波段VV极化

（c1）L_t=2^9 　　（c2）L_t=2^{12}
（c）S波段VV极化

图 6.15　不同 L_t 条件下频谱的多尺度 Hurst 指数（L_f=2^{13}）

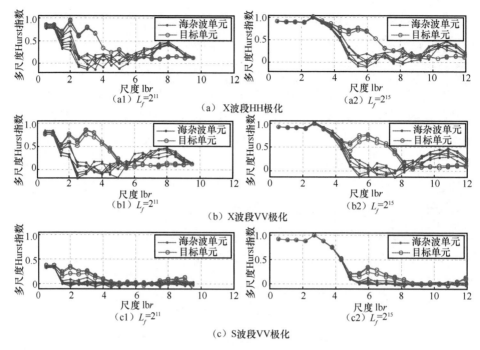

图 6.16 不同 L_f 条件下频谱的多尺度 Hurst 指数（$L_t=2^{10}$）

综上所述，时间序列长度 L_t 主要影响最优频域尺度下海杂波与目标的差异程度，而 FFT 点数 L_f 则直接影响最优频域尺度的取值，因此，在选取最优频域尺度前应确定 FFT 点数。此外，综合考虑计算量及区分效果，建议时间序列长度 L_t 可在区间 $[2^9, 2^{11}]$ 内取值，FFT 点数 L_f 可在区间 $[2^{12}, 2^{14}]$ 内取值。若预先可以获得一定的目标信息，对 SCR 有初步的粗略估计，则对于较高 SCR 情况可以适当降低 L_t 和 L_f 值以获得较快的运算速度；对于较低 SCR 情况可以适当增加 L_t 和 L_f 值以获得较好的区分效果。

6.3.3 目标检测与性能分析

本节以频域多尺度 Hurst 指数为特征设计海杂波中的目标 CFAR 检测方法并分析其检测性能。目标检测流程如图 6.17 所示，其中，相参积累是通过 Fourier 变换实现的，最优频域尺度是通过对雷达实验数据频谱进行扩展自相似分析得来的，下文分析中参数设定与 6.3.1 节设置一致，即在计算多尺度 Hurst 指数过程中采用的时间序列长度为 2^{10}，FFT 点数为 2^{13}，最优频域尺度为 2^4。在获得最优频域尺度下的多尺度 Hurst 指数后，便可与检测门限 T 进行比较，若多尺度 Hurst 指数大于 T，则判定为有目标；反之若多尺度 Hurst 指数小于 T，则判定为纯海杂波。检测门限 T 可采用 CFAR 方法产生，由于在最优频域尺度下海杂波单元与目标单元频谱的多尺度 Hurst 指数的分布难以准确判定，因此这里采用双参数 CFAR 方法，其 CFAR 特性与初始样本具体分布类型无关。在实际应用中，最优频域尺度可能会随着雷达参数或者海情的变化而有轻微变化，这可以通过实时收集雷达实验数据进行分析并修正，因此，所设计的检测方法比较适用于观察海域相对较固定的雷达，如岸基对海侦察或监视雷达等。

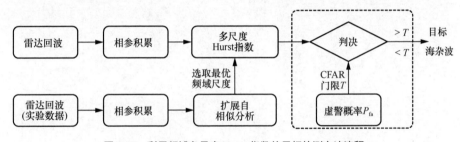

图 6.17　利用频域多尺度 Hurst 指数的目标检测方法流程

图 6.18 给出了 3 组雷达实测数据的距离−时间−频域多尺度 Hurst 指数。这里需说明的是，在计算过程中每个距离单元的长时间序列被划分为 255 段，每段序列包含 2^{10} 采样点，相邻两段序列之间重叠 50%。由图 6.18 可以明显看出，海杂波与目标均能较明显地区分开，区分程度较图 6.11 而言得到较大提升，尤其在 S 波段数据中提升效果最明显，这是由于 S 波段数据本身 SCR 相对较低，经相参积累后 SCR 提升效果相对较明显。此外，对比图 6.18（a）与图 6.18（b）可以发现，HH 极化下的区分效果要稍优于 VV 极化，但从整体上看，VV 极化下所有海杂波单元频谱的多尺度 Hurst 指数起伏比 HH 极化平缓，这说明在最优频域尺度下 HH 极化海杂波在空间上起伏剧烈程度要大于 VV 极化，同时对目标的敏感性也稍优于 VV 极化。图 6.19 给出了在图 6.18 基础上进行双参数 CFAR 方法对频域多尺度 Hurst 指数的处理结果，其中虚警概率设定为 10^{-4}。由图 6.19 可以

看到，3 组雷达数据中的目标单元基本被检测出来，具有较高的检测概率，但同时可以发现，在海杂波单元中有虚警出现并且部分目标单元存在漏检现象，这可能与海面和目标的起伏特性有关。为定量分析所设计检测方法的检测性能，表 6.4 列出了图 6.19 所示 CFAR 处理结果对应的检测概率，且为便于对比，表 6.4 同时给出了传统的以时域单一 Hurst 指数和时域多尺度 Hurst 指数为特征进行双参数 CFAR 检测的检测概率。经对比可知，得益于相参积累带来的 SCR 优势以及所选取的最优频域尺度，所设计的检测方法优于基于时域单一 Hurst 指数的检测方法和基于时域多尺度 Hurst 指数的检测方法，尤其在 S 波段雷达的低 SCR 数据下，所设计的检测方法性能提升最明显。

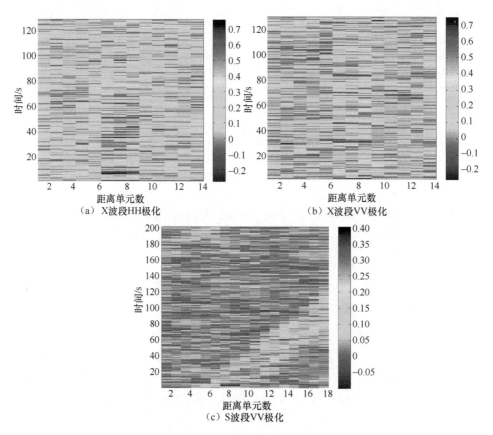

图 6.18　雷达实测数据的距离−时间−频域多尺度 Hurst 指数

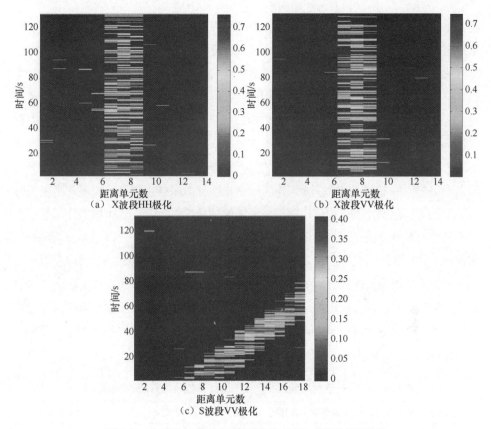

图 6.19　在图 6.18 基础上进行双参数 CFAR 方法的处理结果

表 6.4　CFAR 检测方法的检测概率

目标检测方法	X 波段 HH 极化	X 波段 VV 极化	S 波段 VV 极化
频域多尺度 Hurst 指数+双参数 CFAR	78.88%	80.08%	85.66%
时域多尺度 Hurst 指数+双参数 CFAR	65.34%	69.32%	51.00%
时域单一 Hurst 指数+双参数 CFAR	58.96%	61.35%	41.04%

　　所提检测方法性能优于时域单一 Hurst 指数和时域多尺度 Hurst 指数是以获得充足的采样点数为前提的，即雷达在某一方位的观测时间需足够长，因此所提检测方法在实时检测应用方面可能会有所限制。为进一步明晰所提检测方法的应用范围，表 6.5 给出了不同 L_t 下利用频域多尺度 Hurst 指数检测方法的检测概率。这里需说

明的是，表 6.5 中给出的检测概率均是在如下条件获得的：FFT 点数为 2^{13}，虚警概率设定为 10^{-4}，最优频域尺度为 2^4。由表 6.5 可以明显看到，当 $L_t < 2^9$ 时，所提检测方法的检测概率低于 50%，这是由于采样点数较少时经过 FFT 后 SCR 提升较少，海杂波单元与目标单元频谱的扩展自相似特征区别较小，从而最优频域尺度下多尺度 Hurst 指数值差异较小；而当 $L_t \geqslant 2^9$ 时，采样点已足够多，经过 FFT 后 SCR 有效提升，从而海杂波单元与目标单元频谱的扩展自相似特征在最优频域尺度下区别明显，因此，所提检测方法具有较高的检测概率，且检测概率随 L_t 增大逐步上升。但当 $L_t \geqslant 2^{11}$ 时，检测概率提升幅度较小，这说明此时采样点数继续增多并不能使海杂波单元与目标单元频谱扩展自相似特征的区别持续扩大，即当 SCR 提升到某一水平后其对海杂波频谱扩展自相似特征的影响程度将减弱。另外，由上述分析可知，所提检测方法要达到良好的检测概率时间序列长度需达到 2^9 点以上，对应于雷达在某一方位的持续观测时间分别为 0.512 s（X 波段）和 0.788 s（S 波段）以上，这限制了所提检测方法在大范围海域快速搜索目标的能力，然而对于在小范围海域内搜索较微弱的慢速运动目标等，可以满足采样点要求，所提检测方法在性能上具有一定的优势。

表6.5　不同 L_t 下利用频域多尺度 Hurst 指数检测方法的检测概率

时间序列长度 L_t	X 波段 HH 极化	X 波段 VV 极化	S 波段 VV 极化
2^5	<10%	<10%	≈0%
2^7	30.20%	31.76%	26.27%
2^9	64.71%	66.27%	57.65%
2^{11}	79.61%	81.18%	86.27%
2^{13}	81.96%	82.75%	87.06%

6.4　基于频域多重自相似特征的目标检测方法

依照 2.1 节所给出的测度自相似性分类可知，时域海杂波幅度序列可以采用单一分形、扩展分形以及多重分形模型分别进行建模，这 3 种分形模型根据海杂波所包含信息方式的不同而不同，单一分形模型仅关心海杂波序列整体的自相似性，由其可得到单一分形参数；扩展分形模型关心的是海杂波序列在各个尺度下的自相似性，由其可得到扩展分形参数，其允许海杂波序列在各个尺度下的自相似性是不同的；多重分形模型则是依概率对海杂波序列进行分类，形成一系列的测度子集，然后研究各个子集在高次幂条件下的自相似性，由其可得到多重分形参数。扩展分形模型与多重分形模型都可用于研究海杂波自相似性所展现出的不均匀性，如果认为扩展分形模型是从"宽度"角度（对应于各尺度分开研究）研究海杂波的自相似性，那么多重分形模型则可认为是从"深度"角度（对应于各幂次分开研究）研究海杂波的自相似性。

　　已有研究人员对利用多重分形理论描述时域海杂波幅度序列进行了较多的研究，建立了测度依概率串级乘性分配的海杂波多重分形模型[17-18]，并采用 X 波段雷达实测数据进行验证，发现在 0.01 秒到几秒的范围内多重分形模型与海杂波具有较好的吻合性，同时发现多重分形模型的结构函数对海杂波与目标具有良好的区分能力，可用于海杂波中的目标检测[5]。此外，还有研究人员针对极化对海杂波多重分形谱的影响、多重分形测度的空间关联性、提高多重分形参数估计的实时性等问题做了相应的研究，给出了相应的结论或提出了目标检测方法[19-21]，将多重分形理论在时域海杂波中的应用研究不断推进。虽然利用时域多重分形特征进行目标检测可以获得比单一分形特征更好的检测性能，但仍无法克服高海情低 SCR 条件下目标检测能力低下的缺陷，这一问题也从侧面反映了在雷达目标检测中，特别是在雷达微弱目标检测中，SCR 因素发挥着至关重要的作用。相参积累作为一种有效提升 SCR 的手段，在实际雷达系统中是一种非常常见的雷达信号处理手段，然而，在目前已有的海杂波多重分形特性研究中，研究对象均为雷达时域直接回波，并不涉及相参积累。本节将多重分形理论引入海杂波频谱特性分析中，即采用多重分形理论分析海杂波频谱的自相似结构信息，有效利用 Fourier 变换所能带来的 SCR 优势，以期在原有基础上提升多重分形特征对海杂波中微弱目标的敏感性。为此，本节首先介绍一种多重分形分析方法——多重分形去趋势波动分析（Multifractal Detrended Fluctuation Analysis，MF-DFA）方法，然后利用该方法分析 X 波段和 S 波段雷达实测海杂波频谱的多重分形特性，寻找合理的多重分形特征用于设计海杂波中目标检测方法。

6.4.1 多重分形去趋势波动分析方法

标准多重分形分析方法是一种基于配分函数的经典多重分形分析方法，其可用于归一化平稳测度的多重分形描述[5,19,22]。然而，这一标准多重分形分析方法对于未归一化或者受慢变趋势影响的非平稳序列却无法给出正确的结果，因此，引入一种推广的去趋势波动分析（DFA）方法——多重分形去趋势波动分析（MF-DFA）方法[23-25]。这种方法不需要计算模最大值，从而在编程与计算量方面与传统的 DFA 方法相当。

为说明 MF-DFA 方法，首先给定序列$\{x_n, n=1, 2, \cdots, N\}$，则 MF-DFA 方法可分解为如下 5 个步骤。

（1）将原序列减去均值$\bar{x}$后求部分和，形成新的序列$\{Y_k, k=1, 2, \cdots, N\}$，即

$$Y_k = \sum_{i=1}^{k} (x_i - \bar{x}) \tag{6.15}$$

（2）将序列$\{Y_k, k=1, 2, \cdots, N\}$划分成互不重叠的序列段，每段长度为$r$（即尺度），则序列片段数$N_r=\text{int}(N/r)$，其中，$\text{int}(\cdot)$表示取整数。由于序列总长度$N$可能不是$r$的整数倍，划分完片段后序列$\{Y_k\}$的末尾部分有一小段序列无法参与后续步骤的计算。为充分利用整个序列的所有采样点，可从序列$\{Y_k\}$尾部开始重复上述分段过程。这样，在尺度r下便得到$2N_r$个序列段。

（3）采用最小均方拟合方法计算每一段序列的局部趋势，然后计算如下方差函数$f(v, r)$。对于前N_r段序列，即当$v=1, 2, \cdots, N_r$时，有

$$f(v, r) = \frac{1}{r} \sum_{i=1}^{r} \{Y[(v-1)r+i] - y_v(i)\}^2 \tag{6.16}$$

对于后N_r段序列，即当$v=N_r+1, N_r+2, \cdots, 2N_r$时，有

$$f(v, r) = \frac{1}{r} \sum_{i=1}^{r} \{Y[N-(v-N_r)r+i] - y_v(i)\}^2 \tag{6.17}$$

其中，y_v表示第v段序列的拟合多项式，其阶数可取为任意正整数。所谓去趋势，就是从原始序列中减去拟合多项式y_v，m阶 MF-DFA 可以去除序列$\{Y_k\}$的m阶趋势（或等价于去除原序列$\{x_n\}$的$m-1$阶趋势），不同阶数的 MF-DFA 在去除序列趋势

方面的能力稍有差异[24]。

（4）对所有序列段的方差函数采用式（6.18）计算 q 阶起伏函数 $\chi_q(r)$，即

$$\chi_q(r) = \left\{ \frac{1}{2N_r} \sum_{v=1}^{2N_r} \left[f(v,r) \right]^{q/2} \right\}^{1/q} \quad (q \in \mathbf{R}, q \neq 0) \quad (6.18)$$

当 $q = 2$ 时，式（6.18）即退化为标准的起伏分析。起伏函数 $\chi_q(r)$ 不仅依赖于 q 和尺度 r，还与 MF-DFA 阶数 m 有关，$\chi_q(r)$ 仅在 $r \geqslant m+2$ 时有定义。当 $q = 0$ 时，起伏函数 $\chi_0(r)$ 为

$$\chi_0(r) = \exp\left\{ \frac{1}{4N_r} \sum_{v=1}^{2N_r} \ln \left[f(v,r) \right] \right\} \quad (6.19)$$

（5）对于每个 q，确定起伏函数与尺度的幂律关系，即 $\chi_q(r) \propto r^{h(q)}$，两边同时取对数可得 $\log \chi_q(r) = h(q) \log r + \text{const}$，因此，可在双对数坐标下对 $\log\chi_q(r)$-$\log r$ 进行直线拟合，通过估计斜率即可得到广义 Hurst 指数 $h(q)$。这里需说明的是，当尺度 $r > N/4$ 时，N_r 变得很小，使 $\chi_q(r)$ 的统计误差较大，从而可靠性较低，因此，在估计 $h(q)$ 过程中舍弃 $r > N/4$ 的尺度。

对于单一分形序列而言，起伏函数 $\chi_q(r)$ 的尺度行为在各个 q 下均相同，从而 $h(q)$ 与 q 无关。对于多重分形序列而言，$h(q)$ 为 q 的函数，且可以反映不同起伏特征的尺度特征：当 $q > 0$ 时，大的方差 $f(v,r)$ 将在起伏函数 $\chi_q(r)$ 中占主导地位，此时，$h(q)$ 主要反映大的序列起伏的尺度特征；当 $q < 0$ 时，小的方差 $f(v,r)$ 将在起伏函数 $\chi_q(r)$ 中占主导地位，此时，$h(q)$ 主要反映小的序列起伏的尺度特征。

6.4.2   海杂波频谱的多重自相似特性与参数估计

本节采用 X 波段与 S 波段实测海杂波数据进行频谱多重分形特性分析，其中，X 波段雷达实测数据（X-30#）来自 "Osborn Head Database"，S 波段雷达数据（S-46#）为 S 波段雷达对海采集得到，数据的详细情况在 6.3.1 节中已进行了介绍，这里不再重复，但为便于后续说明海杂波频谱的多重分形特性，这里再次给出所采用实测数据的频谱，如图 6.20 所示。

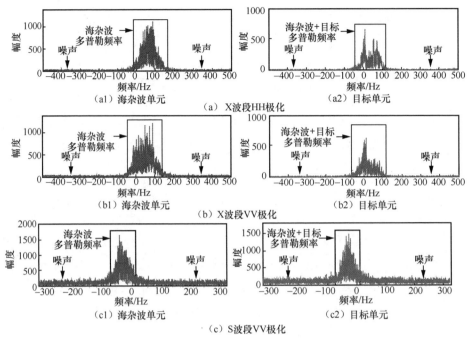

图 6.20　海杂波单元与目标单元的频谱

　　下文对海杂波频谱序列进行简单的统计特性分析。图 6.21 和图 6.22 分别给出了 3 组雷达实测数据海杂波频谱幅度和频谱幅度增量的统计直方图和分布拟合结果。由图 6.21 和图 6.22 直观观察可发现，无论是海杂波频谱幅度还是频谱幅度增量，其直方图均具有较长拖尾，分布类型明显偏离正态分布，比较每个图中给出的 4 种统计分布拟合效果可发现，对数正态分布和 K 分布的整体拟合效果相对较好，但其对实测数据直方图拖尾部分的贴合度依然不能令人满意。

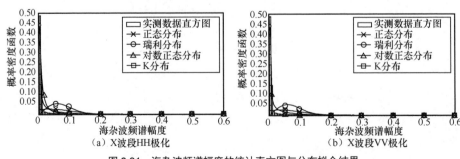

图 6.21　海杂波频谱幅度的统计直方图与分布拟合结果

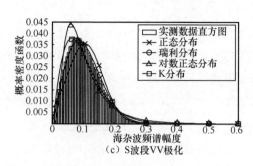

图 6.21　海杂波频谱幅度的统计直方图与分布拟合结果（续）

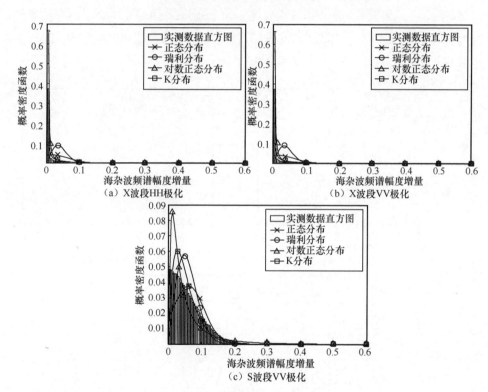

图 6.22　海杂波频谱幅度增量的统计直方图与分布拟合结果

　　图 6.23 和图 6.24 分别给出了海杂波频谱幅度和频谱幅度增量的均值和自相关函数随数据段数的变化情况。在计算过程中，海杂波频谱序列被分成互不交叠的 25 段，每段 5000 个采样点，分别计算每段频谱序列的幅度和幅度增量的均值和自相关函

数，其中，图 6.24 所示的自相关函数的结果是从每段数据的自相关函数计算结果中取第 5000 个值得到的（实际上，取其他值时也可以得到类似的结果）。由图 6.23 可知，3 组海杂波数据频谱幅度的均值都随数据段数起伏不定，而频谱幅度增量的均值十分接近 0，且不随数据段数发生变化；对于自相关函数有同样的结论，即在给定条件下海杂波频谱幅度的自相关函数随数据段数发生变化，而海杂波频谱幅度增量的自相关函数随数据段数变化相对较小，这说明海杂波频谱幅度间有一定的相关性，而频谱幅度增量间基本不相关。因此，可以得到如下结论，海杂波频谱幅度序列是非平稳的，而其增量序列则可近似认为是平稳的。另外，由图 6.24 所示海杂波频谱幅度的自相关函数可知，与海杂波多普勒谱相对应序列段的自相关性较强，而与噪声多普勒谱相对应序列段的自相关性较弱。

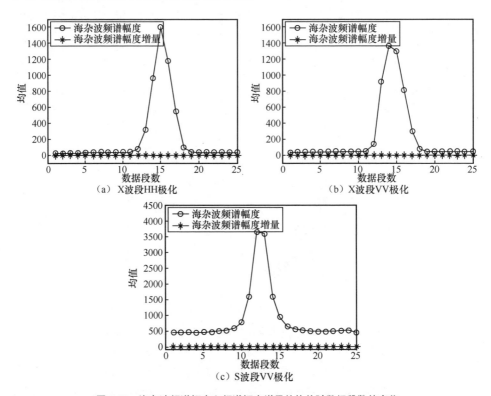

图 6.23　海杂波频谱幅度和频谱幅度增量的均值随数据段数的变化

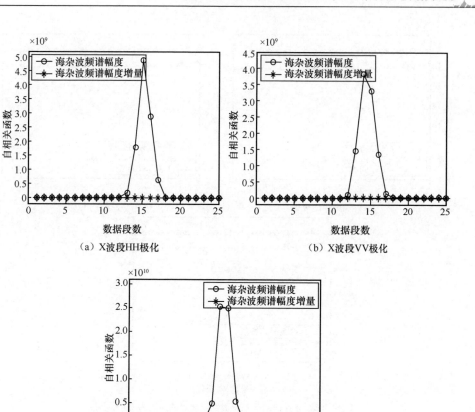

图 6.24 海杂波频谱幅度和频谱幅度增量的自相关函数随数据段数的变化

　　由于多重分形特性分析涉及序列的长程相关性，因此，下文采用对数方差-尺度法对海杂波频谱幅度序列和频谱幅度增量序列是否具有长程相关性进行检验，根据对数方差-尺度法，当序列对数方差-尺度曲线的斜率大于−1 时，则认为被检验序列具有长程相关性。图 6.25 给出了海杂波频谱幅度和频谱幅度增量的对数方差-尺度曲线。由图 6.25 可知，无论是海杂波频谱幅度还是频谱幅度增量，其对数方差-尺度曲线的斜率均明显大于−1，因此，海杂波频谱幅度序列和频谱幅度增量序列均具有长程相关性。

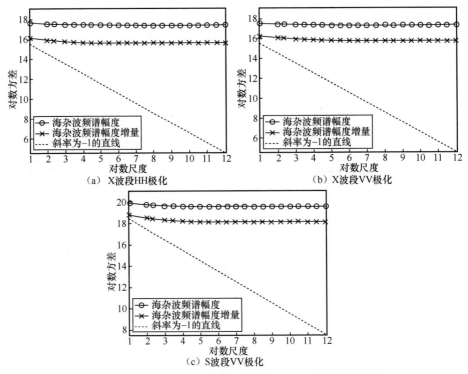

（a）X波段HH极化　　　（b）X波段VV极化

（c）S波段VV极化

图6.25　海杂波频谱幅度和频谱幅度增量的对数方差–尺度曲线

由上述统计特性分析可知，海杂波频谱幅度序列具有非平稳性，此时采用基于配分函数的标准多重分形分析方法可能会产生错误的结果；而海杂波频谱幅度增量序列是近似平稳的，对其采用基于配分函数的标准多重分形分析方法是可行的。MF-DFA方法是针对非平稳序列提出的，且其在归一化平稳序列条件下与基于标准配分函数的多重分形分析方法是等价的[24]，因此采用MF-DFA方法对海杂波频谱幅度序列和频谱幅度增量序列进行多重分形特性分析并估计相应的多重分形参数。图6.26给出了3组数据海杂波频谱幅度和频谱幅度增量序列的q阶起伏函数及直线拟合结果。观察可知，双对数坐标下起伏函数的直线拟合效果均较好。为进一步说明直线拟合效果，采用r检验法[26]进行一元线性回归显著性检验，在显著性水平$\alpha=0.05$条件下均可得到回归效果显著的检验结果。这里需说明的是，在计算频谱幅度序列起伏函数的过程中，去趋势阶数m设定为1；计算频谱幅度增量起伏函数的过程中则没有去趋势步骤，此条件下的起伏函数相当于经典多重分形分析方法中的配分函数。

观察图 6.26（a）～图 6.26（c）还可发现，q 为负值时的直线拟合效果要优于 q 为正值时的直线拟合效果，这与频谱幅度序列中存在大、小两种起伏特征以及两种起伏的平稳性或非平稳性有关，q 为负值时起伏函数主要反映的是小起伏（主要对应频谱幅度序列中的噪声多普勒谱部分）的尺度特征，而 q 为正值时起伏函数主要反映的是大起伏（主要对应频谱幅度序列中的海杂波多普勒谱部分）的尺度特征。由图 6.12 可知，噪声多普勒谱的频率范围大于海杂波多普勒谱的频率范围，q 为负值时有相对多的小起伏区间参与式（6.18）所示起伏函数的运算，从而在每个尺度下得到的起伏函数值更稳定，此外，由图 6.12、图 6.23 和图 6.24 对比可知，频谱中的噪声多普勒谱部分可近似认为是平稳的，而频谱中的海杂波多普勒谱部分则具有较强的非平稳性，所以，q 为负值时的直线拟合效果相对较好。上述原因也可由图 6.26（d）～图 6.26（f）所示结果间接证明，海杂波频谱幅度增量序列的起伏特性相对于频谱幅度序列而言减弱，且由前文中的频谱统计特性分析可知频谱幅度增量序列是近似平稳的，因此，无论 q 取正值还是负值，起伏函数的直线拟合效果均较好。

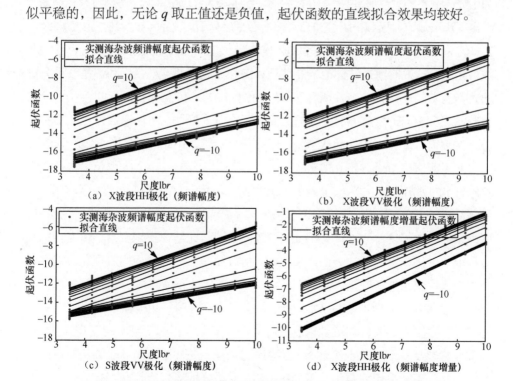

图 6.26　海杂波频谱幅度和频谱幅度增量序列的 q 阶起伏函数及直线拟合结果

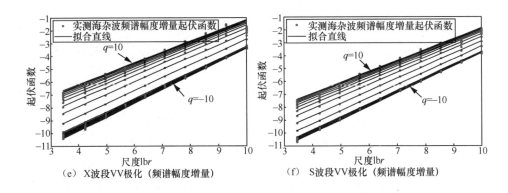

(e) X波段VV极化（频谱幅度增量）　　　　(f) S波段VV极化（频谱幅度增量）

图 6.26　海杂波频谱幅度和频谱幅度增量序列的 q 阶起伏函数及直线拟合结果（续）

为进一步说明海杂波频谱幅度及频谱幅度增量序列的多重分形特性，下面将估计各个序列的广义 Hurst 指数。若序列是多重分形的，则其广义 Hurst 指数 $h(q)$ 为 q 的函数；反之，若序列是单一分形的，则广义 Hurst 指数 $h(q)$ 不随 q 发生变化。图 6.27 给出了海杂波与目标频谱幅度和频谱幅度增量序列的广义 Hurst 指数。由图 6.27 可知，无论是海杂波频谱幅度还是频谱幅度增量，其广义 Hurst 指数 $h(q)$ 均为 q 的非线性函数，这说明海杂波频谱幅度序列和海杂波频谱幅度增量序列都是多重分形的，但两者的多重分形特性明显不同。由图 6.27 还可发现，目标的存在对海杂波频域广义 Hurst 指数 $h(q)$ 的影响主要体现在 $q > 0$ 时，即目标的存在主要影响海杂波频谱幅度序列的大起伏特征，使 $q > 0$ 时广义 Hurst 指数 $h(q)$ 值明显减小。一般对于测度相对差异不大的多重分形序列而言，大起伏特征比小起伏特征通常对应更小的 $h(q)$ 值，也即 $q < 0$ 时的 $h(q)$ 值通常大于 $q > 0$ 时的 $h(q)$ 值。观察图 6.27 所示结果可发现，海杂波频谱幅度增量序列的广义 Hurst 指数曲线与此结论相符，而海杂波频谱幅度序列的广义 Hurst 指数曲线则与此结论正好相反，观察目标频谱幅度及频谱幅度增量序列的广义 Hurst 指数曲线可以发现相同的现象，其主要是由频谱中海杂波（或海杂波+目标）多普勒谱部分和噪声多普勒谱部分各自内部相关性的巨大差异（如图 6.24 所示）引起的，并与采用一次多项式拟合去趋势有关。由于受到长程相关性以及去趋势等因素综合影响，且考虑到广义 Hurst 指数计算涉及多个中间步骤，难以直接得到长程相关性与不同 q 下 $h(q)$ 的对应关系，为此，下文采用同样的一阶 MF-DFA 方法分析乱序后频谱序列的多重分形特性并计算其广义 Hurst 指数，然后与图 6.27 所示结果进行对比以说明长程相关性的影响。

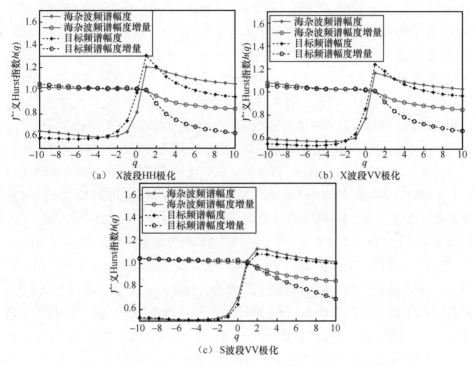

（a）X 波段 HH 极化　　　　　　　　（b）X 波段 VV 极化

（c）S 波段 VV 极化

图 6.27　海杂波与目标频谱幅度和频谱幅度增量序列的广义 Hurst 指数

　　多重分形序列可分为两种，一种是源于概率分布的多重分形序列，另一种是源于大、小起伏不同相关性的多重分形序列[24]。对于前一种多重分形序列，对其进行乱序处理，由于统计分布类型不会改变，因此其广义 Hurst 指数也不会改变，即 $h^{\text{shuf}}(q) = h(q)$；而对于后一种多重分形序列，乱序后原序列的相关性被破坏，表现出一种简单的随机行为，其 $h^{\text{shuf}}(q) = 0.5$。对于实际序列而言，多重分形特性一般同时受概率分布和相关性影响，乱序处理后序列的多重分形特性会减弱，并主要受概率分布影响。图 6.28 给出了乱序后海杂波与目标频谱幅度和频谱幅度增量序列的广义 Hurst 指数 $h^{\text{shuf}}(q)$。由图 6.28 可以明显看出，乱序后海杂波频谱幅度序列和频谱幅度增量序列的广义 Hurst 指数非常接近，这与图 6.21 和图 6.22 所示的两者统计分布类型十分接近的结论相一致，观察图 6.28 中目标频谱幅度和频谱幅度增量序列曲线也可发现与海杂波频谱幅度和频谱幅度增量序列类似的现象，并且还可发现当 $q > 0$ 时，目标频谱幅度和频谱幅度增量序列的 $h(q)$ 值均小于海杂波频谱幅度和频谱幅度增量序列的 $h(q)$ 值，但两者之间的差异程度要小于图 6.27 中所示的情况。这说明目标的存在会同时对海杂波频谱的统计分布类型和长程相关性产生影响，且对统计分布类型的影响受 SCR 制约较大，当 SCR 较低时，目标对海杂波频谱的统计分布类型影响变得较弱，因此，图 6.28（c）所示的目标频谱幅度和频谱幅度增量序列与海杂波频谱幅度和频谱幅度增量序列的 $h(q)$ 曲线混叠在一起，难以区分。另外，比较图 6.27 和图 6.28 可以发现，乱序后海杂波与目标频谱幅度序列和频谱幅度增量序列的广义 Hurst 指数随 q 值变化程度均降低，多重分形特性减弱。比较而言，海杂波与目标频谱幅度序列的 $h(q)$ 值减弱程度较明显，而两者频谱幅度增量序列的 $h(q)$ 值变化较微弱，这是由于海杂波（或海杂波+目标）频谱幅度序列受长程相关性影响较大，而对于频谱幅度增量序列，长程相关性虽仍存在但程度已减弱，从而乱序对频谱幅度增量序列的 $h(q)$ 值影响较小，这与图 6.24 和图 6.25 所示的相关性分析结果相一致。此外，比较图 6.27（a）与图 6.27（b）以及图 6.28（a）与图 6.28（b）所示的同一波段不同极化下的频域广义 Hurst 指数曲线可知，极化方式对频域广义 Hurst 指数影响很小，换言之，频域广义 Hurst 指数对极化方式不敏感。

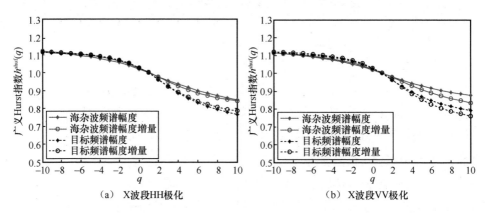

（a）X波段HH极化　　　　　　　　　（b）X波段VV极化

图 6.28　乱序后海杂波与目标频谱幅度和频谱幅度增量序列的广义 Hurst 指数

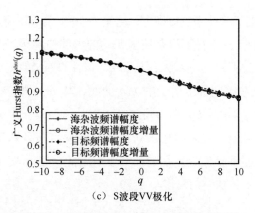

(c) S波段VV极化

图 6.28　乱序后海杂波与目标频谱幅度和频谱幅度增量序列的广义 Hurst 指数（续）

6.4.3　海杂波频谱广义 Hurst 指数的影响因素

由于在采用 MF-DFA 方法计算频域广义 Hurst 指数 $h(q)$ 过程中需首先利用 FFT 将时域序列变换到频域，因此，所采用的时间序列长度 L_t 以及 FFT 点数 L_f 可能会对 $h(q)$ 产生影响，下面将在实测数据基础上对此进行分析。

图 6.29 和图 6.30 分别给出了不同时间序列长度 L_t 下海杂波频谱幅度和频谱幅度增量的广义 Hurst 指数，其中，FFT 点数 L_f 为 2^{13}。海杂波单元的频谱主要包括两部分，即海杂波多普勒谱和噪声多普勒谱，由于海杂波时间序列具有长程相关性，因此，FFT 对海杂波的积累效果要优于对噪声的积累效果，从而海杂波多普勒谱幅度远高于噪声多普勒谱幅度，且两者之间幅度差异随 L_t 增加而增大，$q>0$ 时 $h(q)$ 主要反映大起伏（即海杂波多普勒谱的起伏）的尺度特征，$q<0$ 时 $h(q)$ 主要反映小起伏（即噪声多普勒谱的起伏）的尺度特征。由图 6.29 可以发现，当 $q<0$ 时，随 L_t 增大海杂波频谱幅度的 $h(q)$ 值逐步减小；当 $q>0$ 时，随 L_t 增大 $h(q)$ 值则基本不变。这是因为，当 L_t 较小时，海杂波多普勒谱与噪声多普勒谱的幅度差异相对较小，而当 L_t 较大时，海杂波多普勒谱与噪声多普勒谱的幅度差异相对较大，且这一较大差异主要是由海杂波多普勒谱幅度增加引起的，从而当 $q<0$ 时，较大 L_t 下海杂波多普勒谱对起伏函数 $\chi_q(r)$ 的影响要小于较小 L_t 下海杂波多普勒谱对 $\chi_q(r)$ 的影响，同时

随 L_t 增加起伏函数的计算结果也更稳定，这使 $q<0$ 时的 $h(q)$ 值逐步降低且趋于稳定；反之，当 $q>0$ 时，各 L_t 下海杂波多普勒谱内部的起伏程度变化不大，同时噪声多普勒谱在各 L_t 下差异也不大，从而 $q>0$ 时的 $h(q)$ 值变化相对较小。对于图 6.30 所示的海杂波频谱幅度增量的 $h(q)$ 曲线，其 $h(q)$ 值的变化趋势与图 6.29 所示结果类似，即 $q<0$ 时 $h(q)$ 值变化相对较大，而 $q>0$ 时 $h(q)$ 值变化相对较小，原因也与前述类似，只是由于增量序列是在幅度序列基础上做差得到的，从而无论是相关性还是起伏程度均有所降低，因此，其差异不如图 6.29 所示结果明显。

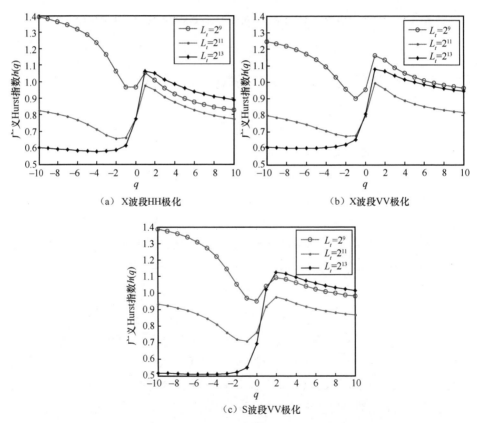

（a）X波段HH极化 （b）X波段VV极化

（c）S波段VV极化

图 6.29　不同 L_t 下海杂波频谱幅度序列的广义 Hurst 指数（$L_f=2^{13}$）

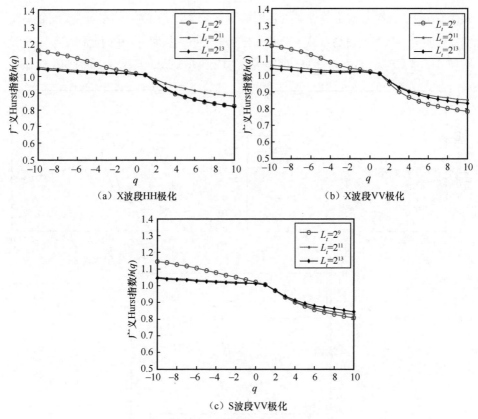

图 6.30　不同 L_t 下海杂波频谱幅度增量序列的广义 Hurst 指数（$L_f=2^{13}$）

　　图 6.31 和图 6.32 分别给出了不同 FFT 点数 L_f 下海杂波频谱幅度序列和频谱幅度增量序列的广义 Hurst 指数，其中，时间序列长度 L_t 为 2^{11}。由图 6.31 可发现，随 L_f 增加，$q<0$ 时的 $h(q)$ 值和 $q>0$ 时的 $h(q)$ 值之间的差异有增大的趋势，但不如图 6.29 所示由 L_t 变化引起的差异明显。这是由于当 $L_f>L_t$ 时，FFT 通过补零使 L_t 达到与 L_f 相同，此时得到的频谱幅度值整体会有所增大，但其对增加海杂波与噪声多普勒谱幅度间的相对差异贡献较少，从而在图 6.31 中 $h(q)$ 随 L_f 变化程度不大。而对于图 6.32 所示的海杂波频谱幅度增量的 $h(q)$ 曲线，观察可发现 L_f 引起的变化主要发生在 $q>0$ 时，且 L_f 越大 $h(q)$ 越大，而在 $q<0$ 时不同 L_f 下的 $h(q)$ 值重叠在一起，变化较小。这是由于 $q>0$ 时 $h(q)$ 值主要反映的是频谱增量序列中噪声多普勒部分的

起伏情况，在计算起伏函数过程中 L_f 增加使频谱增量序列的噪声多普勒部分的幅度增加较明显，相对而言海杂波多普勒部分变化较小，从而 $q>0$ 时起伏函数 $\chi_q(r)$ 值增加较明显，因此，$q>0$ 时 $h(q)$ 值随 L_f 增加而逐步变大，且比 $q<0$ 时变化明显。

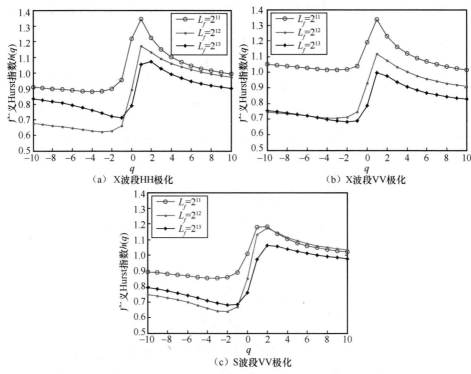

（a）X波段HH极化 　　　　　　　（b）X波段VV极化

（c）S波段VV极化

图 6.31　不同 L_f 下海杂波频谱幅度序列的广义 Hurst 指数（$L_i=2^{11}$）

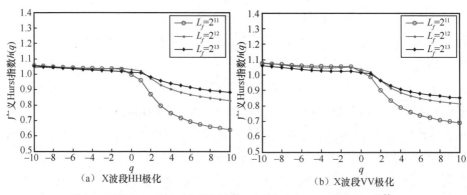

（a）X波段HH极化 　　　　　　　（b）X波段VV极化

图 6.32　不同 L_f 下海杂波频谱幅度增量序列的广义 Hurst 指数（$L_i=2^{11}$）

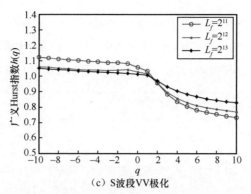

（c）S波段VV极化

图 6.32　不同 L_f 下海杂波频谱幅度增量序列的广义 Hurst 指数（$L_f=2^{11}$）（续）

　　综上所述，进行 FFT 时所采用的时间序列长度 L_t 主要影响频谱幅度序列和频谱幅度增量序列小起伏特征的尺度特征，且 L_t 越大所求得的 $h(q)$ 值相对越稳定；FFT 点数 L_f 对频谱幅度序列 $h(q)$ 值影响不太大，随 L_f 增加，$q<0$ 时的 $h(q)$ 值和 $q>0$ 时的 $h(q)$ 值之间的差异有增大的趋势，而 L_f 对频谱幅度增量序列 $h(q)$ 值的影响则在 $q>0$ 时较明显，且 L_f 越大，$q<0$ 时的 $h(q)$ 值和 $q>0$ 时的 $h(q)$ 值之间的差异越小。兼顾运算量和估计参数的稳定性，建议时间序列长度 L_t 的取值范围为[2^{10}, 2^{12}]，在进行 FFT 运算时可采用与 L_t 等长的 L_f 进行 Fourier 变换。

6.4.4　目标检测与性能分析

　　根据图 6.27 所示结果并兼顾考虑计算量，以频谱幅度增量序列的广义 Hurst 指数进行海杂波中目标的 CFAR 检测，图 6.33 给出了相应的目标检测方法流程。对于雷达接收到的每个距离单元的回波时间序列，首先，对其进行 Fourier 变换得到海杂波频谱幅度序列，并进一步求其增量形成海杂波频谱幅度增量序列；然后，根据 6.4.1 节所示的 MF-DFA 方法步骤计算该增量序列的频域广义 Hurst 指数 $h(q)$，检测统计量可通过对 $h(q)$ 求积分得到；最后，将检测统计量与 CFAR 门限 T 进行比较，若检测统计量低于门限则认为海杂波中存在目标，反之则认为海杂波中不存在目标。这里需说明的是，检测统计量是通过对 $h(q)$ 求积分得到的，这一处理的用意是将各个 q 下海杂波与目标单元的所有差异都积累起来，以便于提升海杂波与目标单元的可分性；门限 T 采用预先给定虚警概率的双参数 CFAR 方法产生，之所以采用双参数

CFAR 方法，主要是因为该 CFAR 处理方法对背景的分布类型要求较宽松，且其 CFAR 特性与初始样本具体分布类型无关[13,27-28]；在目标检测性能分析过程中，时间序列长度和 FFT 点数都为 2^{13}，q 值取值区间为[-10, 10]，虚警概率 $P_{fa}=10^{-4}$。

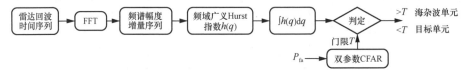

图 6.33　利用频域广义 Hurst 指数的海杂波中目标 CFAR 检测方法流程

图 6.34～图 6.36 分别给出了利用图 6.33 所示 CFAR 检测方法对 X 波段和 S 波段雷达实测数据处理前后对比。由图 6.34～图 6.36 可明显观察到，所提检测方法在几种较低 SCR 数据条件下均可以有效地检测海杂波中的目标，且在 S 波段数据（其 SCR 比 X 波段数据低）条件下具有更好的效果，且优于图 6.18 所示的检测效果，这一方面是因为 S 波段数据中的目标为运动目标，其回波经 Fourier 变换后 SCR 提升效果较好，另一方面是因为在进行 Fourier 变换过程中采用的时间序列长度为 2^{13}，而在 6.3.3 节目标检测中采用的时间序列长度为 2^{10}，当目标没有移出当前距离单元时，所采用的时间序列长度越长，SCR 提升程度越明显。此外，由图 6.34～图 6.36 可以发现，所提检测方法对靠近目标单元的距离单元（次目标单元）处理效果较差，如 X 波段数据的第 9 距离单元（纯海杂波单元）、S 波段数据中目标轨迹上下两侧的距离单元，这些距离单元中虚警出现较频繁，且虚警的幅度较强，这在一定程度上受双参数 CFAR 检测方法的影响，但主要还是反映出频域多重分形特征难以应对边缘海杂波中目标检测的情况。

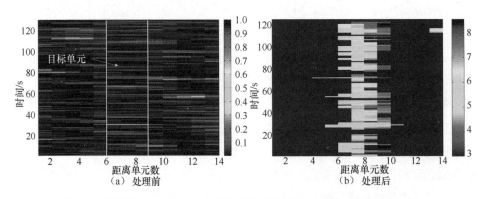

图 6.34　利用图 6.33 所示 CFAR 检测方法对 X 波段 HH 极化数据处理前后对比

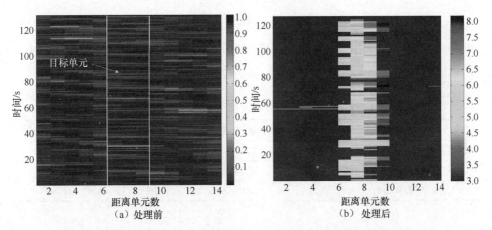

图 6.35 利用图 6.33 所示 CFAR 检测方法对 X 波段 VV 极化数据处理前后对比

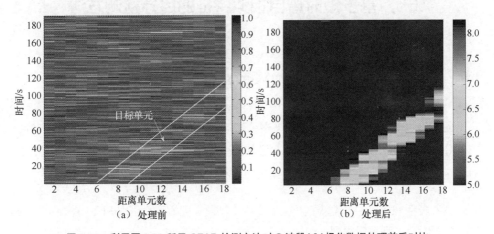

图 6.36 利用图 6.33 所示 CFAR 检测方法对 S 波段 VV 极化数据处理前后对比

为定量说明所提检测方法的检测性能，表 6.6 给出了其分别在 X 波段 HH 极化、VV 极化数据和 S 波段 VV 极化数据条件下的检测概率，作为对比，表 6.6 中同时还给出了分别采用时域单一 Hurst 指数和时域多尺度 Hurst 指数与双参数 CFAR 相结合的目标检测方法的检测概率。由表 6.6 可明显看到，所提检测方法的检测性能优于基于时域单一 Hurst 指数和基于时域多尺度 Hurst 指数的 CFAR 检测方法。进一步对比所提检测方法与其他两种分形 CFAR 检测方法可以发现，所提检测方法的性能优势主要是得益于原始回波信号经过 Fourier 变换后 SCR 得到有效提升，从而使频域多尺度 Hurst 指数具有较强的海杂波和目标区分能力，此外，多重分形特征比单一分形特征可以利用更多海杂波自相似性细节信息的特点也为这一优势做出了一定的贡献。

表 6.6　3 种海杂波中目标检测方法的检测概率（$P_{fa}=10^{-3}$）

目标检测方法	X 波段 HH 极化	X 波段 VV 极化	S 波段 VV 极化
频域多尺度 Hurst 指数+双参数 CFAR	78.57%	81.75%	91.27%
时域多尺度 Hurst 指数+双参数 CFAR	65.34%	69.32%	51.00%
时域单一 Hurst 指数+双参数 CFAR	58.96%	61.35%	41.04%

6.5　基于短时谱自相似特征的目标检测方法

6.5.1　海杂波短时谱的自相似性证明

6.1 节中已证明了分数布朗运动多普勒谱的自相似性，本节进一步结合文献[28]给出的分形定义及分形基本特征，证明不同多普勒通道间短时谱的自相似性。假定估计短时谱的 FFT 点数为 L，则 FBM 频谱和功率谱的各频点分别为 $f_i = \dfrac{i}{LT}, i = -\dfrac{L}{2}, \cdots, \dfrac{L}{2} - 1$，其中，$T$ 表示 PRI。将时域海杂波分为 K 段，每段长度为 L，采用 FFT 方法估计各数据段的短时谱，则可以得到一组短时谱序列。以频谱为例，对于频点 f_i 和时间段 k，短时频谱可表示为 $\{F_B^{(k)}(f_i) \mid f_i, k\}$。在给定的频点 f_v 上，将短时频谱序列对应的元素按时间段的顺序排列，得到一组新的序列，将其表示为 $\{F_B^{(k)}(f_v) \mid k = 1, \cdots, K\}$。由分形定义及分形局部与整体之间的自相似性可知，由于各时间段的时域海杂波及其对应的短时频谱均具有自相似性，而 $\{F_B^{(k)}(f_v) \mid k = 1, \cdots, K\}$ 同时包含了时间和频率信息，其作为短时频谱序列的局部，在时间维和频率维上均与整体短时频谱序列之间具有自相似性，即不同多普勒通道间短时频谱具有自相似性。对于短时功率谱，同样可以得到上述结论。由此可知，海杂波短时谱的自相似性一方面表现为短时谱本身的自相似性，另一方面表现为多普勒通道间的自相似性。

　　为形象阐述短时谱自相似性存在的两个维度，在图 6.37（a）和图 6.37（b）中，以瀑布图的形式给出了分段后海杂波的时域波形及其对应的短时谱。对于时域海杂波，分段前与分段后的数据构成整体与局部的关系，其均具有自相似性。对于频域海杂波，图 6.37（b）中的水平方框表示单个数据段对应的短时谱，而垂直方框表示同一频点上多个数据段对应的短时谱，它们均是时间和频率的函数，与短时谱序列构成局部与整体的关系，在两个维度上均具有自相似性，其中，前者为短时谱本身的自相似性，后者为多普勒通道间的自相似性。

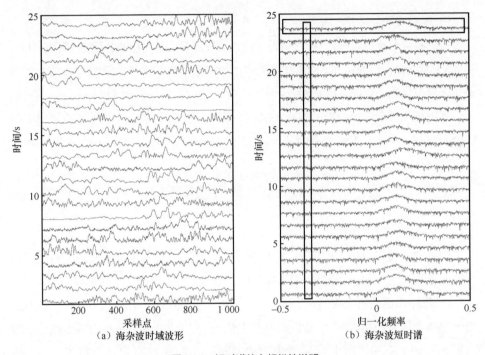

（a）海杂波时域波形　　　（b）海杂波短时谱

图 6.37　短时谱的自相似性说明

　　综上可知，时域具有自相似性的海杂波，其短时谱沿频率维和时间维均具有自相似性，该特性进一步扩展了频域分形的维度，为不同多普勒通道间的分形特征参数提取奠定了基础。由于短时谱估计时的 FFT 点数通常较少，这里重点关注多普勒通道间的分形特性。在实际应用时，可通过适当延长波束驻留时间或采用驻留模式长时间观测的技术手段保证时间维的信息量。短时谱分形特性分析对 FFT 运算量的需求大大降低（一般 $2^4 \sim 2^6$ 即可），且同时保留了频率信息，因此在理论研究和工程应用方面更具优势和潜力。

最后，需要说明的是，时域海杂波在分段时允许数据段之间具有一定的重叠，以得到更多短时谱序列，保证分形分析结果的统计稳定性，同时，在估计短时谱时可以加窗处理以有效抑制旁瓣，防止主瓣海杂波能量泄露。

6.5.2 海杂波短时谱的自相似特性分析

（1）分形特性分析方法

分形特性分析的数学方法有多种，如 FA、DFA 等，各方法的适用范围不尽相同。由 6.5.1 节的分析结果可知，由于单个频点上短时谱具有时变非平稳性，FA 方法得到的结果难以反映出短时谱的真实波动特性[29-30]。为此，本节采用 DFA 方法，其在分析过程中涉及对非平稳趋势项的拟合和剔除操作，因此可有效削弱非平稳性对分析结果的影响[23]。以序列 $\boldsymbol{x} = \{x_i, i = 1, 2, \cdots, N\}$ 为例，DFA 方法主要涉及以下 4 个步骤。

步骤 1：计算累积离差 $Y(j)$，即

$$Y(j) = \sum_{i=1}^{j}(x_i - \mu), \;\; j = 1, 2, \cdots, N \tag{6.20}$$

其中，μ 表示序列的均值。

步骤 2：数据分段，即将 $Y(j)$ 分割成 N_m 个互不交叠的等长数据段，每段数据的时长（即尺度）为 m。对逆序列同样进行分段，共形成 $2N_m$ 个数据段。

步骤 3：局部趋势项拟合与方差计算，其中，对于第 $v(v = 1, 2, \cdots, 2N_m)$ 个数据段，趋势项拟合结果表示为 w_v^{ϑ}，从累积离差中减去 w_v^{ϑ} 得到残差，并利用残差数据计算方差 $F(v, m)$，其中，对于前 N_m 个数据段，即 $v = 1, 2, \cdots, N_m$，计算方法为

$$F(v, m) = \frac{1}{m}\sum_{j=1}^{m}\left\{Y[(v-1)m + j] - w_v^{\vartheta}(j)\right\}^2 \tag{6.21}$$

对于后 N_m 个数据段，即 $v = N_m + 1, \cdots, 2N_m$，计算方法为

$$F(v, m) = \frac{1}{m}\sum_{j=1}^{m}\left\{Y[(N - v - N_m)m + j] - w_v^{\vartheta}(j)\right\}^2 \tag{6.22}$$

其中，ϑ 表示局部趋势项多项式的阶数，若 $\vartheta = 1$，则趋势项为线性。阶数的选择需

要与累积离差 $Y(j)$ 中的局部趋势项匹配，以达到有效的滤除效果。

步骤 4：计算波动函数，即在所有的数据段上对方差 $F(v,m)$ 取均值并做开方运算，得到 DFA 波动函数 $F(m)$，表示为

$$F(m) = \left[\frac{1}{2N_m} \sum_{v=1}^{2N_m} F(v,m) \right]^{1/2} \qquad (6.23)$$

改变尺度 m，并重复步骤 2 至步骤 4，显然，随着 m 的增大，$F(m)$ 也会增加。若序列具有自相似性，则 $F(m)$ 与 m 之间存在以下幂律关系

$$F(m) \sim m^{\alpha} \qquad (6.24)$$

对式（6.24）两边同时取对数，得到

$$\mathrm{lb}F(m) = \alpha \mathrm{lb}(m) + C_1 \qquad (6.25)$$

其中，C_1 是与截距有关的常数；α 为 DFA 标度指数，是表征序列长程相关性的重要指标之一，由于它与 Hurst 指数的含义类似，因此又被称为广义形式的 Hurst 指数，或直接简称为 Hurst 指数。在双对数域，对无标度区间内的 $\mathrm{lb}F(m)$-$\mathrm{lb}m$ 曲线做直线拟合，其斜率即 Hurst 指数估计值。

在短时谱的每个多普勒通道上，即 $l = 1,2,\cdots,L$，均按照上述步骤分析其分形特性并估计 Hurst 指数，即可得到一系列依赖于多普勒频率的 Hurst 指数，表示为 $\boldsymbol{\alpha} = \{\alpha_1, \alpha_1, \cdots, \alpha_L\}$，该参数集合可直观反映出不同多普勒通道间海杂波短时谱的分形标度特性。在分析时，通常将尺度 m 限定在 $[4, K/8]$ 的区间范围内，即同时对数据段数和数据段中的样本点数进行限制，以保证波动函数 $F(m)$ 统计结果的稳定性和可靠性。

（2）实测数据分析与参数估计

本节分别采用 X 波段和 S 波段海杂波测量数据对短时谱的非线性分形特性进行分析并估计其分形参数。X 波段海杂波为加拿大 McMaster 大学利用 IPIX 雷达得到的测量数据；S 波段海杂波为 VV 极化，雷达天线工作在驻留模式，该工作模式为同一海域长时间的海杂波数据测量和存储提供了可能。

在每个多普勒通道上均采用 DFA 方法分析短时谱分形特性并估计 Hurst 指数，其中，局部趋势项的阶数设定为 1。对于相邻的多个距离单元，X 波段 HH 极化海杂波、VV 极化海杂波和 S 波段 VV 极化海杂波的分析结果分别如图 6.38（a）、图 6.39（a）和图 6.40（a）所示，其中，海杂波分析结果中实心圆点标注的曲线表示目标单元，

其余为海杂波单元。限于篇幅，这里在频域进行了等间隔抽取，共显示了 16 个通道的分析结果。通过对比，可以发现分析结果呈现出以下两点共性特征。

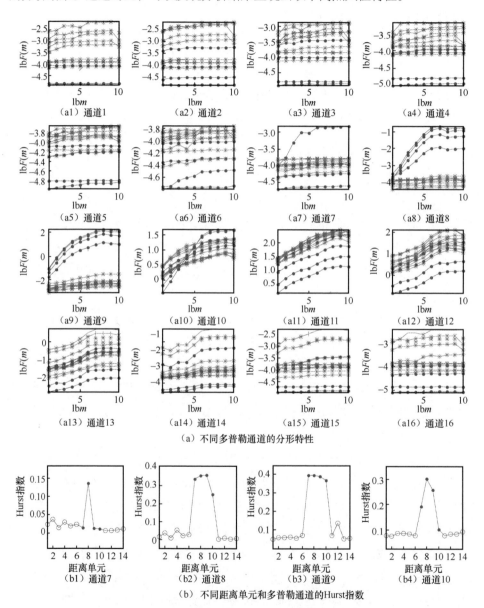

（a1）通道1　　（a2）通道2　　（a3）通道3　　（a4）通道4

（a5）通道5　　（a6）通道6　　（a7）通道7　　（a8）通道8

（a9）通道9　　（a10）通道10　　（a11）通道11　　（a12）通道12

（a13）通道13　　（a14）通道14　　（a15）通道15　　（a16）通道16

（a）不同多普勒通道的分形特性

（b1）通道7　　（b2）通道8　　（b3）通道9　　（b4）通道10

（b）不同距离单元和多普勒通道的Hurst指数

图 6.38　分形特性与参数估计结果（X 波段 HH 极化）

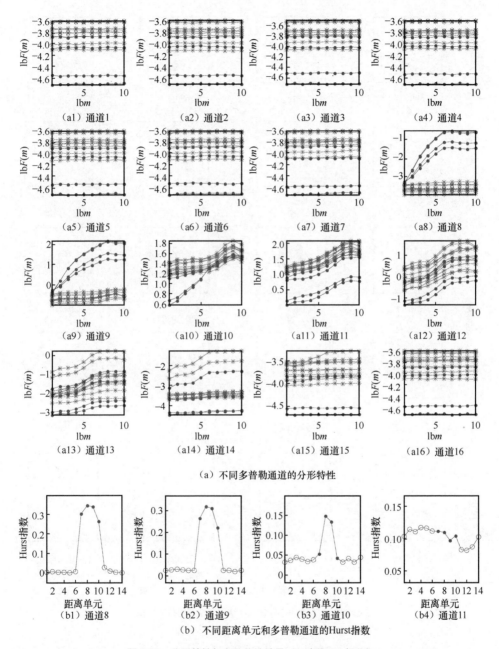

（a1）通道1　（a2）通道2　（a3）通道3　（a4）通道4

（a5）通道5　（a6）通道6　（a7）通道7　（a8）通道8

（a9）通道9　（a10）通道10　（a11）通道11　（a12）通道12

（a13）通道13　（a14）通道14　（a15）通道15　（a16）通道16

（a）不同多普勒通道的分形特性

（b1）通道8　（b2）通道9　（b3）通道10　（b4）通道11

（b）不同距离单元和多普勒通道的Hurst指数

图 6.39　分形特性与参数估计结果（X 波段 VV 极化）

（S 波段 VV 极化）

① 对于海杂波单元，在噪声区和临界区（如 X 波段 HH 极化数据的多普勒通道 1~6 和 12~16、S 波段 VV 极化数据的多普勒通道 1~5 和 10~16 等），由于占据

主导作用的成分为噪声，即载噪比很低，导致分形特性因受到较大干扰而变得不再显著，因此相邻距离单元的 lb$F(m)$-lb$m$ 曲线较离散。从统计分析结果来看，临界区具有更加显著的非高斯起伏特性，而对于非线性分形特性来说，噪声的存在很大程度上削弱了其分形属性，因此在提取分形参数时通常不关注这两个区域。当多普勒频率逐渐接近主海杂波区时，lb$F(m)$-lb$m$ 曲线逐渐收敛，自相似性存在的尺度范围（即无标度区间）约为 $2^2 \sim 2^8$，在该时间尺度内不同距离单元之间的 lb$F(m)$-lb$m$ 曲线可近似采用斜率相同的直线进行拟合，这一特性对于 S 波段海杂波更加显著。

② 对于目标单元，由于目标能量主要集中在零频附近，因此噪声区和临界区的分形特性几乎不受目标信号的影响，其 lb$F(m)$-lb$m$ 曲线混叠在海杂波单元中，分形属性同样不显著。在目标能量有所覆盖的主海杂波区，由于目标与理论分形模型失配，因此 lb$F(m)$-lb$m$ 曲线的变化趋势异于海杂波单元，其差异性同时体现在直线拟合斜率和截距上。

在主海杂波区对应的多普勒通道内，采用直线拟合方法对无标度区间内的 Hurst 指数进行估计，对于 3 组数据，估计值随距离单元的变化关系曲线分别如图 6.38（b）、图 6.39（b）和图 6.40（b）所示，其中，海杂波和目标单元分别标注为空心圆圈和实心圆点。可以看出，在不同距离单元上，海杂波 Hurst 指数在同一通道内的起伏较小，表明其具有相对稳定的分形特性，这种随机起伏主要与采样量化误差、接收机热噪声及海面的动态变化等因素有关。同时，在接近短时谱均值的峰值频率时，Hurst 指数出现变大的趋势，例如，X 波段 HH 极化数据的通道 10 和 VV 极化数据的通道 11、S 波段 VV 极化数据的通道 7，其 Hurst 指数均明显大于两侧的多普勒通道。这种现象主要与多普勒通道间的不同粗糙程度有关，显然，在峰值频率处，海杂波短时谱相对来讲更光滑一些。需要注意的是，相同波段、不同极化条件下 Hurst 指数较大值出现在不同的多普勒通道上，这主要与谱峰分离现象有关，即两种极化条件下短时谱均值的峰值频率并没有完全对齐。从散射机理上看，这主要与海面的白浪散射、镜面散射等非 Bragg 散射分量（又称快散射分量）有关。

在目标单元上，分形模型与海杂波单元相比有所失配，从而导致目标单元的 Hurst 指数估计值与邻近海杂波单元之间出现差异。从本质上讲，这种差异与粗糙程度的变化有关，由于人造目标外观光滑且形状规则，其存在影响了海面动态结构并同时削弱了频域海杂波的粗糙程度，因此目标单元的 Hurst 指数表现出增大的趋势。此外，由于目标能量在频域有所扩展，因此受其影响的多普勒通道数大于一个，其中，对于 X 波段 HH 极化和 VV 极化数据，多普勒通道 7~10 和多普勒通道 8~10 对应的目标单元均具有较大的 Hurst 指数。进一步利用多组不同浪高/浪向、风速/风向条件下的 X 波段测量数据开展分析，均能得到该结论。这表明主海杂波区的短时谱分形特征在区分这类微弱目标方面具有一定的有效性和稳健性，以此作为差异特征并构造特征检测方法可以实现该类目标的有效检测。

6.5.3　短时谱分形差异特征提取与目标检测

由 6.5.2 节分析结果可知，对于海面慢速微弱目标，主海杂波区的短时谱分形特征可实现海杂波与目标差异特性认知。以此为依据，本节进一步开展短时谱分形差异特征提取与目标检测方法研究，并对检测性能进行验证分析。

为更加形象地阐述海杂波与目标单元分形特征的差异性，本节沿时间维对主海杂波区对应的多普勒通道进行分段，并分别估计各数据段的 Hurst 指数，然后通过直方图方法分析两者的重叠度。对于 X 波段 HH 极化 VV 极化数据，分别选择 Hurst 指数差异性较显著的多普勒通道，在海杂波和目标单元，分别对各数据段的 Hurst 指数做直方图统计分析，分析结果如图 6.41 所示。从图 6.41 可以看出，海杂波单元的 Hurst 指数近似对称分布在峰值两侧，且分布区域较集中，对于 HH 极化和 VV 极化数据，直方图峰值对应的 Hurst 指数分别在 0.09 和 0.05 附近，显然，这就意味着 VV 极化海杂波的短时谱从总体趋势上看较 HH 极化更加粗糙，对于时域海杂波而言，其粗糙程度同样出现上述极化依赖关系[7]。目标单元的 Hurst 指数在分布特性上相对较离散，且大多数数据段的 Hurst 指数均大于目标单元。无论是 HH 极化还是 VV 极化，除直方图边缘的临界部分有小部分重叠外，分段 Hurst 指数均可有效区分海杂波和目标，这再次证实了短时谱的分形 Hurst 指数可作为有效的差异特征支撑特征检测方法设计。

综合上述分析结果，借鉴频域 CFAR 方法的基本原理[13]，本节提出一种基于短时谱分形 Hurst 指数的特征检测方法，检测方法原理框架如图 6.42 所示。其中，短时谱估计采用加窗 FFT 方法，该环节实际上实现了相参积累的功能。为便于后续对检测方法的功能进行扩展，这里对每个多普勒通道均做同样的处理，即采用 DFA

方法得到其 lb$F(m)$-lb$m$ 曲线，然后在无标度区间内做直线拟合并估计 Hurst 指数，通过比较其与门限值的大小，对目标存在与否做出判决，在此基础上，根据频域 CFAR 原理得到最终检测结果。

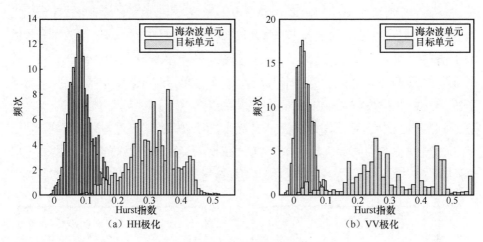

图 6.41　Hurst 指数的直方图

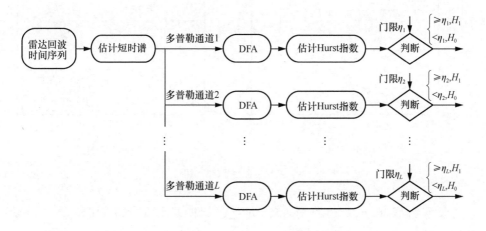

图 6.42　检测方法原理框架

需要注意的是，由于海杂波单元的 Hurst 指数依赖于短时谱多普勒通道，因此各通道的检测门限均不相同。在给定虚警概率的条件下，检测门限采用 CFAR 方法估计得到，这里采用与分布类型无关的双参数 CFAR 方法。在具体实施时，检测门限可从离线数据库（其来源于不同雷达参数和海洋环境参数条件下大量海杂波测量数据的统计分析结果）中查找得到，也可从雷达获取的实时测量数据中在线感知得到。由于 Hurst 指数受海洋环境参数的影响较大，因此在实际应用时需根据观测海域、海况等因素的不同对门限值做出调整和更新，以保证检测方法的有效性。

根据上述检测原理，利用 X 波段实测数据对检测性能进行验证分析，在两种极化条件下，本节检测方法（图中标注为短时谱分形方法）的检测概率随虚警概率的变化关系曲线如图 6.43 所示，其中，短时谱通道数为 16。为便于比较，图 6.43 中还同时给出了基于分段标度指数均值检测方法的性能分析结果，这属于时域分形方法中的一种[23]。从图 6.43 可以看出，对于 HH 极化和 VV 极化数据，短时谱分形方法的性能均优于已有时域分形方法，这主要是因为本节检测方法在形成检验统计量之前对回波数据做了相参处理，在一定程度上改善了 SCR，因此更加有利于提升微弱目标的检测性能。

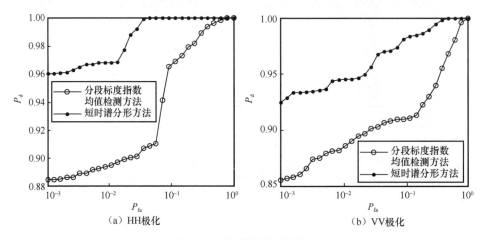

图 6.43 检测性能分析结果

在虚警概率 $P_{fa} = 10^{-3}$ 条件下，进一步对检测性能做定量分析与比较，用于比较的检测方法除图 6.43 中涉及的基于分段标度指数均值检测方法外，还包括时域单一分形特征检测方法[29]、频域广义 Hurst 指数检测方法[29]及频域 CFAR 检测方法[13]，比较结果如表 6.7 所示。从表 6.7 可以看出，尽管前两类同属频域分形特征检测方法，但是本节检测方法充分利用了高分辨率海杂波在不同多普勒通道间的精细化分形特征，因此在检测性能上更具优势。此外，由于短时谱估计对数据量的要求较低，因此检测方法在工程转化方面更具潜力。对于频域 CFAR 检测方法而言，由于不同多普勒通道内短时谱的随机起伏特性具有显著差异，且仅在噪声区可近似建模为瑞利模型，因此实际海杂波背景的非均匀性和频域 CFAR 方法所需求的均匀海杂波背景之间存在失配，从而对其检测性能带来不利影响，并导致其难以保持 CFAR 特性。

表 6.7　给定虚警概率条件下的检测概率比较

检测方法	检测概率	
	X 波段 HH 极化	X 波段 VV 极化
本节检测方法	96.04%	92.50%
分段标度指数均值检测方法	88.46%	85.52%
时域单一分形特征检测方法	58.96%	61.35%
频域广义 Hurst 指数检测方法	78.57%	81.75%
频域 CFAR 检测方法	67.63%	78.44%

图 6.44 和图 6.45 分别以时间–距离二维平面图的形式给出了 HH 极化和 VV 极化条件下检测前后的对比。该组数据的平均 SCR 较低，约 0~6 dB，第 9 个距离单元为主目标单元。从图 6.44 和图 6.45 中可以看出，在检测前，从二维平面图中难以判断出目标所在位置；而在检测后，在不包含目标的距离单元，仅少量数据段出现虚警点，这可以通过帧间处理方法进一步剔除，在目标单元（尤其是主目标单元），检测点迹具有一定的连续性，且 HH 极化的检测性能更优。采用更多组测量数据进行验证，均可得到类似结果。因此，总体来看，本节提出的短时谱分形特征检测方法在微弱目标检测方面具有较好的效果。

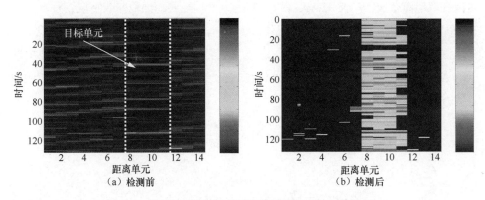

图 6.44　检测前后的时间–距离二维平面图对比（HH 极化）

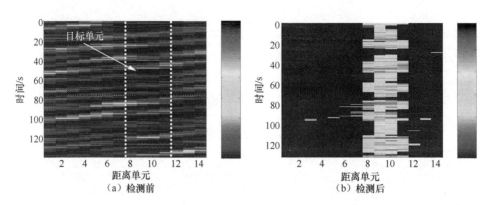

图 6.45　检测前后的时间–距离二维平面图对比（VV 极化）

6.6　基于 AR 谱自相似特征的目标检测方法

6.6.1　海杂波 AR 谱多重自相似特性

在多重分形理论中，通常采用多重分形谱函数与奇异性强度函数来定量地分析海杂波的多重分形特性。这种分析方法从海杂波的测度分布概率角度出发，并从多重分形谱上提取出海杂波与目标测度分布或能量分布的不同，进而完成目标检测。实际上，另一种分析海杂波多重分形特性的思路就是 MF-DFA 方法[23]。在该方法中，可以提取出海杂波的广义 Hurst 指数，它是另一种描述海面粗糙或不规则程度的多重分形参数。本节主要是将多重分形与 AR 谱估计相结合，通过利用比传统傅里叶分析法更精确的 AR 谱估计法，在一定程度上改善目标的信杂比，从而提取出更准确的 AR 谱 Hurst 指数，用于目标与海杂波的区分。海杂波 AR 谱广义 Hurst 指数的计算方法为

$$H_{\mathrm{AR}}(q) = \frac{\log F_q(s)}{\log s} \qquad (6.26)$$

其中，$F_q(s)$ 为 q 阶波动函数。

海杂波 AR 谱广义 Hurst 指数是对单一 Hurst 指数的一种推广，实际上，这是将

海杂波 AR 谱单一分形分析深入多重分形分析的必然结果。在多重分形分析中，海杂波 AR 谱的广义 Hurst 指数 $H_{AR}(q)$ 是随参数 q 变化的函数，不同的 q 值强调不同尺度序列在波动函数中的主导作用。$q > 0$ 时，海杂波 AR 谱中具有大波动特性的序列占主导作用；$q < 0$ 时，海杂波 AR 谱中具有小波动特性的序列占主导作用。

海面上的人造目标通常是具有一定规则结构的形体，目标本身并不具有多重分形特性。因此，目标的出现会改变海面固有的多重分形特性，从而导致海杂波 AR 谱的广义 Hurst 指数发现改变，但对不同 q 值情况下 $H_{AR}(q)$ 的影响会有所不同。由于对海杂波序列进行了 AR 谱估计处理，目标的能量得到了一定程度上的积累，因此目标的出现会影响波动函数中较大波动序列的分布情况，导致在 $q > 0$ 情况下，目标距离单元的 AR 谱广义 Hurst 指数发生改变，这为本书在后续目标检测方法的设计提供了一个重要的思路。

6.6.2　AR 谱广义 Hurst 指数检测方法

（1）检测方法

本节通过对海杂波 AR 谱多重分形特性进行分析，提出一种基于局部 AR 谱广义 Hurst 指数的目标检测方法。首先，通过 AR 谱估计法计算出雷达海杂波的 AR 谱序列。其次，通过 MF-DFA 法判定海杂波 AR 谱序列的多重分形特性，并计算出 AR 谱广义 Hurst 指数。最后，以 AR 谱广义 Hurst 指数为统计检验量，提出一种基于局部 AR 谱广义 Hurst 指数的目标检测方法。具体地，该方法的详细描述如下面 4 个步骤所示。

步骤 1：计算雷达海杂波的 AR 谱序列。取一段雷达海杂波时间序列，采用尤尔–沃克（Yule-Walker）方程计算出 AR 模型系数 $\hat{a}_p$ 和噪声方差 $\hat{\sigma}_w^2$，进而计算出 AR 谱序列 $S(f)$。

步骤 2：海杂波 AR 谱序列的多重分形判定。采用 MF-DFA 法来判定 AR 谱的多重分形特性。将步骤 1 中计算出的海杂波 AR 谱序列 $S(f)$ 代入式（5.31），并根据式（5.33）计算出 AR 谱序列在不同 q 值条件下的波动函数 $F_q(s)$，画出波动函数与尺度的双对数变化曲线，若它们之间存在线性关系，则判定该组海杂波数据是分形的。同时，根据最小二乘法拟合出不同 q 值条件下的曲线斜率，即 $H(q)$。如果 $H(q)$

与 q 的变化无关，则判定该组海杂波数据是单一分形的；如果 $H(q)$ 是 q 的函数，则判定该组海杂波数据多重分形的。

步骤 3：计算 AR 谱广义 Hurst 指数。若步骤 2 中判定该组海杂波的 AR 谱序列是多重分形的，那么波动函数与尺度变化曲线的拟合斜率就是广义 Hurst 指数 $H(q)$，其中 $H_{AR}(q)$ 是与 q 变化相关的函数，能够反映海杂波 AR 谱序列在不同尺度下的起伏特征。当 $q>0$ 时，大波动序列在波动函数中占据主要作用，此时波动函数反映出大波动序列的尺度特征；当 $q<0$ 时，小波动序列在波动函数中占主导作用，此时波动函数反映出小波动序列的尺度特征。

步骤 4：检测器设计。重复步骤 1 至步骤 3，计算海杂波不同距离单元的 AR 谱的广义 Hurst 指数 $H_{AR}(q)$，其为一个随 q 变化的量。为了充分利用不同 q 值下目标距离单元与海杂波距离单元 $H_{AR}(q)$ 的差别，本节以 $H_{AR}(q)$ 的局部积分作为统计检验量设计检测器，设定虚警概率，对应得到检测门限。这里采用非参量的恒虚警率检测法，为了方便与已有的检测方法对比，门限的计算采用广义符号检验法[13]。最后，将 AR 谱广义 Hurst 指数的局部积分作为检测器的输入，与检测门限进行对比，从而完成目标检测。方法流程如图 6.46 所示。

图 6.46 基于 AR 谱广义 Hurst 指数的目标检测方法流程

（2）检测方案

由于目标的出现会改变海面固有的多重分形特性，会使 AR 谱的多尺度 Hurst 指数发现变化，因此，本节以海杂波 AR 谱的广义 Hurst 指数为特征，设计海杂波背景下的目标 CFAR 检测方法。本节采用了超分辨的 AR 谱估计法来计算海杂波的功率谱，通过大量的实验数据分析，发现在 $q>0$ 的区间范围内，$H_{AR}(q)$ 对目标单元和海杂波单元的区分更加明显，即目标的出现会改变大幅度序列在波动函数中的主导作用。因此，为了将 $H_{AR}(q)$ 在 $q>0$ 区域中的信息充分应用到目标检测中，设计了一种基于局部 AR 谱广义 Hurst 指数的目标检测方法，即对 $H_{AR}(q)$ 做如式（6.27）所示的局部积分处理，将积分结果作为统计检验量用于目标检测。

$$H = \int_{q_{\min}}^{q_{\max}} H_{AR}(q)\mathrm{d}q \qquad (6.27)$$

其中，$0<q_{\min}<q_{\max}\leqslant 30$，通过对 $H_{AR}(q)$ 进行区域范围内的积分，可以更稳定地得到目标单元和海杂波单元的特征差异。

基于局部 AR 谱广义 Hurst 指数的目标检测方法流程如图 6.47 所示，首先，应用 AR 谱估计法，计算出实测雷达回波数据的 AR 谱序列；其次，对得到的 AR 谱序列进行多重分形特性分析，并计算出广义 Hurst 指数；最后，根据式（6.27），对 AR 谱的广义 Hurst 指数 $H_{AR}(q)$ 做积分处理得到结果 H，将 H 与门限 T 比较，若 $H \geqslant T$，则判定为海杂波；若 $H<T$，则判定为目标。这里的门限 T 通过恒虚警率处理方法获得，由于海杂波 AR 谱的广义 Hurst 指数的分布难以确定，因此采用非参量的恒虚警率处理方法。非参量的恒虚警率处理方法仅要求检测单元和参考单元的 AR 谱广义 Hurst 指数相互独立，这里的非参量 CFAR 方法采用广义符号检测方法[13]。

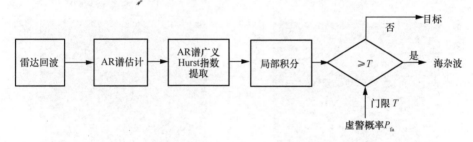

图 6.47　基于局部 AR 谱广义 Hurst 指数的目标检测方法流程

6.6.3　目标检测与性能分析

（1）海杂波 AR 谱多重分形处理结果

本节采用的实测海杂波数据来源于"Osborn Head Database"，数据采集平台基于 X 波段的 IPIX 雷达，雷达工作在驻留模式，脉冲重复频率为 1 kHz，数据包含 HH、VV、HV 和 VH 共 4 种极化方式，本节采用载噪比较高的 HH 和 VV 极化的两组实测数据用于分析。第 1 组数据共有 14 个距离单元，目标分布在 6～8 距离单元，其中目标为被金属网包裹的塑料球体，漂浮于海面上，SCR 约为 0～6 dB；第 2 组数据共有 14 个距离单元，目标分布在 7～10 距离单元，SCR 约为 0～1 dB。图 6.48

给出了两组雷达数据的时间–距离二维平面图，每个距离单元的回波序列时间均为 131 s 左右。

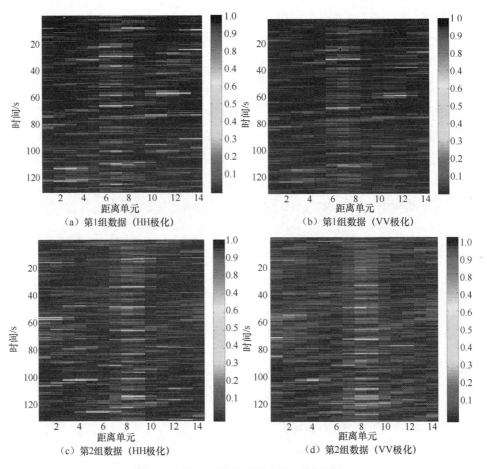

图 6.48　雷达实测数据时间–距离二维平面图

　　采用 MF-DFA 方法，对实测 X 波段海杂波数据 AR 谱的多重分形特性进行分析和验证。图 6.49 给出了不同 q 值条件下，海杂波 AR 谱序列的波动函数与尺度的变化关系。从图 6.49 可以看到，在双对数坐标下，起伏函数与尺度的线性拟合结果较好，为了定量地描述线性程度，本节计算 AR 谱序列的起伏函数与尺度的相关系数，结果如表 6.8 所示。若两组数据的相关系数接近 1 或者–1，意味着它们具有较好的线性关系；若两组数据的相关系数接近 0，意味着它们之间不存在线性关系。从表 6.8 可以看出，在 q 从 -10 到 10 的变化范围内，波动函数与尺度的相关系数均接近 1，表明它们之间存在较好的线性关系。因此可以得出结论，海杂波的 AR 谱序列是分形的。为了进一步验证海杂波 AR 谱序列的多重分形特性，本节采用最小二乘法来计算不同距离单元海杂波序列的 AR 谱广义 Hurst 指数 $H_{AR}(q)$。若 $H_{AR}(q)$ 是随 q 变化的函数，则该组序列是多重分形的；反之，该组序列就是单一分形的。

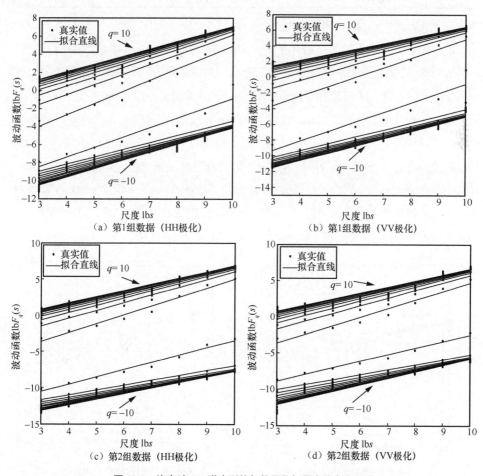

图 6.49　海杂波 AR 谱序列的起伏函数与尺度的变化关系

表 6.8　AR 谱序列的起伏函数与尺度的相关系数

q	第 1 组数据 （HH 极化）	第 1 组数据 （VV 极化）	第 2 组数据 （HH 极化）	第 2 组数据 （VV 极化）
−10	0.9750	0.9850	0.9901	0.9603
−5	0.9803	0.9834	0.9895	0.9694
−1	0.9726	0.9757	0.9974	0.9973
0	0.9670	0.9644	0.9884	0.9917
1	0.9878	0.9821	0.9880	0.9807
5	0.9805	0.9712	0.9913	0.9714
10	0.9782	0.9626	0.9916	0.9656

（2）AR 谱广义 Hurst 指数结果

图 6.50 给出了海杂波单元和目标单元 AR 谱序列的广义 Hurst 指数。从两组数据的结果可以看出，不论是 HH 极化还是 VV 极化，AR 谱序列的广义 Hurst 指数 $H_{AR}(q)$ 均是随 q 变化的函数，这就表明海杂波的 AR 谱序列是多重分形的。同时，还可以发现，海杂波单元和目标单元的广义 Hurst 指数有所不同，且差别主要集中表现在 $q>0$ 的区间范围内。$q>0$ 时，海杂波 AR 谱中具有大波动特性的序列占主导作用；$q<0$ 时，海杂波 AR 谱中具有小波动特性的序列占主导作用。然而目标的出现会影响原海杂波 AR 谱序列中具有较大波动序列的分布情况，导致 $q>0$ 范围内 AR 谱序列的广义 Hurst 指数减小。相反，海杂波与目标的 AR 谱序列在 $q<0$ 范围内的差别较小。针对这一特性，可以将海杂波 AR 谱序列的广义 Hurst 指数应用于目标检测方法中。

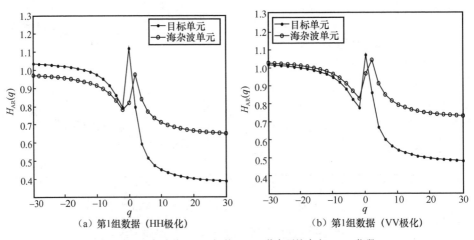

（a）第1组数据（HH极化）　　　　　（b）第1组数据（VV极化）

图 6.50　海杂波单元和目标单元 AR 谱序列的广义 Hurst 指数

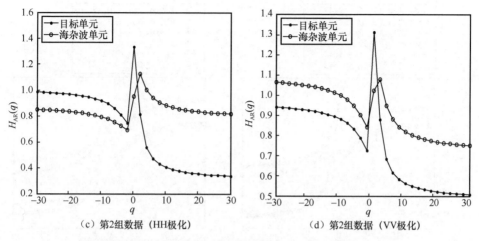

（c）第2组数据（HH极化）　　　　（d）第2组数据（VV极化）

图 6.50　海杂波单元和目标单元 AR 谱序列的广义 Hurst 指数（续）

（3）参数分析

本节主要讨论海杂波 AR 谱序列的广义 Hurst 指数 $H_{AR}(q)$ 的影响因素。在计算海杂波 AR 谱的广义 Hurst 指数时，首先采用 AR 谱估计法计算海杂波序列的 AR 谱序列，再采用 MF-DFA 分析法计算海杂波 AR 谱序列的广义 Hurst 指数。因此，本节主要分析影响海杂波 AR 谱序列的两个重要因素，即序列长度 L 和 AR 阶数 p。

图 6.51 给出了不同 AR 阶数 p 情况下海杂波单元和目标单元 AR 谱序列的广义 Hurst 指数 $H_{AR}(q)$ 随 q 的变化关系，其中时间序列长度 $L=2048$。从图 6.51 可以看到，当 $q<0$ 时，海杂波单元与目标单元的 $H_{AR}(q)$ 差别较小；当 $q>0$ 时，海杂波单元与目标单元 $H_{AR}(q)$ 的差别较明显，两组数据的结果均与 6.6.2 节分析的结果一致。从图 6.51 可以看出，随着 AR 阶数 p 的增大，海杂波单元与目标单元的 $H_{AR}(q)$ 差异更明显。这是由于较高的 AR 阶数 p 对应较高谱分辨率的 AR 谱，精确的 AR 谱可以计算出更准确的 $H_{AR}(q)$，增强了目标单元 AR 谱序列中大幅度序列的主导作用，使海杂波单元与目标单元 $H_{AR}(q)$ 的差别更加明显。但 AR 阶数 p 不能无限增大，阶数太大会产生虚假谱峰，影响 $H_{AR}(q)$ 的真实结果。综上分析，在计算 $H_{AR}(q)$ 时，选取 AR 阶数 p 在 768~1 024，即选取阶数 p 在时域序列长度 L 的 1/3~1/2。

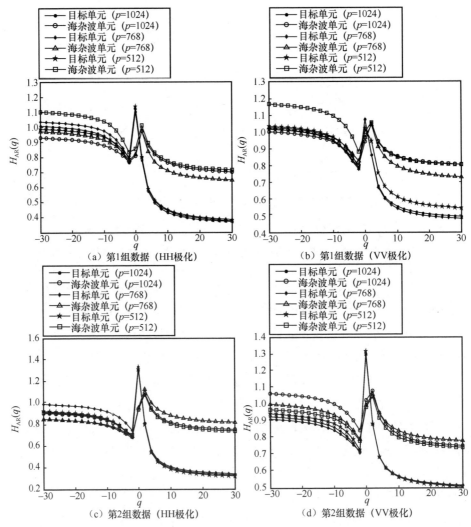

图 6.51　不同 p 情况下海杂波单元和目标单元 AR 谱序列的广义 Hurst 指数 $H_{AR}(q)$ 随 q 的变化关系

　　图 6.52 给出了不同序列长度 L 情况下海杂波单元和目标单元 AR 谱序列的广义 Hurst 指数 $H_{AR}(q)$ 随 q 的变化关系，其中 AR 阶数 $p=1024$。从两组数据的结果发现，当 $q<0$ 时，海杂波单元与目标单元的 $H_{AR}(q)$ 差别较小；当 $q>0$ 时，海杂波单元与目标单元 $H_{AR}(q)$ 的差别较明显。随着序列长度 L 的增加，$H_{AR}(q)$ 的结果更加平滑且趋于稳定。然而，较长的序列长度 L 意味着较大的计算量，并且随着序列长

度 L 的增加，海杂波单元和目标单元 $H_{\mathrm{AR}}(q)$ 值的差异有减小的趋势。其中，第 2 组数据的目标 SCR 较第 1 组更低，这种减小的趋势更明显。这是由于随着序列长度 L 的增加，固定的 AR 阶数 p 相对于序列长度较小，得到的 AR 谱序列分辨率降低导致 $H_{\mathrm{AR}}(q)$ 的准确度降低。根据图 6.52 可以看出，序列长度 $L = 2048$ 时已经能够明显地区分出目标单元。因此，综合考虑到计算量和阶数 p 的影响，选取计算 $H_{\mathrm{AR}}(q)$ 的最优序列长度 $L = 2048$。

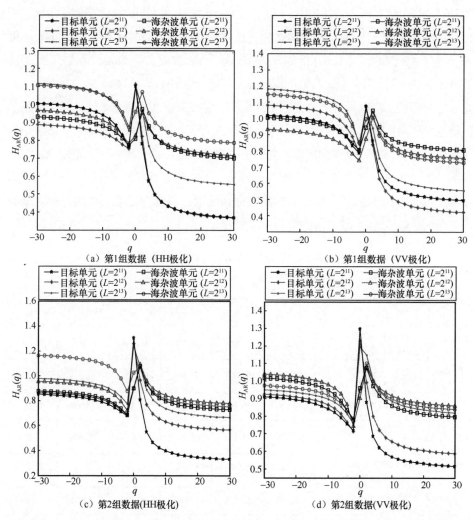

图 6.52　不同 L 情况下海杂波单元和目标单元 AR 谱序列的广义 Hurst 指数 $H_{\mathrm{AR}}(q)$ 随 q 的变化关系

（4）检测性能分析

下面通过实测海杂波数据对检测方法的性能进行分析，计算局部 AR 谱广义 Hurst 指数的参数设定如下：序列长度 L =2048，AR 阶数 p =1024，q_{min} =10，q_{max} =30。将实测海杂波 14 个距离单元的数据按时间分组，每组包含 2 048 个数据，组与组之间有 1024 点重叠。当虚警概率 P_{fa} = 10^{-3}、10^{-4} 和 10^{-5} 时，表 6.9 给出了图 6.47 所示检测方法对应的检测概率。为了方便对比，表 6.9 同时给出了传统 CFAR 检测方法和基于分数阶傅里叶变换（FRFT）谱广义 Hurst 指数方法[31]的检测概率。对比结果可知，基于多重分形的目标检测方法的检测性能均优于传统的 CFAR 检测方法。而基于局部 AR 谱的广义 Hurst 指数方法优于基于 FRFT 谱广义 Hurst 指数方法，当虚警概率为 10^{-4} 时，第 1 组数据检测概率提升了 4.3%（HH 极化）和 5.1%（VV 极化）；第 2 组数据检测概率提升了 3.9%（HH 极化）和 4.3%（VV 极化）。该检测方法的优势主要体现在以下两个方面：一是 AR 谱估计法克服了传统傅里叶分析的缺陷，采用线性预测模型外推观测序列以外的值，提高了功率谱分辨率；二是用 AR 谱计算出的广义 Hurst 指数在局部区间对海杂波和目标具有更好的区分性。该方法对静止和低速运动的目标具有较好的检测性能，而对于具有一定加速度的目标，基于 FRFT 谱广义 Hurst 指数方法的检测性能较好。

表 6.9 不同检测方法的检测概率对比

数据序号	目标检测方法	P_{fa}=10^{-3}		P_{fa}=10^{-4}		P_{fa}=10^{-5}	
		HH 极化	VV 极化	HH 极化	VV 极化	HH 极化	VV 极化
第 1 组	基于局部 AR 谱广义 Hurst 指数方法	**88.3%**	**90.9%**	**83.4%**	**86.7%**	**77.4%**	**78.2%**
	基于 FRFT 谱广义 Hurst 指数方法	84.9%	86.3%	79.1%	81.6%	72.3%	74.1%
	传统 CFAR 检测方法	17.5%	18.2%	14.6%	21.3%	< 10%	< 10%
第 2 组	基于局部 AR 谱广义 Hurst 指数方法	**87.8%**	**88.5%**	**82.5%**	**83.4%**	**75.5%**	**75.9%**
	基于 FRFT 谱广义 Hurst 指数方法	84.3%	85.2%	78.6%	79.1%	71.1%	71.5%
	传统 CFAR 检测方法	15.2%	16.1%	11.9%	12.1%	< 10%	< 10%

参考文献

[1] LO T, LEUNG H, LITVA J, et al. Fractal characterisation of sea-scattered signals and detection of sea-surface targets[J]. IEE Proceedings F Radar and Signal Processing, 1993, 140(4): 243-250.

[2] SALMASI M, MODARRES-HASHEMI M. Design and analysis of fractal detector for high resolution radars[J]. Chaos, Solitons & Fractals, 2009, 40(5): 2133-2145.

[3] 郭睿, 臧博, 张双喜, 等. 高分辨 SAR 复杂场景中的人造目标检测[J]. 电子与信息学报, 2010, 32(12): 3018-3021.

[4] 包永强, 赵力, 邹采荣. 噪声环境下语音分形特征的提取和分析[J]. 电子与信息学报, 2007, 29(3): 585-588.

[5] HU J, TUNG W W, GAO J B. Detection of low observable targets within sea clutter by structure function based multifractal analysis[J]. IEEE Transactions on Antennas and Propagation, 2006, 54(1): 136-143.

[6] GAO J B, CAO Y H, LEE J M. Principal component analysis of $1/f\alpha$ noise[J]. Physics Letters A, 2003, 314(5/6): 392-400.

[7] KIM T S, KIM S. Singularity spectra of fractional Brownian motions as a multi-fractal[J]. Chaos, Solitons & Fractals, 2004, 19(3): 613-619.

[8] KENNETH F. 分形几何: 数学基础及其应用[M]. 曾文曲, 刘世耀, 戴连贵, 译. 北京: 人民邮电出版社, 2007.

[9] 孙霞, 吴自勤, 黄畇. 分形原理及其应用[M]. 合肥: 中国科学技术大学出版社, 2006.

[10] DROSOPOULOS A. Description of the OHGR database[R]. 1994.

[11] GAN D, SHOUHONG Z. Detection of sea-surface radar targets based on multifractal analysis[J]. Electronics Letters, 2000, 36(13): 1144-1145.

[12] FRANCESCHETTI G, IODICE A, MIGLIACCIO M, et al. Scattering from natural rough surfaces modeled by fractional Brownian motion two-dimensional processes[J]. IEEE Transactions on Antennas and Propagation, 1999, 47(9): 1405-1415.

[13] 何友, 关键, 孟祥伟. 雷达目标检测与恒虚警处理[M]. 2 版. 北京: 清华大学出版社, 2011.

[14] KAPLAN L M, KUO C C J. Extending self-similarity for fractional Brownian motion[J]. IEEE Transactions on Signal Processing, 1994, 42(12): 3526-3530.

[15] 袁湛, 何友, 蔡复青. 基于改进扩展分形特征的 SAR 图像目标检测方法[J]. 宇航学报, 2011, 32(6): 1379-1385.

[16] GUPTA A, JOSHI S. Variable step-size LMS algorithm for fractal signals[J]. IEEE Transactions on Signal Processing, 2008, 56(4): 1411-1420.

[17] GAO J B, YAO K. Multifractal features of sea clutter[C]//Proceedings of the 2002 IEEE Radar Conference. Piscataway: IEEE Press, 2002: 500-505.

[18] ZHENG Y, GAO J B, YAO K. Multiplicative multifractal modeling of sea clutter[C]//Proceedings of IEEE International Radar Conference. Piscataway: IEEE Press, 2005: 962-966.

[19] 石志广, 周剑雄, 赵宏钟, 等. 海杂波的多重分形特性分析[J]. 数据采集与处理, 2006, 21(2): 168-173.

[20] 刘宁波, 关键, 宋杰. 扫描模式海杂波中目标的多重分形检测[J]. 雷达科学与技术, 2009, 7(4): 277-283.

[21] GUAN J, LIU N B, ZHANG J, et al. Multifractal correlation characteristic for radar detecting low-observable target in sea clutter[J]. Signal Processing, 2010, 90(2): 523-535.

[22] 张济忠. 分形[M]. 2 版. 北京: 清华大学出版社, 2011.

[23] KANTELHARDT J W, ZSCHIEGNER S A, KOSCIELNY-BUNDE E, et al. Multifractal detrended fluctuation analysis of nonstationary time series[J]. Physica A: Statistical Mechanics and Its Applications, 2002, 316(1/2/3/4): 87-114.

[24] KANTELHARDT J W, KOSCIELNY-BUNDE E, REGO H H A, et al. Detecting long-range correlations with detrended fluctuation analysis[J]. Physica A: Statistical Mechanics and Its Applications, 2001, 295(3/4): 441-454.

[25] 马逢时, 何良材, 余明书, 等. 应用概率统计[M]. 北京: 高等教育出版社, 1990.

[26] 孟华东, 王希勤, 王秀坛, 等. 与初始噪声分布无关的恒虚警处理器[J]. 清华大学学报(自然科学版), 2001, 41(7): 51-53, 68.

[27] 陈建军, 黄孟俊, 邱伟, 等. 海杂波下的双门限恒虚警目标检测新方法[J]. 电子学报, 2011, 39(9): 2135-2141.

[28] 刘宁波. 海杂波中目标的变换域分形检测算法研究[D]. 烟台: 海军航空工程学院, 2012.

[29] 丁昊, 关键, 黄勇, 等. 非平稳海杂波的消除趋势波动分析[J]. 电波科学学报, 2013, 28(1): 116-123, 189.

[30] 丁昊. 基于岸基雷达实测数据的海杂波特性研究[D]. 烟台: 海军航空工程学院, 2012.

[31] 刘宁波, 王国庆, 包中华, 等. 海杂波 FRFT 谱的多重分形特性与目标检测[J]. 信号处理, 2013, 29(1): 1-9.

第7章

分数阶域海杂波自相似（分形）特性与目标检测

传统的 Fourier 变换是分析和处理平稳信号的一种标准工具，对于分析和处理时变的非平稳信号则显得乏力。随着信息科学的发展，非平稳信号处理逐渐引人注目，Fourier 变换的局限性也显得愈发突出。针对这一问题，研究者提出并发展了一系列新的信号处理分析理论与方法，FRFT 是一种近年来引起信号处理领域广泛关注的数学工具。1980 年，Namias[1]从特征值和特征函数的角度，提出了 FRFT 的概念，并用于求解微分方程。尽管 FRFT 在信号处理领域具有很好的前景，但是由于缺乏有效的物理含义和快速算法，其在信号处理领域中发展较为缓慢。直到 20 世纪 90 年代中期，Almeida[2]指出 FRFT 可以采用时间-频率平面的旋转因子进行定义，并在 Ozaktas 等[3]提出一种与快速 Fourier 变换计算量相当的算法后，FRFT 才引起众多研究人员的注意。随着 FRFT 理论研究的逐步深入，FRFT 在声信号处理、图像处理、通信和雷达等诸多领域中的应用也日益广泛。

作为 Fourier 变换的一种广义形式，FRFT 可解释为信号在时间-频率平面内坐标轴绕原点逆时针旋转任意角度 α 后构成的分数阶 Fourier 域上的表示方法[4]，若 $\alpha=\pi/2$，FRFT 则退化为传统的 Fourier 变换。FRFT 在对非平稳信号的分析和处理中具有很多优良特性，尤其适合于处理线性调频（LFM）类非平稳信号。在相参雷达信号处理中，若回波只包含一个或多个单频信号，如目标在雷达径向做匀速运动，其多普勒频率近似为一定值，此时目标能量通过传统的 Fourier 变换即可达到最佳积累效果。但若没有匀速运动的假设，如目标在雷达径向做匀加速运动，此时目标回波信号为一 LFM 信号，由 Fourier 变换得到的目标回波频谱不再是一个理想尖峰，而是分布在一定频率范围内，即目标能量没有达到最佳积累效果。而通过设定合适的 FRFT 旋转角 α，LFM 信号可以在 FRFT 域形成一个类似于单频信号在频域所形成的完美尖峰，目标能量达到最佳积累效果。由于海面运动目标在短时间内的运动状态可用匀加速运动来近似（此时匀速运动和静止可看作匀加速运动的特殊形式），即目标回波可近似建模为 LFM 信号，并且考虑到海杂波的非平稳性，FRFT 在海杂波中的运动目标检测方面具有一定的应用潜力。

文献[5-8]都将短时间内的机动目标回波建模为 LFM 信号，进而采用 FRFT 或其他时频分析方法，使目标能量达到最大程度积累以提升 SCR，进而设计能量检测器实现目标检测。鲜有文献研究雷达回波 FRFT 谱的相似结构并用于目标检测。与本章研究最接近的是文献[9-10]，但两者采用 FRFT 或 FRFT 与小波理论相结合估计时域 Hurst 指数，并不涉及回波 FRFT 谱的相似结构分析。与此不同，本章将分形分析方法直接引入雷达回波 FRFT 谱相似结构的分析中。首先，以 FRFT 的尺度特性为切入点，说明自相似过程的 FRFT 谱特有的分形特性；然后，分别将单一分形、扩展分形以及多重分形分析方法分别引入实测海杂波 FRFT 谱的分析中，寻找对海杂波和目标有区分能力的 FRFT 域分形特征设计目标检测方法，并进行性能分析。

7.1 分数布朗运动在 FRFT 域的自相似性

给出 FRFT 的基本定义[4-5]。定义在时域的函数 $x(t)$ 的 p 阶 FRFT 是一个线性积分运算，即

$$X_p(u) = \int_{-\infty}^{+\infty} x(t)K_p(t,u)\mathrm{d}t \qquad (7.1)$$

其中，$X_p(u)$ 为定义在"分数频率" u 域的 FRFT 谱，p 为变换阶数，$K_p(t,u)$ 为 FRFT 的核函数，计算式为

$$K_p(t,u) = \begin{cases} \sqrt{\dfrac{1-\mathrm{j}\cot\alpha}{2\pi}}\exp\left(\mathrm{j}\dfrac{u^2+t^2}{2}\cot\alpha-\mathrm{j}ut\csc\alpha\right), & \alpha\neq n\pi \\ \delta(t-u) & ,\quad \alpha=2n\pi \\ \delta(t+u) & ,\quad \alpha=(2n\pm1)\pi \end{cases} \qquad (7.2)$$

其中，α 为旋转角，且 $\alpha=p\pi/2$，n 为整数。当 $\alpha=0$ 时，$X_0(u)=x(t)$，此时 $x(t)$ 的 FRFT 为其本身；当 $\alpha=\pi/2$ 时，$K_p(t,u)=1/\sqrt{2\pi}\exp(-\mathrm{j}ut)$，此时 $X_1(u)$ 为 $x(t)$ 的 Fourier 变换，可见，Fourier 变换仅为 FRFT 旋转角 $\alpha=\pi/2$ 时的一个特例。FRFT 的性质已在许多文献[1-4]中进行了详细研究，此处不再赘述，下面主要研究 FRFT 尺度变换的近似单一分形特性。

考虑一个单一自相似（分形）过程，如分数布朗运动（FBM）$B_H(t)$[11-12]，其具有自相似性，且这种自相似性通常由单一 Hurst 指数 H 来刻画。在自然界和各种人造系统中，这种单一自相似性通常是在统计意义下成立的，即

$$B_H(t) \overset{\mathrm{s.t.a}}{=} \kappa^{-H}B_H(\kappa t) \qquad (7.3)$$

其中，$\overset{\mathrm{s.t.a}}{=}$ 表示在统计意义下相等[12]；κ 为尺度因子。令 $t'=\kappa t$，$F_{B_H}^{(p_\alpha)}(u)$ 为 $B_H(t)$ 的 p_α 阶 FRFT，则

$$\begin{aligned}F_{B_H}^{(p_\alpha)}(u) &= \sqrt{\frac{1-\mathrm{j}\cot\alpha}{2\pi}}\int_{-\infty}^{+\infty}B_H(t)\exp\left(\mathrm{j}\frac{t^2+u^2}{2}\cot\alpha-\mathrm{j}ut\csc\alpha\right)\mathrm{d}t \\[2mm] &\overset{\mathrm{s.t.a}}{=} \sqrt{\frac{1-\mathrm{j}\cot\alpha}{2\pi}}\int_{-\infty}^{+\infty}\frac{B_H(t')}{\kappa^H}\exp\left(\mathrm{j}\frac{\dfrac{t'^2}{\kappa^2}+u^2}{2}\cot\alpha-\mathrm{j}u\frac{t'}{\kappa}\csc\alpha\right)\mathrm{d}\left(\frac{t'}{\kappa}\right) \\[2mm] &= \frac{1}{\kappa^{H+1}}\sqrt{\frac{1-\mathrm{j}\cot\alpha}{2\pi}}\int_{-\infty}^{+\infty}B_H(t')\exp\left(\mathrm{j}\frac{t'^2+\kappa^2u^2}{2}\frac{\cot\alpha}{\kappa^2}-\mathrm{j}u\frac{t'}{\kappa}\csc\alpha\right)\mathrm{d}t' \end{aligned} \qquad (7.4)$$

令 $\cot\beta=\cot\alpha/\kappa^2$，即 $\tan\beta=\kappa^2\tan\alpha$，式（7.4）变为

$$\begin{aligned}F_{B_H}^{(p_\alpha)}(u) &\overset{\mathrm{s.t.a}}{=} \frac{1}{\kappa^{H+1}}\sqrt{\frac{1-\mathrm{j}\cot\alpha}{2\pi}}\int_{-\infty}^{+\infty}B_H(t')\exp\left\{\mathrm{j}\frac{t'^2+\left(u\dfrac{\csc\alpha}{\kappa\csc\beta}\right)^2}{2}\cot\beta-\mathrm{j}\left(u\frac{\csc\alpha}{\kappa\csc\beta}\right)t'\csc\beta-\right. \\[2mm] &\qquad\left. \mathrm{j}\frac{\left(u\dfrac{\csc\alpha}{\kappa\csc\beta}\right)^2}{2}\cot\beta+\mathrm{j}\frac{\kappa^2u^2}{2}\cot\beta\right\}\mathrm{d}t' \\[2mm] &= \frac{1}{\kappa^{H+1}}\sqrt{\frac{1-\mathrm{j}\cot\alpha}{2\pi}}\exp\left\{\mathrm{j}\frac{\kappa^2u^2}{2}\left(1-\frac{\csc^2\alpha}{\kappa^4\csc^2\beta}\right)\cot\beta\right\}\int_{-\infty}^{+\infty}B_H(t')\cdot\end{aligned}$$

$$\exp\left\{ j\frac{t'^2+\left(u\dfrac{\csc\alpha}{\kappa\csc\beta}\right)^2}{2}\cot\beta - ju\frac{\csc\alpha}{\kappa\csc\beta}t'\csc\beta\right\}\mathrm{d}t'$$

$$= \frac{1}{\kappa^{H+1}}\sqrt{\frac{1-j\cot\alpha}{2\pi}}\exp\left\{j\frac{\kappa^2 u^2}{2}\cot\beta\left(1-\frac{\sin^2\beta}{\kappa^4\sin^2\alpha}\right)\right\}\frac{1}{\sqrt{\dfrac{1-j\cot\beta}{2\pi}}}F_{B_H}^{(p_\beta)}\left(\frac{\sin\beta}{\kappa\sin\alpha}u\right) \quad (7.5)$$

$$= \frac{1}{\kappa^{H}}\sqrt{\frac{1-j\cot\alpha}{\kappa^2-j\cot\alpha}}\exp\left\{j\frac{u^2}{2}\cot\alpha\left(1-\frac{\cos^2\beta}{\cos^2\alpha}\right)\right\}F_{B_H}^{(p_\beta)}\left(\frac{u}{\kappa}\frac{\sin\beta}{\sin\alpha}\right)$$

由式（7.5）可以发现，$B_H(t')$ 的 FRFT 不能表示成 $B_H(t)$ 的相同变换阶数 FRFT 尺度变换后的形式，而是 $F_{B_H}^{(p_\beta)}(u)$ 的尺度变换及 LFM 调制后的结果。在式（7.5）两边同时取模值可得

$$\left|F_{B_H}^{(p_\alpha)}(u)\right| \overset{\text{s.t.a}}{=} \left|\frac{1}{\kappa^{H}}\sqrt{\frac{1-j\cot\alpha}{\kappa^2-j\cot\alpha}}\exp\left\{j\frac{u^2}{2}\cot\alpha\left(1-\frac{\cos^2\beta}{\cos^2\alpha}\right)\right\}F_{B_H}^{(p_\beta)}\left(\frac{u}{\kappa}\frac{\sin\beta}{\sin\alpha}\right)\right|$$

$$= \frac{1}{|\kappa|^{H}}\sqrt[4]{\frac{1+\cot^2\alpha}{\kappa^4+\cot^2\alpha}}\left|F_{B_H}^{(p_\beta)}\left(\frac{u}{\kappa}\frac{\sin\beta}{\sin\alpha}\right)\right| \quad (7.6)$$

由式（7.6）可以得到，在某一变换阶数下，$B_H(t)$ 的 FRFT 谱的模值（幅度）在严格意义下并不是尺度不变的，且随着尺度 κ 变化，变换阶数 p_β 也发生变化。换言之，在变换阶数 p 不变的条件下，自相似过程的 FRFT 谱并不具有严格的单一分形特性，FRFT 谱在不同尺度下表现出的"粗糙"程度不同，因此，对于某一特定变换阶数下的海杂波 FRFT 谱，采用单一分形模型可能引入较大的误差，相对而言，扩展分形模型与多重分形模型更适于建模此种条件下的海杂波 FRFT 谱。

虽然在同一变换阶数下 FRFT 谱不具有单一分形特性，但在某些特定变换阶数下 FRFT 谱之间存在近似的单一分形特性，其中，变换阶数应保持在某一范围内以保证这种近似在误差允许范围内成立。为估计近似单一分形特性成立的变换阶数范围，设定最大允许误差为 5%。由式（7.6）可以观察到，如果尺度 $\kappa\in[16,\ +\infty)$，则旋转角 α 需满足 $|\cot\alpha|\leqslant 1/2$，即 $-2.0344\leqslant\alpha\leqslant-1.1071$ 或 $1.1071\leqslant\alpha\leqslant2.0344$，对应的变换阶数范围约为 $-1.3\leqslant p\leqslant-0.7$ 或 $0.7\leqslant p\leqslant1.3$。由式（7.4）～式（7.6）所示的推导过程可知，尺度变换前后序列的 FRFT 谱对应的变换阶数存在如下关系，即 $\tan\beta=\kappa^2\tan\alpha$ 或 $\tan(p_\beta\pi/2)=\kappa^2\tan(p_\alpha\pi/2)$。这表明，若 p_α 保

持不变，则 p_β 随着尺度 κ 的变化而变化，换言之，这种近似单一分形特性存在于同一序列的一系列特定变换阶数下的 FRFT 谱之间。表 7.1 给出了 p_α 值分别为 0.9 和 1.15 时对应于不同尺度 κ 的 p_β 值及 $\sin\beta/\sin\alpha$ 值。在不同 p_α 取值条件下的分析可以发现，p_β 值均位于 $-1.3 \leqslant p \leqslant -0.7$ 或 $0.7 \leqslant p \leqslant 1.3$ 范围内，且可以认为 $\sin\beta/\sin\alpha$ 值近似为 1（误差不超过 3%）。此时，式（7.6）可进一步简化为

$$\left| F_{B_H}^{(p_\alpha)}(u) \right| \overset{\text{s.t.a}}{=} \frac{1}{|\kappa|^{H+1}} \left| F_{B_H}^{(p_\beta)}\left(\frac{u}{\kappa}\right) \right| \tag{7.7}$$

式（7.7）表明，在统计意义下，当允许误差在 5% 以内以及变换阶数在 $-1.3 \leqslant p \leqslant -0.7$ 或 $0.7 \leqslant p \leqslant 1.3$ 范围内时，若变换阶数 p_α 与 p_β 满足关系 $\tan(p_\beta\pi/2) = \kappa^2\tan(p_\alpha\pi/2)$，则与 p_α、p_β 相对应的一系列 FRFT 谱之间存在近似单一分形特性（或称为近似单一自相似性）。

表 7.1　对应于不同尺度 κ 的 p_β 值及 $\sin\beta/\sin\alpha$ 值

$\log_2(\kappa)$	$p_\alpha=0.9$		$p_\alpha=1.15$	
	p_β	$\sin\beta/\sin\alpha$	p_β	$\sin\beta/\sin\alpha$
1.0	0.974805494997407	1.01167236016807	−0.961836061609877	−1.02656782084693
1.5	0.987397813064950	1.01226675967459	−0.980900871503962	−1.02795241559614
2.0	0.993698289184446	1.01241552332700	−0.990448286495991	−1.02829944055453
2.5	0.996849067406706	1.01245272448925	−0.995223874454923	−1.02838625172288
3.0	0.998424524054632	1.01246202542059	−0.997611903624073	−1.02840795795054
3.5	0.999212260821209	1.01246435069348	−0.998805947611480	−1.02841338472222
4.0	0.999606130259841	1.01246493201421	−0.999402973280666	−1.02841474142857
4.5	0.999803065111075	1.01246507734454	−0.999701486574699	−1.02841508060599
5.0	0.999901532553182	1.01246511367714	−0.999850743279145	−1.02841516540040
5.5	0.999950766276296	1.01246512276029	−0.999925371638547	−1.02841518659901
6.0	0.999975383138111	1.01246512503107	−0.999962685819145	−1.02841519189866
6.5	0.999987691569051	1.01246512559877	−0.999981342909557	−1.02841519322357
7.0	0.999993845784525	1.01246512574070	−0.999990671454776	−1.02841519355480
7.5	0.999996922892263	1.01246512577618	−0.999995335727388	−1.02841519363761
8.0	0.999998461446131	1.01246512578505	−0.999997667863694	−1.02841519365831
8.5	0.999999230723066	1.01246512578726	−0.999998833931847	−1.02841519366348
9.0	0.999999615361533	1.01246512578782	−0.999999416965923	−1.02841519366478
9.5	0.999999807680766	1.01246512578796	−0.999999708482962	−1.02841519366510
10.0	0.999999903840383	1.01246512578799	−0.999999854241481	−1.02841519366518

为验证上述海杂波 FRFT 谱具有近似单一分形特性这一结论，下面通过 Weierstrass 函数产生分形时间序列[2,13]，如图 7.1 所示，其中分形维数 D 分别为 1.2 和 1.8。在此基础上，计算两个分形时间序列的 FRFT 谱，如图 7.2 所示。下面根据式（7.7）建模分形时间序列的 FRFT 谱幅度序列，采用的分形建模方法为文献[13]方法，图 7.3 给出了误差函数 Δ_κ 和 FRFT 域尺度 κ 在双对数坐标下的曲线。由图 7.3 可知，当对数尺度 $\mathrm{lb}\kappa>4$ 时，误差函数的直线拟合效果很好，这意味着存在这样一个尺度区间使分形序列 FRFT 谱幅度序列具有尺度不变性，即在某些特定变换阶数下 FRFT 谱幅度序列具有近似的单一自相似特性。

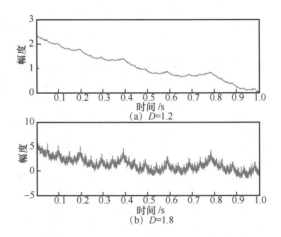

图 7.1 通过 Weierstrass 函数产生的分形时间序列

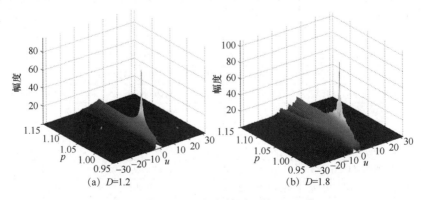

图 7.2 图 7.1 所示分形时间序列的 FRFT 谱

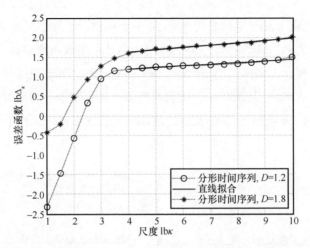

图 7.3　误差函数 Δ_κ 和 FRFT 域尺度 κ 在双对数坐标下的曲线

7.2　FRFT 域海杂波的单一自相似特性与目标检测

由 7.1 节可知，自相似过程的 FRFT 谱在某一变换阶数下不具有严格的单一自相似特性，然而其满足一定条件（需允许 5%的误差）的不同变换阶数下的 FRFT 谱之间具有近似的单一自相似特性。本节主要研究海杂波 FRFT 谱在一系列特定变换阶数下得到的众多 FRFT 谱之间的近似单一自相似特性，并研究目标对海杂波 FRFT 谱近似单一分形特性的影响，以便于后续设计目标检测方法。

7.2.1　实测海杂波数据

采用 X 波段与 C 波段相参雷达实测海杂波数据验证并分析式（7.7）所示的 FRFT 谱近似单一自相似特性，其中，X 波段海杂波数据（X-31#）来自"Osborn Head Database"，是加拿大 McMaster 大学采用 IPIX 雷达对海探测采集得到的，采集数据时雷达天线工作在驻留模式，对某一方位海面长时间照射，观察目标为一漂浮于海面上且包裹着金属网的塑料球体，数据包含 HH 极化与 VV 极化两种情况，SCR 为 0～6 dB，每组数据包含 14 个距离单元，每个距离单元含有 2^{17} 个采样点，对应的序列持续时间为 131.072 s。另外一组海杂波数据（C-56#）是 C 波段雷达对海照射采集得到的，采集数据时雷达天线工作在驻留模式，极化方式为圆极化，雷达 PRF 为 300 Hz，观察目标为一艘运动十分缓慢的小渔船，SCR 为 0～3 dB。图 7.4 给出了 X 波段与 C 波段实测雷达数据海杂波单元与目标单元的时域波形。

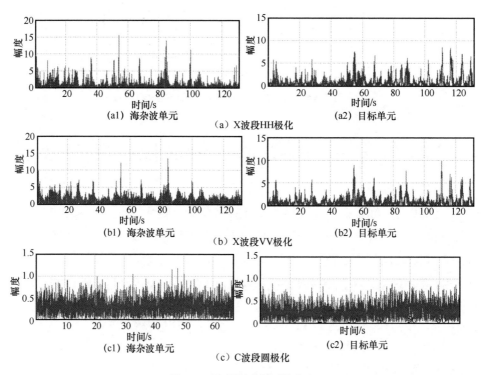

图 7.4　实测雷达数据时域波形

图 7.5 与图 7.6 给出了 3 组实测雷达数据中海杂波单元与目标单元的 FRFT 谱三维图。由图 7.5 直接观察可知，FRFT 对海杂波的能量积聚性不强，没有产生类似于单频信号在频域那样的强尖峰；而由于短时间内海杂波中的机动目标回波可以近似用 LFM 信号来建模，且 FRFT 对 LFM 信号具有良好的积聚性，因此，图 7.6 中所示的 3 组数据目标单元的 FRFT 谱中存在相对较强的尖峰。这里需说明的是，由于

目标本身回波能量较弱，而且短时间内机动目标回波也并不是严格的 LFM 信号，因此，图 7.6 中所示的 FRFT 谱难以形成如同单频信号在频域那样的完美尖峰。另外，7.1 节中在 5%允许误差基础上所得到的变换阶数范围为$-1.3 \leqslant p \leqslant -0.7$ 或 $0.7 \leqslant p \leqslant 1.3$，而由图 7.5 和图 7.6 可知，无论是海杂波单元还是目标单元，FRFT 谱幅度较高（即回波能量得到较好积累）区域所对应的变换阶数 p 的范围为 $0.9 \leqslant p \leqslant 1.3$，满足近似分形特性成立的一个前提条件，这为将分形分析方法引入海杂波 FRFT 谱分析中提供了实验依据。

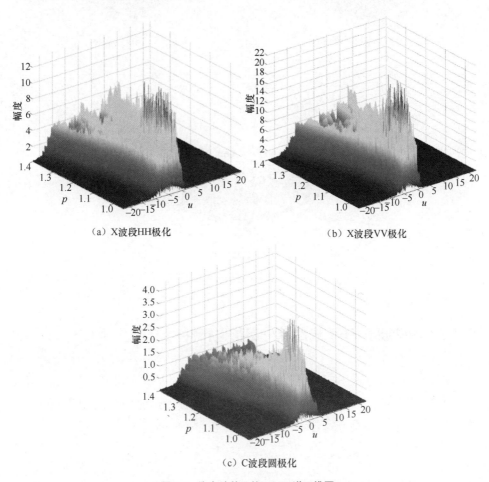

（a）X波段HH极化　　　　　　　　（b）X波段VV极化

（c）C波段圆极化

图 7.5　海杂波单元的 FRFT 谱三维图

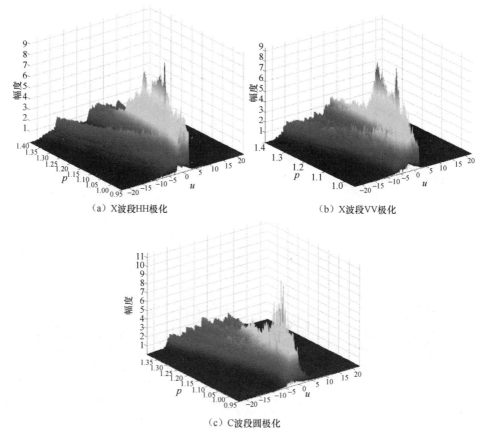

（a）X波段HH极化   （b）X波段VV极化

（c）C波段圆极化

图 7.6   目标单元的 FRFT 谱三维图

7.2.2   海杂波 FRFT 谱的单一自相似特性

下面采用分形模型中的"随机游走"模型[13-14]建模海杂波 FRFT 谱，验证海杂波 FRFT 谱的近似分形特性。"随机游走"模型采用配分函数 $F(\kappa)$ 与尺度 κ 在双对数坐标下的线性关系是否成立来判断序列 x 是否为分形的，即

$$\mathrm{lb}F(\kappa) = \mathrm{lb}\left\{ \mathrm{E}[|\, x_{n+\kappa} - x_n\,|^2]^{1/2} \right\} = H\mathrm{lb}\kappa + \mathrm{const} \tag{7.8}$$

其中，H 为单一 Hurst 指数，且为区别于由时间序列直接得到的时域单一 Hurst 指数

H_t，由 FRFT 谱得到的单一 Hurst 指数记为 H_u。若式（7.8）所示的线性关系成立，则说明序列 x 是分形的，且将线性关系成立的区间称为尺度不变区间。由 7.1 节分析可知，对自相似过程而言，在某一变换阶数下其 FRFT 谱不具有单一自相似性，但在一系列特定的变换阶数下得到的多个 FRFT 谱之间具有近似的单一自相似性，而海杂波时间序列可以用单一自相似过程来刻画[15-18]，因此，由海杂波序列得到的一系列特定 FRFT 谱之间应具有近似单一自相似性。此时，采用式（7.8）分析海杂波 FRFT 谱，则在不同尺度下式（7.8）中 x 代表的是不同变换阶数下的 FRFT 谱幅度序列。图 7.7 给出了图 7.4 所示的 3 组数据在双对数坐标下配分函数 $F(\kappa)$ 与尺度 κ 的关系曲线，这里需说明的是，计算配分函数时并没有使用全部的实测数据，每个距离单元仅截取了长度为 2^{12} 个采样点的一段时间序列。

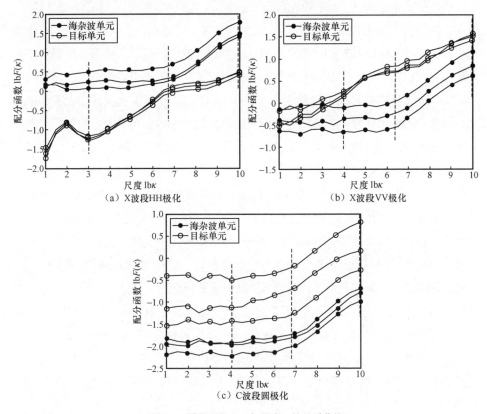

图 7.7　配分函数 $F(\kappa)$ 与尺度 κ 的关系曲线

由图 7.7 可以发现，3 组实测数据海杂波单元在两个尺度区间内呈现近似线性（每个图中 3 条垂直的虚线标明了这两个尺度区间），但在不同尺度区间内海杂波与目标回波的 FRFT 谱所呈现的近似线性却不相同。在 $2^4 \sim 2^7$ 尺度范围内，目标回波 FRFT 谱配分函数的拟合斜率要大于海杂波 FRFT 谱配分函数的拟合斜率；而在 $2^7 \sim 2^{10}$ 尺度范围内，观察结果则完全相反。为量化图 7.7 所示的定性分析结果，图 7.8 和图 7.9 分别给出了 3 组实测数据的 FRFT 谱在图 7.7 所示两个尺度区间内的直线拟合斜率，即单一 Hurst 指数 H_u。由图 7.8 和图 7.9 可以看到，在 $2^4 \sim 2^7$ 尺度范围内，目标单元的 H_u 值要大于海杂波单元的 H_u 值，即海面存在目标时会引起海杂波的 H_u 值变大；在 $2^7 \sim 2^{10}$ 尺度范围内，目标单元的 H_u 值要小于海杂波单元的 H_u 值，即海面存在目标时会引起海杂波的 H_u 值变小，且由图 7.8 和图 7.9 进一步可知，由目标存在引起的海杂波 H_u 值绝对变化量均在 0.1～0.3 范围内。换言之，在 $2^4 \sim 2^7$ 尺度范围内，海杂波单元的 FRFT 谱比目标单元的 FRFT 谱"粗糙"；而在 $2^7 \sim 2^{10}$ 尺度范围内，目标单元的 FRFT 谱比海杂波单元的 FRFT 谱"粗糙"。分析这种现象产生的原因，可能是 FRFT 谱独特的自相似结构引起的，当尺度相对较小时，海杂波单元的 FRFT 谱随变换阶数（与尺度一一对应，如表 7.1 所示）起伏程度大于目标单元，从而海杂波单元在一系列特定变换阶数下得到的 FRFT 谱更"粗糙"；而当尺度相对较大时，目标单元的 FRFT 谱随变换阶数起伏程度大于海杂波单元，此时目标单元在一系列特定变换阶数下得到的 FRFT 谱更"粗糙"。综上所述，由海杂波得到的一系列特定变换阶数下的 FRFT 谱在一定尺度范围内确实呈现近似自相似性，这验证了 7.1 节中得到的海杂波 FRFT 谱具有近似单一分形特性的结论。另外，目标的存在会引起海杂波 FRFT 谱近似单一分形特性发生变化，但这种变化在不同的尺度范围内呈现不同的趋势，以较小尺度观察时目标使海杂波 FRFT 谱的粗糙度下降，以较大尺度观察时目标使海杂波 FRFT 谱的粗糙度上升。

为说明信号经过 FRFT 处理后带来的 SCR 改善以及区分能力的提升，图 7.10 给出了采用时域回波幅度序列直接进行单一分形特性分析（仍采用"随机游走"模型）的结果，其中，H_t 表示直接由时域幅度序列计算得到的单一 Hurst 指数，这里需注明的是，在计算时域分形参数 H_t 时选取的数据段与图 7.8、图 7.9 均相同。

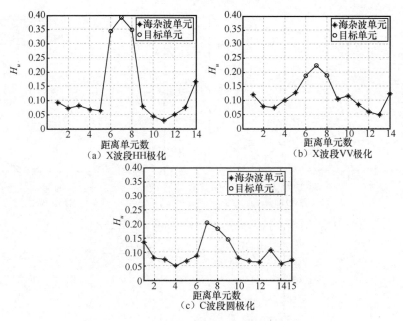

图 7.8　FRFT 域单一 Hurst 指数 H_u（尺度范围为 2^4~2^7）

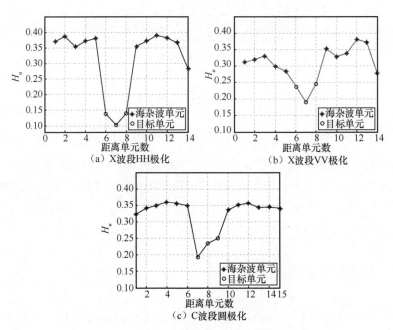

图 7.9　FRFT 域单一 Hurst 指数 H_u（尺度范围为 2^7~2^{10}）

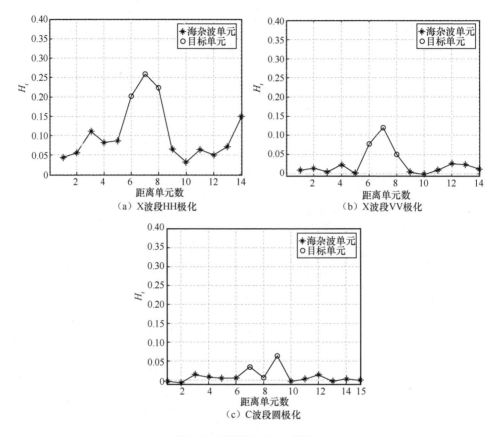

图 7.10 时域单一 Hurst 指数 H_t

对比图 7.10 与图 7.8、图 7.9 可以发现，时域单一 Hurst 指数 H_t 对海杂波与目标的区分程度明显弱于图 7.8 和图 7.9 所示的 FRFT 域单一 Hurst 指数 H_u。这充分说明，经过 FRFT 后，目标回波的能量得到了有效积累，而海杂波由于相位的随机性不能得到有效积累，因此 SCR 得到改善，从而使 FRFT 域单一 Hurst 指数 H_u 对海杂波与目标具有良好的区分能力。

7.2.3 目标检测与性能分析

下面将 FRFT 域单一 Hurst 指数 H_u 应用于海杂波中目标 CFAR 检测。为便于区分，本节将由 $2^4 \sim 2^7$ 尺度区间得到的 FRFT 域单一 Hurst 指数表示为 H_{u1}，由 $2^7 \sim 2^{10}$ 尺度区间得到的 FRFT 域单一 Hurst 指数表示为 H_{u2}，图 7.11 给出了海杂波中目标 CFAR 检测方法的流程。由图 7.11 所示处理流程可知，首先对得到的相参雷达回波按距离单元分别做 FRFT 处理得到 FRFT 谱，然后分析不同变换阶数间 FRFT 谱的自相似性（即近似单一分形特性），由于海杂波 FRFT 谱的配分函数在两个尺度区间内表现出近似线性，且在存在目标时 FRFT 域单一 Hurst 指数变化的绝对量比较相近，另外，由于在不同尺度区间内目标所引起的 FRFT 域单一 Hurst 指数变化的趋势也不同（在较小尺度区间目标会引起 FRFT 域单一 Hurst 指数变大，在较大尺度区间目标会引起 FRFT 域单一 Hurst 指数变小），因此，图 7.11 将基于这两个尺度区间 FRFT 域单一 Hurst 指数的检测方法区分开来，根据选择的尺度区间来决定执行"子流程-1"或"子流程 -2"。这里，假设海面是空间均匀的且各个分辨单元海面间是相互独立的，同时考虑到采用"随机游走"模型建模海杂波 FRFT 谱幅度类似于在各个尺度下进行非相参积累，因此认为由各个距离单元的回波估计得到的 FRFT 域单一 Hurst 指数 H_u 是相互独立的并且近似服从高斯分布。图 7.11 所示检测方法的恒虚警率性能是通过双参数 CFAR 的方法实现的，该方法通过大量独立同分布样本非相参积累构造服从高斯分布的检测统计量，其恒虚警率性能与初始样本具体分布类型无关，检测性能只与虚警概率 P_{fa}、非相参积累数和初始样本的均值与标准差之比有关[19-20]。判决门限是通过采用双参数 CFAR 的方法处理由参考单元生成的 FRFT 域单一 Hurst 指数得到的，然后将其与由检测单元得到的 FRFT 域单一 Hurst 指数进行比较。对于"子流程-1"，当检测单元的 FRFT 域单一 Hurst 指数大于门限 T_1 时判定为目标，否则为海杂波；对于"子流程-2"，当检测单元的 FRFT 域单一 Hurst 指数小于门限 T_2 时判定为目标，否则为海杂波。这里需说明的是，在图 7.11 所示检测流程的"确定尺度区间"步骤中，一旦确定了尺度区间（较小尺度区间或较大尺度区间），则相应地只执行"子流程-1"与"子流程-2"中的一个。一般而言，尺度区间的选择需要有先验信息，可通过对实验数据分析获得。

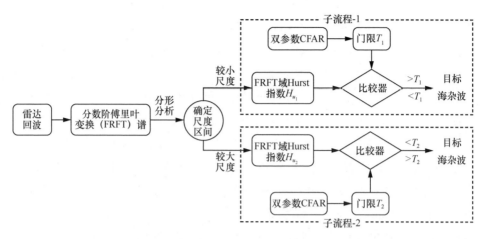

图 7.11　基于 FRFT 域单一 Hurst 指数的目标 CFAR 检测方法流程

　　下面采用图 7.4 所示的 3 组实测数据来分析图 7.11 所示检测方法的检测性能。在实际运用中，每个距离单元的长时间序列被分成互不重叠的 128 段，每段数据包含 1024 个采样点。对每段数据分别采取图 7.11 所示流程计算 FRFT 域单一 Hurst 指数，进行目标检测并统计检测概率。需说明的是，由于每组数据仅包含一个目标，在验证与分析过程中，每组数据仅取其中一个目标距离单元，X 波段雷达 HH 与 VV 极化数据均采用第 7 距离单元（如图 7.8（a）和图 7.8（b）），C 波段圆极化数据采用第 8 距离单元（如图 7.8（c）），实际上采用其他目标单元进行分析可以得到类似的结果。表 7.2 给出了分别利用 FRFT 域单一 Hurst 指数 H_{u1}（子流程 - 1）、FRFT 域单一 Hurst 指数 H_{u2}（子流程 - 2）进行 CFAR 检测方法的检测概率。为与传统的分形检测方法进行比较，表 7.2 还给出了直接利用时域单一 Hurst 指数 H_t 与双参数 CFAR 相结合的检测方法的检测概率，其中每种 CFAR 检测方法的虚警概率 P_{fa} 均设为 10^{-4}。由表 7.2 可以看到，利用 FRFT 域单一 Hurst 指数 H_{u2} 的检测方法检测性能最好，在 3 组数据中均可以达到较高的检测概率，由于 C 波段数据 SCR 较低，所以相对而言其检测概率也略低于其他两组 X 波段数据；而利用 FRFT 域单一 Hurst 指数 H_{u1} 的检测方法性能仅次于利用 FRFT 域单一 Hurst 指数 H_{u2} 的检测方法，虽然两者在图 7.8、图 7.9 所示的曲线上目标与海杂波的区分程度比较接近，但通过更多实测数据的分析可以发现，FRFT 域单一 Hurst 指数 H_{u1} 在存在目标时引起的差异稳定性较差，随着目标本身的起伏 H_{u1} 变化也相对比较剧烈，容易与海杂波重叠而难以区分。但无论利用哪种 FRFT 域单一 Hurst 指数的检测方法，其性能均明显优于直接利用时域单一 Hurst 指数的检测方法，这得益于 FRFT 可以有效地提高 SCR。纵向比较可发现，在 C 波段圆极化数据下，利用 FRFT 域单一 Hurst 指数 H_{u2} 检测方法的性能优势最明显，这是因为该数据在时域本身 SCR 较低，同时其观察目标为一个运动目标，目标回波经 FRFT 后能量得到有效积累，SCR 提升比较明显。另外，基于 FRFT 域单一 Hurst 指数的检测方法在 X 波段 HH 极化条件下的检测概率稍高于 VV 极化条件下的检测概率，这表明 HH 极化条件下 FRFT 谱更贴近单一分形模型，即具有更明显的单一分形特性。

表 7.2　CFAR 检测方法的检测概率（$P_{fa}=10^{-4}$）

CFAR 检测方法	X 波段 HH 极化	X 波段 VV 极化	C 波段圆极化
利用 FRFT 域单一 Hurst 指数 H_{u1}	88.28%	78.13%	55.47%
利用 FRFT 域单一 Hurst 指数 H_{u2}	93.75%	88.28%	85.94%
直接利用时域单一 Hurst 指数 H_t	64.84%	52.34%	12.50%

综上所述，基于 FRFT 域单一 Hurst 指数的 CFAR 检测方法相对于传统的基于时域单一 Hurst 指数的检测方法具有性能上的优势，并且通过大约 10^3 个采样点即可获得比较稳定的差异分形特征，与传统时域单一 Hurst 参数估计所需采样点数（2000 个点以上）相比，降低了数据量的要求。但由于需要计算一系列变换阶数下的 FRFT 谱，该方法运算量较大，比较耗时。此外，由于缺乏不同天气、海情、极化等条件下比较完整的实测数据，本节所示的分析方法以及检测方法的性能验证不充分。下一步将继续深入研究以提升方法的实时性，并获取更多不同条件下的数据进行验证。

7.3　FRFT 域海杂波的扩展自相似特性与目标检测

由式（7.6）可知，在某一变换阶数下，$B_H(t)$ 的 FRFT 谱的模值（幅度）在严格意义下不是单一自相似的，即在某一变换阶数 p 下得到的海杂波 FRFT 谱在不同尺度下表现出的"粗糙"程度并不相同。因此，对于此条件下海杂波 FRFT 谱，应采用可以对局部自相似性进行精细刻画的分形参数来描述，如扩展分形参数、多重分形参数等，若采用单一分形参数来描述则可能会引入较大的误差，下面主要介绍采用扩展自相似过程描述海杂波 FRFT 谱在各尺度下的局部自相似性。

考虑到 FRFT 可以对海面机动目标的速度和加速度信息同时进行补偿，从而对目标回波产生很好的能量聚集性[5]，有效提升 SCR，同时考虑到海杂波 FRFT 谱序列在各尺度下的粗糙度难以保证相同，这里将扩展自相似过程引入海杂波 FRFT 谱分析中，即采用扩展分形分析方法直接分析 FRFT 谱序列的局部粗糙度，并研究各尺度下海杂波单元与目标单元 FRFT 域多尺度 Hurst 指数的特性，利用海杂波与目标回波 FRFT 域多尺度 Hurst 指数的差异设计目标 CFAR 检测器并进行性能分析。

7.3.1 海杂波 FRFT 谱的扩展自相似特性

采用 S 波段与 C 波段雷达实测数据的 FRFT 谱进行扩展自相似特性分析，其中，S 波段雷达数据（S-46#）来自 S 波段雷达对海探测实验，数据采集时雷达天线工作于驻留模式，极化方式为 VV 极化，雷达 PRF 为 650 Hz，观察目标为一艘远离雷达缓慢运动的小船，其平均 SCR 为 0~3 dB，径向采样率为 20 MHz；另外一组海杂波数据（C-15#）是由 C 波段雷达对海照射采集得到的，数据采集时天线工作在驻留模式，极化方式为圆极化，雷达 PRF 为 300 Hz，观察目标为一艘海面上随浪浮动的渔船，此组数据平均 SCR 为 1~6 dB，径向采样率为 20 MHz。图 7.12 给出了两组雷达实测数据的归一化时域波形，可见两组海杂波数据的起伏方式明显不同，这与雷达波段、发射功率、分辨率、极化方式、海情以及海面散射能力有关，另外可发现两组数据的海杂波单元与目标单元在幅度上难以直接区分开，这主要与两组海杂波数据的 SCR 均较低有关。图 7.13 和图 7.14 分别给出了两组海杂波数据在不同变换阶数和最佳变换阶数 p_{opt} 下的 FRFT 谱。由图 7.13 和图 7.14 可以看到，随着变换阶数 p 的变化，海杂波 FRFT 谱的形态也发生变化，直至达到最佳变换阶数 p_{opt} 时，海杂波 FRFT 谱在"分数频率"u 域上收敛到较小的范围，并且峰值达到最大值，其中，S-46#海杂波在

p_{opt}=1.0330、u=−1.912 时峰值达到最大值；C-15#海杂波在 p_{opt}=1.0050、u=−2.819 时峰值达到最大值。由 FRFT 的性质可知，p、u 与所描述对象的速度、加速度紧密相连[4]，从而可推得在采集这两组数据时所观察海面的 Bragg 浪均远离雷达运动，且均具有微弱的加速度，但两者之间的速度与加速度均不相同，这从侧面反映了海面的运动状态会随着地域、天气以及观察条件等因素的变化而发生变化。

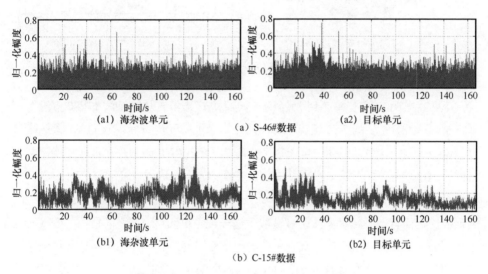

(a1) 海杂波单元　　　　　　　　　　(a2) 目标单元

（a）S-46#数据

(b1) 海杂波单元　　　　　　　　　　(b2) 目标单元

（b）C-15#数据

图 7.12　雷达实测数据的归一化幅度时域波形

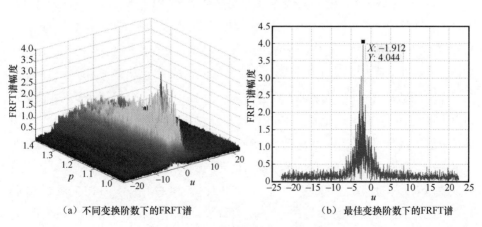

（a）不同变换阶数下的 FRFT 谱　　　　　　（b）最佳变换阶数下的 FRFT 谱

图 7.13　S-46#数据海杂波单元的 FRFT 谱

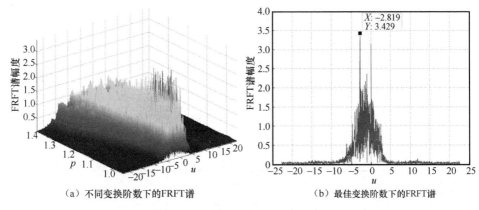

（a）不同变换阶数下的FRFT谱 　　　（b）最佳变换阶数下的FRFT谱

图 7.14　C-15#数据海杂波单元的 FRFT 谱

下面将对图 7.13 和图 7.14 所示的 S 波段和 C 波段雷达海杂波 FRFT 谱进行扩展自相似特性分析。图 7.15 给出了各尺度下海杂波单元与目标单元 FRFT 谱的多尺度 Hurst 指数。这里需说明的是，每个距离单元的 FRFT 谱均是在最佳变换阶数下得到的，所采用的时间序列长度以及 FRFT 谱长度均为 2048 点。由图 7.15 可以观察到，无论是 S 波段还是 C 波段雷达数据，海杂波单元 FRFT 谱的多尺度 Hurst 指数均随着尺度变化而有较大起伏，且在 C 波段下这一现象更明显，这说明在同一变换阶数下得到的 FRFT 谱在各尺度下具有不同的粗糙度。另外，比较每组雷达数据海杂波单元与目标单元 FRFT 谱的多尺度 Hurst 指数曲线可以发现，在 $2^1 \sim 2^4$ 尺度范围内，目标单元 FRFT 谱的多尺度 Hurst 指数大于海杂波单元 FRFT 谱的多尺度 Hurst 指数，两者有较明显的区别且差异较稳定；在 2^8 尺度左右，当 SCR 较高时（如 C-15#数据），目标单元 FRFT 谱的多尺度 Hurst 指数小于海杂波单元 FRFT 谱的多尺度 Hurst 指数，但这一差异并不稳定，当 SCR 较低时（如 S-46#数据），这一差异明显减弱甚至消失；在其他尺度范围内，两者基本混叠在一起而难以区分，分析其他多组实测数据可以得到类似的结果。这说明，在 FRFT 域 $2^1 \sim 2^4$ 尺度范围内海杂波 FRFT 谱对目标较敏感，目标的存在会引起海杂波 FRFT 谱不规则性降低，粗糙度减弱；而在 2^8 尺度左右，目标单元 FRFT 谱的不规则程度要高于海杂波单元的 FRFT 谱。出现这种现象是因为运动目标的回波在短时间内可以建模为 LFM 信号，FRFT 对 LFM 信号具有很好的积累效果（形成一个完美的尖峰），而对海杂波的积累效果远不如对

LFM 信号的积累效果。再结合多尺度 Hurst 指数计算过程可知，在小尺度条件下计算 FRFT 谱多尺度 Hurst 指数时，目标单元 FRFT 谱中目标回波部分的能量被大大削弱，海面回波部分的能量虽削弱较少，但其总能量相对海杂波单元而言很低，而海杂波单元 FRFT 谱中海杂波能量相对较高且被较多地保留，从而在小尺度条件下海杂波单元的 FRFT 谱能较完整地呈现海杂波在 FRFT 域的能量起伏状况，而目标单元 FRFT 谱则只能反映出微弱的 FRFT 域海杂波能量的起伏状况，因此，小尺度下海杂波单元 FRFT 谱的不规则程度更高，从而对应的多尺度 Hurst 指数较小。反之，在大尺度条件下计算 FRFT 域多尺度 Hurst 指数时，目标单元 FRFT 谱中目标回波部分的能量得到较大程度的保留，相对而言海面回波部分的能量削弱程度较大，同样，海杂波单元 FRFT 谱中海杂波能量的削弱程度也较大，使目标单元 FRFT 谱的不规则程度高于海杂波单元 FRFT 谱的不规则程度，从而在大尺度条件下目标单元对应的 FRFT 域多尺度 Hurst 指数较小。

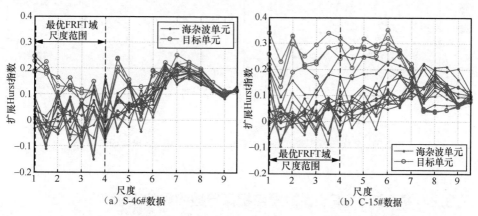

(a) S-46#数据   (b) C-15#数据

图 7.15 各尺度下海杂波单元与目标单元 FRFT 谱的多尺度 Hurst 指数

这里将海杂波单元和目标单元有明显区别的 FRFT 域尺度称为最优 FRFT 域尺度，由上述分析可知，以上两组数据的最优 FRFT 域尺度范围为 $2^1 \sim 2^4$，由于海情、噪声以及采集量化误差等的影响，最优 FRFT 域尺度通常不固定在某一个尺度上，而是在一个较小的尺度范围内变化。图 7.16 给出了最优 FRFT 域尺度下各个距离单元 FRFT 谱的多尺度 Hurst 指数，可见在最优 FRFT 域尺度下，海杂波单元与目标单元差异比较明显。作为对比，图 7.16 还给出了采用同样的数据计算得到的时域单一 Hurst 指数和时域多尺度 Hurst 指数的计算结果，可以明显看到，FRFT 域多尺度 Hurst 指数对海杂波与目标的区分效果明显优于时域单一 Hurst 指数和时域多尺度 Hurst 指数，其中，时域单一 Hurst 指数区分效果最差。FRFT 域多尺度 Hurst 指数的良好区分效果得益于时域信号经过 FRFT 后 SCR 得到了很大改善，同时由于选取在最优 FRFT 域尺度下区分海杂波与目标，进一步提升了区分效果。

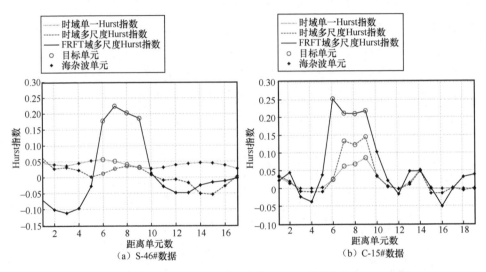

图 7.16　最优 FRFT 域尺度下各个距离单元 FRFT 谱的多尺度 Hurst 指数

7.3.2　海杂波 FRFT 谱扩展自相似参数的影响因素

由于扩展自相似性分析是针对雷达回波的 FRFT 谱进行的，而变换阶数 p 和用于计算 FRFT 谱的时间序列长度 L_t 必然会对 FRFT 谱产生影响，从而影响 FRFT 域的多尺度 Hurst 指数，因此，下面将详细分析变换阶数 p 和时间序列长度 L_t 对 FRFT 域的多尺度 Hurst 指数的影响。

图 7.17 和图 7.18 给出了 S 波段和 C 波段两组数据在最佳变换阶数下 FRFT 谱的多尺度 Hurst 指数随时间序列长度 L_t 的变化情况。由图 7.17 和图 7.18 可以观察到，

最优 FRFT 域尺度随时间序列长度 L_t 增加有扩大的趋势，且在最优 FRFT 域尺度下海杂波单元与目标单元的可分性增强。在每个 FRFT 域尺度下，由各个海杂波单元 FRFT 谱得到的多尺度 Hurst 指数随 L_t 增加"凝聚"到一起，即计算得到的多尺度 Hurst 指数随 L_t 增加趋于稳定。这是因为随着用于计算 FRFT 谱的时间序列长度 L_t 增加，SCR 也不断得到提升，从而使海杂波单元与目标单元的可分性增强，同时由于得到的 FRFT 谱序列长度也增加，即有更多采样点参与 FRFT 域多尺度 Hurst 指数的计算，因此，估计到的 FRFT 域多尺度 Hurst 指数误差降低，趋于稳定。

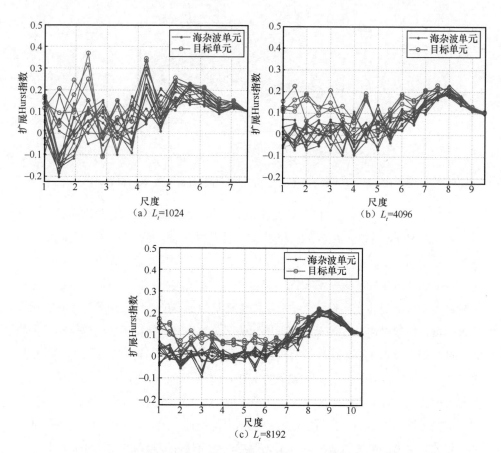

图 7.17　最佳变换阶数下不同 L_t 对应的多尺度 Hurst 指数（S-46#数据）

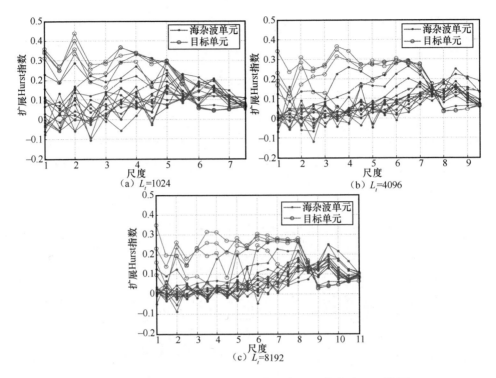

图 7.18 最佳变换阶数下不同 L_t 对应的多尺度 Hurst 指数（C-15#数据）

图 7.19 和图 7.20 分别给出了 S 波段和 C 波段两组数据在不同变换阶数下 FRFT 谱的多尺度 Hurst 指数。由图 7.19 和图 7.20 可以观察到，最优 FRFT 域尺度范围随变换阶数增加基本保持不变，仍主要集中于 $2^1\sim2^4$ 范围内，这说明 FRFT 谱的多尺度 Hurst 指数对变换阶数并不敏感。实际上通过多组实测数据分析可知，当实际变换阶数稍微偏离最佳变换阶数（约在最佳变换阶数的±30%范围内）时，FRFT 域多尺度 Hurst 指数对海杂波单元和目标单元的区分效果基本保持不变。这一结论为简化 FRFT 域多尺度 Hurst 指数计算提供了很好的实验支撑。若每个距离单元的多尺度 Hurst 指数均针对最佳变换阶数下的 FRFT 谱求取，则在处理每个距离单元的数据时都要搜索 FRFT 谱的最大峰值从而得到最佳变换阶数，运算量巨大，十分耗时。如若根据上述结论，首先分析雷达实验数据求得将各个距离单元的最佳变换阶数，然后将实际变换阶数设置成相同的值（保持在所有最佳变换阶数±30%的范围内），即统一变换阶数，则可避免重复搜索最大峰值，简化运算，降低运算量。

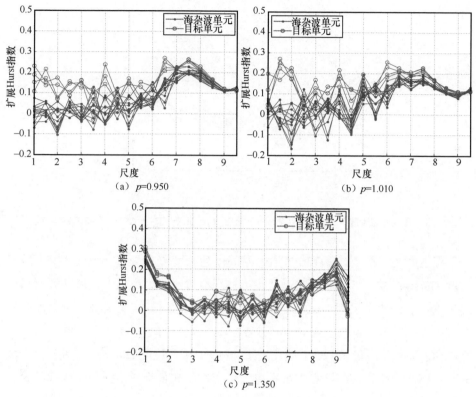

图 7.19　不同变换阶数下海杂波 FRFT 谱的多尺度 Hurst 指数（S-46#数据，L_t=3072）

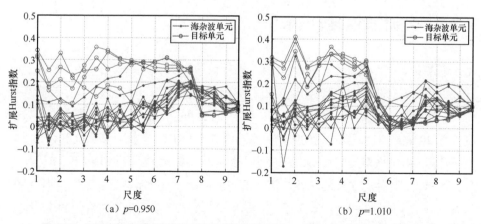

图 7.20　不同变换阶数下海杂波 FRFT 谱的多尺度 Hurst 指数（C-15#数据，L_t=3072）

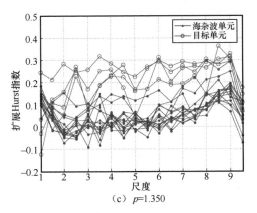
（c）p=1.350

图 7.20　不同变换阶数下海杂波 FRFT 谱的多尺度 Hurst 指数（C-15#数据，L_t=3072）（续）

综上所述，用于计算 FRFT 谱的时间序列长度 L_t 主要影响最优 FRFT 域多尺度 Hurst 指数，当目标没有运动出当前距离单元时，L_t 越大，海杂波与目标回波 FRFT 谱的多尺度 Hurst 指数差异越稳定，同时，最优 FRFT 域尺度范围也有扩大的趋势，兼顾运算量和区分效果，L_t 取值一般在 1500～3000 个采样点范围内。另外，在最优 FRFT 域尺度下，FRFT 域多尺度 Hurst 指数对变换阶数 p 不敏感，因此，实际计算中可采用统一变换阶数替代一系列最佳变换阶数，以降低运算量。

7.3.3　目标检测与性能分析

下面以 FRFT 域多尺度 Hurst 指数为特征设计海杂波中目标的 CFAR 检测方法并分析其检测性能。图 7.21 给出了利用 FRFT 域多尺度 Hurst 指数的目标检测方法流程。该检测方法工作流程介绍如下：对于接收到的雷达回波时间序列（设定其长度 L_t 为 2048 点），根据选取的统一变换阶数进行 FRFT，然后，在最优 FRFT 域尺度下计算 FRFT 域多尺度 Hurst 指数，并与给定虚警概率 P_{fa} 下得到的门限 T 进行比较，若 FRFT 域多尺度 Hurst 指数高于门限 T，则判决为目标单元；反之，则判决为海杂波单元。其中，检测门限 T 采用 CFAR 检测方法产生，由于在最优 FRFT 域尺度下海杂波单元与目标单元 FRFT 谱的多尺度 Hurst 指数的分布类型难以准确判定，因此这里仍采用双参数 CFAR 检测方法；统一变换阶数是通过雷达实验数据获取的，搜索实验数据中每个距离单元的最佳变换阶数，根据所有距离单元的最佳变换阶数确定统一变换阶数的范围，然后在此范围内选取确定统一变换阶数；最优 FRFT 域尺度范围是通过大量实验数据分析得来的，当 L_t 为 2048 点时，尺度 $2^1 \sim 2^4$ 是一个可用的最优 FRFT 域尺度范围。这里需说明的是，最优 FRFT 域尺度还难以实现自动选取，其与海情和雷达工作状态密切相关，若在实时实现海情判定基础上结合雷达工作参数可能实现最优 FRFT 域尺度自动选取。目前，可通过分析大量各种条件下的实验数据建立数据库，以辅助选取统一变换阶数和最优 FRFT 域尺度范围。

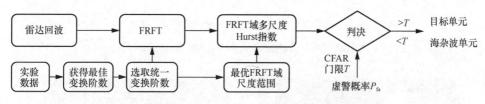

图 7.21　利用 FRFT 域多尺度 Hurst 指数的目标检测方法流程

利用图 7.21 给出的基于 FRFT 域多尺度 Hurst 指数的海杂波中目标检测方法，并结合 7.3.2 节中分析得到的结论进行合理的参数设定，对 S-46#和 C-15#数据进行处理并计算其检测概率 P_d，其中虚警概率 P_{fa} 预先设定为 10^{-3}。图 7.22 和图 7.23 分别给出了对 S 波段和 C 波段雷达数据采用所提检测方法的检测结果，为便于对比观察，图 7.22 和图 7.23 中同时给出了两组实测数据的时间–距离–幅度图形。由图 7.22 和图 7.23 可明显观察到，所提检测方法可以在较低 SCR 条件下有效地检测海杂波中的目标，由于 S-46#数据的 SCR 低于 C-15#数据，因此，所提检测方法在 C-15#数据中的检测效果相对较优，在 S-46#数据中的检测效果相对较差且虚警较多。为进行定量比较，表 7.3 给出了所提检测方法在 S-46#数据和 C-15#数据中的检测概率，同时还给出了采用时域单一 Hurst 指数和时域多尺度 Hurst 指数与双参数 CFAR 相结合的目标检测方法的检测概率。由表 7.3 可明显得到，所提检测方法的检测性能优于其他两种分形 CFAR 检测方法，这得益于原始回波信号经过 FRFT 后 SCR 得到有效提升，从而使得在 FRFT 域多尺度 Hurst 指数区分海杂波单元和目标单元的能力增强。

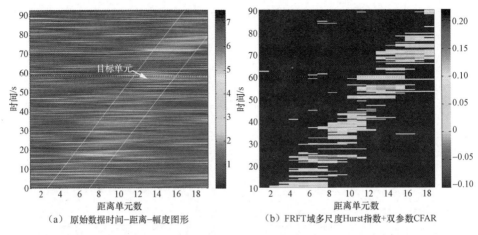

（a）原始数据时间−距离−幅度图形　　　　（b）FRFT域多尺度Hurst指数+双参数CFAR

图 7.22　利用所提检测方法对 S-46#数据处理前后对比

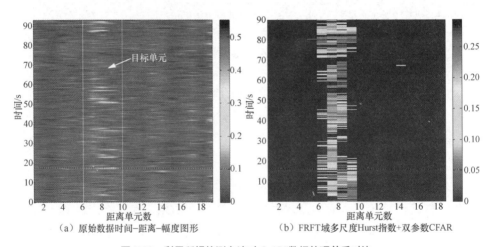

（a）原始数据时间−距离−幅度图形　　　　（b）FRFT域多尺度Hurst指数+双参数CFAR

图 7.23　利用所提检测方法对 C-15#数据处理前后对比

表 7.3　3 种海杂波中目标的分形检测方法的检测概率（$P_{fa}=10^{-3}$）

目标检测方法	S-46#数据	C-15#数据
FRFT 域多尺度 Hurst 指数+双参数 CFAR	77.72%	83.51%
时域多尺度 Hurst 指数+双参数 CFAR	59.59%	67.74%
时域单一 Hurst 指数+双参数 CFAR	38.34%	45.16%

7.4 FRFT 域海杂波的多重自相似特性与目标检测

由 7.1 节可知，在变换阶数 p 不变的条件下，海杂波 FRFT 谱并不具有严格的单一分形特性，其在不同的局部区域可能存在不同的自相似性，因此，若对某一特定变换阶数下的海杂波 FRFT 谱采用单一分形模型建模，则可能引入较大的误差，本节采用多重分形模型对此种条件下的海杂波 FRFT 谱进行建模。与 7.3 节中的扩展自相似过程按照尺度层次依次研究自相似性不同，多重分形模型将不同测度依照出现概率划分成一系列的测度子集，然后分别赋予不同的幂次以反映不同测度子集的自相似性。将多重分形分析方法引入某一变换阶数下海杂波 FRFT 谱分析中，提取 FRFT 域多重分形特征，可以充分利用 FRFT 对匀加速类机动目标回波能产生较好的能量聚集性从而有效提升 SCR 的优点，以期提升海杂波与目标的区分能力。

7.4.1 海杂波 FRFT 谱的多重自相似特性与参数估计

本节主要采用 S 波段与 C 波段雷达实测海杂波数据 FRFT 谱进行多重分形特性验证与分析，其中，S 波段雷达数据为 S-46#数据，C 波段雷达数据为 C-15#数据，这两组数据的详细情况在 7.3.1 节中已有详细介绍，此处不再赘述。由于后续分析中涉及海杂波的 FRFT 谱图形，因此，为便于后续的分析说明，这里重新给出两组海杂波数据的 FRFT 谱，分别如图 7.24 和图 7.25 所示。

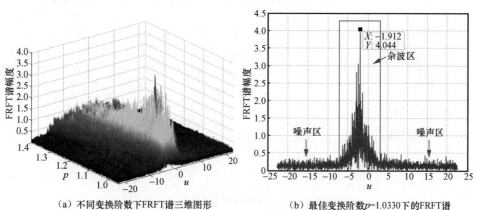

（a）不同变换阶数下 FRFT 谱三维图形　　　　（b）最佳变换阶数 p=1.0330 下的 FRFT 谱

图 7.24　S-46#数据海杂波单元的 FRFT 谱

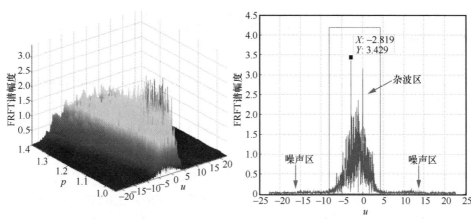

（a）不同变换阶数下FRFT谱三维图形　　　　（b）最佳变换阶数p=1.0050下的FRFT谱

图 7.25　C-15#数据海杂波单元的 FRFT 谱

下面对海杂波 FRFT 谱序列进行简单的统计特性分析。图 7.26（a）～图 7.26（d）分别给出了 S-46#和 C-15#两组雷达数据海杂波单元 FRFT 谱幅度及幅度增量的统计直方图与分布拟合结果。由图 7.26 直观观察可发现，无论是海杂波 FRFT 谱幅度还是 FRFT 谱幅度增量，其直方图均具有较长拖尾，分布类型明显偏离正态分布。比较每个图中给出的 3 种统计分布拟合效果可发现，对数正态分布的整体拟合效果相对较好，但其对实测数据直方图拖尾部分的贴合度依然不能令人满意。

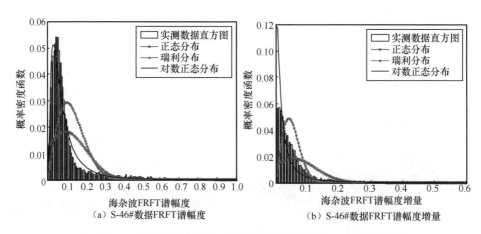

（a）S-46#数据FRFT谱幅度　　　　（b）S-46#数据FRFT谱幅度增量

图 7.26　海杂波 FRFT 谱幅度及幅度增量的直方图统计与分布拟合结果

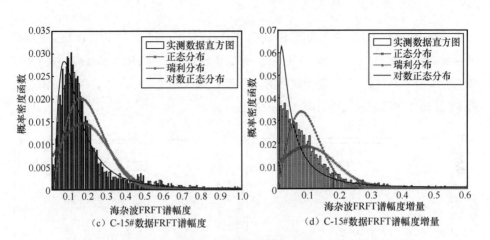

（c）C-15#数据FRFT谱幅度　　　　（d）C-15#数据FRFT谱幅度增量

图 7.26　海杂波 FRFT 谱幅度及幅度增量的直方图统计与分布拟合结果（续）

图 7.27（a）～图 7.27（d）分别给出了 S-46#和 C-15#两组海杂波数据 FRFT 谱幅度及幅度增量的均值和自相关函数随 FRFT 谱序列段数的变化情况。在计算过程中，海杂波 FRFT 谱序列被分成互不交叠的 20 段，每段 2000 个采样点，分别计算每段 FRFT 谱序列的幅度和幅度增量的均值与自相关函数，其中，图 7.27（b）和图 7.27（d）所示的自相关函数结果是从每段数据的自相关函数计算结果中取第 1900 个值得到的（实际上，取其他值时可以得到类似的结果）。由图 7.27 可知，两组海杂波数据 FRFT 谱幅度的均值都随数据段数起伏不定，而 FRFT 谱幅度增量的均值则十分接近于 0，且不随数据段数发生变化；对于自相关函数有同样的结论，即在给定条件下海杂波 FRFT 谱幅度的自相关函数随数据段数发生变化，而海杂波 FRFT 谱幅度增量的自相关函数随数据段数变化相对较小，这说明海杂波 FRFT 谱幅度间有一定的相关性，而 FRFT 谱幅度增量间基本不相关。因此，可以得到如下结论，海杂波 FRFT 谱幅度序列是非平稳的，而其增量序列则可近似认为是平稳的。另外，由图 7.27（b）和图 7.27（d）所示海杂波 FRFT 谱幅度的自相关函数可知，与图 7.24 和图 7.25 中海杂波区域相对应序列段的自相关性较强，而与噪声区域相对应序列段的自相关性较弱。

由于多重分形特性分析涉及序列的长程相关性，因此，下文采用对数方差-尺度法[21]对海杂波 FRFT 谱幅度及幅度增量序列是否具有长程相关性进行检验。根据对数方差-尺度法，当序列对数方差-尺度曲线的斜率大于-1 时，则认为被检验序列具有长程相关性。图 7.28 给出了 S-46#和 C-15#两组海杂波数据 FRFT 谱幅度及幅度增量的对数方差-尺度曲线。由图 7.28 可知,无论是海杂波 FRFT 谱幅度还是 FRFT 谱幅度增量,其对数方差-尺度曲线的拟合直线斜率均明显大于 - 1,因此,海杂波 FRFT 谱幅度和幅度增量均具有长程相关性。

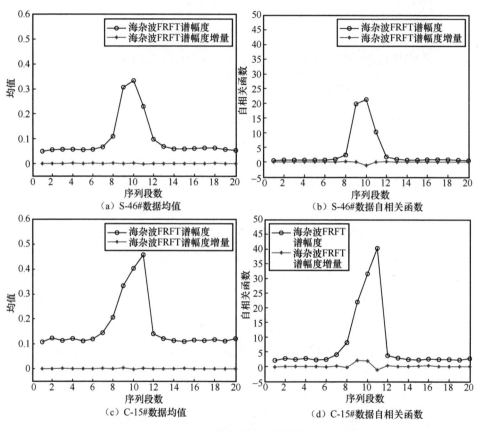

（a）S-46#数据均值

（b）S-46#数据自相关函数

（c）C-15#数据均值

（d）C-15#数据自相关函数

图 7.27　海杂波 FRFT 谱幅度及幅度增量的均值和自相关函数

由上述海杂波 FRFT 谱统计特性分析可知,海杂波 FRFT 谱幅度增量序列是近似平稳的,而海杂波 FRFT 谱幅度序列则是非平稳的,且非平稳性在 FRFT 谱中的海杂波区域表现较为强烈。基于配分函数的标准多重分形分析方法[22-23]对于处理平稳序列可以得到较为准确的结果,而对于处理非平稳序列则可能出现错误,其无法可靠地区分序列所固有的长程相关性和序列所蕴含的慢变趋势[24]，从而使估计到的多重分形参数可能存在较大的误差。多重分形去趋势波动分析（MF-DFA）方法[24-25]是针对非平稳序列提出的分析方法，其首先去除序列所蕴含的慢变趋势，然后采用 q 阶起伏函数分析因序列长程相关性而导致的多重分形特性，避免了慢变趋势引起的非平稳性对原序列多重分形特性的影响，且 MF-DFA 方法在具有紧密支撑的归一化平稳序列条件下与基于配分函数的标准多重分形分析方法是等价的，因此，本节将采用 MF-DFA 方法对海杂波 FRFT 谱幅度及幅度增量序列进行多重分形特性分析并估计相应的多重分形参数——广义 Hurst 指数[24]。

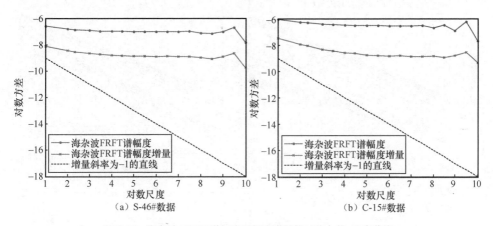

图 7.28　海杂波 FRFT 谱幅度及幅度增量的对数方差-尺度曲线

图 7.29 给出了 S-46#和 C-15#两组海杂波数据 FRFT 谱幅度及幅度增量的 q 阶起伏函数随尺度变化情况。观察可知，双对数坐标下海杂波 FRFT 谱幅度增量序列的起伏函数直线拟合效果较好，而海杂波 FRFT 谱幅度序列的起伏函数直线拟合效果相对较差。这里需注明的是，在采用 MF-DFA 方法处理海杂波 FRFT 谱幅度序列时去趋势阶数 m 为 1，而处理海杂波 FRFT 谱幅度增量序列时不采用去趋势步骤（即考虑增量序列的平稳性，等价于直接采用基于配分函数的标准多重分形分析方法进行处理）。为进一步说明直线拟合效果，此处采用 r 检验法[26]进行一元线性回归显著性检验，在显著性水平 $\alpha=0.01$ 条件下，海杂波 FRFT 谱幅度增量序列起伏函数的一元线性回归效果显著，而海杂波 FRFT 谱幅度序列起伏函数的一元线性回归效果

不显著。究其原因可知，这与 MF-DFA 方法中的去趋势阶数 m 有关，FRFT 谱的多重分形特性重点反映在 FRFT 谱幅度序列中的海杂波区域，MF-DFA 方法中的去趋势步骤消去了大部分海杂波能量，相对而言噪声能量所占比重上升了，这使 FRFT 谱幅度序列的起伏函数受噪声等随机因素影响较大，从而导致一元线性回归效果不显著；而海杂波 FRFT 谱幅度增量序列是由 FRFT 谱幅度序列求增量得来的，在计算增量过程中噪声能量很大部分被消除，相对而言海杂波能量所占比重上升了，从而使 FRFT 谱幅度增量序列能较好地保持海杂波的多重分形特性，因此其一元线性回归效果十分显著。

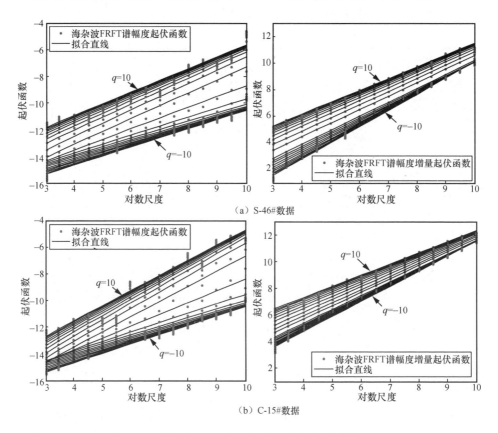

（a）S-46#数据

（b）C-15#数据

图 7.29　海杂波 FRFT 谱幅度及幅度增量的 q 阶起伏函数

　　图 7.30 给出了两组雷达数据 FRFT 谱幅度及幅度增量的广义 Hurst 指数 $h(q)$。由图 7.30 可知，无论是海杂波单元的 FRFT 谱幅度序列还是幅度增量序列，其广义

Hurst 指数 $h(q)$ 均随着指数 q 的变化而呈现明显变化，这说明海杂波单元 FRFT 谱幅度序列和幅度增量序列都是多重分形的，但两者广义 Hurst 指数变化趋势明显不同。以图 7.30（a）为例，海杂波单元 FRFT 谱幅度序列和幅度增量序列的广义 Hurst 指数最大值与最小值之差分别约为 0.45 和 0.25，后者小于前者，且 FRFT 谱幅度增量序列的广义 Hurst 指数随指数 q 变化相对较平缓。由 MF-DFA 方法可知，当指数 $q<0$ 时，广义 Hurst 指数主要反映小起伏特征的自相似性；当 $q>0$ 时，广义 Hurst 指数主要反映大起伏特征的自相似性，且一般对于测度相对差异不大的多重分形序列而言，大起伏特征比小起伏特征通常对应更小的 $h(q)$ 值，也即 $q<0$ 时的 $h(q)$ 值通常大于 $q>0$ 时的 $h(q)$ 值。根据这一结论可知，图 7.30（a）中海杂波单元 FRFT 谱幅度增量序列大、小起伏特征的自相似性差异较小（即两者具有相对较接近的自相似结构），且变化趋势与上述结论一致；而海杂波单元 FRFT 谱幅度序列的变化趋势则与上述结论不相符，即 $q<0$ 时的 $h(q)$ 值小于 $q>0$ 时的 $h(q)$ 值，这主要是由海杂波单元 FRFT 谱的海杂波区域（对应大起伏特征）和噪声区域（对应小起伏特征）内部相关性的差异引起的，并受 MF-DFA 方法中采用一次多项式去趋势有关。由于受到长程相关性以及去趋势等因素综合影响，且考虑到广义 Hurst 指数计算涉及多个中间步骤，难以直接得到长程相关性与不同指数 q 下 $h(q)$ 的对应关系，为此，下文采用同样的一阶 MF-DFA 方法分析乱序后 FRFT 谱幅度序列和幅度增量序列的多重分形特性并计算其广义 Hurst 指数，然后与图 7.30 所示结果进行对比以说明长程相关性的影响。

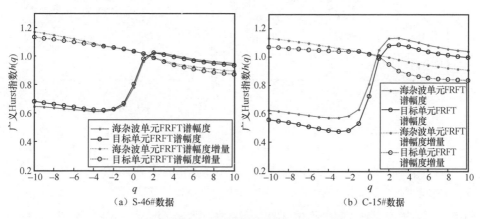

（a）S-46#数据　　　　　　　　　（b）C-15#数据

图 7.30　雷达数据 FRFT 谱幅度及幅度增量的广义 Hurst 指数

在 6.4.2 节中已做过说明，多重分形序列可分为两种，一种是源于概率分布的多重分形序列，另一种是源于大小起伏不同相关性的多重分形序列[24]。对于前一种多重分形序列，对其进行乱序处理，由于统计分布类型不会改变，因此其广义 Hurst 指数也不会改变，即 $h^{\text{shuf}}(q) = h(q)$；对于后一种多重分形序列，乱序后原序列的相关性被破坏，表现出一种简单的随机行为，其 $h^{\text{shuf}}(q) = 0.5$。对于实际序列而言，多重分形特性一般同时受概率分布和相关性影响，乱序处理后序列的多重分形特性会减弱，并主要受概率分布影响。图 7.31 给出了乱序后雷达数据 FRFT 谱幅度及幅度增量的广义 Hurst 指数。对比图 7.30 和图 7.31 中相对应的广义 Hurst 指数曲线可以发现，海杂波单元 FRFT 谱幅度增量序列的广义 Hurst 指数曲线变化相对较小，因此，海杂波单元 FRFT 谱幅度增量序列主要是受概率分布影响的多重分形序列，其受长程相关性影响相对较小；海杂波单元 FRFT 谱幅度序列的广义 Hurst 指数曲线变化相对较大，且主要体现在 $q > 0$ 时（对应于 FRFT 谱中的海杂波区域），因此，海杂波单元 FRFT 谱幅度序列是主要受长程相关性影响的多重分形序列，其受概率分布影响相对较小。

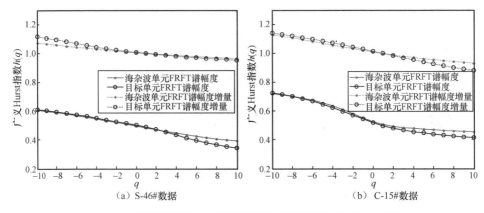

图 7.31　乱序后雷达数据 FRFT 谱幅度及幅度增量的广义 Hurst 指数

图 7.30 和图 7.31 中还给出了目标单元 FRFT 谱幅度序列和幅度增量序列的广义 Hurst 指数曲线，对其进行分析可以得到与上述海杂波单元类似的结论，这里主要关注目标存在对海杂波 FRFT 谱广义 Hurst 指数的影响。由图 7.30 可以看到，目标的存在会使 $q > 0$ 时的广义 Hurst 指数有所降低，比较而言，图 7.30（b）中的差异大

于图 7.30（a）中的差异，这主要是因为 C-15#数据的 SCR 高于 S-46#数据的 SCR。此外，比较图 7.30（b）中 FRFT 谱幅度序列和幅度增量序列的广义 Hurst 指数在目标存在时引起的差异程度可以发现，FRFT 谱幅度增量序列的广义 Hurst 指数对目标存在相对较敏感，这可能是因为在计算增量过程消除了部分噪声能量，目标对海杂波的影响程度可得到一定程度的提升，而对于 FRFT 谱幅度序列而言，去趋势过程可能使目标存在时目标与海杂波的能量一起被消除，从而目标对海杂波的影响程度不易突显出来。实际上观察图 7.30（a）可以得到类似的结果，但由于 S-46#数据的 SCR 较低，目标引起的差异程度不如图 7.30（b）明显。

7.4.2　海杂波 FRFT 谱广义 Hurst 指数的影响因素

由于多重分形分析是针对雷达回波的 FRFT 谱进行的，而变换阶数 p 和用于计算 FRFT 谱的时间序列长度 L_t 必然会对 FRFT 谱产生影响，从而影响 FRFT 域广义 Hurst 指数，因此，下面将详细分析变换阶数 p 和时间序列长度 L_t 对 FRFT 域广义 Hurst 指数的影响。

图 7.32 和图 7.33 分别给出了两组雷达数据 FRFT 幅度序列和幅度增量序列在不同变换阶数 p 下的广义 Hurst 指数（时间序列长度 $L_t=4096$）。由图 7.32 可以观察到，当 $q>0$ 时，随着变换阶数 p 与最佳变换阶数 p_{opt} 之差（即 $|p-p_{opt}|$）逐步增大，广义 Hurst 指数有逐步减小的趋势；当 $q<0$ 时，随着 $|p-p_{opt}|$ 逐步增大，广义 Hurst 指数有增大的趋势，换言之，随着 $|p-p_{opt}|$ 逐步增大，FRFT 谱幅度序列的广义 Hurst 指数在 $q>0$ 时和 $q<0$ 时的差异逐步减小，即多重分形特性有减弱的趋势。这里需说明的是，图 7.32 中所示的变换阶数均是在图 7.13、图 7.14 所示最佳变换阶数 p_{opt} 的较小邻域内选取的，若所选变换阶数 p 明显偏离最佳变换阶数，则海杂波在此 FRFT 域内的能量不能较好地聚集，海杂波 FRFT 谱与噪声 FRFT 谱大范围地混叠在一起，因此对此种情况下的 FRFT 谱不做研究，前述结论也不包含此种情况。由图 7.33 可以观察到，FRFT 谱幅度增量序列的广义 Hurst 指数比图 7.32 所示的 FRFT 谱幅度序列的广义 Hurst 指数受变换阶数 p 的影响程度要小，即 FRFT 谱幅度增量序列的广义 Hurst 指数对 FRFT 的变换阶数不敏感。进一步观察图 7.33 可知，当 $q>0$ 时，广义 Hurst 指数随 $|p-p_{opt}|$ 增大而有轻微增大的趋势，当 $q<0$ 时，没有明显的变化趋势。综合图 7.32 和图 7.33 所示结果可知，

相对于 FRFT 谱幅度序列的广义 Hurst 指数而言，FRFT 谱幅度增量序列的广义 Hurst 指数随变换阶数 p 在 p_{opt} 的某一小邻域内变化而具有一定的稳定性，这有利于后续设计目标检测方法中避免反复搜索最佳变换阶数，从而降低运算量。

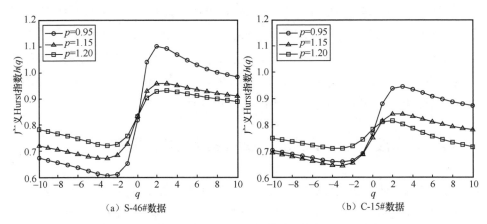

图 7.32　不同变换阶数下海杂波单元 FRFT 谱幅度序列的广义 Hurst 指数（L_t=4096）

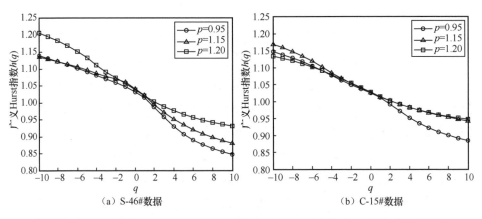

图 7.33　不同变换阶数下海杂波单元 FRFT 谱幅度增量序列的广义 Hurst 指数（L_t=4096）

图 7.34 和图 7.35 分别给出了两组雷达数据 FRFT 谱幅度序列和幅度增量序列在不同时间序列长度 L_t 下的广义 Hurst 指数（变换阶数 p=1.05）。由图 7.34 可以看到，时间序列长度 L_t 对 FRFT 谱幅度序列广义 Hurst 指数的影响主要体现在 $q<0$ 条件下，随 L_t 变化，FRFT 域广义 Hurst 指数值变化较大，而在 $q>0$ 条件下则变化相对较小。

这是因为，$q<0$ 时广义 Hurst 指数主要反映的是小起伏特征（即 FRFT 谱噪声区域的起伏）的自相似结构，当 L_t 较小时，FRFT 谱海杂波区域与噪声区域的幅度差异相对较小，而当 L_t 较大时，FRFT 谱海杂波区域与噪声区域的幅度差异相对较大，且这一较大差异主要是由 FRFT 谱海杂波区域的幅度增加引起的，因此根据起伏函数计算方法，当 $q<0$ 时，较大 L_t 下海杂波 FRFT 谱对起伏函数的影响要小于较小 L_t 下海杂波 FRFT 谱对起伏函数的影响，即较大 L_t 下得到的广义 Hurst 指数在 $q<0$ 时更能反映 FRFT 谱噪声区域的真实自相似结构；反之，当 $q>0$ 时，各 L_t 下 FRFT 谱海杂波区域内部的起伏程度变化不大，同时 FRFT 谱噪声区域在各 L_t 下的起伏结构差异也不大，从而 $q>0$ 时的广义 Hurst 指数值变化相对较小。观察图 7.35 可以发现，时间序列长度 L_t 对 FRFT 谱幅度序列广义 Hurst 指数的影响主要体现在 $q>0$ 条件下，随 L_t 变化，FRFT 域广义 Hurst 指数值变化较大，而在 $q<0$ 条件下则变化相对较小。究其原因，与图 7.34 相似，依然是由大小起伏特征幅度差异的相对变化引起的，不过由于增量序列是对 FRFT 谱幅度序列求增量得来的，这一过程消除了部分噪声能量，海杂波能量也在较大程度上被抵消，此时，大起伏特征（即海杂波区域的起伏）与小起伏特征（即噪声区域的起伏）幅度差异变小，因此，小起伏特征对 $q>0$ 时 FRFT 域广义 Hurst 指数的影响相比于大起伏特征对 $q<0$ 时 FRFT 域广义 Hurst 指数的影响更明显，而随着时间序列长度 L_t 增大，大起伏特征与小起伏特征的幅度差异变大，此时小起伏特征对 $q>0$ 时 FRFT 域广义 Hurst 指数的影响减弱，从而随着 L_t 增大，$q>0$ 时的 FRFT 域广义 Hurst 指数也逐步增大。综合比较图 7.34 和图 7.35 可知，相对于 FRFT 谱幅度序列的广义 Hurst 指数而言，FRFT 谱幅度增量序列的广义 Hurst 指数对 L_t 敏感性较弱，在 L_t 相对较小时也能获得较稳定的广义 Hurst 指数。

综上所述，相对于 FRFT 谱幅度序列的广义 Hurst 指数而言，FRFT 谱幅度增量序列的广义 Hurst 指数对 FRFT 的变换阶数具有较强的适应性，即针对不同的海杂波数据，在计算 FRFT 域广义 Hurst 指数时，FRFT 的变换阶数可在各组海杂波数据各自最佳变换阶数的共同邻域内取某一确定值，避免针对不同数据需反复搜索最佳变换阶数的问题，从而有利于降低运算量。另外，为降低参数估计对样本数据量的需求，并兼顾运算量和参数稳定性等因素，进行 FRFT 时所采用的时间序列长度 L_t 可在 $[2^{10}, 2^{12}]$ 内取值。

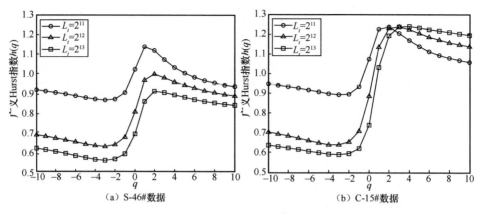

图 7.34　不同 L_t 下海杂波单元 FRFT 谱幅度序列的广义 Hurst 指数（p=1.05）

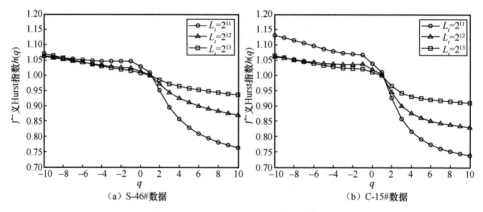

图 7.35　不同时间序列长度 L_t 下海杂波单元 FRFT 谱幅度增量序列的广义 Hurst 指数（p=1.05）

7.4.3　目标检测与性能分析

根据前述结论，本节采用 FRFT 谱幅度增量序列的广义 Hurst 指数设计海杂波中目标的 CFAR 检测方法。图 7.36 给出了所提目标检测方法流程。对于雷达接收到的每个距离单元的回波时间序列，首先根据统一的变换阶数 p 进行 FRFT，并对得到的 FRFT 谱幅度求取增量，得到雷达回波 FRFT 谱幅度增量序列；然后采用 MF-DFA 方法计算 FRFT 谱幅度增量序列的广义 Hurst 指数 $h(q)$，并对各个指数 q

下的广义 Hurst 指数 $h(q)$ 求积分形成检测统计量，与检测门限 T 进行比较，若检测统计量低于门限则认为海杂波中存在目标，反之则认为海杂波中不存在目标。这里需说明的是，根据 7.4.2 节所得结论可知，在进行 FRFT 计算时，不必对每个距离单元的回波数据分别搜索最佳变换阶数，而可根据前期获得的各种条件下的雷达实验数据确定一个合理的统一变换阶数 p，这样可以避免重复搜索最佳变换阶数带来的巨大运算量；检测统计量是通过对 $h(q)$ 求积分得到的，这是因为目标单元与海杂波单元的差异并非仅体现在某个指数 q 下，而是在各个指数 q 下均有差异（如图 7.30 所示），通过求取积分可以将所有的差异积累起来，以便于提升海杂波与目标单元的可分性；门限 T 采用预先给定虚警概率 P_{fa} 的双参数 CFAR 方法产生，采用双参数 CFAR 方法是因为 FRFT 域广义 Hurst 指数的分布类型难以确定，而常见的均值类、有序统计量类等 CFAR 检测方法对背景分布均有着严格的要求[27]，分布类型不匹配可能导致检测性能急剧下降，而双参数 CFAR 检测方法的 CFAR 特性与初始样本具体分布类型无关[19,20,27]，可在一定程度上避免分布类型不匹配带来的性能下降。

图 7.36　利用 FRFT 域广义 Hurst 指数的海杂波中目标 CFAR 检测方法流程

图 7.37 和图 7.38 分别给出了采用图 7.36 所示 CFAR 检测方法对 S-46# 和 C-15# 两组实测雷达数据的处理结果，为便于对比观察，图 7.37 和图 7.38 中同时给出了两组实测数据的时间−距离−幅度图形。在处理过程中，将虚警概率 P_{fa} 设定为 10^{-3}，进行 FRFT 所采用的时间序列长度为 4096 个点，统一的 FRFT 变换阶数 p 为 1.05。由图 7.37 和图 7.38 可明显观察到，所提检测方法可以在较低 SCR 条件下有效地检测海杂波中目标，由于 S-46# 数据的 SCR 低于 C-15# 数据，因此，所提检测方法在 C-15# 数据中的检测效果相对较优，在 S-46# 数据中的检测效果相对较差且虚警较多，并有一定的漏检现象。为进行定量比较，表 7.4 给出了所提检测方法在 S-46# 数据和 C-15# 数据中的检测概率，同时还给

出了采用时域单一 Hurst 指数和时域多尺度 Hurst 指数与双参数 CFAR 相结合的目标检测方法的检测概率。由表 7.4 可明显得到，所提目标检测方法的检测性能优于其他两种分形 CFAR 检测方法，这得益于原始回波信号经过 FRFT 后 SCR 得到有效提升，从而使得在 FRFT 域多尺度 Hurst 指数区分海杂波和目标单元的能力增强。

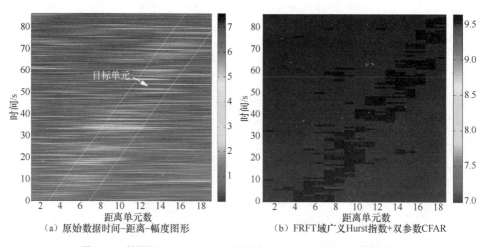

（a）原始数据时间–距离–幅度图形　　　　　　（b）FRFT 域广义 Hurst 指数+双参数 CFAR

图 7.37　利用图 7.36 所示 CFAR 检测方法对 S-46#数据处理前后对比

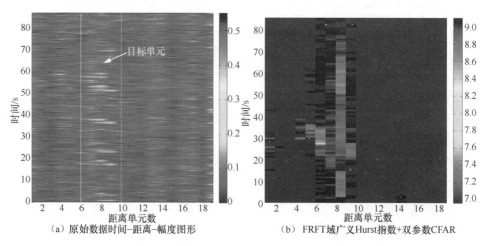

（a）原始数据时间–距离–幅度图形　　　　　　（b）FRFT 域广义 Hurst 指数+双参数 CFAR

图 7.38　利用图 7.36 所示 CFAR 检测方法对 C-15#数据处理前后对比

表 7.4　3 种海杂波中目标的分形检测方法的检测概率（$P_{fa}=10^{-3}$）

目标检测方法	S-46#数据	C-15#数据
FRFT 域广义 Hurst 指数+双参数 CFAR	79.69%	89.06%
时域多尺度 Hurst 指数+双参数 CFAR	59.59%	67.74%
时域单一 Hurst 指数+双参数 CFAR	38.34%	45.16%

参考文献

[1]　NAMIAS V. The fractional order Fourier transform and its application to quantum mechanics[J]. IMA Journal of Applied Mathematics, 1980, 25(3): 241-265.

[2]　ALMEIDA L B. The fractional Fourier transform and time-frequency representations[J]. IEEE Transactions on Signal Processing, 1994, 42(11): 3084-3091.

[3]　OZAKTAS H M, ARIKAN O, KUTAY M A, et al. Digital computation of the fractional Fourier transform[J]. IEEE Transactions on Signal Processing, 1996, 44(9): 2141-2150.

[4]　陶然, 齐林, 王越. 分数阶 Fourier 变换的原理与应用[M]. 北京: 清华大学出版社, 2004.

[5]　MELINO R, TRAN H. Application of the fractional Fourier transform in the detection of accelerating targets in clutter[R]. 2011.

[6]　THAYAPARAN T, STANKOVIĆ L, DAKOVIĆ M. A novel approach for the detection of maneuvering air targets in sea-clutter using high-frequency surface-wave radar[R]. 2005.

[7]　关键, 李宝, 刘加能, 等. 两种海杂波背景下的微弱匀加速运动目标检测方法[J]. 电子与信息学报, 2009, 31(8): 1898-1902.

[8]　陈小龙, 关键, 于仕财, 等. 海杂波背景下基于 FRFT 的多运动目标检测快速算法[J]. 信号处理, 2010, 26(8): 1174-1180.

[9]　FENG S T, HAN D R, DING H P. Experimental determination of Hurst exponent of the self-affine fractal patterns with optical fractional Fourier transform[J]. Science in China Series G: Physics, Mechanics and Astronomy, 2004, 47(4): 485-491.

[10]　CHEN Y Q, SUN R T, ZHOU A H. An improved Hurst parameter estimator based on fractional Fourier transform[J]. Telecommunication Systems, 2010, 43(3): 197-206.

[11]　MANDELBROT B B. The fractal geometry of nature[M]. San Francisco: W.H. Freeman, 1982.

[12]　KENNETH F. 分形几何: 数学基础及其应用[M]. 曾文曲, 刘世耀, 戴连贵, 译. 北京: 人民邮电出版社, 2007.

[13]　LIAW S S, CHIU F Y. Fractal dimensions of time sequences[J]. Physica A: Statistical Mechanics and Its Applications, 2009, 388(15/16): 3100-3106.

[14] HU J, TUNG W W, GAO J B. Detection of low observable targets within sea clutter by structure function based multifractal analysis[J]. IEEE Transactions on Antennas and Propagation, 2006, 54(1): 136-143.

[15] SAVAIDIS S, FRANGOS P, JAGGARD D L, et al. Scattering from fractally corrugated surfaces: an exact approach[J]. Optics Letters, 1995, 20(23): 2357-2359.

[16] LO T, LEUNG H, LITVA J, et al. Fractal characterisation of sea-scattered signals and detection of sea-surface targets[J]. IEE Proceedings F Radar and Signal Processing, 1993, 140(4): 243-250.

[17] GAN D, SHOUHONG Z. Detection of sea-surface radar targets based on multifractal analysis[J]. Electronics Letters, 2000, 36(13): 1144-1145.

[18] FRANCESCHETTI G, IODICE A, MIGLIACCIO M, et al. Scattering from natural rough surfaces modeled by fractional Brownian motion two-dimensional processes[J]. IEEE Transactions on Antennas and Propagation, 1999, 47(9): 1405-1415.

[19] 孟华东, 王希勤, 王秀坛, 等. 与初始噪声分布无关的恒虚警处理器[J]. 清华大学学报(自然科学版), 2001, 41(7): 51-53, 68.

[20] 陈建军, 黄孟俊, 邱伟, 等. 海杂波下的双门限恒虚警目标检测新方法[J]. 电子学报, 2011, 39(9): 2135-2141.

[21] LELAND W E, TAQQU M S, WILLINGER W, et al. On the self-similar nature of Ethernet traffic (extended version)[J]. IEEE/ACM Transactions on Networking, 1994, 2(1): 1-15.

[22] KENNETH F. 分形几何中的技巧[M]. 曾文曲, 王向阳, 陆夷, 译. 沈阳: 东北大学出版社, 2002.

[23] 张济忠. 分形[M]. 2版. 北京: 清华大学出版社, 2011.

[24] KANTELHARDT J W, ZSCHIEGNER S A, KOSCIELNY-BUNDE E, et al. Multifractal detrended fluctuation analysis of nonstationary time series[J]. Physica A: Statistical Mechanics and Its Applications, 2002, 316(1/2/3/4): 87-114.

[25] KANTELHARDT J W, KOSCIELNY-BUNDE E, REGO H H A, et al. Detecting long-range correlations with detrended fluctuation analysis[J]. Physica A: Statistical Mechanics and Its Applications, 2001, 295(3/4): 441-454.

[26] 马逢时, 何良材, 余明书, 等. 应用概率统计[M]. 北京: 高等教育出版社, 1990.

[27] 何友, 关键, 孟祥伟. 雷达目标检测与恒虚警处理[M]. 2版. 北京: 清华大学出版社, 2011.

第 8 章

Hilbert-Huang 变换域海杂波
自相似（分形）特性与目标检测

本章将首先介绍希尔伯特–黄变换（Hilbert-Huang Transform，HHT）的基本原理，然后采用 HHT 处理实测海杂波数据，研究海杂波信号在 Hilbert-Huang 变换域的特性、极化方式对海杂波 Hilbert-Huang 变换域特性的影响，以及目标与海杂波信号在 Hilbert-Huang 变换域的特性差异等，为以后研究海杂波中微弱目标检测的 HHT 方法打下基础。

8.1 Hilbert-Huang 变换简介

HHT 是由黄锷博士等[1]于 1998 年提出的一种全新的信号处理技术，被认为是近年来对以 Fourier 变换为基础的线性或平稳信号分析的一大突破，自问世以来，就受到了众多学者的青睐，已迅速应用到医学、流体力学、结构动力学和机械故障诊断等许多领域[2-6]。HHT 的主要创新点在于它从根本上摆脱了 Fourier 分析的限制，提出了固有模态函数（Intrinsic Mode Function，IMF）的概念，使信号的瞬时频率具有了物理意义，从而能得到非平稳信号完整的时频谱。

在机械故障诊断方面，于德介等[7]研究了 HHT 中的 IMF 判据和端点效应问题，并提出了一系列基于 HHT 的机械故障诊断方法，该方法不仅通过实验得到了验证，而且已应用到实际工程中，并得到了良好的诊断效果；李辉等[8-10]采用 HHT 分析了齿轮裂纹故障、齿轮磨损故障和轴承故障的信号特征，利用其能量谱等对故障进行了诊断，并取得了良好的诊断效果；李贵明等[11]利用 Hilbert 的幅度谱和能量谱对齿轮故障进行了诊断，获得了齿轮故障振动信号发生的时间和故障发生的周期，从而有效地识别齿轮故障类型；祁克玉等[12]研究了经验模态分解（Empirical Mode Decomposition，EMD）方法在烟机摩擦故障诊断中的应用，研究表明，基于 EMD 的滤波轴心轨迹可以准确表示轴心的实际运行轨迹，其轴心运动方向会在摩擦发生部位反转，而且其反转程度可以定性地表示摩擦故障的严重程度；高强等[13]研究了滚动轴承故障的 EMD 诊断方法，研究表明，该方法能够更有效地提取轴承故障特征，诊断轴承故障；吕勇等[14]研究了结合希尔伯特变换及时序分解的弱故障特征信号提取算法，有效地提取了混在强背景信号中的弱故障特征信号；赵国庆等[15]研究了 HHT 在齿轮故障诊断中的应用，研究发现，采用 Hilbert 谱能够较好地诊断齿轮故障；行鸿彦等[16]研究了改进的 HHT 方法在旋转机械故障特征提取中的应用，研究表明，该方法能够克服直接运用 HHT 分解方法时由噪声带来的不必要的干扰，提高了参数提取的准确性，并由此提高了机械故障诊断率。

在地震信号分析方面，公茂盛等[3]和吴琛等[17]采用 HHT 分析了地震信号，结果表明，HHT 非常适合分析地震信号；樊海涛等[18]采用基于 HHT 的结构物损伤诊断方法，研究了如何从结构物地震响应信号中提取模态响应、一阶模态振型和损伤发展规律；曹晖等[19]联合应用 HHT 与小波变换分析地震信号，并得到较好的分析结果；刘强等[20]提出了用地震震动峰值能量的最大值（即时频密度函数的最大值）和峰值系数作为评估地震震动效应强弱的定量指标，初步建立了地震震动效应评估的判据，并用实例验证了该判据的可行性和可靠性；胡灿阳等[21]研究了利用正交 HHT 估计地震地面运动局部谱密度的方法，研究表明，与多重过滤和短时 Fourier 变换相比，该方法估计局部谱密度的速度更快，精度更高。

此外，张维强等[22]和宋立新等[23]研究了基于 HHT 的语音去噪方法和 ECG 信号降噪方法，王晓建等[24]研究了部分 HHT 和 ICA 的混合语音增强算法，张朝柱等[25]研究了基于 HHT 的语音信号分离方法，龚英姬等[26]研究了基于 HHT 的病态嗓音特征提取及识别方法，黄海等[27]研究了基于 HHT 的语音信号共振峰频率估计，万建[28]研究了基于 HHT 的语音识别技术，李合龙[29]研究了 HHT 及其在图像信号处理中的应用，迟慧广[30]研究了基于 HHT 的水雷目标特征提取方法，杨志华[31]研究了 HHT 在字体识别、基音周期检测和脑电图梭形波自动识别中的应用等，且都取得了良好的效果。

　　由于 HHT 方法具有优秀的时频分析能力和自适应分解信号能力等，它也被引入了雷达领域，Cai 等[32]采用 HHT 方法提取植被穿透雷达信号的多普勒频率，取得了良好的效果。李洁群[33]对 HHT 用于超宽带 LFM 信号分析的可行性进行了初步探讨，并指出 HHT 用于线性调频信号的检测和参数估计的优点和难点还需要进一步深入分析与研究。毛炜等[34]提出了一种基于改进 HHT 的非平稳信号时频分析法，实现了高噪声背景下雷达目标信号（线性调频连续波信号）的检测以及干扰信号的提取，研究表明，改进后的 HHT 方法非常适合分析低信噪比非平稳信号。张小蓟等[35]提出了基于 EMD 的舰船噪声特征提取与选择方法，将 IMF 分量及其瞬时频率作为特征，并选择其判别熵作为特征向量的可分性度量，研究结果表明，IMF 分量和频率可以充分体现目标的特征，具有良好的类别可分性。范录宏[36]初步探讨了 HHT 方法在逆合成孔径雷达成像中的应用，采用 HHT 方法实现了对单目标和两目标的成像，并指出应用 HHT 得到的成像结果不是非常令人满意，需要进一步进行研究。王明阳[37]将 HHT 方法用于超宽带信号的检测中，并提出了基于固有模态函数积的检测方法，在低信噪比情况下进行超宽带信号检测时，与传统小波分析方法和维格纳-威利（Wigner-ville）分布相比，该方法具有优越性。甘锡林等[38]提出了基于 HHT 的合成孔径雷达内波参数提取方法，研究结果表明，该方法获取的内波平均波长与傅里叶变换和小波分析具有较好的一致性，提取得到的反映各个孤立子波信息的波形比小波分析的要清晰，提高了数据的质量。陈文武[5]提出了基于 HHT 的多分量 LFM 信号检测与参数估计，可以比较准确地检测和估计各 LFM 分量的初始频率和调频斜率等参数。石志广[39]对在不同海况和极化条件下海杂波的 IMF 和 Hilbert 谱特性进行了初步研究，并初步分析了采用能量特征值区分目标与海杂波的可行性。秦长海等[6]采用 HHT 分析了雷达信号的脉内特征，研究结果表明，HHT 方法是一种非常有效的时频分析方法，能较好地描述和提取信号时频特征。

　　HHT 是对非线性和非平稳信号的有效分析手段，非常适合分析非平稳的高分辨率雷达数据[40]。

8.2　Hilbert-Huang 变换原理

HHT 的基本原理是通过 EMD 提取其自身固有的一族模态函数，即 IMF，然后对各个 IMF 进行 Hilbert 变换构造解析信号，进而得到其瞬时角频率和振幅，最后得到完整的 Hilbert 谱及其边际谱[7]。HHT 是一种具有自适应能力的时频分析方法，它可根据信号的局部时变特征进行自适应分解，不需要预先设定基函数，其基函数在分解过程中自适应产生，消除了人为因素的影响，克服了传统方法中用无意义的谐波分量表示非平稳、非线性信号的缺陷，并可得到极高的时频分辨率，具有良好的时频聚集性，非常适合对非平稳、非线性信号进行分析。

（1）特征尺度参数

描述信号特征的基本参数包括时间和频率，频率虽能反映信号的本质特征，但不直观。有时直接从时域观察信号的变化过程可以直观得到类似频率的信号特征，这就是特征尺度。尺度与频率的关系非常密切，尺度越小对应的频率越大，尺度越大对应的频率越小，通过小波变换可以得到信号的时间–尺度谱，而不是直接的时间–频率谱。通过观察，很容易获得信号特定点之间的时间跨度，称之为时间尺度参数，它和频率一样，都能够描述信号的本质。在 Fourier 变换中，基函数的时间尺度参数与频率具有定量的关系，表明了谐波函数的周期长度。而对于非平稳信号，时间尺度参数是基于信号特定点的特征参数，虽然与 Fourier 频谱没有定量的关系，但更能够反映非平稳信号的特征[7]。

时间尺度参数定义为信号在特定点之间的时间跨度，对于任意信号 $s(t)$ 的时间尺度参数，在数学上可由信号的过零点获得，信号的过零点为满足式（8.1）的 t 值，即

$$s(t) = 0 \qquad (8.1)$$

两个相邻的过零点之间的时间跨度就是过零尺度参数。

如果通过信号的极值点定义，可得极值尺度参数。信号的极值点为满足式（8.2）的 t 值，即

$$\frac{\mathrm{d}s(t)}{\mathrm{d}t} = 0 \tag{8.2}$$

两个相邻的极值点之间的时间跨度就是极值尺度参数。

对于线性或正态分布平稳信号，过零尺度参数和极值尺度参数一致，而对于非线性或非平稳信号，两者却不一致。但无论采用哪种定义，时间尺度都仅与相邻的两个特定点有关，都反映了信号随时间变化的局部特征。在实际应用中常采用极值尺度参数，其原因主要有 3 个，一是对两个过零点之间的时间跨度测量比较困难，二是某些信号在两个过零点之间常存在多个极值点，三是对某些没有过零点的信号将无法定义它的时间尺度参数。极值尺度参数在相邻的两个极大值或极小值间定义了信号的局部波动特征，反映了信号不同模态的特征，不管信号是否存在过零点，它都能有效地找出信号的所有模态。正是由于这些原因，在 HHT 的信号分解方法中，采用了基于极值点的特征尺度参数。

（2）IMF

为获得信号的瞬时频谱，必须计算其瞬时频率。对于单分量信号 $s(t)=a(t)\cos(\varphi(t))$，称 $a(t)$ 为瞬时振幅，$\varphi(t)$ 为瞬时相角，$\mathrm{d}\varphi(t)/\mathrm{d}t$ 为其瞬时频率。由于瞬时频率仅对单分量信号才有意义，因此，为计算瞬时频率，必须将多分量信号分解为单分量信号的线性组合。而 IMF 就是为计算信号的瞬时频率而定义的，它是满足单分量信号解释的一类信号，从而使瞬时频率具有了物理意义。IMF 应满足以下两个条件[7]。

① 在信号长度内，极值点数目和过零点数目相等或最多相差 1。

② 在任意时刻，上包络线和下包络线均值为零，即两者相对时间轴局部对称。其中，上包络线由信号的局部极大值点构成，下包络线由信号的局部极小值点构成。

条件①类似于高斯正态平稳过程的传统窄带要求，而条件②则能保证由 IMF 计算的瞬时频率有意义。从这两个条件可以看出，IMF 反映了信号内部固有的波动性，在它的每一个周期上，仅包含一个波动模态，不存在多个波动模态混叠的现象。

（3）EMD

对于 IMF，可由 Hilbert 变换得到其解析信号，然后计算瞬时频率。而当信号不满足 IMF 的条件时，应首先采用 EMD 方法对其进行筛选，获得其 IMF[7]。

假设任一复杂信号都由一些不同的 IMF 组成，每一 IMF 的极值点和过零点数目相同，在相邻的两个过零点之间只有一个极值点，且上下包络线关于时间轴对称，任意两个模态之间相互独立，则 EMD 方法可将任一复杂信号 $x(t)$ 分解成若干个 IMF 的和，分解步骤如下。

① 确定信号 $x(t)$ 所有的局部极值点，然后用三次样条线将所有的局部极大值点连接起来形成上包络线，再用三次样条线将所有的局部极小值点连接起来形成下包络线，上下包络线应包络所有的数据点。

② 将上下包络线的平均值记为 $m_1(t)$，求出

$$x(t) - m_1(t) = h_1(t) \tag{8.3}$$

如果 $h_1(t)$ 是一个 IMF，那么 $h_1(t)$ 就是 $x(t)$ 的第一个 IMF 分量。

③ 如果 $h_1(t)$ 不满足 IMF 的条件，将 $h_1(t)$ 作为 $x(t)$，重复步骤①和步骤②，得到上下包络线的平均值 $m_{11}(t)$，再判断

$$h_{11}(t) = h_1(t) - m_{11}(t) \tag{8.4}$$

是否满足 IMF 的条件，如不满足则重复循环 k 次，直到 $h_{1k}(t)$ 满足 IMF 条件

$$h_{1k}(t) = h_{1(k-1)}(t) - m_{1k}(t) \tag{8.5}$$

记 $c_1(t) = h_{1k}(t)$，则 $c_1(t)$ 为信号 $x(t)$ 的第一个满足 IMF 条件的分量。

④ 将 $c_1(t)$ 从 $x(t)$ 中分离出来，得到

$$r_1(t) = x(t) - c_1(t) \tag{8.6}$$

将 $r_1(t)$ 代替原始信号 $x(t)$ 重复步骤①～步骤③，得到 $x(t)$ 的第二个满足 IMF 条件的分量 $c_2(t)$，重复循环 n 次，得到 n 个满足 IMF 条件的分量，即

$$r_1(t) - c_2(t) = r_2(t)$$
$$\vdots \tag{8.7}$$
$$r_{n-1}(t) - c_n(t) = r_n(t)$$

当 $r_n(t)$ 为一单调函数不能再提取满足 IMF 条件的分量时，循环结束，$r_n(t)$ 称为余项。这样由式（8.6）和式（8.7）可得

$$x(t) = \sum_{i=1}^{n} c_i(t) + r_n(t) \tag{8.8}$$

其中，$c_i(t)$ 为 IMF，$i=1,2,\cdots,n$，$r_n(t)$ 为余项，代表信号变化的平均趋势。

EMD 处理信号的过程其实是一个"筛分"过程，在该过程中，一方面消除了模

态波形叠加，另一方面使波形轮廓更加对称。从上面的介绍可以看出，EMD 方法从特征时间尺度出发，首先分离信号中特征时间尺度最小的 IMF，然后分离特征时间尺度较大的 IMF，最后分离特征时间尺度最大的 IMF，因此，可将 EMD 方法看成一组具备不同通频带的滤波器。

（4）Hilbert 谱与 Hilbert 边际谱

对式（8.8）中的每个固有模态函数 $c_i(t)$ 做 Hilbert 变换得到

$$\hat{c}_i(t) = \frac{1}{\pi} \int_{-\infty}^{\infty} \frac{c_i(\tau)}{t-\tau} \mathrm{d}\tau \tag{8.9}$$

构造解析信号

$$z_i(t) = c_i(t) + \mathrm{j}\hat{c}_i(t) \tag{8.10}$$

得到幅值函数和相位函数

$$a_i(t) = \sqrt{c_i^2(t) + \hat{c}_i^2(t)} \tag{8.11}$$

$$\phi_i(t) = \arctan \frac{\hat{c}_i(t)}{c_i(t)} \tag{8.12}$$

进一步可求出瞬时频率

$$f_i(t) = \frac{1}{2\pi}\omega_i(t) = \frac{1}{2\pi}\frac{\mathrm{d}\phi_i(t)}{\mathrm{d}t} \tag{8.13}$$

然后可得 Hilbert 谱，记作

$$H(f,t) = \mathrm{Re}\left\{\sum_{i=1}^{n} a_i(t)\mathrm{e}^{\mathrm{j}\int 2\pi f_i(t)\mathrm{d}t}\right\} \tag{8.14}$$

其中，$\mathrm{Re}\{\cdot\}$ 为取实部。

对式（8.14）进行积分，可得 Hilbert 边际谱，即

$$H(f) = \int_0^T H(f,t)\mathrm{d}t \tag{8.15}$$

其中，T 为信号的总长度。

Hilbert 谱 $H(f, t)$ 精确地描述了信号幅值在整个频段上随时间和频率的变化规律，而 Hilbert 边际谱 $H(f)$ 反映了信号幅值在整个频段上随频率的变化情况。

8.3 海杂波的 Hilbert-Huang 变换域特性分析

8.3.1 海杂波 IMF 数目分析

（1）海杂波幅值信号的 IMF 数目

对 IPIX 雷达 280#、311#数据和 ISAR 雷达 I1#数据的海杂波幅值数据进行分段，每段包含 10000 个数据点，然后对各段数据进行 EMD 处理，每个距离单元可得到若干个 IMF。表 8.1 给出了 IPIX 雷达两组数据海杂波幅值各距离单元的 IMF 数目，表 8.2 给出了 ISAR 雷达 I1#数据海杂波幅值各距离单元的 IMF 数目。

表 8.1 IPIX 雷达两组数据海杂波幅值各距离单元的 IMF 数目

距离单元	280#		311#	
	VV 极化	HH 极化	VV 极化	HH 极化
1	8.6	8.8	9.0	8.9
2	9.1	8.7	8.7	9.1
3	8.9	8.9	8.6	8.7
4	8.9	9.1	8.9	9.0
5	9.1	9.1	8.7	9.1
6	8.9	9.3	8.7	8.8
7	8.8	8.7	8.7	8.9
8	8.6	8.4	8.7	9.1
9	8.6	8.9	8.9	8.8
10	9.1	8.7	8.6	9.1
11	8.9	9.1	8.6	8.8
12	8.9	9.0	8.5	8.7
13	9.0	9.1	8.7	8.9
14	8.9	9.2	8.9	8.7

表 8.2　ISAR 雷达 I1#数据海杂波幅值各距离单元的 IMF 数目

距离单元	I1#数据（VV 极化）	距离单元	I1#数据（VV 极化）
1	10.2	9	10.1
2	9.6	10	9.5
3	10.0	11	9.6
4	9.9	12	9.8
5	9.5	13	9.6
6	9.8	14	9.7
7	9.9	15	9.7
8	9.4	16	9.9

　　当数据长度为 10000 个点时，IPIX 雷达海杂波数据能够分解出的 IMF 数目约为 9 个。而同样数据长度的 ISAR 雷达海杂波数据经过 EMD 处理得到的 IMF 数目均值约为 9.8 个，说明 ISAR 雷达海杂波幅值信号包含的频率成分较 IPIX 雷达要丰富一些。

　　从表 8.1 中也可以看出，极化方式对海杂波幅值能够分解出的 IMF 数目影响较小，在两种极化方式下，海杂波幅值数据分解出的 IMF 数据都约为 9 个；目标的存在对海杂波幅值能够分解出的 IMF 数目影响也较小，存在目标的距离单元（280#数据为 7～10，311#数据为 6～9）的 IMF 数目与纯海杂波的距离单元的 IMF 数据无明显区别。

　　当数据长度增加时，经过 EMD 处理得到的 IMF 数目将会有一定程度的增加，如对 280#数据的 131072 个数据点进行 EMD 处理得到的 IMF 数目将达到约 11 个（VV 极化）和 12 个（HH 极化），其各距离单元的 IMF 数目如表 8.3 所示。而当每段的数据点数减少时，经过 EMD 处理得到的 IMF 个数也将减少，如对数据 1（VV 极化）的 2000 个数据进行 EMD 处理得到的 IMF 数目约为 7 个。海杂波数据随数据长短变化的原因是：一是随着数据量的增加，数据包含的频率成分也增加，导致分解出的 IMF 个数增加；二是随着数据量的增加，EMD 处理将更难满足结束的条件，EMD 处理的过程将更加复杂，导致分解出的 IMF 数目也会在一定程度上相应增加。

表 8.3　IPIX 雷达 280#数据海杂波幅值各距离单元的 IMF 数目

距离单元	VV 极化	HH 极化
1	11	13
2	11	12
3	10	12

距离单元	VV 极化	HH 极化
4	11	12
5	10	12
6	10	13
7	10	13
8	11	13
9	11	13
10	11	12
11	10	12
12	11	12
13	11	13
14	11	13

（2）海杂波复信号的 IMF 数目

对 IPIX 雷达 280#、311#数据和 ISAR 雷达 I1#数据的海杂波复信号数据也分段进行 EMD 处理（每段包括 10000 个数据点），可得其 IMF 分量。表 8.4 给出了 IPIX 雷达两组海杂波复数据信号各距离单元的 IMF 数目，表 8.5 给出了 ISAR 雷达 I1# 数据海杂波复信号各距离单元的 IMF 数目。

表 8.4　IPIX 雷达两组数据海杂波复信号各距离单元的 IMF 数目

距离单元	280#		311#	
	VV 极化	HH 极化	VV 极化	HH 极化
1	8.8	9.0	9.0	9.3
2	9.0	9.3	8.9	9.3
3	8.1	9.1	9.1	9.5
4	8.9	9.2	8.8	9.3
5	9.1	9.4	8.7	9.3
6	9.1	9.5	9.0	9.1
7	9.0	9.1	8.9	9.2
8	8.9	9.1	9.1	8.9
9	8.9	9.0	9.0	9.2
10	9.1	9.1	9.0	9.2
11	9.1	8.9	8.9	8.9

距离单元	280#		311#	
	VV 极化	HH 极化	VV 极化	HH 极化
12	9.0	9.3	9.0	9.4
13	9.0	9.1	8.9	9.2
14	9.3	9.2	9.0	9.2

表 8.5　ISAR 雷达 I1#数据海杂波复信号各距离单元的 IMF 数目

距离单元	I1#数据（VV 极化）	距离单元	I1#数据（VV 极化）
1	9.7	9	9.6
2	9.6	10	9.7
3	9.7	11	9.8
4	9.8	12	9.4
5	9.8	13	9.9
6	9.9	14	9.5
7	9.8	15	9.4
8	10.0	16	9.5

从表 8.4 与表 8.5 中可以看出，当数据长度为 10000 个点时，IPIX 雷达海杂波复信号数据能够分解出的 IMF 数目约为 9 个，而同样数据长度的 ISAR 雷达海杂波复信号数据经过 EMD 处理得到的 IMF 数目约为 9.9 个。这说明 ISAR 雷达海杂波复信号的频率成分较 IPIX 雷达要丰富一些。

从表 8.4 中也可以看出，极化方式对海杂波复信号能够分解出的 IMF 数目影响也较小，在 HH 极化下海杂波复信号的 IMF 数目仅略高于 VV 极化下海杂波复信号的 IMF 数目；目标的存在对海杂波复信号能够分解出的 IMF 数目影响也较小，存在目标的距离单元（280#为 7～10，311#为 6～9）的 IMF 数目与纯海杂波的距离单元的 IMF 数据无明显区别。

对比表 8.1 与表 8.4 可知，海杂波复信号经过 EMD 得到的 IMF 数目略大于海杂波幅值分解得到的 IMF 数目，但两者的差别不大。

8.3.2　海杂波 IMF 特性分析

HHT 可自适应地将信号分解为若干个 IMF 分量的和，这些 IMF 分量包含了信号本身的真实物理信息，在每一时刻只有单一频率成分。因此，分析海杂波的IMF，可以获得海杂波的丰富信息，有助于人们发现海杂波与目标间更明显的差异。本节将对海杂波幅值信号和海杂波复信号分解得到的IMF进行分析，研究它们IMF的特点，以及目标的出现对这些IMF特点的影响等。

（1）海杂波幅值信号的IMF特性

采用EMD方法，对海杂波幅值信号进行筛选，可获得其IMF。IPIX雷达的280#和311#数据的海杂波幅值经过EMD处理后得到的IMF如图8.1和图8.2所示，ISAR雷达I1#数据的海杂波幅值的IMF如图8.3所示，S波段雷达S1#数据的海杂波幅值的IMF如图8.4所示。图8.1～图8.4中，$x(t)$表示原始海杂波的幅值信号，$c_1(t),\cdots,c_9(t)$表示海杂波的各个IMF。从图8.1～图8.4中可以看出以下两点。

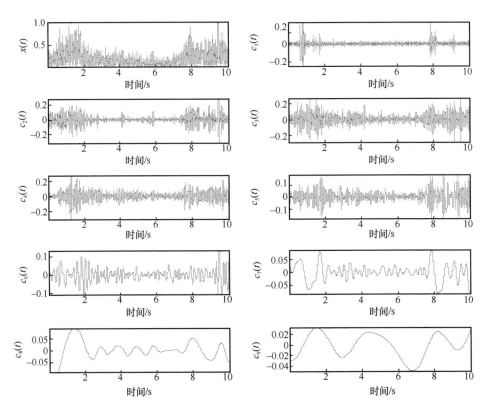

图 8.1　280#数据海杂波幅值的 IMF

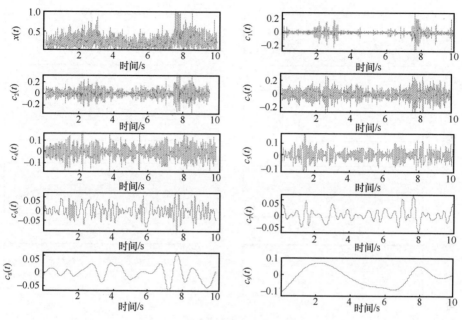

图 8.2　311#数据海杂波幅值的 IMF

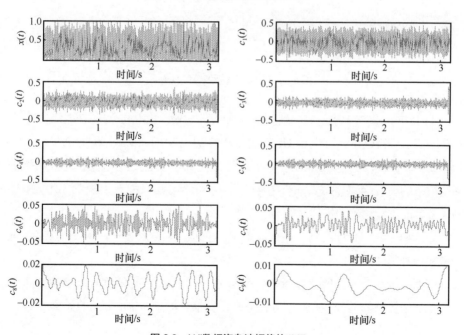

图 8.3　I1#数据海杂波幅值的 IMF

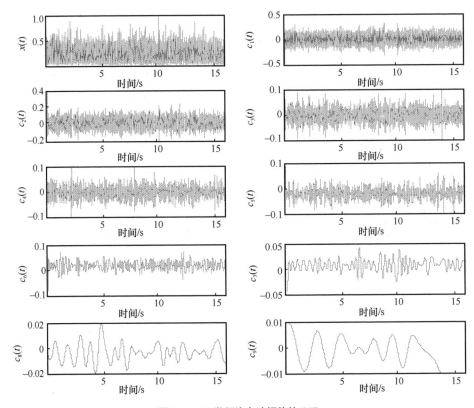

图 8.4　S1#数据海杂波幅值的 IMF

① IMF 成分的频率从 $c_1(t)$ 到 $c_9(t)$ 依次降低，故利用 EMD 可以在时域内将信号按频率高低进行分解，这也是 HHT 的显著特点[7]。由于 IMF 每一时刻仅包含单一频率成分，因此，通过 Hilbert 变换可以做出各 IMF 分量的时频图，定量地描述时间与频率的关系。而短时 Fourier 变换和小波变换等方法只能定性地描述时间和频率的关系，而不能精确地描述时间与频率的关系。

② IMF 成分的幅值也从 $c_1(t)$ 到 $c_9(t)$ 依次降低，其波形与一个标准正弦信号通过调幅和调频得到的新信号相似。

下面分析海杂波幅值信号能量在各 IMF 间的分布。计算信号能量的方法有很多，本节采用对信号先平方后积分的方法计算信号能量。IMF $c_i(t)$ 的能量 E_i 可以采用式（8.16）进行计算。

$$E_i = \int_{t_1}^{t_2} c_i^2(t)\mathrm{d}t \qquad (8.16)$$

其中，t_1 表示信号的起始时间，t_2 表示信号的结束时间。

采用式（8.16）的方法分别计算 IPIX 雷达的 280#和 311#数据海杂波幅值信号的各 IMF 的能量，进而可得海杂波的各 IMF 能量在整个信号能量中所占的比例，计算结果分别如图 8.5 和图 8.6 所示。其中，横坐标为各个 IMF 的序号，纵坐标为各个 IMF 的能量。

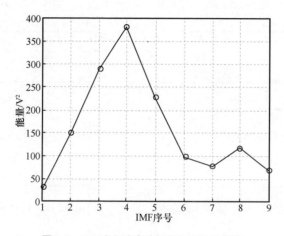

图 8.5　280#数据海杂波幅值各 IMF 的能量

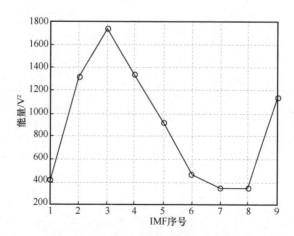

图 8.6　311#数据海杂波幅值各 IMF 的能量

从图 8.5 和图 8.6 中可以看出，海杂波幅值信号的能量主要集中在前 5 个 IMF 中，而后 4 个 IMF 中所包含的能量相对较少。这主要是因为海杂波具备一定的谱宽，频率成分较多，且包含于多个 IMF 中，故海杂波的能量在多个 IMF 中都有一定的分布。

（2）目标对海杂波幅值信号 IMF 特性的影响

对 IPIX 雷达 280#和 311#数据中的主目标单元幅值信号进行 EMD 处理，可得该两组数据含目标与海杂波幅值的 IMF，分别如图 8.7 和图 8.8 所示。

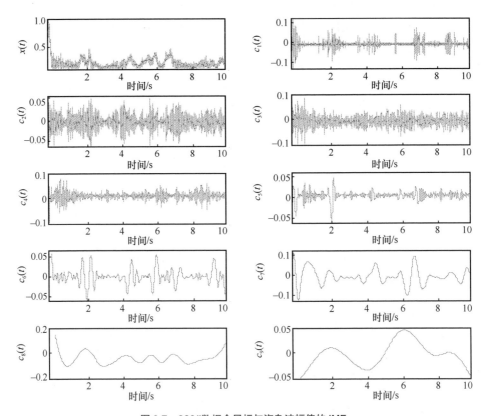

图 8.7　280#数据含目标与海杂波幅值的 IMF

从图 8.7 和图 8.8 中，与不含目标的纯海杂波幅值信号的 IMF 相比，当目标出现时，后分解出的 4 个 IMF 幅值明显提高，即目标信号主要影响后分解出的 IMF。

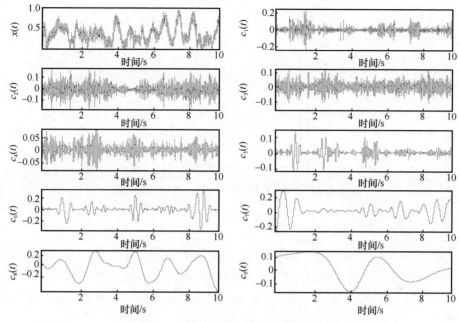

图 8.8　311#数据含目标与海杂波幅值的 IMF

图 8.9 和图 8.10 给出了两组数据中含目标与海杂波幅值的 IMF 能量，将其与图 8.5 和图 8.6 对比可知，当目标出现时，后分解出的 4 个 IMF 能量明显增大。这主要是因为目标信号谱宽较窄，包含频率成分较少，主要影响海杂波的低频 IMF 成分，即后分解出的 IMF 成分，故目标出现时，后分解出的 IMF 能量明显增加。

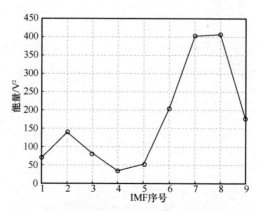

图 8.9　280#数据含目标与海杂波幅值的 IMF 能量

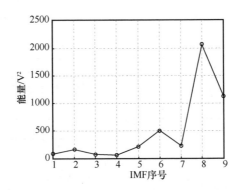

图 8.10   311#数据含目标与海杂波幅值的 IMF 能量

（3）海杂波复信号的 IMF 特性

IPIX 雷达的 280#和 311#数据的海杂波复信号经过 EMD 处理后得到的 IMF 如图 8.11 和图 8.12 所示，ISAR 雷达 I1#数据的海杂波复信号的 IMF 如图 8.13 所示，S 波段雷达 S1#数据的海杂波复信号的 IMF 如图 8.14 所示。从图 8.11～图 8.14 中也可以看出，各 IMF 成分的频率和幅值从 $c_1(t)$ 到 $c_9(t)$ 依次降低。

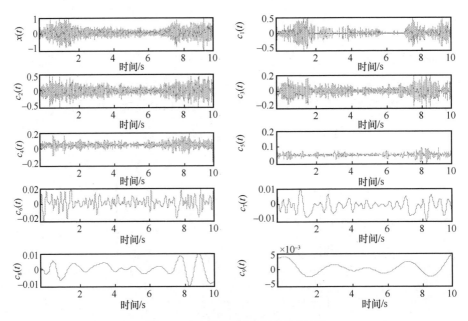

图 8.11   280#数据海杂波复信号的 IMF

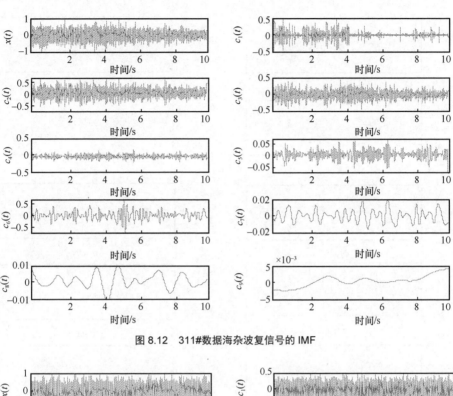

图 8.12　311#数据海杂波复信号的 IMF

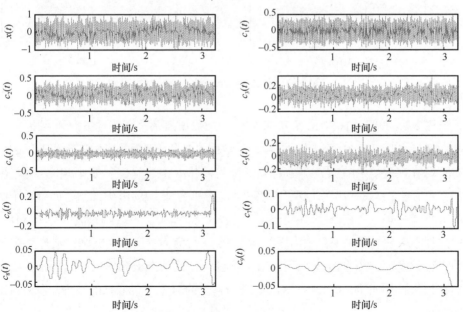

图 8.13　I1#数据海杂波复信号的 IMF

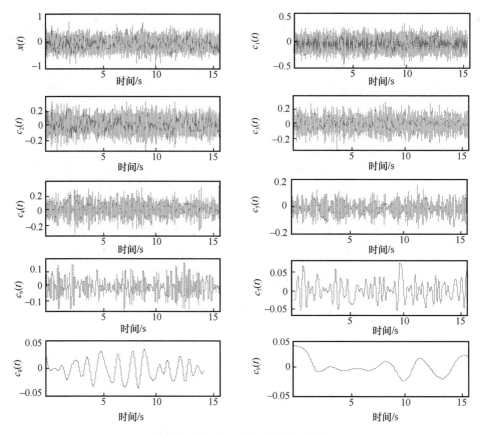

图 8.14 S1#数据海杂波复信号的 IMF

图 8.15 和图 8.16 给出了 IPIX 雷达两组数据海杂波复信号各 IMF 的能量。从图 8.15 和图 8.16 中可以看出，该两组数据的纯海杂波信号能量在各 IMF 间的分布不均匀，主要集中在先分解出的前 3 个高频 IMF 中，前 3 个高频 IMF 信号能量在整个信号中所占的比例达到了 94%以上，分别为 95.81%和 94.32%，而后 6 个低频 IMF 信号能量在整个信号中所占的比例较小，都不足 6%。海杂波信号能量分布的这种不均匀现象主要是由海面的运动引起的。海面的运动引起海杂波产生多普勒频移，海杂波的能量向频率较高的频段集中，而海杂波频率较高的成分主要集中在先分解出的高频 IMF 中，因此，先分解出的前 3 个高频 IMF 成分能量所占比例较大。

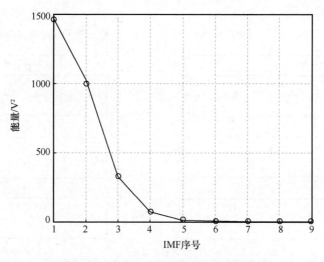

图 8.15　280#海杂波复信号各 IMF 的能量

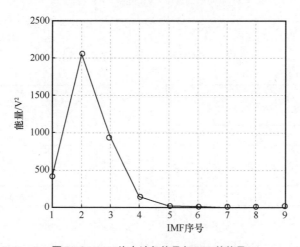

图 8.16　311#海杂波复信号各 IMF 的能量

（4）目标对海杂波复信号 IMF 特性的影响

对 IPIX 雷达两组海杂波数据的主目标单元复信号进行 EMD 处理，可得两组数据含目标与海杂波复信号的 IMF，分别如图 8.17 和图 8.18 所示，进而可得含目标与海杂波复信号各 IMF 的能量，分别如图 8.19 和图 8.20 所示。

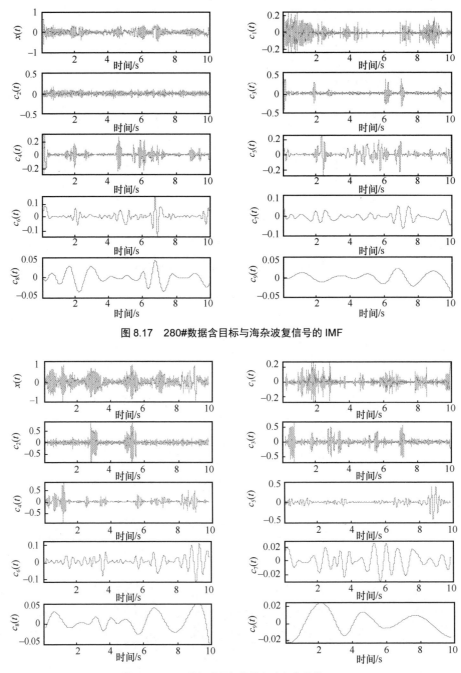

图 8.17   280#数据含目标与海杂波复信号的 IMF

图 8.18   311#数据含目标与海杂波复信号的 IMF

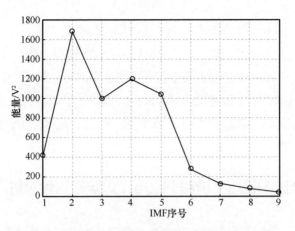

图 8.19　280#数据含目标与海杂波复信号各 IMF 的能量

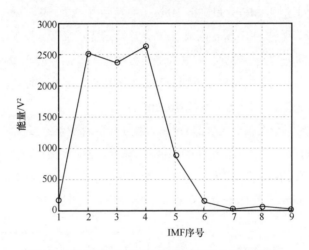

图 8.20　311#数据含目标与海杂波复信号各 IMF 的能量

对比图 8.19 和图 8.20 与图 8.15 和图 8.16，可知有无目标时海杂波复信号能量在其 IMF 间的分布差异如下。

① 当目标出现时，虽然海杂波信号的前 3 个高频 IMF 所含能量较多，但是前 3 个高频 IMF 能量所占比例却明显下降，该两组数据的前 3 个高频 IMF 能量所占的比例分别为 52.78%和 57.32%，远低于无目标时海杂波数据中前 3 个高频 IMF 能量所占的比例 94%。

② 当目标出现时，虽然后 6 个低频 IMF 能量所占的比例也较小，但与无目标

时的情况相比，后 6 个低频 IMF 能量所占的比例却明显增加。

通过上面的分析可以发现，与无目标时海杂波能量在 IMF 间的分布情况相比，当目标出现时，低频 IMF 能量在整个信号能量中所占的比例明显提高。产生这种变化的原因主要是该类固定慢起伏目标多普勒频率较低，频谱较窄，仅影响海杂波的低频成分，即仅能增加海杂波的低频 IMF 成分能量，故目标出现时导致低频 IMF 能量所占比例提高。

8.3.3　海杂波 Hilbert 谱和 Hilbert 边际谱特性分析

通过 EMD 方法可以获得信号的 IMF，这些 IMF 分量包含了原始信号本身的真实物理信息，对这些 IMF 分量进行 Hilbert 变换后得到的结果能够反映真实的物理过程，而由 IMF 得到的 Hilbert 谱或 Hilbert 边际谱能够准确地反映出该信号中能量在各种时间尺度上的分布规律，因此，通过分析海杂波信号的 Hilbert 谱或 Hilbert 边际谱将有助于人们更加充分地掌握海杂波的本质特性以及目标与海杂波的差异。

（1）海杂波幅值的 Hilbert 谱和 Hilbert 边际谱

本节将研究海杂波幅值信号的 Hilbert 谱和 Hilbert 边际谱特性。对 IPIX 雷达的 280#数据和 311#数据、ISAR 雷达的 I1#数据和 S 波段雷达的 S1#数据（VV 极化，10000 个数据点）的海杂波幅值的 IMF 进行 Hilbert 变换，进而由式（8.14）和式（8.15）可以得到其 Hilbert 谱和 Hilbert 边际谱，分别如图 8.21～图 8.24 所示。

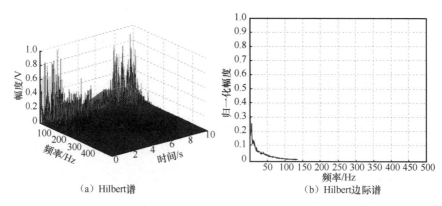

（a）Hilbert 谱　　　　　　　　　　（b）Hilbert 边际谱

图 8.21　280#数据（VV 极化）海杂波幅值信号的 Hilbert 谱和 Hilbert 边际谱

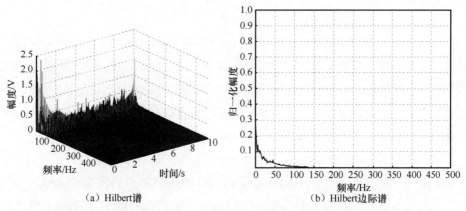

图 8.22　311#数据（VV 极化）海杂波幅值信号的 Hilbert 谱和 Hilbert 边际谱

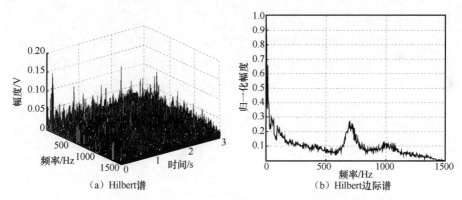

图 8.23　I1#数据（VV 极化）海杂波幅值信号的 Hilbert 谱和 Hilbert 边际谱

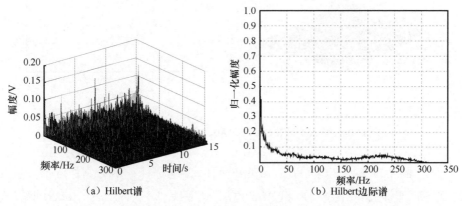

图 8.24　S1#数据（VV 极化）海杂波幅值信号的 Hilbert 谱和 Hilbert 边际谱

从图 8.21～图 8.24 中可以得出以下结论。

① IPIX 雷达的海杂波幅值信号所占的频段范围为 0～490 Hz，其 Hilbert 谱峰值主要集中在 0～50 Hz，所占频段较窄。ISAR 雷达的海杂波幅值信号所占的频段范围为 0～1500 Hz，虽然海杂波 Hilbert 谱的峰值在 0～100 Hz 时出现较为集中，但是在其他频段也有较多尖峰出现。S 波段雷达海杂波幅值信号所占的频段范围为 0～310 Hz，其 Hilbert 谱峰值主要集中在 0～30 Hz，所占频段较窄。

② IPIX 雷达海杂波幅值信号的 Hilbert 边际谱的带宽较窄，其能量主要集中在 0～50 Hz，且在零频附近有明显的峰值；ISAR 雷达的海杂波幅值信号 Hilbert 边际谱的带宽较宽，虽然能量在 0～100 Hz 较为集中，但在其他频段也有较高的能量分布；S 波段雷达海杂波幅值信号的 Hilbert 边际谱的带宽较窄，其能量主要集中在 0～30 Hz，但在其他频段也有一定的能量分布。

（2）极化对海杂波幅值的 Hilbert 谱和 Hilbert 边际谱影响分析

本节以 280#数据为例，定性分析极化对海杂波幅值的 Hilbert 谱和 Hilbert 边际谱影响。280#数据（HH 极化）海杂波幅值信号的 Hilbert 谱和 Hilbert 边际谱如图 8.25 所示。

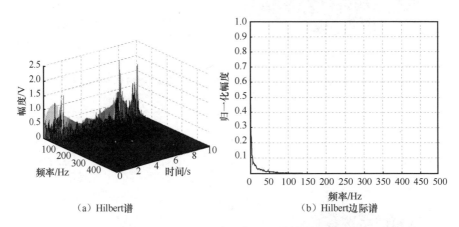

（a）Hilbert谱　　　　　　　　（b）Hilbert边际谱

图 8.25　280#数据（HH 极化）海杂波幅值信号的 Hilbert 谱和 Hilbert 边际谱

对比图 8.25 和图 8.21 可知，虽然在两种极化方式下，IPIX 雷达海杂波幅值的 Hilbert 谱峰值都出现在 0～50Hz 的低频区，但是 VV 极化下的 Hilbert 谱峰值要比 HH 极化下的 Hilbert 谱峰值低，即 HH 极化下海杂波的能量分布更为集中。从两种极化下的 Hilbert 边际谱中可以看出，HH 极化下 Hilbert 边际谱的谱宽要窄于 VV 极化下的 Hilbert 边际谱的谱宽，这也说明 HH 极化下海杂波的能量分布更为集中。

（3）目标对海杂波幅值的 Hilbert 谱和 Hilbert 边际谱影响分析

图 8.26～图 8.31 给出了 IPIX 雷达的两组数据和 S 波段雷达的一组数据的纯海杂波和含目标与海杂波幅值信号的部分 Hilbert 谱与 Hilbert 边际谱（0～100 Hz）。

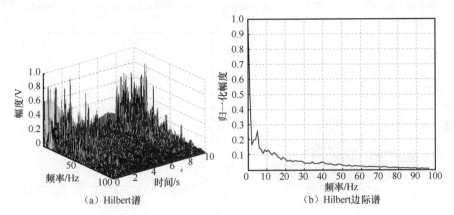

图 8.26　280#数据（VV 极化）海杂波幅值信号的 Hilbert 谱和 Hilbert 边际谱（0～100 Hz）

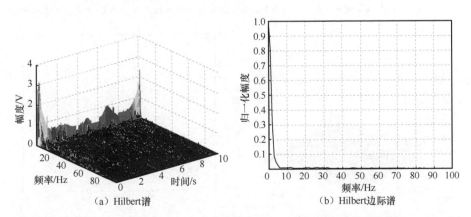

图 8.27　280#数据（VV 极化）含目标与海杂波幅值信号的 Hilbert 谱和 Hilbert 边际谱（0～100 Hz）

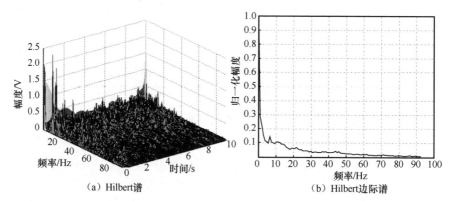

（a）Hilbert谱　　　　　　　（b）Hilbert边际谱

图 8.28　311#数据（VV 极化）海杂波幅值信号的 Hilbert 谱和 Hilbert 边际谱（0～100 Hz）

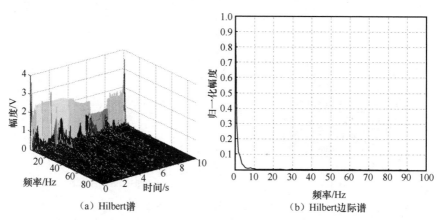

（a）Hilbert谱　　　　　　　（b）Hilbert边际谱

图 8.29　311#数据（VV 极化）含目标与海杂波幅值信号的 Hilbert 谱和 Hilbert 边际谱（0～100 Hz）

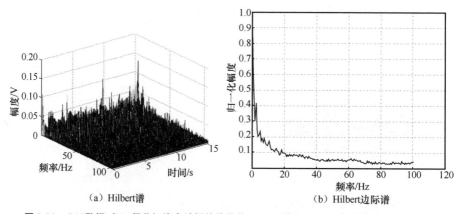

（a）Hilbert谱　　　　　　　（b）Hilbert边际谱

图 8.30　S1#数据（VV 极化）海杂波幅值信号的 Hilbert 谱和 Hilbert 边际谱（0～100 Hz）

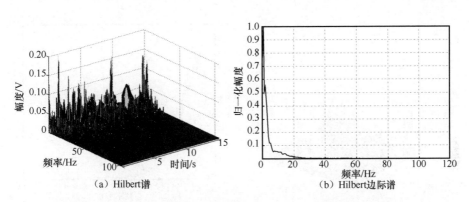

（a）Hilbert 谱　　　　　　（b）Hilbert 边际谱

图 8.31　S1#数据（VV 极化）含目标与海杂波幅值信号的 Hilbert 谱和 Hilbert 边际谱（0～100 Hz）

通过对比 3 组数据中纯海杂波和含目标与海杂波幅值信号的 Hilbert 谱可以看出，目标的出现对海杂波的 Hilbert 谱影响较大，且其影响主要集中在零频附近。当目标出现时，海杂波 Hilbert 谱的峰值出现在接近零频处，且峰值出现的频率相对比较稳定，未出现较大波动；海杂波幅值 Hilbert 谱峰值将更向零频集中，且其峰值也将增大。

通过对比纯海杂波和含目标与海杂波幅值信号的 Hilbert 边际谱可以看出，由于目标的出现，海杂波信号幅值 Hilbert 边际谱的能量更加集中于零频附近。这说明该目标信号幅度变化较慢，即目标起伏较慢。

（4）海杂波复信号的 Hilbert 谱和 Hilbert 边际谱

IPIX 雷达的 280#数据和 311#数据、ISAR 雷达的 I1#数据和 S 波段雷达的 S1#数据（VV 极化，10000 个数据点）的海杂波复信号的 Hilbert 谱和 Hilbert 边际谱分别如图 8.32～图 8.35 所示。

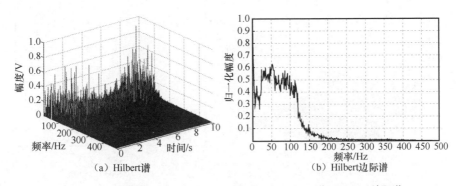

（a）Hilbert 谱　　　　　　（b）Hilbert 边际谱

图 8.32　280#数据（VV 极化）海杂波复信号的 Hilbert 谱和 Hilbert 边际谱

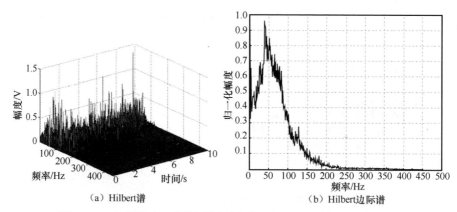

（a）Hilbert谱　　　　　　（b）Hilbert边际谱

图 8.33　311#数据（VV 极化）海杂波复信号的 Hilbert 谱和 Hilbert 边际谱

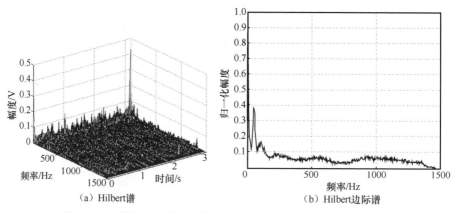

（a）Hilbert谱　　　　　　（b）Hilbert边际谱

图 8.34　I1#数据（VV 极化）海杂波复信号的 Hilbert 谱和 Hilbert 边际谱

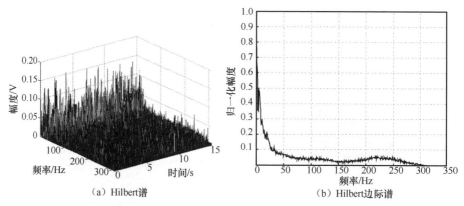

（a）Hilbert谱　　　　　　（b）Hilbert边际谱

图 8.35　S1#数据（VV 极化）海杂波复信号的 Hilbert 谱和 Hilbert 边际谱

从图 8.32~图 8.35 中可以得出以下结论。

① IPIX 雷达的海杂波复信号所占的频段范围为 0～490 Hz，其 Hilbert 谱的峰值主要集中在 0～150 Hz；ISAR 雷达海杂波复信号所占的频段范围为 0～1500 Hz，海杂波 Hilbert 谱的峰值在 0～150 Hz 出现较为集中，但在其他频段也有一定的分布；S 波段雷达的海杂波复信号所占的频段范围为 0～310 Hz，其 Hilbert 谱的峰值主要集中在 0～40 Hz，但在其他频段也有一定的分布。

② 由于海风和海面运动的影响，IPIX 雷达海杂波具有一定的多普勒频率，其 Hilbert 边际谱的中心频率偏离零频，其中心频率约为 50 Hz；ISAR 雷达海杂波的 Hilbert 边际谱的中心频率也偏离零频，对于 S 波段雷达的数据在采集时，天气状况较好，其海杂波的中心频率在零频附近，谱宽较窄。

③ IPIX 雷达海杂波复信号 Hilbert 边际谱能量主要集中在低频区；而 ISAR 雷达和 S 波段雷达海杂波的 Hilbert 边际谱能量虽然在零频附近呈现出一定的集中，但在其他频段也有较高的能量分布。

④ 该 3 部雷达的海杂波复信号 Hilbert 边际谱都具有较强的零频成分。

（5）极化对海杂波复信号的 Hilbert 谱和 Hilbert 边际谱影响分析

图 8.36 给出了 IPIX 雷达的 280#数据（HH 极化）海杂波复信号的 Hilbert 谱和 Hilbert 边际谱。对比图 8.36 和图 8.32 可得以下结论。

① 虽然在两种极化下，IPIX 雷达海杂波复信号的 Hilbert 谱峰值都出现在 0～150 Hz 的低频区，但是 HH 极化下 Hilbert 谱峰值要高于 VV 极化下 Hilbert 谱峰值，且 HH 极化下 Hilbert 谱峰值数目要少于 VV 极化下的峰值数目，这表明 HH 极化下海杂波的能量分布更为集中。

② 从两种极化下 Hilbert 边际谱中可以看出，HH 极化下 Hilbert 边际谱要窄于 VV 极化下 Hilbert 边际谱，这也说明 HH 极化下海杂波的能量分布更为集中，而且 HH 极化下 Hilbert 边际谱中心频率略高于 VV 极化下 Hilbert 边际谱中心频率。

（6）目标对海杂波复信号的 Hilbert 谱和 Hilbert 边际谱影响分析

图 8.37～图 8.39 给出了 IPIX 雷达 280#和 311#数据及 S 波段雷达 S1#数据的含目标与海杂波复信号的 Hilbert 谱与 Hilbert 边际谱。

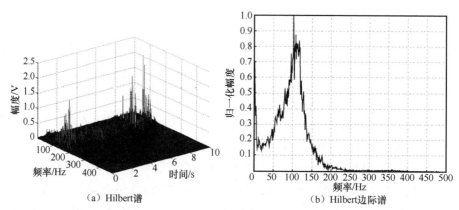

（a）Hilbert谱 　　　　　　　　　（b）Hilbert边际谱

图 8.36　280#数据（HH 极化）海杂波复信号的 Hilbert 谱和 Hilbert 边际谱

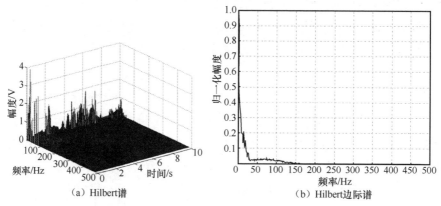

（a）Hilbert谱 　　　　　　　　　（b）Hilbert边际谱

图 8.37　280#数据（VV 极化）含目标与海杂波复信号的 Hilbert 谱和 Hilbert 边际谱

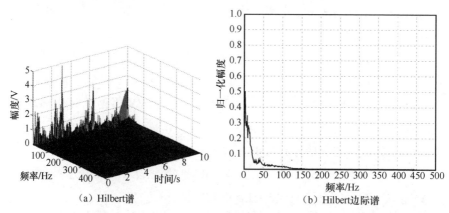

（a）Hilbert谱 　　　　　　　　　（b）Hilbert边际谱

图 8.38　311#数据（VV 极化）含目标与海杂波复信号的 Hilbert 谱和 Hilbert 边际谱

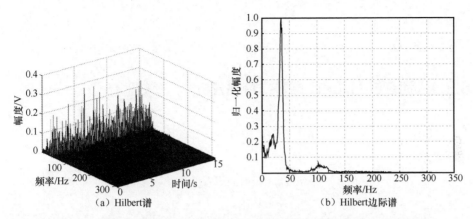

（a）Hilbert 谱　　　　　　　　　　　（b）Hilbert 边际谱

图 8.39　S1#数据（VV 极化）含目标与海杂波复信号的 Hilbert 谱和 Hilbert 边际谱

对比图 8.37 和图 8.38 与图 8.32 和图 8.33 IPIX 雷达两组数据中纯海杂波单元和含目标与海杂波复信号的 Hilbert 谱及 Hilbert 边际谱可以看出，当固定的目标出现时，海杂波复信号的 Hilbert 谱峰值出现在零频附近，Hilbert 边际谱的谱宽明显变窄，其能量更加集中于零频附近。

对比图 8.39 和图 8.35 可知，与纯海杂波复信号的 Hilbert 谱及 Hilbert 边际谱不同，S 波段雷达含目标与海杂波复信号的 Hilbert 谱在 35 Hz 附近出现的峰值非常集中，而 Hilbert 边际谱峰值的中心频率约为 35 Hz，这主要是因为该目标为一个低速运动目标，具有一定的多普勒频率。

通过上面的分析可以发现，当目标出现时，海杂波的 Hilbert 谱的尖峰分布及 Hilbert 边际谱等都出现较大变化，这也为人们区分目标与海杂波提供了一条思路。

（7）海杂波幅值与复信号的 Hilbert 谱和 Hilbert 边际谱比较

通过分析可知，海杂波幅值与复信号的 Hilbert 谱及 Hilbert 边际谱差异主要在于以下几点。

① 海杂波幅值 Hilbert 谱与复信号 Hilbert 谱所占的频带宽度不同，复信号 Hilbert 谱的峰值出现的频率范围要宽于幅值 Hilbert 谱的峰值出现的频率范围。

② 由于海风和海面波动的影响，海杂波复信号具备一定的多普勒频率，其 Hilbert 边际谱中心频率偏离零频；而海杂波幅值不包含多普勒信息，其 Hilbert 边际

谱中心频率位于零频。

③ 海杂波复信号的 Hilbert 边际谱宽于海杂波幅值的 Hilbert 边际谱。

8.3.4 海杂波 Hilbert 谱脊线特性分析

Hilbert 谱脊线定义为在时间方向上使 Hilbert 谱幅值最大的频率所连成的曲线，计算式为

$$R(t) = \arg\max_{f}\{H(t, f)\} \qquad (8.17)$$

其中，$H(t, f)$ 为信号的 Hilbert 谱，$R(t)$ 为沿时间方向使 Hilbert 谱幅值最大的频率点所连成的曲线。

下面将分析海杂波复信号 Hilbert 谱脊线特点以及目标的影响。在分析时，采用 IPIX 雷达的 280#数据（VV 极化）。对该组数据的前 10000 个复数据进行 EMD 处理，得到若干个 IMF，并由 IMF 计算得到其 Hilbert 谱 $H(t, f)$，然后由式（8.17），就可以得到海杂波复信号的 Hilbert 谱脊线。图 8.40 给出了纯海杂波复信号的 Hilbert 谱幅值最大值及 Hilbert 谱脊线，图 8.41 给出了含目标与海杂波复信号的 Hilbert 谱幅值最大值及 Hilbert 谱脊线。从图 8.40 和图 8.41 中可以得出以下结论。

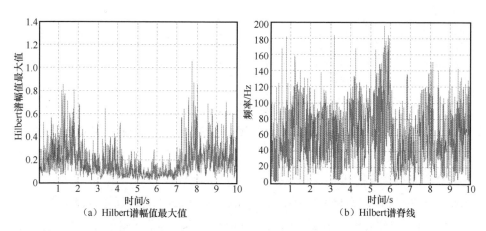

（a）Hilbert 谱幅值最大值　　　　　（b）Hilbert 谱脊线

图 8.40　280#数据（VV 极化）纯海杂波复信号的 Hilbert 谱幅值最大值及 Hilbert 谱脊线

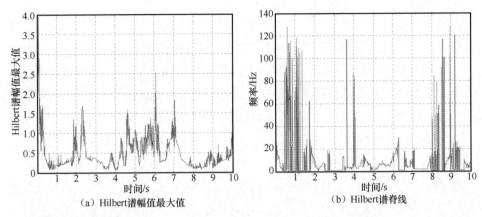

(a) Hilbert谱幅值最大值　　　　　　　　(b) Hilbert谱脊线

图 8.41　280#数据（VV 极化）含目标与海杂波复信号的 Hilbert 谱幅值最大值及 Hilbert 谱脊线

① 由于受海面的海浪波动及海风等影响，纯海杂波复信号 Hilbert 谱最大值起伏较大。当目标出现时，海杂波复信号 Hilbert 谱最大值起伏将趋于平缓。

② 纯海杂波复信号 Hilbert 谱脊线起伏较大，Hilbert 谱最大值出现的频率主要集中在 0～150 Hz。当目标出现时，海杂波复信号 Hilbert 谱脊线起伏将趋于平缓，Hilbert 谱最大值出现的频率主要集中在 0～30 Hz，这也是前面分析的目标信号出现的频率范围。虽然含目标与海杂波复信号 Hilbert 谱最大值也出现在 0～30 Hz 之外，但从其 Hilbert 谱最大值图中可以看出，这正是目标信号较弱且被强海杂波散射点影响的结果。

8.4　基于 IMF AR 模型的海杂波 Hilbert–Huang 变换域建模

目前，在时间序列分析领域，研究和应用较广的有 ARMA 模型、双线性模型、门限自回归模型、指数自回归模型、状态依赖模型等。其中，ARMA 模型，尤其是 AR 模型是时间序列分析方法中最基本、实际应用范围最广的时序模型，它是在线性回归模型的基础上引申并发展起来的，其模型参数凝聚了系统状态的重要信息，准确的 ARMA 模型能够深刻、集中地反映动态系统所包含的物理信息[41]。ARMA 模型是一个信息的凝聚器，可将系统的特性与系统工作状态的所有信息都凝聚于其中，因而可依据它对系统的特征进行提取；同时，ARMA 模型是一个预测器，不仅适用于有限长度的观测数据，而且对观测数据还具有外延特性，因而可利用 ARMA 模型对系统状态的发展趋势进行预测。人们可以采用 ARMA 模型对海杂波数据进行建模，从 ARMA 模型的参数或预测估计性能中，分析海杂波的特性，以及目标对海杂波 ARMA 模型的影响，并从中获得检测海杂波微弱目标的方法和思路，同时也可以对海杂波的变化趋势等进行预测。然而，对于 ARMA 模型，目前存在的主要问题是对模型参数的估计较为困难。在平稳情况下，一般采用非线性最小二乘法或自回归白噪化估计法对定常参数进行估计，但是在非平稳情况下，应用这些方法对时变参数进行估计则会产生较大误差[42]，因此，ARMA 模型主要用于平稳过程。而高分辨率雷达的海杂波数据大都表现为复杂的非高斯和非平稳特征[40]，这一点从第 7 章的分析中也可以看出，如直接采用 ARMA 模型对海杂波数据进行分析，则效果不好。时变参数模型虽然可以分析非平稳信号，提高参数估计的精确度，但是计算量大，一些估计方法还在讨论中[43]。

针对这些问题，本节考虑先采用 EMD 方法对海杂波数据进行预处理，然后建立海杂波的 AR 模型。EMD 方法可将某一复杂非平稳信号分解为若干个 IMF 的和，各 IMF 为零均值、相对时间轴局部对称的单分量信号，可以说，采用 EMD 方法对复杂的非平稳信号进行分解，实际上就是对非平稳信号进行线性化、平稳化处理。而在传统的 AR 模型建模方法中，在建模之前也需对原始数据序列进行预处理，以得到合乎平稳性、正态性、零均值的时间序列。预处理的过程包括趋势项提取、归零化、标准化处理、野点剔除和数据平滑等步骤。因此，采用 EMD 方法对原始数据进行平稳化和线性化分解处理，得到若干个 IMF 分量，在对这些 IMF 分量建立 AR 模型时，就不需要再进行趋势项提取、归零化和数据平滑等处理。故对原始信号进行 EMD 处理后，就可以直接对各个 IMF 分量建立 AR 模型，得到各个 IMF 分量的 AR 模型参数，进而可以合成完整海杂波信号的 AR 模型，称之为海杂波的 IMF AR 模型。该模型的建立过程如下。

假设采用 EMD 方法对复杂的非平稳海杂波信号 $x(t)$ 进行分解后，得到 n 个 IMF 分量 $c_1(t), c_2(t), \cdots, c_n(t)$ 和一个残留量（也称为趋势项）$r_n(t)$，对每一个 IMF 分量 $c_i(t)$（$i=1,2,\cdots,n$）分别建立 AR 模型，建立的 AR 模型为

$$c_i(t) + \sum_{k=1}^{m} \varphi_{ik} c_i(t-k) = e_i(t) \qquad (8.18)$$

其中，φ_{ik}（$k = 1,2,\cdots,m$）和 m 分别是分量 $c_i(t)$ 的自回归模型 AR(m) 的模型参数和模型阶数，$e_i(t)$ 为模型的残差，是均值为零、方差为 σ_i^2 的白噪声序列。然后根据所建立的 AR 模型进行线性预测，得到每一个 $c_i(t)$ 的预测（估计）值 $\tilde{c}_i(t)$（$i = 1,2,\cdots,n$），再合成便可以得到原始信号 $x(t)$ 的预测或估计值 $\tilde{x}(t)$，即

$$\tilde{x}(t) = \sum_{i=1}^{n} \tilde{c}_i(t) + r_n(t) \tag{8.19}$$

（1）IPIX 雷达数据建模分析

下面将采用 IMF AR 模型对 IPIX 雷达的 280#数据（VV 极化）进行分析，即先对海杂波数据进行 EMD 处理，然后采用 AR 模型对各 IMF 分量进行建模，进而合成原始海杂波信号 AR 模型，并对海杂波进行预测或估计。在对各 IMF 分量建模时，采用最小最终预测误差（FPE）准则确定模型阶数，最小二乘法确定模型参数。

各个 IMF 采用 AR 模型进行一步线性预报得到的预测误差如图 8.42 所示，该预测误差方差如表 8.6 所示。从图 8.42 和表 8.6 可以看出，在各 IMF AR 模型的预测误差中，第一个 IMF AR 模型的预测误差最大，这主要是因为第一个 IMF 分量为海杂波信号中的高频分量，频率较高，可预测性较差。进行一步线性预报得到的 IMF AR 模型的预测值与实测值对比和预测误差分别如图 8.43 和图 8.44 所示。预测误差的均值为 2.2938×10^{-4}，方差为 0.0022。

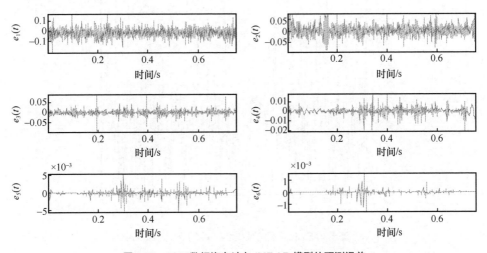

图 8.42　280#数据海杂波各 IMF AR 模型的预测误差

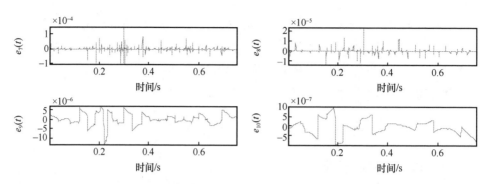

图 8.42　280#数据海杂波各 IMF AR 模型的预测误差（续）

表 8.6　280#数据海杂波各 IMF AR 模型的预测误差方差

IMF 序号	预测误差方差	IMF 序号	预测误差方差
1	0.0016	6	1.2178×10^{-8}
2	4.8098×10^{-4}	7	1.1860×10^{-10}
3	1.3282×10^{-4}	8	2.7142×10^{-12}
4	8.7654×10^{-6}	9	9.0410×10^{-12}
5	2.9379×10^{-7}	10	1.3076×10^{-13}

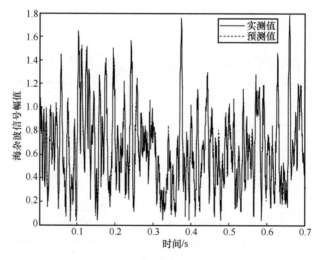

图 8.43　基于 IMF AR 模型的预测值与实测值对比（280#数据）

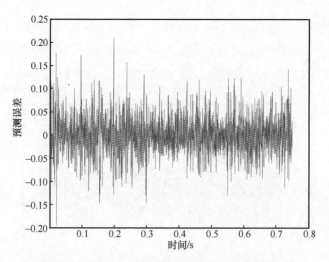

图 8.44　基于 IMF AR 模型的预测误差（280#数据）

为检验 IMF AR 模型对海杂波数据预测的有效性，本节直接采用 AR 模型对该组数据进行了建模，其一步线性预报得到的预测值与实测值对比和预测误差分别如图 8.45 和图 8.46 所示。预测误差的均值为 0.0316，方差为 0.0117。

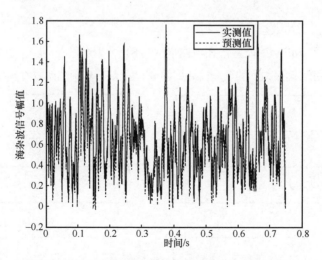

图 8.45　基于 AR 模型的预测值与实测值对比（280#数据）

对比海杂波 IMF AR 模型和海杂波 AR 模型的预测性能可以看出，前一种方法对 X 波段 IPIX 雷达海杂波信号预测的相对误差的均值和方差仅为后一种方法的 1/137 和 1/5，其预测性能有明显的改善，因此可知，对于 X 波段雷达海杂波信号，海杂波的 IMF AR 模型的预测性能要比 AR 模型的预测性能好，且具备一定的优势。

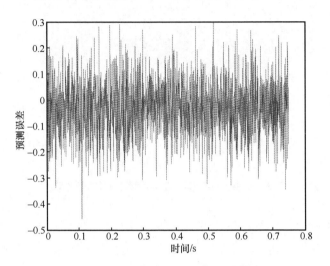

图 8.46　基于 AR 模型的预测误差（280#数据）

（2）S 波段雷达数据建模分析

下面将采用 IMF AR 模型对 S 波段雷达的 S1#数据进行分析。各个 IMF 采用 AR 模型进行一步线性预报得到的预测误差如图 8.47 所示，其预测误差方差如表 8.7 所示。

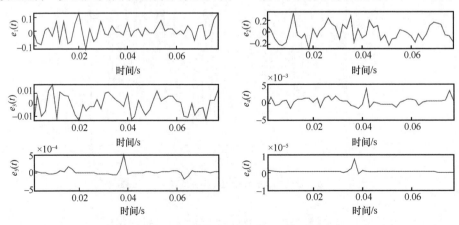

图 8.47　S1#数据海杂波各 IMF AR 模型的预测误差

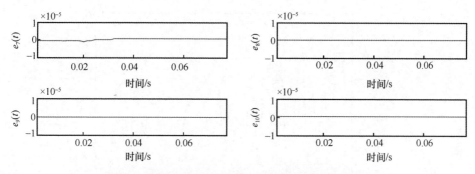

图 8.47　S1#数据海杂波各 IMF AR 模型的预测误差（续）

表 8.7　S1#数据海杂波各 IMF AR 模型的预测误差方差

IMF 序号	预测误差方差	IMF 序号	预测误差方差
1	0.2995	6	1.1172×10^{-12}
2	0.0194	7	4.0868×10^{-13}
3	0.0001	8	2.2542×10^{-18}
4	1.2650×10^{-7}	9	2.41296×10^{-16}
5	7.2971×10^{-9}	10	2.6437×10^{-18}

从图 8.47 和表 8.7 可以看出，在各 IMF AR 模型的预测误差中，第一个和第二个 IMF AR 模型的预测误差较大，这主要是因为第一个和第二个 IMF 分量为海杂波信号中的高频分量，频率较高，可预测性较差。

IMF AR 模型进行一步线性预报得到的预测值与实测值对比和预测误差分别如图 8.48 和图 8.49 所示。预测误差的均值为 0.0029，方差为 0.2844。

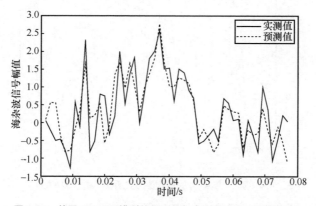

图 8.48　基于 IMF AR 模型的预测值与实测值对比（S1#数据）

雷达目标检测非线性理论及应用

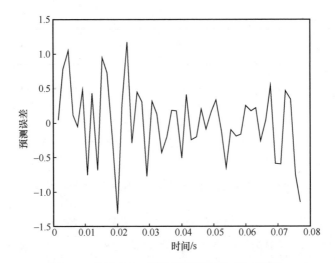

图 8.49　基于 IMF AR 模型的预测误差（S1#数据）

为了检验 IMF AR 模型对 S 波段雷达海杂波数据预测的有效性，本节直接采用 AR 模型对实测海杂波数据进行了建模，其一步线性预报得到的预测值与实测值对比和预测误差分别如图 8.50 和图 8.51 所示。预测误差的均值为 0.1076，方差为 0.7257。

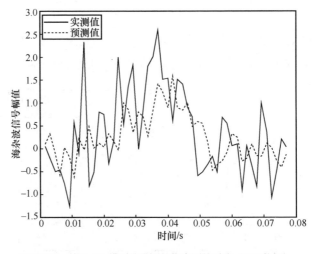

图 8.50　基于 AR 模型的预测值与实测值对比（S1#数据）

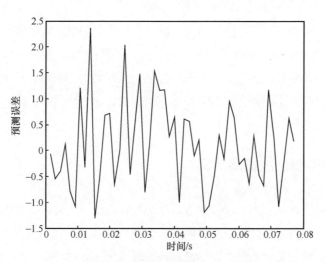

图 8.51　基于 AR 模型的预测误差（S1#数据）

从以上分析可知，与 AR 模型相比，海杂波的 IMF AR 模型能更有效地反映海杂波的内部变化，对海杂波的一步预测性能更好。IMF AR 模型对海杂波信号预测的相对误差的均值和方差仅为 AR 模型的 1/37 和 2/5，其预测性能有明显改善。因此可知，对于 S 波段雷达海杂波信号，海杂波的 IMF AR 模型的预测性能要优于传统的 AR 模型的预测性能。

通过对这两个波段雷达海杂波信号的分析可以看出，海杂波的 IMF AR 模型对海杂波信号的预测性能优于海杂波 AR 模型的预测性能，且海杂波的 IMF AR 模型对 X 波段雷达海杂波信号的一步预测性能要优于对 S 波段雷达海杂波数据的一步预测性能，这主要是因为 S 波段雷达海杂波数据的高频成分多于 IPIX 雷达，预测性能较差。

8.5　基于 IMF 特性的海杂波中微弱目标检测方法

在 HHT 中，IMF 是在 EMD 过程中自适应产生的，它体现了信号本身固有的、本质的物理特性，分析海杂波的 IMF 可以获得对海杂波信号更多、更详尽的信息。海杂波频率成分较多，目标频率成分较少，当海杂波中出现目标时，海杂波能量在某些频带内会增加，而在其他频带内会减少，与纯海杂波的能量分布相比，两者差异较大。而 IMF 是信号频带的一种自动划分，不同的 IMF 包含的频率成分不同，故海杂波与目标能量在频段间的分布差异必将反映到海杂波与目标的 IMF 特性差异中。因此，本节从海杂波的 IMF 特性方面出发，介绍一种基于固有模态能量熵的微弱目标检测方法。

8.5.1　固有模态能量熵定义

目标的谱宽较窄，不足以占据海杂波的所有频段。故目标的存在必将会引起海杂波能量随频率的分布情况发生变化，而不同 IMF 包含的频率成分不同，因此，当目标出现时，势必将改变海杂波能量在各 IMF 间的分布情况，而通过 8.3.2 节的分析也发现了这一点。为了刻画海杂波能量在各 IMF 间的分布情况，本文将信息熵的概念引入 HHT，定义了固有模态能量熵，其定义如下所示。

设采用 EMD 方法对海杂波信号 $x(t)$ 进行分解，可得 n 个 IMF 分量 $c_1(t), c_2(t), \cdots,$ $c_n(t)$ 和一个残差 r_n，n 个 IMF 分量的能量分别为 E_1，E_2，$\cdots$，E_n。计算信号能量的方法很多，本文采用对信号先平方后积分的方法计算信号能量。对于某个 IMF $c_i(t)$，其能量 E_i 可以采用式（8.20）进行计算。

$$E_i = \int_{t_1}^{t_2} c_i^2(t)\mathrm{d}t \tag{8.20}$$

其中，t_1 表示信号的起始时间，t_2 表示信号的结束时间。

由于 EMD 是正交的，在忽略残差 r_n 的情况下，n 个 IMF 分量的能量之和应等于原始信号 $x(t)$ 的总能量。由于 n 个 IMF 分量包含了不同的频率成分，因此，$E=\{E_1,$ $E_2, \cdots, E_n\}$ 就形成了海杂波信号能量在频域的一种自动划分，其相应的固有模态能量熵可定义为

$$H = -\sum_{i=1}^{n} p_i \log p_i \tag{8.21}$$

其中，$p_i=E_i/E$ 为第 i 个 IMF 分量的能量占整个信号能量的比例，E 为整个信号的能量，$E = \sum_{i=1}^{n} E_i$。

根据信息熵的基本性质可知，p_i 分布越均匀，熵 H 越大，反之，熵 H 越小，且当 $p_1=p_2=\cdots=p_n$ 时，熵取得最大值 $H_m=\log n$。通过 8.3.2 节的分析可知，纯海杂波复信号的能量主要集中在前 3 个 IMF 中，即 p_1，p_2，p_3 较大，而后 6 个 IMF 的能量较小，即 p_4，$\cdots$，p_9 较小，也就是说各 p_i 之间的差异较大，分布不均匀，故固有模态能量熵较小；而当目标出现时，它将增加后 6 个 IMF 能量在整个海杂波复信号能量中的比例，即 p_4，$\cdots$，p_9 将增大，相应地，前 3 个 IMF 能量所占比例将减少，即 p_1，p_2，p_3 减小，也就是说目标的出现将导致 p_1，$\cdots$，p_9 之间的差异减小，即各 p_i 之间差异减小，分布趋于均匀，故固有模态能量熵较大。因此，固有模态能量熵可以描述目标出现时引起的海杂波能量在 IMF 间分布的变化，即无目标时，固有模态能量熵较小，而目标出现时，固有模态能量熵较大。

下面将采用式（8.21）计算海杂波信号的固有模态能量熵，并分析目标和极化方式对海杂波信号固有模态能量熵的影响。

8.5.2　目标对海杂波固有模态能量熵的影响

图 8.52、图 8.53 和图 8.54 分别给出了 IPIX 雷达的 280#数据、310#数据和 311#数据（VV 极化）的近 500 段（每段包含 3072 个数据点）数据的固有模态能量熵及其均值。从图 8.52、图 8.53 和图 8.54 中可以得出以下结论。

① 对于纯海杂波数据，其固有模态能量熵较小，约为 0.5，且在各距离单元间的变化较小，相对比较稳定。由信息熵的理论可知，信号能量分布越不均匀，其熵越小，由此可以推断，海杂波信号的能量在各 IMF 间分布较为不均匀，在某些 IMF 分量上，海杂波信号能量趋于集中。由 8.3.2 节的分析可知，纯海杂波的能量主要集中在前 3 个 IMF，前 3 个 IMF 的能量占总信号能量的 94%以上。前后的分析结果一致。

② 当目标出现时，海杂波的固有模态能量熵明显增大。由信息熵的理论可知，信号能量分布越均匀，其熵越大，因此可以推断，在目标的影响下，海杂波信号的能量在各 IMF 间分布趋于均匀，与 8.3.2 节的分析结果一致。

当目标出现时，海杂波的固有模态能量熵将明显增大的主要原因是目标的谱宽较窄，不足以占据海杂波的所有频段，故目标出现时仅会增加某些频段内的能量。对于该类固定慢起伏目标，它出现时仅增加低频段的海杂波信号能量，而海杂波的低频分量主要包含在后分解出的 IMF 中，即目标出现时仅增加后分解出 IMF 的海杂波信号能量。而纯海杂波信号能量主要集中在先分解出的 IMF 中，因此目标出现将使海杂波信号能量在 IMF 间的分布趋于均匀，故当目标出现时，海杂波的固有模态能量熵将明显增大。

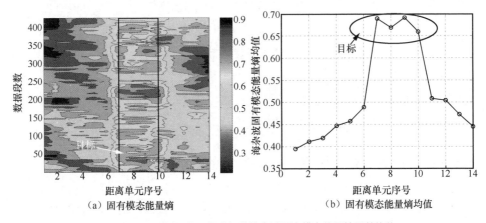

（a）固有模态能量熵　　　　　　　　（b）固有模态能量熵均值

图 8.52　280#数据（VV 极化）的海杂波固有模态能量熵及其均值

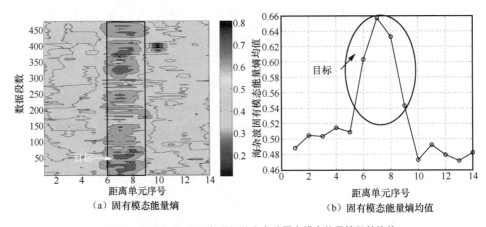

（a）固有模态能量熵　　　　　　　　（b）固有模态能量熵均值

图 8.53　310#数据（VV 极化）的海杂波固有模态能量熵及其均值

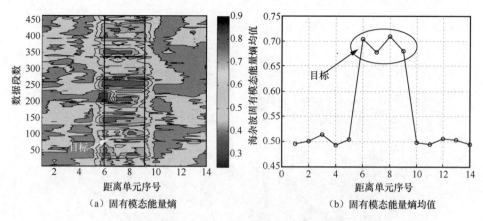

（a）固有模态能量熵　　　　　（b）固有模态能量熵均值

图 8.54　311#数据（VV 极化）的海杂波固有模态能量熵及其均值

8.5.3　极化方式对海杂波固有模态能量熵的影响

图 8.55 和图 8.56 分别给出了 280#数据和 310#数据（HH 极化）的约 500 段（每段包含 3072 个数据点）数据的固有模态能量熵及其均值。

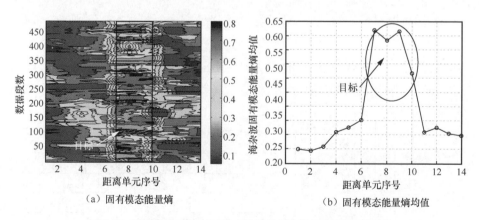

（a）固有模态能量熵　　　　　（b）固有模态能量熵均值

图 8.55　280#数据（HH 极化）的海杂波固有模态能量熵及其均值

对比图 8.55 和图 8.56 与图 8.52 和图 8.53 可得以下结论。

① 在 HH 极化下，海杂波信号的固有模态能量熵均值较小，说明与 VV 极化下

的情况相比，HH 极化下的海杂波信号能量在 IMF 间的分布更为集中，与 8.3.2 节的分析结果一致。

② 在 HH 极化下，目标的出现也将导致海杂波信号的固有模态能量均值增大。

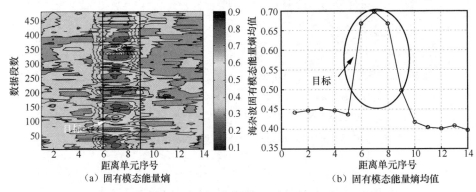

（a）固有模态能量熵　　　　　　　　（b）固有模态能量熵均值

图 8.56　310#数据（HH 极化）的海杂波固有模态能量熵及其均值

8.5.4　检测方法原理

通过上面的分析可知，当目标出现时，海杂波信号能量在各 IMF 间的分布情况将产生明显的变化，且固有模态能量熵可以描述这一变化，这就为检测海杂波中的微弱目标提供了一种新的思路，即采用海杂波信号的固有模态能量熵来检测目标，被称为基于固有模态能量熵的微弱目标检测方法。该方法的原理框架如图 8.57 所示。

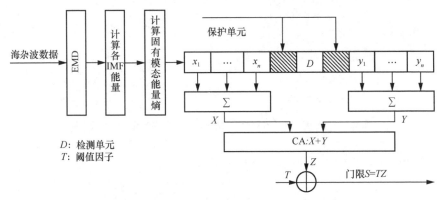

图 8.57　基于固有模态能量熵的微弱目标检测方法原理框架

该方法检测海杂波中目标的过程介绍如下。

首先通过 EMD 方法对海杂波复信号进行分解得到其 IMF，并计算各个 IMF 的能量，进而得到检验统计量——固有模态能量熵。然后将该统计量与一门限比较，就可以得到判决结果。目标的存在会使海杂波能量在各 IMF 间的分布趋于均匀，导致海杂波的固有模态能量熵增大，因此，当固有模态能量熵大于门限则判为有目标，小于门限则判为无目标。门限的获得可采用类似 CA-CFAR 的方法，即将检测单元 D 两侧参考单元的固有模态能量熵取平均，然后再乘以阈值因子，就可得到门限。

采用该方法对微弱目标检测，要满足两个假设条件。

① 在相邻的距离单元中，海杂波具有相同的相关性。

② 目标为低速慢起伏目标。

这两个条件在实际中是非常容易满足的。第一个条件主要是为了保证在相邻的距离单元中海杂波各 IMF 间能量的分布一致，即可以采用相邻单元的固有能量熵估计检测单元的固有模态能量熵；第二个条件主要是为了保证目标的能量能够集中在低频段。

下面将分析基于固有模态能量熵微弱目标检测方法的检测性能以及极化方式对其检测性能的影响等。

8.5.5　检测性能分析

（1）对实测目标数据的检测性能分析

本节采用 IPIX 雷达的 280#、310#、311#和 320#海杂波数据。由于仅知道该 4 组数据为低信杂比数据，不知其具体 SCR，因此无法给出在确定 SCR 下的检测概率。为检验本节检测方法的有效性，本节将其与另外两种具有代表性的微弱目标检测方法，即频域 CFAR 检测方法和基于盒维数的微弱目标检测方法[44]进行对比，3 种检测方法的检测性能对比曲线（$P_d \sim P_{fa}$）如图 8.58～图 8.61 所示。

从图 8.58～图 8.61 中可以看出，对于该 4 组数据，基于固有模态能量熵的微弱目标检测方法的检测性能都优于其他两种方法的检测性能，说明该方法对此类慢起伏目标具备良好的检测性能，从实测目标数据角度验证了该方法的有效性。

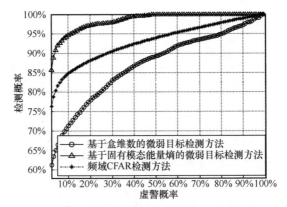

图 8.58　280#数据（VV 极化）的检测性能

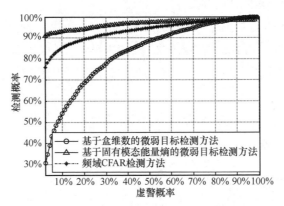

图 8.59　310#数据（VV 极化）的检测性能

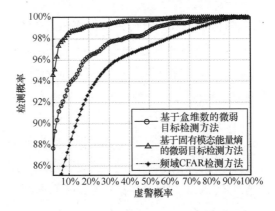

图 8.60　311#数据（VV 极化）的检测性能

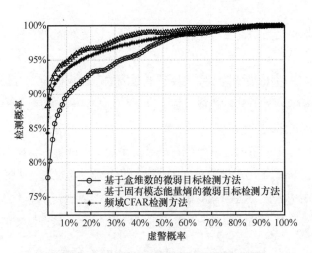

图 8.61　320#数据（VV 极化）的检测性能

（2）对仿真目标数据的检测性能分析

为了验证该方法在各种 SCR 下的检测性能，本节采用了蒙特卡罗模拟的方法，仿真次数为 10000 次。由于没有足够的 SCR 实测数据，在仿真时采用了实测数据＋仿真目标的方法。海杂波数据采用 ISAR 雷达的 I1#实测海杂波数据，而目标通过控制 SCR 仿真产生，为 Swerling I 型目标，在 100 个脉冲内具有相同的幅值 A，且 A 是瑞利分布的随机变量。

表 8.8 给出了 $P_{fa} = 1\%$ 时，基于固有模态能量熵的微弱目标检测方法、基于盒维数的微弱目标检测方法和频域 CFAR（100 个脉冲）检测方法[45]的检测概率。

表 8.8　3 种方法的检测概率

检测方法	SCR/dB			
	−15	−10	−5	0
基于固有模态能量熵的微弱目标检测方法	57%	99%	100%	100%
基于盒维数的微弱目标检测方法	2%	4%	19%	72%
频域 CFAR 检测方法	—	19%	57%	82%

从表 8.8 中可以得出以下结论。

① 当 SCR ≥ −5 dB 时，基于固有模态能量熵的微弱目标检测方法的检测概率能够达到 100%，对目标的检测性能较好，优于其他两种方法的检测性能；基于盒

维数的微弱目标检测方法对目标的检测概率较低，检测性能弱于频域 CFAR 检测方法的检测性能。

② 当 SCR=−10 dB 时，基于固有模态能量熵的微弱目标检测方法的检测性能较好，大大高于其他两种方法的检测性能，而其他两种方法的检测概率都较低，对目标信号的检测能力较弱。

③ 当 SCR = −15 dB 时，基于固有模态能量熵的微弱目标检测方法也具备一定的检测性能。图 8.62 给出了该方法对 I1#数据的检测性能曲线。从图 8.62 中可以看出，当 P_{fa} = 10%时，该方法的检测概率能够达到 80%以上。而基于盒维数的微弱目标检测方法的检测性能曲线（$P_d \sim P_{fa}$）近似为一直线，不具备检测能力。

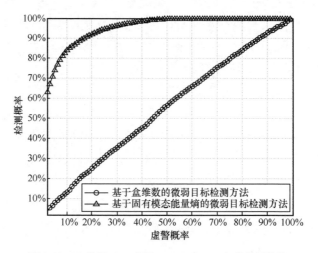

图 8.62　I1#数据（VV 极化，SCR=−15dB）的检测性能

从上面的分析可以看出，不管是对实测目标还是仿真目标，本节所提出的基于固有模态能量熵的微弱目标检测方法都具备较强的检测能力，检测性能较好。

（3）极化方式对检测性能的影响分析

图 8.63 和图 8.64 给出了本节所提出的基于固有模态能量熵的微弱目标检测方法对 280#数据和 310#数据（HH 极化）的检测性能。对比图 8.63 和图 8.64 与图 8.58 和图 8.59 可知，极化方式对该方法的检测性能影响较小，且该方法在 HH 极化下的检测性能仅稍微弱于在 VV 极化下的检测性能。

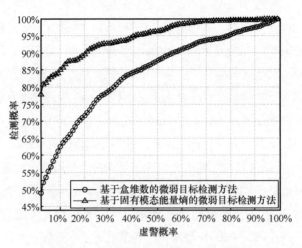

图 8.63　280#数据（HH 极化）的检测性能

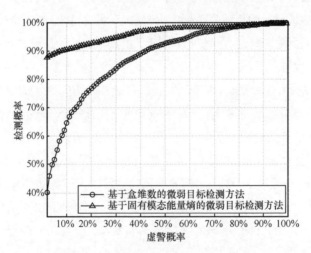

图 8.64　310#数据（HH 极化）的检测性能

8.6　基于 Hilbert 谱及其边际谱特性的海杂波中微弱目标检测方法

早期的雷达分辨率较低，其分辨单元中包含的散射点较多，根据概率统计的理论，此时的海杂波是高斯的，其幅度服从瑞利分布。但随着雷达分辨率的提高，以及工作擦地角的减小，海杂波呈现出典型的非高斯或非平稳特性，其概率密度函数出现较长的拖尾。对于这些非高斯和非平稳的海杂波信号，Fourier 变换的分析结果在较大程度上失去了物理意义，于是人们又不得不寻求新的分析方法，如时频分析方法等。常用的时频分析方法有短时 Fourier 变换、维格纳（Wigner）分布和小波变换等，但这些方法又都有其各自的局限性。HHT 具有其本身独特的特点和优越性，在 HHT 中，Hilbert 谱及其边际谱是由包含信号本身固有属性的 IMF 经过 Hilbert 变换获得的，Hilbert 谱精确地描述了信号幅值在整个频段上随时间和频率的变化情况，而 Hilbert 边际谱反映了信号幅值在整个频段上随频率的变化情况，两者都包含了信号丰富的信息。海杂波的 Hilbert 谱及其边际谱展示了海杂波本身特有的一些特点，且目标对海杂波的 Hilbert 谱及其边际谱有较大的影响。本节将把 HHT 的这些优越性与目标对海杂波影响的机理联系起来，寻找统计量对目标与海杂波在 Hilbert 谱及其边际谱上的差异进行描述，并在此基础上，重点介绍一种基于 Hilbert 谱时频熵的微弱目标检测方法。

现在的目标检测方法大多是基于回波能量的变化，但微弱目标仅出现在雷达某个分辨单元中的一小部分区域，所引起的海杂波能量变化率在整个分辨单元的海杂波能量中所占的比例较小，因此这种变化不易被检测和判决。而 Hilbert 谱是对信号能量在时频分布上的精确表示，从 Hilbert 谱中可以分析出海杂波信号能量随时间和频率的分布情况，从而可以进一步发现海杂波与目标的差异，为后续的海杂波中微弱目标的检测提供支持或新思路。为定量地描述海杂波信号的能量随时间和频率的分布情况，借鉴前面的经验，本节提出了 Hilbert 谱时频熵的概念，并将其作为检测目标的特征量。

8.6.1 Hilbert 谱时频熵定义

海杂波具备一定的时频分布，当海杂波中出现目标时，海杂波信号会产生一定变化，在时频分布上，这种变化主要体现为海杂波的能量随时间和频率的变化。例如，对于固定目标，其多普勒频率为零，频带较窄，而海杂波的频带较宽，故固定目标仅出现在低频部分。因此，当目标出现时，海杂波能量的这种时频分布将出现一定的变化。如果对海杂波信号进行 HHT 处理，得到其 Hilbert 谱，则纯海杂波信号和含目标的海杂波信号应具备较大的差异，从 8.3 节的分析中也发现了这一点。因此，可以通过对纯海杂波信号和含目标的海杂波信号的 Hilbert 谱的分析获得目标与海杂波的差异。

Hilbert 谱反映了信号幅值随时间和频率的变化情况，含目标和不含目标的海杂波信号在 Hilbert 谱时频分布上的差异表现为 Hilbert 谱时频平面上不同时频段能量分布的差异，Hilbert 谱各时频段能量分布的均匀性也反映了海杂波中是否存在目标信号。

为了刻画这种差异，将信息熵引入 Hilbert 谱时频分布，将时频平面等分为 N 个面积相等的时频块，每块内的能量为 $E_i(i=1,2,\cdots,N)$，整个时频平面的能量为 A，对每块进行能量归一化，得到 $q_i=E_i/A$，参照信息熵的计算公式，Hilbert 谱时频熵可采用式（8.22）计算。

$$s(q) = -\sum_{i=1}^{N} q_i \ln q_i \qquad (8.22)$$

其中，$\sum_{i=1}^{N} q_i = 1$ 符合计算信息熵的初始归一化条件。根据信息熵的基本性质，q_i 分布越均匀，时频熵 $s(q)$ 越大，反之，时频熵 $s(q)$ 越小。

8.6.2　海杂波 Hilbert 谱时频熵分析

本节将分析海杂波幅值信号和复信号的 Hilbert 谱时频熵，研究极化方式和目标对海杂波 Hilbert 谱时频熵的影响等。海杂波数据采用 IPIX 雷达的 280#和 311#数据。

（1）目标对海杂波复信号完整 Hilbert 谱时频熵的影响

对海杂波复信号进行 EMD 处理，得到若干个 IMF，然后对这些 IMF 进行 Hilbert 变换等处理，就可以得到海杂波复信号的 Hilbert 谱，最后根据式（8.22）计算海杂波复信号的 Hilbert 谱时频熵。

图 8.65 和图 8.66 给出了 280#和 311#数据中 600 段（每段包含 1024 个数据点）海杂波数据的完整 Hilbert 谱时频熵及其均值。在计算完整 Hilbert 谱时频熵时，采用全频段的海杂波 Hilbert 谱。从图 8.65 和图 8.66 中可以得出以下结论。

① 不含目标的纯海杂波复信号的完整 Hilbert 谱时频熵均值都在 3.95 左右，且在各距离单元间的差异较小。

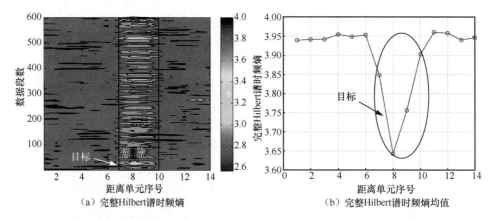

（a）完整Hilbert谱时频熵　　　　　　　（b）完整Hilbert谱时频熵均值

图 8.65　280#数据（VV 极化）海杂波复信号的完整 Hilbert 谱时频熵及其均值

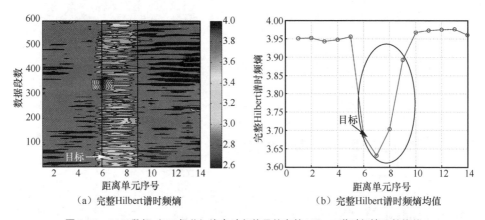

（a）完整Hilbert谱时频熵　　　　　　　（b）完整Hilbert谱时频熵均值

图 8.66　311#数据（VV 极化）海杂波复信号的完整 Hilbert 谱时频熵及其均值

② 与纯海杂波复信号的完整 Hilbert 谱时频熵相比，当海杂波中出现目标时，不管是主目标单元还是次目标单元，海杂波复信号的完整 Hilbert 谱时频熵都将减小，即目标的出现将增加海杂波复信号 Hilbert 谱能量分布的不均匀性，且主目标单元的时频熵与纯海杂波单元的时频熵差异要大于次目标单元的时频熵与纯海杂波单元的时频熵差异。

（2）目标对海杂波复信号局部 Hilbert 谱时频熵的影响

图 8.67 和图 8.68 给出了 280#和 311#数据中 600 段（每段包含 1024 个数据点）海杂波复信号的局部 Hilbert 谱时频熵及其均值。在计算局部 Hilbert 谱时频熵时，采用目标和海杂波信号能量主要集中区域 0～100 Hz 频段内的海杂波 Hilbert 谱。对

比图 8.67 和图 8.68 与图 8.65 和图 8.66 可以得出以下结论。

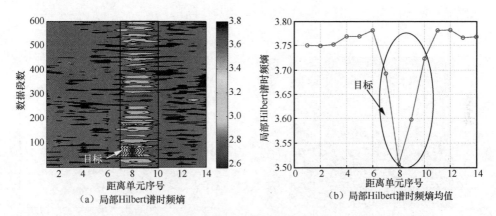

（a）局部 Hilbert 谱时频熵　　　（b）局部 Hilbert 谱时频熵均值

图 8.67　280#数据（VV 极化）海杂波复信号的局部 Hilbert 谱时频熵及其均值

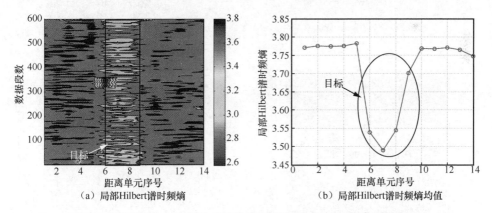

（a）局部 Hilbert 谱时频熵　　　（b）局部 Hilbert 谱时频熵均值

图 8.68　311#数据（VV 极化）海杂波复信号的局部 Hilbert 谱时频熵及其均值

① 纯海杂波复信号的局部 Hilbert 谱时频熵均值都在 3.76 左右，且在各距离单元间的差异也较小。

② 与目标对海杂波复信号完整 Hilbert 谱的影响情况一致，目标出现时也会增加 0～100 Hz 频段内的海杂波复信号 Hilbert 谱能量分布的不均匀性，导致海杂波局部 Hilbert 谱时频熵减小。

（3）极化对海杂波复信号 Hilbert 谱时频熵的影响

图 8.69 和图 8.70 分别给出了 280#数据（HH 极化）下的 600 段（每段包含 1024

个数据点）海杂波复信号的完整 Hilbert 谱时频熵和局部 Hilbert 谱时频熵及其均值。对比图 8.69 和图 8.70 与图 8.65 和图 8.67 可得以下结论。

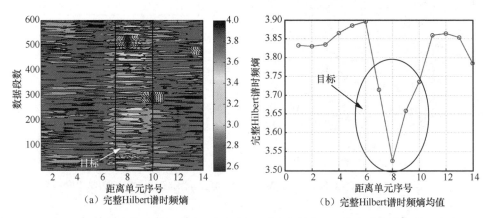

（a）完整Hilbert谱时频熵

（b）完整Hilbert谱时频熵均值

图 8.69　280#数据（HH 极化）海杂波复信号的完整 Hilbert 谱时频熵及其均值

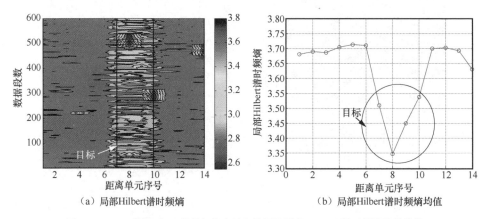

（a）局部Hilbert谱时频熵

（b）局部Hilbert谱时频熵均值

图 8.70　280#数据（HH 极化）海杂波复信号的局部 Hilbert 谱时频熵及其均值

① 在 HH 极化下，海杂波复信号的完整 Hilbert 谱时频熵均值为 3.85 左右，略低于 VV 极化下的完整 Hilbert 谱时频熵均值，说明 HH 极化下海杂波复信号完整 Hilbert 谱的能量分布比 VV 极化下完整 Hilbert 谱的能量分布更不均匀，与 8.3.3 节中对海杂波复信号 Hilbert 谱的分析结果一致。

② 在 HH 极化下，目标的出现也将导致海杂波复信号完整 Hilbert 谱时频熵减小。

③ 极化方式对海杂波复信号局部 Hilbert 谱时频熵的影响与其对海杂波复信号完整 Hilbert 谱时频熵的影响分析结果一致。

（4）目标对海杂波幅值信号完整 Hilbert 谱时频熵的影响

对海杂波幅值信号进行 EMD 处理，得到若干个 IMF，然后对这些 IMF 进行 Hilbert 变换就可以得到海杂波幅值信号的 Hilbert 谱，最后根据式（8.22）计算海杂波幅值信号的 Hilbert 谱时频熵。图 8.71 和图 8.72 给出了 280#和 311#数据中 800 段（每段包含 1024 个数据点）海杂波幅值信号的完整 Hilbert 谱时频熵及其均值。在计算完整 Hilbert 谱时频熵时，采用全频段的海杂波 Hilbert 谱。

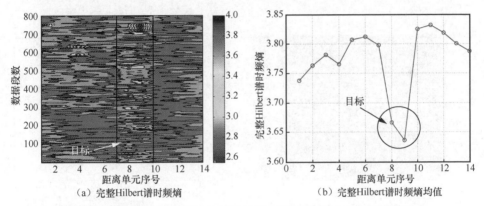

（a）完整 Hilbert 谱时频熵　　　　　　　（b）完整 Hilbert 谱时频熵均值

图 8.71　280#数据（VV 极化）海杂波幅值信号的完整 Hilbert 谱时频熵及其均值

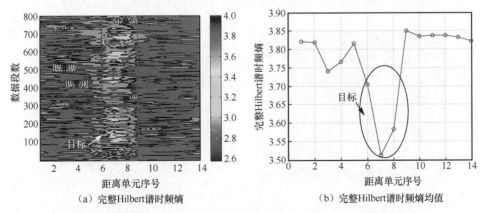

（a）完整 Hilbert 谱时频熵　　　　　　　（b）完整 Hilbert 谱时频熵均值

图 8.72　311#数据（VV 极化）海杂波幅值信号的完整 Hilbert 谱时频熵及其均值

从图 8.71 和图 8.72 中可以得出以下结论。

① 纯海杂波幅值信号的完整 Hilbert 谱时频熵均值约为 3.80，且纯海杂波幅值信号的完整 Hilbert 谱时频熵在各距离单元间差异较小。

② 当海杂波中出现目标时，不管是主目标单元还是次目标单元，海杂波幅值信号的完整 Hilbert 谱时频熵都将减小，即目标的出现将增加海杂波幅值 Hilbert 谱能量分布的不均匀性。

（5）目标对海杂波幅值信号局部 Hilbert 谱时频熵的影响

图 8.73 和图 8.74 给出了 280#和 311#数据中 800 段（每段包含 1024 个数据点）海杂波幅值信号的局部 Hilbert 谱时频熵及其均值。计算局部 Hilbert 谱时频熵时，采用 0～50 Hz 频段的 Hilbert 谱，该频段是海杂波幅值信号能量主要集中的频段。

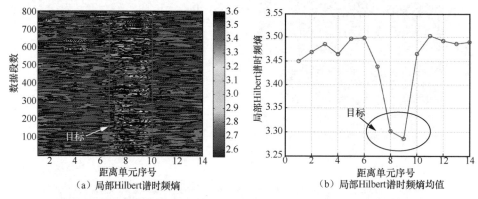

（a）局部 Hilbert 谱时频熵　　　（b）局部 Hilbert 谱时频熵均值

图 8.73　280#数据（VV 极化）海杂波幅值信号的局部 Hilbert 谱时频熵及其均值

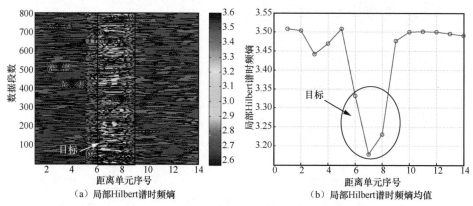

（a）局部 Hilbert 谱时频熵　　　（b）局部 Hilbert 谱时频熵均值

图 8.74　311#数据（VV 极化）海杂波幅值信号的局部 Hilbert 谱时频熵及其均值

对比图 8.73 和图 8.74 与图 8.71 和图 8.72 可得以下结论。

① 纯海杂波幅值信号的局部 Hilbert 谱时频熵都低于纯海杂波幅值信号的完整 Hilbert 谱时频熵，但两者的变化趋势一致。

② 与目标对海杂波幅值信号完整 Hilbert 谱的影响情况一致，目标出现时也会增加 0~50 Hz 频段内的海杂波幅值 Hilbert 谱能量分布的不均匀性，导致海杂波局部 Hilbert 谱时频熵减小。

③ 与幅值信号完整 Hilbert 谱时频熵相比，幅值信号局部 Hilbert 谱时频熵能够增加目标对海杂波幅值信号 Hilbert 谱的影响程度。

（6）极化对海杂波幅值信号 Hilbert 谱时频熵的影响

图 8.75 和图 8.76 分别给出了 280#数据（HH 极化）下的 800 段（每段包含 1024 个数据点）海杂波幅值信号的完整 Hilbert 谱时频熵和局部 Hilbert 谱时频熵及其均值。对比图 8.75 与图 8.71 与图 8.76 和图 8.73 可得以下结论。

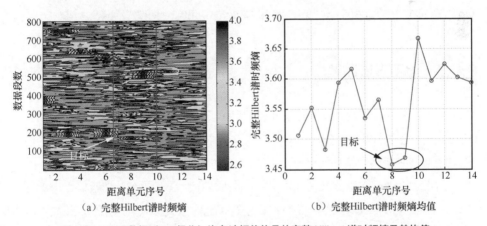

（a）完整Hilbert谱时频熵　　（b）完整Hilbert谱时频熵均值

图 8.75　280#数据（HH 极化）海杂波幅值信号的完整 Hilbert 谱时频熵及其均值

① 在 HH 极化下，海杂波幅值信号的完整 Hilbert 谱时频熵均值要小于 VV 极化下的完整 Hilbert 谱时频熵均值，说明 HH 极化下海杂波幅值信号完整 Hilbert 谱的能量分布比 VV 极化下完整 Hilbert 谱的能量分布更不均匀。

② 在 HH 极化下，目标的出现也将导致海杂波幅值信号完整 Hilbert 谱时频熵减小，但是目标对海杂波幅值完整 Hilbert 谱的影响程度要小于 VV 极化下目标对海

杂波幅值完整 Hilbert 谱的影响程度。

③ 极化方式对海杂波幅值局部 Hilbert 谱时频熵的影响与其对海杂波幅值完整 Hilbert 谱时频熵的影响分析结果一致。

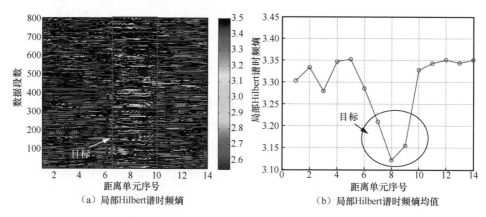

（a）局部Hilbert谱时频熵

（b）局部Hilbert谱时频熵均值

图 8.76　280#数据（HH 极化）海杂波幅值信号的局部 Hilbert 谱时频熵及其均值

8.6.3　检测方法原理

通过上面的分析可知，Hilbert 谱时频熵可以准确地描述目标与海杂波能量在 Hilbert 谱上分布的差异，因此，为检测海杂波中的微弱目标，本节提出了基于海杂波 Hilbert 谱时频熵的微弱目标检测方法，其原理框架如图 8.77 所示。

从图 8.77 中可知，该方法通过 EMD 处理各距离单元的海杂波数据，进而计算得到其 Hilbert 谱及其时频熵。然后将各距离单元时频熵输入延时部件，依次可以得到 $x_1 \cdots x_n$，D 和 $y_1 \cdots y_n$，其中，D 所在单元是检测单元，x_i 和 y_i 所在单元是 D 两侧距离邻近单元，称为参考单元。与 D 最邻近的两个单元是保护单元，一般不参与估计检测单元的 Hilbert 谱时频熵，主要用于在单目标情况下，防止目标能量泄漏到参考单元，影响该检测器两个局部估计值。X 和 Y 是两侧参考单元 Hilbert 谱时频熵的和。对 X 和 Y 的不同处理形成了不同的 CFAR 方案，本文采用两者的均值作为确定阈值 S 的依据，T 是由两侧参考单元和值得到阈值时需要相乘的因子。由于目标的存在会使海杂波的时频熵减小，因此，如果检测单元 D 小于门限 S 则判为有目标，

大于门限 S 则判为海杂波。

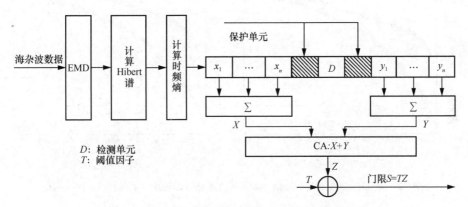

图 8.77　基于 Hilbert 谱时频熵的微弱目标检测方法原理框架

采用该方法对微弱目标进行检测，要满足以下两个假设条件。

① 在相邻的距离单元中，海杂波具有相同的相关性。

② 目标为低速慢起伏目标。

这两个条件在实际中是非常容易满足的。第一个条件主要是为了保证在相邻的距离单元中海杂波 Hilbert 谱能量的分布一致，即可以采用相邻单元的 Hilbert 谱时频熵估计检测单元的 Hilbert 谱时频熵；第二个条件主要是为了保证目标的能量能够集中在低频段。

8.6.4　检测性能分析

（1）基于海杂波复信号 Hilbert 谱时频熵方法的检测性能分析

首先采用海杂波的复信号计算海杂波的 Hilbert 谱，然后分别采用完整和局部的 Hilbert 谱计算时频熵，并分析采用海杂波复信号完整和局部的 Hilbert 谱时频熵的检测性能。因为仅知道 280# 和 311# 数据为低信杂比数据，但其信杂比具体数值未知，所以无法给出在具体信杂比下的检测概率。因此，本节比较了该方法与另一种基于盒维数的微弱目标检测方法的检测性能，其检测性能曲线（$P_d \sim P_{fa}$）如图 8.78 和图 8.79 所示。

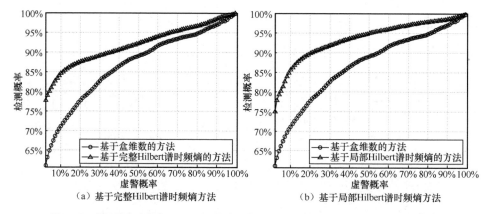

（a）基于完整Hilbert谱时频熵方法　　　　（b）基于局部Hilbert谱时频熵方法

图 8.78　基于海杂波复信号 Hilbert 谱时频熵方法对 280#数据（VV 极化）的检测性能

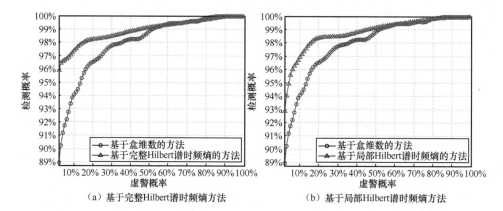

（a）基于完整Hilbert谱时频熵方法　　　　（b）基于局部Hilbert谱时频熵方法

图 8.79　基于海杂波复信号 Hilbert 谱时频熵方法对 311#数据（VV 极化）的检测性能

从图 8.78 和图 8.79 中可以得出以下结论。

① 基于海杂波复信号完整和局部 Hilbert 谱时频熵方法都能取得良好的目标检测效果，它们的检测性能都优于基于海杂波复信号盒维数检测方法的检测性能。

② 基于海杂波复信号完整和局部 Hilbert 谱时频熵的检测方法对 311#数据的检测性能优于对 280#数据的检测性能。

③ 在低虚警概率（P_{fa}<10%）时，基于海杂波复信号完整 Hilbert 谱时频熵方法都要优于基于海杂波复信号局部 Hilbert 谱时频熵方法。

由于很难得到足够的变信杂比实验数据，因此为进一步分析 SCR 对该方法检测性能的影响，本文采用了蒙特卡罗模拟仿真方法，仿真次数为 10000 次。在仿真中，海杂波数据为 ISAR 雷达的 I1#数据，目标通过控制 SCR 仿真产生，该目标为 Swerling I 型目标，在 100 个脉冲内具有相同的幅值 A，且 A 是瑞利分布的随机变量。表 8.9 给出了 P_{fa} = 1%时，基于海杂波复信号完整 Hilbert 谱时频熵的检测方法、基于海杂波复信号局部 Hilbert 谱时频熵的检测方法、基于海杂波复信号盒维数的检测方法和 CA-CFAR（100 个脉冲）的检测方法 4 种方法的检测概率。

表 8.9　4 种方法的检测概率（P_{fa}＝1%）

检测方法	SCR/dB			
	−15	−10	−5	0
基于海杂波复信号完整 Hilbert 谱时频熵的检测方法	20%	85%	100%	100%
基于海杂波复信号局部 Hilbert 谱时频熵的检测方法	9%	58%	100%	100%
基于海杂波复信号盒维数的检测方法	2%	4%	19%	72%
CA-CFAR（100 个脉冲）的检测方法	—	19%	57%	82%

从表 8.9 中可以得出以下结论。

① 在各种 SCR 条件下，基于海杂波复信号完整 Hilbert 谱时频熵的检测方法和基于海杂波复信号局部 Hilbert 谱时频熵的检测方法都明显优于其他两种检测方法的检测性能。当 SCR>=−5 dB 时，该两种检测方法的检测概率能够达到 100%（P_{fa} = 1%）。

② 当 SCR 从 0 dB 下降到−10 dB 时，基于海杂波复信号完整 Hilbert 谱时频熵的检测方法的检测性能下降较慢，而基于海杂波复信号局部 Hilbert 谱时频熵的检测方法的检测性能下降较快，但该两种方法检测性能的下降速度都慢于其他两种方法。

③ 虽然基于海杂波复信号盒维数的检测方法是一种微弱目标检测方法，但其对目标的检测性能较差，其检测性能弱于 CA-CFAR（100 个脉冲）检测方法的检测性能。

图 8.80 和图 8.81 分别给出了基于海杂波信号复信号完整 Hilbert 谱时频熵方法和基于海杂波信号复信号局部 Hilbert 谱时频熵方法对 I1#数据的检测性能（SCR=−10 dB 和 SCR=−15 dB）。

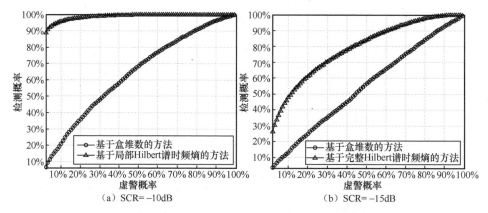

图 8.80　基于海杂波复信号完整 Hilbert 谱时频熵方法对 I1#数据的检测性能

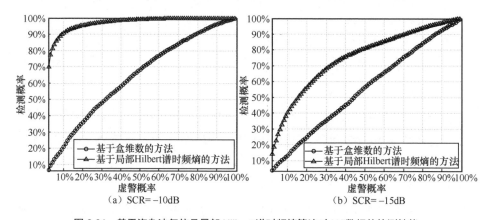

图 8.81　基于海杂波复信号局部 Hilbert 谱时频熵算法对 I1#数据的检测性能

从图 8.80 和图 8.81 中可以看出，当 SCR = −10 dB 时，基于海杂波复信号完整 Hilbert 谱时频熵方法和基于海杂波复信号局部 Hilbert 谱时频熵方法对微弱目标都具备一定的检测能力，在 P_{fa} = 10%时，检测概率都能够达到 90%以上，且前者的检测性能要高于后者；而基于海杂波复信号盒维数方法却无法检测微弱目标，检测概率仅有 20%。当 SCR = −15 dB 时，3 种检测方法的检测性能都较弱。

虽然采用仿真目标得到的检测性能与真实目标的检测性能有一定的差距，但在较大程度上也能够反映出检测方法检测性能的好坏。在没有真实目标数据的情况下，其不失为分析检测方法检测性能的一种方法。

因此，通过前面的分析可知，基于海杂波复信号完整 Hilbert 谱时频熵检测方法的性能优于基于海杂波复信号局部 Hilbert 谱时频熵检测方法的性能，当采用海杂波复信号计算 Hilbert 谱时频熵时，采用海杂波复信号完整 Hilbert 谱时频熵的方法检测海杂波中的微弱目标将会取得较好的效果。

（2）极化方式对基于海杂波复信号 Hilbert 谱时频熵方法检测性能的影响分析

图 8.82 给出了基于海杂波复信号完整 Hilbert 谱时频熵和局部 Hilbert 谱时频熵方法对 280#数据（HH 极化）的检测性能。

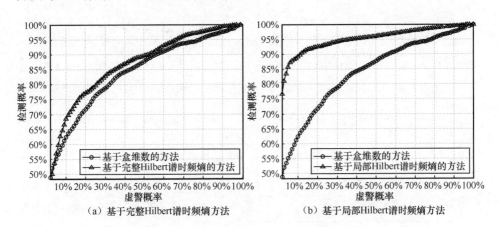

（a）基于完整Hilbert谱时频熵方法　　　　（b）基于局部Hilbert谱时频熵方法

图 8.82　基于海杂波复信号 Hilbert 谱时频熵方法对 280#数据（HH 极化）的检测性能

对比图 8.82 与图 8.78 可得以下结论。

① HH 极化下，基于海杂波复信号完整 Hilbert 谱时频熵方法对目标的检测性能要低于 VV 极化下该方法对目标的检测性能；而对于基于海杂波复信号局部 Hilbert 谱时频熵的方法则恰恰相反。

② HH 极化下，基于海杂波复信号完整 Hilbert 谱时频熵方法对目标的检测性能与基于盒维数方法的检测性能基本一致，而基于海杂波复信号局部 Hilbert 谱时频熵方法对目标的检测性能大大高于基于盒维数方法的检测性能。

（3）基于海杂波幅值 Hilbert 谱时频熵方法的检测性能分析

首先，采用海杂波的幅值信号计算海杂波的 Hilbert 谱；然后，分别采用完整和局部的 Hilbert 谱计算时频熵，并分析采用海杂波幅值信号完整和局部的 Hilbert 谱时频熵的检测性能。图 8.83 和图 8.84 分别给出了基于完整 Hilbert 谱时频熵方法的检测性能、基于局部 Hilbert 谱时频熵方法的检测性能和基于盒维数方法的检测性能。

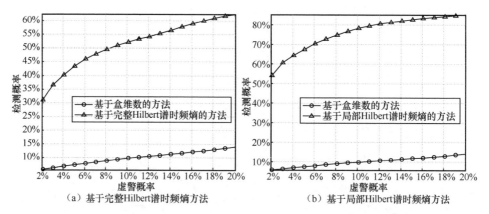

（a）基于完整Hilbert谱时频熵方法　　　　　（b）基于局部Hilbert谱时频熵方法

图 8.83　基于海杂波幅值信号 Hilbert 谱时频熵方法对 280#数据（VV 极化）的检测性能

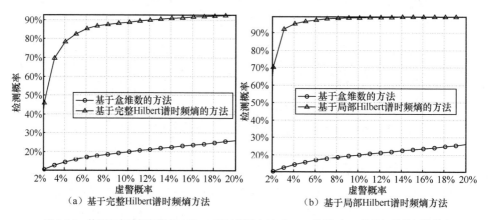

（a）基于完整Hilbert谱时频熵方法　　　　　（b）基于局部Hilbert谱时频熵方法

图 8.84　基于海杂波幅值信号 Hilbert 谱时频熵方法对 311#数据（VV 极化）的检测性能

从图 8.83 和图 8.84 中可以得出以下结论。

① 基于海杂波幅值局部 Hilbert 谱时频熵方法的检测性能都优于基于海杂波幅值完整 Hilbert 谱时频熵方法的检测性能，而这两种方法的检测性能都优于基于海杂波幅值盒维数方法的检测性能。

② 基于海杂波幅值盒维数的方法无法有效检测这两组数据中的微弱目标，而基于海杂波幅值局部 Hilbert 谱时频熵方法却能够取得一定的检测效果，且其对 311#

数据中目标的检测性能较好。

（4）极化对基于海杂波幅值信号 Hilbert 谱时频熵方法检测性能的影响分析

图 8.85 给出了基于海杂波幅值信号完整和局部 Hilbert 谱时频熵算法对 280#数据（HH 极化）的检测性能。

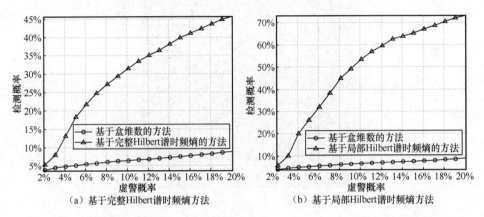

（a）基于完整Hilbert谱时频熵方法　　　　　（b）基于局部Hilbert谱时频熵方法

图 8.85　基于海杂波幅值信号 Hilbert 谱时频熵方法对 280#数据（HH 极化）的检测性能

从图 8.85 中可以看出，在 HH 极化下，这 3 种方法的检测性能都弱于在 VV 极化下的检测性能。

通过上面的分析可知：基于海杂波复信号 Hilbert 谱时频熵方法的检测性能要优于基于海杂波幅值信号 Hilbert 谱时频熵方法的检测性能。因此，在能够获得包含目标信号多普勒频率的海杂波复信号数据时，可采用基于海杂波复信号完整 Hilbert 谱时频熵方法对隐匿在海杂波中的微弱目标进行检测，而当无法获得海杂波复信号数据，只能得到海杂波幅值数据时，可采用基于海杂波幅值信号局部 Hilbert 谱时频熵方法对微弱目标进行检测。

8.6.5　S 波段雷达实测数据验证

本节将采用基于海杂波复信号完整 Hilbert 谱时频熵检测方法处理 S 波段雷达的 S1#数据（脉压前的复信号数据），研究该方法对 SCR 的改善情况和对微弱目标的检测性能。

（1）信杂比改善情况

图 8.86 给出了 S 波段雷达的 S1#数据（VV 极化）海杂波信号幅值。其完整 Hilbert 谱时频熵及其均值如图 8.87 所示。

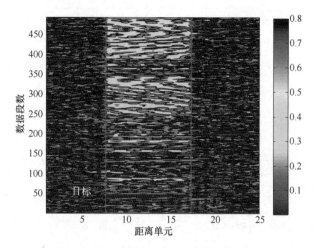

图 8.86　S1#数据（VV 极化）海杂波信号幅值

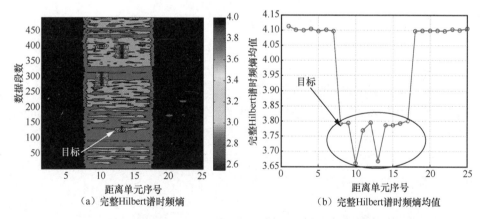

（a）完整 Hilbert 谱时频熵

（b）完整 Hilbert 谱时频熵均值

图 8.87　S1#数据（VV 极化）海杂波复信号的完整 Hilbert 谱时频熵及其均值

对比图 8.86 和图 8.87 可以看出，计算海杂波复信号 Hilbert 谱时频熵后目标与海杂波的差异程度有明显改善。假设在计算海杂波 Hilbert 谱时频熵之前，海杂波与目标幅值数据的信杂比为 SCR_1；在计算海杂波 Hilbert 谱时频熵后，海杂波与目标

信号的信杂比为 SCR_2。对于该组数据，$SCR_1 = -1.3806\,dB$，$SCR_2 = 0.7286\,dB$，可见对海杂波信号计算 Hilbert 谱时频熵后，其 SCR 提升 $2.1092\,dB$，SCR 有较大改善。

（2）检测性能

图 8.88 给出了基于海杂波复信号完整 Hilbert 谱时频熵检测方法对 S1#数据（VV 极化）的检测性能。图 8.89 给出了该方法在 $P_{fa} = 0.1\%$ 和 $P_{fa} = 1\%$ 时的检测结果。

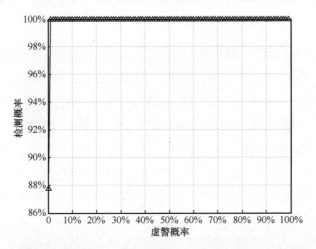

图 8.88　基于海杂波复信号完整 Hilbert 谱时频熵检测方法对 S1#数据（VV 极化）的检测性能

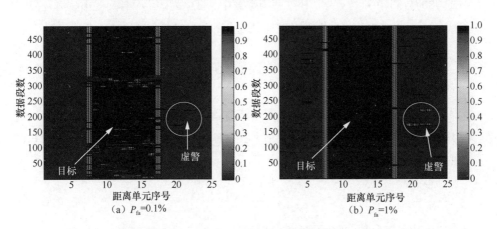

图 8.89　基于海杂波复信号完整 Hilbert 谱时频熵检测方法在 P_{fa}=0.1% 和 P_{fa}=1%
对 S1#数据（VV 极化）的检测结果

由图 8.89 可知，当 P_{fa}=0.1%时，该方法对目标的检测概率达到了 87.75%；当 P_{fa}=1%时，该方法对目标的检测概率能够达到 100%。这说明该方法对目标具备较好的检测性能，能够得到较好的检测效果。

8.7　基于 EMD 和盒维数的微弱目标检测方法

海杂波具备分形特性，且当目标出现时，海杂波的盒维数将会减小，但从前面章节的分析中可以发现，虽然目标与海杂波的盒维数具备一定差异，但当采用盒维数对微弱目标进行检测时，有时检测概率较低，检测性能较差。HHT 中的 EMD 方法可以对信号按频率大小进行分解，获得信号的若干 IMF，提供了信号的一种自动频段划分。海杂波频率成分较多、频谱较宽，目标频率成分较少、频谱较窄，故目标出现仅影响海杂波的某一局部频段。因此，为提高采用盒维数检测目标方法的性能，本节将分析目标出现频段的海杂波成分的盒维数以及目标的影响，并研究采用其盒维数检测微弱目标的可行性及检测性能等。

在分析目标出现频段的海杂波成分的盒维数以及目标的影响时，本节采用 IPIX 雷达的 280#数据和 311#数据。在这两组数据中，目标为固定目标，仅影响海杂波的低频成分，因此，本节将分析海杂波低频成分的分形特性以及盒维数等。

8.7.1　海杂波低频成分自相似特性判定

采用 EMD 方法对海杂波复信号数据进行分解，可以获得海杂波的若干个包含不同频率成分的 IMF，如式（8.8）所示。剔除前两个高频 IMF 成分，其他低频 IMF 构成的海杂波低频成分如式（8.23）所示。

$$x(t) = \sum_{i=3}^{n} c_i(t) + r_n(t) \tag{8.23}$$

式（8.23）中参数的解释可参考式（8.8）。

为分析海杂波低频成分是否具备分形特性，图 8.90 和图 8.91 给出了 280#数据和 311#数据中海杂波低频成分的 $N(r)$ 与 r 的双对数曲线。

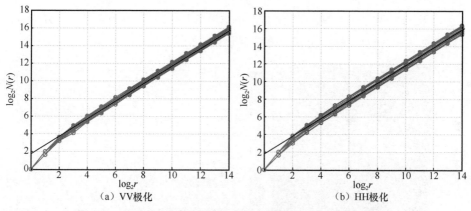

（a）VV极化　　　　　　　　　　　（b）HH极化

图 8.90　280#数据海杂波低频成分的 $N(r)$ 函数与尺度 r 的双对数曲线

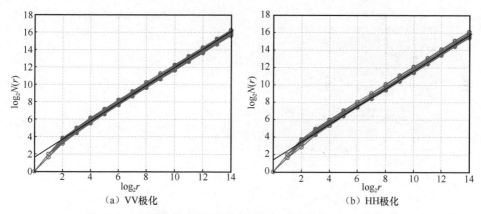

（a）VV极化　　　　　　　　　　　（b）HH极化

图 8.91　311#数据海杂波低频成分的 $N(r)$ 函数与尺度 r 的双对数曲线

从图 8.90 和图 8.91 中可以看出，对于 IPIX 雷达的这两组数据，在 VV 和 HH 两种极化下，在尺度 $2^3 \sim 2^{14}$ 上，海杂波低频成分的 $N(r)$ 与 r 的双对数曲线近似呈直线，表明海杂波信号在该时间跨度内具备自相似性，可以判定 IPIX 雷达的这两组海杂波低频成分是分形的。

8.7.2　海杂波低频成分的盒维数分析

（1）海杂波低频成分的盒维数及目标的影响

图 8.92 和图 8.93 分别给出了 280#数据和 311#数据（VV 极化）中 600 段（每

段包含 1024 个数据点）海杂波低频成分的盒维数及其均值，为了对比，又分别给出了海杂波（包含所有成分）的盒维数及其均值。

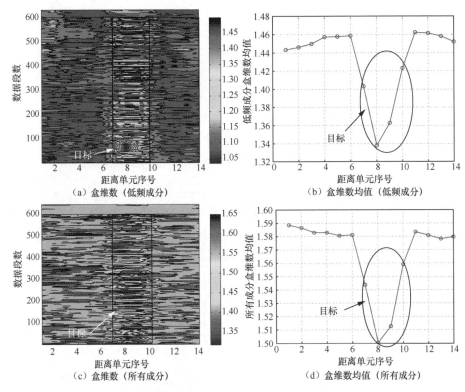

（a）盒维数（低频成分）

（b）盒维数均值（低频成分）

（c）盒维数（所有成分）

（d）盒维数均值（所有成分）

图 8.92　280#数据（VV 极化）海杂波的盒维数及其均值

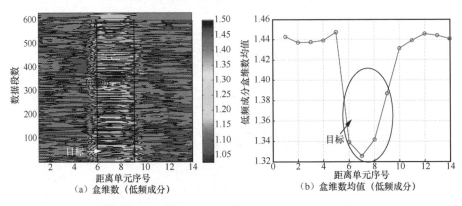

（a）盒维数（低频成分）

（b）盒维数均值（低频成分）

图 8.93　311#数据（VV 极化）海杂波的盒维数及其均值

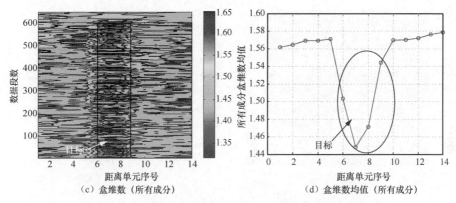

图 8.93　311#数据（VV 极化）海杂波的盒维数及其均值（续）

对比图 8.92 和图 8.93 可得以下结论。

① 纯海杂波低频成分盒维数均值都低于纯海杂波信号的盒维数均值，说明剔除海杂波中的高频成分后降低了其几何复杂度。

② 与目标对海杂波信号盒维数的影响情况一致，目标出现时也会降低海杂波低频成分的几何复杂度，导致海杂波低频成分盒维数减小。

③ 与纯海杂波盒维数相比，纯海杂波低频成分盒维数的起伏也较小，且采用低频成分计算盒维数能够在一定程度上增加目标与海杂波的差异程度。

（2）极化方式对海杂波低频成分盒维数的影响

图 8.94 和图 8.95 分别给出了 280#数据和 311#数据（HH 极化）中 600 段（每段包含 1024 个数据点）海杂波低频成分的盒维数及其均值。

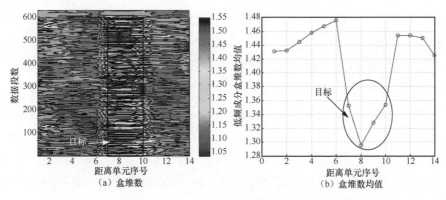

图 8.94　280#数据（HH 极化）海杂波低频成分的盒维数及其均值

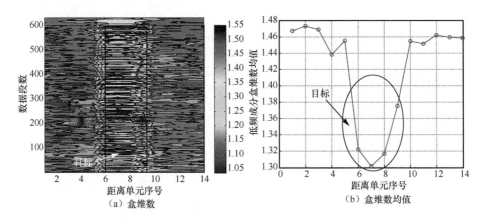

图 8.95　311#数据（HH 极化）海杂波低频成分的盒维数及其均值

对比图 8.94 和图 8.95 与图 8.92 和图 8.93 可得以下结论。

① 在 HH 极化下，纯海杂波低频成分的盒维数与 VV 极化下的盒维数基本一致，说明极化方式对海杂波低频成分的盒维数影响较小。

② 在 HH 极化下，目标的出现也将导致海杂波低频成分盒维数的减小，且目标对海杂波低频成分盒维数的影响程度要大于 VV 极化下目标对海杂波低频成分盒维数的影响程度。

8.7.3　检测方法原理

从上面的分析可知，仅采用目标出现频段的海杂波成分计算盒维数可以在一定程度上增加目标与海杂波在盒维数上的差异，因此，本节提出了一种仅采用目标出现频段的海杂波成分的盒维数检测固定微弱目标的方法，即基于 EMD 和盒维数的固定微弱目标检测方法。该方法的原理框架如图 8.96 所示。

从图 8.96 中可知，该方法通过 EMD 方法处理各个距离单元的海杂波数据，得到其 IMF，并取目标出现频段的部分 IMF 求和，进而可计算目标出现频段的海杂波成分的盒维数。然后将各距离单元的盒维数输入延时部件，依次可以得到 $x_1 \cdots x_n$、D 和 $y_1 \cdots y_n$。D 所处单元是检测单元；x_i 和 y_i 所处单元是 D 两侧邻近单元，称为参考单元。然后采用单元平均恒虚警率的方法就可以实现对海杂波中微弱目标的检测。通过前面的分析可知，在相邻的距离单元中，纯海杂波的盒维数基本一致，因此可近似认为本节检测方法是恒虚警率的。由于目标的存在会使盒维数减小，因此，若检测单元 D 小于门限 S 则判为有目标，大于门限 S 则判为无目标。

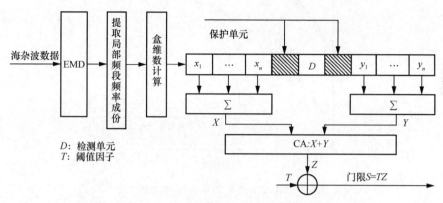

图 8.96　基于 EMD 和盒维数的固定微弱目标检测方法原理框架

采用该方法对微弱目标检测，要满足以下两个假设条件。

① 在相邻的距离单元中，海杂波具有相同的相关性。

② 目标为低速慢起伏目标。

这两个条件在实际中是非常容易满足的。第一个条件主要是为了保证在相邻的距离单元中海杂波能量在频率上的分布一致，即相邻的距离单元中各 IMF 包含的频率成分及其能量一致；第二个条件主要是为了保证目标出现在低频区。

8.7.4　检测性能分析

本节将分析基于 EMD 和盒维数的固定微弱目标检测方法的检测性能以及 SCR 和极化方式对其检测性能的影响等。

（1）对实测目标数据的检测性能分析

在分析该方法对实测目标数据的检测性能时，采用 IPIX 雷达的 280#和 311#的复信号数据。图 8.97 和图 8.98 分别给出了该方法与基于盒维数的微弱目标检测方法对这两组数据的检测性能曲线。从图 8.97 和图 8.98 中可以看出，本节所提方法的检测性能要优于仅基于盒维数的方法的检测性能。

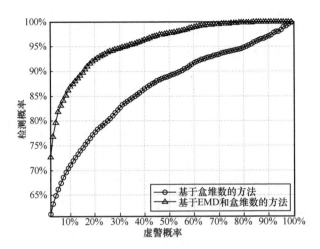

图 8.97　对 280#数据（VV 极化）的检测性能

（2）SCR 对检测性能的影响

由于很难得到足够的变信杂比实验数据，因此为进一步分析该方法的检测性能，本节采用了蒙特卡罗模拟仿真的方法，仿真次数为 10000 次。在仿真中，海杂波数据为某 ISAR 雷达的 I1#复信号数据，目标通过控制 SCR 仿真产生，且该目标为 Swerling I 型目标，在 100 个脉冲内具有相同的幅值 A，且 A 是瑞利分布的随机变量。

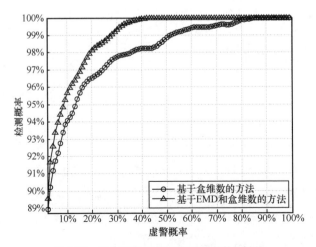

图 8.98　对 310#数据（VV 极化）的检测性能

表 8.10 给出了 $P_{fa} = 1\%$ 时，基于 EMD 和盒维数的方法、基于盒维数的方法和多脉冲 CA-CFAR（100 个脉冲）的方法的检测概率。

表 8.10　3 种方法的检测概率

检测方法	SCR/dB			
	−15	−10	−5	0
基于 EMD 和盒维数的方法	10%	41%	86%	99%
基于盒维数的方法	2%	4%	19%	72%
多脉冲 CA-CFAR（100 个脉冲）的方法	—	19%	57%	82%

从表 8.10 中可以看出，当 SCR≥−5 dB 时，基于 EMD 和盒维数的方法的检测性能较好，明显优于其他两种检测方法的检测性能；当 SCR<−5 dB 时，3 种方法的检测概率都迅速下降，对目标信号的检测能力变弱。

图 8.99～图 8.102 给出了基于 EMD 和盒维数的方法与基于盒维数的方法在各种信杂比下对 I1#数据的检测性能。从图 8.99～图 8.102 中可以看出，基于 EMD 和盒维数的方法的检测性能要明显优于基于盒维数的方法的检测性能。

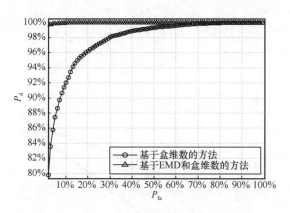

图 8.99　对 I1#数据的检测性能（SCR=0 dB）

（3）采用幅值信号计算盒维数时的检测性能

上面讨论了采用海杂波复信号计算盒维数时该方法的检测性能，下面分析采用海杂波幅值信号计算盒维数时该方法的检测性能。2 种方法对 280#数据和 311#数据的检测性能分别如图 8.103 和图 8.104 所示。

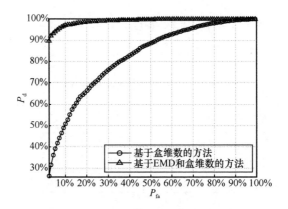

图 8.100　对 I1#数据的检测性能（SCR=−5 dB）

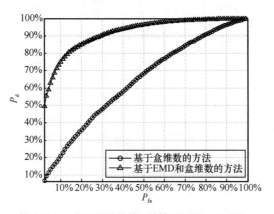

图 8.101　对 I1#数据的检测性能（SCR=−10 dB）

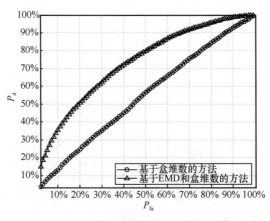

图 8.102　对 I1#数据的检测性能（SCR=−15 dB）

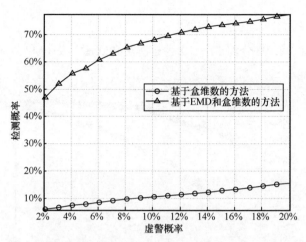

图 8.103　采用幅值信号计算盒维数时对 280#数据（VV 极化）的检测性能

对比图 8.103 和图 8.104 与图 8.97 和图 8.98 可知，对于这两种方法，采用海杂波复信号计算盒维数时的检测性能都要优于采用海杂波幅值信号计算盒维数时的检测性能，而采用幅值信号计算盒维数时，基于 EMD 和盒维数的微弱目标检测方法的检测性能要优于基于盒维数的微弱目标检测方法的检测性能。但当无法获得海杂波的复信号数据时，在本节所提的基于 EMD 和盒维数的微弱目标检测方法中，采用幅值信号计算低频成分的盒维数也不失为一种有效的选择。

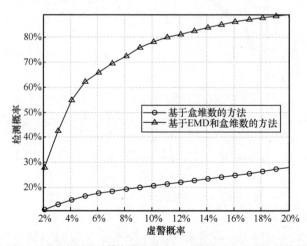

图 8.104　采用幅值信号计算盒维数时对 311#数据（VV 极化）的检测性能

（4）极化方式对检测性能的影响

图 8.105 和图 8.106 分别给出了 2 种方法对 IPIX 雷达 280#和 310#数据 HH 极化部分的检测性能。

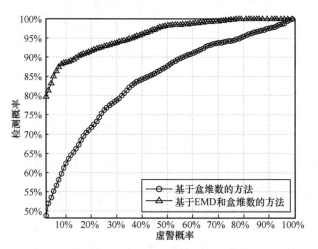

图 8.105　对 280#数据（HH 极化）的检测性能

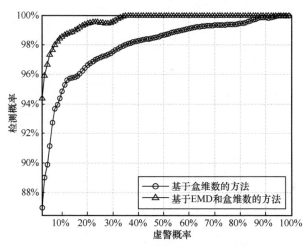

图 8.106　对 310#数据（HH 极化）的检测性能

对比图 8.105 和图 8.106 与图 8.97 和图 8.98 可知，HH 极化下 2 种方法的检测性能明显高于 VV 极化下的检测性能。

8.7.5　S 波段雷达实测数据验证

本节将采用基于 EMD 和盒维数的方法处理 S 波段雷达的 S1#数据，研究其信杂比的改善情况和对微弱目标的检测性能。

（1）信杂比改善情况

图 8.107 给出了 S1#数据海杂波低频成分的盒维数及其均值。对比图 8.107 和图 8.86 可以看出，计算海杂波信号低频成分的盒维数后目标与海杂波的差异程度有明显改善。

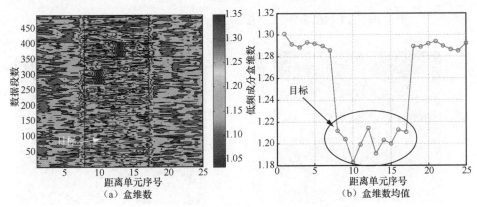

图 8.107　S1#数据海杂波低频成分的盒维数及其均值

假设在计算海杂波信号低频成分盒维数之前，海杂波与目标幅值数据的信杂比为 SCR_1；在计算海杂波信号低频成分盒维数后，海杂波与目标信号的信杂比为 SCR_2。对于该组数据，SCR_1=−1.3806 dB，SCR_2=0.6042 dB，可见对海杂波信号计算低频成分盒维数后，其 SCR 提升 1.9848 dB，SCR 有较大改善。

（2）检测性能

图 8.108 给出了基于 EMD 和盒维数的方法对 S1#数据（VV 极化）的检测性能。从图 8.108 中可以看出，当 P_{fa}=0.1%时，该方法对目标的检测概率达到了 63.4%；当 P_{fa}=1%时，该方法对目标的检测概率能达到 79%。

图 8.109 给出了基于 EMD 和盒维数的方法在 P_{fa}=0.1%和 P_{fa}=1%时的检测结果。从图 8.109 中可以看出，该方法对目标具备较好的检测性能。

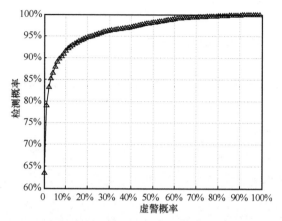

图 8.108　基于 EMD 和盒维数的方法对 S1#数据（VV 极化）的检测性能

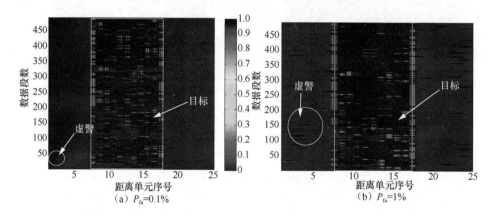

图 8.109　基于 EMD 和盒维数的方法对 S1#数据（VV 极化）的检测结果

8.8　基于 Hilbert 谱脊线盒维数的微弱目标检测方法

通过 8.3.4 节的分析可知，纯海杂波信号 Hilbert 谱脊线起伏较大，而当目标出现时，海杂波信号 Hilbert 谱脊线起伏将趋于和缓，两者的差异比较明显，因此，本节将在前面分析的基础上分析海杂波 Hilbert 谱脊线的分形特性，并研究采用盒维数提取目标与海杂波 Hilbert 谱脊线的差异以及检测海杂波中微弱目标的可行性和检测性能等。

8.8.1　海杂波 Hilbert 谱脊线自相似特性判定

对 IPIX 雷达的 280#和 311#数据进行 EMD 处理，得到若干个 IMF，进而可计算其 Hilbert 谱 $H(t,f)$，然后经式（8.17），就可以得到海杂波的 Hilbert 谱脊线。

为分析海杂波 Hilbert 谱脊线是否具备分形特性，对其脊线进行分形特性的判定处理，可得如图 8.110 和图 8.111 所示的 $N(r)$ 与 r 的双对数曲线。

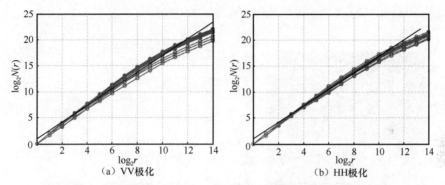

图 8.110　280#数据海杂波 Hilbert 谱脊线的 $N(r)$ 函数与尺度 r 的双对数曲线

从图 8.110 和图 8.111 中可以看出，对于 280#和 311#数据，在 VV 和 HH 两种极化下，在尺度 $2^3\sim2^{10}$ 上，海杂波 Hilbert 谱脊线的 $N(r)$ 与 r 的双对数曲线近似为一直线，表明海杂波信号在该时间跨度内具备自相似性，可以判定 IPIX 雷达的这两组海杂波数据的 Hilbert 谱脊线是分形的。

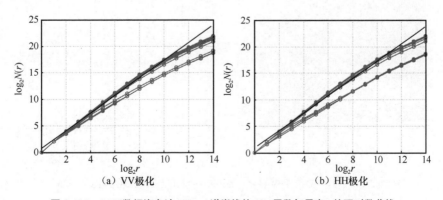

图 8.111　311#数据海杂波 Hilbert 谱脊线的 $N(r)$ 函数与尺度 r 的双对数曲线

8.8.2　海杂波 Hilbert 谱脊线盒维数分析

通过上面的分析可以知道，海杂波 Hilbert 谱脊线呈现分形特性，本节将分析其盒维数。

（1）海杂波 Hilbert 谱脊线盒维数及其目标的影响

图 8.112 和图 8.113 分别给出了 IPIX 雷达的 280#和 311#数据（VV 极化）中 400 段（每段包含 3072 个数据点）海杂波 Hilbert 谱脊线的盒维数及其均值。

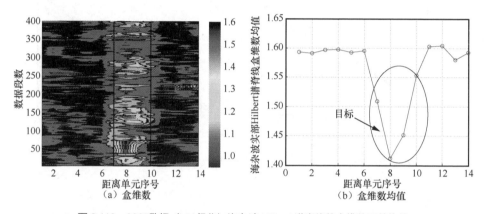

图 8.112　280#数据（VV 极化）海杂波 Hilbert 谱脊线的盒维数及其均值

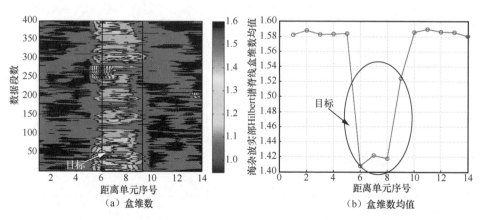

图 8.113　311#数据（VV 极化）海杂波 Hilbert 谱脊线的盒维数及其均值

从图 8.112 和图 8.113 中可以得出以下结论。

① 280#数据中纯海杂波 Hilbert 谱脊线的盒维数均值在 1.59 左右，311#数据中纯海杂波的盒维数均值在 1.58 左右，两组数据的纯海杂波 Hilbert 谱脊线的盒维数相差很小；在各距离单元间，纯海杂波 Hilbert 谱脊线的盒维数均值差异较小。

② 当海杂波中出现目标时，不管是主目标单元还是次目标单元，海杂波 Hilbert 谱脊线的盒维数都将减小，即目标的出现将减小海杂波 Hilbert 谱脊线几何形状的复杂性，反映出目标出现的频率比较集中。在 311#数据中，次目标单元（6 和 8）的海杂波 Hilbert 谱脊线盒维数均值与主目标单元（7）的 Hilbert 谱脊线盒维数均值差异不大，前者甚至要略大于后者，这反映出在这两个次目标单元中，目标对海杂波的影响也较大，从海杂波 Hilbert 谱脊线盒维数图上也可以清楚地看到。

③ 在 280#数据中，虽然主目标单元与纯海杂波距离单元的 Hilbert 谱脊线盒维数具有一定的差异，但是从 Hilbert 谱脊线盒维数图上可以看出，该目标对海杂波的影响程度还是较弱的。

（2）极化方式对海杂波 Hilbert 谱脊线盒维数的影响

在分析极化方式对海杂波 Hilbert 谱脊线盒维数的影响时，采用 280#海杂波数据。图 8.114 给出了该组数据（HH 极化）中 400 段（每段包含 3072 个数据点）海杂波 Hilbert 谱脊线的盒维数及其均值。

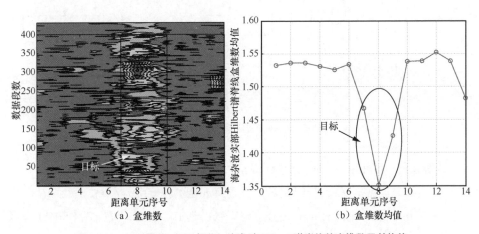

图 8.114　280#数据（HH 极化）海杂波 Hilbert 谱脊线的盒维数及其均值

对比图 8.114 和图 8.112 可得以下结论。

① 在 HH 极化下，海杂波 Hilbert 谱脊线盒维数均值在 1.53 左右，要小于 VV 极化下的海杂波复信号 Hilbert 谱脊线盒维数均值，说明在 HH 极化下，海杂波信号 Hilbert 谱脊线的几何复杂度比 VV 极化下几何复杂度低。

② 在 HH 极化下，目标的出现也将导致海杂波 Hilbert 谱脊线盒维数均值减小，且目标对海杂波 Hilbert 谱脊线的影响程度要小于 VV 极化下目标对海杂波 Hilbert 谱脊线的影响程度。

8.8.3　检测方法原理

通过前面的分析可知，海杂波 Hilbert 谱脊线起伏较大，几何复杂度较高，但当目标出现时，其复杂度将明显降低，而分形理论中的盒维数可以描述这一变化，这就为检测海杂波中的微弱目标提供了一种新的思路，即可以提取海杂波的 Hilbert 谱脊线盒维数来检测目标，在这里将其称为基于 Hilbert 谱脊线盒维数的微弱目标检测方法。该方法的原理框架如图 8.115 所示。

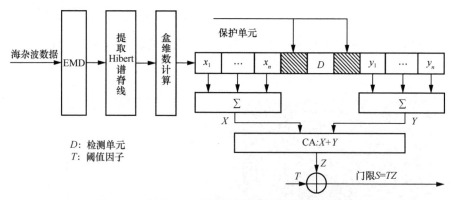

图 8.115　基于 Hilbert 谱脊线盒维数的检测方法原理框架

从图 8.115 中可知，该方法检测海杂波中的微弱目标的主要流程如下。

① 对海杂波数据进行 EMD 处理，获得其 n 个 IMF $c_1(k)$，$c_2(k)$，$\cdots$，$c_n(k)$。

② 对 n 个 IMF 进行 Hilbert 变换，可以获得其 Hilbet 谱，根据式（8.17）可以提取其脊线。

③ 采用 5.1.2 节中提到的方法，可计算得到海杂波 Hilbet 谱脊线的盒维数，即基于 Hilbert 谱脊线盒维数的微弱目标检测方法的检验统计量。

④ 将该检验统计量与一门限比较，就可以得到判决结果。由于目标的存在会使其 Hilbert 谱脊线盒维数减小，因此，若盒维数小于门限则判为有目标，大于门限则判为无目标。门限的获得可采用类似 CA-CFAR 的方法，即将检测单元两侧参考单元的盒维数取平均，然后再乘以阈值因子。

采用该方法对微弱目标检测，也要满足以下两个假设条件。

① 在相邻的距离单元中，海杂波具有相同的相关性。

② 目标为低速慢起伏目标。

8.8.4　检测性能分析

本节将分析基于 Hilbert 谱脊线盒维数的微弱目标检测方法的检测性能，以及 SCR 和极化对检测性能的影响等。

（1）对实测目标数据的检测性能

在分析该方法对实测目标数据的检测性能时，本节采用 IPIX 雷达的 280#和 311# 数据。图 8.116 和图 8.117 给出了该方法与基于盒维数的方法对两组数据（VV 极化）的检测性能（$P_\mathrm{d} \sim P_\mathrm{fa}$）。

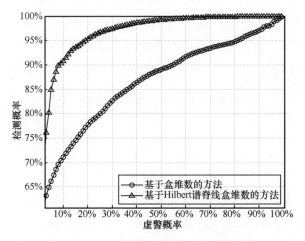

图 8.116　对 280#数据（VV 极化）的检测性能

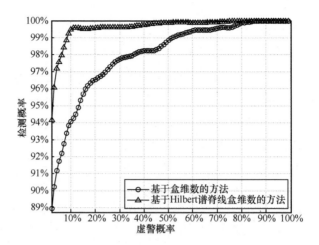

图 8.117　对 311#数据（VV 极化）的检测性能

从图 8.116 和图 8.117 中可以看出，该方法在提取海杂波 Hilbert 谱脊线后再计算盒维数，能够有效增强目标对海杂波的影响，扩大两者的差异，与基于盒维数的方法相比，其检测性能明显提高。

（2）SCR 对检测性能的影响

在分析 SCR 对该方法检测性能的影响时，本节采用了蒙特卡罗模拟的仿真方法，仿真次数为 10000 次。在仿真中，海杂波数据为某 ISAR 雷达的 I1#实测海杂波数据，目标通过控制 SCR 仿真产生，且该目标为 Swerling I 型目标。该目标在 100个脉冲内具有相同的幅值 A，且 A 是瑞利分布的随机变量。

表 8.11 给出了 P_{fa} = 1%时，基于 Hilbert 谱脊线盒维数的方法、基于盒维数的方法和多脉冲 CA-CFAR（100 个脉冲）方法的检测概率。

表 8.11　3 种方法的检测概率

检测方法	SCR/dB			
	−15	−10	−5	0
基于 Hilbert 谱脊线盒维数的方法	27%	96%	100%	100%
基于盒维数的方法	2%	4%	19%	72%
CA-CFAR（100 个脉冲）的方法	—	19%	57%	82%

从表 8.11 中可以得出以下结论。

① 当 SCR ≥ −10 dB 时，基于 Hilbert 谱脊线盒维数的方法的检测性能较好，明显优于其他两种方法的检测性能，且该方法的检测性能随 SCR 的下降变化较慢。

② 当 SCR < −10 dB 时，基于 Hilbert 谱脊线盒维数的方法的检测性能急剧下降，但其检测性能仍优于其他两种方法的检测性能。

图 8.118 给出了 SCR = −15 dB 时，基于 Hilbert 谱脊线盒维数的方法对 I1#数据的检测性能。从图 8.118 中可以看出，当 P_{fa} = 10% 时，检测概率能够达到 90% 以上，具有一定的检测性能，而基于盒维数的方法的性能曲线近似为一条直线，不具有检测性能。

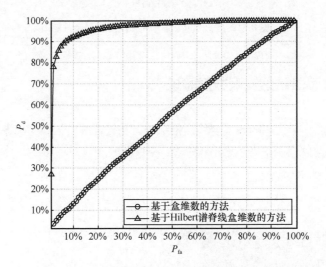

图 8.118   对 I1#数据的检测性能（SCR=−15 dB）

（3）极化对检测性能的影响

在分析极化对检测性能的影响时，采用 IPIX 雷达的 280#数据。图 8.119 给出了基于 Hilbert 谱脊线盒维数的方法对 280#数据（HH 极化）的检测性能。对比图 8.119 和图 8.116 可知，极化方式对该方法的检测性能影响较大，在 HH 极化下的检测性能要明显弱于在 VV 极化下的检测性能，当虚警概率为 10% 时，在 HH 极化下的检测概率只有 82%，而在 VV 极化下的检测概率能够到达 90% 以上。

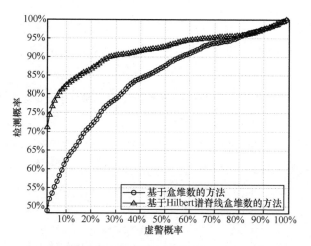

图 8.119　对 280#数据（HH 极化）的检测性能

8.8.5　S 波段雷达实测数据验证

本节将采用基于 Hilbert 谱脊线盒维数的方法处理 S 波段雷达海杂波数据，研究该方法的信杂比改善情况和对微弱目标的检测性能。

（1）信杂比改善情况

图 8.120 给出了 S1#数据海杂波 Hilbert 谱脊线的盒维数及其均值。

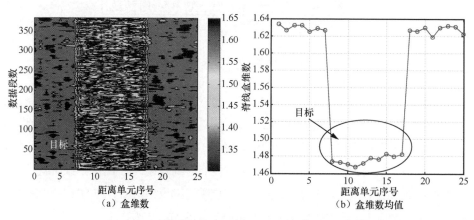

图 8.120　S1#数据海杂波 Hilbert 谱脊线的盒维数及其均值

对比图 8.120 和图 8.107 可以看出，计算海杂波信号脊线盒维数后，目标与海杂波的差异程度有明显改善。假设在计算海杂波信号脊线盒维数之前，海杂波与目标幅值数据的信杂比为 SCR_1；在计算海杂波信号脊线盒维数后，海杂波与目标信号的信杂比为 SCR_2。对于该组数据，$SCR_1=-1.3806$ dB，$SCR_2=0.8537$ dB，由此，对海杂波信号计算脊线盒维数后，其 SCR 提升 2.2343 dB，SCR 有明显改善。

（2）检测性能

图 8.121 给出了基于 Hilbert 谱脊线盒维数的方法对 S1#数据（VV 极化）的检测性能。从图 8.121 中可以看出，当 $P_{fa}=0.1\%$ 时，该方法对目标的检测概率达到了 98.6%；当 $P_{fa}=1\%$ 时，该方法对目标的检测概率可达 99.6%。

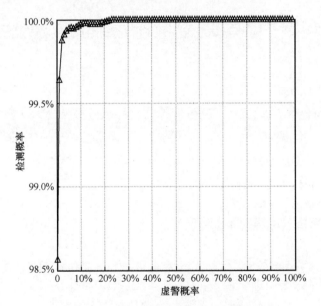

图 8.121　对 S1#数据（VV 极化）的检测性能

图 8.122 给出了基于 Hilbert 谱脊线盒维数的方法在 $P_{fa}=0.1\%$ 和 $P_{fa}=1\%$ 时的检测结果。从图 8.122 中可以看出，该方法对目标具备较好的检测性能，能够得到较好的检测效果。

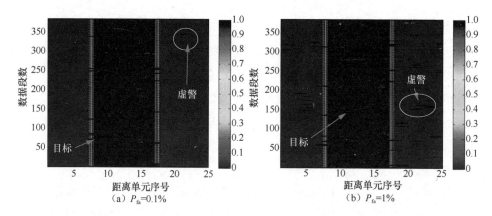

图 8.122　基于 Hilbert 谱脊线盒维数的方法对 S1#数据（VV 极化）的检测结果

8.9　基于固有模态函数频域熵的目标检测方法

本节结合实测海杂波数据分析了信杂比、极化方式、海尖峰、动目标对海杂波频域 IMF 能量分布的影响以及与静止目标的差别。通过分析发现，静止目标的出现将会使海杂波的能量向后几个 IMF 分量扩散，考虑到固有模态函数频域熵可以描述上述变化，本节提出一种基于固有模态函数频域熵的目标检测方法，并与广义符号（Generalized Sign，GS）的检测方法进行对比。

8.9.1　固有模态函数频域熵定义

通过 EMD 处理[1,46]可将时域 $x(t)$ 信号按照式（8.24）方式分解

$$x(t) = \sum_{i=1}^{n} c_i(t) + r(t) \tag{8.24}$$

其中，$c_i(t)$ 为 IMF 分量，$r_n(t)$ 为趋势项。第 i 个 IMF 分量的频域能量 E_i 可由（8.25）得到

$$E_i = \int_{f_1}^{f_2} \left| \int_0^T c_i(t) e^{-j2\pi ft} dt \right|^2 df \tag{8.25}$$

其中，f_1 表示信号的起始频率，f_2 表示信号的终止频率。

考虑到目标和海杂波在频谱上分布特点不同，目标占据的频谱宽度相比于海杂波更窄，因此，目标的出现会影响海杂波的 IMF 频域能量分布。为了刻画该变化，本节引入固有模态函数频域熵的概念，具体计算过程如式（8.26）所示

$$H = -\sum_{i=1}^{n} p_i \log(p_i) \tag{8.26}$$

其中，H 表示固有模态函数频域熵，p_i 表示第 i 个 IMF 分量的频域能量 E_i 占频域总能量 E 的百分比，如式（8.27）所示。

$$p_i = \frac{E_i}{\sum_{i=1}^{n} E_i} \tag{8.27}$$

H 值的大小反映了各个 IMF 分量的频域能量 E_i 的分布情况，H 值越大表示 E_i 分布越均匀，反之，E_i 分布越不均匀。当 $E_1 = E_2 = \cdots = E_n$ 时，H 取得最大值 $H_{max} = \log n$。

8.9.2　检测方法流程

图 8.123 为基于固有模态函数频域熵的检测方法的流程，具体步骤介绍如下。

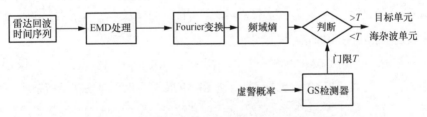

图 8.123　基于固有模态函数频域熵的检测方法流程

步骤 1　在接收端，得到经脉冲压缩处理后的不同距离单元内的雷达回波时间序列 $x(t)$。

步骤 2　EMD 处理，对各个距离单元时间序列 $x(t)$ 进行 EMD 处理，由式（8.24）可得时间序列 $x(t)$ 的 n 个 IMF 分量 $c_i(t)$。

步骤 3 计算 IMF 分量 $c_i(t)$ 的频谱，具体计算过程如式（8.28）所示

$$M_i = \left| \text{FFT}\big(c_i(t)\big) \right| \tag{8.28}$$

步骤 4 计算各个距离单元的固有模态函数频域熵 H，根据式（8.25）和式（8.28）计算对应 IMF 分量的频域能量 E_i，根据式（8.26）和式（8.27）可得对应距离单元的固有模态函数频域熵 H。

步骤 5 秩值的形成与目标检测，通过步骤 1～步骤 4 得到不同距离单元不同数据段的固有模态函数频域熵，暂定为 H_{ij}（ $i=1,2,\cdots,N$，$j=1,2,\cdots,M$），其中，M 表示距离单元数，N 表示数据段数，y_i 表示待检测单元。根据式（8.29）和式（8.30）可得相应的秩值 T_{GS}[47]

$$T_{\text{GS}} = \sum_{i=1}^{N} r_i = \sum_{i=1}^{N} \sum_{j=1}^{M} u(y_i - H_{ij}) \tag{8.29}$$

$$u(y_i - H_{ij}) = \begin{cases} 1, & y_i > H_{ij} \\ 0, & y_i \leqslant H_{ij} \end{cases} \tag{8.30}$$

将检测统计量 T_{GS} 与检测阈值进行比较，若大于检测阈值 T 则认为目标存在，反之则目标不存在。这里需说明以下几点。

① 固有模态函数频域熵 H_{ij} 是通过各个 IMF 分量的频域能量百分比 p_i 得到的，这是因为目标单元与海杂波单元的差异并不仅仅体现在某一个 IMF 分量的 p_i 值上，而是体现在 IMF 分量的频域能量分布上。

② 门限 T 采用 CFAR 的方法产生，常用的 CFAR 检测方法可以分为参量 CFAR 检测方法和非参量 CFAR 检测方法。参量 CFAR 检测方法通常在背景海杂波的概率分布类型确定已知的条件下能取得最优的检测性能，但是由于固有模态函数频域熵的概率分布类型未知，这会导致分布类型不匹配而带来严重的性能损失，与之相反，非参量 CFAR 检测方法并没有上述限制，此处采用的是经典的 GS 检测方法[47]，其仅要求检测单元在无目标时与参考单元具有相同的分布类型以及由脉冲串各个脉冲得到的秩之间是相互独立的。

③ 此方法仅适用于静止目标，对于运动目标效果不明显。

8.9.3　多种情况对 IMF 分量频域能量百分比的影响

考虑到雷达工作环境较为复杂，下面主要从高低信杂比、极化方式、海尖峰、运动目标等几个方面分析上述因素对各个 IMF 分量频域能量百分比 p_i 的影响，即分析上述因素对 IMF 能量分布的影响。

（1）高低信杂比对频域能量百分比的影响

图 8.124 给出了两组数据不同信杂比条件下 IMF 分量 p_i 变化曲线。图 8.124（a）为低信杂比数据（310#VV 极化），图 8.124（b）为高信杂比数据（311# VV 极化），海杂波单元选取第一个距离单元。

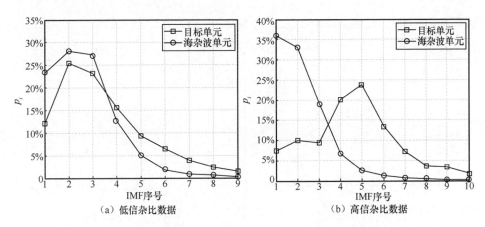

图 8.124　两组数据不同信杂比条件下 IMF 分量 p_i 变化曲线

从图 8.124（a）可以看出，海杂波单元前 4 个 IMF 分量占据的能量为 91.29%，目标单元前 4 个 IMF 分量占据的能量为 76.37%，目标单元低于海杂波单元；对于后 5 个 IMF 分量，目标单元各个 IMF 分量 p_i 值均大于海杂波单元，考虑到海杂波占据频谱宽度较宽，而目标单元占据的频谱宽度较窄，数据信杂比较低，因此当目标出现时，p_i 值不会剧烈增大，但是能量存在向后端移动的过程。从图 8.124（b）可以看出，海杂波单元前 4 个 IMF 分量占据的能量为 95.04%，目标单元前 4 个 IMF 分量仅占据 47.79%，目标单元远低于海杂波单元；对于后 5 个分量，目标单元各个 IMF 分量 p_i 值均大于海杂波单元，特别是对于中部 IMF 分量有一个"突起"，这主要是因为数据信杂比较高，虽然目标占据的频谱宽度较窄，但 E_i 值较大，因此当目标出现时，p_i 值会急剧增大，与低信杂比 p_i 值变化曲线相比，当静止目标出现时，IMF 能量向后端移动。

（2）极化方式对频域能量百分比的影响

图 8.125 给出了两组极化方式不同、信杂比近似相同的数据 IMF 分量 p_i 变化曲线。图 8.125（a）为 311#HH 极化数据，图 8.125（b）为 311#VV 极化数据。从图 8.125 中可以看出，两者较为接近。对比海杂波单元前 4 个 IMF 分量 p_i 值可以发现，前者占据 95.93%，后者占据 95.04%；目标单元前 4 个 IMF 分量占据的百分比分别为 53.70% 和 47.79%，与前面的分析相似，当静止目标出现时，IMF 能量向后端移动。

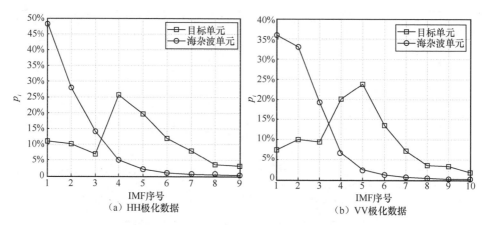

图 8.125　两组极化方式不同、信杂比近似相同的数据 IMF 分量 p_i 变化曲线

（3）海尖峰对频域能量百分比的影响

海尖峰在时频域中有近似目标的特性，海尖峰的出现往往会影响目标的检测。为了更好地研究海尖峰对微弱目标检测的影响，本节采用 Posner[48] 提出的基于 3 个特征参数的海尖峰的识别方法，即尖峰幅度门限、最小尖峰宽度（最小尖峰持续时间）、最小尖峰间隔时间。海杂波时间序列需满足上述 3 个条件才能判定为海尖峰[48-52]。结合文献[48]的相关结论，本节在计算过程中取尖峰幅度门限为 3.16，最小尖峰宽度为 0.1 s，最小尖峰间隔为 0.5 s。实际上，这 3 个参数并不是固定不变的，其数值往

往随着观测条件以及海情的变化而有所变化。图 8.126（a）和图 8.126（b）分别给出了 280#HH 极化数据和 VV 极化数据的时域波形。

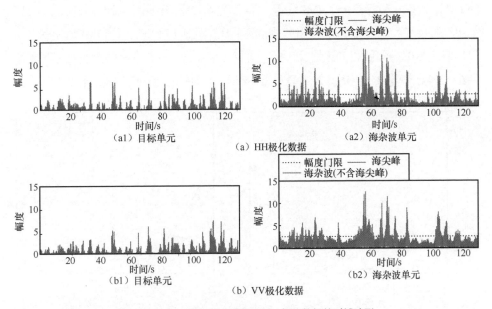

图 8.126　280#HH 极化数据和 VV 极化数据的时域波形

下面分别选取 280#HH 极化数据和 VV 极化数据海尖峰区段给出两组数据对应海尖峰位置与目标 IMF 能量百分比对比情况，如图 8.127 所示。从图 8.127（a）中可以看出，海尖峰的能量主要集中在前 2 个分量，所占能量为 90.67%，而对应目标单元所占能量为 33.29%，目标单元各个 IMF 分量能量百分比比较均匀，而海尖峰较为集中；从图 8.127（b）中可以看出，海尖峰的能量主要集中在前 3 个分量，所占能量为 92.02%，而对应目标单元所占能量为 40.95%，目标单元 IMF 分量能量百分比比较均匀，而海尖峰较为集中。与前面的分析相似，当静止目标出现时，IMF 能量向后端移动。

（4）运动目标对频域能量百分比的影响

前面主要利用 3 组 IPIX 数据，即 280#数据、310#数据和 311#数据分析了高低信杂比、极化方式和海尖峰的 IMF 能量分布特点，下面分析运动目标的 IMF 能量分布特点。该数据是由 S 波段雷达对海照射采集得到的，数据采集时天线工作在驻留模式且处于 VV 极化模式下，观察目标为一艘远离雷达运动的小船。从图 8.128 可以看出，相比于静止目标，海杂波和运动目标的能量主要集中在前 3 个 IMF 分量中，其中运动目标第一个 IMF 分量 p_i 值达到 59.59%，海杂波第一个 IMF 分量 p_i 值为 25.63%，而静止目标第一个 IMF 分量 p_i 值仅为 4.62%，因此可以初步判断运动目标的出现将会增大前几个 IMF 分量的能量百分比，而对于静止目标当 IMF 序号大于 4 以后，各 IMF 分量的百分比均大于运动目标和海杂波，分析其他数据也可得到相似结论。这与前面的分析相似，当静止目标出现时，IMF 能量向后端移动。

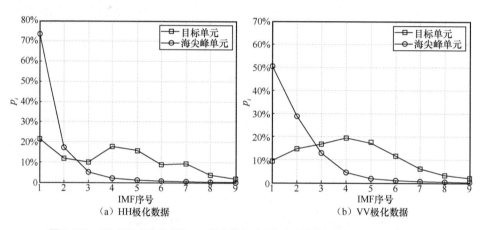

（a）HH极化数据   （b）VV极化数据

图 8.127　280#HH 极化数据和 VV 极化数据对应海尖峰位置与目标 IMF 能量百分比

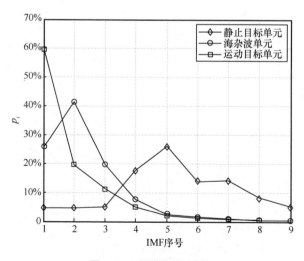

图 8.128　频谱能量百分比

8.9.4　固有模态函数频域熵的目标检测算法及检测性能

由前面分析可以发现，海杂波、海尖峰和运动目标的频域能量均集中在前几个 IMF 分量，而静止目标的加入会导致后几个 IMF 分量的频域能量增加，从而导致整体频域能量分布更为分散。为了描述上述变化情况，本节将引入固有模态函数频域熵的概念。图 8.129 给出了 4 组海杂波数据固有模态函数频域熵分布情况。图 8.129（a）和图 8.129（b）给出了 280#数据不同极化方式下固有模态函数频域熵分布情况，图 8.129（c）的信杂比要低于其他几组数据。在进行 EMD 处理时，每个距离单元的数据被划分成互不交叠的数据段，每个数据段包含 1024 个采样点，共128 段，考虑到跨越的单元数由波驻（重复周期与脉冲数之积）、海杂波速度和距离分辨率决定，由于 1024 点时长为 1 s，积累时间较短，因此在所设积累时间内，不存在跨越距离单元的问题。从图 8.129 可以得出以下结论。

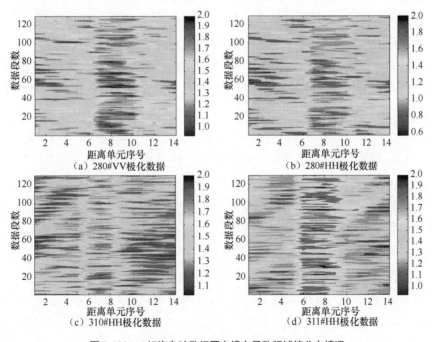

图 8.129　4 组海杂波数据固有模态函数频域熵分布情况

① 对于海杂波单元数据，固有模态函数频域熵较小，从前面的分析可知，这主要是因为海杂波、海尖峰的频域能量主要位于前几个 IMF 分量，从而导致 IMF 能量分布较为集中，因此固有模态函数频域熵变小。

② 当目标出现时，海杂波的固有模态函数频域熵明显增大，这主要是因为目标的频谱较窄，对于静止目标仅影响后几个 IMF 分量，当静止目标出现时，IMF 能量分布向后端移动，使能量分布更为分散，因此固有模态函数频域熵变大。

③ 对比图 8.129（a）和图 8.129（b）可以发现，两种极化模式下各单元的固有模态函数频域熵较为接近，这说明 HH 极化下海杂波的能量分布与 VV 极化差距不大。

④ 对比图 8.129（c）和图 8.129（a）、图 8.129（b）和图 8.129（d）可以发现，低信杂比条件下目标单元的固有模态函数频域熵与海杂波单元相比的差距小于其他高信杂比数据，这主要是因为对于低信杂比数据，海杂波的频谱能量较大，而目标的频谱能量相对较小，目标对 IMF 能量百分比的影响相对较低，但是对比海杂波单元，低信杂比条件下目标单元的熵值仍明显大于海杂波单元。

为了进一步说明基于固有模态函数频域熵的检测方法的检测性能，图 8.130 给出了基于固有模态函数频域熵的检测方法在不同虚警概率条件下的检测概率。作为对比，图 8.130 中还给出了频域 GS-CFAR 检测方法在不同虚警概率条件下的检测概率。由图 8.130 可以明显看到，基于固有模态函数频域熵的检测方法的检测性能明显优于频域 GS-CFAR 检测方法，尤其对于图 8.130（a）、图 8.130（b）和图 8.130（d）。对于低信杂比数据，参照图 8.130（c）曲线对比可以发现，基于固有模态函数频域熵的检测方法的检测性能明显优于频域 GS-CFAR 检测方法，但是相比于前面几组数据，两种检测方法检测概率曲线差距变小，这主要是因为对于低信杂比数据，海杂波的频谱能量较大，而目标的频谱能量相对较小，当目标出现时，能量百分比不会明显增大，熵值增大不明显，这与图 8.124 给出的结论相同。另外，对比图 8.130（a）和图 8.130（b）可以发现，两种极化方式下两种检测方法的检测概率相差不大，这也与图 8.125 给出的结论相同，可以看出极化方式对固有模态频域熵的影响不大。

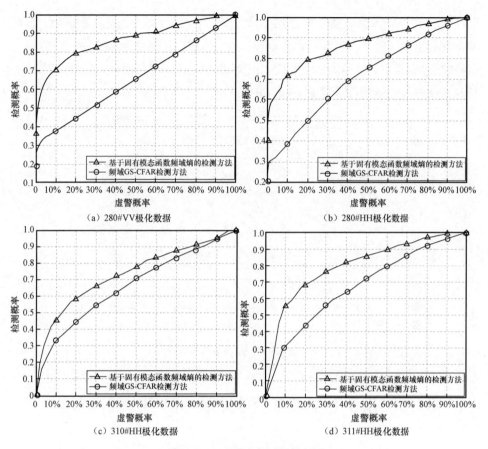

图 8.130　4 组数据检测概率对比

　　考虑到虚警概率为 1 时不存在应用价值，本节重点考察区域不在虚警概率为 1 时的情形。图 8.130 之所以这样设置是因为受限于 IPIX 数据长度以及本节数据划分方式，IPIX 雷达工作在驻留模式，该数据共 14 个距离单元，每个距离单元对应点数为 131072，本节在处理时将每个距离单元的数据划分成互不交叠的数据段，每个数据段包含 1024 个采样点，共 128 段，由于海杂波单元为 10 个，因此海杂波单元总段数为 1280，此时可将虚警概率做到 1/1280，但是如此推测 10^{-3} 的虚警概率由于数据量限制会存在一定的偏差。为进一步验证虚警概率为 10^{-3} 量级时基于固有模态函数频域熵的检测方法与频域 GS-CFAR 检测方法的检测性能对比，图 8.131 给出了不同信杂比条件下虚警概率为 10^{-3}

时两种方法的检测概率，其中考虑到实测数据目标为固定信杂比，这里采用仿真目标+实测数据进行验证，另外考虑到数据量有限，在进行数据分段时，数据存在一定的交叠，每段数据仍包含 1024 个采样点。由图 8.131 可以明显看到，基于固有模态函数频域熵的检测方法的检测性能明显优于频域 GS-CFAR 检测方法。

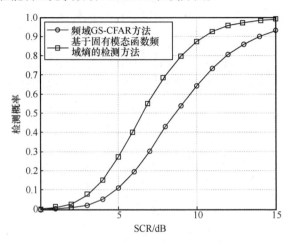

图 8.131 两种方法检测概率对比

8.10 基于海杂波低频成分重构的目标检测方法

考虑到目标占据的频谱宽度低于海杂波的频谱宽度，因此目标的出现仅会对海杂波的局部频段产生影响，利用上述特性本节提出了一种基于海杂波低频成分重构的目标检测方法。首先利用实测数据分析静止目标出现时海杂波低频 IMF 分量频域能量的变化；然后给出基于海杂波低频成分重构的目标检测算法流程；最后结合实测海杂波数据对该算法进行分析，并与频域单元平均（Cell Average，CA）检测方法及时域分形检测方法进行对比。

8.10.1 静止目标对海杂波低频 IMF 分量的影响

从图 8.124～图 8.128 多组 IPIX 数据分析可知，对于 IPIX 数据，当静止目标出现时，海杂波的低频 IMF 分量频域能量百分比明显增大，因此可知静止目标的出现会对海杂波的低频 IMF 分量产生影响。为了进一步说明该特性，结合一组 S 波段实测数据对上述特性进行分析，该数据观察目标为 3 艘静止的小渔船，雷达工作于驻留模式且为 VV 极化数据，目标信杂比为 0～3 dB。图 8.132 给出了 3 个目标及海杂波的 IMF 分量 p_i 变化曲线，其中目标 1 的信杂比低于目标 2 和目标 3。从图 8.132 可以看出，海杂波的能量主要集中于前 4 个 IMF 分量中，3 个目标单元的前 4 个 IMF 分量占据的能量均低于海杂波单元；对于后 5 个 IMF 分量，目标单元各个 IMF 分量 p_i 值均大于海杂波单元。考虑到海杂波占据频谱宽度较宽，而目标单元占据的频谱宽度较窄，因此当目标出现时，能量存在向后端移动的过程，另外高信杂比目标对海杂波低频 IMF 分量的影响更大。

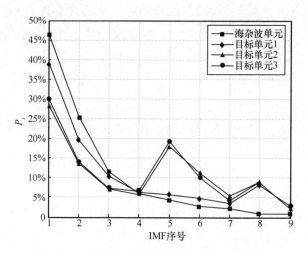

图 8.132　3 个目标及海杂波的 IMF 分量 p_i 变化曲线

8.10.2　检测方法流程

图 8.133 为基于海杂波低频成分重构的目标检测方法流程，具体步骤介绍如下。

步骤 1　在接收端，得到经脉冲压缩处理后的不同距离单元内的雷达回波时间序列 $x(t)$。

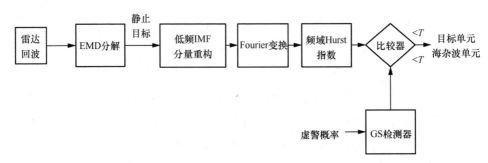

图 8.133　基于海杂波低频成分重构的目标检测方法流程

步骤 2　数据重构。对不同距离单元时间序列 $x(t)$ 进行数据重构，由于静止目标仅对海杂波的低频 IMF 分量产生影响，因此对于静止目标主要利用后几个 IMF 分量进行重构。本节主要是利用剔除前 3 个高频 IMF 分量后的 IMF 分量对原始数据进行重构，需要说明的是，剔除的 IMF 分量数需根据数据本身进行选择

$$x(t) = \sum_{i=4}^{n} c_i(t) + r(t) \tag{8.31}$$

步骤 3　计算重构后的时间序列 $x'(t)$ 的频谱。对于海杂波单元为海杂波的频谱，目标单元为海杂波和目标的频谱，具体计算过程为

$$M = \left| \mathrm{fft}(x'(t)) \right| \tag{8.32}$$

步骤 4　计算单一 Hurst 指数。这里采用"随机游走"模型建模海杂波频谱[53]，根据文献[53]可知，若序列 $\{M_k, k=1, 2, \cdots, N\}$ 满足式（8.33）幂律关系

$$F(m) = \left\langle \left| M_{k+r} - M_k \right|^2 \right\rangle^{1/2} \sim m^H \tag{8.33}$$

则认为序列 $\{M_k\}$ 是自相似（分形）的，$F(m)$、m 和 H 分别表示配分函数、尺度和单一 Hurst 指数。

步骤 5　秩值的形成与目标检测。通过步骤 1～步骤 4 得到不同距离单元、不同数据段的单一 Hurst 指数，暂定为 H_{ij}，$i=1, 2,\cdots,N$，$j=1, 2,\cdots,M$，其中 M 表示距离单元数，N 表示数据段数，y_i 表示待检测单元，根据式（8.34）和式（8.35）可得相应的秩值 T_{GS}[47]

$$T_{\mathrm{GS}} = \sum_{i=1}^{N} r_i = \sum_{i=1}^{N} \sum_{j=1}^{M} u(y_i - H_{ij}) \tag{8.34}$$

$$u(y_i - H_{ij}) = \begin{cases} 1, & y_i > H_{ij} \\ 0, & y_i \leqslant H_{ij} \end{cases} \tag{8.35}$$

将检测统计量 T_{GS} 与检测阈值进行比较，若 T_{GS} 大于检测阈值则目标存在，反之，则目标不存在。

8.10.3　海杂波低频 IMF 分量的自相似特性

图 8.134 给出了 3 组 IPIX 数据目标与海杂波单元频域经 EMD 重构后自相似性分析结果（重构后），为了对比还给出了 3 组 IPIX 数据频域自相似分析结果（重构前）。其中 IPIX 数据分别选取 17#数据、40#数据和 280#数据，3 组数据均为 HH 极化数据，目标静止，其中 17#数据目标位于 8～11 号距离单元，40#数据目标位于 5～8 号距离单元，280#数据目标位于 7～10 号距离单元。由图 8.134 可以看出，3 组数据在无标度区间 2^3～2^7 和 2^7～2^{10} 内目标和海杂波近似线性，并且在无标度区间 2^3～2^7 内目标单元的斜率明显大于海杂波单元，在无标度区间 2^7～2^{10} 内目标单元的斜率近似等于海杂波单元。由于在无标度区间 2^7～2^{10} 内目标单元与海杂波单元斜率近似相等，难以区分目标单元与海杂波单元，下面重点分析无标度区间 2^3～2^7，并对其差异进行量化分析。表 8.12 给出了 3 组实测数据 EMD 重构前与重构后目标单元与海杂波单元曲线的一元线性回归分析结果。由表 8.12 可以看出，3 组数据对应无标度区间相关系数均非常接近 1，说明实测数据线性拟合良好，另外，比较重构前和重构后的频域单一 Hurst 指数可以发现，当目标出现时，3 组数据单一 Hurst 指数明显增大，但重构前和重构后参数的变化量有所差异，其中重构后目标单元的单一 Hurst 指数相比于海杂波单元的单一 Hurst 指数的增大量要明显大于重构前，目标单元和海杂波单元的区分度更大。分析原因主要是经 EMD 重构选取了目标占据的 IMF 分量进行重构提高了信杂比，由于目标相比于海杂波更规则，因此当目标信杂比增大时，经重构后目标单元和海杂波区分度更大。

区分海杂波单元和目标单元的能力。图 8.135 给出了 3 组海杂波数据基于低频 IMF 分量重构的频域单一 Hurst 指数，为了对比，还给出了时域单一 Hurst 指数。上述数据均为 128 段（数据互不交叠），每段数据包含 1024 个采样点，时长为 1 s。比较图 8.135 可以发现，基于低频 IMF 分量重构的频域单一 Hurst 指数的海杂波和目标的区分度大于时域单一 Hurst 指数，这主要是因为相比于时域处理，EMD 处理主要采用目标所在的分层进行重构，提高了信杂比，另外考虑到频域变换对信杂比有所改善，因此相比于时域单一 Hurst 指数的目标单元和海杂波单元的区分程度，采用基于低频 IMF 分量重构的频域单一 Hurst 指数对静止目标和海杂波有更好的区分度。

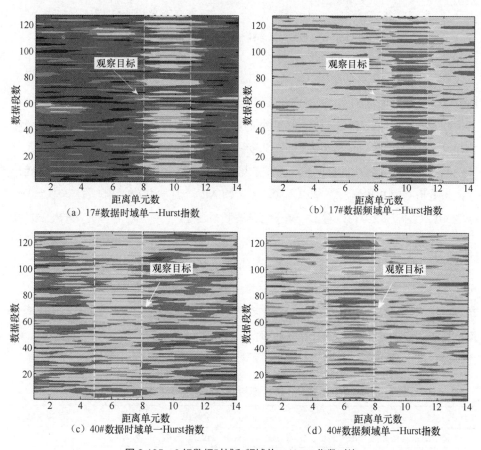

图 8.135　3 组数据时域和频域单一 Hurst 指数对比

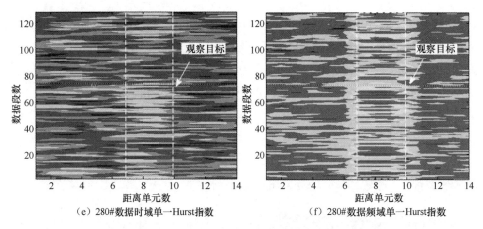

（e）280#数据时域单一Hurst指数   （f）280#数据频域单一Hurst指数

图 8.135　3 组数据时域和频域单一 Hurst 指数对比（续）

下面采用图 8.135 所示的 3 组实测数据来分析基于海杂波低频成分重构的目标检测方法的检测性能。需要说明的是，17#数据、40#数据和 280#数据在分析过程中计算检测概率时仅取其中一个目标距离单元，即主目标单元，其中 17#数据选取 9 号距离单元，40#数据选取 7 号距离单元，280#数据选取 8 号距离单元。表 8.13 给出了基于海杂波低频成分重构的目标检测方法的检测概率，为了进行对比，表 8.13 还给出了时域分形 CFAR 检测方法[54]以及频域 CA-CFAR 检测方法的检测概率，其中虚警概率为 10^{-4}。由表 8.13 可以看出，基于海杂波低频成分重构的目标检测方法的检测性能最好，频域 CA-CFAR 检测方法相比于时域分形 CFAR 检测方法更优，这主要是因为通过频域变换提高了目标的信杂比；基于海杂波低频成分重构的目标检测方法的检测性能明显优于频域 CA-CFAR 检测方法，这主要是因为 EMD 处理主要采用目标所在的分层进行重构，提高了信杂比，另外考虑到参量 CA 检测方法对频率幅度的分布类型有较高的要求，当分布类型失配时检测性能有所下降，而 GS 检测方法不存在上述问题。综上所述，基于海杂波低频成分重构的目标检测方法适用于海杂波中静止目标的检测。

表 8.13　3 种目标检测方法的检测概率

检测方法	17#数据	40#数据	280#数据
基于海杂波低频成分重构的目标检测方法	94.53%	96.09%	93.19%
频域 CA-CFAR 检测方法	73.52%	78.07%	75.36%
时域分形 CFAR 检测方法	47.41%	50.32%	48.17%

8.11 基于分形特性改进的 EMD 目标检测方法

目前基于 EMD 的检测方法的研究基本是建立在一定的信杂比基础上，通过 EMD 利用目标和海杂波差异性最大的 IMF 分量进行重构，获得目标与海杂波的区分。其中隐含条件为目标和海杂波在频谱上可分，且目标必须有一定的信杂比优势，但是考虑到实际雷达处理环境中，目标较为微弱且与海杂波的频谱混叠在一起，当目标信杂比较低时，基于 EMD 的检测方法性能有所下降，结合 8.9 节分析可以发现，在一定的信杂比条件下，基于固有模态函数频域熵的目标检测方法相比于 GS 检测方法的检测性能有较大的改进，但当信杂比降低到一定程度时，性能改善程度有限。

针对上述问题，考虑到分形理论是从自然界几何体规则性角度出发的，在一定程度上摆脱了信杂比对目标检测性能的影响。本节提出了一种基于分形特性改进的 EMD 目标检测方法。首先利用实测数据分析 EMD 在目标检测中存在的问题；然后给出基于分形特性改进的 EMD 目标检测方法的流程；最后结合实测海杂波数据对该方法进行分析，并与频域 CA 检测方法及时域单一 Hurst 指数的 CFAR 检测方法进行对比。

8.11.1 EMD 在目标检测中存在的问题

（1）目标和海杂波频谱分布对 EMD 的影响

考虑到目标和海杂波在频谱上的分布特点不同，这里采用实测海杂波数据结合仿真 LFM 目标信号的方式验证目标和海杂波经 EMD 重构后在频谱上是否具备可分性。本节采用的海杂波数据为 X 波段 HH 极化 IPIX 雷达实测数据，该雷达工作模式为驻留模式，其中海杂波单元选取 1 号距离单元。

图 8.136 分别给出了目标位于 400 Hz 和 25 Hz 两种情况下的雷达数据频谱，其中目标信杂比为−10 dB。从图 8.136 可以看出，① 该组数据海杂波向雷达运动，其数据频谱范围为 0～100 Hz。② 对比两组数据原始回波频谱可以发现，对于图 8.136（a）

所示数据，由于目标和海杂波频谱上可分且目标位于高频部分，因此经 EMD 处理后，目标和海杂波频谱可较好地分开，其中目标位于高频 IMF 分量中，海杂波位于低频 IMF 分量中；对于图 8.136（b）所示数据，目标位于 25 Hz，处于海杂波频谱内部，由于目标信杂比较低，海杂波和目标难以区分，经 EMD 处理后虽然在一定程度上去除了海杂波，但是目标和海杂波仍较难区分。另外从图 8.136 可以看出，无论海杂波单元还是目标单元均包含噪声区域。

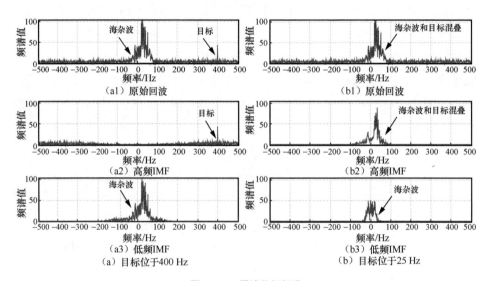

图 8.136　雷达数据频谱

（2）高低信杂比对 EMD 的影响

前面介绍了目标相对海杂波静止和运动两种情况下目标和海杂波经 EMD 处理后的频谱分布情况，针对目标相对海杂波运动的情况，经 EMD 处理后目标和海杂波可以较好地区分，其中目标位于高频 IMF 分量，海杂波位于低频 IMF 分量，因此此处重点研究目标相对海杂波静止的情况。图 8.137 给出了目标信杂比分别为 −10 dB 和 10 dB 两种情况下的雷达数据频谱，其中目标位于 25 Hz，海杂波数据与图 8.136 选择相同，目标为 LFM 信号。从图 8.137 可以看出，相比于低信杂比数据，高信杂比数据目标更为明显，经 EMD 处理后去除了一部分海杂波，目标信杂比更大，但无论是低信杂比数据还是高信杂比情况，数据均混叠于海杂波之中。

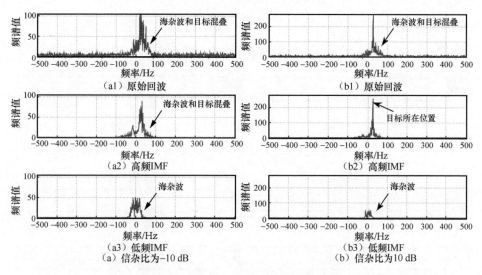

图 8.137　不同目标信杂比下的雷达数据频谱

（3）数据量对 EMD 的影响

图 8.138 给出了用于 EMD 处理的时间序列长度分别为 2^{10} 和 2^{14} 两种情况下的雷达数据频谱，其中目标位于 25 Hz，海杂波数据与图 8.136 选择相同，目标为 LFM 信号，信杂比为-10 dB。从图 8.138 可以得出以下结论。

① 当时间序列长度为 2^{10} 时，经 EMD 处理共产生 9 个 IMF 分量；当时间序列长度为 2^{14} 时，经 EMD 处理共产生 15 个 IMF 分量，由此可以看出增加时间序列长度可增加 IMF 分量的个数。

② 随着 IMF 序号的增大，频谱值接近零频，EMD 对频谱是一个"粗分"。

③ 对比两种时间序列长度情况下的 IMF 分量分布可以发现，对于图 8.138（a），IMF 序号为 7～9 的分量主要集中于零频；对于图 8.138（b），IMF 序号为 7～15 的分量主要集中于零频，即多余产生的 6 个分量主要位于零频，由此可以看出增加数据量并不会对频谱进行"细分"。

④ 对比两种情况的目标，其中对于时间序列为 2^{10} 的情况，目标主要位于 4 号 IMF 分量；对于时间序列为 2^{14} 的情况，目标主要位于 5～6 号 IMF 分量，目标均混叠于海杂波中。相比时间序列长度为 2^{10} 的情况，当积累点数为 2^{14} 时，目标更为明显，其原因主要是增加时间序列长度后目标得到了更好的积累，但是对于运动目标，

若时间序列内目标位于当前单元，则时间序列越长积累效果越明显，反之，积累效果变差。

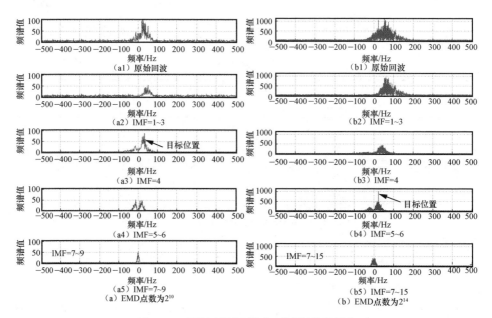

图 8.138　不同时间序列长度下的雷达数据频谱

8.11.2　频域单一自相似的理论基础

假设海杂波满足 FBM，当 FBM 信号满足时域统计自相似性时，根据文献[55]，则有式（8.36）成立。

$$B_H(t) = \sum_{i=s}^{n} c_i(t) \overset{\text{s.t.a}}{=} \kappa^{-1/2} B_H(\kappa t) \tag{8.36}$$

其中，$\overset{\text{s.t.a}}{=}$ 表示统计意义下相等。从图 8.136 中可以看出，海杂波单元主要由噪声区域和海杂波区域构成，其中噪声区域位于高频部分，而海杂波区域位于低频部分。通过 EMD 可以将噪声和海杂波进行分离，这也与文献[56]相符，因此 $B_H(t)$ 仅选取海杂波单元中的海杂波区域进行重构。为进一步研究 FBM 在频域的自相似性，首先需对 FBM 的位移曲线进行 Fourier 变换，把原来在时域内以时间 t 为变量的函数

$B_H(t)$变换为频域内以频率 f 为变量的函数 $F_B(f)$，即

$$F_B(f) = \int_0^T B_H(t)\mathrm{e}^{-\mathrm{j}2\pi ft}\mathrm{d}t \qquad （8.37）$$

采用尺度变换 $t'=\kappa t$，根据式（8.36）可得 $B_H(t') \overset{\mathrm{s.t.a}}{=} \kappa^H B_H(t)$，代入式（8.37）中可得

$$F_B(f) \overset{\mathrm{s.t.a}}{=} \frac{1}{\kappa^{H+1}} F_B\left(\frac{f}{\kappa}\right) \qquad （8.38）$$

由式（8.38）可知，函数 $F_B(f)$ 的频谱变为原来的 κ^{H+1} 倍，频率标度变为原来的 $1/\kappa$，这说明 FBM 的频谱是频率的幂函数，具有自相似性。

8.11.3　检测方法流程

图 8.139 为基于分形特性改进的 EMD 目标检测方法的流程，具体步骤介绍如下。

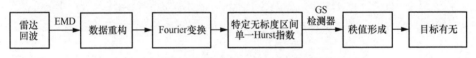

图 8.139　基于分形特性改进的 EMD 目标检测方法流程

步骤 1　在接收端，得到经脉冲压缩处理后的不同距离单元内的雷达回波时间序列 $x(t)$。

步骤 2　数据重构。对不同距离单元时间序列 $x(t)$进行数据重构，需要说明的是，本节考虑的主要为目标和海杂波相对静止的情况，目标混叠于海杂波之中，因此仅选择海杂波所在 IMF 分层进行数据重构。根据图 8.136 可知，海杂波单元主要包括海杂波区域和噪声区域，通过 8.11.2 节可知，海杂波区域具备单一分形特性，因此有必要对噪声区域进行剔除。结合文献[56-57]的相关结论，本节提出一种基于能量法和相关系数法的去噪方法，首先计算各 IMF 分量与原始信号的相关系数

$$r = \frac{l\sum_{t=1}^{l}c_i(t)x(t) - \sum_{t=1}^{l}c_i(t)\sum_{t=1}^{l}x(t)}{\sqrt{l\sum_{t=1}^{l}c_i^2(t)-\left(\sum_{t=1}^{l}c_i(t)\right)^2}\sqrt{l\sum_{t=1}^{l}x^2(t)-\left(\sum_{t=1}^{l}x(t)\right)^2}}, i=1,\cdots,n \quad (8.39)$$

这里主要考虑噪声与原始信号相关系数较低的情况，即如果 $r \leq q$，则该分量为"噪声分量"；反之，则该分量为"海杂波分量"，其中，q 为相关系数因子，q 值的设定主要由式（8.40）和式（8.41）决定

$$E_i = \int_{t_1}^{t_2} c_i^2(t)\mathrm{d}t \quad (8.40)$$

$$q = \frac{E_{重构后}}{\sum_{i=1}^{n} E_i} \quad (8.41)$$

步骤 3 计算重构后的时间序列 $x'(t)$ 的频谱。对于海杂波单元为海杂波的频谱，目标单元为海杂波和目标的频谱，具体计算过程为

$$M = |\mathrm{fft}(x'(t))| \quad (8.42)$$

步骤 4 计算单一 Hurst 指数。这里采用"随机游走"模型建模海杂波频谱[53]，根据文献[53]可知，若序列 $\{M_k, k=1, 2, \cdots, N\}$ 满足式（8.43）幂律关系

$$F(m) = \left\langle \left|M_{k+r} - M_k\right|^2 \right\rangle^{1/2} \sim m^H \quad (8.43)$$

则认为序列 $\{M_k\}$ 是自相似（分形）的，$F(m)$、m 和 H 分别表示配分函数、尺度和单一 Hurst 指数。

步骤 5 秩值形成与目标检测。通过步骤 1～步骤 4 得到不同距离单元、不同数据段的单一 Hurst 指数，暂定为 H_{ij}，$i=1,2,\cdots,N$，$j=1,2,\cdots,M$，其中，M 表示距离单元数，N 表示数据段数，y_i 表示待检测单元，根据式（8.44）和式（8.45）可得相应的秩值 T_{GS}[47]

$$T_{\mathrm{GS}} = \sum_{i=1}^{N} r_i = \sum_{i=1}^{N}\sum_{j=1}^{M} u(y_i - H_{ij}) \quad (8.44)$$

$$u(y_i - H_{ij}) = \begin{cases} 1, & y_i > H_{ij} \\ 0, & y_i \leq H_{ij} \end{cases} \quad (8.45)$$

将检测统计量 T_{GS} 与检测阈值进行比较，若 T_{GS} 大于检测阈值则认为目标存在；反之，则目标不存在。

8.11.4　重构后的单一自相似特性

本节利用一组 X 波段与两组 S 波段实测海杂波数据进行分析和验证，其中，X 波段海杂波数据为 IPIX 雷达 320#数据，该数据为 HH 极化数据，目标位于 6～8 号距离单元，其余为海杂波单元，其中 7 号单元为主目标单元，该雷达工作于驻留模式，目标信杂比为 0～6 dB，为了阐述方便，定义该数据为 1#数据；两组 S 波段实测数据观察目标为一艘缓慢运动的小渔船，雷达工作于驻留模式，为 VV 极化数据，目标信杂比为 0～3 dB，分别定义为 2#数据和 3#数据。图 8.140 给出了经步骤 1～步骤 3 处理后 3 组数据海杂波单元与目标单元的频谱。从图 8.140 可以看出，经前 3 步处理后，相比于图 8.136，噪声明显被抑制，频谱图仅留下海杂波及目标区域，海杂波均存在一定的多普勒频移，3 组数据海杂波的频谱范围分别为 0～50 Hz、0～100 Hz 和-100～0 Hz。从 3 组数据目标单元可以看出，1#数据目标为静止目标，2#数据目标向雷达运动，3#数据目标远离雷达运动。3 组数据信杂比均较低，目标混叠于海杂波之中，其中 2#数据和 3#数据目标能量积累效果不如 1#数据，且 1#数据经积累后在零频附近有一个明显的尖峰。

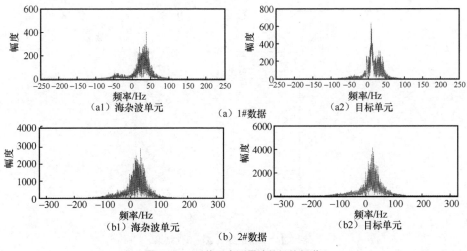

图 8.140　重构后实测雷达数据的频谱

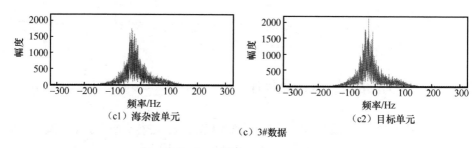

（c1）海杂波单元　　　　　　　　（c2）目标单元

（c）3#数据

图 8.140　重构后实测雷达数据的频谱（续）

图 8.141 给出了 3 组数据在双对数坐标下根据频谱获得的频率尺度 m 与配分函数 $F(m)$ 之间的关系曲线，其中横坐标为频率尺度 m 的对数值，纵坐标为配分函数 $F(m)$ 的对数值。通过图 8.141 可以看出，3 组数据的无标度区间均位于 $2^5 \sim 2^{10}$。表 8.14 给出了实测数据一元线性回归分析结果。

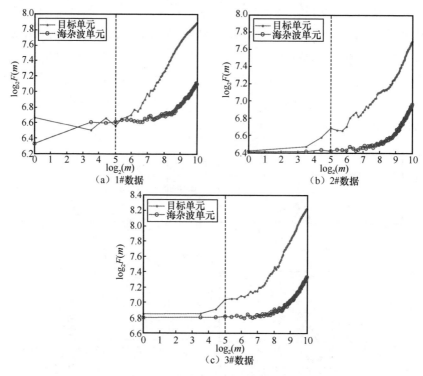

（a）1#数据　　　　　　　　　　（b）2#数据

（c）3#数据

图 8.141　雷达数据自相似性结果

表 8.14　实测数据一元线性回归分析结果

数据		重构前单一 Hurst 指数	重构后单一 Hurst 指数	相关系数	回归显著性 r 检验（$\alpha=0.001$）	无标度区间
X 波段（1#数据）	海杂波单元	0.1202	0.1246	0.9060	极其显著	$2^5 \sim 2^{10}$
	目标单元	0.1903	0.2641	0.9902	极其显著	$2^5 \sim 2^{10}$
S 波段（2#数据）	海杂波单元	0.2379	0.2629	0.9863	极其显著	$2^5 \sim 2^{10}$
	目标单元	0.2645	0.3184	0.9941	极其显著	$2^5 \sim 2^{10}$
S 波段（3#数据）	海杂波单元	0.2421	0.2772	0.9892	极其显著	$2^5 \sim 2^{10}$
	目标单元	0.2830	0.3334	0.9970	极其显著	$2^5 \sim 2^{10}$

　　结合表 8.14 给出的量化结果可以看出，无论是目标单元还是海杂波单元，3 组数据在无标度区间内的一元线性回归均具有显著水平，相关系数 R 均接近 1，这说明在无标度区间内 3 组数据均满足近似分形特性。对比 3 组数据目标单元与海杂波单元的单一 Hurst 指数，根据量化结果可以发现，目标单元的单一 Hurst 指数均大于海杂波单元，其中，单一 Hurst 指数反映了物体的不规则程度，单一 Hurst 指数越大表明不规则程度越小，这说明目标的规则程度相比于海杂波的规则程度要大，其中1#数据的目标单元与海杂波单元单一 Hurst 指数的差异要明显大于 2#数据和 3#数据，其原因主要是 1#数据目标信杂比较大，目标在该频谱中占的比重较大，因此不规则程度更小，单一 Hurst 指数差异更大。

　　图 8.142 给出了 1#数据 HH 极化方式仅采用频域单一 Hurst 指数检测（重构前）、HH 极化方式加入 EMD 处理（重构后）和 VV 极化方式加入 EMD 处理（重构后）3 种情况下的雷达数据自相似性结果，其中横坐标为频率尺度 m 的对数值，纵坐标为配分函数 $F(m)$ 的对数值。

　　由表 8.14 可知，重构前目标单元和海杂波单元单一 Hurst 指数分别为 0.1903 和0.1202，重构后目标单元和海杂波单元单一 Hurst 指数分别为 0.2641 和 0.1246。由此可以发现，在特定的无标度区间内无论是目标单元还是海杂波单元，重构后单一Hurst 指数均大于重构前的单一 Hurst 指数，另外对比目标单元和海杂波单元的单一 Hurst 指数差异，EMD 重构后的目标单元和海杂波单元的单一 Hurst 指数差异更大，其原因主要是基于分形特性改进的 EMD 目标检测方法步骤 2 进行海杂波去噪，而单一 Hurst 指数反映了物体的不规则程度，单一 Hurst 指数越大表明不规则程度越小，而噪声会增大物体的不规则程度，从而导致单一 Hurst 指数降低，因此 EMD 重构后目标单元和海杂波单元的单一 Hurst 指数均会增大，但增大程度存在差异，其中目标单元单一 Hurst 指数增大得更多，这主要是因为目标单元包含目标和海杂波，去噪前后，目标占据的比例存在一定变化，目标占据的比例越大，物体越规则，单一 Hurst 指数越大，因此重构后目标单元和海杂波单元的单一 Hurst 指数差异更大，对于基于分形特性改进的 EMD 目标检测方法，其目标单元和海杂波单元的单一 Hurst 指数差异越大则检测性能越好，因此引入 EMD 方法进行去噪，对提升频域单一 Hurst 指数检测是有益的。通过图 8.142（b）和图 8.142（c）对比可以发现，在特定的无标度区间内无论是目标单元还是海杂波单元，对于不同极化方式单一 Hurst 指数近似相同，由此可以判定极化方式对基于分形特性改进的 EMD 目标检测方法的检测性能影响不大。

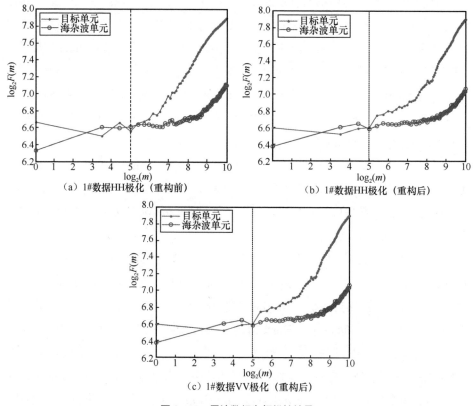

（a）1#数据HH极化（重构前）

（b）1#数据HH极化（重构后）

（c）1#数据VV极化（重构后）

图 8.142　雷达数据自相似性结果

8.11.5　目标检测与性能分析

根据 8.11.4 节可知，重构后的数据在频域中具备区分海杂波和目标的能力，为了进一步分析该能力，图 8.143 给出了 3 组数据不同数据段、不同距离单元的重构后频域单一 Hurst 指数，为了对比还给出了时域单一 Hurst 指数。上述数据均为 128 段（数据互不交叠），每段数据包含 1024 个采样点，时长为 1 s。对于运动目标，由于目标与海杂波混叠，目标速度较慢，大约为 6 节（kn），1kn=1nm/h=0.514m/s，经过测算两者乘积为 3 m，小于距离分辨力，因此目标在本节所设积累时间内难以运动出一个距离单元。比较两种方法单一 Hurst 指数对目标单元和海杂波单元的区分程度可以发现，基于分形特性改进的 EMD 目标检测方法的区分度更大，这是因为相比于时域处理，目标经过 FFT 后能量得到更好的积累。

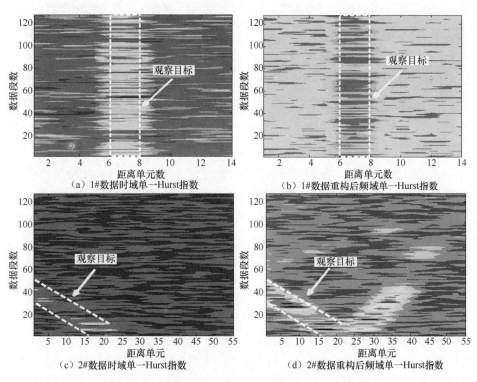

图 8.143　3 组数据的时域和重构后频域单一 Hurst 指数对比

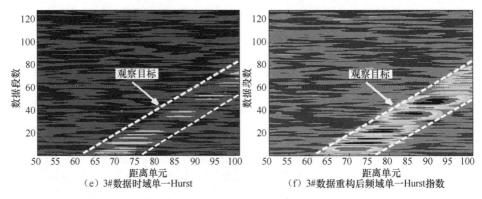

（e）3#数据时域单一Hurst　　　　　　（f）3#数据重构后频域单一Hurst指数

图 8.143　3 组数据的时域和重构后频域单一 Hurst 指数对比（续）

为进一步说明基于分形特性改进的 EMD 目标检测方法的检测性能，表 8.15 给出了图 8.143 所示目标的检测概率，其中虚警概率为 10^{-4}，此处的虚警概率为理论值，考虑到实际虚警概率与理论值存在一定的差异，另外实际虚警概率需要大量的数据进行验证才能保证准确，此处用虚警次数代替，具体用检测概率斜线后的数据表示。为了进行对比，表 8.15 还给出了频域 CA-CFAR 检测方法及时域分形 CFAR 检测方法[54]的检测概率及虚警次数。由表 8.15 可知，基于分形特性改进的 EMD 目标检测方法的检测概率及虚警次数均优于 CFAR 检测方法。对比基于分形特性改进的 EMD 目标检测方法与频域 CA-CFAR 检测方法，其中对于静止目标的检测性能的差距为 24.42%，而运动目标的检测性能的差距大于 68%。分析原因主要是对于静止目标信杂比相对较大，虽然目标混叠于海杂波之中，对频域 CA-CFAR 检测方法的影响相对较小；对于运动目标，虽然两者均进行了 FFT，由于目标信杂比较低，因此频域 CA-CFAR 检测方法的检测性能急剧下降。对于基于分形特性改进的 EMD 目标检测方法，由于在特定无标度空间内，目标和海杂波有一定的区分度，因此能成功地检测出目标。对比两种方法虚警次数可以看出，基于分形特性改进的 EMD 目标检测方法更优，这是因为 CA-CFAR 检测方法与分布类型有关，当模型不匹配时检测性能及虚警控制能力急剧下降，而基于分形特性改进的 EMD 目标检测方法采用的是非参量 GS 检测方法，该方法与分布类型无关，故有更好的检测性能和虚警控制能力。对比运动目标和静止目标的检测概率可知，高信杂比数据目标和海杂波的单一 Hurst 指数差异更大。对比基于分形特性改进的 EMD 目标检测方法与时域分形 CFAR 检测方法可知，通过相参积累提升信杂比可以有效提升目标的检测性能，故而基于分形特性改进的 EMD 目标检测方法的检测性能更优。综上所述，基于分形特性改进的 EMD 目标检测方法相对于传统的目标检测方法具有性能上的优势，适用于目标相对海杂波静止情况下的目标检测。

表 8.15　3 组实测海杂波数据条件下的检测概率及虚警次数

检测方法	X 波段 1#数据	S 波段 2#数据	S 波段 3#数据
基于分形特性改进的 EMD 目标检测方法	97.66% / 5	79.43% / 7	78.32% / 3
频域 CA-CFAR 检测方法	73.24% / 20	<10% / 18	<10% / 19
时域分形 CFAR 检测方法	85.06% / 8	13.58% / 9	18.13% / 4

参考文献

[1] HUANG N E, SHEN Z, LONG S R, et al. The empirical mode decomposition and the Hilbert spectrum for nonlinear and non-stationary time series analysis[J]. Proceedings of the Royal Society of London Series A: Mathematical, Physical and Engineering Sciences, 1998, 454(1971): 903-995.

[2] 徐振华, 景占荣, 贺宏洲, 等. Hilbert-Huang 变换在非协作无源定位频率估计中的应用[J]. 陕西科技大学学报(自然科学版), 2008, 26(6): 116-118, 146.

[3] 公茂盛, 谢礼立. HHT 方法在地震工程中的应用之初步探讨[J]. 世界地震工程, 2003, 19(3): 39-43.

[4] MCDONALD A J, BAUMGAERTNER A J G, FRASER G J, et al. Empirical Mode Decomposition of the atmospheric wave field[J]. Annales Geophysicae, 2007, 25(2): 375-384.

[5] 陈文武. 基于 HHT 的多分量 LFM 信号检测与参数估计[J]. 现代雷达, 2007, 29(12): 59-61.

[6] 秦长海, 顾燕铧. HHT 在雷达信号脉内特征分析中的应用[J]. 舰船电子对抗, 2008, 31(2): 76-79.

[7] 于德介, 程军圣, 杨宇. 机械故障诊断的 Hilbert-Huang 变换方法[M]. 北京: 科学出版社, 2006.

[8] 李辉, 张立臣, 郑海起, 等. Hilbert-Huang 变换能量谱在轴承故障诊断中的应用[J]. 军械工程学院学报, 2005, 17(4): 37-40.

[9] 李辉, 郑海起, 唐力伟. Teager-Huang 变换在齿轮裂纹故障诊断中的应用[J]. 振动、测试与诊断, 2010, 30(1): 1-5.

[10] 李辉, 郑海起, 唐力伟. Hilbert-Huang 变换在齿轮裂纹故障诊断中的应用[J]. 机械强度,

2006, 28(S1): 40-43.

[11] 李贵明, 赵荣珍, 黄义仿, 等. HHT 在齿轮故障诊断问题中的应用[J]. 科学技术与工程, 2007, 7(23): 6187-6189, 6197.

[12] 祁克玉, 何正嘉, 訾艳阳. EMD 方法在烟机摩擦故障诊断中的应用[J]. 振动测试与诊断, 2006, 26(4): 265-268.

[13] 高强, 杜小山, 范虹, 等. 滚动轴承故障的 EMD 诊断方法研究[J]. 振动工程学报, 2007, 20(1): 15-18.

[14] 吕勇, 李友荣, 王志刚. 一种弱故障特征信号的提取方法及其应用研究[J]. 振动工程学报, 2007, 20(1): 24-28.

[15] 赵国庆, 王志刚, 李友荣, 等. 希尔伯特黄变换在齿轮故障诊断中的应用[J]. 武汉科技大学学报(自然科学版), 2007, 30(1): 54-56, 78.

[16] 行鸿彦, 周月琴. 改进的 HHT 方法在旋转机械不对中故障特征提取中的应用[J]. 机械科学与技术, 2008, 27(12): 1623-1628.

[17] 吴琛, 周瑞忠. Hilbert-Huang 变换在提取地震信号动力特性中的应用[J]. 地震工程与工程振动, 2006, 26(5): 41-46.

[18] 樊海涛, 何益斌, 国静. 基于 Hilbert-Huang 变换的建筑物强震记录分析方法研究[J]. 地震工程与工程振动, 2006, 26(6): 17-23.

[19] 曹晖, 曹永红. HH 变换在地震动信号分析中的应用[J]. 重庆大学学报(自然科学版), 2008, 31(8): 922-927.

[20] 刘强, 周瑞忠, 刘宇航. 基于 Hilbert-Huang 变换分析的地震动能量与震动效应评估[J]. 力学与实践, 2008, 30(5): 19-23.

[21] 胡灿阳, 陈清军. 非平稳地震地面运动局部谱密度正交化 HHT 估计[J]. 同济大学学报(自然科学版), 2008, 36(9): 1164-1169.

[22] 张维强, 徐晨, 宋国乡. 一种基于 Hilbert-Huang 变换的语音去噪方法[J]. 现代电子技术, 2006, 29(2): 43-45, 48.

[23] 宋立新, 王祁, 王玉静. 基于 Hilbert-Huang 变换的 ECG 信号降噪方法[J]. 传感技术学报, 2006, 19(6): 2578-2581, 2590.

[24] 王晓建, 王玲, 彭启琮. 部分 HHT 和 ICA 的混合语音增强算法[J]. 电子科技大学学报, 2008, 37(S1): 75-78.

[25] 张朝柱, 张健沛, 孙晓东. 基于 Hilbert-Huang 变换的语音信号分离[J]. 计算机应用, 2009, 29(1): 227-229, 255.

[26] 龚英姬, 胡维平. 基于 HHT 变换的病态嗓音特征提取及识别研究[J]. 计算机工程与应用, 2007, 43(34): 217-219, 245.

[27] 黄海, 陈祥献. 基于 Hilbert-Huang 变换的语音信号共振峰频率估计[J]. 浙江大学学报(工学版), 2006, 40(11): 1926-1930.

[28] 万建. 基于 HHT 语音识别技术研究[D]. 哈尔滨: 哈尔滨工程大学, 2006.

[29] 李合龙. Hilbert-Huang 变换及其在图像信号处理中的应用[D]. 广州: 中山大学, 2006.

[30] 迟慧广. 希尔伯特—黄变换在水雷目标特征提取中的应用[D]. 哈尔滨: 哈尔滨工程大学, 2007.

[31] 杨志华. Hilbert-Huang 变换的若干应用研究[D]. 广州: 中山大学, 2005.

[32] CAI C J, LIU W X, FU J S, et al. Doppler frequency extraction of foliage penetration radar based on the Hilbert-Huang transform technology[C]//Proceedings of the 2004 IEEE Radar Conference. Piscataway: IEEE Press, 2004: 170-174.

[33] 李洁群. 超宽带 LFM 信号检测和参数估计方法研究[D]. 成都: 电子科技大学, 2005.

[34] 毛炜, 金荣洪, 耿军平, 等. 一种基于改进 Hilbert-Huang 变换的非平稳信号时频分析法及其应用[J]. 上海交通大学学报, 2006, 40(5): 724-729.

[35] 张小蓟, 张歆, 孙进才. 基于经验模态分解的目标特征提取与选择[J]. 西北工业大学学报, 2006, 24(4): 453-456.

[36] 范录宏. 逆合成孔径雷达成像与干扰技术研究[D]. 成都: 电子科技大学, 2006.

[37] 王明阳. 非合作超宽带冲激无线电信号检测技术研究[D]. 长沙: 国防科学技术大学, 2006.

[38] 甘锡林, 黄韦艮, 杨劲松, 等. 基于希尔伯特-黄变换的合成孔径雷达内波参数提取新方法[J]. 遥感学报, 2007, 11(1): 39-47.

[39] 石志广. 基于统计与复杂性理论的杂波特性分析及信号处理方法研究[D]. 长沙: 国防科学技术大学, 2007.

[40] GRECO M, BORDONI F, GINI F. X-band sea-clutter nonstationarity: influence of long waves[J]. IEEE Journal of Oceanic Engineering, 2004, 29(2): 269-283.

[41] 杨叔子, 吴雅. 时间序列分析的工程应用[M]. 武汉: 华中理工大学出版社, 1992.

[42] 姚天任, 孙洪. 现代数字信号处理[M]. 武汉: 华中理工大学出版社, 1999.

[43] 王文华, 王宏禹. 非平稳信号的一种 ARMA 模型参数估计法[J]. 信号处理, 1998, 14(1): 33-37, 31.

[44] HAYKIN S S. Adaptive radar signal processing[M]. New Jersey: John Wiley & Sons, 2007.

[45] 何友, 关键, 彭应宁. 雷达自动检测与恒虚警处理[M]. 北京: 清华大学出版社, 1999.

[46] FAN Y F, WANG X B, GONG Y Y, et al. Weak target detection within sea clutter based on EMD fractal feature[C]//Proceedings of the 2023 XXXVth General Assembly and Scientific Symposium of the International Union of Radio Science (URSI GASS). Piscataway: IEEE Press, 2023: 1-4.

[47] HANSEN V G, OLSEN B A. Nonparametric radar extraction using a generalized sign test[J]. IEEE Transactions on Aerospace and Electronic Systems, 1971, AES-7(5): 942-950.

[48] POSNER F L. Spiky sea clutter at high range resolutions and very low grazing angles[J]. IEEE Transactions on Aerospace and Electronic Systems, 2002, 38(1): 58-73.

[49] GRECO M, STINCO P, GINI F. Identification and analysis of sea radar clutter spikes[J]. IET

Radar, Sonar & Navigation, 2010, 4(2): 239-250.

[50] REUILLON P, PARENTY F, PERRET F. Scan-to-scan sea-spikes filtering for radar[C]//Proceedings of 7th European Radar Conference. Piscataway: IEEE Press, 2010: 272-275.

[51] ABDEL-NABI M A, SEDDIK K G, EL-BADAWY E S A. Spiky Sea clutter and constant false alarm rate processing in high-resolution maritime radar systems[C]//Proceedings of 2012 International Conference on Computer and Communication Engineering. Piscataway: IEEE Press, 2012: 478-485.

[52] ROSENBERG L. Sea-spike detection in high grazing angle X-band sea-clutter[J]. IEEE Transactions on Geoscience and Remote Sensing, 2013, 51(8): 4556-4562.

[53] HU J, TUNG W W, GAO J B. Detection of low observable targets within sea clutter by structure function based multifractal analysis[J]. IEEE Transactions on Antennas and Propagation, 2006, 54(1): 136-143.

[54] SALMASI M, MODARRES-HASHEMI M. Design and analysis of fractal detector for high resolution radars[J]. Chaos, Solitons & Fractals, 2009, 40(5): 2133-2145.

[55] 刘宁波, 关键, 宋杰, 等. 海杂波频谱的多重分形特性分析[J]. 中国科学: 信息科学, 2013, 43(6): 768-783.

[56] 王福友, 刘刚, 袁赣南. 基于 EMD 算法的海杂波信号去噪[J]. 雷达科学与技术, 2010, 8(2)177-182, 187.

[57] 关键, 张建. 基于固有模态能量熵的微弱目标检测算法[J]. 电子与信息学报, 2011, 33(10): 2494-2499.

第 9 章

基于非线性回归理论
的目标检测

9.1　GARCH 海杂波模型下的恒虚警率检测方法

在雷达目标检测背景下，海杂波是不需要的雷达回波。海杂波具有随机性，通常将海杂波建模为随机过程。根据应用领域，主要采用高斯分布、对数正态分布、韦布尔分布、K 分布[1-2]、帕累托分布[3]、广义复合海杂波分布[4-7]等分布类型，或将海杂波建模为球不变随机过程[8]。虽然这几种分布适合建模海杂波，但是它们是时不变的，然而在多数情况下，雷达面临的环境会发生突然变化，导致探测性能下降。实际上，可以将海杂波建模为非平稳自回归（AR）过程[9]，从而描述海杂波随时间变化的特点。在许多情况下，统计分布模型并不十分适合描述具有类冲激或重拖尾特点的海杂波。鉴于此，本节给出如下建模方法，即利用广义自回归条件异方差（GARCH）过程将海杂波建模为时间序列[10-11]。GARCH 模型能根据历史信息来改进当前和预测特征参数估计准确性，在计量经济学领域中，常用于描述随时间变化的财务记录；在声纳领域中，常用于建模水下噪声[12]，其具有两个主要特征，一是能描述海杂波分布重拖尾的概率密度函数[1-4]，二是与自然环境海杂波相符的波动聚类性，即较大幅度波动后面往往伴随着较大幅度波动，较小幅度波动后面紧接着较小幅度波动。

接下来首先介绍复合 GARCH 过程，给出过程参数估计的准最大似然估计方法[13-16]。然后，研究过程参数估计误差与样本数的函数关系。理论上，过程参数估计需要的过程样本数较多，实际雷达难以提供，因此这里给出了替代方法，即用多个短时间序列代替长时间序列进行参数估计。最后，将 GARCH 模型用于实际海杂波数据建模，并对实际海杂波、GARCH 海杂波、高斯分布海杂波和韦布尔分布海杂波进行统计比较，验证模型适用性。进一步，提出了基于 GARCH 海杂波模型的目标恒虚警率检测方法，并采用蒙特卡洛仿真和实测数据分析所提检测方法的性能[12]。

9.1.1 GARCH 模型及参数估计

（1）GARCH 过程

如果某个随机过程的方差随时间的变化而变化，则称该方差为异方差。对于 GARCH 过程，"条件异方差"表示当前依赖于过去的观测值，且条件方差随时间变化而变化。"自回归"表示将过去的信息纳入当前方差计算的机制。复值数据与接收到的雷达信号的同相分量和正交分量有关。

复合 GARCH(p,q) 过程记作 v_t，如式（9.1）所示[16]

$$v_t = \sigma_t z_t, \quad z_t \sim \text{CN}(0,1), \quad \text{IID} \tag{9.1}$$

$$\sigma_t^2 = k + \sum_{j=1}^{p} \alpha_j \sigma_{t-j}^2 + \sum_{j=1}^{q} \beta_j \left| v_{t-j} \right|^2 \tag{9.2}$$

其中，CN 为正态分布，k、α_j、β_j 为过程系数。GARCH(p,q) 将回波建模为高斯白噪声过程，且条件方差不是常数，条件方差的当前值 σ_t^2 与相应 p 的过去值之间呈线性函数关系，即 $\sigma_{t-1}^2,\cdots,\sigma_{t-p}^2$，与回波过程包络 q 的过去值之间呈二次函数关系，即 $\left|v_{t-1}\right|,\cdots,\left|v_{t-q}\right|$。

为了获得期望的性质，必须对模型系数施加约束条件，条件如下[11]

$$k > 0, \quad \alpha_j \geqslant 0, j=1,\cdots,p, \quad \beta_j \geqslant 0, j=1,\cdots,q \tag{9.3}$$

从而保证条件方差始终是正数。

设 ψ_t 为截止到时间 t 的所有信息的集合，即 σ_t^2 和 v_t 满足 $\tau \leqslant t-1$，则

$$v_t \mid \psi_t \sim \text{CN}(0,\sigma_t^2) \tag{9.4}$$

由此可以证明，σ_t^2 可以作为条件方差，也可以证明 $\text{E}\{v_\tau\}=0$。当满足以下条

件时

$$\sum_{j=1}^{p}\alpha_j + \sum_{j=1}^{q}\beta_j < 1 \tag{9.5}$$

其无条件方差是有限的，且满足

$$\mathrm{var}\{v_t\} = \frac{1}{1 - \sum_{j=1}^{p}\alpha_j - \sum_{j=1}^{q}\beta_j} \tag{9.6}$$

在这种情况下，由于 GARCH 过程具有序列无关性，因此 v_t 为广义平稳过程。虽然此类过程的概率密度函数（PDF）没有显式表达，但条件式（9.5）能保证存在任意阶数过程矩[10-11]。

（2）最大似然估计

将海杂波建模为 GARCH 过程，可以利用最大似然估计方法进行估计，但是由于 $[\sigma_1,\cdots,\sigma_n]^{\mathrm{T}}$ 的分布是未知的，因此，GARCH(p,q) 过程的 PDF 向量没有显式表达。为了解决这个难题，许多学者都选用了条件似然函数，给定 $r = \max\{p,q\}$，过程 $(v_0,\cdots,v_{1-r})$ 的第一次观测值为 $f(v\,|\,v_0,\cdots,v_{1-r})$ [15]，此函数可表示为条件 PDF（$f(v_t\,|\,v_{t-1},\cdots,v_{t-r})$，由式（9.4）给出）的乘积。

在进行递归处理之前，需要知道 $\sigma_0^2,\cdots,\sigma_{1-r}^2$ 的值，本节选用测量数据中的样本方差值，最终得出条件对数似然函数的表达式，其中，$\ell(\theta) = -\ln\,[f(v\,|\,v_0,\cdots,v_{1-r})]$。

$$\ell(\theta) = n\ln(\pi) + \sum_{t=1}^{n}\left[\ln(\sigma_t^2 + \frac{|v_t|^2}{\sigma_t^2})\right] \tag{9.7}$$

其中，$\theta = [k\ \alpha_1\cdots\alpha_p\ \beta_1\cdots\beta_q]^{\mathrm{T}}$ 是需要估计的参数。那么，准最大似然估计（QMLE）$\hat{\theta}$ 是使 $f(v\,|\,v_0,\cdots,v_{1-r})$ 最大化的 θ 值或等价使 $\ell(\theta)$ 最小化的 θ 值。

$$\hat{\theta} = \arg\min_{\theta\in\Theta}\ell(\theta) \tag{9.8}$$

其中，$\Theta \subset (0,\infty)\times\Omega$，且 $\Omega = \left\{[\alpha_1\cdots\alpha_p]^{\mathrm{T}}\in[0,1)^p \wedge [\beta_1\cdots\beta_q]^{\mathrm{T}}\in[0,1)^q \,\big|\, \sum_{j=1}^{p}\alpha_j + \sum_{j=1}^{q}\beta_j < 1\right\}$。

设 v_t 为一稳定 GARCH(p,q) 过程，且由式（9.1）和式（9.2）可知，参数

$\theta_0 = \begin{bmatrix} k^0 & \alpha_1^0 & \cdots & \alpha_p^0 & \beta_1^0 & \cdots & \beta_q^0 \end{bmatrix}^{\mathrm{T}} \in \Theta$。假设多项式 $\alpha^0(z) = \alpha_1^0 z + \cdots + \alpha_p^0 z^p$ 和 $\beta^0(z) = 1 - \beta_1^0 z + \cdots + \beta_p^0 z^q$ 不能同时为零，那么由式（9.8）得出的 QMLE 是严格一致的[14-15]，即 $n \to \infty$ 时，$\hat{\theta} \overset{\mathrm{a.s.}}{\to} \theta_0$。

既然 z_t 是独立同分布（IID）的正态分布序列，且假设 $\theta_0 \in \Theta$，那么估计值 $\hat{\theta}$ 也是渐近正态的[14-15]。然而，由于无法准确计算出此渐近分布的协方差矩阵，因此无法通过建立大量样本来获得期望的估计误差。

（3）系数估计的替代方法

为降低估计误差，使其在可接受的范围内，最大似然估计需要的样本数量较多，而雷达实际工作中难以提供如此多的样本数。为突破样本数量限制，这里使用多个较短的样本序列实现来估计系数，并基于此推导似然函数。

设 $v^{(1)}, \cdots, v^{(M)}$ 为 M 个独立的样本，则似然函数 $f\left(v^{(1)}, \cdots, v^{(M)} \mid v_0^{(1)}, \cdots, v_0^{(M)}, \cdots, v_{1-r}^{(1)}, \cdots, v_{1-r}^{(M)}\right)$ 可表示成 M 个 PDF $\left\{ f\left(v^{(i)} \mid v_0^{(i)}, \cdots, v_{1-r}^{(i)}\right) \right\}_{i=1}^{M}$ 的乘积，其形式为 $f\left(v \mid v_0, \cdots, v_{1-r}\right)$。因此，对数似然函数可表示为

$$\ell(\theta) = \sum_{i=1}^{M} \left\{ n \ln(\pi) + \sum_{t=1}^{n} \left[\ln(h_t^{(i)}) + \frac{\left| v_t^{(i)} \right|^2}{h_t^{(i)}} \right] \right\} \tag{9.9}$$

其中，$h_t = \alpha_t^2$。根据式（9.9）给出的 $\ell(\theta)$，通过求解优化式（9.8），即可得到 θ 的 QMLE。

9.1.2　GARCH 海杂波中的目标检测方法

假设雷达正交解调、匹配滤波后输出的复合样本为 y_t，接收到待检测距离单元的回波 y_t 后，便可以在 H_0 和 H_1 两个假设之间做出判决，得到检测结果。

$$\begin{aligned} H_0: & \quad y_t = v_t \\ H_1: & \quad y_t = x_t + v_t \end{aligned} \tag{9.10}$$

在 H_0 假设下，数据仅由海杂波 v_t 组成，且海杂波 v_t 被建模为 GARCH(p,q) 过程。本节中假设系统热噪声忽略不计或将其归为海杂波模型的组成部分。在 H_1 假设下，

接收回波是环境海杂波和目标散射回波的合成结果，这里将目标散射回波记作 x_t。由于 y_t 是匹配滤波器的输出结果，通常情况下认为 x_t 是一个常数，且与目标信号能量成正比，本节提出了更接近实际的假设，即给定一个相位因子 $\mathrm{e}^{\mathrm{j}\theta}$，其中 θ 是在 $(0, 2\pi)$ 中均匀分布的随机变量。进而得出信号模型 $x_t = \varepsilon\mathrm{e}^{\mathrm{j}\theta}$，其中 ε 是一个确定性常数。

根据奈曼-皮尔逊（NP）准则，在虚警概率 P_{fa} 不超过给定值的约束条件下，最大限度地提高检测概率 P_{d}，可以用似然比检验来解决此优化问题[17-20]。

$$\Lambda(y_t) = \frac{f_y(y_t; H_1)}{f_y(y_t; H_0)} \underset{H_0}{\overset{H_1}{\gtrless}} \eta \tag{9.11}$$

其中，$\Lambda(y_t)$ 是似然比，$f_y(y_t; H_1)$ 和 $f_y(y_t; H_0)$ 分别是目标存在和不存在时 y_t 的 PDF，η 是判决门限。

但由于存在如下问题使优化问题不容易直接解决。首先，GARCH 过程的 PDF 没有显式表达，所以式（9.11）的似然比表达式也不存在。为了解决这个问题，使用条件 PDF 来代替理论 PDF，由于待检测距离单元样本可以有一些先验信息，因此该替代方法具有一定的合理性。假设 $\psi_t = [y_{t-1}\cdots y_1]^{\mathrm{T}}$，则条件似然比 $\Lambda(y_t \mid \psi_t)$ 可表示为

$$\Lambda(y_t \mid \psi_t) = \frac{f_y(y_t \mid \psi_t; H_1)}{f_y(y_t \mid \psi_t; H_0)} \tag{9.12}$$

关于海杂波模型，由于不确定 GARCH 过程的系数和信号模型的相位，因此产生了复合假设检验问题。这里基于贝叶斯方法估计信号相位[19]，通过广义似然比检验（GLRT）[20]计算海杂波的系数。

假设 θ 的先验 PDF 为 $f_\theta(\theta)$，则在获取先验数据下的条件 PDF 可表示为

$$f_y(y_t \mid \psi_t; H_i) = \int f_{y\theta}(y_t, \theta \mid \psi_t; H_i)\mathrm{d}\theta = \int f_y(y_t \mid \psi_t, \theta; H_i) f_\theta(\theta)\mathrm{d}\theta, \quad i = 0,1 \tag{9.13}$$

由式（9.4）和式（9.10）可知，$f_y(y_t \mid \psi_t, \theta; H_0)$ 和 $f_y(y_t \mid \psi_t, \theta; H_1)$ 分别是 $\mathrm{CN}(0, \sigma_t^2)$ 和 $\mathrm{CN}(\varepsilon\mathrm{e}^{\mathrm{j}\theta}, \sigma_t^2)$ 的 PDF，且 $\sigma_t^2 = \hat{k} + \hat{\alpha}_1\sigma_{t-1}^2 + \cdots + \hat{\alpha}_p\sigma_{t-p}^2 + \hat{\beta}_1|v_{t-1}|^2 + \cdots + \hat{\beta}_q|v_{t-q}|^2$，其中 $\hat{k}, \hat{\alpha}_1, \cdots, \hat{\alpha}_p, \hat{\beta}_1, \cdots, \hat{\beta}_q$ 是系数的最大似然估计值。

可以发现，$f_y\left(y_t\mid\psi_t,\theta;H_0\right)$ 与 θ 无关，故 $f_y\left(y_t\mid\psi_t;H_0\right)=f_y\left(y_t\mid\psi_t,\theta;H_0\right)$。在正态分布假设下[19]，对于 H_1 假设，将式（9.13）对 θ 积分，可得

$$f_y\left(y_t\mid\psi_t;H_1\right)=\frac{1}{\pi\sigma_t^2}\mathrm{e}^{-\frac{\left(|y_t|^2-\varepsilon^2\right)}{\sigma_t^2}}I_0\left(\frac{2\varepsilon|y_t|}{\sigma_t^2}\right) \tag{9.14}$$

其中，$I_0(\cdot)$ 是修正的第一类贝塞尔函数。

至此，得到判决规则如下

$$\ln\left[I_0\left(\frac{2\varepsilon|y_t|}{\sigma_t^2}\right)\right]\underset{H_0}{\overset{H_1}{\gtrless}}\ln(\eta)+\frac{\varepsilon^2}{\sigma_t^2}=\lambda \tag{9.15}$$

由于 $\ln\left[I_0(\cdot)\right]$ 是单调递增函数，因此不必通过完整计算 $\ln\left[I_0(\cdot)\right]$，而是将其参数 $|y_t|$ 和修正后的门限 λ' 进行比较，就可完成判决，即

$$|y_t|\underset{H_0}{\overset{H_1}{\gtrless}}\lambda' \tag{9.16}$$

通过上述推导，得到了式（9.16）所示的判决准则，此时还需要进一步确定门限 λ'，以保证虚警概率 P_{fa} 不超过给定值，即控制虚警概率。

根据检测概率 P_{d} 和虚警概率 P_{fa} 进行检测性能评估是最常见的检测性能评估方法。得到用 λ' 表示的 P_{fa} 表达式之后，再将此式反转即可得到用 P_{fa} 表达的门限值 λ'。因此，需要得出两种假设条件下 $u_t=|y_t|$ 的分布。同样，由于没有 v_t 和 y_t 的 PDF 显式表达，因此，为了确定门限 λ'，这里采用给定样本 $y_{t-1},\cdots,y_1$ 下的条件虚警概率，记为 $P_{\mathrm{fa}}\mid\psi_t$。

在 H_0 假设下，已知 ψ_t 和 $f_u\left(u\mid\psi_t;H_0\right)$，$u_t$ 的条件 PDF 为瑞利分布，参数为 $\frac{\sigma_t^2}{2}$，则 $P_{\mathrm{fa}}\mid\psi_t$ 为

$$P_{\mathrm{fa}}\mid\psi_t=\int_\lambda^\infty f_u\left(u\mid\psi_t;H_0\right)\mathrm{d}u=\mathrm{e}^{-\lambda'^2/\sigma_t^2} \tag{9.17}$$

通过求解式（9.17），得到门限值 λ'，如式（9.18）所示

$$\lambda'=\sqrt{-\sigma_t^2\ln\left(P_{\mathrm{fa}}\mid\psi_t\right)} \tag{9.18}$$

根据式（9.18）可知，如果设定了 $P_{fa}|\psi_t$，就能得到每个待检测单元的门限值。根据每个待检测单元的先验海杂波样本，得出一个自适应门限值 λ'。这里需说明的是，在上述研究过程中，只考虑了点目标情况。

9.1.3　参数估计与目标检测方法仿真性能分析

（1）估计误差与样本数的关系

为了了解真实数据情况下的系数估计质量，本节通过数值建模分析估计误差随观测向量样本数变化的函数关系。数值建模流程包括两步：生成不同长度 N 的独立过程样本，估计各组样本的 GARCH 模型系数。利用 Matlab 有效集算法来求解式（9.8），且该有效集算法通过序列二次规划（SQP）方法实现[21]。针对每一种情况，重复该建模流程 500 次，得到各种 N 取值下的 500 个系数估计值。本节仅给出了 GARCH(0,1) 过程的处理结果，但不同过程阶数 (p,q) 下也具有类似的结果，样本生成时系数 k^0=20 和 β^0=0.8。表 9.1 给出了不同 N 值下估计结果的平均值和标准偏差。从表 9.1 可以看出，估计结果验证了前文提到的渐近行为，收敛速度接近 $\sqrt{N}$。这里需说明的是，为了获得合理的估计误差，所需的空间样本数可能大于雷达实际应用中可获得的样本数。

表 9.1　不同 N 值下估计结果的平均值和标准偏差

N	系数	平均值	标准偏差
250	k	20.2676	3.2321
	β_1	0.7874	0.1045
1000	k	20.2198	1.3927
	β_1	0.7904	0.0485
2500	k	20.0780	0.9642
	β_1	0.7959	0.0339
7000	k	20.0364	0.5613
	β_1	0.7986	0.0198
10000	k	20.0121	0.4891
	β_1	0.7995	0.0159

为比较 9.1.1 节中提出的替代方法和原估计方法，通过数据仿真方法计算估计结果的平均值、标准偏差和均方根误差（RMSE）。数值建模流程为生成 M 个 GARCH(0,1)

过程的独立样本(每个样本的长度为 N),然后根据式(9.9)给出的 $\ell(\theta)$ 来解决式(9.8)所示的优化问题,估计得到系数。

样本生成时系数 k^0=20,β_1^0=0.8。重复该建模流程 500 次。表 9.2 记录了替代方法的估计结果,以及利用原估计方法(10000 个样本实现)得到的估计结果。这里需注意的是,如果样本总数相同,那么利用此流程得到的估计结果与利用原估计方法得到的估计结果应相近。可以发现,统计结果是无偏估计,且误差的数量级相同。由此可见,采用固定长度的几段独立样本序列进行系数估计的方法具有可行性。

表 9.2   估计结果对比

M	N	系数	平均值	标准偏差	RMSE
40	250	k	20.0211	0.4738	0.4738
		β_1	0.7990	0.0153	0.0153
1	10000	k	20.0121	0.4891	0.4887
		β_1	0.7995	0.0159	0.0159

(2)检测方法的检测概率和虚警概率

为了评估基于 GARCH 模型的目标检测器的性能,采用蒙特卡洛仿真方法计算不同信杂比下的检测概率 P_d 和虚警概率 P_{fa}。仿真流程如下:生成长度为 N 的 GARCH(0,1) 过程,每个样本对应一个距离单元。设定系数 k^0=20,β_1^0=0.8,且无条件方差为 100。在随机选择的距离单元中增加目标信号 x_t(请见 9.1.2 节),由式(9.18)估计得到门限值 λ',其中条件虚警概率 $P_{fa}|\psi_t$=10^{-3}。对于此类过程阶数,门限值仅取决于待检测距离单元中的先验样本,即 ψ_t=y_{t-1}。因此,用 y_{t-1} 代替 v_{t-1},不管先前距离单元的统计量是否超过检测门限。为了计算第一个门限值,使用由式(9.6)得出的标准差,然后将所有样本与门限进行比较,根据含目标信号样本和无目标信号样本过门限的频次可计算得到 P_d 和 P_{fa}。

为了准确估计检测概率和虚警概率,这里产生了足够多的独立过程样本[20],每个过程样本的长度 N 均为 200。通过保持背景噪声功率恒定,并改变目标信号的幅度 ε,重复进行仿真,以得到不同信杂比下的检测概率。

作为比较,本节同时给出了一个高斯检测器,即假设背景海杂波模型为正态分布,均值为 0、方差为 σ^2,得到高斯检测器的判决规则,判决门限为

$$\lambda_g' = \sqrt{-\sigma^2 \ln(P_{fa})} \qquad (9.19)$$

其中，门限 λ_g' 是恒定的。推导过程与 GARCH 检测器相似，不同的是这里用的是数据统计模型的 PDF，而不是条件 PDF[19]。在计算高斯检测器的 P_d 和 P_{fa} 时，使用两种不同的方法进行数据生成，第一种方法是海杂波由正态分布产生，第二种方法是海杂波采用 GARCH(0,1) 产生，两种方法的方差均设为 100。

两种检测器的检测概率 P_d 如图 9.1 所示。当 SCR 较低时，GARCH 检测器的 P_d 大于高斯检测器的 P_d。两种检测器的虚警概率 P_{fa} 如表 9.3 所示。对于 GARCH 检测器和高斯检测器，P_{fa} 高于预期。这里需说明的是，由于高斯过程是 GARCH 过程的一种特殊情况（记作 GARCH（0，0）），因此，正态分布数据下的 GARCH 检测器的表现与高斯检测器一致。实际上，如果方差在该时间内恒定，则 GARCH 检测器门限（式（9.18））与高斯检测器门限（式（9.19））相同。

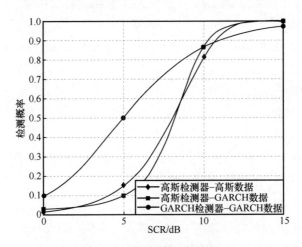

图 9.1　两种检测器的检测概率

表 9.3　两种检测器的虚警概率

检测器-数据	虚警概率 P_{fa}
GARCH 检测器–GARCH 数据	1.10×10^{-3}
高斯检测器–GARCH 数据	16.70×10^{-3}
高斯检测器–高斯数据	0.99×10^{-3}

基于 GARCH 数据的 GARCH 检测器和高斯检测器的 ROC 曲线如图 9.2 所示，一对 P_d 和 P_{fa} 对应曲线上的一个点，可以通过改变门限来计算 ROC 曲线上的任意点。与 GARCH 检测器相比，当 P_{fa} 较小时，高斯检测器的性能有所下降。

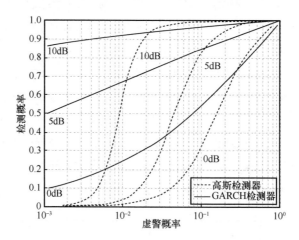

图 9.2　基于 GARCH 数据的 GARCH 检测器和高斯检测器的 ROC 曲线

（3）敏感性分析

一个理想雷达检测器的特点是任何未知参数的方差都不会对检测概率和虚警概率产生显著影响。因此，如果存在估计误差或参数发生微小变化，检测器性能不应发生变化。GARCH 检测器的敏感性较低，可以使用数量较少的样本来估计系数，或在系数更新之前长时间保持系数不变。

这里假设系数因估计误差而出现偏离，并在此前提假设下仿真计算了 P_d 和 P_{fa}。由于无法得到系数估计结果的真实分布，不妨假设其真实分布为正态分布，分布的参数就是从本节提到的渐近性分析中获得的参数，特别提及，这里使用了 N=7000 个样本获得的值，即 $k \sim N(20,(0.5613)^2)$ 和 $\beta_1 \sim N(0.8,(0.0198)^2)$。对于 P_d，重复仿真运行 10 次，得到 10 个不同的系数值。对于不同的 SCR 取值，得出 P_d 的相对误差为 $(P_d - \hat{P}_d)/P_d$，如图 9.3 所示。SCR 取值越大，P_d 的相对误差就越小。对于 P_{fa}，重复建模 100 次，P_{fa} 的平均值和标准差分别为 1.10×10^{-3} 和 1.34×10^{-4}。综上可知，GARCH 检测器对参数的微小变化具有鲁棒性。

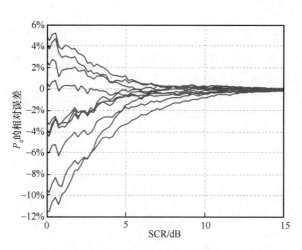

图 9.3　系数估计误差对 GARCH 检测器 P_d 的影响

9.1.4　海杂波模型与检测方法的实测数据验证

（1）GARCH 海杂波模型的实测数据验证

GARCH 过程对真实海杂波数据的拟合效果如下所示，这里提及的"拟合"是指根据真实海杂波测量结果以选择过程阶数并估计过程条件方差系数的过程。本书使用 IPIX 雷达数据[22]，具体为 1993 年 11 月 11 日下午 4:11 记录的数据，对应数据集 stare0。IPIX 雷达包含极化信息，后面所展示结果主要对应 VV 极化数据。

本节所用数据为非均匀海杂波中的小目标回波数据，数据采集时浪高约为 0.7 m，小目标是一个用铝箔包裹的沙滩球，标称位置为 2691 m。快时间或距离维由 54 个样本组成，雷达距离分辨率为 30 m，采样间隔为 15 m。脉冲发射次数（即慢时间维的样本数）为 2048，脉冲重复频率为 200 Hz。一个脉冲对应一个 GARCH 过程。因为仅考虑 GARCH 模型对海杂波数据进行的拟合，所以排除包含真实目标的距离单元，选用其中 45 个海杂波单元。在估计过程中，仅使用了前 1024 个脉冲回波，其余回波数据用于验证，以评估检测方法的性能。

原则上，很难证明样本间具有独立性，为便于后续分析，假设雷达实际回波样本具有独立性，以便利用替代方法进行参数估计。首先，估计实测数据的时间自相关函数平均值，VV 极化数据的自相关函数如图 9.4 所示。由图 9.4 可知，30 ms 或

6 个脉冲之后，自相关函数近似为零，换言之，如果两脉冲回波之间的时间间隔超过 30 ms，两者就是不相关样本，在这里选用间隔 6 个脉冲以上的样本进行分析，近似认为独立性存在[23]。

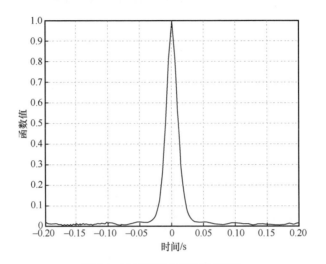

图 9.4　VV 极化数据的自相关函数

使用替代方法进行 GARCH 过程系数估计。每间隔 6 个脉冲选取 1 个脉冲，一共选出 $M=156$ 个脉冲回波，每个脉冲包括 $N=45$ 个海杂波样本。由于没有数据拟合过程阶数的先验信息，因此，从 $p=0$ 且 $q=1$ 开始，按照不同阶数进行估计。

系数 k 和 β_1 的取值情况与 GARCH(0, 1)过程拟合相同，对于大量数据处理结果统计分析来看，系数估计结果的差异不具有统计显著性。这一现象不仅常见于这里所使用的数据，在使用其他数据集进行估计时也很常见。使用 GARCH(0, 1)过程对实测数据进行拟合，得到 k 和 β_1 的估计值分别为 5.3675×10^{-3} 和 0.7463。

GARCH 过程是描述序列中出现类似于冲激响应的情况，如果 $\tilde{k}$ 值较小，本底噪声的条件方差也较小，$\hat{\beta}_1$ 值决定着冲激发生的频率和幅度，$\hat{\beta}_1$ 值越大，就越有可能发生冲激。因为过程阶数为（0，1），所以最后一个值决定着条件方差，且大部分冲激持续时间较短。

图 9.5 给出了 GARCH(0, 1)过程、高斯分布和韦布尔分布[24]对实测海杂波幅度的拟合结果。由图 9.5 可知，GARCH 过程与实测海杂波数据最为接近。为了衡量拟

合优度，采用如下 RMSE 进行评估[25]

$$\text{RMSE} = \sqrt{\frac{1}{L}\sum_{j=1}^{L}\left|f(j)-h(j)\right|^2}$$ （9.20）

其中，$f(\cdot)$ 表示 PDF，其参数根据真实数据估计得来；$h(\cdot)$ 是真实数据的直方图统计结果。给出最小 RMSE 值的 PDF 拟合效果最佳，图 9.5 中 GARCH 模型的 RMSE 最小。这里需说明的是，对于由正态分布生成的数据，该值达到标准偏差的三倍以上的概率很低，而对于实测海杂波测量结果，此概率较高。因此，在使用真实海杂波数据时，GARCH 检测器的性能优于高斯检测器的性能。

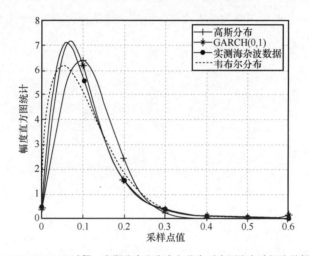

图 9.5 GARCH(0, 1)过程、高斯分布和韦布尔分布对实测海杂波幅度的拟合结果

（2）检测方法的实测数据验证

这里继续使用 IPIX 雷达的 stare0 数据集，通过真实海杂波+仿真目标和真实海杂波+真实目标两种方式，进行检测器性能分析。这里使用剩余的 1024 个样本（前 1024 个实现用于估计过程系数）。在第一次测试中，选取了 45 个海杂波单元，并在海杂波中人为添加目标信号，以控制 SCR。

根据前面的分析结果，将 GARCH 检测器的阶数设定为（0, 1）。根据式（9.18），门限值可表示为

$$\lambda^{'} = \sqrt{-(\hat{k} + \hat{\beta}\left|v_{t-1}\right|^2)\ln(P_{\text{fa}}\mid\psi_t)}$$ （9.21）

其中，$\hat{k}$ 和 $\hat{\beta}_1$ 是系数估计值。

分别运行 GARCH 检测器、高斯检测器和韦布尔分布背景下的 CFAR 检测器[24]，其中第三个检测器的判决门限为

$$\lambda'_w = \hat{b}\rho^{1/\hat{c}} \tag{9.22}$$

其中，$\hat{b}$ 和 $\hat{c}$ 是韦布尔 PDF 参数的最大似然估计值，系数 ρ 是在估计过程中使用的期望虚警概率与期望样本数的函数关系[24]。

对于高斯检测器（式（9.19））和韦布尔检测器（式（9.22）），使用与 GARCH 过程系数相同的数据集估计参数。将虚警概率设定为 $P_{fa}=10^{-3}$，SCR 设定为 5 dB。检测结果如图 9.6 所示。黑色像素点表示检测统计量超过门限值的距离单元，图右侧的 "<" 符号表示目标位置。

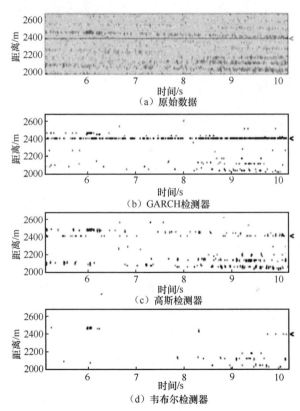

图 9.6　VV 极化 IPIX 雷达数据集 stare0 原始数据和检测结果（添加目标位置是第 27 个单元）

从图 9.6 可以看出，虽然存在强海杂波，但是 GARCH 检测器经历几次错误检测后就能确定目标的真实位置。高斯检测器的目标检测概率较低，虚警概率较高。如前文所述，由于高斯模型没有考虑海杂波的冲激特性（海尖峰），因此虚警概率较高。对于海杂波而言，GARCH 模型优于高斯模型。与高斯模型相比，韦布尔模型更适合重拖尾。对于具有重拖尾的脉冲回波，韦布尔检测门限应该大于高斯门限。韦布尔检测器的虚警概率较低，代价是其检测概率也较低。

在第二次测试中，依旧使用剩余的 1024 个样本和所有真实目标距离单元。基于与第一次测试相同的参数，分别运行 GARCH 检测器、高斯检测器和韦布尔检测器，检测结果如图 9.7 所示，虚警概率和检测概率如表 9.4 所示。GARCH 检测器和高斯检测器的目标检测概率均较高，GARCH 检测器的虚警概率低于高斯检测器的虚警概率，这是因为第二次测试的 SCR 大于第一次测试的 SCR。韦布尔检测器的虚警概率低于其他检测器的虚警概率，代价是其检测概率也较低。

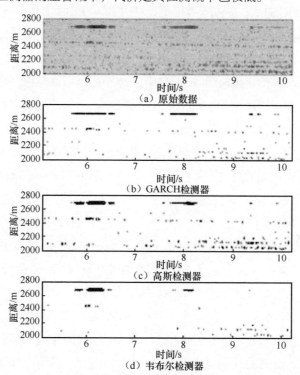

图 9.7　VV 极化 IPIX 雷达数据集 stare0 原始数据和检测结果（真实目标位置是 2691 m）

表 9.4　不同检测器的虚警概率和检测概率

目标类型	检测器	P_d	P_{fa}
仿真目标	GARCH	0.4375	0.0056
	高斯	0.0449	0.0114
	韦布尔	0.0029	0.0027
真实目标	GARCH	0.2725	0.0048
	高斯	0.2578	0.0093
	韦布尔	0.1592	0.0022

　　需说明的是，上面给出的虚警概率是经验虚警概率，其不同于理论虚警概率，因为真实海杂波并不是由理论模型生成的。韦布尔分布对分布尾端的拟合程度较高，因此，韦布尔模型的经验虚警概率与理论虚警概率之间具有更好的一致性。然而，由于韦布尔模型的检测概率最低，因此其不是性能最佳的分布模型。为公平起见，应当比较各检测器的整体性能，而不是比较概率分布的局部拟合程度。鉴于此，这里给出了经验 ROC 曲线，即基于数据集计算的 P_d 与 P_{fa} 曲线[26]。

　　GARCH 检测器有两个时间尺度，即通过估计模型参数（支持批量处理）得到的慢速适应性，以及模型固有的快速适应性，检测的门限值受先验的距离单元中的样本影响。为了与其他常用检测器进行对比，本节引入了高斯检测器和韦布尔检测器的两个版本：慢速自适应版本和快速自适应版本。对于高斯或韦布尔分布参数估计，慢速自适应检测器采用的估计方法与 GARCH 检测器相同，即使用大量雷达回波数据块，并在收集下一次模型更新所需的数据时，使用得到的门限值进行检测。此外，快速自适应检测器通过次目标单元估计单次脉冲回波中的高斯或韦布尔分布参数，并在待检测单元周围设置保护单元。快速自适应检测器通过这种方式模拟 GARCH 检测器的时变门限。

　　基于真实海杂波数据和不同 SCR 仿真目标的 ROC 曲线如图 9.8 所示，基于真实海杂波数据和真实目标的 ROC 曲线如图 9.9 所示。高斯慢速自适应检测器和韦布尔慢速自适应检测器的 ROC 曲线发生重叠。事实上，使用与时不变分布有关的任何检测器，将会得到相同的 ROC 曲线，因为其是与固定门限相比较（至少在一个处理间隔内是如此）。虽然理论 ROC 曲线可能有差异，但无论与判决门限相关的理论虚警概率有多大，只要改变门限就能得到经验曲线。高斯快速自适应和韦布尔快速自适应检测器每做出一次判决，其门限值就会发生变化，但由于可用于分布参数估计的数据量很小，估计结果起伏大，这两种检测器的性能下降严重。对于韦布尔检测器而言，其涉及两个模型参数，则需采用如此少的数据样本来估计两个参数，估计结果更加不稳定，对检测器的性能影响会更大。图 9.8 和图 9.9 也进一步证实了 GARCH 模型比本节中涉及的其他模型建模效果更佳。

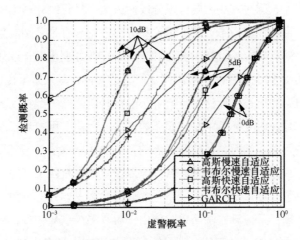

图 9.8　基于真实海杂波数据和不同 SCR 仿真目标的 ROC 曲线

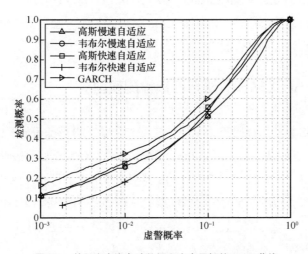

图 9.9　基于真实海杂波数据和真实目标的 ROC 曲线

9.2　基于 FB-VSLMS 算法的目标检测方法

海杂波研究已有很多经典方法，如时频分析[27]、小波分解[28]、神经网络[29-30]、神经网络与小波分解相结合的方法[31-32]以及分形维数[33-34]的利用、分形误差[35]、多重分形分析[36-38]等。这些方法主要可以分成两大类：基于统计理论的方法和基于分形理论的方法。目前在应用中，统计理论和分形理论一直是分别应用到海杂波中的目标检测中的。最小二乘（LMS）算法和 Hurst 指数分别隶属于统计理论和分形理论的范畴。LMS 是自适应算法中应用比较广泛的一种，其跟踪平稳信号十分有效。传统的基于 LMS 的自适应算法有着需要小的步长以降低失配和大的步长来达到快速收敛的矛盾，且在时变环境中是依赖于数据的。因此，可变步长 LMS 算法得以提出来解决这些问题。然而，目前所提出的各种自适应算法并不能很好地建模或者跟踪非平稳信号；分形理论在海杂波目标检测中应用已有四十年左右，其为非平稳信号的研究提供了一种重要手段，且单一的分形参数（如分形维数、Hurst 指数等）已可以准确地计算，且计算方法简单，但由于所需采样点数较多，往往在工程上不易实现。因此，本节将一种基于分形参数估计的可变步长最小二乘（Fractal-Based Variable Step-Size Least Mean Square，FB-VSLMS）[39]算法引入海杂波目标检测中，提出一个新的目标检测模型，将基于 LMS 算法的检测方法和基于单一分形特征的检测方法的优点较好地结合起来。

9.2.1　FB-VSLMS 算法与目标检测模型

FB-VSLMS 算法可以用于功率谱具有 $1/f^{\beta}$ 形式的分形信号族中检测其他信号，其中，f 为频率，$\beta = 2H+1$，H 为 Hurst 指数。这一类随机过程一般是非平稳的且具有统计意义上的自相似特性。FB-VSLMS 算法初步解决了目前各种自适应算法并不能很好地建模或者跟踪非平稳信号的问题，其步长参数的约束条件除了一个是时变的之外，其余的均与时间无关，且各步长参数的计算是通过估计 Hurst 指数来完成的，具有计算简便、快捷的优点。

为深入了解 FB-VSLMS 算法，首先考虑一个自适应线性合成器（Adaptive Linear

Combiner，ALC），如图 9.10 所示，其中，$d(n)$ 为实际测量信号，$\hat{d}(n)$ 为通过自适应合成器得到的 $d(n)$ 的估计（预测）值。自适应合成器的目的是尽量使 $\hat{d}(n)$ 逼近真实值 $d(n)$。

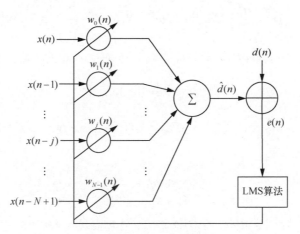

图 9.10　自适应线性合成器

假设 ALC 的输入信号向量为 $x(n) = [x(n), x(n-1),\cdots, x(n-N+1)]^{\mathrm{T}}$，其中，$N$ 为向量长度。这里注明一点：小写粗体字母表示长度为 N 的向量，大写粗体字母表示维数为 $N{\times}N$ 的矩阵。LMS 算法的权值向量可以采用式（9.23）进行更新

$$w(n+1)=w(n)+\alpha(n)x(n)[d(n)-x^{\mathrm{T}}(n)w(n)] \tag{9.23}$$

其中，$w(n)=[w_0(n), w_1(n), \cdots, w_{N-1}(n)]^{\mathrm{T}}$ 是长度为 N 的权值向量；$e(n) = d(n) - \hat{d}(n)$ 是输出误差；$\hat{d}(n) = w^{\mathrm{T}}(n)x(n)$ 是 ALC 的输出值；$\alpha(n)$ 是 LMS 算法的步长矩阵。由于信号 $d(n)$ 是非平稳的，因此步长矩阵是时间 n 的函数，即步长矩阵是时变的。

根据文献[40]中的引理与假设，即最小值点的权值向量（即最优权值向量）与 n 无关，且 $x(n)$、$v(n)$ 与 $e_0(n)$ 相互独立，其中，$v(n)$ 表示权值向量与最优权值向量的差值，$e_0(n)$ 表示最小值点处的零均值高斯噪声，可以得到，步长矩阵 $\alpha(n)$ 与输入信号的自协方差矩阵 $R(n)$ 可以采用同样的酉矩阵 Q 进行对角化，即

$$\alpha(n) = Q\Lambda_\alpha(n)Q^{\mathrm{T}} \tag{9.24}$$

$$R(n) = Q\Lambda(n)Q^{\mathrm{T}} \tag{9.25}$$

其中，$\Lambda_a(n)=\text{diag}\{\mu_1, \mu_2,\cdots, \mu_{N-1}, \mu_N\}$，$\Lambda(n)=\text{diag}\{\lambda_1, \lambda_2,\cdots, \lambda_{N-1}, \lambda_N(n)\}$。$R(n)$的所有特征值都依赖于分形参数——Hurst 指数，且除了 $\lambda_N(n)$ 之外，所有特征值均与 n 无关[40]。时变特征值可以根据式（9.26）计算

$$\lambda_N(n) = \frac{\sigma_H^2}{2}\left[2Nn^{2H} + 2Hn^{2H-1}N(N-1) - \frac{2}{N}\sum_{i=1}^{N-1}i(N-i)^{2H}\right] \tag{9.26}$$

其中，$\sigma_H^2=1/\Gamma(2H+1)|\sin(H)|$。与特征值 $\lambda_N(n)$ 对应的特征向量 φ_N 为

$$\varphi_N = \frac{1}{\sqrt{N}}[1,1,1,\cdots,1] \tag{9.27}$$

为使 FB-VSLMS 算法收敛[39]，需满足条件$|1 - \mu_j(i)\lambda_j(i)| < 1$，当 $j=1, 2,\cdots, N-1$ 时，μ_j 和 λ_j 均与时间无关

$$0 < \mu_j < \frac{2}{\lambda_j} \tag{9.28}$$

当 $j=N$ 时，除满足条件$|1 - \mu_j(i)\lambda_j(i)| < 1$，还需满足式（9.29）
$$\mu_N(n)\lambda_N(n) = b \quad (b \text{ 为常数}) \tag{9.29}$$

由上述分析可知，$R(n)$的所有时不变特征值及对应的特征向量都可采用式（9.25）进行计算，实际上，时不变特征值与 Hurst 指数之间存在着对应关系，可以预先计算存储，后续运算直接查表即可[39]。最后一个时变特征值与对应的特征向量可采用式（9.26）和式（9.27）求得，从式（9.28）和式（9.29）可以看出，步长矩阵 $\alpha(n)$ 所有特征值的有效范围均由 $R(n)$ 的特征值决定，并在根本上由 Hurst 指数决定，μ_j（$j=1, 2,\cdots, N$）的选取应该使 LMS 算法的估计误差 $e(n)$在均方意义下达到最小。

基于 FB-VSLMS 算法建立一个新的海杂波中微弱目标检测模型，如图 9.11 所示。由于 ALC 的参数估计依赖于输入信号的 Hurst 指数，因此，其与直接采用分形特征进行目标检测具有相同的优点。同时，可变步长 LMS 算法具有良好的预测能力和很快的收敛速度，两者的优点在所建立的目标检测模型中得到了较好的结合。

在图 9.11 中的输入端，包含海杂波的回波信号作为输入信号，信号重构过程是根据 N 的大小将输入的回波信号 $s(n)$ 经过延时形成向量 $x(n)$。若海杂波中没有目标，则由于海杂波是分形的[33]且 FB-VSLMS 算法对分形信号具有良好的预测能力，输出误差较小；若海杂波中存在目标，则由于海杂波的分形特性被破坏，模型的输

出误差必将变大，来更新 ALC 的权值向量，以便降低由于模型失配而带来的误差。因此，输出误差 $e(n)$ 即可作为检测统计量，即

$$e(n) = d(n) - \hat{d}(n) \underset{H_0}{\overset{H_1}{\gtrless}} T \quad （T 为门限）\tag{9.30}$$

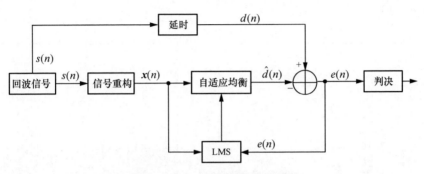

图 9.11　海杂波中微弱目标检测模型

当海杂波中不存在目标时，随着 $n \to \infty$，输出误差 $e(n)$ 应趋于 0，则 n 充分大时，$e(n)$ 应该很小，接近 0，而 n 较小时，误差可能会比较大，这与给定的 ALC 初始权值向量有关。若初始权值向量给定合理，则输出误差很快就可以收敛到很小的值；若初始权值向量给定不合理，则输出误差在起始的一段时间内会起伏较大，这时的误差是由系统本身引起的，若此时海杂波中有目标出现，也会被系统所带来的误差淹没而难以发现。这里需要指出的是，门限 T 可以通过预先给定虚警概率，然后通过计算反复查找直至找到合适的值的方法得到，当然这一过程不能只对一组数据进行，需要对大量的实测海杂波数据进行计算与统计，最终门限可以通过平均或者针对不同的海情进行加权平均等方法得到。

9.2.2　实测海杂波验证与分析

本节验证所采用数据来自 IPIX 雷达，数据为低信杂比数据，文件编号为 17#[41]。依据给出海杂波中微弱目标检测模型编制相应的计算机程序，迭代次数取为 10^4 次，常数 b 设为 1，向量长度 $N=3$，以达到平均最小均方误差[39]。首先，根据文献[42]中的海杂波 Hurst 指数计算方法可得，本组海杂波数据的 Hurst 指数集中在 0.09～

0.12，主目标单元的 Hurst 指数集中在 0.25～0.30，则不存在目标时时不变特征值为 λ_1=1.6745，λ_2=2.0243；存在目标时时不变特征值为 λ_1=0.5727，λ_2=1.0484。为研究不同的极化条件以及目标的有无对检测模型输出误差的影响，图 9.12 和图 9.13 分别给出了 HH 极化和 VV 极化条件下海杂波中不存在目标与存在目标两种情况下模型的输出误差。

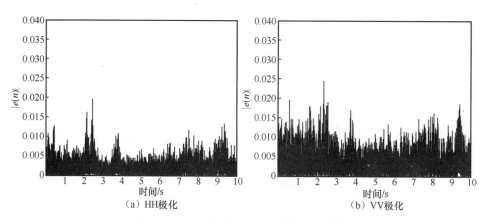

图 9.12　不存在目标情况下模型的输出误差

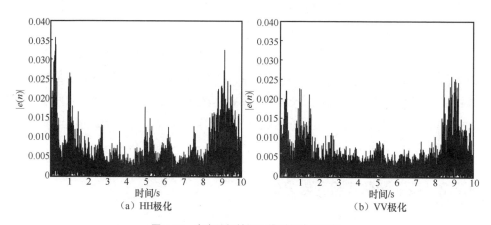

图 9.13　存在目标情况下模型的输出误差

对比图 9.12 和图 9.13 可以发现，不存在目标时，模型输出误差主要集中在 0～0.015 范围内；存在目标时，误差起伏比较剧烈，主要集中在 0～0.03 范围内。可见，不论在哪种极化条件下，目标的存在都破坏了海杂波的分形特性，使模型的输出误差变大。比较 HH 极化与 VV 极化两种条件下的输出误差可以发现，不存在目标时，模型输出误差在 HH 极化时要小于 VV 极化时；存在目标时，模型输出误差在 HH 极化时要大于 VV 极化时。分析其原因，雷达照射海面的过程中，由于飘散的碎浪、涌浪、入射角等因素，被碎浪遮挡的区域或者涌浪背向雷达的部分区域不能被完全观察到，即产生"遮蔽"效应，在 HH 和 VV 极化下这一效应影响程度有所不同。图 9.12 所示的不存在目标的情况下，VV 极化下海杂波的"遮蔽"效应比较明显[43-44]，其分形特性不如 HH 极化条件下明显，因此，目标检测模型对 VV 极化数据的建模效果要比对 HH 极化数据的建模效果差，最终导致输出误差整体偏大。而对于图 9.13 所示的存在目标的情况下，目标的存在必然使海杂波的分形程度有所降低，但在 HH 极化下海杂波分形度降低的程度要大于 VV 极化下降低的程度，原因主要是在低信杂比条件下，目标基本淹没在海杂波中，"遮蔽"效应影响较为显著，并且 VV 极化下"遮蔽"效应较大，这必然导致在 VV 极化下目标对海杂波分形特性影响较弱，即在 VV 极化下目标使海杂波的分形特性降低的程度比在 HH 极化下降低的程度小，最终导致存在目标时，VV 极化条件下海杂波的分形程度要比 HH 极化下更显著，则模型在 HH 极化条件下失配程度更大，从而输出误差也偏大。同时，可以发现图 9.13 所示的输出误差并非一直偏大，而是有较大起伏的，出现这样的情况一方面是目标是起伏的，其对海杂波不规则程度的影响不是持续不变的，另一方面是目标的存在并不是使海杂波失去了分形特性，而是使分形程度有所降低，从而使模型的失配程度变大，由于该模型具有自适应的特点，因此经过一段时间之后，误差又重新变小。鉴于该模型对 HH 条件下的海杂波预测效果较好，下面分析中均采用 HH 极化条件下的实测海杂波数据进行。

另外，ALC 的权值向量的初始化值也会影响输出误差，导致起始时输出误差变大，并随着权值向量的更新而很快收敛。这里，"收敛"指的是输出误差减小到与只由海杂波引起的输出误差相比拟的程度，一般情况下达到 0.01 以下即可认为已"收敛"。图 9.14（a）和图 9.14（b）分别给出了不存在目标时初始权值向量为[1, 1, 1]^{T}和[10, 10, 10]^{T}时的输出误差。从图 9.14 可以看到，由于系统初始化不当而带来的系统误差要远大于模型对海杂波失配而带来的误差。同时，也可以看到输出误差的收敛速度较快，当初始权值向量为$[1, 1, 1]^T$时，收敛时间在 1 s 左右；当初始权值向量为$[10, 10, 10]^T$时，收敛时间也大约在 1 s 左右。经过10^4次的迭代更新，最终权值向量的最小值点（不动点）大约在$[0.3, 0.3, 0.3]^T$位置处，$[0.3, 0.3, 0.3]^T$即最优权值向量，由此可见，偏差$v(n)$对 ALC 算法的收敛时间影响不明显。图 9.15（a）和图 9.15（b）分别给出了存在目标时初始权值向量为$[1, 1, 1]^T$和$[10, 10, 10]^T$时的输出误差。从图 9.15 可以看到，在起始时刻，由于初始权值向量偏离最小值太大，产生了一个极其大的误差来修正权值向量，同时又由于存在目标时的 Hurst 指数变大，对应的参数发生变化，输出误差很快收敛，但其在起始 1 s 左右的时间内误差还是要比图 9.13 所示的情况大，这是因为图 9.13 所示情况的初始权值向量采用的是已根据实验优化过的值，因此，在起始时刻输出误差就收敛到很小的值了。

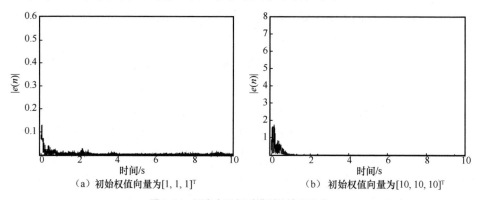

（a）初始权值向量为$[1, 1, 1]^T$ （b）初始权值向量为$[10, 10, 10]^T$

图 9.14 不存在目标时模型的输出误差

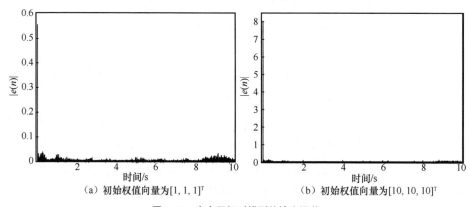

（a）初始权值向量为$[1, 1, 1]^T$ （b）初始权值向量为$[10, 10, 10]^T$

图 9.15 存在目标时模型的输出误差

　　为避免在起始一段时间内由权值向量初始化不当带来的系统误差影响目标检测，在接下来的仿真中，直接采用上述分析所给出的权值向量全局最小值点。本节提出的海杂波中的微弱目标检测模型对目标具有很好的敏感性，当目标在某一时刻出现，则对应的模型输出误差会急剧增大，如图 9.16 所示，仿真中假设目标分别在 1 s 处和在 5 s 处开始出现，并持续较短的时间，这与实际中的如下情况相对应，即目标在雷达扫描的某一个方位出现，雷达在扫描过程中在目标出现方位仅能停留较短的时间，可以得到的采样点数目也相应较少。从图 9.16 所示的仿真结果来看，目标一旦出现，检测模型便可以立刻准确地捕捉到，此时，门限若设为 0.02 以上，就可以在没有虚警的情况下检测出目标。这里需要指出的是，由于目标出现时间较短，相对而言其对海杂波的影响程度也较小，因此，模型的自适应处理过程很快便将这种影响降到很低，与海杂波带来的误差混叠在一起，无法区分，从而也就无法判断目标何时离开雷达视野范围。不过，对雷达信号处理而言，检测模型对目标的敏感程度更为重要，而且这种由无法知晓目标何时消失带来的不足也可以由雷达的不断扫描而在一定程度上得到解决。

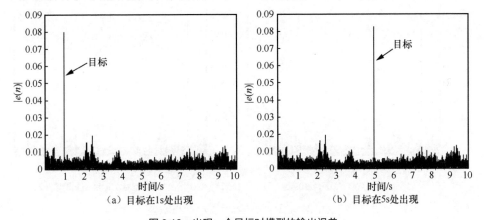

图 9.16　出现一个目标时模型的输出误差

　　图 9.17 给出了在海杂波时间序列中存在两个目标时模型的输出误差。从图 9.17 可以看到，两个目标均十分明显，图 9.17（a）在 1.5 s 处出现的目标所带来的误差较小，这表明若在时间上靠得很近的两个目标连续出现在雷达的同一方位、同一距离上，雷达将难以区分。可能原因有 3 个，第一为雷达距离分辨力的影响；第二为

目标回波信号起伏的影响；第三为当第一个目标出现时，模型必然根据误差调整权值向量使其收敛，若目标靠得比较近，则模型将会对目标具有一定的抑制能力，最终导致输出误差减小。实际上，对于低速运动的目标而言，两个目标在时间上靠得很近则其在距离上也很近，以雷达工作在驻留模式下为例，只要两者不是沿雷达径向运动，其必然在雷达视野内按照先后顺序出现。从这个角度分析，并不是雷达距离分辨力导致两个目标无法区分，另外对多组其他海杂波数据进行同样的仿真计算，可以得到类似的仿真结果，说明目标信号起伏的影响也并非主要原因。综上可知，在时间上靠得很近的两个目标难以区分主要是由模型本身引起的，模型的自适应性使得在存在多目标时该模型在短时间内对后续出现的目标具有一定的抑制能力，若目标间隔一定的时间出现，在时间间隔内通过纯海杂波信号的反复迭代更新 ALC 的权值向量，这种对目标的抑制能力可以被削弱至低水平，基本不影响后续出现的目标所引起的输出误差。实际上，从仿真结果来看，在信杂比不太低的情况下，只要目标间隔 1 s 左右进入雷达的同一个扫描方位上，基本都可以区分开。

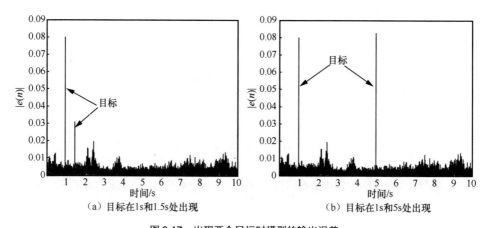

图 9.17 出现两个目标时模型的输出误差

该目标检测模型的检测结果与信杂比也有较大的联系，图 9.18～图 9.20 分别给出了 3 种不同信杂比情况下目标检测模型的输出误差。从图 9.18～图 9.20 可以看出，当信杂比较高时，目标所引起的输出误差较大，很容易区分目标与海杂波，如图 9.18 所示的 SCR=3 dB 的情况。当 SCR=0 dB 时，目标淹没在海杂波中基本不可见，目标回波信号能量与海杂波信号能量基本相当，此时该模型仍然可以较好地区分目标与海杂波，但区分效果明显比高信杂比时差，考虑到目标本身的起伏以及数据本身误差的影响，此时进行目标检测必然产生一定的虚警概率。随着信杂比降低，目标与海杂波所引起的输出误差的差异也减小，当 SCR=−3 dB 时，目标所引起的误差与海杂波引起的误差混叠在一起，此时若采用固定门限检测，则会产生较高的虚警概率，导致该检测方法无法应用。

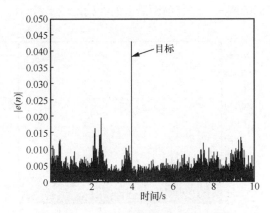

图 9.18　SCR=3 dB 时模型的输出误差

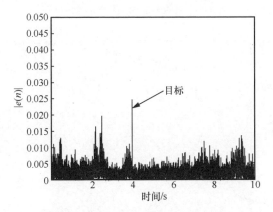

图 9.19　SCR=0 dB 时模型的输出误差

　　本节采用蒙特卡洛仿真方法对该检测模型的检测性能进行分析。图 9.21 给出了该检测模型的检测概率与信杂比的关系曲线。仿真中采用实测海杂波数据，目标信号由计算机仿真产生，目标模型假设为 Swerling II，即脉冲间起伏，幅度服从瑞利分布。虚警概率设定为 0.01，每个信杂比条件下仿真 10^4 次。可以观察到，该目标检测模型在信杂比低于−3 dB 时，目标检测概率急剧下降，此时目标与海杂波所引起的误差严重混叠，无法区分；而在信杂比不太低（SCR > −3 dB）的情况下，该检测方法具有较高的检测概率，基本在 70%以上，可以较准确地检测到海杂波中的目标。从图 9.21 中可以看出，当 SCR=0 dB 时，检测概率可以达到 90%左右，表现出良好的检测微弱目标的能力，这与前面给出的结论比较相符。

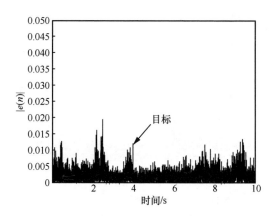

图 9.20　SCR=−3 dB 时模型的输出误差

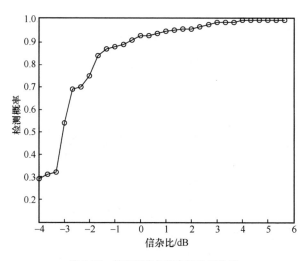

图 9.21　检测概率与信杂比关系曲线

参考文献

[1] SHNIDMAN D A. Generalized radar clutter model[J]. IEEE Transactions on Aerospace and Electronic Systems, 1999, 35(3): 857-865.

[2] SANGSTON K J, GERLACH K R. Coherent detection of radar targets in a non-Gaussian background[J]. IEEE Transactions on Aerospace and Electronic Systems, 1994, 30(2): 330-340.

[3] WEINBERG G V. Assessing Pareto fit to high-resolution high-grazing-angle sea clutter[J]. Electronics Letters, 2011, 47(8): 516-517.

[4] ANASTASSOPOULOS, LAMPROPOULOS G A, DROSOPOULOS A, et al. High resolution radar clutter statistics[J]. IEEE Transactions on Aerospace and Electronic Systems, 1999, 35(1): 43-60.

[5] SANGSTON K J, GINI F, GRECO M S. Coherent radar target detection in heavy-tailed compound-Gaussian clutter[J]. IEEE Transactions on Aerospace and Electronic Systems, 2012, 48(1): 64-77.

[6] SHANG X, SONG H. Radar detection based on compound-Gaussian model with inverse gamma texture[J]. IET Radar, Sonar & Navigation, 2011, 5(3): 315-321.

[7] CUI G, KONG L, YANG X, et al. Distributed target detection with polarimetric MIMO radar in compound-Gaussian clutter[J]. Digital Signal Processing, 2012, 22(3): 430-438.

[8] CONTE E, LONGO M. Characterisation of radar clutter as a spherically invariant random process[J]. IEE Proceedings F Communications, Radar and Signal Processing, 1987, 134(2): 191-197.

[9] HAYKIN S, BAKKER R, CURRIE B. Dynamics of sea clutter[M]. New Jersey: John Wiley & Sons, 2006.

[10] ENGLE R F. Autoregressive conditional heteroscedasticity with estimates of the variance of United Kingdom inflation[J]. Econometrica, 1982, 50(4): 987-1008.

[11] BOLLERSLEV T. Generalized autoregressive conditional heteroskedasticity[J]. Journal of Econometrics, 1986, 31(3): 307-327.

[12] AMIRI H, AMINDAVAR H, KAMAREI M. Underwater noise modeling and direction-finding based on heteroscedastic time series[J]. EURASIP Journal on Advances in Signal Processing, 2013, 2007: 1-10.

[13] PASCUAL J P, VON ELLENRIEDER N, HURTADO M, et al. Radar detection algorithm for GARCH clutter model[J]. Digital Signal Processing, 2013, 23(4): 1255-1264.

[14] BERKES I, HORVATH L, KOKOSZKA P. GARCH processes: structure and estimation[J]. Bernoulli, 2003, 9(2): 201-227.

[15] STRAUMANN D. Estimation in conditionally heteroscedastic time series models[M]. Berlin: Springer, 2005.

[16] MOUSAZADEH S, COHEN I. Simultaneous parameter estimation and state smoothing of complex GARCH process in the presence of additive noise[J]. Signal Processing, 2010, 90(11): 2947-2953.

[17] KELLY E J. An adaptive detection algorithm[J]. IEEE Transactions on Aerospace and Electronic Systems, 1986, AES-22(2): 115-127.

[18] GINI F, GRECO M V. Suboptimum approach to adaptive coherent radar detection in compound-Gaussian clutter[J]. IEEE Transactions on Aerospace and Electronic Systems, 1999, 35(3): 1095-1104.

[19] RICHARDS M A. Fundamentals of radar signal processing[M]. New York: McGraw Hill, 2005.

[20] KAY S M. Fundamentals of statistical signal processing[J]. Technometrics, 1993, 37(4): 465-466.

[21] FLETCHER R. Practical methods of optimization[M]. 2nd ed. Chichester: Wiley, 1987.

[22] HAYKIN S, KRASNOR C, NOHARA T J, et al. A coherent dual-polarized radar for studying the ocean environment[J]. IEEE Transactions on Geoscience and Remote Sensing, 1991, 29(1): 189-191.

[23] KONISHI S, KITAGAWA G. Information criteria and statistical modeling[M]. New York: Springer, 2008.

[24] RAVID R, LEVANON N. Maximum-likelihood CFAR for weibull background[J]. IEE Proceedings F Radar and Signal Processing, 1992, 139(3): 256-264.

[25] YOUNSI A, GRECO M, GINI F, et al. Performance of the adaptive generalised matched subspace constant false alarm rate detector in non-Gaussian noise: an experimental analysis[J]. IET Radar, Sonar & Navigation, 2009, 3(3): 195-202.

[26] HURTADO M, NEHORAI A. Polarimetric detection of targets in heavy inhomogeneous clutter[J]. IEEE Transactions on Signal Processing, 2008, 56(4): 1349-1361.

[27] THAYAPARAN T, KENNEDY S. Detection of a manoeuvring air target in sea-clutter using joint time–frequency analysis techniques[J]. IEE Proceedings - Radar, Sonar and Navigation, 2004, 151(1): 19-30.

[28] DAVIDSON G, GRIFFITHS H D. Wavelet detection scheme for small targets in sea clutter[J]. Electronics Letters, 2002, 38(19): 1128-1130.

[29] LEUNG H, DUBASH N, XIE N. Detection of small objects in clutter using a GA-RBF neural network[J]. IEEE Transactions on Aerospace and Electronic Systems, 2002, 38(1): 98-118.

[30] 严颂华, 吴世才, 吴雄斌. 基于神经网络的高频地波雷达目标到达角估计[J]. 电子与信息学报, 2008, 30(2): 339-342.

[31] CHIH-PING U L. Detection of radar targets embedded in sea ice and sea clutter using fractals, wavelets, and neural networks[J]. IEICE Transactions on Communications, 2000, E83-B(9): 1916-1928.

[32] 田妮莉, 喻莉. 一种基于小波变换和 FIR 神经网络的广域网网络流量预测模型[J]. 电子与信息学报, 2008, 30(10): 2499-2502.

[33] LO T, LEUNG H, LITVA J, et al. Fractal characterisation of sea-scattered signals and detection of sea-surface targets[J]. IEE Proceedings F Radar and Signal Processing, 1993, 140(4): 243-250.

[34] ZHAO M, FAN Y H, LV J. Chaotic time series gray correlation local forecasting method based on fractal theory[C]//Proceedings of 2007 3rd International Workshop on Signal Design and Its Applications in Communications. Piscataway: IEEE Press, 2007: 39-43.

[35] LIN C P, SANO M, SEKINE M. Detection of radar targets by means of fractal error[J]. IEICE transactions on communications, 1997, 80(11):1741-1748.

[36] 高远. 海杂波特性分析与基于多重分形理论的目标检测方法研究[D]. 成都: 电子科技大学, 2007.

[37] 陈双平, 郑浩然, 刘金霞, 等. 离散稳恒信号的多重分形谱的计算及其应用[J]. 电子与信息学报, 2007, 29(5): 1054-1057.

[38] 刘宁波, 关键. 海杂波的多重分形判定及广义维数谱自动提取[J]. 海军航空工程学院学报, 2008, 23(2): 126-131.

[39] GUPTA A, JOSHI S. Variable step-size LMS algorithm for fractal signals[J]. IEEE Transactions on Signal Processing, 2008, 56(4): 1411-1420.

[40] GUPTA A, JOSHI S. Characterization of discrete-time fractional Brownian motion[C]//Proceedings of Annual IEEE India Conference. Piscataway: IEEE Press, 2007: 1-6.

[41] DROSOPOULOS A. Description of the OHGR database[R]. 1994.

[42] HU J, TUNG W W, GAO J B. Detection of low observable targets within sea clutter by structure function based multifractal analysis[J]. IEEE Transactions on Antennas and Propagation, 2006, 54(1): 136-143.

[43] 张延冬. 海面电磁与光散射特性研究[D]. 西安: 西安电子科技大学, 2004.

[44] HSIEH C Y, FUNG A K, NESTI G, et al. A further study of the IEM surface scattering model[J]. IEEE Transactions on Geoscience and Remote Sensing, 1997, 35(4): 901-909.

基于深度学习的海杂波场景分类与目标检测

10.1 基于 CNN 的探测场景分类方法

10.1.1 深度学习网络结构（LeNet）

按研究出现的时间顺序，CNN 包括 LeNet-5、AlexNet、VGGNet、GoogeLeNet、NIN、ResNet、RCNN 等。随着研究的进展，网络结构特征提取的能力逐渐加强，分类准确率逐渐提高，但同时需要更大的数据量进行支撑，需要更多的训练时长。一维雷达回波数据所能截取的每个数据样本较小，数据量也较少，并且特征的丰富程度并不高，可以选用 LeNet-5 进行实验，如果能够满足特征提取与分类需要，与其他复杂网络相比可大大节省训练时间。

本节所使用的 LeNet 结构除了满足网络结构的基本输入输出关系外，对于卷积核尺寸、数量、步长等参数，需要根据训练结果进行调整，这就需要挑选合适的数据集进行训练，通过控制变量的实验调整网络结构参数，实现海杂波与噪声的分类。

因为本节进行的分类任务是每个类别相互独立且排斥的，且使用 softmax 作为激活函数，故采用一种优化后的交叉熵作为损失函数，如式（10.1）所示。损失函数的输入数据是形如[batchsize, numclasses]（batchsize 是批尺寸，numclasses 是输出类别数的每个样本的长度）的矩阵，即一个批次（batch）上每个样本的长度为输出类别数的 softmax 向量构成的矩阵，向量的每个数值对应样本属于该类别的概率，向量的所有数值和为 1。

$$y = \text{labels}$$

$$p_i = \text{softmax}(\text{logits}_i) = \left[\frac{e^{\text{logits}_{ij}}}{\sum_{j=0}^{\text{numclasses}-1} e^{\text{logits}_{ij}}} \right] \qquad (10.1)$$

$$\text{loss}_i = -\sum_{j=0}^{\text{numclasses}-1} y_{ij} \ln P_{ij}$$

其中，y 是 one-hot 标签对应的向量，p_i 是每个样本对应的 softmax 函数值，loss_i 是每个样本的交叉熵值。损失函数的输出是形如[batchsize, 1]的一个批次损失值，需要再取平均得到平均损失。

10.1.2　杂噪背景分类与目标检测

在根据实验目的构建完样本集之后，需要将训练集和测试集输入 LeNet 网络进行训练，再用验证集进行验证，得到分类的准确率。对于 CNN 来说，能否准确分类的关键在于两类样本经过网络提取的特征在网络所重构的特征域是否具有足够的区分度。使用 CNN 分类的准确率有很多影响因素，这里需关心的是所选用方法本身处理这类分类问题的能力，应当排除网络结构参数及样本尺寸等参数调参问题性因素的影响。

（1）海杂波/噪声背景分类

CNN 进行特征提取的前提条件是数据样本要符合局部性假设和权值共享假设，这是由 CNN 本身的结构特点决定的。输入的雷达回波序列是非平稳的，但是相邻序列点之间不是突变的、孤立的，是具有一定联系的，而且相邻序列点之间的联系比距离远的序列点强，因此符合局部性假设；一维雷达回波信号数据中，虽然看似相同时刻的不同距离单元、相同距离单元的不同时刻的多普勒谱的幅度特征、宽度、多普勒频移都各不相同，但是都具有相似的纹理特征，序列某段区域提取的特征可能在另一个区域同样适用，因此符合权值共享假设，这就具备了进行实验验证使用

CNN 进行特征提取和分类的可行性的理论基础。LeNet 作为一种简单的 CNN，包含两层全连接层，可将分布式特征映射到样本标记空间，大大减少了特征位置对分类的影响。LeNet 网络结构决定了其要将输入的一维雷达回波信号的点重排成一个 $n \times n$ 二维矩阵，卷积核滑动进行特征提取，纵轴方向上的卷积运算得到的特征是没有意义的。为了防止进行卷积运算时引入没有意义的特征，本节将卷积运算的步长和卷积核的尺寸都设为 $n \times 1$（即纵轴方向尺度为 1），防止引入纵轴方向的卷积运算带来的无用特征。根据上节分析，一维雷达回波信号数据满足可以利用卷积神经网络进行处理的前提条件，但重排过程会改变部分空间特征，影响分类准确率。因此，为验证使用 LeNet 进行海杂波与噪声分类的可行性，本节选取区分度明显的样本数据作为训练集进行训练，以降低数据对分类结果的影响，而为了保证训练结果的可行度，验证训练结果的鲁棒性，均采用区分度不明显的样本数据构成的测试集和验证集进行验证。因此，先采用经过预处理的、幅度明显的海杂波数据和噪声数据构成的训练集进行训练，并取训练集数据量 20% 左右的区分度不明显的样本数据作为验证集、测试集进行验证。

卷积核提取到的空间特征区分度越高，分类准确率越高。输入 LeNet 网络进行特征提取并分类的过程中，能否提取到区分度显著的特征是保证分类准确率的关键。输入第一个卷积层之前重排成的各类别二维特征图之间具备显著的区分度以及各类别自身具备丰富的特征，又是后续处理能够继续提取到区分度明显特征的前提。图 10.1（a）和图 10.1（b）分别为点数为 400 和 4096 的噪声信号重构为 $n \times n$ 维的二维图，图 10.1（c）和图 10.1（d）分别为点数为 400 和 4096 的海杂波信号重构为 $n \times n$ 维的二维图。对比可见，两种长度下，不同类别信号的二维图区别明显，噪声信号能量分布分散而海杂波信号能量分布集中，集中区域与背景交界处有明显的边缘，且序列长度越长，二维图显示越精细（分辨率越高）。

进行训练时，输入卷积层的一个批尺寸（batchsize）[1] 为一个四维数据切片，形如 [4, 64, 64, 1]（第一至四维分别是批尺寸大小、单个样本序列重排后的长度、单个样本序列重排后的宽度、RGB 通道数），绘出各个卷积层的输出特征图，可观测各个卷积层提取的特征。经过第一个卷积层后，8 个卷积核分别提取到了各自的（特征）矩阵，维数均为 64×64，如图 10.2 所示。其中图 10.2（a）是第一个卷积层提取的噪声数据的特征，由于噪声信号能量分散，没有与背景区分明显的能量集中区域，虽然随机初始化的值不同，卷积核提取的边缘特征强弱有高低之分，但均呈现分散分布；图 10.2（b）是第一个卷积层提取的海杂波数据的特征，由于海杂波信号能量集中，与背景噪声区域有明显的边缘，同理，不论初始化的值如何，卷积核提取的边缘特征都相对集中，而且与背景噪声区域交界处边缘更加清晰，两种类别数据的差距显著，足够保证分类的准确率。

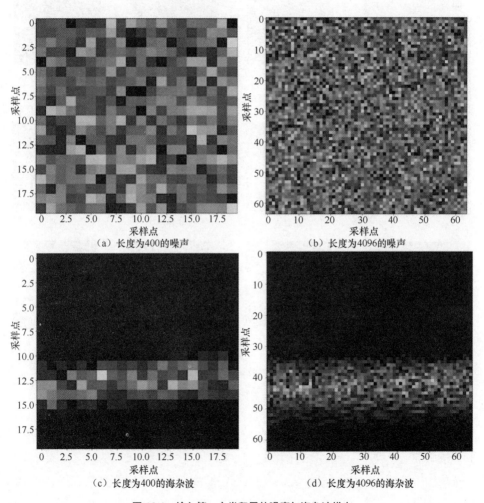

（a）长度为400的噪声　　　　　　（b）长度为4096的噪声

（c）长度为400的海杂波　　　　　　（d）长度为4096的海杂波

图 10.1　输入第一个卷积层的噪声与海杂波样本

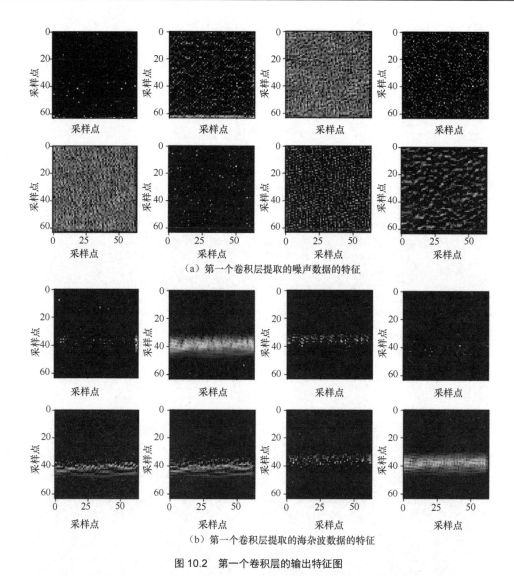

（a）第一个卷积层提取的噪声数据的特征

（b）第一个卷积层提取的海杂波数据的特征

图 10.2　第一个卷积层的输出特征图

　　经过池化（下采样）后，得到的输出特征图如图 10.3 所示。每个 2×2 的区域保留 1×1 的特征，形成尺寸为 32×32 的特征图，采用的采样方式是取区域内 4 个采样点的最大值加以保留，会进一步减少卷积层权值参数误差，保留更多的纹理信息，强化边缘。图 10.3（a）为池化后噪声数据，不论 8 个卷积核初始化的值如何，能量高的噪声采样点被加以强调，但仍分布均匀；图 10.3（b）为池化后海杂波数据，同理，尽管由于初始化的问题有所差异，但海杂波能量集中区域与背景噪声区域的边缘被进一步强调，类似图像处理的"锐化"作用，可见，特征图纹理依然清晰，主要特征都予以保留，还强化了用以分类的边缘特征，两类数据的特征图区分更加明显。

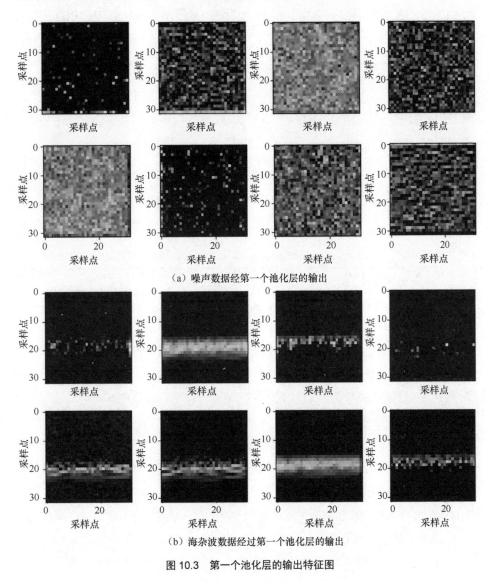

（a）噪声数据经第一个池化层的输出

（b）海杂波数据经过第一个池化层的输出

图 10.3　第一个池化层的输出特征图

训练结果表明，在单个样本序列为 4096 时，经过 7500 次训练，准确率可达到 100%。训练过程中的损失函数值（交叉熵的值）下降如图 10.4 所示。可见，随着训练次数的增加，损失函数值逐渐下降，随之准确率逐渐提高，训练过程中由于样本集中的不同数据样本质量不同，准确率上有所波动，但最终逐步达到收敛，准确率为 100%。这表明，利用 CNN（以 LeNet 为例，其他如 AlexNet、VGGNet 等网络也有类似结果）进行一维杂噪信号分类，不仅具有可行性，还具有高的分类准确率。

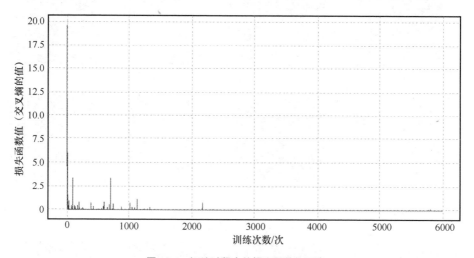

图 10.4　训练过程中的损失函数值下降

在对海雷达探测场景中，距雷达较近的区域海杂波强，随着距离逐步增加，海杂波逐步减弱，直至噪声占主导地位，所以通过对探测场景中海杂波和噪声进行分类，可以为对海雷达的海杂波区域和噪声区域进行自动划分奠定基础。

（2）顺/逆浪向的划分

实际探测过程中，离雷达较近的区域一般海杂波强，离雷达越远海杂波会逐步减弱，直至噪声占主导地位，正多普勒海杂波对应于雷达迎风向探测海面，负多普勒对应于顺风向探测海面，为满足精细化的海上目标探测要求，在区分海杂波和噪声的基础上，再进行顺/逆浪向海杂波和噪声信号的三分类验证。对海雷达探测海面时，往往需扫描一个圆形或扇形区域海面，其间雷达视线方向与海浪运动方向夹角在 0°～180°变化，180°对应于雷达迎浪向探测海面，海杂波多普勒频率为正，0°对应于雷达顺浪向探测海面，海杂波多普勒频率为负，且两者能量差异较大，本节采用这类具有明确标记且具有一定区分度的回波数据验证所提方法。实测数据处理结果如表 10.1 所示，其中，海杂波与噪声数据的载噪比约为 1.8dB。由于样本数据长度为 4096 个序列点时数据量不足，且训练 1000 次时已经达到收敛，因此认为训练 1000 次时结果可信，停止训练。总体而言，三分类情况下分类准确率比二分类情况下分类准确率略有降低，这是因为三分类情况下类别间的差异度要小于二分类情况下类别间的差异度，但通过多组数据验证表明，无论是高载噪比还是低载噪比回波数据，神经网络的输出结果依然保持较高的分类准确率。

表 10.1　顺/逆浪向海杂波和噪声信号的三分类验证结果

点数	训练 500 次		训练 1000 次		训练 2000 次	
	损失函数值	准确率	损失函数值	准确率	损失函数值	准确率
400	0.163722	0.75	0.140643	0.75	0.00000503657	1
1600	0.0733307	0.75	0.0991289	0.75	0.00140305	1
4096	0.0511702	1	0.00351871	1	—	—

此外，在观测时间和预处理方式相同的情况下，相比于海杂波与噪声区域分类，CNN 可以达到准确区分正负多普勒频移海杂波的效果，但需更多的数据样本，并需更多的训练步数达到收敛。

（3）高/低海况的区分

海况也称海面状况、海情，是指在海洋水文观测中，由气象条件、风浪和涌浪等引起的海面外貌特征。在风力作用下，根据波峰的形状及其破裂程度、浪花泡沫出现的多少等，把海况共分为 10 级。由于当前还没有完整获取各级海况的雷达数据，且已获取数据由于辅助信息记录不充分，也难以准确判断海况等级，仅有高低海况的粗略判断（认为 3 级以下海况为较低海况，4 级以上海况为较高海况）。基于此，本节采用高/低海况数据进行所提方法的分类准确率验证，数据处理结果如表 10.2 所示。由于样本数据长度为 4096 个序列点时数据量不足，且训练 1000 次时已经达到收敛，因此认为训练 1000 次时结果可信，停止训练。

网络训练过程中，当第一层卷积核（conv1）数为 8，第二层卷积核（conv2）数为 16，隐含节点数为 512 时，纹理特征越丰富，达到收敛的速度越快，所需数据量越少。由于高/低海况下的海杂波具有较为接近的纹理特征，特征差异不如噪声与海杂波明显，因此，网络训练过程中损失函数下降速度较慢，且起伏较大。当序列长度小于 400 时，达到高的分类准确率需很大数据量（训练 4000 次以上准确率才可接近 1）。若需在序列长度较小的情况下达到高的分类准确率，则需要使用可获得更多细节信息的预处理方法和神经网络。

表 10.2　高/低海况数据的分类结果

点数	训练 500 次		训练 1000 次		训练 2000 次	
	损失函数值	准确率	损失函数值	准确率	损失函数值	准确率
400	0.0329971	0.75	8.04661	0.5	8.32427	0.5
1600	2.10894	0.75	15.7875	0.5	0.000226544	1
4096	36.2061	0.75	0.00121225	1	—	—

（4）海杂波与目标二分类

使用 CNN 进行海杂波的分类，目的不仅是探测的海杂波背景分类本身，还是为了优化传统方法实现海杂波中的目标检测（海杂波与目标二分类）。因为将深度学习方法引入海杂波中的目标检测几乎是陌生的一个领域，尤其是不在图像域进行特征提取，所以需验证输入的一维序列数据能否使用选用的网络进行分类，即验证其可行性；因为缺乏对数据集质量和网络参数对准确率影响研究的相关工作，所以要了解数据预处理方式、序列点长度等数据集参数及网络结构参数对准确率有无影响以及影响的程度如何，这些工作为后续的处理流程提供了可行性验证和参数调节等方面的借鉴。但最终问题还是要回归到如何将所提方法应用到海杂波中的目标检测。在信杂比高的情况下，目标谱不管是落在海杂波区域内还是海杂波区域外，区分度都很高。但是当信杂比不够高时，如果目标多普勒谱较窄，目标没有落在海杂波区域内，或者目标部分落入海杂波区域内，序列点长度在 400 以上且数据量充足的情况下准确率在 95%以上。慢速/漂浮目标的回波信号在频域和时域都容易淹没在海杂波区域中，对于多普勒谱全部落在主海杂波区域内的目标，仅用肉眼观察，很难从几何特征上区分出来。用 CNN 尝试挖掘肉眼不可见的纹理特征，对于此部分目标，当序列点长度在 400 以上时，准确率在 75.4%以上，虽然高于 50%，但是仅利用 CNN 挖掘的多普勒谱域几何特征可能难以替代传统的检测方法，尤其是对于频域落在海杂波区域内并且信杂比低，淹没在海杂波中的慢速/漂浮小目标，这种方法存在不足。但是可以通过对探测的海杂波和噪声背景进行分类，结合各种传统检测方法的应用场景，选择性能最佳的目标检测方法，并根据当前海杂波背景设置最佳参数，提高检测性能。

由此引出两个问题，其一是，虽然目标多普勒谱全部落在主海杂波区域内的目标的检测准确率有限，但是深度学习方法所具有的高泛化性、高自适应性和强大的特征提取能力的优势，使得直接使用深度学习方法进行海杂波中目标检测的方法不应当被抛弃，可考虑通过多种重构到不同维度特征空间的预处理方式，找到一个能够使这类目标在主海杂波区域与海杂波区分明显的预处理方式；其二是，与传统神经网络相比，深度学习检测方法具有性能优势。深度学习方法能够提取的特征维数更多，具有更好的泛化性能，但需要大量的数据量和计算量作为支撑。下面通过实测数据进行验证，对 CNN 和传统的 SVM[2]及基于 RBF 函数[3]的全连接网络的训练速度、准确率等方面进行了对比，如表 10.3 所示，采用的训练集信杂比为 7dB 左右，预设数据长度为 400 点的多普勒谱数据。

表 10.3　3 种神经网络的性能对比

网络	准确率	损失函数值	训练速度/s	所需数据量
CNN	0.998	0.009189664	63.3	1584
SVM	0.957	0.063576842	34.6	585
RBF	0.909	0.137349563	38.9	762

通过对比可以发现，SVM 网络和基于 RBF 的全连接网络训练速度上并没有比 CNN 具有太多的优势，但所需的数据量大大降低。在实验选用的各类数据样本的分类问题上，准确率相当。在信杂比更低的目标检测中，CNN 准确率为 0.754 时，SVM 和 RBF 网络要落后 0.1 以上，换用更加复杂的网络结构准确率会更佳，因此，深度学习方法的泛化性能较好。

10.1.3　准确率的影响因素分析

单个样本序列长度对分类准确率也有较大影响，在满足可以重排成 n 维方阵的前提下，改变每个回波样本的序列长度，使其在从 4096 点降至 16 点的过程中，选取了几个代表点数 16（4×4）、64（8×8）、144（12×12）、256（16×16）、400（20×20）、576（24×24）、1024（32×32）、1600（40×40）、2304（48×48）、2704（52×52）、3600（60×60）、4096（64×64）进行测试，得出了单样本序列长度与分类准确率的关系，如表 10.4 所示。

表 10.4 单样本序列长度与分类准确率的关系

点数	训练 1000 次		达到收敛所需的训练步数	最终准确率
	损失函数值	准确率		
16	0.707674	0.5	4500	0.75
64	0.282509	0.75	2400	1
144	0.39498	0.75	2000	1
256	0.163722	0.75	1600	1
400	0.140643	0.75	1200	1
576	0.0968458	0.8	1150	1
1024	0.0709154	0.85	1000	1
1600	0.1139498	0.8	950	1
2304	0.0692352	0.9	900	1
2704	0.0652134	0.9	850	1
3600	0.0600302	1	800	1
4096	0.00000503657	1	600	1

可见，单样本序列长度越长，其训练到 1000 步时的损失函数值越低，达到收敛所需的训练步数越少，最终准确率越高。另外，通过大量数据验证表明，在保证训练步数足够多的前提下，当序列长度大于或等于 64 时，均可达到很高的分类准确率，而长度为 16 点可作为能否区分海杂波与噪声的临界值。在序列长度满足上述条件的前提下，当载噪比高于 1.5 dB 时，使用 LeNet 可将海杂波与噪声稳定地区分开，随着载噪比逐步降低，分类准确率也会逐步降低。

实际上，选取载噪比高的数据、进行预处理和增加序列点数，都是在提高输入样本的特征丰富度，即纹理复杂程度。增加序列点数相当于提高样本的分辨率，进行预处理和选取载噪比高的数据是在分辨率相同的情况下，提高不同类别样本间的区分度。

10.2　基于 ResNet 的目标检测方法

10.2.1　深度学习网络模型选取

　　针对利用深度学习方法，实现精细化探测背景认知，以进行能够匹配不同探测背景的检测方法设计这一研究思路，由于仍然是解决分类问题，并且数据文件中的时间–距离二维数据同时具有纵轴方向上的空间相关性和横轴方向上的时间相关性[4]，故与 10.1 节一样，本节仍然选用 CNN，而这部分工作是作为检测方法设计的先验知识[5]或者是作为判断当前所处的海杂波环境设置检测方法先验参数的基础工作，因此必须要保证高实时性，才能保证在海杂波背景发生变化时实时做出检测方法调整。一般情况下，越深层的 CNN 具有越强的特征提取能力，有助于提高分类准确率，但是往往以大量的训练时间成本和数据量作为代价。如果能够利用最基本的网络结构解决问题，便不必使用其他更深层的网络结构，故针对该问题依然选择 LeNet 进行，但与 10.1 节中针对一维雷达回波数据选用的 LeNet 网络结构参数有所不同，如图 10.5 所示。

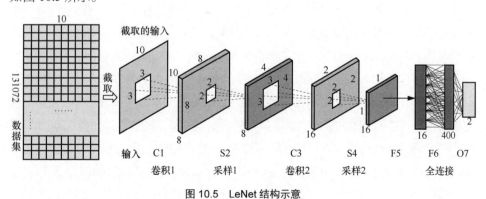

图 10.5　LeNet 结构示意

　　与 10.1 节中的一维卷积核不同，这里采用二维卷积核，并且不再采用全 0 填充，使用不填充的卷积核滑动进行卷积的方式，因此每次卷积都会改变样本的尺寸，以

图 10.5 所示对 1993 年的 IPIX 数据集进行海况划分效果最好的结构参数为例，其中，输入为 10×10 的矩阵，C1 和 C3 为卷积层，卷积核尺寸均为 3×3（为了保证经过两次池化后还能进行卷积，卷积核尺寸最大只能选择 3），分别具有 8 个和 16 个卷积核，采用 padding='valid'的训练方式，输出按输入尺寸减去卷积核尺寸再加 1 分别变为 8×8 和 2×2，深度分别为 8 和 16（即卷积核数）。S2 和 S4 为下采样层，步长均为 2，因此使输出尺寸缩小一半，分别为 4×4 和 1×1。因为 S4 的输出为 1×1×16，无法满足采用卷积的方式将其展开的尺寸大小，将卷积修改成 flatten 函数，直接将其展开成 1×16 的一维向量。最后通过全连接层 F6（输入为 1×1×16=16，输出为 400）、O7（输入为 400，输出为类别数 2）得到网络输出。池化方式与之前相同，均为步长为 2 的最大值池化，故每次池化后，样本尺寸缩小一半。

针对直接设计基于深度学习方法的特征检测方法，从改变预处理方法和选用更适合的深度学习网络入手，找到更加有效的基于深度学习的目标检测方法这一思路，一方面，从构建数据样本集时，找到更为有效的预处理方式入手；另一方面，寻找特征提取能力更强的网络结构，提取更加丰富的特征。将 IPIX 雷达数据集中含目标与不含目标的两类一维雷达回波信号输入 CNN 基本结构 LeNet-5 进行训练，发现检测准确率可以通过提高输入目标样本数据信杂比和增加样本序列点数来提高。当信杂比高于 6 dB、样本序列点数高于 784 点时，分类准确率达到 95%以上；当信杂比低于 3.5 dB 时，无论如何提高样本序列点数，分类准确率仅略高于 50%，接近随机划分的结果。为提高低信杂比下的分类准确率，将傅里叶变换得到的雷达回波多普勒谱输入 LeNet-5 进行分类，当信杂比高于 3.5 dB、序列样本点数达到 4096 点时，分类准确率达到 95%以上，但由于低信杂比下；信号多普勒频移与海杂波谱中心频移相近时，信号的多普勒谱湮没在海杂波中，频域的分类准确率较低[6]，如高海况下的海面漂浮小目标，其检测准确率很难通过提高样本序列点数进一步提高，可见，仅利用时域或频域的特征进行目标检测具有一定的局限性。通过时频分析方法可以使回波信号在时频域都具有很好的分辨率[7]，和频域相比特征更加丰富，具备利用深层网络进行特征提取的可行性，可以利用深度学习网络提取高维特征的能力，充分提取目标与海杂波背景的时频域特征，提高各种海况下对海面目标的探测能力。深度学习中的卷积神经网络在图像分类领域广泛应用，相比深度置信网络、循环神经网络等其他网络结构更适合挖掘图片的隐含特征[8]。时频分析方法得到的时频二维图不同于一维回波序列，在时频联合域具有高分辨率，具备利用深层卷积神经网络进行分类的可行性。

自 1995 年提出的 LeNet[9]在银行手写体数字识别方面成功应用以来，众多专家学者提出了 AlexNet[10]、VGGNet[11]、GoogeLeNet[12]、ResNet[13]等具有更高识别率的更深层的结构，大大提高了对输入数据的特征提取能力。对于 CNN，当层数低于20 层时，随着层数增加，分类准确率逐渐提高[13]；当层数高于 20 层后，再继续增加层数，会出现所谓的"退化问题"，即检测准确率达到饱和，甚至开始下降，这是由映射函数拟合困难导致的。基于残差学习和快捷恒等映射的 ResNet 解决了"退化问题"，将层数突破到 151 层，其网络结构决定了对图像的轮廓和纹理特征的充分提取和利用，因此，可将 ResNet 结合时频分析方法进行海杂波中的雷达目标检测。网络层数增加带来的分类准确率提高是以高计算时间和训练数据量为代价，因此本节采用性能和计算量均衡的 ResNet34 经典结构，通过实测数据验证所提检测方法的相关细节。

ResNet34 输入尺寸为 224×224，经过 pre 层 64 个尺寸为 7×7 的卷积核步长为 2的下采样，输出尺寸为 112×112，layer1 只有输入处进行了步长为 2 的最大池化，即 2×2 的区域中仅保留最大的特征值，其他每个卷积层均使用不进行填充的 Valid卷积方式，因此 layer1 处输出尺寸为 56×56，同理，layer2、layer3 和 layer4 的第一个卷积层进行步长为 2 的下采样，输出尺寸分别为 28×28、14×14 和 7×7。通过平均池化后，再通过全连接层映射成长度为分类类别数的输出向量。通过 softmax 法则[14]即输出向量中数值最大的位对应的类确定标签。在每个卷积之后和激活之前，采用批归一化（BN）[15]方法初始化权重，使用随机梯度下降（SGD）法[16]进行训练，即学习率从 0.1 开始，当误差稳定时学习率除以 10，使用的权重衰减为 0.0001，动量为 0.9。

本节采用带加权的交叉熵函数作为损失函数，其表达式为

$$\text{loss}(x, \text{class}) = \text{weight}[\text{class}]\left(-x[\text{class}] + \log\left(\sum_j \exp\left(x[j]\right)\right)\right) \quad (10.2)$$

其中，x 的维度是[batchsize, C]，C 为分类的类别数；class 的维度是 batchsize，代表

一个批次的标签值；weight[class]为每个类别 class 的权重，尺寸为 C。输出数据为一个批次上的损失，需要求平均。

10.2.2　对海探测海杂波背景分类——海况等级划分与浪高反演

与传统通过波束矢量从海杂波频谱中求得有效浪高不同，本节所提方法不需要根据大致的浪高范围和雷达系统的工作频率等参数进行模型选择和参数确定，只需要选择对应海况等级下的数据进行模型训练。实际使用时，只需要将雷达回波信号按规定的长度和预处理方式处理后输入模型进行海况等级划分。具体的海况等级（参数）反演的流程如图 10.6 所示。

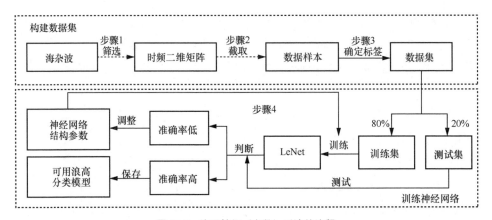

图 10.6　海况等级（参数）反演的流程

通过多次控制变量的实验，得出了与两类数据集相适应的网络结构参数范围。当使用 IPIX 数据集进行训练时，学习率设置为 0.0001 左右为宜，卷积核尺寸应选择 3（只有 2 和 3 两种选择，其中 3 效果更好），图 10.5 中 F6 的输出节点数选取应大于 400，池化方式应选择最大池化。使用 CSIR 数据集进行训练时，除了卷积核尺寸应该在 5 到 8 之间进行选择，可以适当增加 C1 层和 C3 层的卷积核数，其他参数设置与 IPIX 数据集相同。根据数据特点和经验确定参数选择范围，经过测试集上的准确率确定相对最佳的参数选择。以下所有结论都是在相对最佳的参数上得出的。

　　因为每次训练过程的卷积核初始化的值不同，在达到收敛后，得到的测试集准确率略有不同。在最佳参数设置下，分别进行 1000 次训练并测试，得到的相同测试集上的准确率的均值为指标，判断该方法的可行性。在 IPIX 数据集上与在 CSIR 数据集上的平均测试准确率分别为 95.754% 和 91.96%，因此可以得出两个结论，一是利用 LeNet 进行海况分级是可行的；二是在 CSIR 数据集上的分类效果不如 IPIX 数据集。其原因为 CSIR 数据集的有效浪高数据来自放置点放置的浮标，根据该点的有效浪高和 8 小时平均浪高来标定该区域所有样本的标签真值，虽然对于大多数样本来说是准确的，但由于数据文件包含几百个距离单元，涵盖几千米的区域，存在个别偏离区域整体海况的样本。这是由传统浪高测量方法的局限性导致的，只能通过提高实际测量时测量点的密度加以提高。此外，不排除 4/5 级海况海杂波和 3/4 级海况海杂波在特征空间的区分度本身就存在差异。

　　由于 LeNet 是通过训练进行参数拟合，得到表示输入样本和对应海况等级之间关系的高维复杂函数，相当于将两类样本的数据映射到了高维特征域，寻找在该特征域两类样本和类别间的对应关系。由于特征域的维度很高，通过肉眼只能直观判断三维及以下空间的特点，故无法通过观察其两类样本在特征空间的差异对分级结果给出一个合理的解释。不过，通过观察测试集样本输入训练好的模型后得到的各层输出特征图的二维表示，可以帮助理解分级结果。以训练好的 4/5 级 CSIR 数据的海况分类模型为例，观察如图 10.7 所示各层的特征图，结合输入样本数据进行分析。实验结果表明，卷积核主要提取海杂波的纹理信息。这与卷积神经网络应用于图片分类时，擅长提取图片的轮廓信息即数值变化剧烈的区域的特点一致。观察图 10.7（a）所示 C1 层提取的特征图可知，两类样本的特征差异并不明显，有很多相似的纹理特征，经过 S2 层池化操作后，进一步保留了提取的纹理特征，丢弃了大量的背景特征，增强了两类样本的特征区分度；图 10.7（b）中的 C3 和 S4 操作与图 10.7（a）中功能相似，S4 层提取的两类样本特征图差异明显，经过后续的两个全连接层展宽和参数减少后，可经过 softmax 函数映射到对应的海况等级。

　　为了直观展示分类结果，图 10.8（a）和图 10.9（a）分别给出了两个数据集的测试集上准确率最高的样本真值和判断值的散点图。图中"○"代表的是样本真值，"•"代表的是测试集标签判断值，如果标签判断值等于样本真值，则两类标记重合，对应分类正确。图 10.8（b）和图 10.9（b）是四类判断结果统计值的柱状图。除了能看出 IPIX 数据集上的分类准确率略高外，还有一个重要结果，即 CSIR 数据集对 5 级样本的分类准确率高于 4 级，而 IPIX 对两级海况的分类准确率没有明显差异。构建数据集时，IPIX 数据集的两类样本数基本相等，而 CSIR 数据集的 5 级海况样本数远多于 4 级海况样本数。各类别数据量的不均衡造成了准确率的差异。

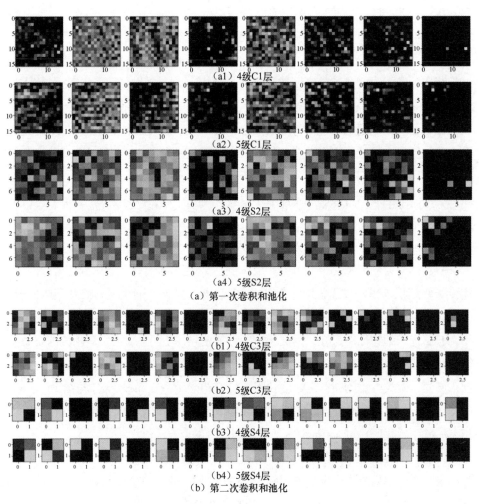

（a1）4级C1层

（a2）5级C1层

（a3）4级S2层

（a4）5级S2层

（a）第一次卷积和池化

（b1）4级C3层

（b2）5级C3层

（b3）4级S4层

（b4）5级S4层

（b）第二次卷积和池化

图 10.7　网络提取的特征图

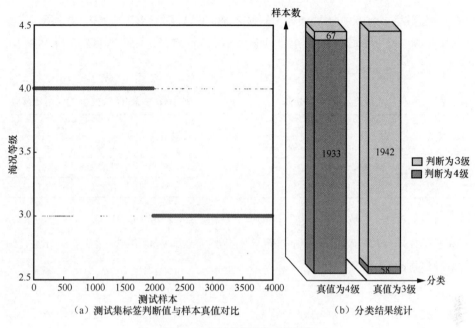

（a）测试集标签判断值与样本真值对比　　　　（b）分类结果统计

图 10.8　IPIX 数据集的分类结果

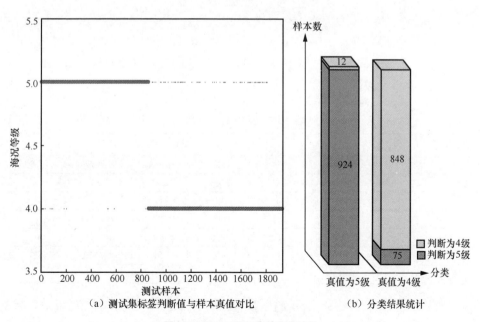

（a）测试集标签判断值与样本真值对比　　　　（b）分类结果统计

图 10.9　CSIR 数据集的分类结果

IPIX 数据集对应的分类准确率为 96.875%，具体的混淆矩阵如表 10.5 所示，多次训练后得到的准确率均值为 95.754%；CSIR 数据集对应的分类准确率为 95.32%，具体的混淆矩阵如表 10.6 所示。

表 10.5　IPIX 数据集的混淆矩阵

真值	判断值	
	4 级	3 级
4 级	96.65%	3.35%
3 级	2.9%	97.1%

表 10.6　CSIR 数据集的混淆矩阵

真值	判断值	
	4 级	5 级
4 级	91.87%	8.13%
5 级	1.28%	98.72%

可见，在 IPIX 数据集上进行 3/4 级海况等级划分和在 CSIR 数据集上进行 4/5 级海况等级划分都具有较高的分类准确率和较好的海况反演结果。在此基础上，进行浪高参数的反演工作。

浪高反演实验的结果如下。当浪高反演尺度为 1 m 时，多次训练并测试得到的在 3 个类别上的平均准确率在 91% 以上，证明该方法进行浪高反演的有效精度小于 1 m；精度为 0.2 m 时，在各个类别上的准确率为 53%～64%，接近随机划分的准确率，证明该方法进行浪高反演的尺度达不到 0.2 m。当尺度为 0.5 m 时，分类结果对应的混淆矩阵如表 10.7 所示，表中 C1 类别对应浪高范围 1.5～2.0 m，C2 类别对应浪高范围 2.0～2.5 m，C3 类别对应浪高范围 2.5～3.0m，C4 类别对应浪高范围 3.0～3.5m，C5 类别对应浪高范围 3.5～4.0 m，C6 类别对应浪高范围 4.0～4.5 m。

表 10.7　浪高的分类结果

实际类别	判断类别					
	C1	C2	C3	C4	C5	C6
C1	3368	462	266	0	0	0
C2	286	3375	433	2	0	0
C3	2	191	3495	407	0	1
C4	0	1	256	3496	343	0
C5	0	0	0	387	3572	137
C6	0	0	0	32	224	768

表中对角线上的值对应分类正确的样本数量，其余是分类错误的样本数量。需要说明的是，为了保证充足的数据量，截取样本时，不同于进行海况等级划分时的步长等于

样本尺寸，样本尺寸设置为 20×20，步长设置为 4，样本间有所重叠。除了有效浪高处于 C6 区间的数据集不足，仅截取了 1024 个样本，其余 5 个类别均截取了 4096 个样本。

除了 C6 的分类准确率仅为 75% 外，其余区间上的分类准确率均在 82% 以上，证明尺度为 0.5 m 时具有较好的反演效果。由于浪高越高时，海杂波的纹理特征越丰富，随着浪高增加，准确率有所提升。浪高的反演需要在各个浪高区间上样本分布均匀且数据量大的数据集作为支撑。当浪高反演的尺度大于 0.5 m 时能够保证很高的准确率。这表明，本节所提方法对工作在驻留模式下 X 波段雷达进行海杂波海况等级分类具有可行性，并且在高质量数据集上有很好的浪高反演能力。由于使用的两类数据集均包含了不同时刻采集的不同海面区域的海杂波数据，可以证明该方法具有较强泛化能力。

10.2.3　海杂波中的目标检测

本节从描述雷达回波数据的高维特征出发，结合时频分析能提高信噪比的优点和 ResNet 能够对海杂波特征进行更高维度表征的特点，提出了一种用于目标检测的时频域海杂波高维特征提取方法，其流程如图 10.10 所示。该模型的训练过程是通过雷达回波历史数据的时频变换获得时频谱，并根据雷达数据的辅助信息，将海杂波或目标标签添加到数据中，构造训练集和测试集。采用 SGD 方法对 ResNet34 进行训练，根据训练精度和损失函数曲线判断训练效果。在大量历史数据的基础上，形成了适合海杂波和目标分类的深度学习模型。在该模型中，完成了海杂波的高维特征提取和目标检测。使用（测试）过程是首先，对新接收到的雷达回波数据，即实时回波数据进行时频变换，得到时频谱（这里使用的变换方法与训练过程中使用的方法相同）；然后，在训练中输入 ResNet34 模型，实现海杂波中的目标检测（即海杂波和目标回波的二分类）。该方法对时频谱的分辨率有一定的要求，在高分辨率的情况下，更容易区分海杂波与目标；在低分辨率的情况下，不容易区分海杂波与目标。随着分辨率的降低，分类性能逐渐下降。

将上述海杂波和目标样本的时频谱分别输入 ResNet34 网络进行特征提取。图 10.11 为短时傅里叶变换（STFT）、维格纳–威利分布（WVD）、平滑伪 WVD（SPWVD）和 FRFT 这 4 种时频分析方法的样本经 layer1 的特征提取结果。layer1 处的输出是经过 6 层且每层 64 个尺寸为 3×3 的卷积核提取的结果，按卷积核排列成 8×8 的方形并按 8×8 的顺序显示。从图 10.11（a）～图 10.11（d）中可以看出，layer1 海杂波的特征主要是海杂波谱的带状纹理特征，而 layer1 目标的特征是目标回波谱的线性纹理特征。海杂波样本比目标样本具有更为明显的纹理特征，两者之间的差异明显。

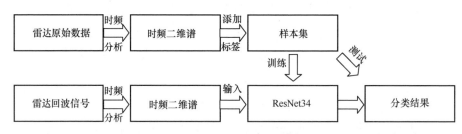

图 10.10　使用 ResNet 进行分类的流程

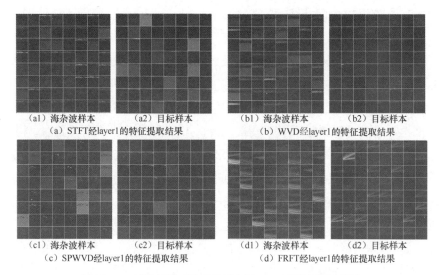

　　（a1）海杂波样本　　　（a2）目标样本　　　　　　（b1）海杂波样本　　　（b2）目标样本
　　　　（a）STFT 经 layer1 的特征提取结果　　　　　　　（b）WVD 经 layer1 的特征提取结果

　　（c1）海杂波样本　　　（c2）目标样本　　　　　　（d1）海杂波样本　　　（d2）目标样本
　　　　（c）SPWVD 经 layer1 的特征提取结果　　　　　　（d）FRFT 经 layer1 的特征提取结果

图 10.11　4 种时频分析方法的样本经 layer1 的特征提取结果

　　为了验证图 10.10 中目标检测方法的可行性，本节以 HH 极化下的数据为例进行说明（其他极化方式下的数据也可以得到类似的结果）。所采用的数据集是构建的包含 10^4 个样本（5000 个海杂波样本和 5000 个目标样本）的数据集，按照 7:3 的比例分为训练集和测试集。通过训练和测试得到的 4 种时频分析方法的损失函数值、分类准确率、虚警概率和训练次数如表 10.8 所示。这里需要注意的是，在训练过程中，批量参数设置为 8，所以实际使用的样本数是 8×训练次数。另外，由于使用实测数据对所提方法的性能进行测试时无法得到完整的检测性能曲线,只能给出当前实测数据条件下的虚警概率和分类准确率。由于所提方法没有形成传统 CFAR 测试方法的检测统计量,因此无法描述其恒虚警率能力,但通过增加训练样本中目标类型的个数(使训练数据更加全面)和使用加权最大损失函数进行训练,可以在提高分类准确率的同时降低虚警概率。

表 10.8　4 种时频分析方法的性能对比

方法	损失函数值	分类准确率	虚警概率	训练次数
STFT	9.124×10^{-2}	93.8%	3.0%	1282
WVD	8.247×10^{-2}	95.1%	2.5%	1193
SPWVD	7.455×10^{-2}	96.5%	1.6%	1120
FRFT	2.969×10^{-3}	98.2%	1.0%	1085

从表 10.8 中可以看出,不同的时频变换方法对所提方法的分类准确率影响不大,它们之间的差异在 5% 以内。FRFT 方法的收敛速度最快,分类准确率最高,性能最好,其次是 SPWVD 和 WVD,STFT 方法的性能最差。与 WVD 方法相比,SPWVD方法的分类准确率优于 WVD 方法,因为加窗抑制了交叉项,减少了两者之间差的干扰项;与 SPWVD 方法相比,FRFT 方法不采用分段滑动窗截取数据,利用 1024个变换阶数来横越海面和机动目标对应回波信号调制的频谱变化范围,从而构造海杂波与目标样本之间的谱纹理差异。这种丰富的 FRFT 谱纹理特征被残差神经网络很好地提取和表达,因此 FRFT 方法在这种情况下具有最高的分类准确率和最低的虚警概率。图 10.12 给出了由前 4 层残差神经网络提取的海杂波的 FFT 频谱特征。可以发现,layer2~layer4 进一步根据 pre 层和 layer1 的特征提取深层特征。随着特征维数的进一步增加,可以保留大量的谱纹理特征,并逐渐聚焦于海杂波与目标样本之间具有明显差异的区域,突出海杂波与目标样本之间的特征差异。

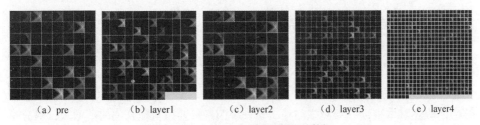

　　(a) pre　　　　　(b) layer1　　　　(c) layer2　　　　(d) layer3　　　　(e) layer4

图 10.12　ResNet 各层网络提取的特征

本节将所提出的目标检测方法与基于卷积神经网络 LeNet-5 的检测方法和基于 SVM 的检测方法进行了比较[17]。其中，这里使用的方法是 FRFT 方法和 ResNet34 的组合。训练和测试数据样本长度均为 1024 点，目标样本数据的 SCR 约为 3.5 dB。用于训练 ResNet34 和 LeNet-5 的训练集相同，用于测试分类准确率的测试集相同。表 10.9 显示了 3 种检测方法的性能对比。

表 10.9　3 种检测方法的性能对比

方法	损失函数值	分类准确率	训练次数	训练时间/min
ResNet	1.8925×10^{-3}	98.5%	996（批尺寸为 8）	120
LeNet-5	8.5384×10^{-2}	86.9%	723（批尺寸为 4）	5
SVM	1.3937×10^{-1}	75.4%	585	6

表 10.9 表明，ResNet 方法的性能具有明显的优势（分类准确率最高，虚警概率最低）。基于 LeNet-5 的检测方法和基于 SVM 的检测方法分类准确率相对较低。究其原因，主要与使用的数据样本长度较短有关。当单个数据样本长度超过 4096 个样本时，有效的目标运动信息和海杂波纹理特征显著增加，3 种方法的分类准确率差异显著减小（小于 10%）。当目标回波的 SCR 较高时（以 SCR≈6.5 dB 的实测数据为例），3 种检测方法的分类准确率均大于 95%，且差异较小。然而，ResNet 需要 996×8=7968 个样本来完成训练，训练时间远超其他两种方法。

综上所述，ResNet 方法利用深度神经网络提取更丰富的特征信息，在信杂比较低的情况下，对海杂波和目标分类具有较高的分类准确率，但同时对训练数据量和训练时间提出了更高的要求。需要特别指出的是，虽然 ResNet 方法对训练数据量和训练时间有很高的要求，但残差神经网络经过训练后，在实际应用中不需要重复训练，能够保证良好的实时处理性能。

10.2.4　准确率的影响因素分析

（1）进行海况分类的影响因素

本节与 10.1 节均采用 LeNet 进行分类，故网络参数的影响的有关结论与 10.1.4 节中的叙述基本相同，卷积核尺寸、步长等因素只要设置在合理的范围内，对分类

准确率的影响在 10%以内，样本尺寸的影响略高于网络参数，除此以外，还研究了
池化方式对分类准确率的影响。采用 1993 年的 IPIX 数据集，分别采用平均池化和
最大池化分别进行 20000 次训练，在相同测试集下得到的准确率分别为 84.15%和
96.875%，可见采用最大池化具有更好的海况等级划分结果。两种池化方式下，训
练好的模型的 C1 层与 S2 层提取的两类海况下的特征图对比如图 10.13～图 10.16
所示。

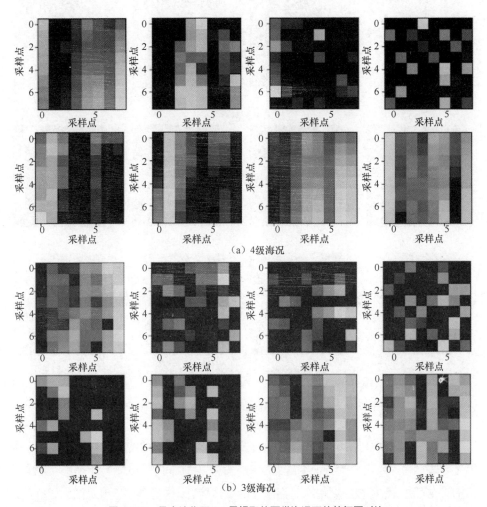

图 10.13　最大池化下 C1 层提取的两类海况下的特征图对比

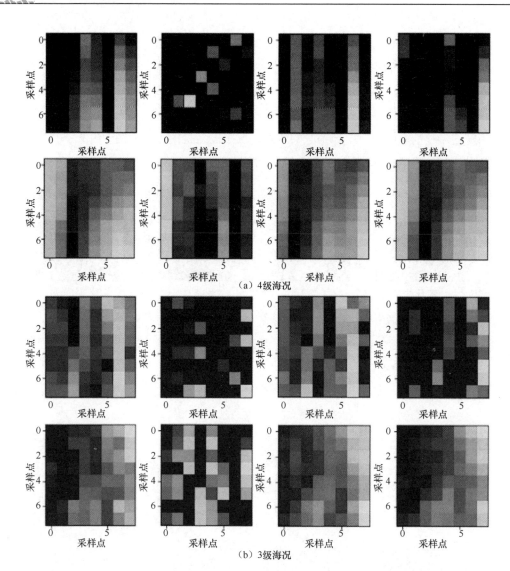

图 10.14　平均池化下 C1 层提取的两类海况下的特征图对比

　　根据图 10.13 和图 10.14 所示 C1 层提取的两类海况下的特征图对比可知，两种极化方式下输入池化层的特征丰富程度和区分度相似。和图 10.7 中所示的两类样本示例对比可知，卷积核主要提取了海杂波的纹理信息，这是由卷积核对图像轮廓（发生幅值变化）部分的敏感性决定的。

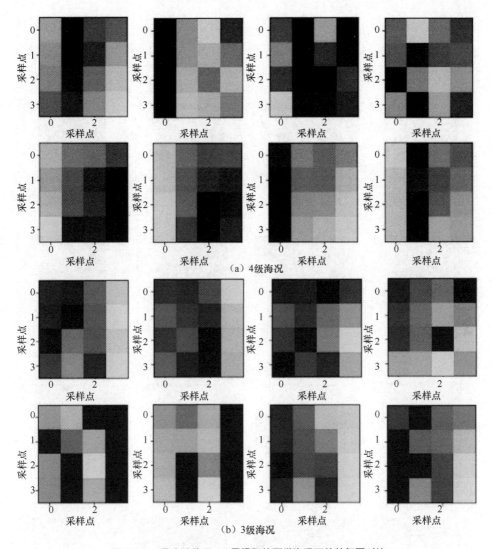

图 10.15 最大池化下 S2 层提取的两类海况下的特征图对比

根据图 10.15 和图 10.16 中不同池化方式下 S2 层提取的两类海况下的特征图对比可知,最大池化保留了两类海况下各种类型的纹理特征,各个卷积核提取的特征丰富。而平均池化方式下,如 4 级海况下的第 1、3 个卷积核及第 5、7、8 个卷积核提取了相似的特征,3 级海况下的第 5、8 个卷积核提取了相似的纹理特征,特征的丰富程度和区分度均比最大池化下有所降低。最大池化是进一步突出图像的轮廓特征，平均池化是突出图像的背景特征，在输入样本尺寸较小的情况下，没有足够的背景特征可供提取，因此应选用最大池化。

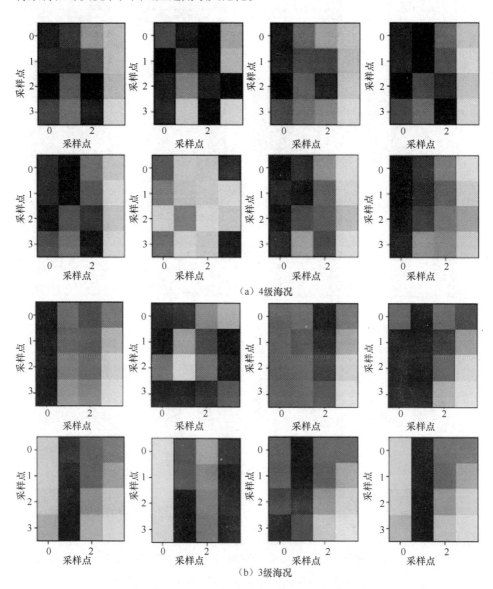

图 10.16　平均池化下 S2 层提取的两类海况下的特征图对比

在数据预处理方面，进行 FFT 后的分类准确率并不高，直接截取的数据样本本身就具有较多的纹理特征，进行 FFT 后再拼合起来的数据被破坏了空间特征，增添了冗余信息，故在进行海况等级划分和浪高参数反演时，不必采用 FFT 进行数据预处理。

（2）进行海杂波抑制与目标检测的影响因素

在 10.2.4 节中已经分析了 4 种极化方式对分类准确率的影响，但由于时频分析方法的特殊性，不同极化方式下得到的海杂波与目标时频二维图纹理特征有微弱的差异，目标在 4 种极化方式下的散射回波的离散度都较小，而海杂波在 HH 极化下的能量比 VV 极化下更为集中且波动性较小，这是由于 HH 极化方式下运动速度离散程度较大的 Burst 散射和 Whitecap 散射占比大，而 VV 极化方式下主要成分是 Bragg 散射，其运动速度离散程度小[18]；两种交叉极化方式下目标和海杂波的时频特征差异相同，略大于 VV 极化和 HH 极化[19]。在 10.2.4 节中已经论证，FRFT 在本节提出的检测方法中具有最佳的性能。在此基础上，研究不同极化方式对检测准确率的影响，分别选取 4 种极化方式下相同海况、信杂比为 6.5 dB 的目标数据与不含目标的海杂波加噪声数据，除极化方式外均按 10.2.4 节中所述进行训练，得到 4 种极化方式下的训练结果，如表 10.10 所示。

表 10.10　4 种极化方式下的训练结果

极化方式	损失函数值	分类准确率	虚警概率	训练次数
HH	2.9104×10^{-3}	98.2%	1.0%	1085
VV	4.1075×10^{-3}	98.1%	1.0%	1136
HV	1.9277×10^{-3}	98.4%	0.8%	1075
VH	1.8925×10^{-3}	98.5%	0.8%	996

分析各个统计指标得知，HV/VH 极化方式下收敛速度快，分类准确率高，具有最佳的检测性能，HH/VV 方式次之。但是各个极化方式对分类准确率影响很小，仅在 0.1% 的数量级上。

不同的时频分析方式和极化方式决定了输入 ResNet 的两类数据的差异程度，而 ResNet 本身的结构参数对训练结果也有一定的影响。ResNet 包含的主要参数有每层卷积核的尺寸、数目及学习率、权重衰减、批尺寸等，由于 ResNet34 网络本身结构的特点，每层卷积核数目不能随意更改，其他因素和使用 LeNet 时一样，对准确率的影响在 10%左右，但 SGD 方法包含几个独特的参数，即权重衰减和冲量设计。学习率可理解成控制损失函数值每次靠近真实值（训练目标）的衰减幅度，即每次训练的权值改变幅度；权重衰减用来抑制无用权值，主要为了加入正则项，防止过拟合。通过实验发现，权重衰减不能设置过小，否则会导致过拟合；也不能过大，否则会导致损失函数值下降异常，应设置在学习率的 1/10 的数量级上。学习率的设置要根据实际问题考虑，如果设置过大，损失会很快下降到稳定值，但无法继续下降。在本节的分类问题上，归一化的情况下应当将学习率设置在 0.001 以下甚至更小，否则会导致异常震荡。此外，在批尺寸的选取上，取较大的批尺寸可以降低训练轮数，得到更平滑的曲线，但是由于硬件的限制，会增加每次训练的时长。所以应该结合硬件条件进行合适的选择。

10.3　基于 CNN 的运动状态分类方法

10.3.1　海面微动目标信号建模与 CNN 模型构建

（1）海面运动目标信号模型

目标回波的多普勒谱反映了目标瞬时速度的变化，可以通过分析目标回波信号多普勒谱的特性对不同运动状态的目标进行分类。首先构建海面目标运动模型，建立目标回波信号中变量与目标运动参数的关系，然后通过设置目标运动参数得到仿真的动目标回波，用于数据集的构建。

假设雷达和目标位于同一水平面内，雷达发射 LFM 信号

$$s_t(t) = \mathrm{rect}\left(\frac{t}{T_p}\right) \exp\left\{ \mathrm{j}2\pi\left[f_c t + \frac{1}{2}kt^2 \right] \right\} \tag{10.3}$$

其中，$\mathrm{rect}(u) = \begin{cases} 1, & |u| \leqslant 1/2 \\ 0, & |u| > 1/2 \end{cases}$，$f_c$ 为雷达载频，T_p 为脉宽，$k = B/T_p$ 为调频率，B 为带宽。则 t 时刻雷达接收的信号表示为

$$s_r(t) = \sigma_r \text{rect}\left(\frac{t-\tau}{T_p}\right) \exp\left\{j2\pi\left[f_c(t-\tau) + \frac{k}{2}(t-\tau)^2\right]\right\} \quad (10.4)$$

其中，σ_r 为目标的散射截面积，$\tau = 2r_s(t_m)/c$ 为时延，c 为光速，$r_s(t_m)$ 为雷达与目标的视线距离，t_m 为脉冲–脉冲间的慢时间。回波经过解调和脉冲压缩运算后，可改写为[20]

$$s_{\text{PC}}(t,t_m) = A_r \text{sinc}\left[B(t-\tau)\right] \exp(-j2\pi f_c\tau) \quad (10.5)$$

① 海面非匀速平动目标信号模型

假设目标与雷达位于同一水平面内，目标瞬时速度的方向与目标到雷达观测方向的夹角为 φ，目标的距离走动为时间的多项式函数，经泰勒级数展开得到

$$r_s(t_m) = r_0 - vt_m - \frac{1}{2!}v't_m^2 - \frac{1}{3!}v''t_m^3 - \cdots, t_m \in [-T_n/2, T_n/2] \quad (10.6)$$

其中，v 为目标径向速度，T_n 为相参积累时间。仅保留式（10.6）的前四项作为观测距离的近似，则可改写为

$$r_s(t_m) = r_0 - v_0 t_m - at_m^2/2 - gt_m^3/6 \quad (10.7)$$

其中，r_0 为目标与雷达的距离，v_0、a 和 g 分别为目标初速度、加速度和加速度变化率在观测方向上的分量。

② 海面微动目标信号模型

海面微动目标雷达回波信号反映了散射点与雷达的位置变化情况，建立微动目标信号模型即建立观测距离与目标运动参数、时间之间的关系式。散射点与雷达的距离可表示为目标自身转动角度的函数，而转动角度则是时间和角速度的函数，假设目标质心与雷达的相对位置不变，目标微动类似简谐运动，其运动角速度可用最大角速度和角速度变化周期描述。因此先建立观测距离和转动角度的几何关系模型，然后通过目标运动参数写出角度随时间变化的表达式，得到回波信号的时间函数。观测距离和转动角度的几何关系模型采用文献[20]中的三轴转动模型，观测距离为

$$r_s(t_m) = \sin\phi(a_{11}x + a_{12}y + a_{13}z) + \cos\phi(a_{21}x + a_{22}y + a_{23}z) \quad (10.8)$$

其中，ϕ 为目标舰船左舷方向与观测方向的夹角，a_{ij} 为

$$\begin{cases} a_{11} = \cos\theta_y \cos\theta_z \\ a_{12} = -\cos\theta_y \sin\theta_z \\ a_{13} = \sin\theta_y \\ a_{21} = \sin\theta_x \sin\theta_y \cos\theta_z + \cos\theta_x \sin\theta_z \\ a_{22} = \sin\theta_x \sin\theta_y \sin\theta_z + \cos\theta_x \cos\theta_z \\ a_{23} = -\sin\theta_x \cos\theta_y \end{cases} \quad (10.9)$$

其中，θ_x、θ_y、θ_z 为对应的旋转角度。假设目标在每个轴向上做简谐运动，初相位为 0，则角速度的每个分量 $\omega_i(t_m)$ 分别为

$$\omega_i(t_m) = \omega_{im} \cos\left(\frac{2\pi}{T_i} t_m\right) \quad (10.10)$$

其中，T_i 分别为各个分量简谐运动的周期，ω_{im} 分别为各个分量简谐运动的角速度最大值。则 t 时刻目标在 3 个方向上的转动角度分别为

$$\theta_i(t_m) = \int_0^{t_m} \omega_i(T)\mathrm{d}T \quad (10.11)$$

因此，通过设置目标在 3 个方向微动的最大角速度和角速度变化周期，根据式（10.8）~式（10.11）可以得到观测距离的时间函数，再根据式（10.5）即可仿真微动目标的雷达回波信号。

本节将匀变速、变加速和两种不同运动参数的三轴转动作为重点研究对象，其中匀变速运动多普勒谱如式（10.12）所示，具有一次函数的特点。变加速运动多普勒谱如式（10.13）所示，具有二次函数的特点。微动目标多普勒谱如式（10.14）~式（10.16）所示，目标分别做横滚、偏航、俯仰运动且具有周期性特征。

$$f_{d_1} = \frac{2}{\lambda}(v_0 + at_m) \quad (10.12)$$

$$f_{d_2} = \frac{2}{\lambda}\left(v_0 + at_m + \frac{gt_m^2}{2}\right) \quad (10.13)$$

$$f_{d_x} = \frac{2}{\lambda}\frac{\mathrm{d}r_s(t_m)}{\mathrm{d}t_m} = \frac{2}{\lambda}\cos\phi\left[-y\omega_{xm}^2 \cos^2\left(\frac{2\pi}{T_x} t_m\right)t_m - z\omega_{xm}\cos\left(\frac{2\pi}{T_i} t_m\right)\right] \quad (10.14)$$

$$f_{dy} = \frac{2}{\lambda}\sin\phi\left[-x\omega_{ym}^2 \cos^2\left(\frac{2\pi}{T_y} t_m\right)t_m + z\omega_{ym}\cos\left(\frac{2\pi}{T_y} t_m\right)\right] \quad (10.15)$$

$$f_{dz} = \frac{2}{\lambda}\left\{\sin\phi\left[-x\omega_{zm}^2\cos\left(\frac{2\pi}{T_z}t_m\right)t_m - y\omega_{zm}\cos\left(\frac{2\pi}{T_z}t_m\right)\right] + \cos\phi\left[x\omega_{zm}\cos\left(\frac{2\pi}{T_z}t_m\right) - y\omega^2_{zm}\cos\left(\frac{2\pi}{T_z}t_m\right)t_m\right]\right\}$$ （10.16）

其中，λ 为波长。在较短观测时间内，$\sin\theta_i \approx \omega_i(t_m)t_m$，$\cos\theta_i \approx 1$。

两类微动目标中，一类转动角度大、周期短，例如中小型舰船；另一类转动角度小、周期长，例如大型舰船。

（2）训练及测试方法

使用 Python2.7、VS2013、CUDA7.5、cudnn5.1、Caffe 的环境架构，并通过 NVIDIA digits 进行图像的图形化界面处理，计算机配置为双 E5 处理器，显卡为 NVIDIA Quadro M2000，内存为 24 GB。根据训练过程中损失函数值的收敛情况，模型训练参数设置为：迭代次数为 30，参数求解方法采用随机梯度下降，下降策略采用 step down[21]，初始学习率为 0.01，步长为 33%，变化率为 0.1。以 LeNet 为例，图 10.17（a）和图 10.17（c）分别为 CNN 的第一个卷积层和第二个卷积层的卷积核，图 10.17（b）和图 10.17（d）分别为第一个卷积层和第二个卷积层的特征图。

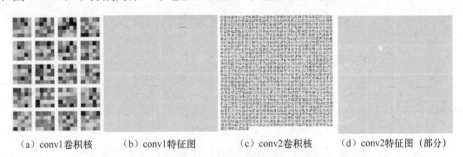

| （a）conv1卷积核 | （b）conv1特征图 | （c）conv2卷积核 | （d）conv2特征图（部分） |

图 10.17　CNN 中各卷积层的数据特征（以 LeNet 为例）

10.3.2　基于 CNN 的海上微动目标检测和分类

（1）方法流程

基于 CNN 的海上微动目标检测方法主要包括 4 个步骤：数据预处理、数据集构建和模型训练、目标检测和目标分类，流程如图 10.18 所示。首先对雷达回波进行解调和脉冲压缩。然后采用 STFT 将回波转换为二维时频图，得到不同运动类型的时频图作为训练集和测试集中的样本。然后进行目标检测，用训练集训练 3 个不同的目标检测模型，并使用测试集对 3 个模型分别进行测试，选取检测概率最高的一个模型，分析 SCR 对模型检测性能的影响，并对错误检测的样本进行重点研究。若结果为海杂波，则重新测试其他数据；若结果为目标，则用目标分类模型对该数据进行进一步的分类，从而实现海面目标的检测与分类。目标检测通过 CNN 二元分类，区分目标和海杂波样本，实现目标检测功能。目标分类模型实现对 4 种不同运动状态的目标进行分类。

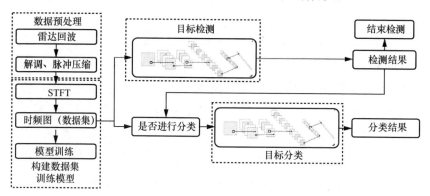

图 10.18　所提方法处理流程

（2）训练数据集的构建

模型训练和测试所用的数据包括仿真目标信号和实测海杂波。首先设置 4 种微动目标及其运动参数，如表 10.11 所示。然后根据海面运动目标信号模型得到仿真的目标回波信号，设置雷达工作在 X 波段（8 GHz）。选取 IPIX 数据中纯海杂波单元中的数据作为海杂波训练集，并按照一定的 SCR 仿真微动目标信号。

$$\begin{cases} P_c = \dfrac{1}{l_c} \sum |\,\mathrm{clu}_i\,|^2 \\ P_s = P_c 10^{\frac{\mathrm{SCR}}{10}} \\ \mathrm{sig} = P_s s(t) \end{cases} \qquad (10.17)$$

其中，P_c 为海杂波功率，l_c 为海杂波信号长度，clu 为选取的实测海杂波信号，P_s 为目标信号功率，sig 为待仿真的目标信号，$s(t)$ 为微动信号波形。需要说明的是，本节所示 SCR 均为脉压后时域 SCR，在保证不发生多普勒模糊的情况下，采用不同的采样点数以保证具有明显的微动特征。

表 10.11 微动目标及其运动参数设置

运动类型	运动参数	采样点数
匀加速	初速度为[5,15]m/s 加速度为[−16,16]m/s^2 —	2^{11}Hz，0.5s
非匀变速	初速度为[50,300]m/s 加速度为[−160,160]m/s^2 急动度为[−160,160] m/s^3	2^{14}Hz，0.25s
微动 I [22]	角速度：$\lvert\bar{\omega}_{xm}\rvert$=[0.34,0.42]rad/s，$\lvert\bar{\omega}_{ym}\rvert$=[0.15,0.17]rad/s， $\lvert\bar{\omega}_{zm}\rvert$=[0.07,0.09]rad/s； 微动周期：$T_x$=26.4s，$T_y$=11.2s，$T_z$=33.0s	2^{8}Hz，8s
微动 II [22]	角速度：$\lvert\bar{\omega}_{xm}\rvert$=[0.61,0.65]rad/s，$\lvert\bar{\omega}_{ym}\rvert$=[0.95,1.07]rad/s， $\lvert\bar{\omega}_{zm}\rvert$=[0.52,0.56]rad/s； 微动周期：$T_x$=12.2s，$T_y$=6.7s，$T_z$=14.2s	2^{10}Hz，8s

将时频图用于构建 CNN 模型的训练集和测试集，图 10.19 为 4 种微动类型数据集示例。其中散射强度较强的部分反映了不同运动状态下目标散射点多普勒频移随时间变化情况，即散射点瞬时速度变化情况。

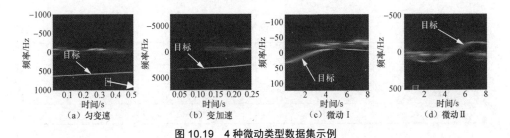

图 10.19 4 种微动类型数据集示例

（3）CNN 模型训练

目标检测模型训练集包括 12900 张图片，分为海杂波和目标两类。其中海杂波信号时频图 7500 张，目标信号时频图 5400 张（包括 18 种 SCR，每种 SCR 下仿真图像有 300 张，每种 SCR 下的时频图又包括 4 种运动目标类型，每类目标 75 张）。目标分类模型训练集包括 5016 张图片，分为匀变速、变加速、微动 I 和微动 II 。其中匀变速目标信号时频图 1392 张，变加速目标信号时频图 1704 张，微动 I 和微动 II 目标信号时频图各 960 张。不同模型训练时长如表 10.12 所示。

表 10.12　不同模型训练时长

模型		训练用时
目标检测模型	LeNet	68′
	AlexNet	37′31″
	GoogLeNet	175′
目标分类模型	LeNet	27′55″
	AlexNet	38′24″
	GoogLeNet	54′26″

10.3.3　仿真结果及分析

（1）不同模型目标检测性能比较

目标检测仿真测试集包括 4300 张图片，分为海杂波和目标两类。其中海杂波信号时频图 2500 张，目标信号时频图 1800 张（包括 18 种 SCR，每种 SCR 下仿真图像有 100 张，每种 SCR 下的时频图又包括 4 种运动目标类型，每类目标 25 张）。用该测试集对 3 个目标检测模型进行测试，测试结果如表 10.13 所示。

表 10.13　3 个模型的目标检测结果

模型	虚警概率	检测概率	仿真时间
LeNet	1.24%	92.28%	41′55″
AlexNet	0.04%	84.44%	57′9″
GoogLeNet	0.24%	90.94%	43′46″

表 10.3 中测试结果显示，LeNet 模型检测概率最高，而 AlexNet 模型可以达到最低的虚警概率。其中错判样本主要包括以下 4 类：部分信号中海杂波多普勒谱较宽，甚至近似高斯分布，易发生漏警和虚警，如图 10.20（a）所示；低速目标多普勒谱与海杂波谱重叠，易造成漏警，如图 10.20（b）所示；低 SCR 情况下漏警概率也会明显升高，如图 10.20（c）所示；部分海杂波特性与目标相似，如图 10.20（d）所示，图中为海杂波多普勒谱，但是具有与目标类似的特征，容易造成虚警。

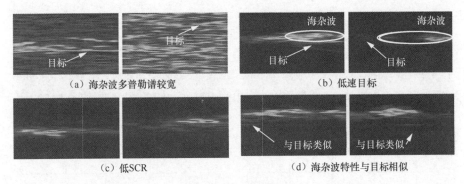

（a）海杂波多普勒谱较宽　　　　　　　（b）低速目标

（c）低SCR　　　　　　　　　　（d）海杂波特性与目标相似

图 10.20　错判示例

（2）信杂比对目标检测性能的影响

在信杂比对目标检测性能的影响仿真中，每个 SCR 下测试集包括 910 张图片，分为海杂波和目标两类。其中海杂波信号时频图 100 张，目标信号时频图 810 张（其中微动 II 时频图 210 张，其他 3 类时频图各 200 张）。选用检测概率最高的 LeNet 检测模型，进行不同 SCR 下的目标检测仿真，将仿真结果用检测概率–信杂比折线图表示，如图 10.21 所示。当 SCR 不低于−10 dB 时，检测概率稳定在 95%以上；当 SCR 低于−10dB 时，检测概率随 SCR 下降而下降，−20 dB 时检测概率降至 90%，−30 dB 时检测概率降至 80%。随后再使用大量海杂波样本对模型进行测试，测得该模型虚警概率约为 0.029。

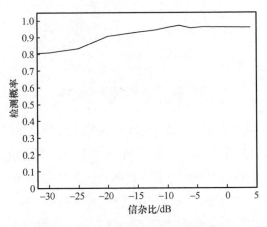

图 10.21　不同信杂比下目标检测概率

（3）不同模型目标分类性能比较

目标分类仿真测试集包括 1672 张图片，分为匀变速、变加速、微动Ⅰ和微动Ⅱ。其中匀变速目标信号时频图 464 张，变加速目标信号时频图 568 张，微动Ⅰ和微动Ⅱ目标信号时频图各 320 张。用该测试集分别测试 3 个目标分类模型，结果如图 10.22 所示。

	匀变速	变加速	微动I	微动II
匀变速	99.35%	0.65%	0.00%	0.00%
变加速	0.00%	99.65%	0.18%	0.18%
微动I	0.31%	0.94%	98.75%	0.00%
微动II	0.00%	0.00%	0.00%	100.00%
	99.66%	101.24%	98.93%	100.18%

（a）LeNet混淆矩阵

	匀变速	变加速	微动I	微动II
匀变速	100.00%	0.00%	0.00%	0.00%
变加速	36.80%	59.51%	3.34%	0.35%
微动I	20.31%	0.94%	78.75%	0.00%
微动II	0.00%	0.00%	17.81%	82.19%
	157.11%	60.45%	99.90%	82.54%

（b）AlexNet混淆矩阵

	匀变速	变加速	微动I	微动II
匀变速	100.00%	0.00%	0.00%	0.00%
变加速	14.61%	80.11%	4.75%	0.53%
微动I	18.75%	0.31%	80.63%	0.31%
微动II	0.00%	0.00%	13.12%	86.88%
	133.36%	80.42%	98.50%	87.72%

（c）GoogLeNet混淆矩阵

图 10.22　不同模型目标分类结果

3 个模型仿真时间差异不大，通过比较 3 个模型对同一测试集分类结果，发现 3 个模型在检测性能上有明显差异。LeNet 可以实现最高的识别概率，总识别概率达到 99.46%，且每种目标识别概率均不低于 98.75%。AlexNet 和 GoogLeNet 总识别概率分别为 78.77% 和 87.02%，通过分析其分类结果发现，这两类模型分类测试时误判情况有一定相似性，主要误判来自以下几类：变加速目标被识别为匀变速目标、微动Ⅰ目标被识别为匀变速目标、微动Ⅱ目标被识别为微动Ⅰ目标。

（4）信杂比对目标分类性能的影响

在 SCR 对目标检测性能影响仿真中，每个 SCR 下测试集包括 1760 张图片，分为匀变速、变加速、微动Ⅰ和微动Ⅱ。其中匀变速目标信号时频图 348 张，变加速目标信号时频图 852 张，微动Ⅰ和微动Ⅱ目标信号时频图各 280 张。选取 LeNet 目标分类模型对不同 SCR 下的测试集进行仿真，结果如图 10.23 所示。从图 10.23 中可以看出，当 SCR 不低于−4 dB 时，各类目标的识别概率较高，且几乎不受 SCR 变化影响。当 SCR 低于−4dB 时，识别概率随 SCR 下降而下降，且在 SCR 低于−8 dB、高于−25 dB 时，这一变化更加明显。其中两种微动目标的识别概率受 SCR 影响最明显，而变加速运动在 SCR 低至−40 dB 时仍有超过 80% 的识别概率。这一差别主要由样本特征随 SCR 下降而减弱造成，训练集中变加速样本比例较高会导致目标特征弱的样本被判决为变加速类型。随 SCR 下降，时频图中目标特征减弱，识别概率更多受模型自身参数影响，识别结果的参考价值下降。此外，考虑到时频图计算时的积累增益，该结果也对低 SCR 的检测和识别性能有较大的贡献作用。

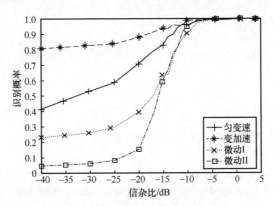

图 10.23　不同信杂比下目标识别概率

（5）与现有方法比较

采用 SVM 的方法对回波信号的时频图进行目标检测和分类，以比较本节方法与传统方法的性能。SVM 是一种基于结构风险最小化准则，通过构建超平面进行分类的方法，其仿真结果如表 10.14 所示。SVM 单次检测时虚警概率为 0.2207。相比于传统 SVM 分类方法，基于 CNN 的海面目标检测和分类方法具有更高的检测概率、识别概率和更低的虚警概率。

表 10.14　基于 CNN 和 SVM 的海面目标检测和分类结果比较

分类方法	虚警概率	检测概率				识别概率（SCR=-4dB）			
		SCR=4 dB	SCR=-4 dB	SCR=-12 dB	SCR=-20 dB	匀变速	变加速	微动 I	微动 II
CNN	0.0290	95.80%	96.30%	94.11%	90.62%	100.00%	100.00%	99.65%	100.00%
SVM	0.2207	80.52%	79.90%	77.81%	77.31%	84.30%	84.46%	73.56%	94.25%

通过以上仿真，得出如下结论。①通过时频分析和深度学习的方法可以实现对海面目标的检测，在 SCR 不低于-20 dB 的情况下检测概率超过 90%。②在完成目标检测之后，通过时频分析和深度学习的方法可以对海面目标进行分类，且在 SCR 不低于-6 dB 时性能稳定，在 SCR 不低于-10dB 时各类目标的识别概率均不低于 90%，随着 SCR 继续降低，目标多普勒谱受海杂波干扰明显，进而影响特征提取，导致目标识别概率下降明显。影响目标识别性能的主要因素除 SCR 外还包括海杂波特性、目标运动类型和目标速度。③本节提到的 3 种深度学习模型对雷达回波信号的处理效率相当，但是在检测和分类的准确率上，LeNet 模型优势较大。④基于深度学习的分类方法在目标检测和分类中性能优于 SVM 等传统分类方法，但是前者性能受 SCR 影响较大。

参考文献

[1] SCHMEISER B. Batch size effects in the analysis of simulation output[J]. Operations Research, 1982, 30(3): 556-568.

[2] SCHULDT C, LAPTEV I, CAPUTO B. Recognizing human actions: a local SVM approach[C]//Proceedings of the 17th International Conference on Pattern Recognition, 2004. ICPR. Piscataway: IEEE Press, 2004: 32-36.

[3] 张秀玲, 李海滨. 基于 RBF 神经网络的数字模式识别方法[J]. 模式识别与人工智能, 2002, 15(1): 93-97.

[4] 刘宁波, 董云龙, 于家伟, 等. 基于实测数据的海杂波时空相关性分析[J]. 海军航空工程学院学报, 2017, 32(2): 199-204.

[5] 周宇, 张林让, 刘楠, 等. 利用先验知识的空时自适应检测方法[J]. 西安电子科技大学学报(自然科学版), 2010, 37(3): 454-458, 546.

[6] 雷浩, 郭东敏, 汪仪林, 等. 强海杂波背景下目标信号的自适应频谱窗检测[J]. 探测与控制学报, 2016, 38(5): 52-57.

[7]　肖春生, 察豪, 周沫. 海杂波环境下慢速小目标检测方法[J]. 火力与指挥控制, 2011, 36(11): 125-128.

[8]　LIU R, ZHAO Y, WEI S, et al. Indexing of CNN features for large scale image search[J]. Pattern Recognition, 2018, 48(10): 2983-2992.

[9]　LECUN Y, BOTTOU L, BENGIO Y, et al. Gradient-based learning applied to document recognition[J]. Proceedings of the IEEE, 1998, 86(11): 2278-2324.

[10]　KRIZHEVSKY A, SUTSKEVER I, HINTON G E. ImageNet classification with deep convolutional neural networks[J]. Communications of the ACM, 2017, 60(6): 84-90.

[11]　SIMONYAN K, ZISSERMAN A. Very deep convolutional networks for large-scale image recognition[J]. Computer Science, 2014, 20(4): 1-14.

[12]　SZEGEDY C, LIU W, JIA Y Q, et al. Going deeper with convolutions[C]//Proceedings of IEEE Conference on Computer Vision and Pattern Recognition (CVPR). Piscataway: IEEE Press, 2015: 1-9.

[13]　HE K M, ZHANG X Y, REN S Q, et al. Deep residual learning for image recognition[C]//Proceedings of IEEE Conference on Computer Vision and Pattern Recognition (CVPR). Piscataway: IEEE Press, 2016: 770-778.

[14]　LIU W Y, WEN Y D, YU Z D, et al. Large-margin softmax loss for convolutional neural networks[C]//Proceedings of the 33rd International Conference on International Conference on Machine Learning. New York: ACM Press, 2016: 507-516.

[15]　HE K M, ZHANG X Y, REN S Q, et al. Spatial pyramid pooling in deep convolutional networks for visual recognition[C]//European Conference on Computer Vision. Cham: Springer, 2014: 346-361.

[16]　苏宁远, 陈小龙, 关键, 等. 基于卷积神经网络的海上微动目标检测与分类方法[J]. 雷达学报, 2018, 7(5): 565-574.

[17]　田玉芳, 尹志盈, 姬光荣, 等. 基于 SVM 的海面弱目标检测[J]. 中国海洋大学学报(自然科学版), 2013, 43(7): 104-109.

[18]　童建文. 基于多极化联合时频分析的海杂波微弱目标检测方法[D]. 西安: 西安电子科技大学, 2014.

[19]　SHI S N, SHUI P L. Sea-surface floating small target detection by one-class classifier in time-frequency feature space[J]. IEEE Transactions on Geoscience and Remote Sensing, 2018, 56(11): 6395-6411.

[20]　陈小龙, 董云龙, 李秀友, 等. 海面刚体目标微动特征建模及特性分析[J]. 雷达学报, 2015, 4(6): 630-638.

[21]　PRUSA J D, KHOSHGOFTAAR T M. Improving deep neural network design with new text data representations[J]. Journal of Big Data, 2017, 4(1): 1-16.

[22]　高建军. 多径和海杂波干扰下的舰船 ISAR 成像及横向定标[D]. 哈尔滨: 哈尔滨工业大学, 2011.

第11章

非线性理论在其他信号
处理领域中的应用

　　自然界大部分事件不是有序的、稳定的、平衡的和确定性的，而是处于无序的、不稳定的、非平衡的和随机的状态之中，它存在着无数的非线性不可逆转现象。人们对这些现象所知甚少，对许多问题甚至束手无策。另外，有些自然科学工作者，习惯于对复杂的研究对象进行简化和抽象，建立起各种理想模型（绝大多数是线性模型），把问题纳入可以解决的范畴。应该指出的是，这种线性的近似方法在许多学科中得到了广泛应用，但是在复杂的动力学系统中，简单的线性近似方法不可能认识与非线性有关的特性，如流体中的湍流、对流等。虽然从数学上，这种近似方法也可能对一些非线性系统列出微分方程（组）来加以定量描述，但是除了极个别的例子可以在某一特定条件下求出其特解以外，大多至今都解不出来。对于一些复杂的非线性系统和过程，则连微分方程（组）也列不出来。而分形则是直接从非线性复杂系统的本身入手，从未经简化和抽象的研究对象本身去认识其内在的规律性，这就是分形理论与线性近似处理方法本质上的区别。

　　非线性的科学是近几十年在各门以非线性为特征的子学科研究基础上逐渐形成的，它是揭示非线性系统的共同性质、基本特征和运动规律的一门跨学科的综合性基础科学。分形学是非线性中的一个活跃分支，它研究的对象是非线性系统中产生的不光滑和不可微的几何形体。美国著名科学家约翰·惠勒说过，"今天谁不知道高斯分布或熵概念的意义和范围，谁就不能被认为是科学上的文化人，同样可以相信，明天谁不熟悉分形，谁也将不能被认为是科学上的文化人"。

近十几年来，混沌、分形、耗散结构、突变论以及元胞自动学等相继问世，并从不同角度来研究非线性不可逆问题，并形成了不同的学派。分形理论使人们能以新的观念、新的手段来处理非线性世界里的难题，透过扑朔迷离的、无序的混沌现象和不规则的形态，揭示隐藏在复杂现象背后的规律及局部和整体之间的本质联系。分形理论在某些学科中的成功尝试，极大地激发了研究工作者的兴趣。他们把分形理论广泛而深入地运用在各自的研究领域中，从大分子到宇宙星系，从自然科学到社会科学，凡是具有自相似性的现象就有分形存在，比如，多种树木的树冠从空中看去大多具有分形结构，这一事实可用于计算机处理空中拍摄的照片，判断哪些树木在这张图上，而不需要再经熟练技术人员去解读所见的轮廓线。

分形理论的诞生给人们开辟了一条新的途径，而其所用的数学工具——分形几何学，从某种角度来说被认为是一种"语言"，它在复杂结构的生成、分析等方面具有很强的说服力，解决了传统学科中的多个难题，标志着现代数学的新进展。分形理论又是一门交叉理论，它在数学、物理学、冶金学、材料科学、计算机科学、生理学、人口学、经济学等领域都有应用，被喻为"串起多种学科的一条线"。分形理论与许多领域相结合，产生了各种新颖的理论和技术，如生物分形学、计算机分形学、分形图像处理技术、分形噪声理论、分形经济学、分形函数论、分形艺术等。分形理论对物理中的凝聚现象、电解液中金属树的生长现象等都能建立很好的数学模型，在计算机仿真及图像压缩方面也有重大突破。

11.1 非线性理论在图像处理中的应用

分形理论在图像处理中的应用由来已久，本节并不对分形理论在图像处理中的应用进行全面详细的总结，而是举例说明分形理论在图像处理中的应用，实际上，分形理论在图像处理中的应用远超出本节所介绍的内容。

11.1.1 分形与小波结合在图像处理中的应用

近年来，随着信息处理技术的不断发展，出现了一些新的信息处理理论和方法，如时频分析、小波变换、分形几何等，并且已被广泛应用于数字图像处理领域[1-3]。

（1）小波图像处理

由小波理论内容可以知道，小波变换就是把输入信号分解成一组函数族，这组函数族是通过 $\Psi(x)$ 的扩张和平移来完成的。因此，小波变换在时域和频域良好的局部化性质以及多分辨率分析的特点使它很适合对图像进行多级变换分解，每级分解中都可以获得图像同一信息在不同方向、不同尺度和不同分辨率下的"基本特征"和"细节"，从而较好地解决了其他正交变换存在的时频矛盾、方向性差等问题[4]。

从图像处理的角度而言，小波已经用于图像恢复、图像消噪、图像增强、图像分割、图像边缘提取、图像检索等许多领域。关于小波在图像处理方面进一步研究的方向主要有两个：一是在小波基的构成方面进行研究，找出（或构造出）适合于某些特殊图像处理用途的小波基；二是在小波变换以后的小波域综合其他数据处理方法进行图像处理。

（2）分形图像处理

分形是事物从整体向局部转化、认识从宏观向微观深化的过程。分形理论是欧氏几何相似理论的扩展，是研究不规则图形和混沌运动的一门新学科，它描述了自然界物体的自相似性，这种自相似性可以是确定的，也可以是统计意义上的。由于分形集可以用简单的迭代方法生成复杂的自然景物、用分形维数有效度量物体的复杂性，因此分形与图像之间存在着一种自然联系，而正是这种联系，奠定了分形理论应用于图像处理的基础[5-7]。

从图像处理的角度而言，分形已经用于图像处理的许多领域，如分形作为自然景物的描述模型，分形维数作为图像图形的形态特征参数，子图像分析与模式识别，压缩编码，图形生成、内插逼近与计算机仿真，信号滤波与图像处理，分形神经网络，边缘检测等[8-13]。分形图像处理技术在分形理论方面的技术主要集中在两方面：迭代函数系统和分形维数，前者主要用于图像压缩编码和图像生成，后者几乎涵盖了分形图像处理的其他方法，有时两者也交叉或互换。

分形维数是运用于分形图像处理中其他技术的主要度量工具。基于分形维数特征提取的测度是图像表面复杂度分布的变化，而且它顾及了图像表面在不同尺度下的变化情况，并非单一的灰度幅值的变化。基于这种尺度统计特性的算法一般具有较好的抗噪性能。分形维数作为图像表面不规则程度的度量，不仅能度量复杂程度，而且具有多尺度、多分辨率变化的不变性，它与人类视觉对图像表面纹理粗糙程度的感知是一致的，即分形维数越大，对应的图像表面越粗糙；分形维数越小，对应的图像表面越光滑，因此，分形维数被用来作为纹理的一个重要特征而被用于纹理分割、纹理边缘检测等。人类视觉感知的认知学实验表明，人眼在感知自然目标时，注意力总是集中于目标形状的规则破碎度和特征轮廓上，而忽视其一般的细节。众多事实验证，分形模型便是一种能从大量多变的细节之中，抽象出目标表面结构规则程度，并具有深刻物理背景的统计模型。它适合于描述具有复杂和不规则形状的研究对象，在表达图像的低频成分上，明显优于常规的自回归和马尔可夫纹理模型。

（3）分形与小波相结合图像处理

具有分形结构的信号的小波变换也具有自相似性，在一定的尺度范围内具有标度不变性，它和信号具有相同的标度指数。小波与分形结合在图像处理中的主要优势[14-15]有以下几点。

① 许多图像具有明显或者不明显的分形特征，采用合适的小波变换手段再采取分形的处理方法，可以取得意想不到的效果。

② 可以充分利用小波数学显微镜的特性和分形自相似的特性，使单独一种方法处理时效果不好或处理不了的问题得以解决。

③ 对某些特别复杂的图像信号，如混沌信号、含有大量非线性乘性斑点噪声的 SAR 图像等，当其他方法效果不佳时，小波与分形结合处理的方式也取得了很好的效果。

小波与分形结合在图像处理中应用的方法主要有两种：将原始图像信号进行小波变换，然后用分形相关理论进行处理，在小波域将分形图像压缩；在时域将图像信号的分形特征提取出来，然后用相应的适合对该种分形特征处理的小波基及小波理论进行处理。下面通过几个具体应用实例进行说明。

例 1　对具有分形特征的 $1/f$ 类信号处理

$1/f$ 类信号是指其功率谱密度形状大致与频率成反比的一类随机过程，具有非平稳、自相似、长程相关以及幂指数型的功率谱等特性。由于各种各样的实际信号的起伏具有这样的功率谱特征，因此在信号处理的应用中，$1/f$ 类信号正日益广泛地用作信号模型。

$1/f$ 类信号具有分形特征，所以也称为 $1/f$ 类分形信号。文献[15]中对 $1/f$ 类信号的分形特征以及小波处理方法进行了详尽的介绍，并且提出了若干相应算法应用于通信信号的调制中，获得了很好的效果。

例 2 分形在图像边缘检测中的应用

图像的边缘携带着图像大部分重要信息，因而图像的边缘成为图像识别、图像分割以及图像压缩等图像处理的重要因素。由于成像器件和气候等因素的影响，红外图像普遍存在边缘模糊、对比度差、空间域上存在孤立的点和小块噪声等特点。这就给红外图像边缘检测带来了严峻的挑战。传统的边缘检测方法多数都是在空间域中基于一阶或二阶微分算子，虽然有一定的效果，但图像中细节部分的信息丢失比较严重，或者定位不够准确、抑制噪声的能力较差等。

这里介绍一种融合小波变换和分形几何的图像边缘检测方法[16]，即用分形的思想来描述信号的小波变换结果，通过不同尺度的小波变换实现信号从总体向局部的转换。根据不同尺度下小波分解细节系数之和的变化规律，引入分形理论中分形维数的概念来描述小波分解信号的自相似特征，从而建立了一种新的分形维数——小波分形维数。应用小波分形维数能够有效地检测红外图像的边缘信息，同时又能通过小波分解来抑制红外图像中噪声的影响。

对比分形理论和小波变换对信号的处理过程（具体技术细节不再给出，这里只做定性的介绍）可以看出，分形理论认识事物的过程是用一把不同尺度的长度标尺对信号进行度量，并通过研究不同尺度下的度量结果来反映事物的本质特征；而小波变换则相当于用一把不同尺度的小波标尺对信号进行度量，由此可看出两者具有相似性。基于这样的思路，将分形理论中分形维数的概念用于对小波分解结果进行整体描述，并参照盒维数的定义，定义一种新的分形维数——小波分形维数，用小波分形维数来表示图像的分形特征。

应用小波分形维数实现图像边缘提取的方法介绍如下。

① 当图像小于 10 像素×10 像素时，图像的分形维数是不稳定的[17-18]。因此将整幅图像分成 16 像素×16 像素的小块。对每一小块图像进行 3 级小波分解，求得该块

图像的小波分形维数。

　　② 利用线性插值，计算出每个像素处的小波分形维数 $D(i,j)$。

　　③ 由于图像的边缘出现在分形维数较大的地方，因此采用如下自适应阈值对图像进行二值化处理，得到图像边缘，即

$$T = a \max D(i,j), \quad 0 < a < 1 \text{ 为常数}$$

　　图 11.1 为飞机红外图像，图 11.2～图 11.6 分别给出了采用不同方法从飞机红外图像所提取的图像边缘。这些方法分别是小波分形维数、坎尼（Canny）算子、高斯拉普拉斯（LoG）算子、罗伯茨（Roberts）算子和索贝尔（Sobel）算子。

图 11.1　飞机红外图像

图 11.2　采用小波分形维数提取的图像边缘

图 11.3　采用 Canny 算子提取的图像边缘

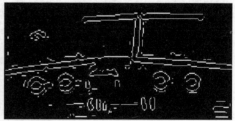

图 11.4　采用 LoG 算子提取的图像边缘

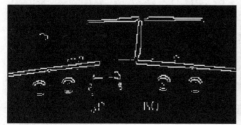

图 11.5　采用 Roberts 算子提取的图像边缘

图 11.6　采用 Sobel 算子提取的图像边缘

11.1.2　分形在图像压缩中的应用

（1）Barnsley 与分形图像编码

1985 年，Barnsley 正式提出迭代函数系统理论，并将其用于给自然景物建立比较逼真的分形模型，获得了巨大成功。既然分形几何能非常逼真地产生许多自然图像，那么反过来，能否用来对图像进行压缩？ 1986 年，他提出了著名的"拼贴定理"，从理论上解决了分形图像压缩这一逆问题，奠定了分形图像压缩编码的理论基础。

1987 年，Barnsley 首次提出分形图像压缩的概念[19]，分形图像编码理论开始与实际相结合。他在文章中提到自己成功地对几幅彩色图像进行处理并获得了 10000 倍的高压缩比，引起了图像编码界的关注[20]，从而使分形图像压缩编码方法以其潜在的高压缩比和良好的重建图像质量受到广泛关注。其方法是将迭代函数系统理论应用到图像压缩编码中，基于此，Barnsley 提出了带概率的迭代函数系统，采用初始点经压缩变换的参数加上伴随概率进行迭代，所得点集的分布类似于灰度值的效果。但在图像编码方面却未给出任何具体的算法。其大致步骤为原图预分解为若干个分形子图，使子图具有一定的分形结构，即子图的整体与局部之间存在某种自仿射特征，分解可采用其他的图像处理手段，且由大量的这些子图组成了分形库，每个子图可在这些分形库中找到它们的匹配子图编码。这样，对图像的分形编码可转化为图像分割，到库中寻找匹配子图的编码，最后扔掉原图，保存子图编码，进行存储或传输。

然而，Barnsley 的方法是有经验的图像处理专家基于人/机交互进行的，对操作者有较高要求，而且寻找图像整体与局部的自相似性极其困难。首先，对于图像分割本身，还没有一种计算机自动分割的办法；其次，分形库的规模大，没有统一的建库办法；最后，高压缩比编码搜索的过程是以费时费力为代价，难以实现自动压缩。由于以上原因，分形压缩编码不太实用，当时没有引起人们足够的重视。

（2）Jacquin 与基于分块的全自动分形压缩编码

现实生活中的大多数图像是非严格自相似的图像，不具有整体和局部的自相似性，严格分形图像在现实生活中只占极小的部分。1990 年，Barnsley 的博士生 Jacquin 在其博士论文中首先提出了一种基于分块的全自动分形图像压缩编码方法，即局部迭代函数系统（Local Iterated Function System，LIFS）。该方法利用图像局部间的相似性，实现了全自动分形图像压缩编码[21]，使分形图像压缩向实用化迈出了坚实的一步。该方法以局部的仿射变换代替全局的仿射变换，是基于图像划块的图像压缩方式。

分形图像编码的基本原理就是用其吸引子非常接近原图像的压缩变换来表示一幅图像。Jacquin 分形图像编码技术建立在自然图像中存在的局部自相似性的基础上，用一个压缩变换的参数来表征图像。这个压缩变换由一组作用于图像子块的映射组成，揭示了图像存在的局部自相似性。由于存储仿射变换量化参数的比特数远低于存储原始图像的比特数，因此能够实现图像数据的高倍压缩。分形解码采用新颖的快速迭代过程，重构图像由压缩变换迭代作用于任何初始图像来生成。

用 Jacquin 方法进行图像压缩编码时，首先，将编码图像划分成值块和域块两大类。其中，所有值块互不重叠，它们的并集就是图像本身；域块之间可以重叠，尺寸比值块大一倍。然后，每个域块通过邻域平均，得到与值块尺寸相同的图像块，对于每个值块都要与域块进行匹配。最后，存储具有最小误差的值域块、定义域块的位置及压缩映射等参数。重复以上操作，最终找到与原图像中各个值块相对应的迭代函数，完成整幅图像的分形编码过程。解码过程非常简单，首先，根据压缩文件中的每一组迭代函数进行反复迭代得到所需子图像；然后，将复原的子图像插入初始图像的相应位置；重复以上操作，就可以顺序地将每个子图像都恢复出来，完成对图像的解码操作。

Jacquin 的方法解决了人/机交互问题，是一种相对实用的方法，但是这种编码仍然存在许多实际问题，如复杂的匹配库搜索，使编码计算量极大、编码时间过长；编码质量也不是很理想，存在方块效应；在对图像进行压缩编码时，所得到的压缩比与理想效果差距太大等，从而影响了其实用性。尽管如此，分形编码还是以其新颖的思想、高压缩比、与分辨率无关以及快速解码等优点受到技术界的广泛关注。

分形图像压缩编码研究迅速在全球范围内展开，Jacquin 提出的分形编码方法构成了后来绝大多数分形编码方案的基础，从这以后的研究工作都是对 Jacquin 方法的研究和改进。根据分形编码的基本原理，已经有了很多种分形编码方法。这些方法可以根据以下几方面进行分类：图像值块的分割方法；域块的组成；应用到域块上的变换类型；匹配域块的搜索方法；变换参数的表示和量化。

纵观大量分形图像编码文献，在加快分形编码速度和重建图像质量等方面，研究人员提出了许多新观点和改进方法。在国外，Fisher[22]对 Jacquin 方法进行了改进，提出一种根据亮度及对比度变化来分类的方法，匹配搜索时只在同类中进行，有效地减少了匹配搜索的时间。Huertgen 等[23]把矩形块分为 4 个象限，每一个象限对应一个比特，如果该象限的亮度均值大于整个块的亮度均值，就给对应象限的比特置 1，否则就置 0。这样，共有 15 类，然后同样用方差在图像块中出现的顺序来实现分类得到 24 个子类，于是一共得到 360 类，同样减少了编码时间。

在国内，分形编码研究虽然起步较晚，但近年来也相当活跃，几乎涉及分形压缩编码研究的各个方面，如在快速分形图像编码、图像理解、分形与其他方法相结合、OCT 域分形编码、自适应分块的快速分形图像压缩、基于预测模型的分形图像压缩编码、基于小波变换的分形视频编码、使用 LIFS 的静态图像编码等方面的研究。

1992 年，美国微软公司采用分形图像压缩技术，成功研制出了一张光盘"Microsoft Encarta"。其仅用 600 MB 的容量，就存储了大量的文字数据、长达 7 小时的声像资料、100 部动画片、800 张彩色地图和 1000 幅逼真的风景照片，获得了很高的压缩比和很好的解码图像视觉效果。这充分显示了分形图像压缩技术广阔的应用前景和发展潜力。

11.2　非线性理论在语音信号处理中的应用

声学及空气动力学理论证明了语音信号是一个复杂的非线性过程，其中存在着产生混沌的机制，它在一定尺度下使局部与整体之间具有统计自相似性，语音信号所具有的分形特征是将分形理论引入语音信号分形分析的基础。目前，分形作为一种新的信号模型或寻找信号特征的一种新途径已经得到了广泛的应用，并取得了许多成功的范例，其优点在于可以用一个简单的 IFS 和较少的参数产生复杂的信号。该分析方法已经取得长足的进步，在各个方面所发挥的作用日趋重要。目前，就分形的语音信号处理技术而言，在国内外都是一个崭新的课题。现已出现了一系列研究成果，主要是以下几个方面。

（1）语音分割和端点检测

由于人耳对语音低频部分的分辨力远高于高频部分的分辨力，而清音段属于语音的高频成分，从听觉角度来说几乎没有影响，因此在信号处理过程中，经常需要对语音进行清浊音分割。由于清音和浊音波形具有不规则性，对不规则度的测度即分形维数值变化明显，根据分形维数值的不同可以实现清音和浊音的分割。

所谓端点检测就是要对原始声音数据中纯粹的语音段部分进行定位，找出某一个需要的语音单位的起始点和终止点。而这个单位有可能是词，也可能是音节、音素。端点检测的准确与否直接决定了在后续的特征提取过程中所提取出的语音特征是否具有可用性，其重要性可见一斑。由于每一个音素由于自身相关性而呈现出相对稳定的分形维数值，相邻音素的分形维数值会有所差异，从而分形维数轨迹会产生突变，据此可以确定一个相对门限值，若某一帧语音的分形维数值小于该相对门限值，则可认为从本帧开始的语音与本帧前的语音为不同音素，完成音素之间的分割，从而完成语音的端点检测[24-25]。

（2）语音合成

语音合成是语音信号处理的一个重要方面，其发展与语音编码是密切关联的。语音信号具有自相似性，表现为其某种结构特征在不同的空间或时间尺度上是相似的。语音信号的时域波形具有分形特征，但不是一种完全的分形，只是在一定的范围内表现出分形特征，即局部自仿射性。根据拼贴定理和 IFS 理论，将语音信号分割成一个不重叠的小区间序列，提取每一帧的 IFS 参数，完成数据压缩。在语音合成时，通过对 IFS 参数进行反复迭代，直至收敛至 IFS 的吸引子，即所需的合成语音信号。该方法参数提取过程比一般的线性预测方法复杂，但是合成过程是一个简单的迭代过程，较容易实现，且有高压缩比，并能取得较好的语音合成质量[26]。

（3）语音增强

语音信号中各种程度的涡流结构特征可以通过分形建模作为数学和计算工具来对语音进行定量分析，但是语音处理系统中的鲁棒性和抗噪能力等重要问题的实用性和适用性尚不尽如人意。具有混沌特性的语音信号的小波变换信号在每个尺度内的时间函数，其概率分布随时间的平移而变化。而噪声概率分布不随时间的平移而变化，根据带噪声语音信号及子波重构之后的分形维数的不同，对语音信号的小波变换系数进行不同的阈值处理，既抑制了噪声，又减少了语音段信息的损失，提高了信噪比，实现了语音信号与噪声的自适应分离[24]。

（4）语音信息隐藏

信息隐藏是把有意义的信息隐藏在另一个载体的信息中得到隐秘载体，使非法者察觉不到隐秘载体中隐藏了其他信息。人耳听觉系统对频率的感受能力是非均匀的，可以在低频部分隐藏信息而不被发觉。因此可以将秘密信息隐藏到语音段的变换域中，通过计算语音段的分形维数，自适应地对语音段进行分类，以决定隐藏秘密信息的低频系数的位置和数量。在分形维数小而低频信息丰富的语音段多隐藏信息，在分形维数大的语音段少隐藏信息。由于隐藏信息后不改变原语音信号各音素的性质，不会引起语音段分形维数的明显变化，即隐藏前后的语音段依然分为同一类，从隐藏后的语音段的分形维数可以知道隐藏信息的确切位置，从而可以实现秘密信息的盲检测和提取[27-28]。

（5）语音识别

在语音识别中，语音特征是指能代表语音原始信号的数据，因为任何语义都有时间延续性，在长时间刻度内提取语音特征可以更好地反映语音所蕴含的语义信息，所以一般提取语音帧的统计特征作为语音片段特征。在学习阶段中，计算音频数据库中每个语音对象的分形维数作为特征向量，保存在音频特征数据库中，并建立索引。其识别阶段首先计算查询语音的分形维数，然后从语音数据库中快速找出与查询语音分形维数最相似的语音对象，从而实现了对语音的识别。分形维数刻画了音频的内在属性如自相似性，使该识别方法具有对匹配的起点不敏感、抗噪声、检索速度快等优点[29-30]。

（6）语音预测

对复杂语音信号进行建模和预测是当前一个十分热门的研究方向。传统的语音信号预测模型是基于线性系统的，如 LPC 模型。但线性模型忽略了产生语音信号的非线性过程，使预测效果难以让人满意。根据塔肯斯（Taken）嵌入定理，可以从一维语音信号序列中重构一个与原动力系统在拓扑意义下等价的相空间，它保持了原系统的许多几何不变量（如 Lyapunov 指数）。因此可将语音序列预测问题转化为分形相空间的重构问题。在高维相空间中，利用分形迭代插值原理进行反复迭代，恢复混沌吸引子，得出预测值。该方法虽然在相空间重构过程中迭代次数较多，计算复杂，但能取得较好的预测精度。

分形理论在语音信号处理中的应用是最近才发展起来的一种理论方法，目前仍处在不断发展中，仍有不少问题值得认真思考，需要不断地研究和探索。

11.3　非线性理论在水声信号处理中的应用

利用水声目标的自身辐射噪声来进行分类、识别是被动声纳的重要任务，而目标特征提取是目标分类的关键环节。从水声目标的自身辐射噪声中提取出有效的、能反映出目标本质的特征一直是个难题。长期以来，人们一直把水声信号当作随机信号处理，基于随机系统理论和统计模型的信号处理方法一直是水声信号检测与分析的重要理论工具。但是，这些常规理论手段面对实际的工程问题，如弱水声信号检测、复杂背景下水声目标识别，有时会显得软弱无力，其原因就在于随机信号分析方法难以准确描述水声信号机理及特征。根据水动力学和水声学原理，水声信号产生和传播的过程是一个复杂的非线性过程，水声信号特征也自然具备一定的非线性属性，自 20 世纪 60 年代水声信号非线性传播特性提出以来，非线性水声学的研究取得了很大进展[31]。

（1）在水声信号产生机理研究中的应用

水声信号在产生和传播的过程中都存在着非线性机制，并可能在一定条件下产生复杂且又具有一定规律的混沌特性。以辐射噪声为例，螺旋桨的机械振动噪声可用非线性杜芬（Duffing）方程描述。螺旋桨空化时，除气泡崩溃产生的宽带连续谱外，气泡体积脉动在低频段产生线谱，由于气泡并非只是振动在平衡半径附近，故必须用非线性微分方程描述。国外在 20 世纪 60 年代发现，在完全空化时，许多气泡的存在会导致附加的非线性效应，如产生和频/差频、在许多频率上出现单频声等。这种分频现象正是非线性达到一定程度时才会出现的。理论分析表明，当控制参数变化到一定程度时，这些非线性振动方程的解可能出现由分岔过渡到混沌的行为。研究发现，在一定条件下，机械和螺旋桨的运转会在海水介质中产生空化涡流，最终形成湍流，而湍流本身已经被证明是混沌的。此外，声纳接收到的噪声信号中还有海洋环境噪声，海洋环境噪声的起因之一也是海洋湍流。对被动声纳来讲，水声信号中的船舶辐射噪声是其主要的分析对象，而船舶辐射噪声也已被证明具有混沌特性[32]。

（2）在水声信号传播机理研究中的应用

水声信号在传播过程中也会产生非线性现象，其基本解释是，在平面声波的相速度中包含着声速与粒子速度，而声速与压力有关。这样声波在正压区将传播得快一点，而在负压区将传播得慢一点，这样初始的正弦波在传播时将产生畸变，趋近于三角波。如果一开始就有多谱出现，则互调制的相乘项将出现[31]。特别是不同发射频率的差频会产生，并且这种差频信号具有相当强的指向性，在理论上旁瓣极小。根据特定海洋条件下的实验，在水声信号传播过程中，与海洋环境的相互作用使接收到的信号自由度进一步增加，如正弦信号在海水中传播较短距离后便会产生畸变，分析计算后发现自由度增加了 3 维，最大的两个李雅普诺夫指数均为正。分析还发现在某特定海域和海况下，海洋环境噪声是 9 维的混沌信号。

（3）在水声信号特征提取与识别中的应用

水声目标识别的核心环节在于特征提取，目前特征提取方法一般是基于时域波形、谱（如功率谱、LOFAR 谱和 DEMON 谱等）分析方法和时频分布理论等。例如，选择功率谱中的位置、谱强度和谱宽度作为目标特征，用 AR 模型的极点参数作为目标特征，用 WVD 来提取声呐信号特征，用小波包变换（WPT）来提取声呐信号特征等。这种处理的基本前提是水声信号的随机性描述，并在线性和平稳性（或短时平稳性）的假定下进行特征提取。由于水声信号的产生和传播均涉及复杂的非线性过程，因此，将非线性分析方法应用于水声信号特征提取，更能描述水声信号的非线性本质，应用非线性理论提取特征已经成为水声信号特征提取中的重要研究方向。

对水声信号进行非线性特征提取的主要研究内容集中在混沌和分形两个方面。例如，文献[33]中研究了水声目标的分形特征提取方法，并利用实测回波数据验证了识别性能。在分析回波信号时域波形的基础上，应用随机分形理论，给出基于分形布朗运动的回波信号分形维数特征矢量提取的理论和方法，提取了回波信号的分形维数特征矢量。文献[34]基于混沌和分形理论，对水中目标辐射噪声非线性特征提取进行了研究,围绕时间序列的相空间重构技术、Lyapunov 指数等混沌特征参数,以及盒维数等分形特征参数提取算法开展研究,提出了若干改进算法并用 3 种水中目标的实测数据进行了计算验证。文献[35]采用单尺度熵、加权复合多尺度排列熵等混沌特征来表征水声目标特性的特征量,并进一步考虑熵特征在某些情况下不能全面度量序列复杂性,研究了舰船辐射噪声的最大 Lyapunov 指数、关联维数、Hurst 指数以及盒维数等混沌和分形维数特征,研究表明,4 种特征参量能够很好区分 3 类舰船辐射噪声样本,抗噪性能优于加权排列熵。

11.4　非线性理论在机械检测与监测中的应用

分形理论作为一门重要的非线性数学学科,已广泛地渗透和应用于自然科学和社会科学所有领域,成为当今国际上许多学科的前沿研究课题之一。长期以来,在机械工程领域中,国内外学者在分形理论方面做了大量的研究工作,已经取得丰硕的研究成果。这些成果主要集中在机械的故障诊断、设备监测和摩擦学等方面,特别是近年来已经为机械工程领域中许多复杂非线性问题的解决提供了行之有效的途径,本节将简述分形理论在机械工程中的检测与监测。

（1）利用分形理论对粗糙表面的检测

分形理论对粗糙表面的应用主要体现在摩擦学领域,用于粗糙表面的表征、接触、磨损预测、摩擦温度分布及磨屑的定量分析等方面。与传统的分析方法相比,采用尺度独立的分形参数可使粗糙表面与磨屑形貌的表征简单明了,尤其是能使这一表征易于识别并具有唯一性。此外,基于分形参数所建立的摩擦学研究模型的预测结果,不受测量仪器分辨率和取样长度等因素的影响,从而有效地避免人为误差的产生和偶然误差环节的减少,因此比传统的基于统计分析模型得出的测量结果更为合理和有效[23,36]。

加工零件的表面形貌对机器使用性能有重要的影响,目前已有多达 30 多项参数用于定量描述粗糙表面的形貌。然而,由于粗糙表面形貌的高度变化是一非平稳随机过程,方差值通常与取样长度的大小等因素相关。同时工程技术人员发现,对同一表面用不同分辨率的仪器,不同的取样长度会得到不同的参数值。这表明传统的统计参数只能描述表面形貌在某一标度下的特征，若标度不是独立的，其结果具有不确定的特性存在，基于这些不足，随着检测手段的发展，促使零件表面的微观粗糙度评定从定性评定向定量评定迈进，也为分形理论的渗入提供了极大的空间。机械加工的表面是高低不平的，其曲线变化也是随机的，严格来说其随机取决于整个加工系统的加工稳定状态，相关研究表明，粗糙表面具有统计自仿射分形的特征，用分形理论参数能实现粗糙表面的唯一表征，从而根据这一表征参数来评判表面加工质量。

（2）分形理论在设备监测中的应用

在机械设备运行稳定性评价过程中，除考虑受不平衡离心力等各种外力作用而发生受迫振动外，在转子轴承系统内部也可能产生强烈的激振因素。例如，工作运转的流体机械设备在一定条件下，滑动轴承中的油膜力会推动转子产生自激涡动导致转子失稳等，对于高速轻载的转子更容易发生运行失稳现象。特别注意的是，在油膜振荡时，这种涡动一旦发生，机组的振动就十分剧烈，造成极大危害。此外，流体激励与管道共振等现象都有可能引起转子失稳，产生严重破坏性后果。因此，对其运行稳定性进行在线实时监测，将有助于及时调整设备运行状态，有效抑制失稳现象的进一步恶性发展，避免造成更大的经济损失。

在机械设备中，基于设备轴承运行的轴心轨迹也能反映回转轴的实际运行情况，因此分形理论可作为分析机组运行状态和稳定性的一个强有力工具。如果轴心轨迹形状简单，重复性较好，则说明转子运行比较稳定；如果轴心轨迹形状复杂，重复性很差或轨迹处于发散状态，则说明转子运行存在不稳定的因素，应及时采取相应预防措施。因此，轴心轨迹重复性的好坏可从一个侧面反映转子运行稳定性的好坏，而分形理论正好能用分形维数来表述这一特征，人们就可根据这一参数对设备运行状态加以评判。值得注意的是，目前人们对轴心轨迹重复性的评价还仅仅停留在直观定性的阶段上，尚不能满足监测诊断工作的实际应用要求[37-39]。

（3）基于分形理论的磨削磨屑分析

当前传统的在线检测技术是通过探头获取加工信息，通过检测设备的信息反馈，对工艺设备进行及时调整来消除失控现象，从而达到稳定生产的目的。基于分形理论的观点，在机械磨削加工中的磨屑里含有大量关于材料摩擦、磨损的特征信息，其数量、大小、形状、颜色、形貌及结构特征与材料的磨损方式都密切相关，其中形状特征与磨损方式的相关性最大。众所周知，机械磨削加工磨屑的形状极为复杂，若采用传统的体积、面积和长度测度等参数来度量既不够标准，也难确定。分形理论的研究表明，磨屑形貌具有统计的自相似性，能较好地运用分形维数对磨削加工磨屑进行量化表征，从而得到相关的加工状态特征信息。目前，对磨屑的分形表征从两个角度进行：提取磨削加工磨屑的轮廓特征，即提取磨屑得到其截面轮廓；提取磨削加工磨屑的纹理特征，再用盒计数法计算磨屑表面纹理分形维数[40-41]。

磨屑的分形研究表明其在预测机器磨损状况、机器故障在线诊断等方面有广阔的应用前景。相关研究发现磨屑轮廓的分形维数随载荷的增大而增大，这正好与磨损率随载荷的变化规律相对应。可以说，只要预先知道磨屑的分形维数与材料磨损率的关系，就可从磨屑的分形维数获得机械设备的磨损率。

（4）分形理论的疲劳断裂分析

在疲劳断裂分析中，通常假定裂纹是平直扩展的。然而大量实测情况表明疲劳裂纹的扩展路径通常是不规则的，应力集中的断裂表面产生的裂纹在外界因素的影响下加剧扩展，扩展路径发生显著的急剧变化，因而定量描述疲劳裂纹扩展的断口表面粗糙度，探讨其对疲劳行为的影响目前已引起研究者的极大兴趣。实践表明，随着科学技术的发展，传统的采用断口表面分析的方法已不再是行之有效的方法。分形理论的渗入能较好地实现疲劳裂纹扩展路径的定量描述，建立裂纹扩展的分形模型及分形维数值计算方法，从而找到表述这一现象的唯一特征参数，使疲劳断裂分析在定量上有所突破[42-43]。基于分形理论的研究表明，在这一领域的理论计算与实验测量结果获得了较好的统一。而且它已渗透到机械领域的很多方面，如焊接、振动、图形处理等。

参考文献

[1] 张聘义, 祁载康, 崔莹莹, 等. 一种匹配滤波方法在导引头捷联稳定平台中的应用研究 [J]. 红外技术, 2005, 27(1): 6-11.

[2] 刘永昌, 王虎元. 红外成像制导多模实时识别跟踪算法研究[J]. 红外技术, 2000, 22(2): 23-26.

[3] KO S J, LEE S H, JEON S W, et al. Fast digital image stabilizer based on Gray-coded

bit-plane matching[J]. IEEE Transactions on Consumer Electronics, 1999, 45(3): 598-603.

[4]　SHERLOCK B G. Wavelet-based signal and image processing for target recognition[R]. 2002.

[5]　BOURISSOU A, PHAM K, LEVY-VEHEL J. A multifractal approach for terrain characterization and classification on SAR images[C]//Proceedings of IEEE International Geoscience and Remote Sensing Symposium. Piscataway: IEEE Press, 2002: 1609-1611.

[6]　FERENS K, KINSNER W. Multifractal texture classification of images[C]//Proceedings of IEEE Conference on Communications, Power, and Computing. Piscataway: IEEE Press, 2002: 438-444.

[7]　FIORAVANTI S, GIUSTO D D. Texture representation through multifractal analysis of optical mass distributions[C]//Proceedings of International Conference on Acoustics, Speech, and Signal Processing. Piscataway: IEEE Press, 2002: 2463-2466.

[8]　VÉHEL J L, MIGNOT P. Multifractal segmentation of images[J]. Fractals, 1994, 2(3): 371-377.

[9]　SARKAR N, CHAUDHURI B B. Multifractal and generalized dimensions of gray-tone digital images[J]. Signal Processing, 1995, 42(2): 181-190.

[10]　SAHOO P, WILKINS C, YEAGER J. Threshold selection using Renyi's entropy[J]. Pattern Recognition, 1997, 30(1): 71-84.

[11]　LIU Y X, LI Y D. New approaches of multifractal image analysis[C]//Proceedings of International Conference on Information, Communications and Signal Processing. Piscataway: IEEE Press, 2002: 970-974.

[12]　DU G, YEO T S. A novel multifractal estimation method and its application to remote image segmentation[J]. IEEE Transactions on Geoscience and Remote Sensing, 2002, 40(4): 980-982.

[13]　CHAO J J, LIN C C. Sea clutter rejection in radar image using wavelets and fractals[C]//Proceedings of International Conference on Image Processing. Piscataway: IEEE Press, 2002: 354-357.

[14]　ESPINAL F, HUNTSBERGER T L, JAWERTH B D, et al. Wavelet-based fractal signature analysis for automatic target recognition[J]. Optical Engineering, 1998, 37(1): 166-174.

[15]　WORNELL G. Signal processing with fractals[M]. New York: Prentice Hall, 1995.

[16]　惠阿丽, 林辉. 基于小波分维的红外图像边缘检测[J]. 红外技术, 2007, 29(1): 55-58.

[17]　CHEONG C K, AIZAWA K, SAITO T, et al. Structural edge detection based on fractal analysis for image compression[C]//Proceedings of 1992 IEEE International Symposium on Circuits and Systems. Piscataway: IEEE Press, 1992: 2461-2464.

[18]　HONG G S, RAHMAN M, ZHOU Q. Using neural network for tool condition monitoring based on wavelet decomposition[J]. International Journal of Machine Tools and Manufacture, 1996, 36(5): 551-566.

[19]　BARNSLEY M F. Fractals everywhere[M]. Boston: Academic Press, 1988.

[20]　BEDFORD T, DEKKING F M, BREEUWER M, et al. Fractal coding of monochrome imag-es[J]. Signal Processing Image Communication, 1994, 6(5): 405-419.

[21]　JACQUIN A E. Fractal image coding based on a theory of iterated contractive image trans-formations[J]. IEEE Transactions on Image Processing, 1990, 1(1): 18-30.

[22]　FISHER Y. Fractal image compression: theory and application[M]. New York: Springer, 1995.

[23]　HUERTGEN B, STILLER C. Fast hierarchical codebook search for fractal coding of still images[C]//Proceedings of Video Communications and PACS for Medical Applications. Bel-lingham: SPIE Press, 1993: 397-408.

[24]　费珍福, 王树勋, 何凯. 分形理论在语音信号端点检测及增强中的应用[J]. 吉林大学学报(信息科学版), 2005, 23(2): 139-142.

[25]　武薇, 范影乐, 庞全. 基于广义维数距离的语音端点检测方法[J]. 电子与信息学报, 2007, 29(2): 465-468.

[26]　韦岗, 袁宇清, 欧阳景正. 基于分形迭代函数系统的语音合成新算法[J]. 电路与系统学报, 1996, 1(1): 75-82.

[27]　MAY R J. Perceptual content loss in bit rate constrained IFS encoding of speech[C]//Proceedings of 1st International Conference on Genetic Algorithms in Engineering Systems: Innovations and Applications. Piscataway: IEEE Press, 1995: 325-330.

[28]　温江涛, 朱雪龙. 基于 IFS 分形理论的信源编码技术的研究[J]. 电子学报, 1996, 24(10): 1-7.

[29]　PITSIKALIS V, MARAGOS P. Filtered dynamics and fractal dimensions for noisy speech recognition[J]. IEEE Signal Processing Letters, 2006, 13(11): 711-714.

[30]　KUBIN G. Poincare section techniques for speech[C]//Proceedings of 1997 IEEE Workshop on Speech Coding for Telecommunications. Piscataway: IEEE Press, 1997: 7-8.

[31]　梁勇. 水声信号的非线性动力学模型参数及特征分析[D]. 南京: 东南大学, 2003.

[32]　章新华, 张晓明, 林良骥. 船舶辐射噪声的混沌现象研究[J]. 声学学报, 1998: 23(2): 134-140.

[33]　刘朝晖, 付战平, 李志舜, 等. 基于分形特征矢量的水下目标识别[J]. 系统工程与电子技术, 2005: 27(5): 856-860.

[34]　陆扬. 水中目标辐射噪声非线性特征提取研究[D]. 哈尔滨: 哈尔滨工程大学, 2006.

[35]　谢东日. 水声目标非线性特征提取研究[D]. 厦门: 厦门大学, 2020.

[36]　BOVA S W, CAREY G F. Mesh generation/refinement using fractal concepts and iterated function systems[J]. International Journal for Numerical Methods in Engineering, 1992, 33(2): 287-305.

[37]　陈怡然, 周轶尘, 白烨, 等. 发动机振动诊断中的多重分形法[J]. 内燃机学报, 1997, 15(1): 114-119.

[38] 蒋东翔, 黄文虎, 徐世昌. 分形几何及其在旋转机械故障诊断中的应用[J]. 哈尔滨工业大学学报, 1996, 28(2): 27-31.

[39] 刘天雄, 华宏星, 李中付, 等. 基于分形几何状态监测方法的应用研究[J]. 机械工程学报, 2001, 37(5): 100-104.

[40] 葛世荣. 粗糙表面的分形特征与分形表达研究[J]. 摩擦学学报, 1997, 17(1): 73-80.

[41] 陈国安, 葛世荣. 基于分形理论的磨合磨损预测模型[J]. 机械工程学报, 2000, 36(2): 29-33.

[42] 谢和平, 黄约军. 分形裂纹扩展对材料疲劳行为的影响[J]. 机械强度, 1996, 18(1): 1-5.

[43] 钱善华, 葛世荣, 朱华. 分形理论及其在机械工程中的应用[J]. 煤矿机械, 2005, 26(6): 123-125.

附录 A

本部分将说明式（4.28）为一分形函数，且其分形维数小于或等于 s。假设 A_0 为一常数，且保证序列 $A(p_1^1)$ 的绝对值小于 A_0。记 $\Phi'_{p_1^1} = a_1 \Phi_{p_1^1}\big|_{2\pi}$，$\mu' = 2\mu(a_1, 1)$，并定义 $B(p_1^1) = A(p_1^1) - 1$，式（4.28）可以表示成两项和的形式

$$\gamma_R^{(1)}(t) = x(t) + y(t) \tag{A.1}$$

其中，$x(t)$ 和 $y(t)$ 分别为

$$x(t) = \mu' \sum_{p_1^1}^{N_f - 1} b^{a_1(s-2)p_1^1} \cos\{a_1 K_0 V b^{p_1^1} t + \Phi'_{p_1^1}\} \tag{A.2}$$

$$y(t) = \mu' \sum_{p_1^1}^{N_f - 1} B_1(p_1^1) b^{a_1(s-2)p_1^1} \cos\{a_1 K_0 V b^{p_1^1} t + \Phi'_{p_1^1}\} \tag{A.3}$$

由分形函数求和定理可得，若分形函数 $\gamma_R^{(1)}(t)$ 的分形维数小于或等于 s，需满足以下两点：$x(t)$ 的维数小于或等于 s；$y(t)$ 的维数小于 s。

令 $b^{a_1(s-2)p_1^1} = b^{(\hat{s}-2)p_1^1}$，则函数 $x(t)$ 为一 WM 函数，维数为

$$\hat{s} = \begin{cases} s + (2-s)(1-a_1), & 0 \leqslant a_1 \leqslant \dfrac{1}{2-s} \\ 1, & \text{其他} \end{cases} \tag{A.4}$$

其中，$\hat{s} \leqslant s$。实际上，当 $a_1 = 1$ 时，$x(t)$ 的分形维数为 s；当 a_1 为其他值时，$x(t)$ 的分形维数小于 s。要证明 $y(t)$ 的分形维数小于 s，需证明不等式（A.5）成立，即

$$\Delta y(t) = |y(t+h) - y(t)| \leqslant c|h|^{2-\hat{s}} \tag{A.5}$$

其中，$c>0$ 与 h 无关，对于 $\delta>0$，有 $|h|<\delta$。式（A.5）通常是针对 $f(t)$（ $t\in[0,1]$ ）这样的函数证明的，但若对 $y(t)$ 的时间坐标取合适的范围，式（A.5）的结论也可以直接运用。将式（A.3）代入式（A.5），结合 $|B(p_1^1)|{\leqslant}B_0{=}|A(0){-}1|$，并将 B_0 并入 μ'，可得

$$\Delta y(t) \leqslant \left|\mu'\right| \sum_{p_1^1=0}^{N} b^{(\hat{s}-2)p_1^1} \left|\cos\{a_1 K_0 V b^{p_1^1}(t+h)+\Phi'_{p_1^1}\}-\cos\{a_1 K_0 V b^{p_1^1}t+\Phi'_{p_1^1}\}\right| +$$
$$\left|\mu'\right| \sum_{p_1^1=N+1}^{N_f-1} b^{(\hat{s}-2)p_1^1} \left|\cos\{a_1 K_0 V b^{p_1^1}(t+h)+\Phi'_{p_1^1}\}-\cos\{a_1 K_0 V b^{p_1^1}t+\Phi'_{p_1^1}\}\right| \qquad (\text{A.6})$$

其中，N 为 $[0,N_f-2]$ 内的任意值。

通过取式（A.6）第一个求和项中 $|\cos(\alpha)-\cos(\beta)|$ 项的最大值 $|\alpha-\beta|$，第二个求和项的最大值 2，可以得到

$$\Delta y(t) \leqslant \left|\mu'\right| K_0 V_{a_1} |h| \sum_{p_1^1=0}^{N} b^{(\hat{s}-1)p_1^1} + \left|2\mu'\right| \sum_{p_1^1=N+1}^{N_f-1} b^{(\hat{s}-2)p_1^1} \qquad (\text{A.7})$$

将式（A.7）中的求和进行扩展可得

$$\Delta y(t) \leqslant \left|\mu'\right| K_0 V_{a_1} |h| \frac{b^{(N+1)(\hat{s}-1)}-1}{b^{(\hat{s}-1)}-1} + \left|2\mu'\right| \frac{b^{(N+1)(\hat{s}-2)}-b^{N_f(\hat{s}-2)}}{1-b^{(\hat{s}-2)}} \qquad (\text{A.8})$$

考虑到 $b^{(N+1)(\hat{s}-1)}-1 \leqslant b^{(N+1)(\hat{s}-1)}$ 及 $b^{(N+1)(\hat{s}-2)}-b^{N_f(\hat{s}-2)} \leqslant b^{(N+1)(\hat{s}-2)}$，并假设 $\frac{1}{b^{N+1}} \leqslant |h| \leqslant \frac{1}{b^N}$，可得

$$\Delta y(t) \leqslant c|h|^{2-\hat{s}} \qquad (\text{A.9})$$

其中，

$$c = \left|\mu'\right| K_0 V_{a_1} \frac{b^{(\hat{s}-1)}}{b^{(\hat{s}-1)}-1} + \left|2\mu'\right| \frac{1}{1-b^{(\hat{s}-2)}} \qquad (\text{A.10})$$

为一大于 0 的常数，并与 h 相互独立。

由于 N 是任意选择的，式（A.9）对任意的 h 也成立，因此 $|h| \geqslant \frac{1}{b^{N_f}}$。换句话说，不等式（A.5）对任意的 h 都成立，因此，$\frac{1}{b^{N_f}} \leqslant |h| \leqslant \delta$（ $\delta>0$ ）。后面的条件意味着一直到 $\frac{1}{b^{N_f}}$ 的尺度水平下，函数 $y(t)$ 都是分形的。当 $N_f \to \infty$ 时，函数 $y(t)$

为数学意义上的严格分形。

为更清楚地展示，这里将本部分的结论概括如下。

① 函数 $x(t)$ 是一个有限带宽的 WM 函数，分形维数小于或等于 s（见式（A.4））。

② 函数 $y(t)$ 是一个分形函数，其维数上界为 s。

根据上面两条结论，并结合分形函数求和定理，可以得到最终结论。

① 信号 $\gamma_R^1(t)$ 在 $a_1=1$ 时是分形的，且维数为 s。

② 式（4.28）所示信号也是分形的，其维数在 $a_1 > 1$ 时小于 s。

③ 对虚部进行分析可以得到相同的结论，其证明过程为只要将实部证明过程中的正弦函数变成余弦函数，并在相位 $\Phi'_{p_{q_1}^1}$ 中加入一个 $\dfrac{\pi}{2}$ 项就可以了。

本部分主要证明式（4.32）所示信号 $\gamma_R^{(1)}(t,\underline{k}^1)$ 是分形的，且维数上界为 s。首先，对于 $|h| < \delta$，$\delta > 0$ 和某些常数 c，有 $\Delta\gamma_R^{(1)}(t,\underline{k}^1) = \left|\gamma_R^{(1)}(t+h,\underline{k}^1) - \gamma_R^{(1)}(t,\underline{k}^1)\right| \leqslant c|h|^{2-s}$，且其独立于 h。利用式（4.32），将 $\Delta\gamma_R^{(1)}(t,\underline{k}^1)$ 放大，即

$$\Delta\gamma_R^{(1)}(t,\underline{k}^1) \leqslant \sum_{\underline{p}^1} \left|\mu(a_1,\alpha_1)\right|\left|A(\underline{p}^1,\underline{k}^1)\right|\left\{\prod_{q_1=1}^{\alpha_1} b^{a_1(s-2)p_{q_1}^1}\right\}$$

$$\left|\cos\left\{a_1\sum_{q_1=0}^{\alpha_1}\mathrm{sgn}(m_{p_{q_1}^1}^1)(K_0 V b^{p_{q_1}^1}(t+h) + \varPhi_{p_{q_1}^1})\right\} - \cos\left\{a_1\sum_{q_1=0}^{\alpha_1}\mathrm{sgn}(m_{p_{q_1}^1}^1)(K_0 V b^{p_{q_1}^1} t + \varPhi_{p_{q_1}^1})\right\}\right| \tag{B.1}$$

式（B.1）可以采用如下步骤进一步放大。

① $\left|A(\underline{p}^1,\underline{k}^1)\right| \leqslant A_0$。

② 采用索引 $p_{q_1}^1$（$p_{q_1}^1 \in [1, N_f]$）对每一个求和 $\sum_{\underline{p}^1}$ 扩展，并记为

$$\sum_{\underline{p}^1=0} = \sum_{p_1^1=0}^{N_f-1}\sum_{p_2^1=0}^{N_f-1}\cdots\sum_{p_{\alpha_1}^1=0}^{N_f-1}$$，这一操作是在式（B.1）的右边加入了正项。

③ 将多重求和 $\sum_{\underline{p}^1}$ 分解为 $\sum_{\underline{p}^1=0} = \sum_{\underline{p}^1=0}^{N} + \sum_{\underline{p}^1=N+1}^{N_f-1}$，$N$ 为 $[0, N_f-2]$ 内的任意值，其中，

$N_f > 1$。根据②，进一步有 $\sum_{\underline{p}^1=0}^{N} = \sum_{p_1^1=0}^{N}\sum_{p_2^1=0}^{N}\cdots\sum_{p_{\alpha_1}^1=0}^{N}$，$\sum_{\underline{p}^1=N+1}^{N_f-1} = \sum_{p_1^1=N+1}^{N_f-1}\sum_{p_2^1=N+1}^{N_f-1}\cdots\sum_{p_{\alpha_1}^1=N+1}^{N_f-1}$。

④ 在多重求和 $\sum_{\underline{p}^1=0}^{N}$ 中取 $|\cos(\alpha) - \cos(\beta)|$ 项的最大值 $|\alpha - \beta|$，在 $\sum_{\underline{p}^1=N+1}^{N_f-1}$ 中取最

大值 2。

⑤ 考虑放大方法 $b^{p_{q_1}^1} \leqslant b^{a_1 p_{q_1}^1}$ 。

将上述步骤应用于式（B.1）可得

$$\Delta\gamma_R^{(1)}(t,\underline{k}^1) \leqslant |\mu(a_1,\alpha_1)||A_0|a_1 K_0 V|h|\cdot$$

$$\sum_{\underline{p}^1}^{N}\left\{\prod_{q_1=1}^{\alpha_1}b^{a_1(s-2)p_{q_1}^1}\right\}\left\{\sum_{q_1=1}^{\alpha_1}b^{a_1 p_{q_1}^1}\right\}+2|\mu(a_1,\alpha_1)||A_0|\sum_{\underline{p}^1=N+1}^{N_f-1}\left\{\prod_{q_1=1}^{\alpha_1}b^{a_1(s-2)p_{q_1}^1}\right\} \quad (\text{B.2})$$

这里详述式（B.2）的第一项，不考虑常数 $|\mu(a_1,\alpha_1)||A_0|a_1 K_0 V|h|$。

$$\sum_{\underline{p}^1}^{N}\left\{\prod_{q_1=1}^{\alpha_1}b^{a_1(s-2)p_{q_1}^1}\right\}\left\{\sum_{q_1=1}^{\alpha_1}b^{a_1 p_{q_1}^1}\right\}=\left\{\sum_{p_1^1=0}^{N}b^{a_1(s-1)p_1^1}\sum_{p_2^1=0}^{N}b^{a_1(s-2)p_2^1}\cdots\sum_{p_{\alpha_1}^1=0}^{N}b^{a_1(s-2)p_{\alpha_1}^1}+\right.$$

$$\sum_{p_1^1=0}^{N}b^{a_1(s-2)p_1^1}\sum_{p_2^1=0}^{N}b^{a_1(s-1)p_2^1}\cdots\sum_{p_{\alpha_1}^1=0}^{N}b^{a_1(s-2)p_{\alpha_1}^1}+\cdots+\sum_{p_1^1=0}^{N}b^{a_1(s-2)p_1^1}\sum_{p_2^1=0}^{N}b^{a_1(s-2)p_2^1}\cdots\sum_{p_{\alpha_1}^1=0}^{N}b^{a_1(s+1)p_{\alpha_1}^1}\right\}= \quad (\text{B.3})$$

$$\alpha_1\left\{\left(\frac{b^{a_1(N+1)(s-1)}-1}{b^{a_1(s-1)}-1}\right)\cdot\left(\frac{b^{a_1(N+1)(s-2)}-1}{b^{a_1(s-2)}-1}\right)^{\alpha_1-1}\right\}$$

将式（B.2）的第二项去掉常数项 $2|\mu(a_1,\alpha_1)||A_0|$，可以扩展为

$$\sum_{\underline{p}^1=N+1}^{N_f-1}\left\{\prod_{q_1=1}^{\alpha_1}b^{a_1(s-2)p_{q_1}^1}\right\}=\left(\frac{b^{a_1(N+1)(s-2)}-b^{a_1 N_f(s-2)}}{1-b^{a_1(s-2)}}\right)^{\alpha_1} \quad (\text{B.4})$$

将式（B.3）与式（B.4）代入式（B.2），并考虑到 $b^{a_1(N+1)(s-1)}-1\leqslant b^{a_1(N+1)(s-1)}$，$b^{a_1(N+1)(s-2)}-b^{a_1 N_f(s-2)}\leqslant b^{a_1(N+1)(s-2)}$，$1-b^{a_1(N+1)(s-1)}\leqslant 1$ 和 $b^{a_1(N+1)\alpha_1(s-1)}\leqslant b^{a_1(N+1)(s-2)}$，可得

$$\Delta\gamma_R^{(1)}(t,\underline{k}^1)\leqslant |\mu(a_1,\alpha_1)||A_0|a_1 K_0 V\alpha_1\cdot$$

$$\left(\frac{b^{a_1(s-1)}}{b^{a_1(s-1)}-1}\right)\left(\frac{1}{1-b^{a_1(s-2)}}\right)^{\alpha_1-1}(b^N)^{a_1(s-1)}|h|+2|\mu(a_1,\alpha_1)||A_0|\left(\frac{1}{1-b^{a_1(s-2)}}\right)^{\alpha_1}b^{a_1(N+1)(s-2)} \quad (\text{B.5})$$

假设 $\frac{1}{b^{a_1(N+1)}}\leqslant |h|\leqslant \frac{1}{b^{a_1 N}}$，则有

$$\Delta\gamma_R^{(1)}(t,\underline{k}^1)\leqslant c|h|^{2-s} \quad (\text{B.6})$$

其中，

$$c = \left| \mu(a_1, \alpha_1) \right| \left\| A_0 \right\| \left\{ a_1 K_0 V \alpha_1 \left(\frac{b^{a_1(s-1)}}{b^{a_1(s-1)} - 1} \right) \left(\frac{1}{1 - b^{a_1(s-2)}} \right)^{\alpha_1 - 1} + 2 \left(\frac{1}{1 - b^{a_1(s-2)}} \right)^{\alpha_1} \right\} \qquad (\text{B.7})$$

是一个大于 0 的常数，并且独立于 h。

由于 N 是任意选择的，式（B.6）对任意的 h 也成立，因此 $|h| \geqslant \dfrac{1}{b^{a_1 N_f}}$。换句话说，不等式（B.6）对任意的 h 都成立，因此，$\dfrac{1}{b^{a_1 N_f}} \leqslant |h| \leqslant \delta$（$\delta > 0$）。后面的条件意味着一直到 $\dfrac{1}{b^{a_1 N_f}}$ 的尺度水平下，函数 $\gamma_R^{(1)}(t, \underline{k}^1)$ 都是分形的。当 $N_f \to \infty$ 时，函数 $\gamma_R^{(1)}(t, \underline{k}^1)$ 为数学意义上的严格分形。

由式（B.6）可以得到如下结论：函数 $\gamma_R^{(1)}(t, \underline{k}^1)$ 是分形的，且分形维数的上界为 s。这一结论对 $\gamma^{(1)}(t, \underline{k}^1)$ 的虚部同样有效，其证明过程为只要将实部证明过程中的正弦函数变成余弦函数，并在相位 $\varPhi_{p_{q_1}^1}$ 中加入一个 $\dfrac{\pi}{2}$ 项就可以了。

附录C

本部分主要证明式（4.46）所示信号 $\gamma_R^{(2)}(t, \underline{k}^1, \underline{k}^2)$ 是分形的，且维数上界为 s。对于 $|h| < \delta$，$\delta > 0$ 和某些常数 c，有

$$\Delta \gamma_R^{(2)}(t, \underline{k}^1, \underline{k}^2) = \left| \gamma_R^{*(2)}(t+h, \underline{k}^1, \underline{k}^2) - \gamma_R^{(2)}(t, \underline{k}^1, \underline{k}^2) \right| \leqslant c|h|^{2-s}$$

且其独立于 h。利用式（4.46）可得

$$\gamma_R^{(2)}(t, \underline{k}^1, \underline{k}^2) \leqslant \sum_{\underline{p}^1} \sum_{\underline{p}^2} \left| \mu(\underline{a}, \underline{\alpha}) \right| \left| A(\underline{p}^1, \underline{p}^2, \underline{k}^1, \underline{k}^2) \right| \left\{ \prod_{q_1=1}^{\alpha_1} b^{(s-2)p_{q_1}^1} \right\} \left\{ \prod_{q_2=1}^{\alpha_2} b^{(s-2)p_{q_2}^2} \right\} \cdot$$

$$\cos \left\{ \sum_{q_1=1}^{\alpha_1} \sum_{q_2=1}^{\alpha_2} [\text{sgn}(m_{p_{q_1}^1}^2) a_1 (K_0 V b^{p_{q_1}^1}(t+h) + \Phi_{p_{q_1}^1}^1) + \right.$$

$$\text{sgn}(m_{p_{q_2}^2}^2) a_2 (K_0 V b^{p_{q_2}^2}(t+h) + \Phi_{p_{q_2}^2}^2)] \right\} - \qquad\qquad\qquad (\text{C.1})$$

$$\cos \left\{ \sum_{q_1=1}^{\alpha_1} \sum_{q_2=1}^{\alpha_2} [\text{sgn}(m_{p_{q_1}^1}^2) a_1 (K_0 V b^{p_{q_1}^1} t + \Phi_{p_{q_1}^1}^1) + \right.$$

$$\text{sgn}(m_{p_{q_2}^2}^2) a_2 (K_0 V b^{p_{q_2}^2} t + \Phi_{p_{q_2}^2}^2)] \right\}$$

式（C.1）可以采用如下步骤进一步放大。

① $\left| A(\underline{p}^1, \underline{p}^2, \underline{k}^1, \underline{k}^2) \right| \leqslant A_0$。

② 采用索引 $p_{q_n}^n$（$p_{q_n}^n \in [1, N_f]$）对每一个求和 $\sum\limits_{\underline{p}^n}$（$n=1, 2$）扩展，并将扩展结果记为 $\sum\limits_{\underline{p}^n=0}^{N_f-1} = \sum\limits_{p_1^n=0}^{N_f-1} \sum\limits_{p_2^n=0}^{N_f-1} \cdots \sum\limits_{p_{\alpha_n}^n=0}^{N_f-1}$，这一操作是在式（C.1）的右边加入了正项。

③ 将多重求和 $\displaystyle\sum_{\underline{p}^n}$ 分解为 $\displaystyle\sum_{\underline{p}^n=0}^{N_f-1}=\sum_{\underline{p}^n=0}^{N}+\sum_{\underline{p}^n=N+1}^{N_f-1}$（$n=1,\ 2$），$N$ 为 $[0, N_f-2]$ 内的任意值，

其中，$N_f>1$。根据②，进一步有 $\displaystyle\sum_{\underline{p}^n=0}^{N}=\sum_{p_1^n=0}^{N}\sum_{p_2^n=0}^{N}\cdots\sum_{p_{\alpha_1}^n=0}^{N}$ ，$\displaystyle\sum_{\underline{p}^n=N+1}^{N_f-1}=\sum_{p_1^n=N+1}^{N_f-1}\sum_{p_2^n=N+1}^{N_f-1}\cdots\sum_{p_{\alpha_1}^n=N+1}^{N_f-1}$ 。

④ 在多重求和 $\displaystyle\sum_{\underline{p}^n=0}^{N}$ 中取 $|\cos(\alpha)-\cos(\beta)|$ 项的最大值 $|\alpha-\beta|$，在 $\displaystyle\sum_{\underline{p}^n=N+1}^{N_f-1}$ 中取最大值 2。

⑤ 考虑放大方法 $b^{p_{q_n}^n}\leqslant b^{a_n p_{q_n}^n}$ 。

将上述步骤应用于式（B.1）可得

$$\Delta\gamma_{\mathrm{R}}^{(1)}(t,\underline{k}^1)\leqslant|\mu(a_1,\alpha_1)|\,|A_0|\,K_0 V\,|h|\left\{\sum_{\underline{p}^1=0}^{N}\sum_{\underline{p}^2=0}^{N}\left\{\prod_{q_1=1}^{\alpha_1}b^{a_1(s-2)p_{q_1}^1}\right\}\cdot\right.$$

$$\left\{\prod_{q_2=1}^{\alpha_2}b^{a_2(s-2)p_{q_2}^2}\right\}\left\{a_1\sum_{q_1=1}^{\alpha_1}b^{a_1 p_{q_1}^1}+a_2\sum_{q_2=1}^{\alpha_2}b^{a_2 p_{q_2}^2}\right\}\right\}+$$

$$2|\mu(a_1,\alpha_1)|\,|A_0|\sum_{\underline{p}^1=N+1}^{N_f-1}\sum_{\underline{p}^2=N+1}^{N_f-1}\left\{\prod_{q_1=1}^{\alpha_1}b^{a_1(s-2)p_{q_1}^1}\right\}\left\{\prod_{q_2=1}^{\alpha_2}b^{a_2(s-2)p_{q_2}^2}\right\}\quad\text{（C.2）}$$

这里详述式（C.2）的第一项，不考虑常数 $|\mu(a_1,\alpha_1)|\,|A_0|\,K_0 V\,|h|$ 。

$$\sum_{\underline{p}^1=0}^{N}\sum_{\underline{p}^2=0}^{N}\left\{\prod_{q_1=1}^{\alpha_1}b^{a_1(s-2)p_{q_1}^1}\right\}\left\{\prod_{q_2=1}^{\alpha_2}b^{a_2(s-2)p_{q_2}^2}\right\}\left\{a_1\sum_{q_1=1}^{\alpha_1}b^{a_1 p_{q_1}^1}\right\}+$$

$$\sum_{\underline{p}^1=0}^{N}\sum_{\underline{p}^2=0}^{N}\left\{\prod_{q_1=1}^{\alpha_1}b^{a_1(s-2)p_{q_1}^1}\right\}\left\{\prod_{q_2=1}^{\alpha_2}b^{a_2(s-2)p_{q_2}^2}\right\}\left\{a_2\sum_{q_2=1}^{\alpha_2}b^{a_2 p_{q_2}^2}\right\}=$$

$$a_1\left\{\sum_{p_1^1=0}^{N}b^{a_1(s-1)p_1^1}\sum_{p_2^1=0}^{N}b^{a_1(s-2)p_2^1}\cdots\sum_{p_{\alpha_1}^1=0}^{N}b^{a_1(s-2)p_{\alpha_1}^1}+\right.$$

$$\sum_{p_1^1=0}^{N}b^{a_1(s-2)p_1^1}\sum_{p_2^1=0}^{N}b^{a_1(s-1)p_2^1}\cdots\sum_{p_{\alpha_1}^1=0}^{N}b^{a_1(s-2)p_{\alpha_1}^1}+\cdots+$$

$$\left.\sum_{p_1^1=0}^{N}b^{a_1(s-2)p_1^1}\sum_{p_2^1=0}^{N}b^{a_1(s-2)p_2^1}\cdots\sum_{p_{\alpha_1}^1=0}^{N}b^{a_1(s-1)p_{\alpha_1}^1}\right\}\cdot$$

$$\left\{\sum_{p_1^2=0}^{N}b^{a_2(s-2)p_1^2}\sum_{p_2^2=0}^{N}b^{a_2(s-2)p_2^2}\sum_{p_{\alpha_2}^2=0}^{N}b^{a_2(s-2)p_{\alpha_2}^2}\right\}+$$

$$a_2 \left\{ \sum_{p_1^2=0}^{N} b^{a_2(s-1)p_1^2} \sum_{p_2^2=0}^{N} b^{a_2(s-2)p_2^2} \cdots \sum_{p_{\alpha_2}^2=0}^{N} b^{a_2(s-2)p_{\alpha_2}^2} + \right.$$

$$\sum_{p_1^2=0}^{N} b^{a_2(s-2)p_1^2} \sum_{p_2^2=0}^{N} b^{a_2(s-1)p_2^2} \cdots \sum_{p_{\alpha_2}^2=0}^{N} b^{a_2(s-2)p_{\alpha_2}^2} + \cdots +$$

$$\left. \sum_{p_1^2=0}^{N} b^{a_2(s-2)p_1^2} \sum_{p_2^2=0}^{N} b^{a_2(s-2)p_2^2} \cdots \sum_{p_{\alpha_2}^2=0}^{N} b^{a_2(s-1)p_{\alpha_2}^2} \right\} \cdot$$

$$\left\{ \sum_{p_1^2=0}^{N} b^{a_1(s-2)p_1^1} \sum_{p_2^2=0}^{N} b^{a_1(s-2)p_2^1} \sum_{p_{\alpha_2}^2=0}^{N} b^{a_1(s-2)p_{\alpha_2}^1} \right\} = \tag{C.3}$$

$$a_1\alpha_1 \left\{ \left(\frac{b^{a_1(N+1)(s-1)}-1}{b^{a_1(s-1)}-1} \right) \left(\frac{1-b^{a_1(N+1)(s-2)}}{1-b^{a_1(s-2)}} \right)^{\alpha_1-1} \left(\frac{1-b^{a_2(N+1)(s-2)}}{1-b^{a_2(s-2)}} \right)^{\alpha_2} \right\} +$$

$$a_2\alpha_2 \left\{ \left(\frac{b^{a_2(N+1)(s-1)}-1}{b^{a_2(s-1)}-1} \right) \left(\frac{1-b^{a_2(N+1)(s-2)}}{1-b^{a_2(s-2)}} \right)^{\alpha_2-1} \left(\frac{1-b^{a_1(N+1)(s-2)}}{1-b^{a_1(s-2)}} \right)^{\alpha_1} \right\}$$

将式（C.2）的第二项去掉常数项，可以扩展为

$$\sum_{\underline{p}^1=N+1}^{N_f-1} \left\{ \prod_{q_1=1}^{\alpha_1} b^{a_1(s-2)p_{q_1}^1} \right\} \sum_{\underline{p}^2=N+1}^{N_f-1} \left\{ \prod_{q_2=1}^{\alpha_2} b^{a_2(s-2)p_{q_2}^2} \right\} = \tag{C.4}$$

$$\left(\frac{b^{a_1(N+1)(s-2)}-b^{a_1 N_f(s-2)}}{1-b^{a_1(s-2)}} \right)^{\alpha_1} \left(\frac{b^{a_2(N+1)(s-2)}-b^{a_2 N_f(s-2)}}{1-b^{a_2(s-2)}} \right)^{\alpha_1}$$

将式（C.3）与式（C.4）代入式（C.2），并考虑到 $b^{a_n(N+1)(s-1)}-1 \leqslant b^{a_n(N+1)(s-1)}$，$b^{a_n(N+1)(s-2)}-b^{a_n N_f(s-2)} \leqslant b^{a_n(N+1)(s-2)}$，$1-b^{a_n(N+1)(s-1)} \leqslant 1$ 和 $b^{a_n(N+1)\alpha_n(s-1)} \leqslant b^{a_n(N+1)(s-2)}$，可得

$$\Delta\gamma_R^2(t,\underline{k}^1,\underline{k}^2) \leqslant |\mu(\underline{a},\underline{\alpha})| \|A_0\| K_0 V |h| \cdot$$

$$\left\{ a_1\alpha_1 \left\{ \left(\frac{b^{a_1(s-1)}}{b^{a_1(s-1)}-1} \right) \left(\frac{1}{1-b^{a_1(s-2)}} \right)^{\alpha_1-1} \left(\frac{1}{1-b^{a_2(s-2)}} \right)^{\alpha_2} b^{a_1 N(s-1)} \right\} + \right.$$

$$\left. a_2\alpha_2 \left\{ \left(\frac{b^{a_2(s-1)}}{b^{a_2(s-2)}-1} \right) \left(\frac{1}{1-b^{a_2(s-2)}} \right)^{\alpha_2-1} \left(\frac{1}{1-b^{a_1(s-2)}} \right)^{\alpha_1} b^{a_2 N(s-1)} \right\} \right\} + \tag{C.5}$$

$$2|\mu(\underline{a},\underline{\alpha})| \|A_0\| \left(\frac{1}{1-b^{a_1(s-2)}} \right)^{\alpha_1} \left(\frac{1}{1-b^{a_2(s-2)}} \right)^{\alpha_2} b^{(N+1)(s-2)(a_1+a_2)}$$

如果 $a = \max\{a_1,a_2\}$，则 $b^{a_n N(s-1)} \leqslant b^{aN(s-1)}$，$b^{(N+1)(s-2)(a_1+a_2)} \leqslant b^{(N+1)(s-2)a}$，应用这

两个不等式，并假设 $\dfrac{1}{b^{a(N+1)}} \leqslant |h| \leqslant \dfrac{1}{b^{aN}}$ ，可得

$$\Delta\gamma_R^2(t,\underline{k}^1,\underline{k}^2) \leqslant c|h|^{2-s} \qquad\qquad (\text{C.6})$$

其中，

$$
\begin{aligned}
c = &|\mu(\underline{a},\underline{\alpha})|\|A_0|K_0V\left\{a_1\alpha_1\left\{\left(\frac{b^{a_1(s-1)}}{b^{a_1(s-1)}-1}\right)\left(\frac{1}{1-b^{a_1(s-2)}}\right)^{\alpha_1-1}\left(\frac{1}{1-b^{a_2(s-2)}}\right)^{\alpha_2}\right\}+\right.\\
&\left.a_2\alpha_2\left\{\left(\frac{b^{a_2(s-1)}}{b^{a_2(s-2)}-1}\right)\left(\frac{1}{1-b^{a_2(s-2)}}\right)^{\alpha_2-1}\left(\frac{1}{1-b^{a_1(s-2)}}\right)^{\alpha_1}\right\}\right\}+\\
&2|\mu(\underline{a},\underline{\alpha})|\|A_0|\left(\frac{1}{1-b^{a_1(s-2)}}\right)^{\alpha_1}\left(\frac{1}{1-b^{a_2(s-2)}}\right)^{\alpha_2}
\end{aligned}
\qquad (\text{C.7})
$$

是一个大于 0 的常数，并且独立于 h。

由于 N 是任意选择的，式（C.7）对任意的 h 也成立，因此 $|h| \geqslant \dfrac{1}{b^{aN_f}}$ 。换言之，

不等式（C.7）对任意的 h 都成立，因此，$\dfrac{1}{b^{aN_f}} \leqslant |h| \leqslant \delta$ （ $\delta > 0$ ）。后面的条件意

味着一直到 $\dfrac{1}{b^{aN_f}}$ 的尺度水平下，函数 $\gamma_R^{(2)}(t,\underline{k}^1,\underline{k}^2)$ 都是分形的。当 $N_f \to \infty$ 时，函数

$\gamma_R^{(2)}(t,\underline{k}^1,\underline{k}^2)$ 为数学意义上的严格分形。

由式（B.6）可以得到如下结论：函数 $\gamma_R^{(2)}(t,\underline{k}^1,\underline{k}^2)$ 是分形的，且分形维数上界

为 s。这一结论对 $\gamma^{(1)}(t,\underline{k}^1)$ 的虚部同样成立。

附录 D

本部分主要证明式（4.56）所示信号 $\gamma_{\mathrm{R}}^{(K)}(t,\underline{k}^1,\underline{k}^2,\cdots,\underline{k}^K)$ 是分形的，且维数上界为 s。对于 $|h|<\delta$（$\delta>0$）和某些常数 c，有

$$\Delta\gamma_{\mathrm{R}}^{(K)}(t,\underline{k}^1,\underline{k}^2,\cdots,\underline{k}^K)=\left|\gamma_{\mathrm{R}}^{(K)}(t+h,\underline{k}^1,\underline{k}^2,\cdots,\underline{k}^K)-\gamma_{\mathrm{R}}^{(K)}(t,\underline{k}^1,\underline{k}^2,\cdots,\underline{k}^K)\right|\leqslant c|h|^{2-s}$$

且其独立于 h。利用式（4.56）可得

$$\Delta\gamma_{\mathrm{R}}^{(K)}(t,\underline{k}^1,\cdots,\underline{k}^K)\leqslant\sum_{\underline{p}^1\cdots\underline{p}^K}\left|\mu(\underline{a},\underline{\alpha})\right|\left|A(\underline{p}^1\cdots\underline{p}^K,\underline{k}^1\cdots\underline{k}^K)\right|\cdot$$

$$\left[\prod_{n=1}^{N_f}\left\{\prod_{q_n=1}^{\alpha_n}b^{a_1(s-2)p_{q_1}^1}\right\}\right]\left|\cos\left\{\sum_{q_1=1}^{\alpha_1}\sum_{q_2=1}^{\alpha_2}\cdots\sum_{q_K=1}^{\alpha_K}\cdot\right.\right.$$

$$\left[\sum_{n=1}^{K}\mathrm{sgn}\left(m_{p_{q_n}^n}^n\right)a_n\left(K_0Vb^{p_{q_n}^n}\right)(t+h)+\varPhi_{p_{q_n}^n}\right]\right\}- \tag{D.1}$$

$$\left|\cos\left\{\sum_{q_1=1}^{\alpha_1}\sum_{q_2=1}^{\alpha_2}\cdots\sum_{q_K=1}^{\alpha_K}\left[\sum_{n=1}^{K}\mathrm{sgn}\left(m_{p_{q_n}^n}^n\right)a_n\left(K_0Vb^{p_{q_n}^n}\right)t+\varPhi_{p_{q_n}^n}\right]\right\}\right|$$

将附录 C 中的步骤①~步骤⑤（$1\leqslant n\leqslant K$）应用于式（D.1）可得

$$\Delta\gamma_{\mathrm{R}}^{(K)}(t,\underline{k}^1,\cdots,\underline{k}^K)\leqslant\left|\mu(\underline{a},\underline{\alpha})\right|\left|A_0\right|K_0V|h|\cdot$$

$$\left\{\sum_{\underline{p}^1\cdots\underline{p}^K=0}^{N}\left[\prod_{n=1}^{K}\left\{\prod_{q_n=1}^{\alpha_n}b^{a_n(s-2)p_{q_n}^n}\right\}\right]\left\{\sum_{n=1}^{K}\left(a_n\sum_{q_n=1}^{\alpha_n}b^{a_np_{q_n}^n}\right)\right\}\right\}+2\left|\mu(\underline{a},\underline{\alpha})\right|\left|A_0\right|\cdot \tag{D.2}$$

$$\sum_{\underline{p}^1\cdots\underline{p}^K=N+1}^{N}\left[\prod_{n=1}^{K}\left\{\prod_{q_n=1}^{\alpha_n}b^{a_n(s-2)p_{q_n}^n}\right\}\right]$$

采用与式（C.3）相同的过程对式（D.2）进行扩展，并考虑到 $b^{a_n(N+1)(s-1)}-1 \leqslant b^{a_n(N+1)(s-1)}$，$b^{a_n(N+1)(s-2)}-b^{a_n N_f(s-2)} \leqslant b^{a_n(N+1)(s-2)}$，$1-b^{a_n(N+1)(s-1)} \leqslant 1$ 和 $b^{a_n(N+1)\alpha_n(s-1)} \leqslant b^{a_n(N+1)(s-2)}$，可得

$$\Delta\gamma_{\mathrm{R}}^{(K)}(t,\underline{k}^1,\cdots,\underline{k}^K) \leqslant |\mu(\underline{a},\underline{\alpha})||A_0|K_0 V|h|\sum_{n=1}^{K} a_n\alpha_n \left\{\left(\frac{b^{a_n(s-1)}}{b^{a_n(s-1)}-1}\right)\left(\frac{1}{1-b^{a_n(s-2)}}\right)^{\alpha_n-1}\right\}\cdot$$

$$\left[\prod_{\substack{j=1\\j\neq n}}^{K}\left(\frac{1}{1-b^{a_j(s-1)}}\right)^{\alpha_j}\right]b^{a_n N(s-1)}+2|\mu(\underline{a},\underline{\alpha})||A_0|\left[\prod_{n=1}^{K}\left(\frac{1}{1-b^{a_n(s-2)}}\right)^{\alpha_n}\right]b^{(N+1)(s-2)\sum_{n=1}^{K}a_n} \tag{D.3}$$

如果 $a=\max\limits_{n=1,2,\cdots,K}\{a_n\}$，则 $b^{a_n N(s-1)} \leqslant b^{aN(s-1)}$ 和 $b^{(N+1)(s-2)\sum\limits_{n=1}^{K}a_n} \leqslant b^{(N+1)(s-2)a}$，应用这两个不等式，并假设 $\dfrac{1}{b^{a(N+1)}} \leqslant |h| \leqslant \dfrac{1}{b^{aN}}$，可得

$$\Delta\gamma_{\mathrm{R}}^{(K)}(t,\underline{k}^1,\cdots,\underline{k}^K) \leqslant c|h|^{2-s} \tag{D.4}$$

其中，

$$c=\sum_{n=1}^{K}c_n+d \tag{D.5}$$

$$c_n=|\mu(\underline{a},\underline{\alpha})||A_0|K_0 V a_n\alpha_n\left\{\left(\frac{b^{a_n(s-1)}}{b^{a_n(s-1)}-1}\right)\left(\frac{1}{1-b^{a_n(s-2)}}\right)^{\alpha_n-1}\left[\prod_{\substack{j=1\\j\neq n}}^{K}\left(\frac{1}{1-b^{a_j(s-1)}}\right)^{\alpha_j}\right]\right\} \tag{D.6}$$

$$d=|\mu(\underline{a},\underline{\alpha})||A_0|\left[\prod_{n=1}^{K}\left(\frac{1}{1-b^{a_n(s-2)}}\right)^{\alpha_n}\right] \tag{D.7}$$

由于 N 是任意选择的，式（D.4）对任意的 h 也成立，因此 $|h| \geqslant \dfrac{1}{b^{aN_f}}$。换言之，不等式（D.4）对任意的 h 都成立，因此，$\dfrac{1}{b^{aN_f}} \leqslant |h| \leqslant \delta$（$\delta>0$）。后面的条件意味着一直到 $\dfrac{1}{b^{aN_f}}$ 的尺度水平下，函数 $\gamma_{\mathrm{R}}^{(K)}(t,\underline{k}^1,\underline{k}^2,\cdots,\underline{k}^K)$ 都是分形的。当 $N_f \to \infty$ 时，函数 $\gamma_{\mathrm{R}}^{(K)}(t,\underline{k}^1,\underline{k}^2,\cdots,\underline{k}^K)$ 为数学意义上的严格分形。

由式（D.4）可以得到如下结论：$\gamma_{\mathrm{R}}^{(K)}(t,\underline{k}^1,\underline{k}^2,\cdots,\underline{k}^K)$ 为一个分形函数，其分形维数具有上界 s。采用同样的方法可以证明这一结论对虚部同样成立。